—— Wor

系统安装 电脑维护 故障排除

电脑高效办公

李 敏 张彦丽 靳瑞霞 等编著

電子工業出版社
Publishing House of Electronics Industry
北京·BEIJING

内容简介

本书是指导初学者学习电脑办公的入门书籍，全书用案例的形式详细介绍了初学者学习电脑办公时应该掌握的基础知识、使用方法和技巧，并对初学者在学习过程中经常会遇到的问题进行了详细的解答，希望每位阅读本书的读者都能提高办公效率。全书共分 14 章：第 1 ～ 5 章为 Word 应用篇，介绍了 Word 文档的编辑与排版功能、使用 Word 制作图文混排文档、表格的编辑与应用、模板与样式功能应用及文档的高级应用等；第 6 ～ 10 章为 Excel 应用篇，介绍了使用 Excel 制作基本表格、公式与函数计算、表格数据的排序筛选与汇总、图表与数据透视表的应用及 Excel 的高级应用；第 11 ～ 12 章为 PPT 应用篇，介绍了 PPT 幻灯片的编辑与设计及多媒体与动画放映等；第 13 章介绍了操作系统安装与备份的相关知识；第 14 章介绍了电脑日常维护与故障排除的相关知识。

本书适用于需要学习电脑的初级用户，以及希望提高电脑办公应用能力的中高级用户，是文秘办公、财务会计、市场营销、文化出版等各行业办公人员快速学习和掌握电脑办公的有力助手。

图书在版编目（CIP）数据

电脑高效办公 / 李敏等编著 . —北京：电子工业出版社，2019.1

ISBN 978-7-121-35790-9

Ⅰ . ①电… Ⅱ . ①李… Ⅲ . ①办公室自动化－应用软件 Ⅳ . ① TP317.1

中国版本图书馆 CIP 数据核字（2018）第 275716 号

责任编辑：赵晨阳
印　　刷：中国电影出版社印刷厂
装　　订：中国电影出版社印刷厂
出版发行：电子工业出版社
　　　　　北京市海淀区万寿路 173 信箱　　邮编：100036
开　　本：787×1092　1/16　印张：20　字数：487 千字
版　　次：2019 年 1 月第 1 版
印　　次：2023 年 3 月第 3 次印刷
定　　价：99.00 元

凡所购买电子工业出版社图书有缺损问题，请向购买书店调换。若书店售缺，请与本社发行部联系，联系及邮购电话：（010）88254888，88258888。

质量投诉请发邮件至 zlts@phei.com.cn，盗版侵权举报请发邮件至 dbqq@phei.com.cn。

本书咨询联系方式：（010）68253127。

前言

FOREWORD

Microsoft Office是目前主流的办公软件，因其功能强大、操作简便和安全稳定等特点，已经成为电脑用户必备的应用软件。Office 2016是Microsoft公司继Office 2013后推出的新一代版本，其组件涵盖了办公自动化应用的所有领域，其中Word 2016、Excel 2016和PowerPoint 2016是应用最为广泛的3个组件，分别应用于文档制作与排版、表格制作与数据分析及幻灯片制作。熟练操作Word、Excel和PowerPoint软件已经成为办公用户必备的技能。

由于Office各组件的功能十分强大，要想熟练掌握它们非一日之功，因此对于初学者来说，选择一本合适的参考书尤为重要。本书从初学者的角度出发，系统地介绍了Office 2016中3大组件的使用方法、技巧和操作系统安装与备份，以及电脑日常维护与故障排除的相关知识，并通过大量案例引导读者将所学知识应用到实际工作中。具有知识点全面、讲解细致、图文并茂和案例丰富等特点，适合不同层次的Office用户学习和提高。

本书内容系统、全面，充分考虑广大职场人士的实际情况，将办公应用的操作、技巧与具体案例相结合，力求使用户在快速学会软件基本使用方法的同时，又能掌握办公文档制作的思路与理念。全书采用模拟真实案例制作的过程进行讲解，将知识点融入到案例中，步骤清晰完整。在介绍知识点的同时，尽量选择常见的并符合实际需求的案例，以便读者举一反三，快速应用于实践。

本书特点

知识点全面、入门到精通

本书以Office相关职场办公人员为读者对象，与常规的入门类图书相比，本书知识点更加深入和细化，能够满足不同层次读者的学习需求。基础知识部分以由浅入深的方式，全面、系统地介绍软件的相关功能及使用方法，写作方式上注重以实际案例来介绍软件功能。

案例丰富、强调实践

本书注重专业性和实用性，结合各选题的内容与结构进行了有针对性的设计。在基础知识讲解部分尽量通过实例的方式进行讲解，并提供大量实用的案例；此外，在书中融入了大量经验性内容。大量实用的案例和技巧能让读者得到质的提升，使读者在学会办公软件的同时能够掌握实际的工作技能。

图文并茂、直观明了

为了使读者能够快速掌握各种操作，获得实用技巧，书中对涉及的相关知识的描述力求准确，以准确而平实的语言对操作技巧进行了总结。而对于不易理解的知识，本书采用实例的形式进行讲解。在实际的讲解过程中，操作步骤均配有准确的图示，使读者看得明白、操作容易、直观明了。

循序渐进、注重提高

本书对软件功能的讲解都从最基本的操作开始，层层推进，步步深入；此外，书中包含了笔者多年应用 Office 的心得体会，在介绍理论知识的同时穿插介绍了大量的实用性经验和技巧。同时，在每章后面安排了“高手支招”版块，将特别重要的技巧性操作单独列出，以帮助读者快速提高。

视频教学、手机扫码

本书配套提供与本书知识点和案例同步的教学视频，方便读者结合图书和视频进行学习，使读者能够快速掌握相关知识和操作技巧；此外，读者还可以通过手机微信扫描书中的二维码来观看教学视频。

本书作者

本书由多年从事办公软件研究及培训的专业人员编写，他们拥有非常丰富的实践及教学经验，并已编写和出版过多本相关书籍。本书由李敏、张彦丽、靳瑞霞主编，参与本书编写的人员还有倪彬、余婕、肖文显、赵天巨、贾婷婷、鲁世清、朱维、李彤、罗亮、孙晓南等。书中如有疏漏和不足之处，恳请广大读者和专家不吝赐教，我们将认真听取您的宝贵意见。为了使读者更好地学习本书，读者可以到华信教育资源网（www.hxedu.com.cn）中下载配书资源。

编　者

2018 年 9 月

目录 CONTENTS

第1章 Word文档的编辑与排版功能

第2章 使用Word制作图文混排文档

第 3 章 Word 表格的编辑与应用

第 4 章 Word 模板与样式功能应用

第 5 章 Word 文档的高级应用

第 6 章　使用 Excel 制作基本表格

第 7 章　使用 Excel 公式与函数计算

第 8 章　Excel 表格数据的排序筛选与汇总

第 9 章 Excel 图表与数据透视表的应用

第 10 章 Excel 的高级应用

第 11 章 PPT 幻灯片的编辑与设计

第 12 章　PPT 幻灯片的多媒体与动画放映

第 13 章　操作系统安装与备份

第 14 章 电脑日常维护与故障排除

第1章

Word 文档的编辑与排版功能

Word 2016 是 Microsoft 公司推出的一款强大的文字处理软件，使用该软件可以轻松地输入和编排文档。本章通过制作劳动合同、公司考勤制度和员工手册，介绍 Word 2016 文档的编辑和排版功能。

1.1 制作劳动合同

劳动合同是公司常用的文档资料之一。一般情况下，企业可以采用劳动部门制作的格式文本。也可以在遵循劳动法律法规前提下，根据公司情况制定合理、合法、有效的劳动合同。本节使用 Word 文档的编辑功能，详细介绍制作劳动合同类文档的具体步骤。

1.1.1 创建劳动合同文档

在编排劳动合同前，首先需要在 Word 2016 中新建文档，然后输入文档内容并对内容进行修改，最后保存文档。

1. 新建与文档

在启动 Word 2016 软件后，软件将自动创建一个空白文档。下面将新建一个空白文档，并将其保存为需要的文档名称，操作方法如下。

Step 01 启动 Word 2016，在打开的 Word 软件页面中单击“空白文档”。

Step 02 将新建一个名为“文档 1”的 Word 文档，单击左上角的“保存”按钮。

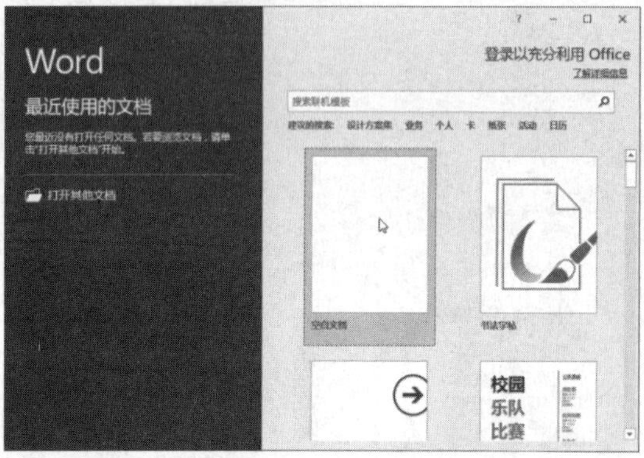

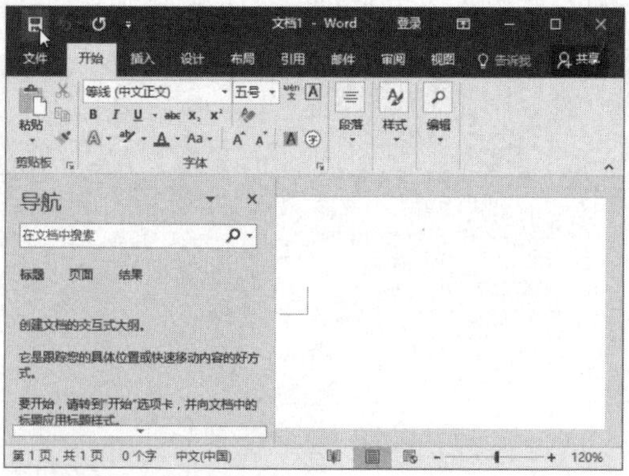

Step 03 打开“文件”对话框，并自动定位到“另存为”选项卡，单击“浏览”命令。

Step 04 打开“另存为”对话框，选择文件的保存路径，然后在“文件名”文本框中输入文件名，完成后单击“保存”按钮。

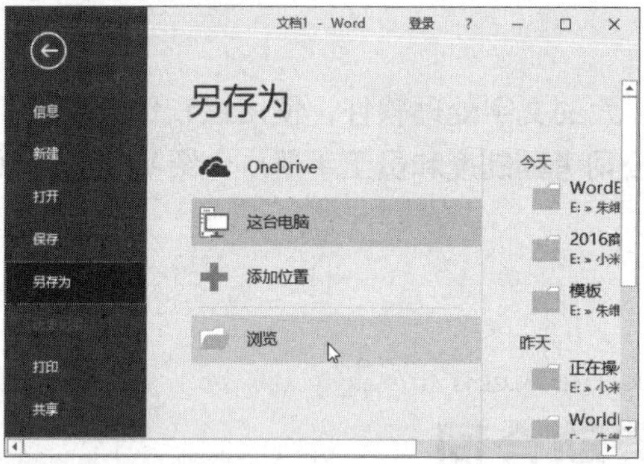

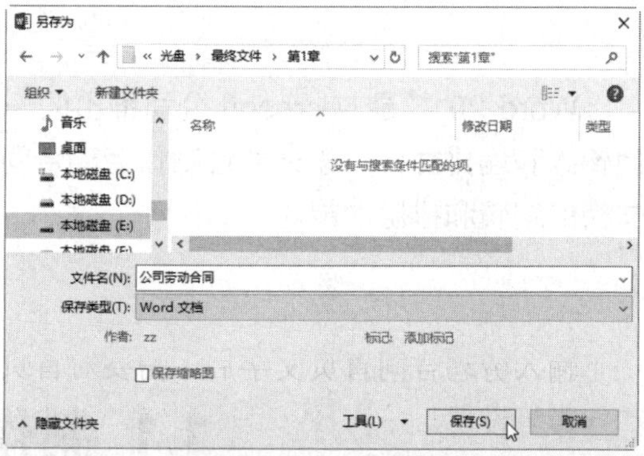

Step 05 返回 Word 文档主界面，即可查看到文件名已经更改。

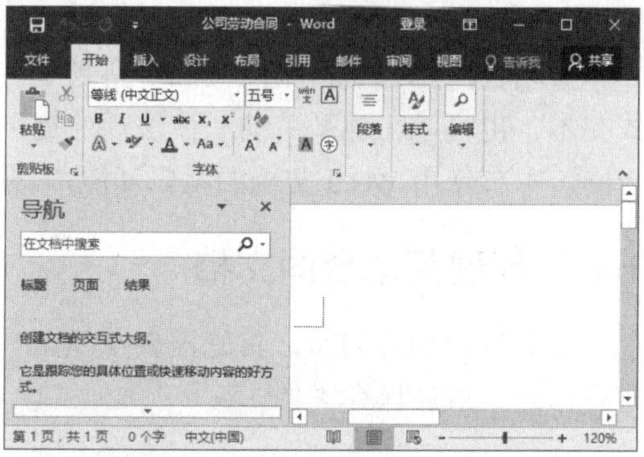

大师心得

在需要创建 Word 文档的文件夹中单击鼠标右键，然后在弹出的快捷菜单中选择“新建”→“Microsoft Word 文档”命令，新建文档名称默认为“新建 Microsoft Word 文档”，并呈选中状态，在其中输入文件名即可。

2. 输入首页内容

创建了劳动合同文档之后，就可以开始在文档中输入劳动合同的内容了，操作方法如下。

将输入法切换到自己熟练使用的输入法，输入“编号：”文本，然后按下“Enter”键进行换行，即将光标插入点定位在第二行行首，继续输入劳动合同内容。

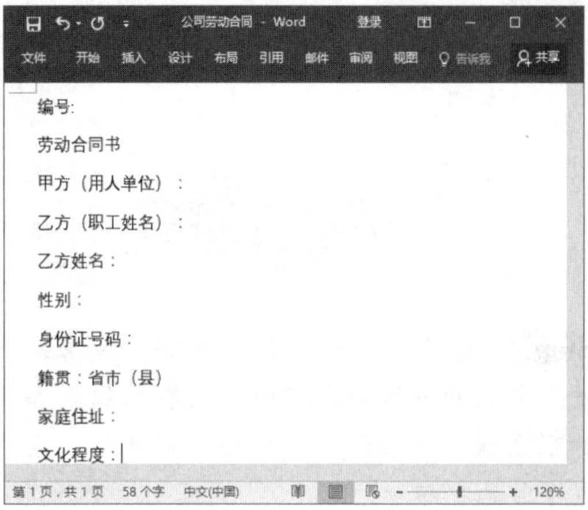

3. 编辑首页文字

输入劳动合同首页文字后，需要对首页的文字格式进行相应的设置，包括字体、字号和行距等设置。

Step 01 选择“编号”文本，在“开始”选项卡的“字体”组中设置字体为“宋体”，设置字号为“小四”。

Step 02 将光标定位到“编号：”文本后，单击“开始”选项卡的“字体”组中的“下画线”按钮 U。在文本后输入空格，然后单击“开始”选项卡的“段落”组中的“行和段落间距”按钮，在弹出的下拉列表框中选择“2.0”命令。

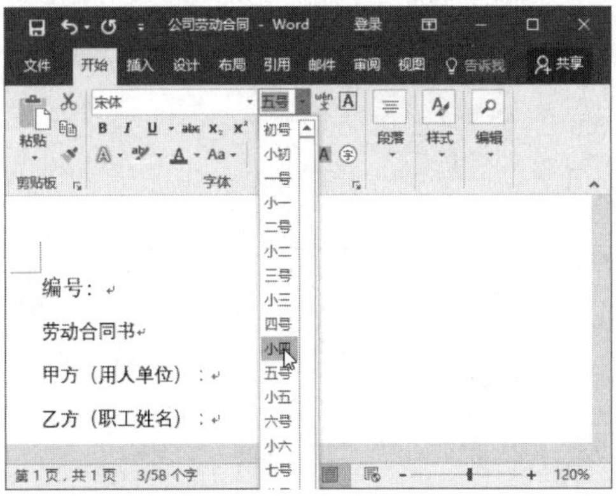

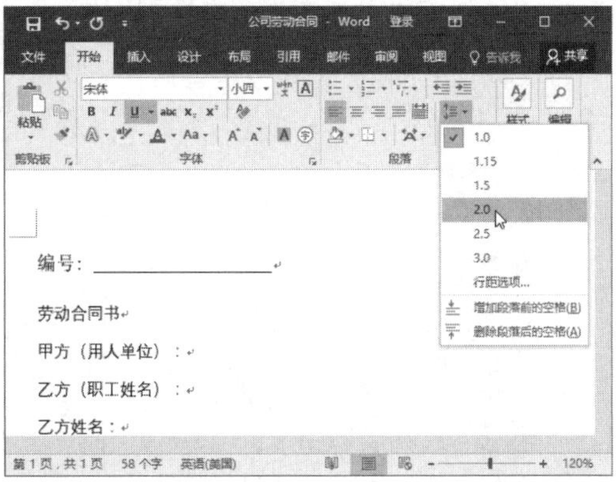

Step 03 选择“劳动合同书”文本，设置字体为“宋体”，设置字号为“小初”，然后单击“开始”选项卡的“段落”组中的“居中”按钮≡。

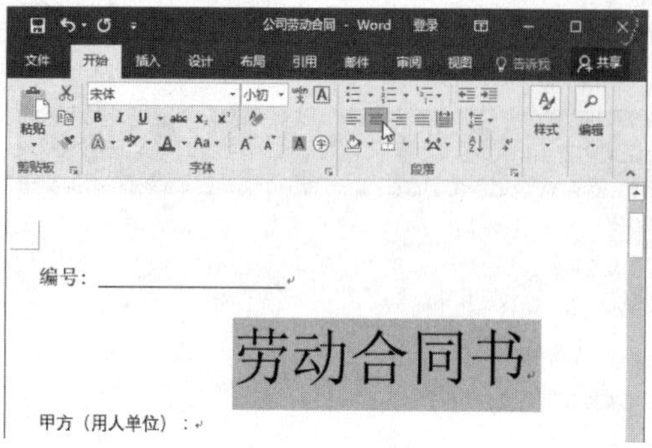

Step 04 选择“劳动合同书”及以下的文本，单击“开始”选项卡的“段落”组中的“行和段落间距”按钮，在弹出的下拉列表框中选择“2.5”命令。

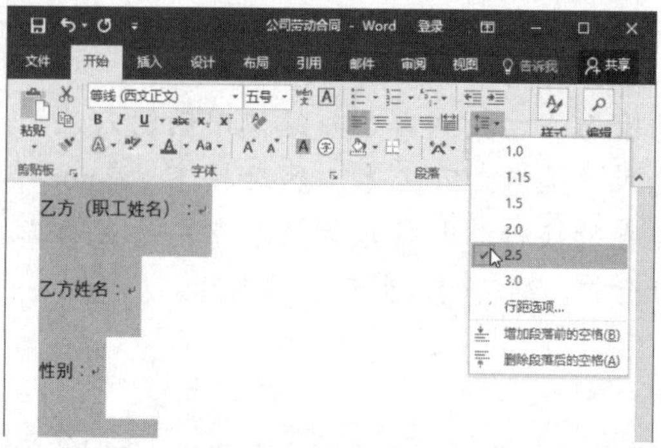

Step 05 选择“甲方”文本以下的段落，使用前文的方法为需要填写内容的位置添加下画线，然后设置字体为“宋体”，设置字号为“四号”。

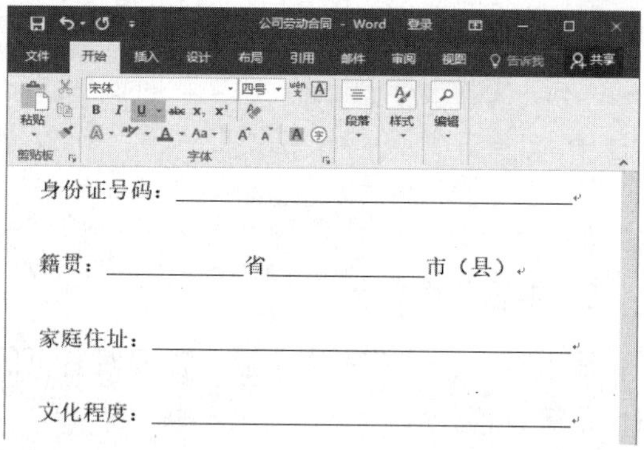

4. 插入分页符

首页内容制作完成后，就可以开始录入劳动合同的正文内容了，在录入正文内容之前，需要先插入分页符。

将光标定位到首页的末尾处，切换到“插入”选项卡，然后单击“页面”组中的“分页”按钮。

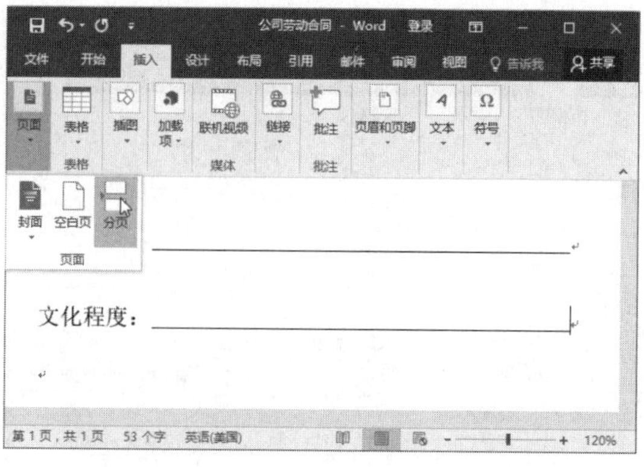

5. 复制与粘贴文本内容

在录入和编辑文档内容时，有时需要从外部文件或其他文档中复制一些文本内容。例如，本例将从素材文件中复制劳动合同的内容并进行编辑。

Step 01 打开“劳动合同”素材文件，按下“Ctrl+A”组合键选择所有文本，然后在文本上单击鼠标右键，在弹出的快捷菜单中选择“复制”命令。

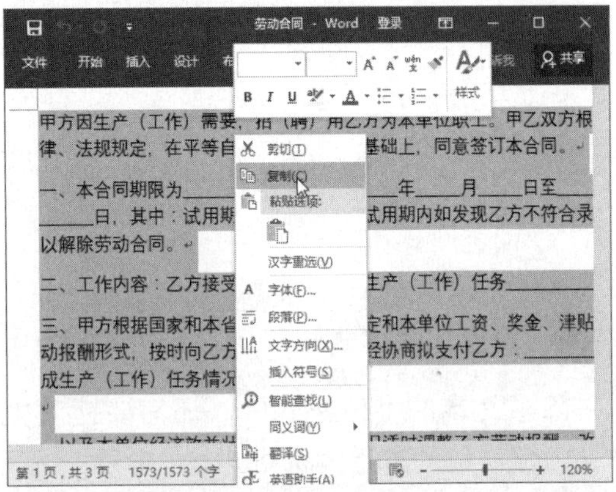

Step 02 将鼠标定位到“公司劳动合同”文档第 2 页的顶端，单击“开始”选项卡“剪贴板”组中的“粘贴”下拉按钮，在弹出的下拉菜单中单击“只保留文本”按钮。

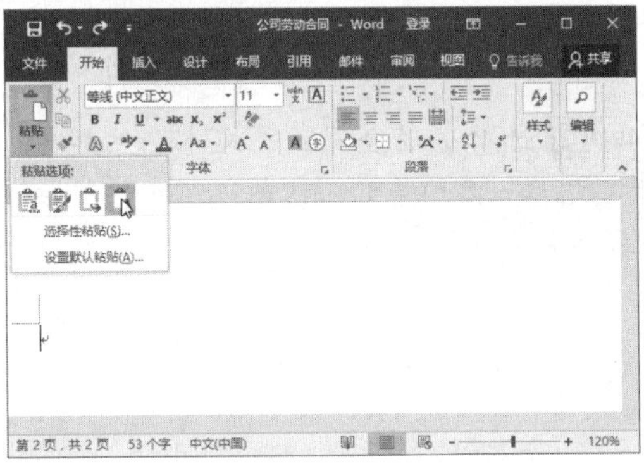

1.1.2 编辑劳动合同内文

成功创建了劳动合同，并完成了首页的制作和正文内容的录入工作后，接下来进行对劳动合同内文的编辑排版，包括设置字体格式、段落格式等操作。

1. 设置字体格式

Word 2016 的默认字体格式为“等线，五号”。如果我们需要其他的字体格式，可以通过以下的方法对正文内容进行字体格式的设置。

选择劳动合同正文文本，然后单击“开始”选项卡的“字体”组中的“字体”下拉按钮，在弹出的下拉菜单中选择“宋体”命令即可。

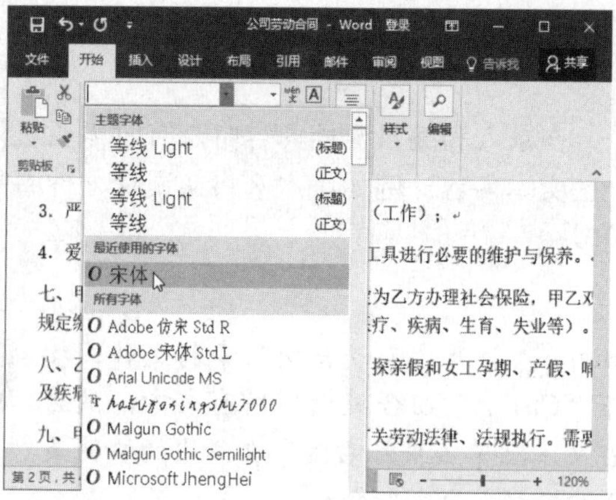

2. 设置段落格式

除了文本的字体格式外，还需要针对段落的整体格式进行设置，如中文习惯使用的首行缩进格式。

Step 01 选择劳动合同正文文本，然后单击“开始”选项卡的“段落”组中的对话框启动器。

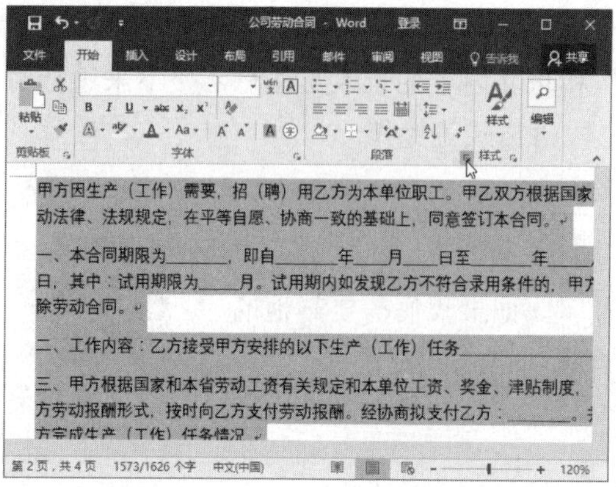

Step 02 打开“段落”对话框，在“缩进”组中的“特殊格式”下拉列表中选择“首行缩进”命令，在“缩进值”数值框中设置“2字符”，完成后单击“确定”按钮。

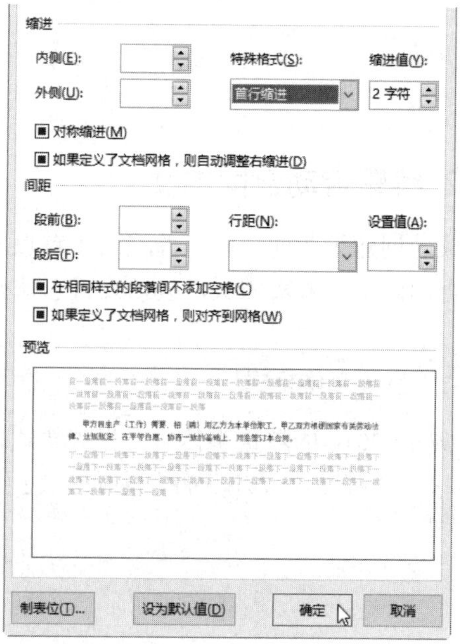

3. 分栏排版文本

劳动合同页尾的签名多以甲乙双方左右排版，此时可以使用分栏功能将其分为两栏排版。

Step 01 选择签名文本，然后单击“布局”选项卡的“页面设置”组中的“分栏”下拉按钮，在弹出的下拉菜单中选择“两栏”命令。

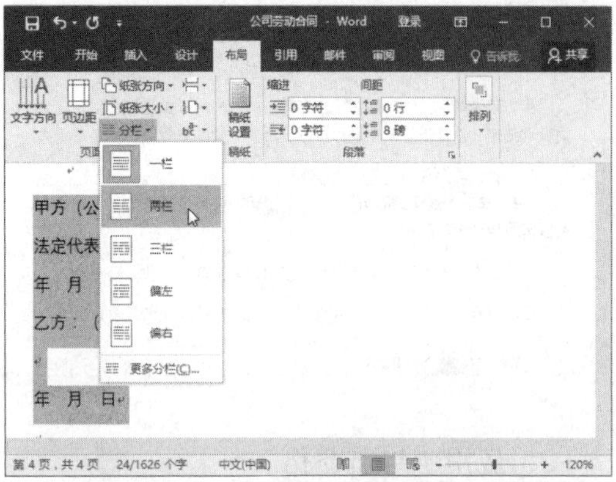

Step 02 设置完成后效果如图所示，甲乙双方的签字行将呈左右两栏排版。

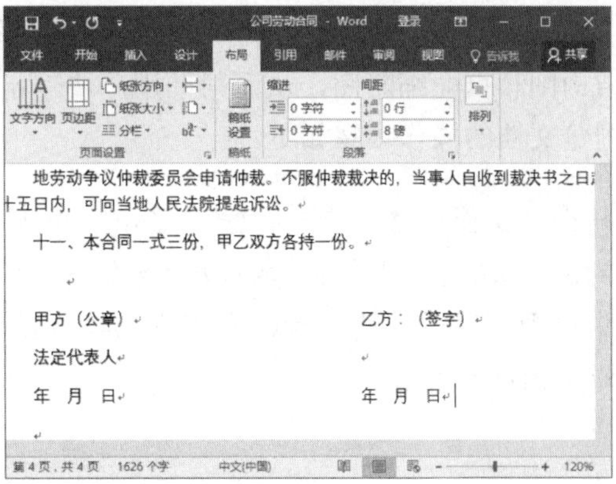

1.1.3 阅览劳动合同

在编排完文档后，通常需要对文档排版后的整体效果进行查看。本节将以不同的方式对劳动合同文档进行查看。

1. 使用阅读视图

Word 2016 提供了全新的阅读视图模式，进入 Word 2016 全新的阅读模式，单击左右的箭头按钮即可完成翻屏。此外，Word 2016 阅读视图模式中提供了 3 种页面背景色：默认是白底黑字、棕黄背景，以及适合于黑暗环境的黑底白字。方便用户在各种环境下舒适阅读。

Step 01 转到“视图”选项卡，单击“视图”组中的“阅读视图”按钮。

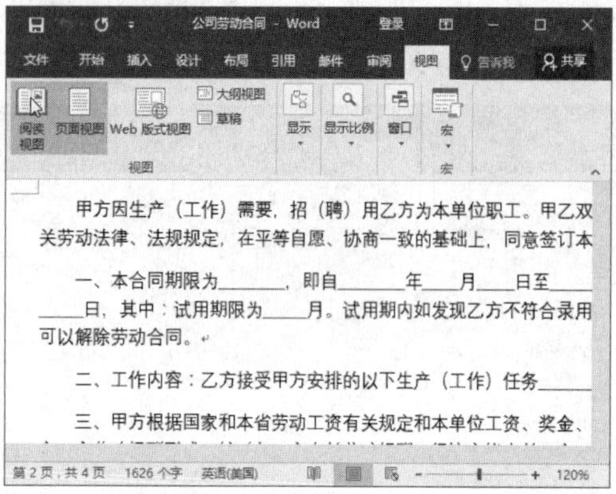

Step 02 进入阅读视图状态，单击左右的箭头按钮即可完成翻屏。单击“视图”选项卡，在弹出的下拉菜单中选择“页面颜色”命令，在弹出的扩展菜单中选择一种页面颜色。

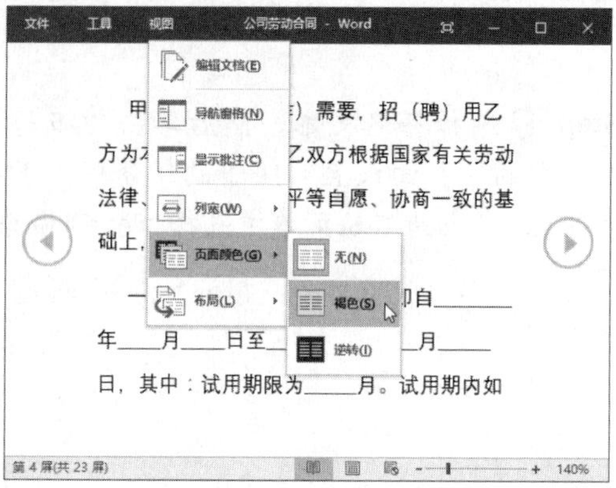

2. 应用“导航窗格”

Word 2016 提供了可视化的“导航窗格”功能。使用“导航窗格”可以快速查看文档结构图和页面缩略图，从而帮助用户快速定位文档位置。在 Word 2016 使用“导航窗格”浏览文档的操作步骤如下。

转到“视图”选项卡，勾选“显示”组中的“导航窗格”复选框，然后在“导航窗格”中转到“页面”选项卡，在下方选择页面缩略图即可查看。

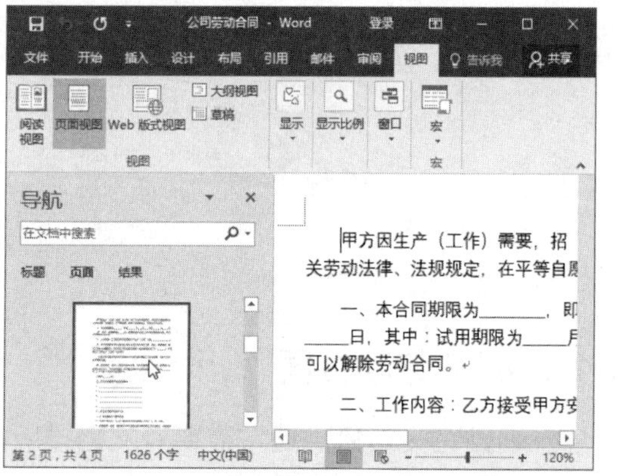

● 大师点拨

如果为文档设置了标题样式，则可以在“导航窗格”中查看到各级标题，单击标题即可跳转到目标页查看。

3. 更改文档的显示比例

在 Word 2016 文档窗口中，可以设置页面显示比例，从而用以调整 Word 2016 文档窗口的大小。显示比例仅仅调整文档窗口的显示大小，并不会影响实际的打印效果。设置

Word 2016 页面显示比例的方法有以下 3 种：

◆ 拖动窗口下方的显示比例滑块，可以快速调整显示比例。
◆ 按住“Crtl”键滑动鼠标滚轮。
◆ 单击“视图”选项卡中的显示比例组中的按钮，即可调整视图的显示比例，如图所示。

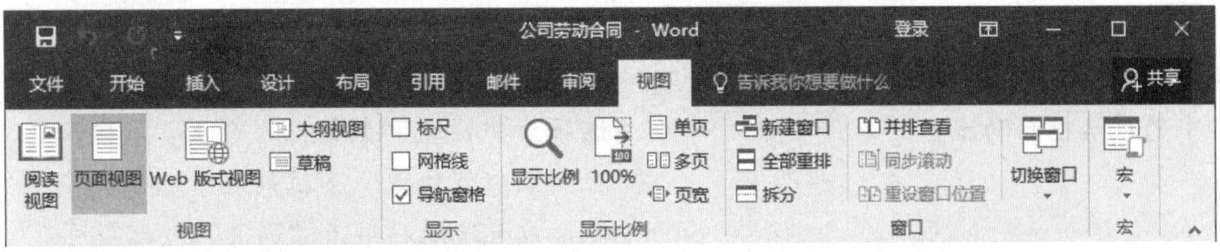

显示比例组中，各按钮的功用如下。

◆ “显示比例”按钮：单击该按钮，将打开“显示比例”对话框，在对话框中可选择视图缩放的比例大小。
◆ “100%”按钮：单击该按钮，可将视图比例还原到原始比例大小。
◆ “单页”按钮：单击该按钮，可将视图调整为在屏幕上完整显示一整页的缩放比例。
◆ “双页”按钮：单击该按钮，可将视图调整为在屏幕上完整显示两页的缩放比例。
◆ “页宽”按钮：单击该按钮，可将视图调整为页面宽度与屏幕宽度相同的缩放比例。

1.1.4 打印劳动合同

劳动合同制作完成后，需要使用纸张打印出来，以供聘用者与受聘者签字盖章，为劳动合同赋予法律效力。在打印劳动合同之前，需要进行相关的设置，如设置页面大小、装订线、页边距等。

1. 设置页面大小

Office 2016 默认的页面大小为 A4，而最常用的普通打印纸也为 A4，如果需要其他规格的纸张大小，可以在“布局”选项卡中设置纸张大小。

在“布局”选项卡中单击“页面设置”组中的“纸张大小”下拉按钮，在弹出的下拉菜单中选择一种纸张大小的规格。

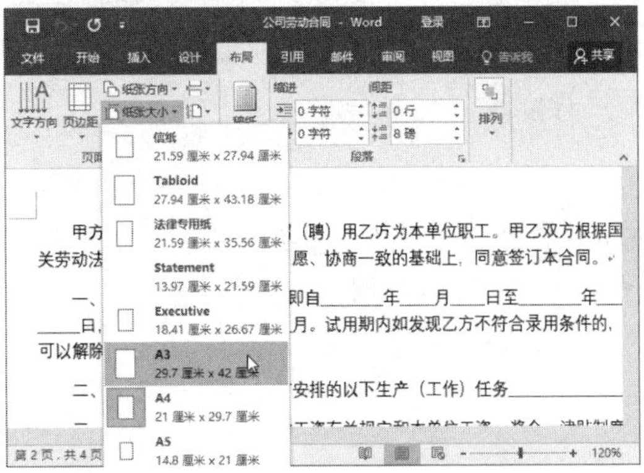

2. 设置装订线

合同打印出来后大多会装订保存，所以在打印前需要为文档设置装订线。

Step 01 单击“布局”选项卡的“页面设置”组中的对话框启动器。

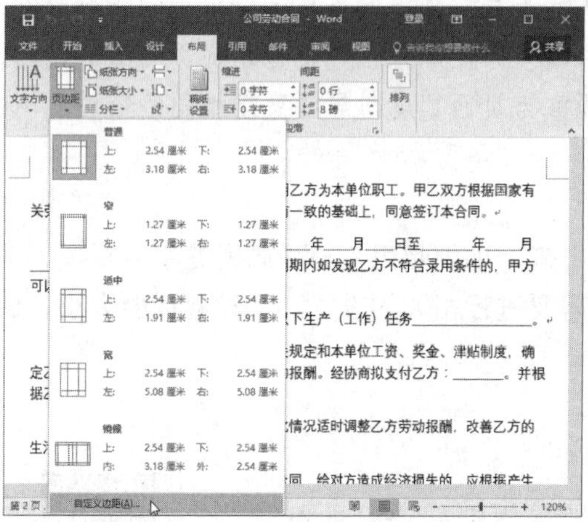

Step 02 打开“页面设置”对话框，在“页边距”选项卡中设置“装订线”值为“1 厘米”，在“装订线位置”下拉列表中选择“左”命令，设置完成后单击“确定”按钮即可。

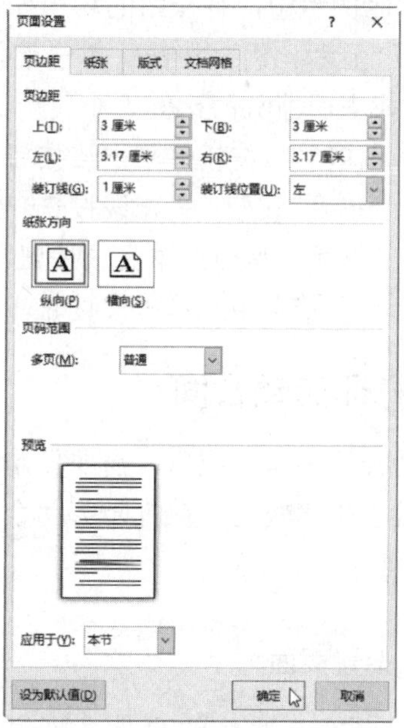

3. 设置页边距

为文档设置合适的页边距可以使打印的文档美观。页边距包括上、下、左、右页边距。如果默认的页边距不适合正在编辑的文档，可以通过设置进行修改。

Step 01 单击“布局”选项卡的“页面设置”组中的对话框启动器。

Step 02 打开“页面设置”对话框，在“页边距”选项卡中设置“装订线”值为“1 厘米”，在“装订线位置”下拉列表中选择“上”，设置完成后单击“确定”按钮即可。

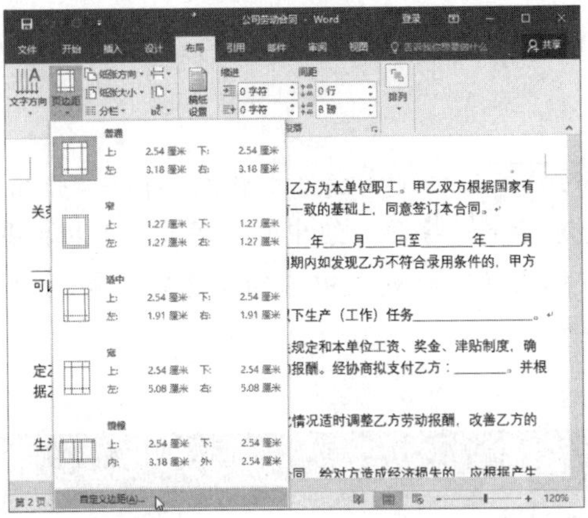

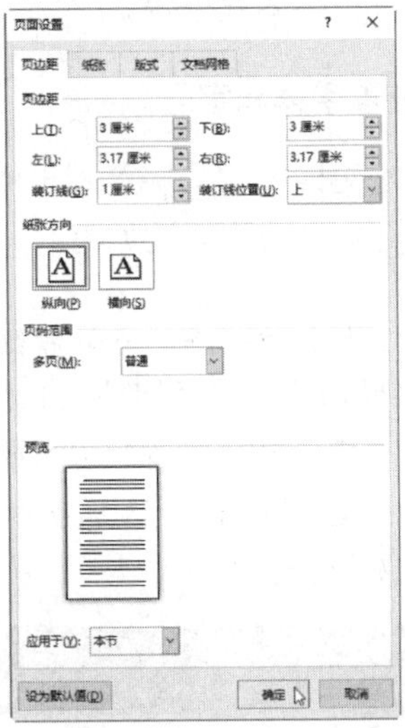

4. 预览和打印文档

在打印文档之前，可以先预览文件，查看文件在打印后的显示效果。预览效果满意之后，再设置相应的打印参数打印文档。

在“布局”选项卡中单击“页面设置”组中的“纸张大小”下拉按钮，在弹出的下拉菜单中选择一种纸张大小的规格。

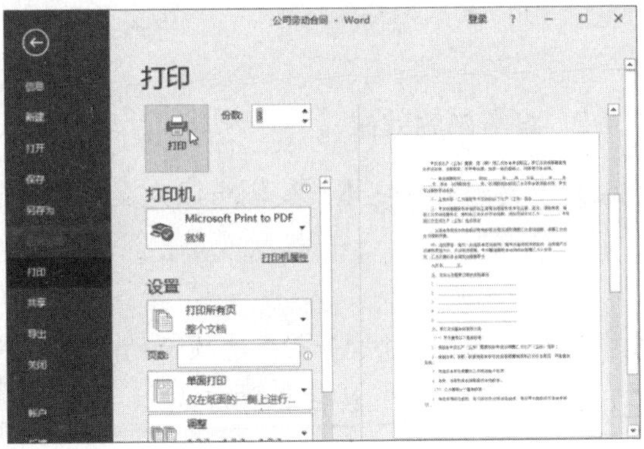

1.2 制作公司考勤制度

考勤制度是公司进行正常工作秩序的基础，是支付工资、员工考核的重要依据。本节介绍制作公司考勤制度的具体步骤。

1.2.1 设置字体格式

为了使文档更加丰富，我们可以对字体格式进行相应的设置，包括设置字体、字号、加粗、倾斜和字体效果等。

1. 设置字体和字号

为了使文档中的文字更利于阅读，就需要对文档中文本的字体和字号进行设置，以区分不同的文本，操作方法如下。

Step 01 打开素材文件“公司考勤制度”，选中文档的标题“公司考勤制度”，单击“开始”选项卡的“字体”组中的“字体”下拉按钮，在弹出的下拉列表中选择合适的字体，如“幼圆”。

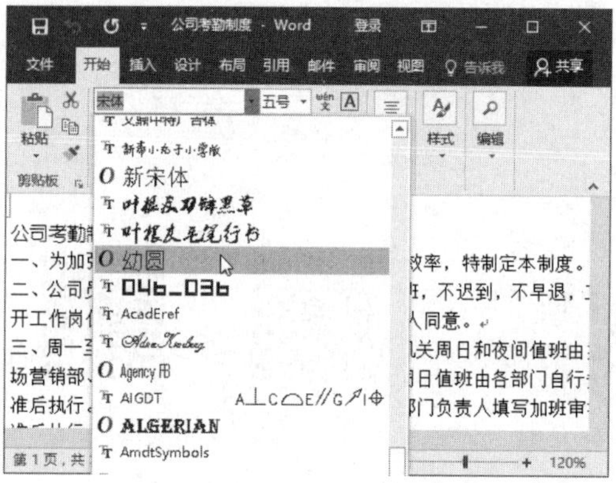

Step 02 保持文字的选中状态，单击“开始”选项卡的“字体”组中的“字号”下拉按钮，在弹出的下拉列表中选择合适的字号，如“小一”。

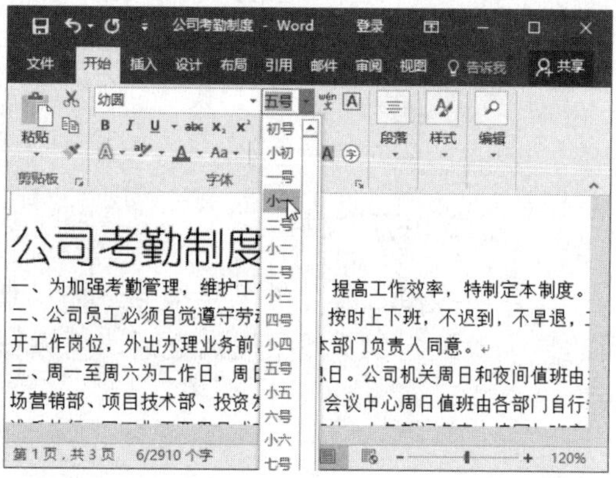

2. 设置加粗效果

为了突出显示文本，我们可以为文本设置加粗效果，操作方法如下。

选中标题文本，单击“开始”选项卡的“字体”组中的“加粗”按钮 **B** 即可。

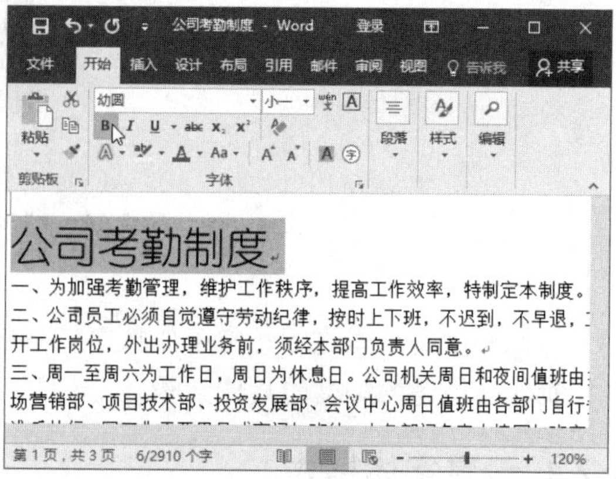

3. 设置字符间距

在 Word 中，默认的文字字符间距较小，当我们在制作标题等内容时，如果需要更大的字符间距，可以通过以下的方法来设置。

Step 01 选中标题文本，单击“开始”选项卡的“字体”组中的对话框启动器。

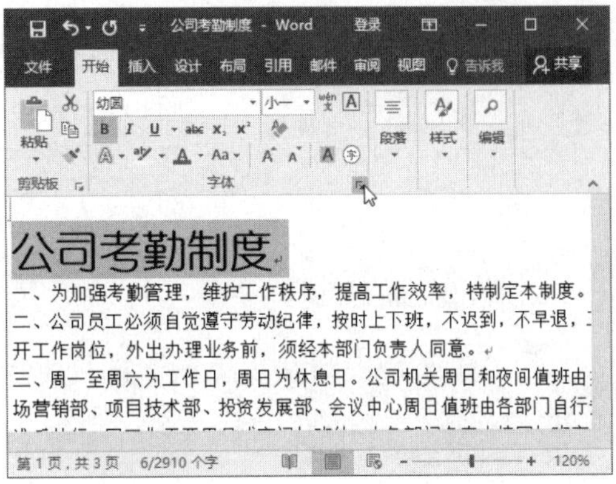

Step 02 弹出“字体”对话框，切换到“高级”选项卡，在“字符间距”组中的“间距”下拉列表中选择“加宽”命令，在“磅值”微调框中将磅值调整为“4 磅”，然后单击“确定”按钮即可。

1.2.2 设置段落格式

设置段落格式可以让文档看起来段落清晰、错落有致，使阅读更加容易。下面介绍设置格式的方法，包括设置对齐方式、段落缩进和间距等。

1. 设置对齐方式

对齐方式是指段落在文档中的相对位置，段落的对齐方式有左对齐、居中、右对齐、两端对齐和分散对齐 5 种。下面以设置居中对齐为例，介绍设置对齐方式的方法。

选中文档标题，单击“开始”选项卡的“段落”组中的“居中”按钮☰，即可为标题设置居中对齐。

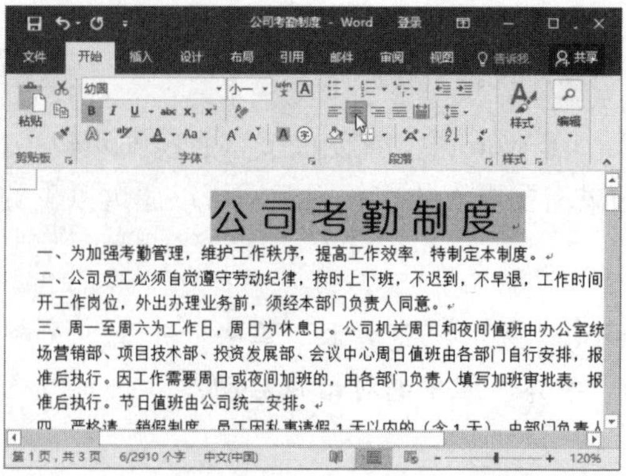

2. 设置段落缩进

为了使文档中的文字更利于阅读，就需要对文档中文本的字体和字号进行设置，以区分不同的文本，操作方法如下。

Step 01 选中除标题外的其他文本段落，单击“开始”选项卡的“段落”组中的对话框启动器。

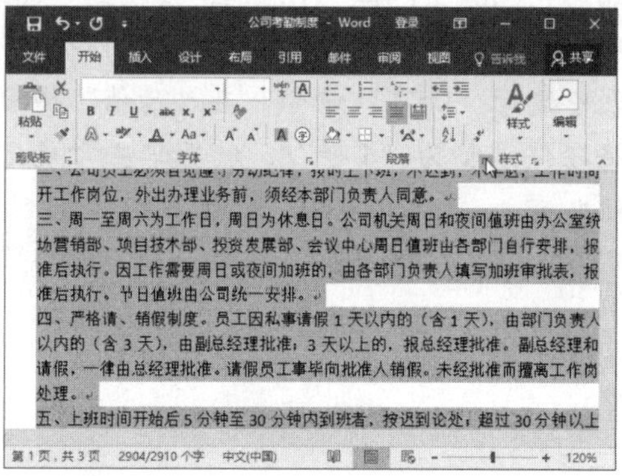

Step 02 打开“段落”对话框，在“缩进和间距”选项卡的“缩进”组中单击“特殊格式”下拉按钮，在弹出的下拉列表中选择“首行缩进”命令，“缩进值”默认为“2 字符”，保持默认状态即可，设置完成后单击“确定”按钮即可。

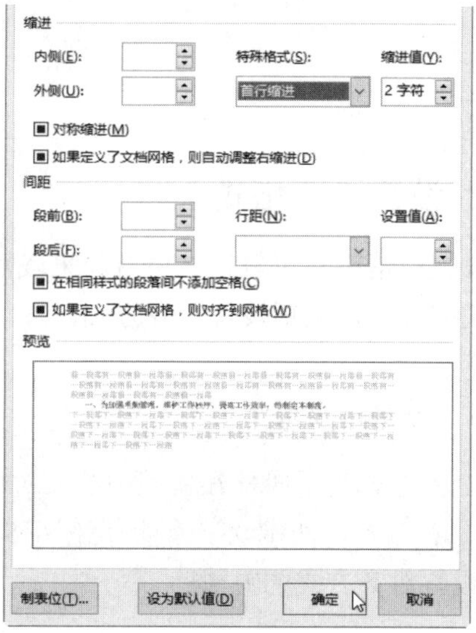

3. 设置间距

为了使整个文档看起来疏密有致，可对段落设置合适的间距或行距，操作方法如下。

Step 01 按下“Ctrl+S”组合键选中所有文本，然后单击“开始”选项卡的“段落”组中的“行和段落间距”下拉按钮，在弹出的下拉菜单中选择“1.5”命令。

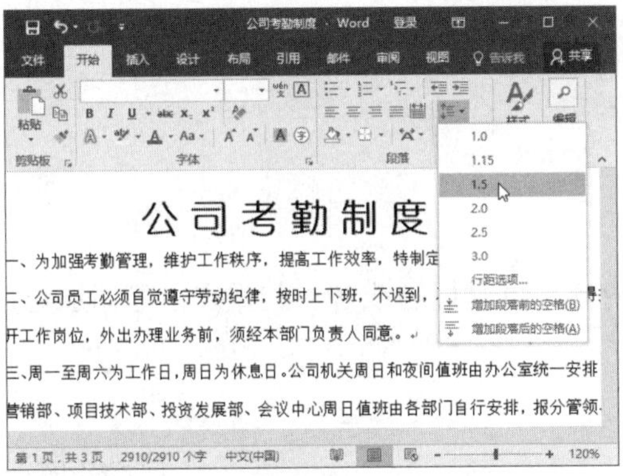

Step 02 选中标题文本，然后单击“开始”选项卡的“段落”组中的对话框启动器。

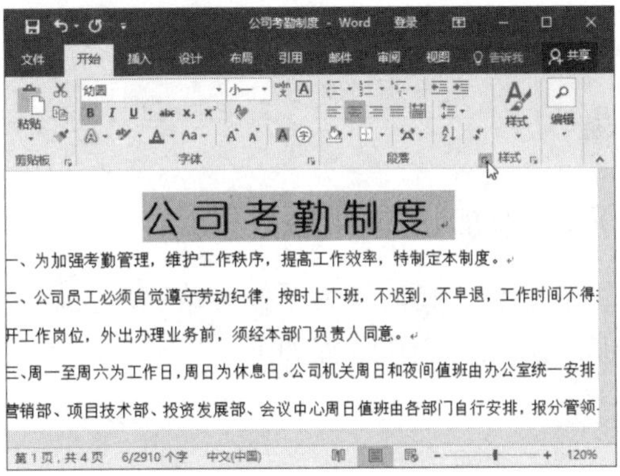

Step 03 打开“段落”对话框，在“间距”组中的“段后”微调框中设置行数为“2 行”，完成后单击“确定”按钮即可。

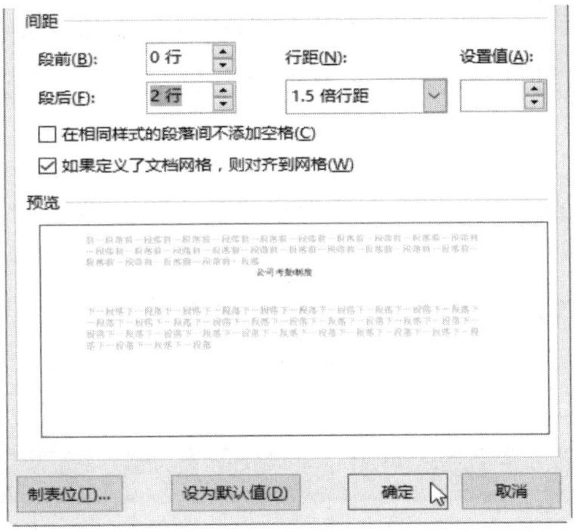

4. 添加项目符号和编号

为了更加清晰地显示文本之间的结构与关系，用户可在文档中的各个要点前添加项目符号或编号，以便增加文档的条理性，操作方法如下。

Step 01 选中需要添加项目符号的文本，在“开始”选项卡的“段落”组中单击“项目符号”按钮右侧的下拉按钮☰ ·，在弹出的下拉菜单中选择一种项目符号样式。

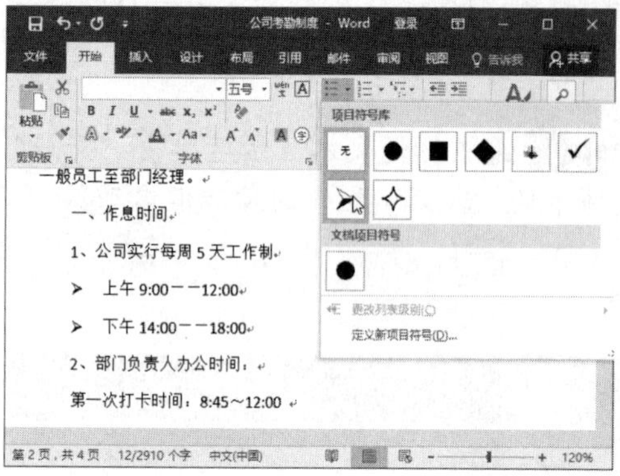

Step 02 选中需要添加编号的文本，在“开始”选项卡的“段落”组中单击“编号”按钮右侧的下拉按钮☰ ·，在弹出的下拉菜单中选择一种编号样式。

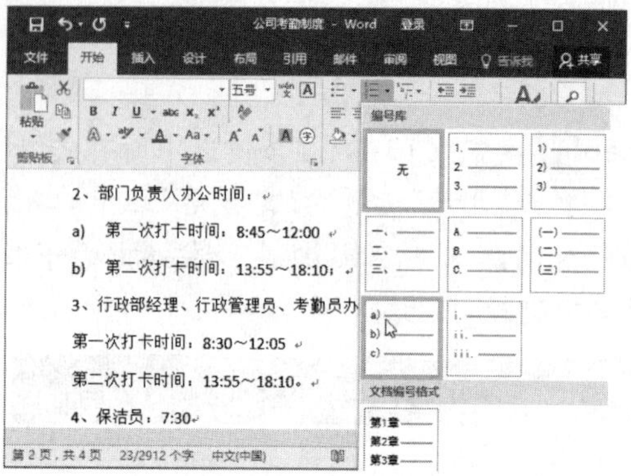

1.2.3 添加边框和底纹

在制作文档时，为了修饰或突出文档中的内容，可对标题或者一些重点段落添加边框或底纹效果，操作步骤如下。

1．添加边框

为了使文档中的文字更利于阅读，就需要对文档中文本的字体和字号进行设置，以区分不同的文本，操作方法如下。

Step 01 选择需要添加边框的文本，单击“开始”选项卡的“段落”组中的“边框”按钮右侧的下拉按钮，在弹出的下拉菜单中选择“边框和底纹”命令。

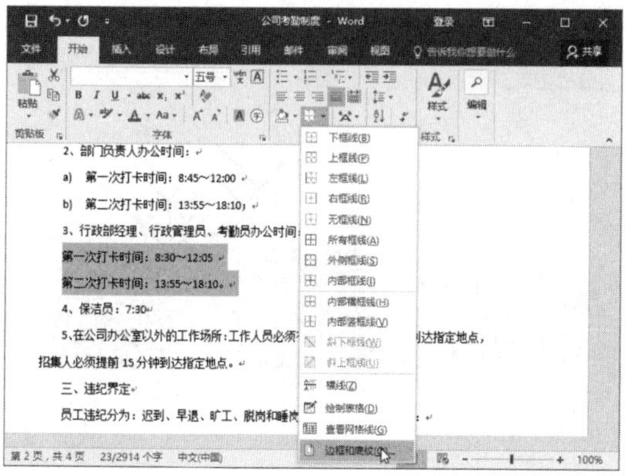

Step 02 打开“边框和底纹”对话框，在“边框”选项卡中设置边框的样式、颜色和宽度等参数，设置完成后单击“确定”按钮即可。

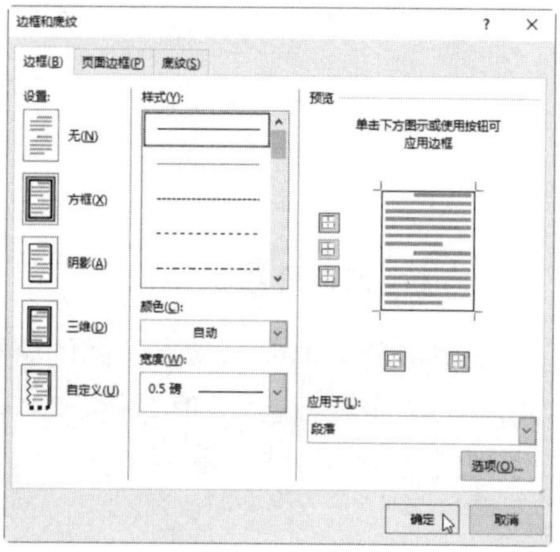

● 大师点拨

在“边框和底纹”对话框的“边框”选项卡中，若单击“选项”按钮，可在弹出的“边框和底纹选项”对话框中调整边框与段落间的距离。

2. 添加底纹

添加了底纹的文字会更加突出显示，操作方法如下。

Step 01 选中要添加底纹的文本，单击“设计”选项卡的“页面背景”组中的“页面边框”按钮。

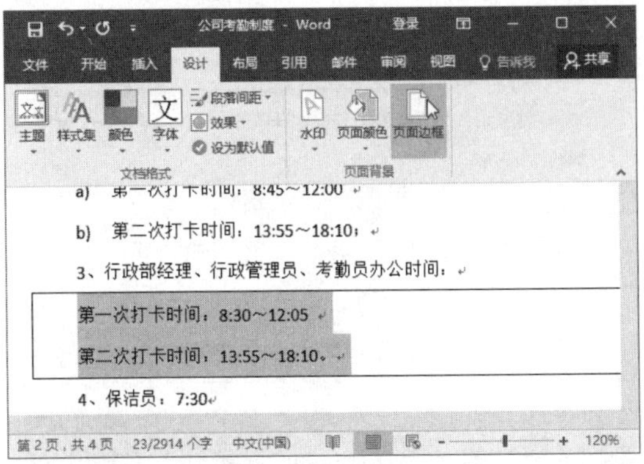

Step 02 在弹出的“边框和底纹”对话框中切换到“底纹”选项卡，在“填充”下拉列表中选择一种填充颜色，完成后单击“确定”按钮。

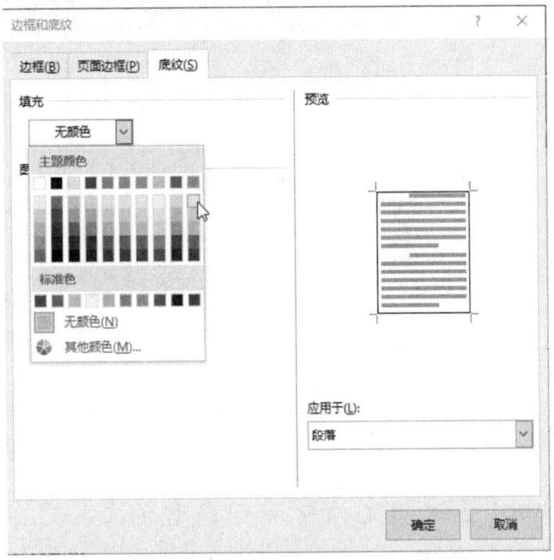

Step 03 返回文档中即可查看到文本设置了底纹后的效果。

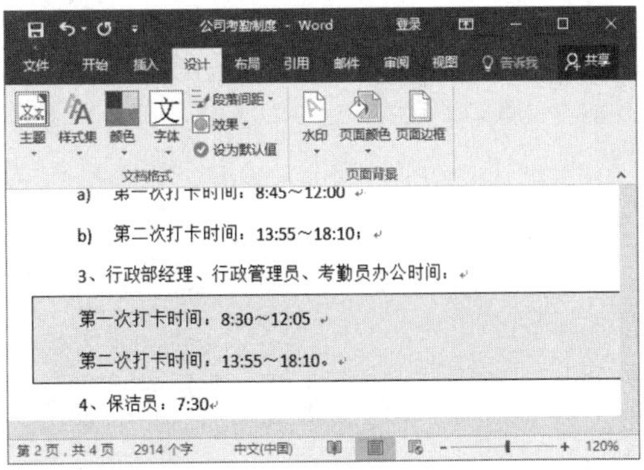

1.2.4 设置页面背景

为了使文档看起来更加美观，用户可以为页面添加各种漂亮的页面背景，包括水印、页面颜色等。

1. 添加水印

添加水印是指为文档添加背景图案或图像，水印不仅可以作为美化文档的操作，也可以防止他人盗用自己的文档，操作方法如下。

Step 01 切换到“设计”选项卡，单击“页面背景”组中的“水印”下拉按钮，在弹出的下拉菜单中选择“自定义水印”命令。

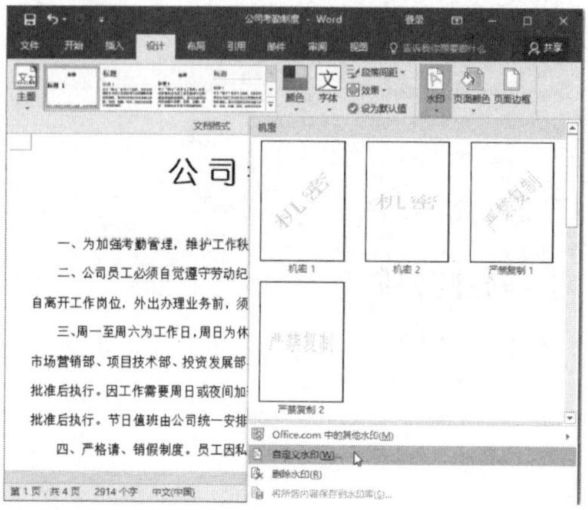

Step 02 弹出“水印”对话框，选择“文字水印”单选项，然后根据需要设置“文字”“字体”“字号”“颜色”等选项，设置完成后单击“确定”按钮。

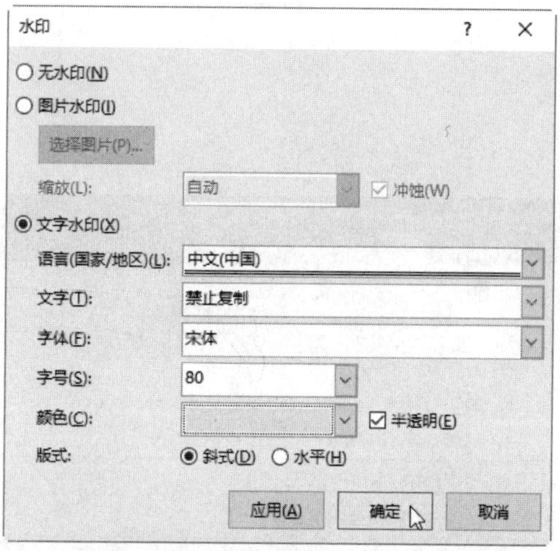

Step 03 返回文档中即可查看到文档已经添加了水印。

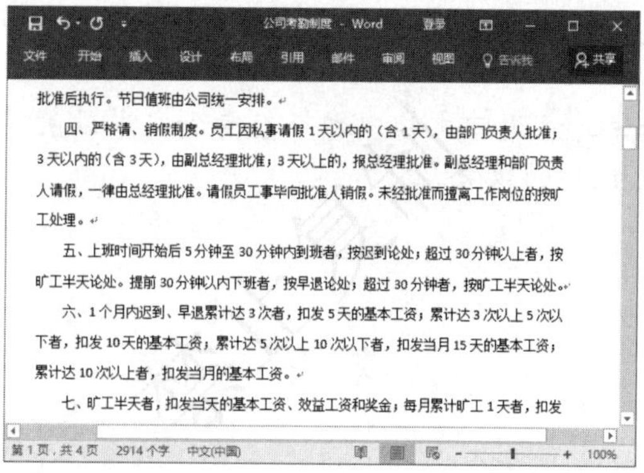

2. 设置页面颜色

页面颜色是指在 Word 文档底层的颜色或图案，用于丰富 Word 文档的页面显示，在打印时，并不会显示，设置页面颜色的操作方法如下。

Step 01 单击"设计"选项卡的"页面背景"组中的"页面颜色"下拉按钮，在弹出的下拉菜单中选择一种颜色即可。

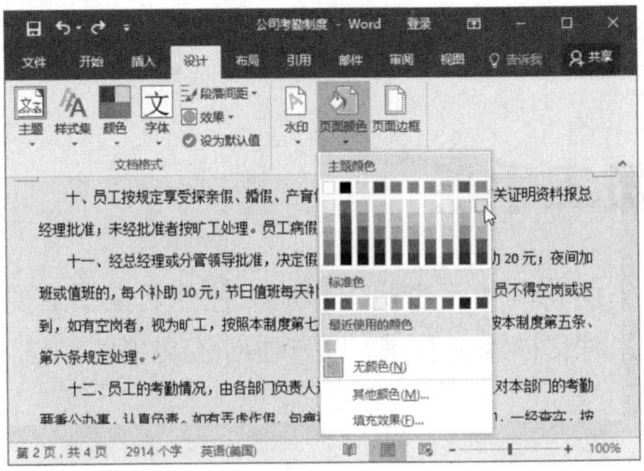

Step 02 如果要设置更丰富的颜色，可以在"页面颜色"下拉菜单中选择"其他颜色"命令。

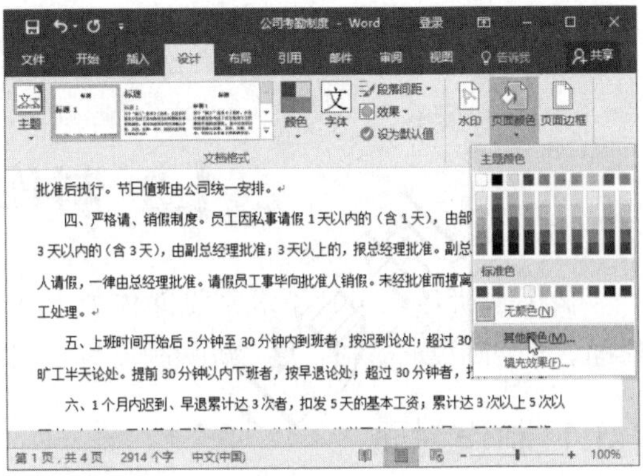

Step 03 弹出"颜色"对话框，在"标准"选项卡中可以选择更丰富的颜色。

Step 04 如果"标准"选项卡的颜色还不能满足需要，可以切换到"自定义"选项卡，在"颜色"面板上选择合适的颜色，或者在下方的微调框中调整颜色的 RGB 值，设置后单击"确定"按钮。

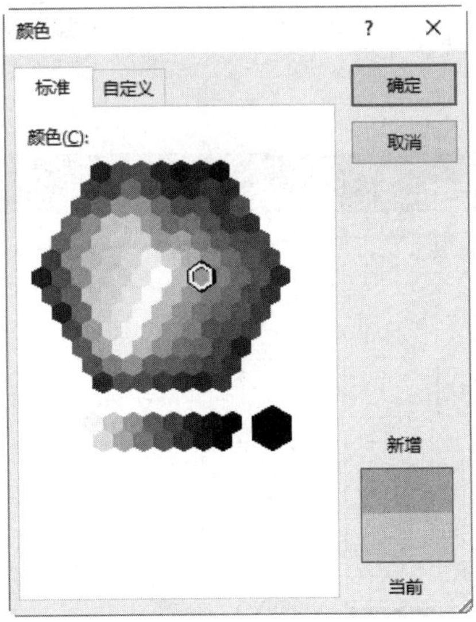

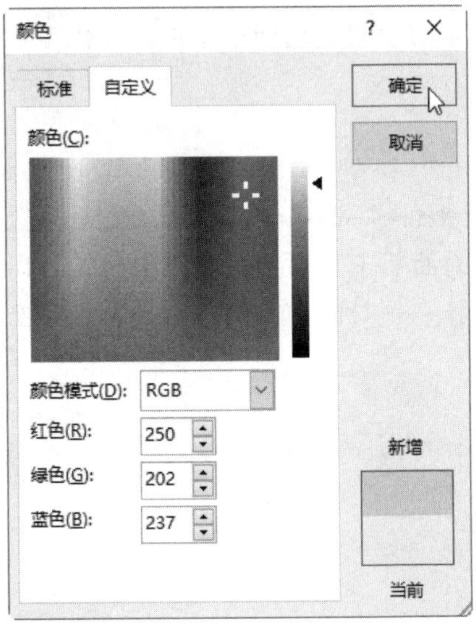

Step 05 返回文档中即可查看到设置了页面背景后的效果。

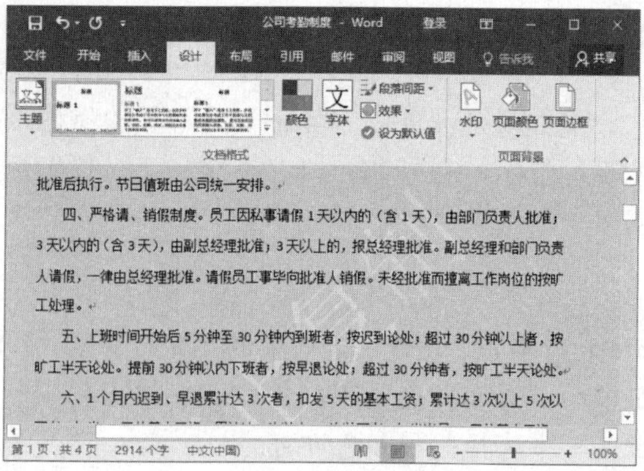

1.3 制作员工手册

员工手册是公司制度最常见的体现形式。下面将制作一份员工手册，包括员工手册的封面、考勤制度、福利制度、薪酬制度等信息，并对文档添加目录，以方便对该文档的浏览。

1.3.1 制作封面

为员工手册制作一个带有公司图标的封面，既能提升员工手册的专业性，还能美化员工手册。

1. 插入内置封面

Word 2016 内置了多种封面模板，如果需要为员工手册制作封面，可以使用内置封面功能轻松地制作出专业、美观的封面。

新建一个名为“员工手册”的 Word 文档，转到“插入”选项卡，单击“页面”组中的“封面”下拉按钮，在弹出的下拉列表中选择一种封面样式即可插入内置封面。

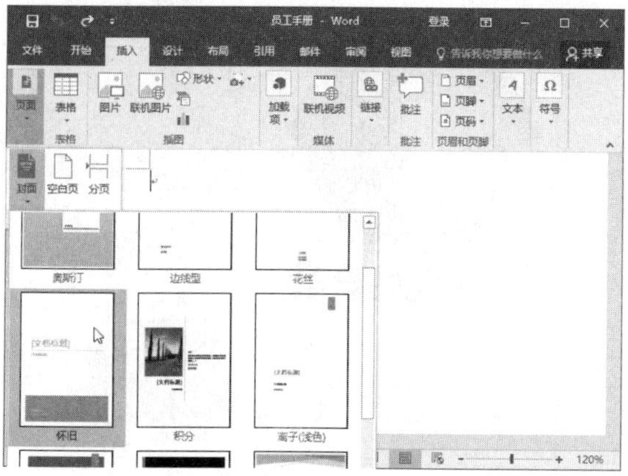

2. 输入封面内容

内置封面中包括了多项内容控件，分别在内容控件中输入员工手册的封面内容，即可轻松地完成封面制作。

Step 01 在“文档标题”控件中输入公司名称，然后在“标题”控件中输入“员工手册”，输入完成后在“开始”选项卡的“字体”组中设置字体样式、字号和颜色。

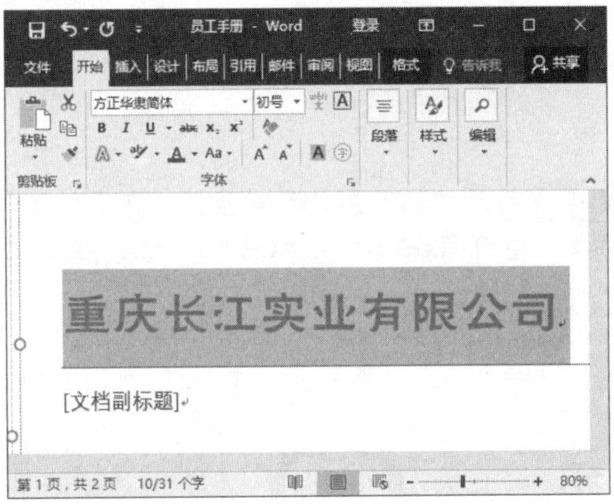

Step 02 在“文档副标题”控件中输入“员工手册”文本，输入完成后在“开始”选项卡的“字体”组中设置字体格式，设置完成后单击“段落”组中的“右对齐”按钮。

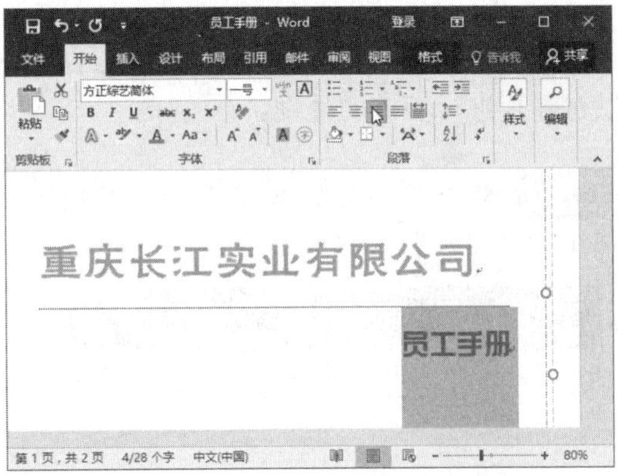

Step 03 在页面下方需要删除的控件上单击鼠标右键，在弹出的快捷菜单中选择“删除内容控件”命令。

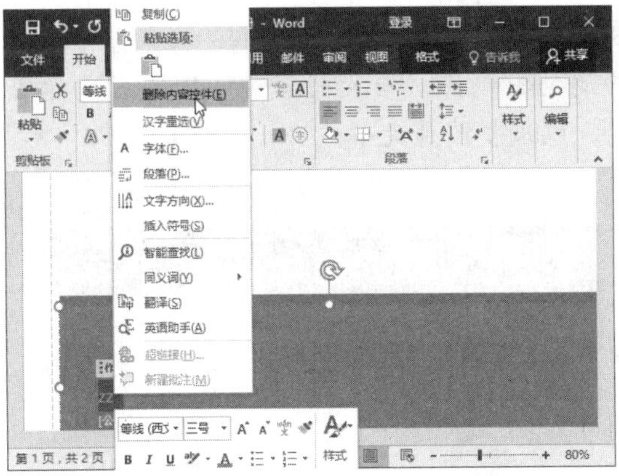

Step 04 在公司名称控件中输入公司名称，输入完成后在“开始”选项卡的“字体”组中设置字体格式，设置完成后单击“段落”组中的“右对齐”按钮。

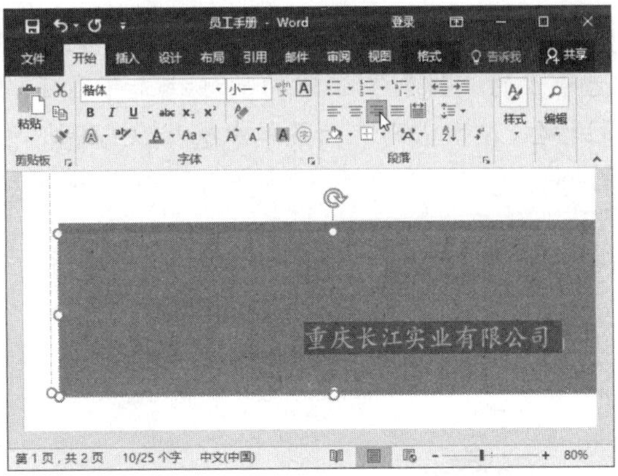

Step 05 选中内侧方框，在“绘图工具 / 格式”选项卡的“形状样式”组中设置方框样式，如“彩色轮廓，橙色，强调颜色 2”。

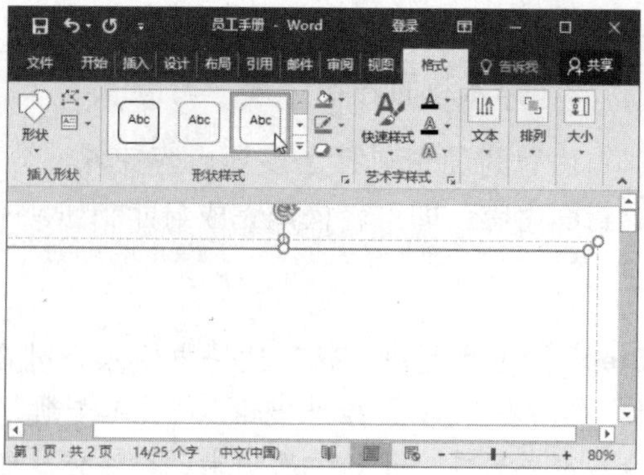

3. 插入公司标识

在制作员工手册时，通常需要在封面中插入公司标识图片，而插入标识图片后，还可以对图片进行简单的处理。

Step 01 单击“插入”选项卡的“插图”组中的“图片”按钮。

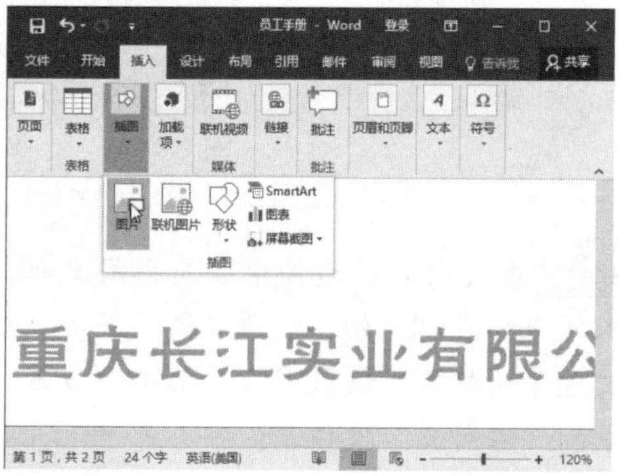

Step 02 打开“插入图片”对话框，在素材文件中选择“公司图标”文件，然后单击“插入”按钮。

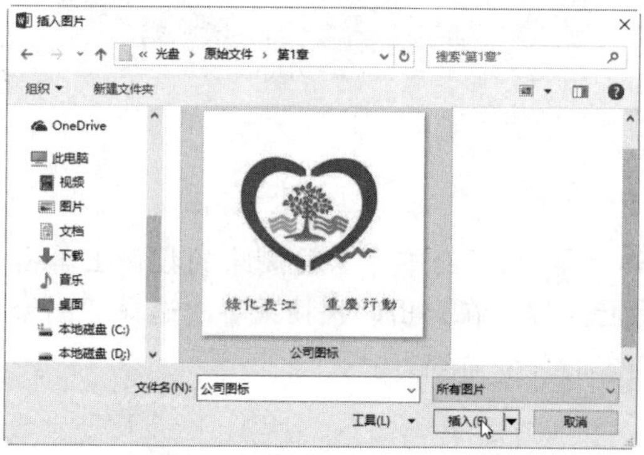

Step 03 选中图片，单击“图片工具 / 格式”选项卡的“排列”组中的“环绕文字”下拉按钮，在弹出的下拉菜单中选择“四周型”命令。

Step 04 保持图片的选中状态，将光标移动到四周的控制点，当光标变为⤡时按下鼠标拖动，以调整图片大小。

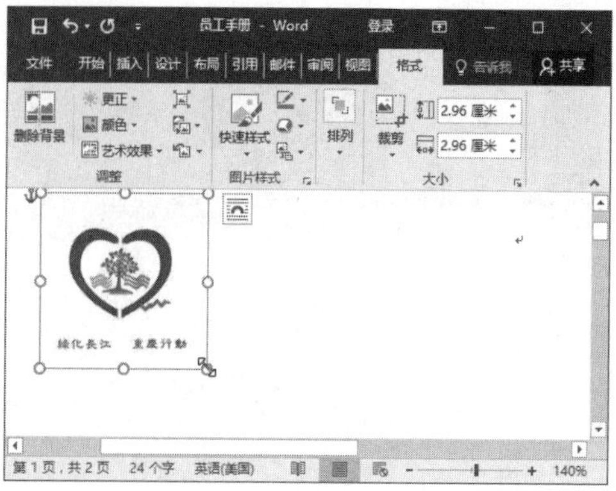

Step 05 选中图片，当光标变为 时，按下鼠标左键不放，将图片拖动到合适的位置即可。

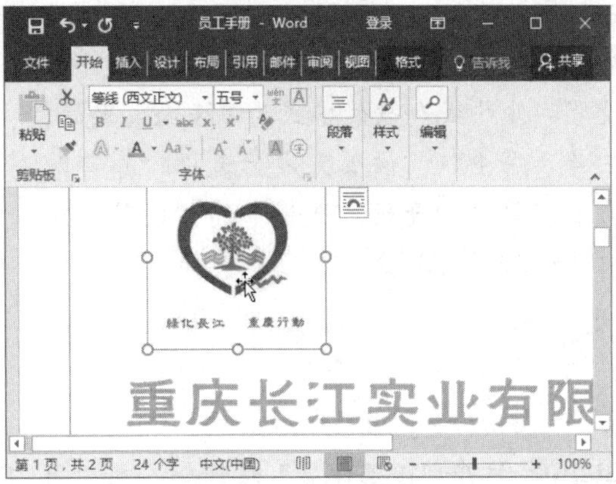

1.3.2 输入内容并设置格式

封面制作完成后，就可以对员工手册的内容进行输入。为了提高编辑效率，需要进行新建章名样式，并为样式设定快捷键等操作。

1. 插入分页符

为了避免本页段落的增减会影响后面文档的位置，我们可以在文档中插入分页符，操作方法如下。

将光标插入封面的末尾处，单击“页面布局”选项卡的“页面设置”组中的“分隔符”按钮，在弹出的下拉菜单中选择“下一页”命令即可。

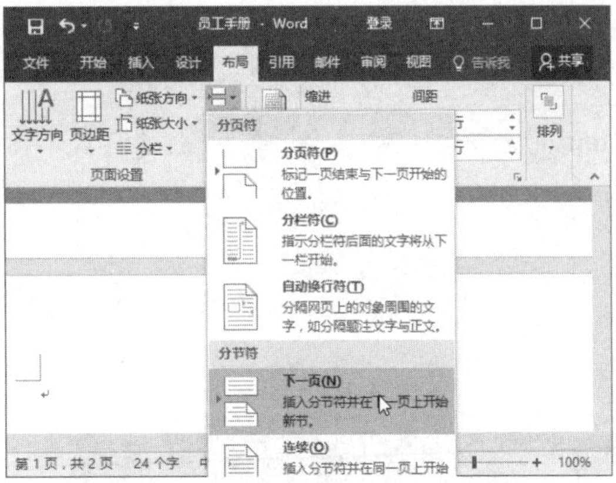

2. 新建字体格式

员工手册中的章名样式比较特殊，而且应用较多，所以需要将其新建为样式，并为其指定快捷键，以方便快速设置相同的格式，操作方法如下。

Step 01 在下一页中输入“序言”文本，为了美观，在文本中间插入两个空格，并设置字体格式和段落格式为“汉仪大黑简，三号，居中”。设置完成后选中“序言”文本，单击“开始”选项卡的“段落”组中的对话框启动器。

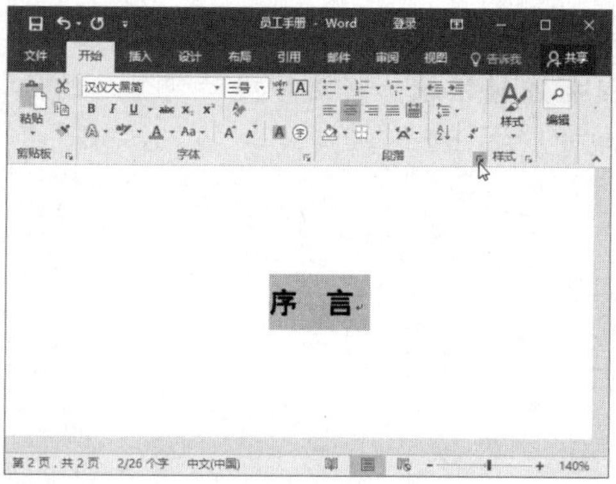

Step 02 打开“段落设置”对话框，在“间距”组中分别设置“段前”和“段后”为“0.5行”，设置完成后单击“确定”按钮。

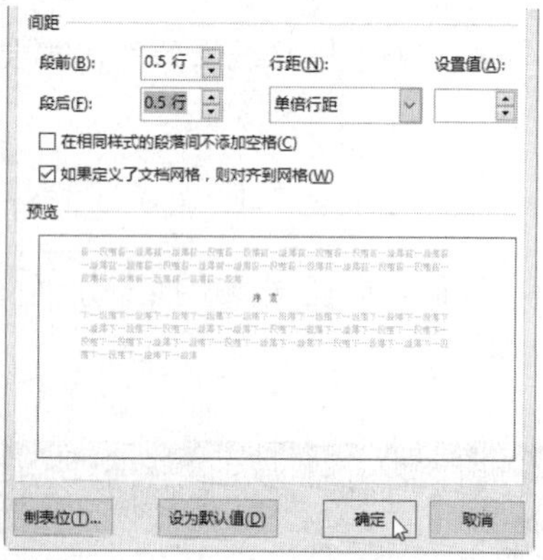

Step 03 保持文本的选中状态，单击“开始”选项卡的“样式”组中的对话框启动器。

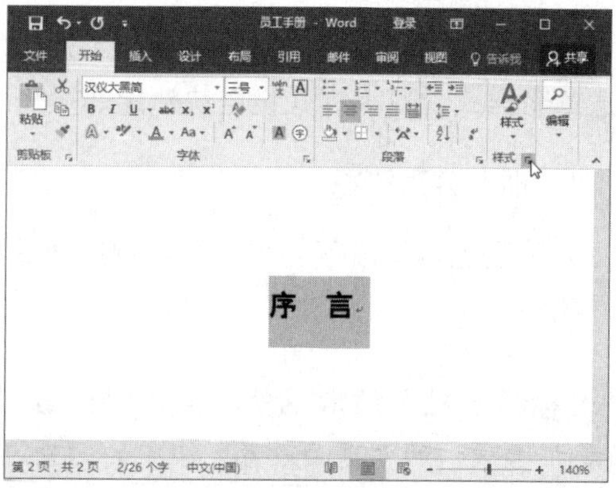

Step 04 打开“样式”窗格，单击“新建样式”按钮。

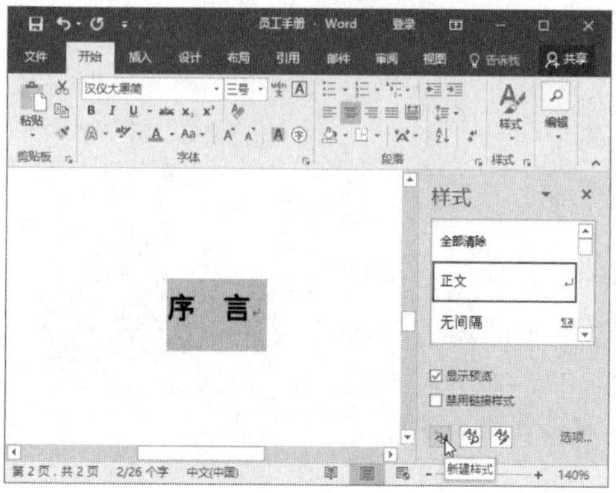

Step 05 打开“修改样式”对话框，在“属性”栏的“名称”文本框中输入“员工手册标题”，完成后单击“格式”按钮，在弹出的下拉菜单中选择“快捷键”命令。

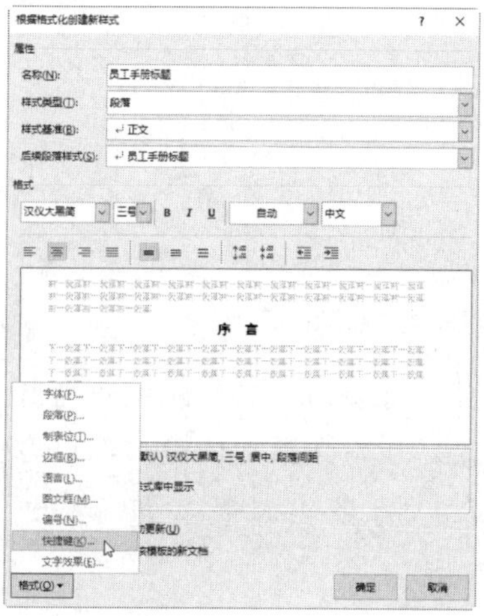

Step 06 打开“自定义键盘”对话框，将光标定位到“请按新快捷键”文本框，在键盘上按下要设定的快捷键，例如“Alt+1”，文本框中将显示按下的快捷键，单击“指定”按钮，然后单击“关闭”按钮返回“修改样式”对话框，单击“确定”按钮退出。

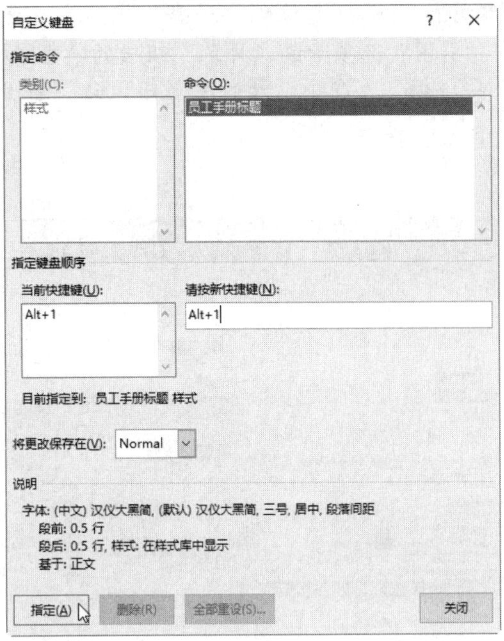

Step 07 返回文档后，按下“Enter”键换行，然后单击“样式”窗格中的“正文”样式。

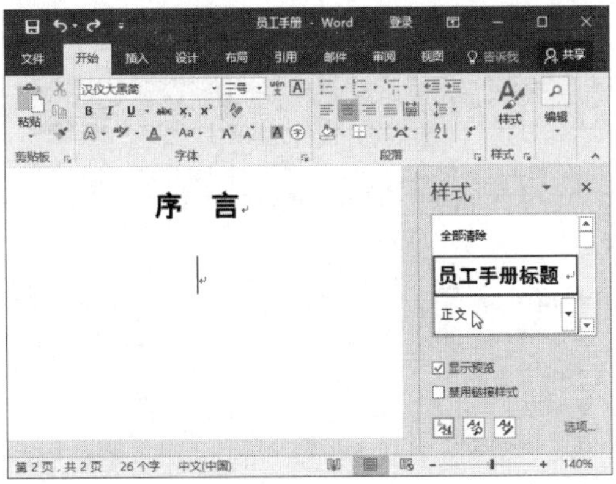

Step 08 继续输入员工手册内容，并对正文使用“首行缩进 2 字符”格式，输入标题时，按下“Ctrl+1”组合键设置标题格式即可。

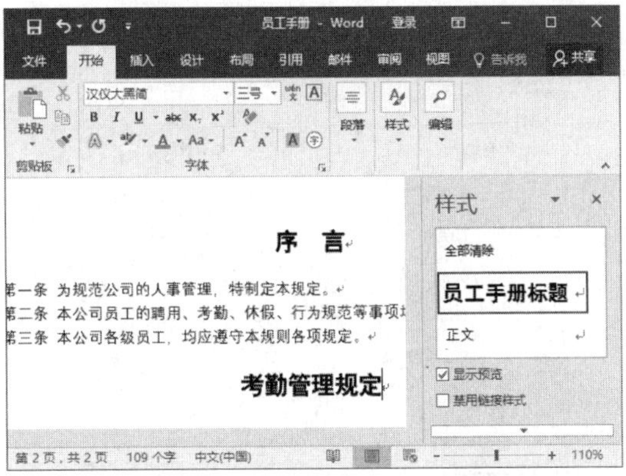

1.3.3 提取文档目录

员工手册内容输入完成后，因为内容较多，为了方便阅读者了解大致结构和快速查看所需要的内容，可以提取目录。

Step 01 将光标定位到“序言”文本前，单击“引用”选项卡的“目录”组中的“目录”下拉按钮，在弹出的下拉菜单中选择“自定义目录”命令。

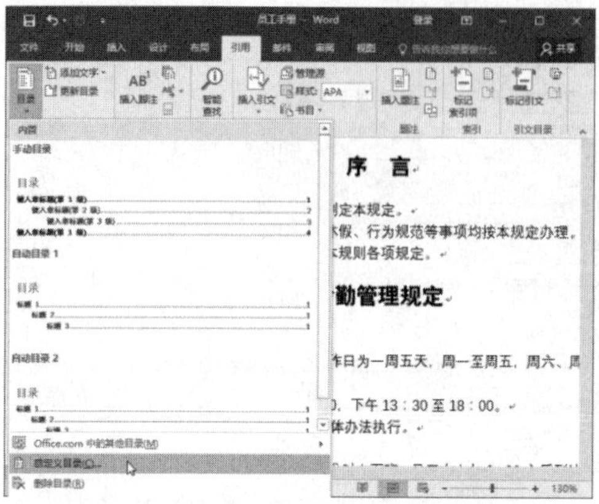

Step 02 打开“目录”对话框，单击“选项”按钮。

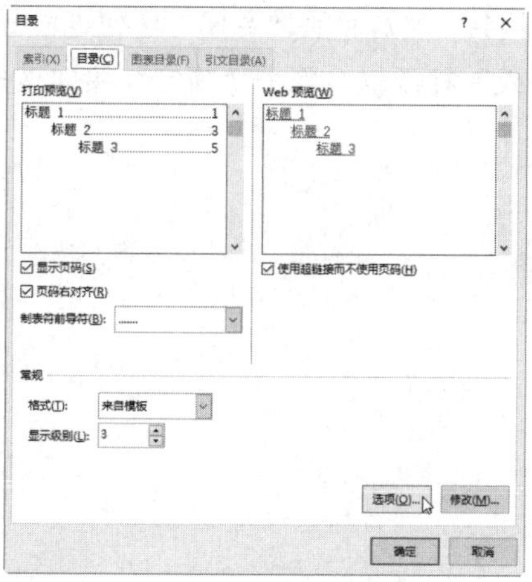

Step 03 打开“目录选项”对话框，删除“目录级别”数值框中的所有数值，在“员工手册标题”右侧的数值框中输入“1”，然后依次单击“确定”按钮。

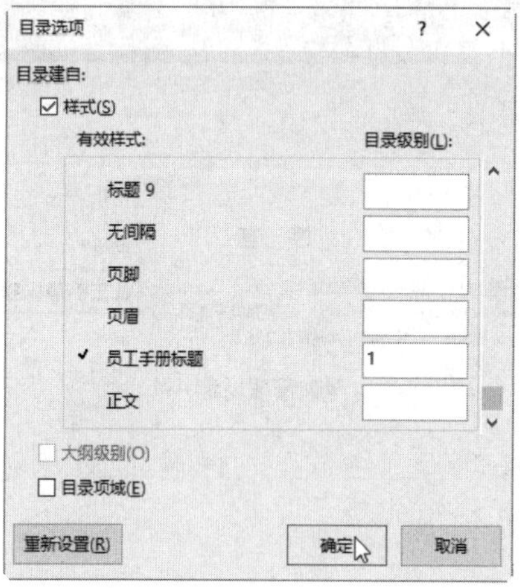

Step 04 选中目录文本，设置字号为“三号”即可。

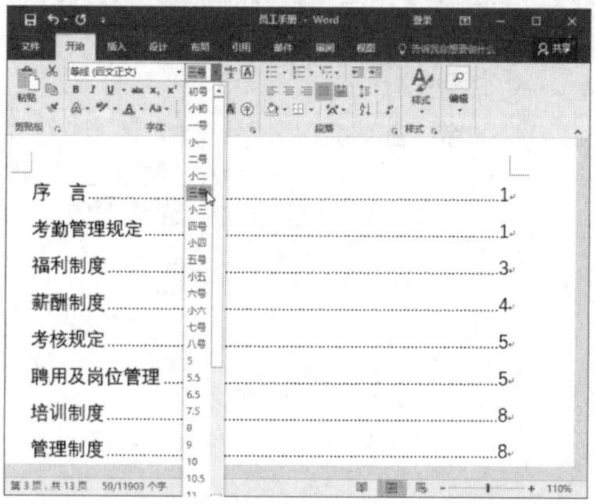

1.3.4 插入书签

员工手册内容输入完成后，因为内容较多，为了方便阅读者了解大致结构和快速查看所需的内容，可以提取目录。

Step 01 将光标定位到需要添加书签的位置，如“保密制作”中的第一条文本处，然后单击“插入”选项卡的“链接”组中的“书签”按钮。

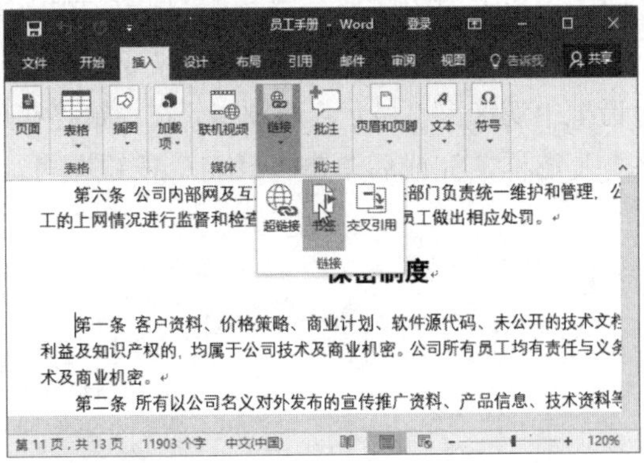

Step 02 弹出“书签”对话框，在“书签名”文本框中输入“保密”，然后单击“添加”按钮即可成功添加书签。

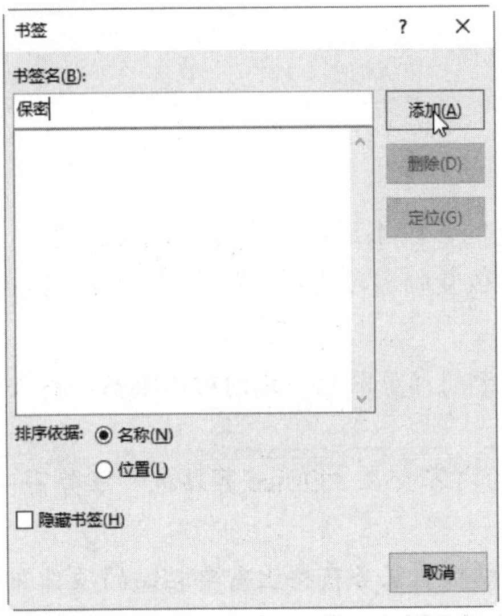

Step 03 如果要查找书签，可以打开“书签”对话框，选中需要定位的书签名，然后单击“定位”按钮。

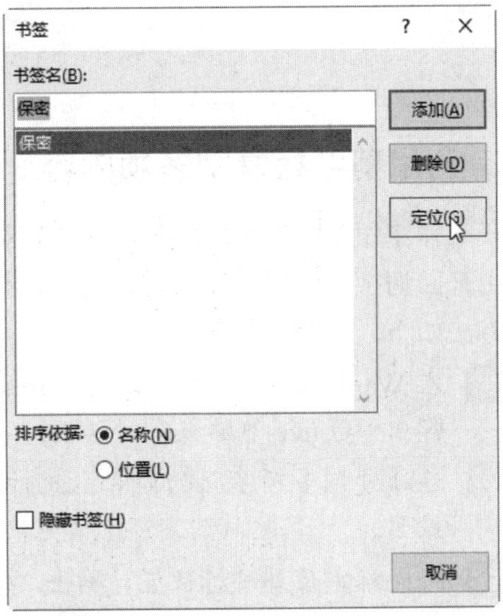

1.4 高手支招

1.4.1 快速重复输入内容

在编辑文档时，如果输完一句话之后需要重复输入，可以通过以下的方法快速地重复输入。

例如，输入“好好学习，天天向上”之后，要再次重复输入这一句，只需要在输入完成后按下“F4”键，即可重复输入前一个段落符号后的内容。

1.4.2 将空格标记显示在文档中

在编辑文档时，有时候会因为在文档中输入了空格却不显示空格标记而影响编辑效率，此时，可以通过设置将空格标记显示在文档中，以避免误操作而删除有用的空格标记。

具体的操作方法是：在“文件”选项卡中选择“选项”命令，在弹出的“Word 选项”对话框中切换到“显示”选项卡，在“始终在屏幕上显示这些格式标记”选项组中勾选“空格”复选框，完成后单击“确定”按钮即可。

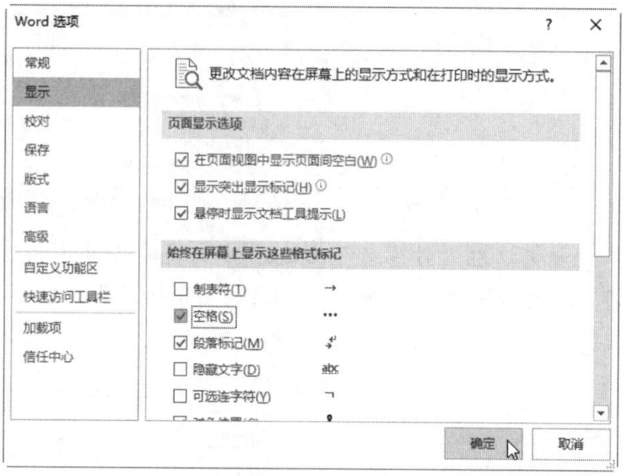

1.4.3 利用剪贴板复制多项内容

在工作中编辑 Word 文档时，如果需要将一处的多段不连续文字复制到其他地方，可以使用来回切换的复制粘贴方法，也可以使用剪贴板复制多项内容，然后粘贴到目标区域，操作方法如下。

Step 01 在 Word 程序窗口中，单击“开始”选项卡的“剪贴板”组的对话框启动器按钮，弹出“Office 剪贴板”对话框。

Step 02 连续复制多项不同的内容，此时，复制的内容会在“Office 剪贴板”任务窗格上显示。

Step 03 将光标定位到目标位置，单击“Office 剪贴板”任务窗格上需要粘贴的项目即可。

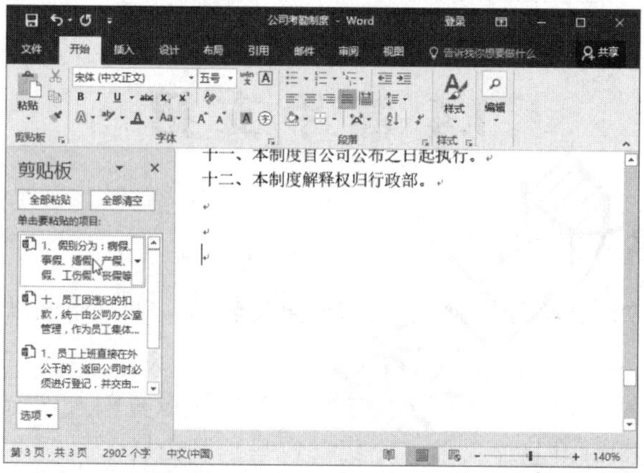

第 2 章

使用 Word 制作图文混排文档

在编辑 Word 文档时，应用各种图形元素可以创建出更具有艺术效果的精美文档。本章将通过制作招聘流程图、促销海报和市场调查报告，介绍 Word 2016 的图文混排功能应用。

2.1 制作招聘流程图

招聘工作流程一般由公司的人力资源部确定，主要目的是规范公司的人员招聘行为，保障公司及招聘人员权益。将招聘流程制作成为流程图，可以让招聘人员更直观地了解招聘的具体流程，更好地执行招聘工作。下面以制作常规的招聘流程图为例，介绍制作招聘流程图的具体制作方法。

2.1.1 制作招聘流程图标题

招聘流程图的标题是文档中起引导作用的重要元素，通常标题应具有醒目、突出主题的特点，同时可以为其加上一些特殊的修饰效果。本例将使用艺术字为文档制作标题。

1. 插入艺术字

使用艺术字可以快速地美化文字，让文档看起来更加美观、醒目。本例先新建一个名为“招聘流程图”的 Word 文档，然后根据以下的方法插入艺术字。

Step 01 将光标定位到插入艺术字的位置，然后单击“插入”选项卡的“文本”组中的“艺术字”下拉按钮，在弹出的下拉菜单中选择一种艺术字样式。

Step 02 文档中将出现一个艺术字文本框，占位符“请在此放置您的文字”为选中状态，直接输入艺术字内容。

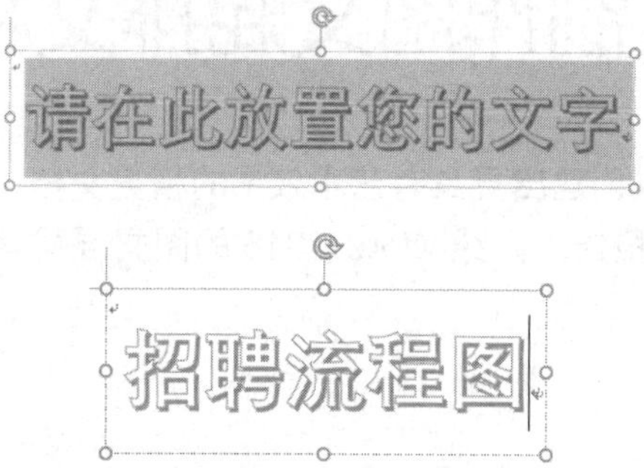

Step 03 将光标定位到艺术字文本框中，切换到“绘图工具/格式”选项卡，单击“排列”组的“对齐”下拉按钮，在弹出的下拉菜单中选择“水平居中”对齐方式。

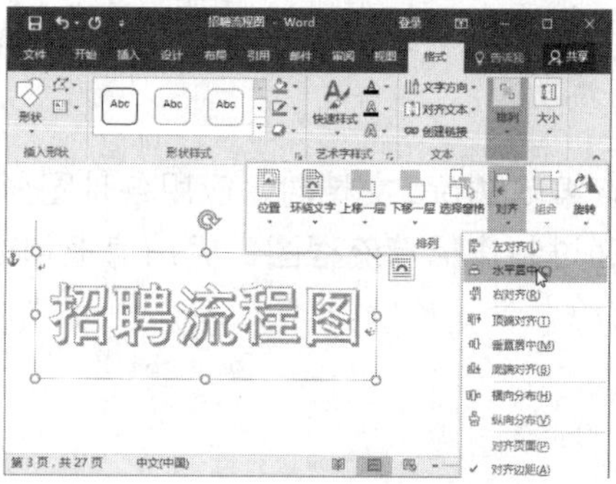

2. 设置艺术字样式

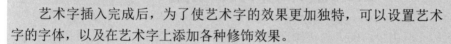

艺术字插入完成后，为了使艺术字的效果更加独特，可以设置艺术字的字体，以及在艺术字上添加各种修饰效果。

Step 01 选中艺术字，在“开始”选项卡的“字体”组中设置艺术字的字体，如“华文隶书”。

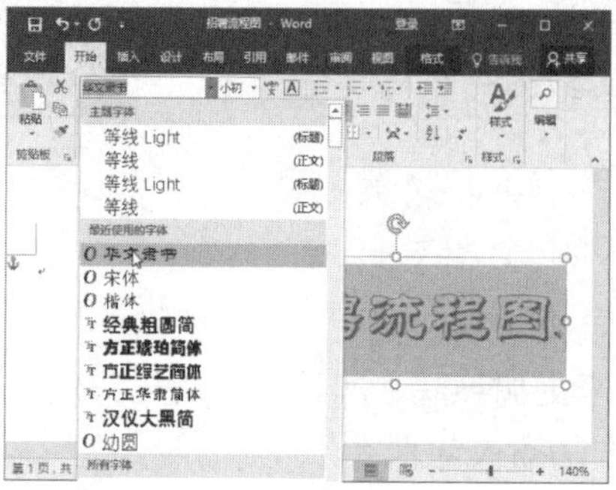

Step 02 单击“绘图工具/格式”选项卡的“艺术字样式”组中的“文本效果”下拉按钮，在弹出的下拉菜单中选择“转换”命令，再在弹出的扩展菜单中选择一种转换形式即可。

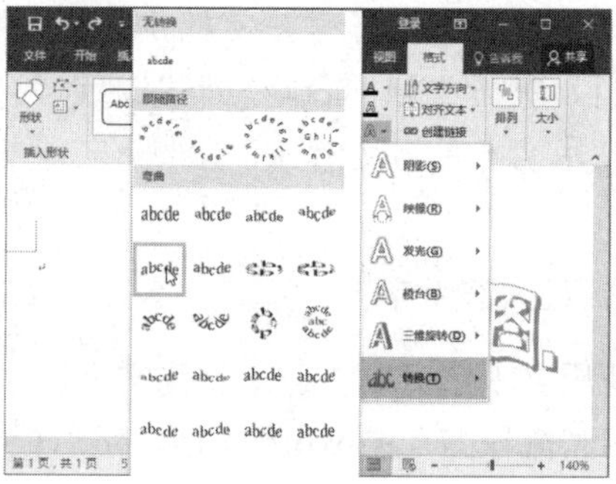

2.1.2 绘制流程图

清晰的流程图可以让人一目了然地了解工作的进度，明确下一步的工作目标。绘制流程图包括选择流程图模板、输入文字、添加形状等操作。

1. 插入 SmartArt 图形

Word 2016 内置了多种 SmartArt 图形样式，用户可以根据自身的需求选择 SmartArt 图形的样式。

Step 01 将光标定位到需要插入流程图的位置，然后单击“插入”选项卡的“插图”组中的“SmartArt”按钮。

Step 02 弹出“选择 SmartArt 图形”对话框，选择一个 SmartArt 图形样式，然后单击“确定”按钮。

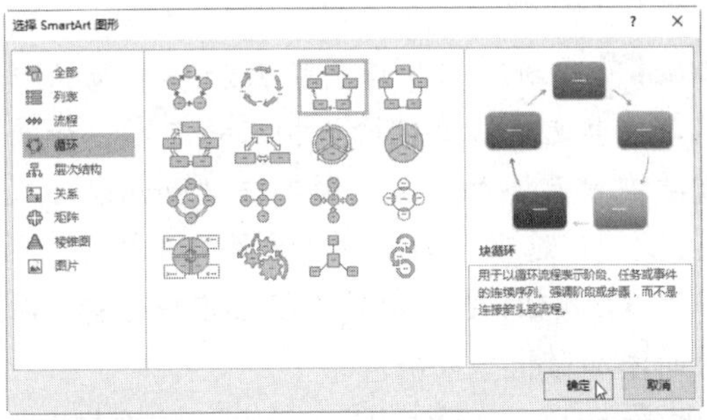

Step 03 所选样式的 SmartArt 图形将插入到文档中，选中该图形，其四周会出现控制点。将鼠标指针指向这些控制点，当鼠标指针呈双向箭头时，拖动鼠标可调整其大小。

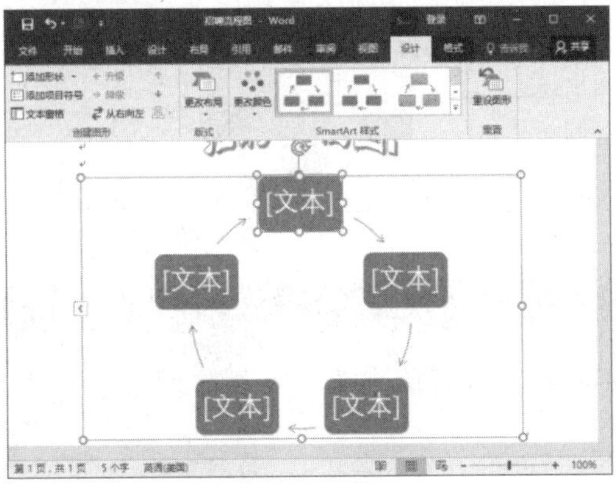

Step 04 将光标插入点定位在某个形状内，“文本”字样的占位符将自动删除，此时可输入文本内容，完成输入后的效果如图所示。

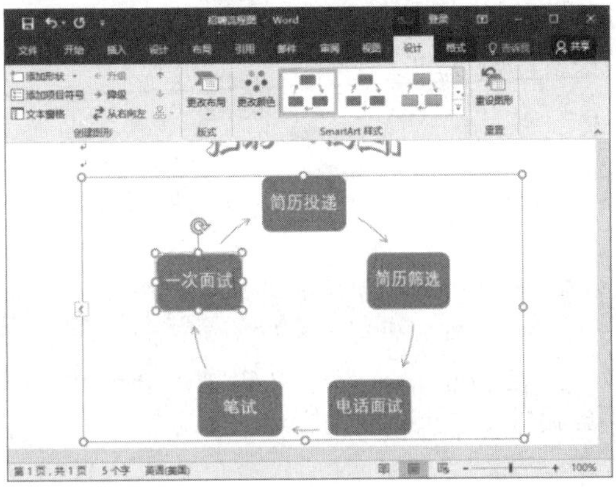

2. 添加形状

每一个 SmartArt 图形会默认创建数个形状，如果在使用时发现形状数量不足，可以添加形状，操作方法如下。

Step 01 切换到“SmartArt 工具 / 设计”选项卡，在“创建图形”组中单击“添加形状”按钮右侧的下拉按钮，在弹出的下拉列表中选择“在后面添加形状”命令。

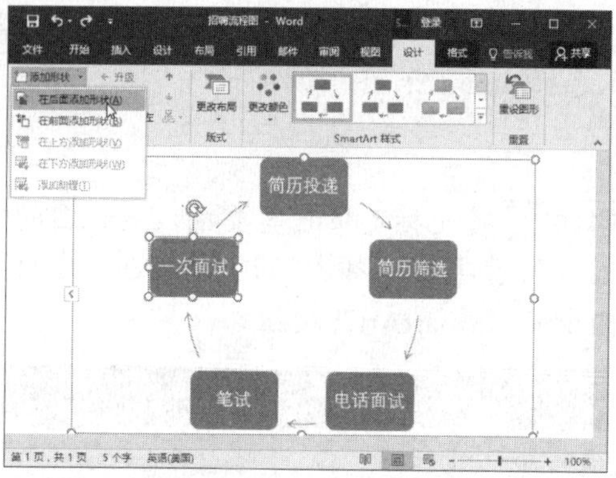

Step 02 在所选形状后面将添加一个新的形状，将其选中，直接输入相应的内容。如果需要在前面添加形状，则单击“SmartArt 工具 / 设计”选项卡的“创建图形”组中的“添加形状”按钮，在弹出的下拉菜单中选择“在前面添加形状”命令。

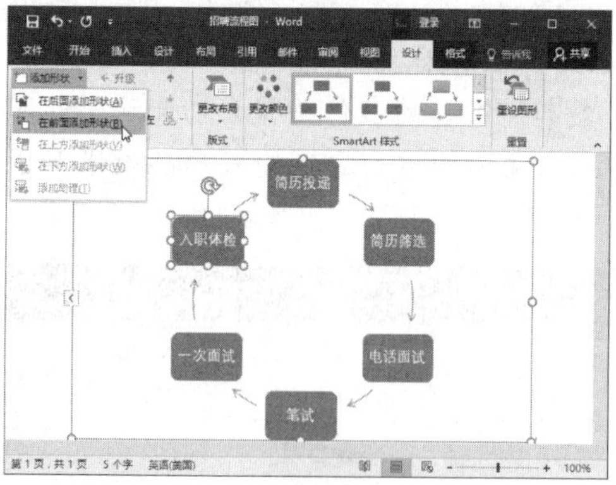

Step 03 根据需要添加数个形状，然后分别输入相应的文字即可。

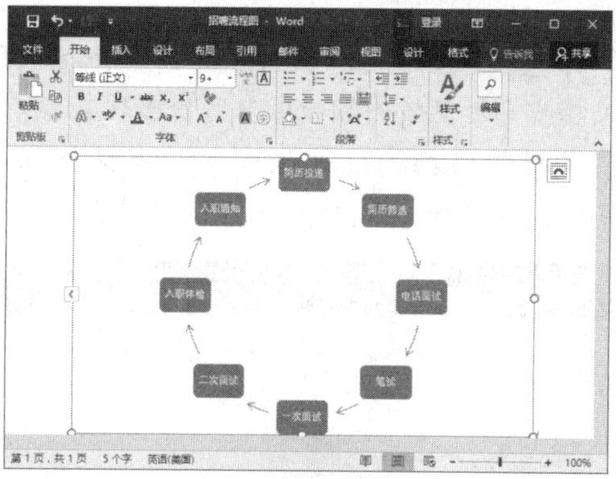

● 大师点拨

在 SmartArt 图形中删除形状的方法十分简单，只需选中某个要删除的形状，然后按下“Delete”键即可。

3. 更改 SmartArt 图形布局

创建了 SmartArt 图形之后，如果对当前的布局不满意，可以选择更改布局，操作方法如下。

Step 01 单击“SmartArt 工具 / 设计”选项卡的“布局”组中的“更改布局”下拉按钮，在弹出的下拉列表中选择“其他布局”命令。

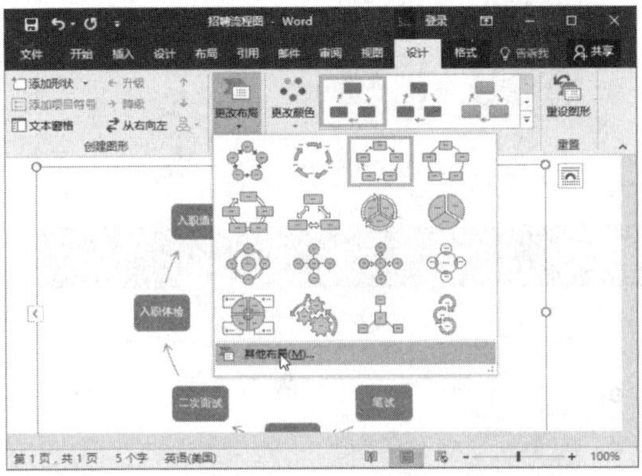

Step 02 在打开的“选择 SmartArt 图形”对话框中更改新样式，完成后单击“确定”按钮。

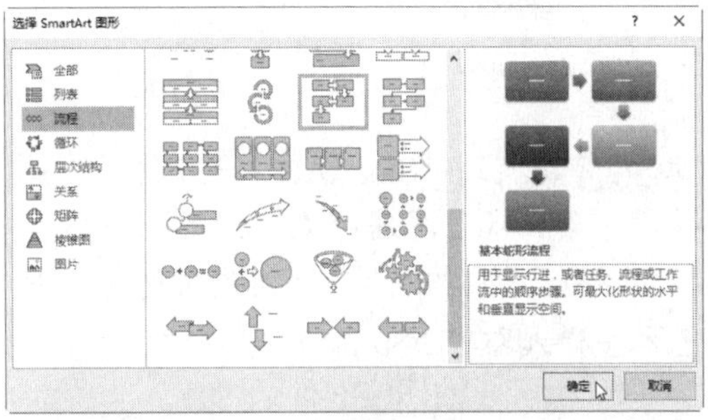

Step 03 返回文档中即可查看到 SmartArt 图形的布局已经更改。

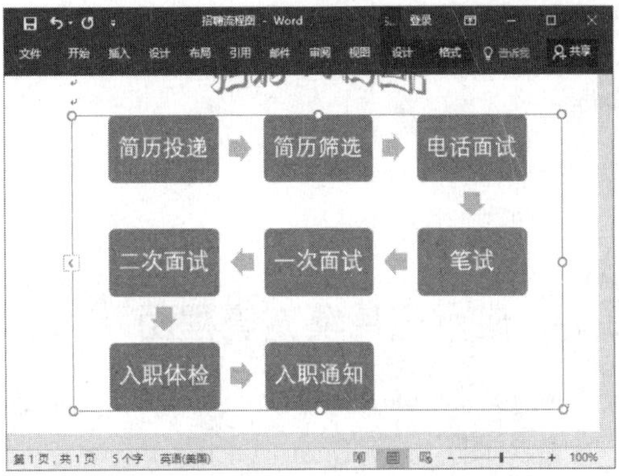

2.1.3 美化流程图

流程图是以默认的格式插入文档中，用户在制作完成后可以对流程图进行一定的修饰，如修改图形颜色、图形样式和字体样式等，以增加流程图的表现力。

Step 01 选中流程图，单击“SmartArt 工具 / 设计”选项卡的“SmartArt 样式”组中的“更改颜色”下拉按钮，在弹出的下拉菜单中选择一种颜色样式。

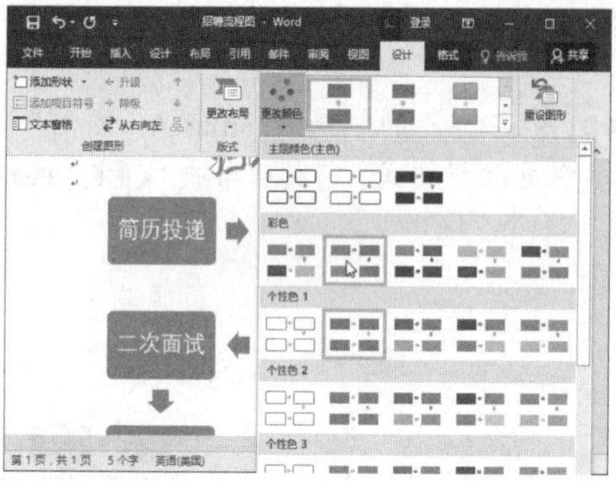

Step 02 单击“SmartArt 工具 / 设计”选项卡的“快速样式”下拉按钮，在弹出的下拉列表中选择一种样式。

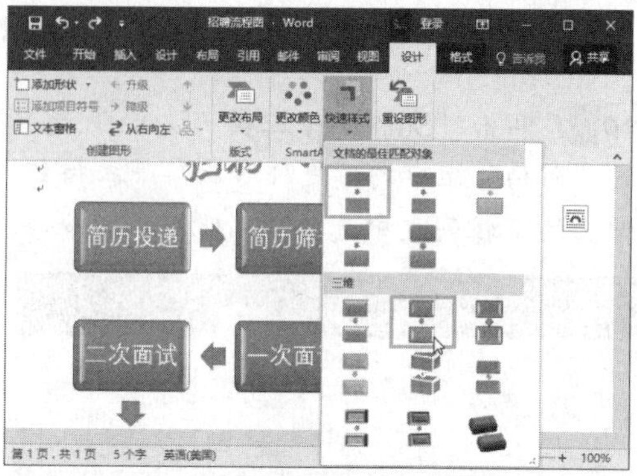

Step 03 切换到“SmartArt 工具 / 格式”选项卡，单击“艺术字样式”组的快速样式下拉按钮，在弹出的下拉列表中选择一种艺术字样式即可。

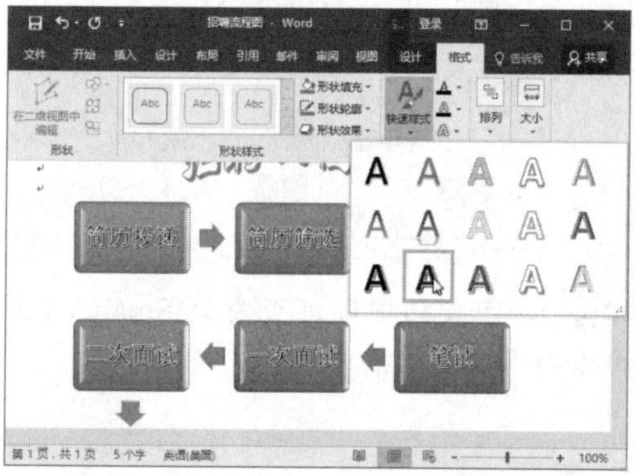

2.1.4 应用图片填充流程图

在修饰 SmartArt 图形时，除了可以选用颜色填充之外，还可以在图形中加入图片，使 SmartArt 图形更具有表现力。

Step 01 切换到“SmartArt 工具 / 格式”选项卡，选中需要填充图片的图形，单击“形状样式”组中的“形状填充”下拉按钮，在弹出的下拉菜单中选择“图片”命令。

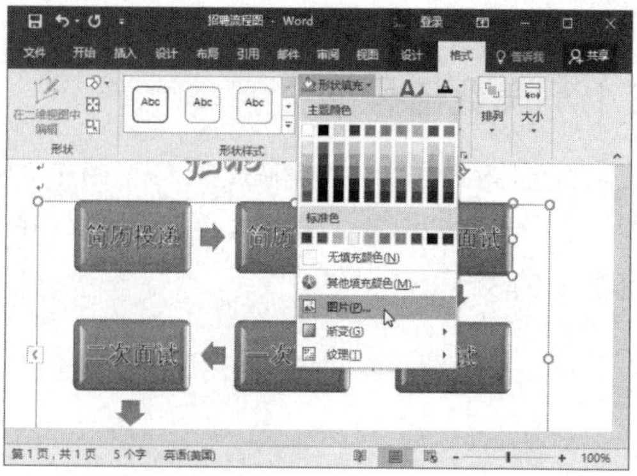

Step 02 打开“插入图片”对话框，在“必应图像搜索”搜索框中输入关键字，单击“搜索”按钮。

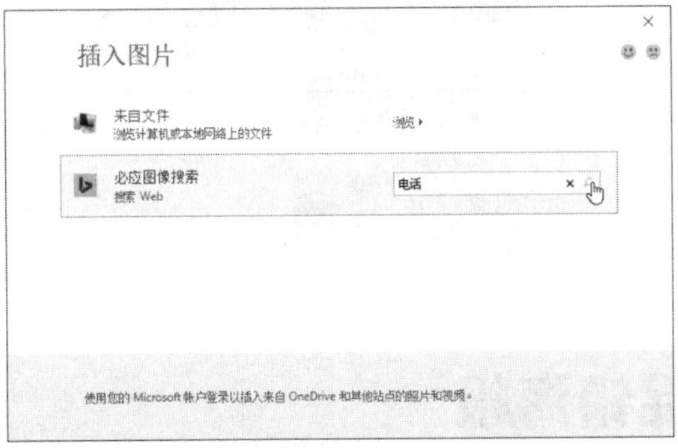

Step 03 在搜索结果中选择要插入的图片，然后单击“插入”按钮。

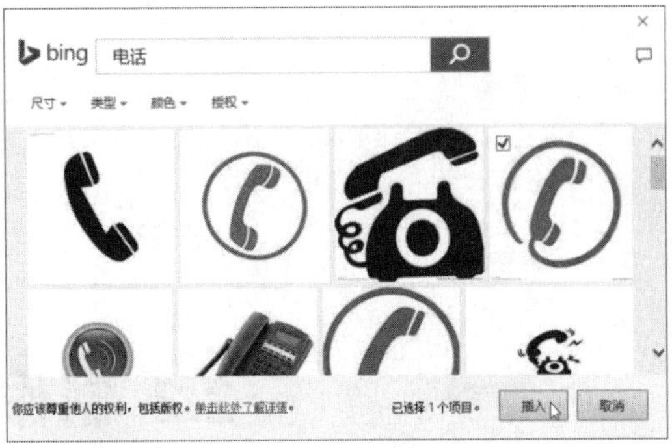

Step 04 按照前文相同的方法选中另一个图形，然后打开“插入图片”对话框，单击“来自文件”右侧的“浏览”链接。

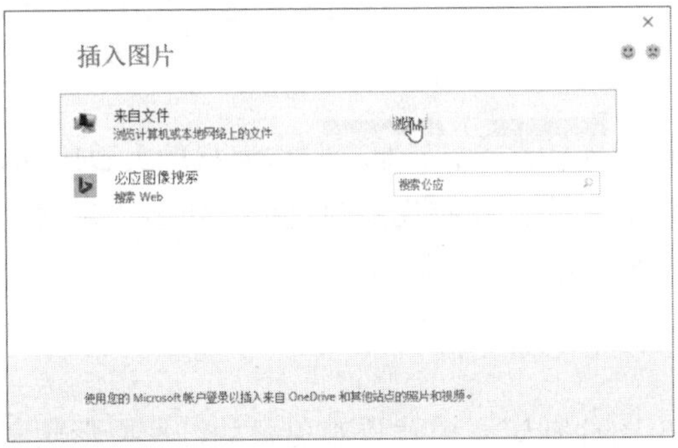

Step 05 打开“插入图片”对话框，在素材文件中选中需要插入形状中的图片，完成后单击“插入”按钮。

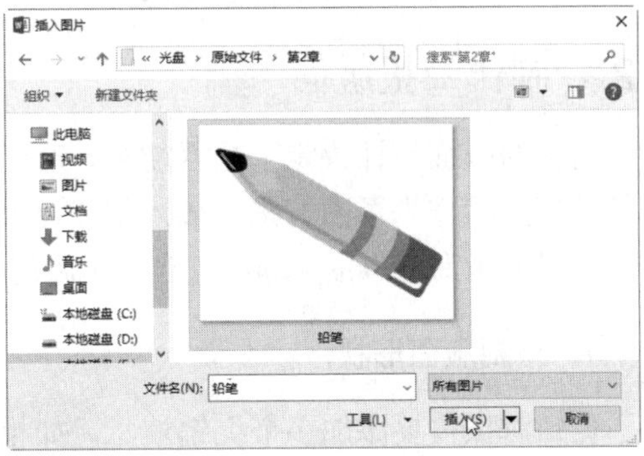

Step 06 双击图形中的图片，切换到“图片工具 / 格式”选项卡，单击“调整”组中的“颜色”下拉按钮，在弹出的下拉菜单中选择一种颜色样式。

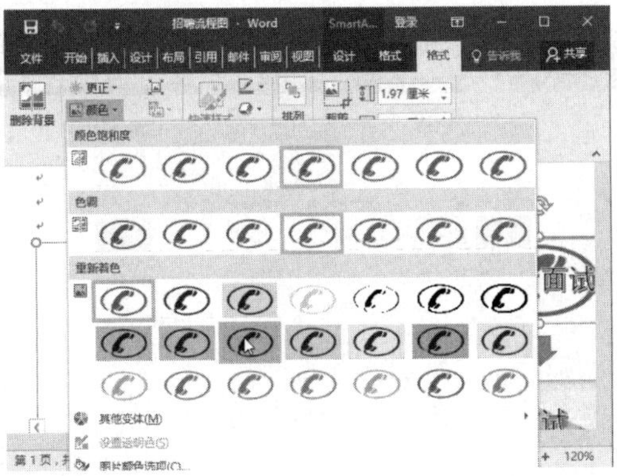

Step 07 双击另一个图形中的图片，切换到“图片工具 / 格式”选项卡，单击“调整”组中的“艺术效果”下拉按钮，在弹出的下拉菜单中选择艺术效果样式。

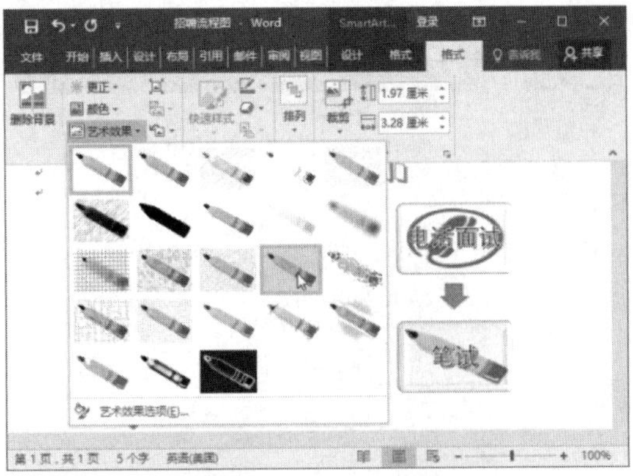

Step 08 制作完成后，招聘流程图的效果如图所示。

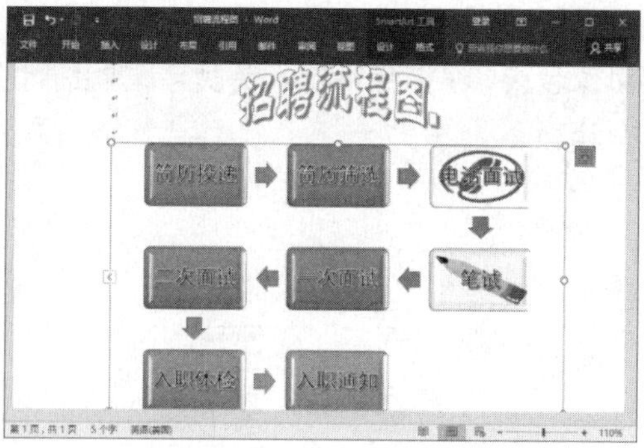

2.2 制作促销海报

促销海报主要以图片表达为主，文字表达为辅。制作一份突出产品特色的促销海报，可以吸引顾客前来购买。本例将制作一份甜品的促销海报，其中主要涉及图片的编辑与图形绘制，以及文字的特殊排版方式。

2.2.1 制作海报版面

海报的版面设计决定了是否能第一时间吸引他人的注意，下面将制作海报的大致版面，包括绘制形状作为页面背景、插入图片、文本框等操作。在制作海报之前，需要先新建一个名为“促销海报”的 Word 文档，然后使用以下的方法开始制作。

1. 绘制版面形状

促销海报需要添加多个促销信息，如果使用图片制作海报背景难免杂乱，使用形状制作背景可以更好地突出促销信息。

Step 01 单击“插入”选项卡的“插图”组中的“形状”下拉按钮，在弹出的下拉菜单中选择“矩形”命令。

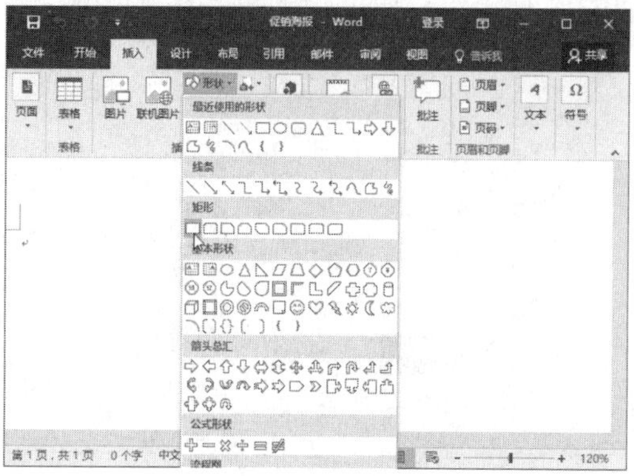

Step 02 光标将变为十字形+，在页面上拖动鼠标左键绘制形状，使形状布满整个页面。

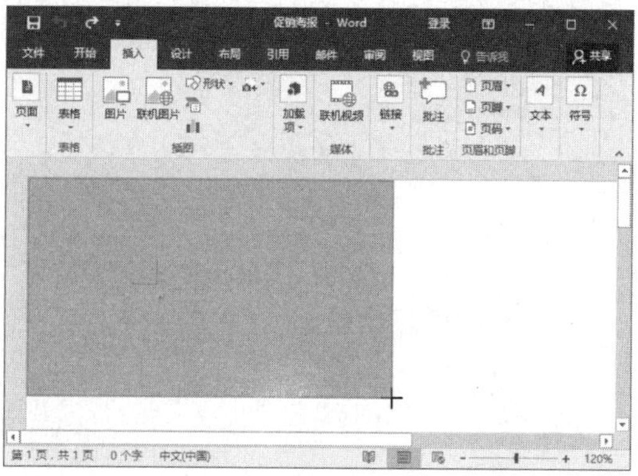

Step 03 单击“绘图工具 / 格式”选项卡的“形状样式”组中的“形状填充”下拉按钮，在弹出的下拉菜单中选择“渐变”命令，在弹出的扩展菜单中选择“其他渐变”命令。

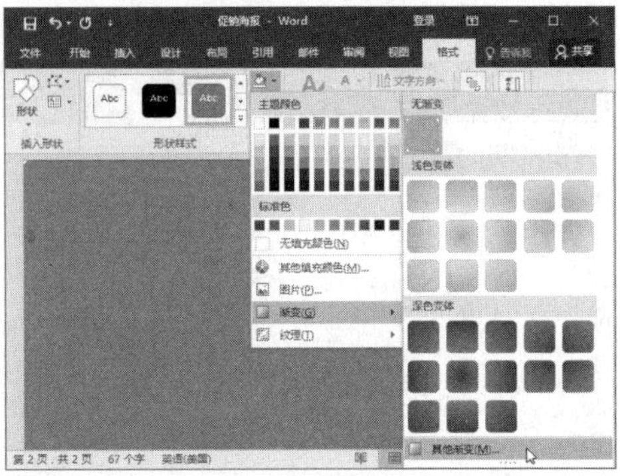

Step 04 打开“设置形状格式”窗格，在“填充”组中选择“填充”单选项，变光圈默认为 4 个滑块，单击“删除渐变光圈”按钮。

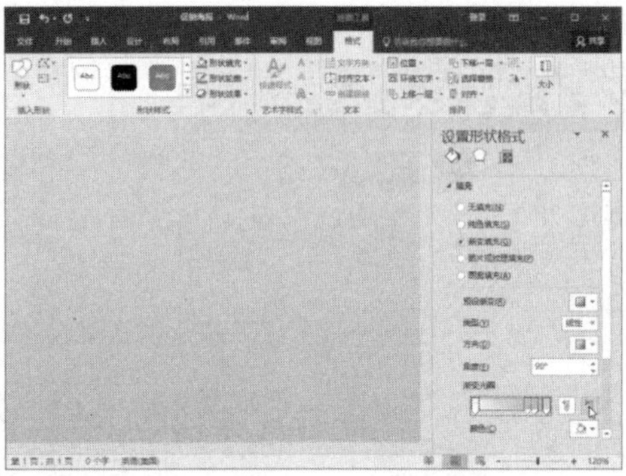

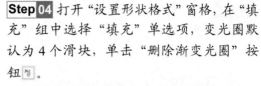

Step 05 选中第 1 个滑块，设置颜色为“绿色，着色 6，淡色 60%”，分别选择第 2、3 个滑块，拖动到如图所示的位置，将颜色设置为“白色”。

Step 06 在形状上单击鼠标右键，在弹出的快捷菜单中选择“置于底层”命令，在弹出的扩展菜单中选择“衬于文字下方”命令。

Step 07 选择圆角矩形标形状，在页面下方绘制圆角矩形标，取消文本填充和轮廓，单击“绘图工具 / 格式”选项卡的“形状样式”组中的“形状填充”下拉按钮，设置填充颜色为“白色”。

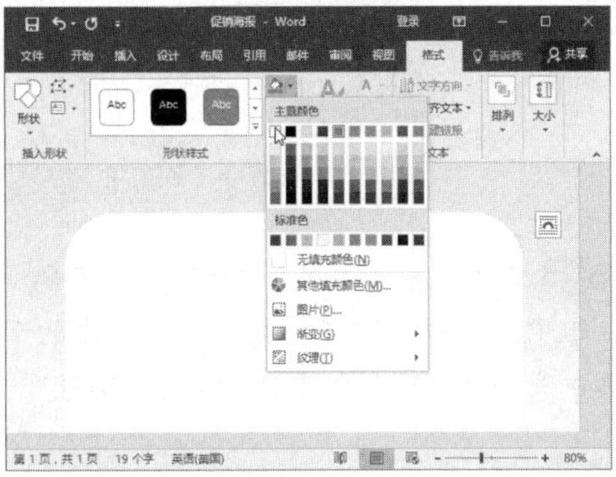

Step 08 在圆角矩形标形状上单击鼠标右键，在弹出的快捷菜单中选择“设置形状格式”命令，打开“设置形状格式”窗格。

Step 09 在“映像”组的“预设”下拉列表中选择一种映像变体。

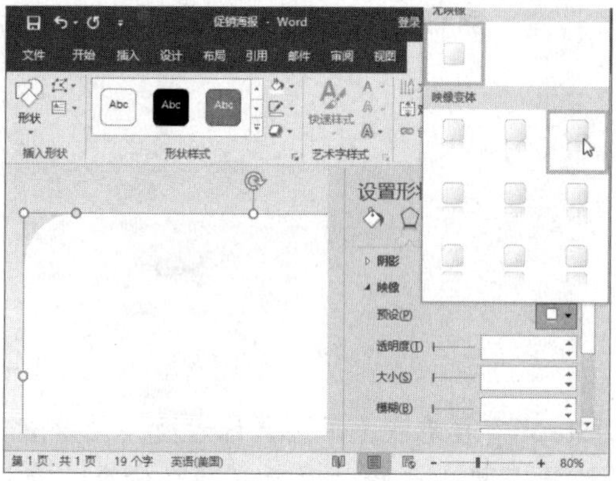

Step 10 在“发光”组中设置“发光颜色”为“绿色，着色 6，深色 50%”，设置“大小”为“20 磅”，设置“透明度”为“90%”，设置“柔化边缘”选项组中的“大小”为“2 磅”。

2. 插入与编辑图片

版面形状制作完成后，就可以为促销海报添加图片了，插入与编辑图片的操作方法如下。

Step 01 单击“插入”选项卡的“插图”组中的“图片”按钮。

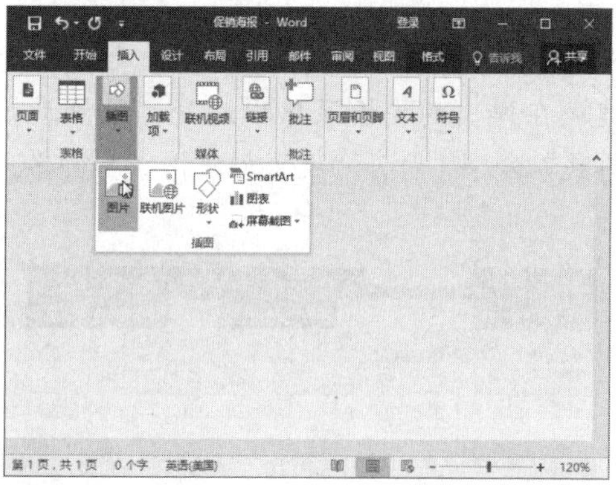

Step 02 在打开的“插入图片”对话框中选择“冷饮.jpg”，然后单击“插入”按钮。

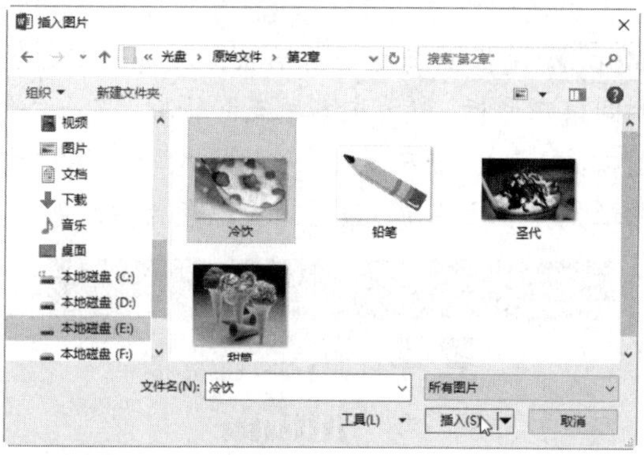

Step 03 拖动图片四周的控制点调整图片大小。

Step 04 单击“图片工具/格式”选项卡的“调整”组中的“颜色”下拉按钮，在弹出的下拉菜单中选择“色调”组中的“色温 5300K”。

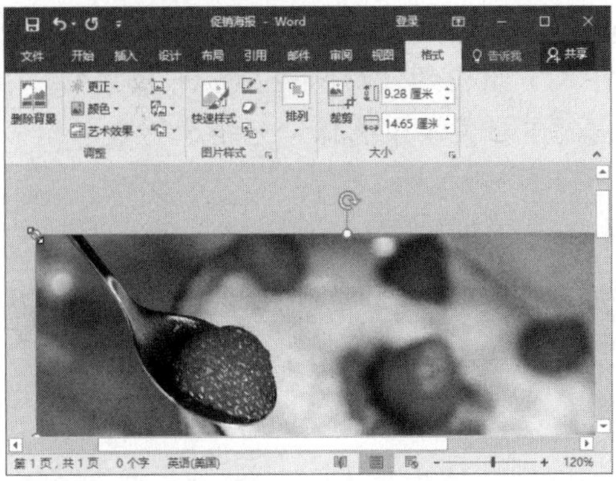

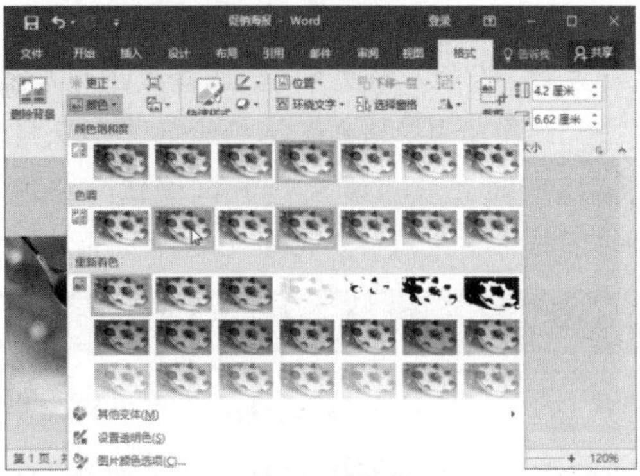

Step 05 单击“图片工具 / 格式”选项卡的“图片样式”组中的“图片效果”下拉按钮，在弹出的下拉菜单中选择“柔化边缘”命令，在弹出的扩展菜单中选择柔化效果。

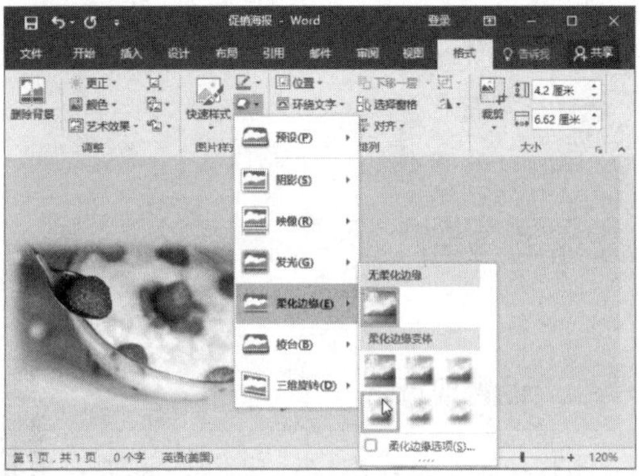

3. 插入文本框并设置格式

在促销海报中，需要在不同的地方插入不同字体格式的文字，此时最方便的方法是使用文本框制作文字块，操作方法如下。

Step 01 在“插入”选项卡中单击“形状”下拉按钮，在弹出的下拉菜单中选择“文本框”命令。

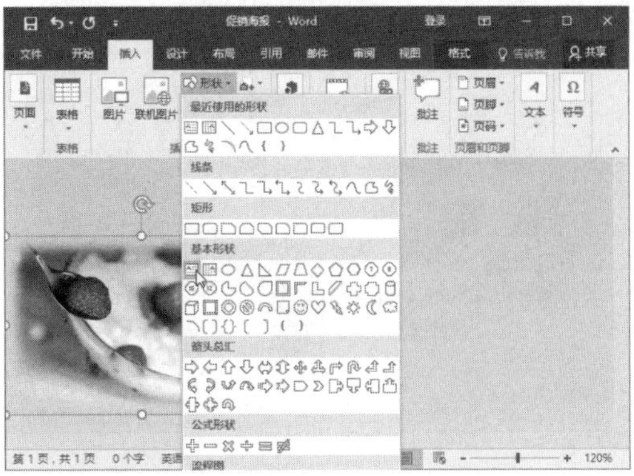

Step 02 在页面中需要添加文字的地方拖动鼠标左键，绘制一个文本框。选择文本框后，单击“绘图工具 / 格式”选项卡的“形状样式”组中的“形状填充”下拉按钮，在弹出的下拉菜单中选择“无填充颜色”命令。

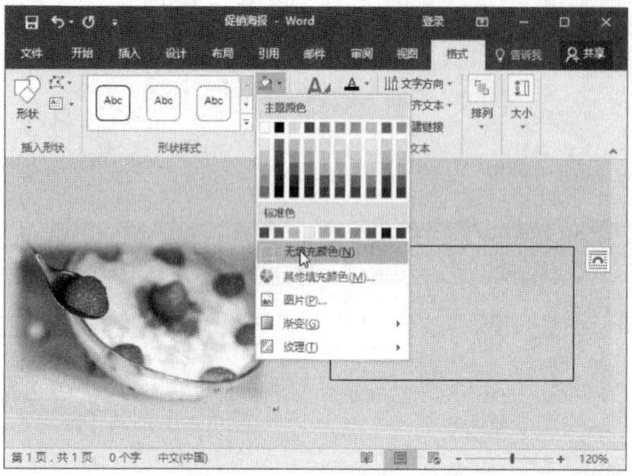

Step 03 单击“绘图工具 / 格式”选项卡的“形状样式”组中的“形状轮廓”下拉按钮，在弹出的下拉菜单中选择“无轮廓”命令。

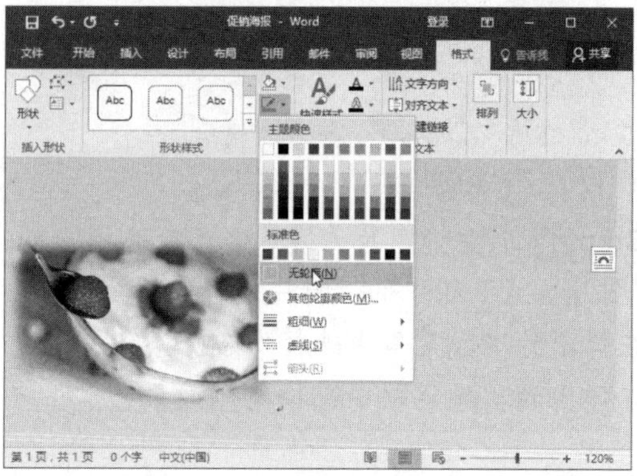

4. 设置双行合一

通过中文版式命令，可以为文字设置多种格式，如纵横混排、字符缩放、双行合一等特殊格式。

Step 01 在图片右侧插入一个文本框，取消文本框的轮廓与填充，在其中输入“巧克力圣代花样甜筒”，单击“开始”选项卡的“段落”组中的“中文版式”下拉按钮，在弹出的下拉菜单中选择“双行合一”命令。

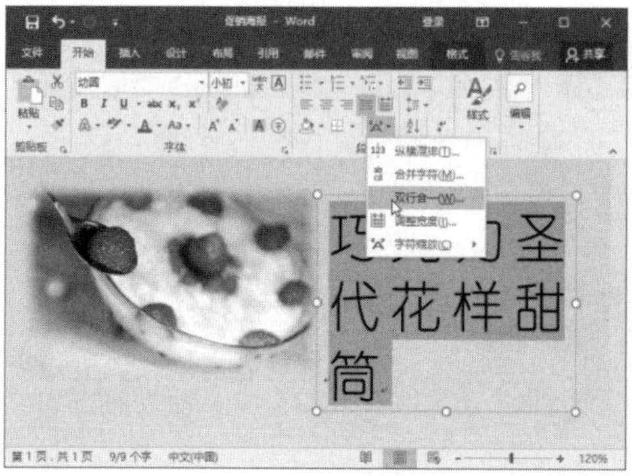

Step 02 打开“双行合一”对话框，勾选“带括号”复选框，在“括号样式”下拉列表框中选择括号样式，完成后单击“确定”按钮。

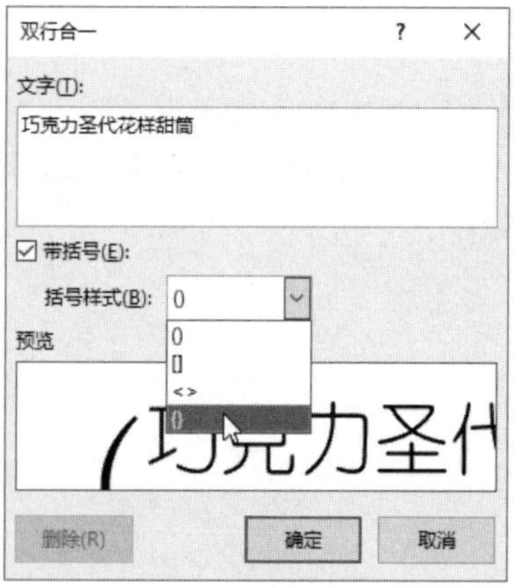

Step 03 选中文本框中的文本，在“绘图工具 / 格式”选项卡的“艺术字样式”组中单击“文本轮廓”下拉按钮，在弹出的下拉菜单中选择一种主题颜色。

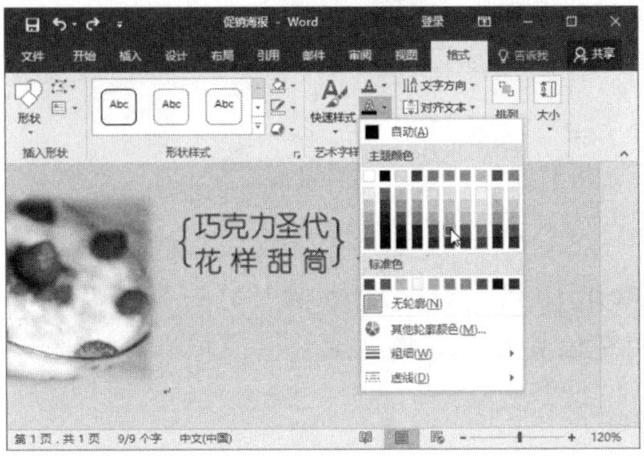

Step 04 在文本框下方绘制文本框，取消文本框轮廓与填充，在其中输入“Huiloushan”，并在“开始”选项卡的“字体”组中设置字体样式。

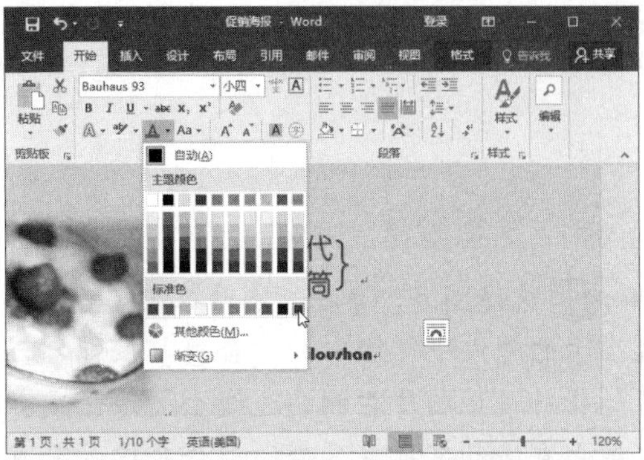

Step 05 在右下角绘制文本框，取消轮廓与填充，在其中输入“Since 1960”，设置与上一步相同的字体和字号颜色，并更改合适的字体颜色。

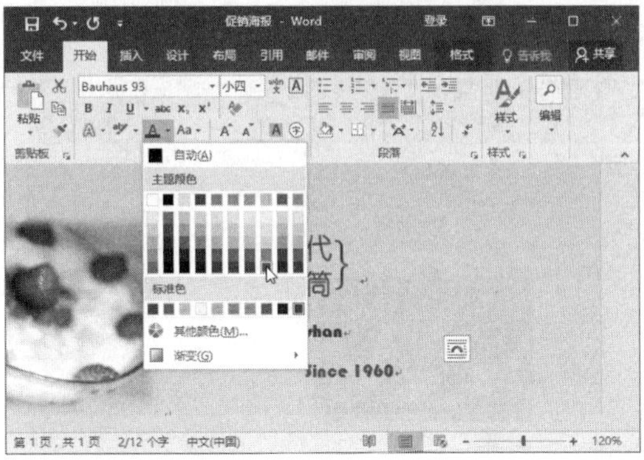

2.2.2 添加促销内容

促销内容包括促销海报的促销商品图片、文字、价格等信息，图文并茂的促销信息可以吸引更多的眼球关注。

1. 插入图片并裁剪

为了在第一时间抓住他人的眼球，在促销海报中插入图片是必需的选择，插入图片的操作方法如下。

Step 01 单击“插入”选项卡的“插图”组中的“图片”按钮，在弹出的“插入图片”对话框中选择图片插入文档，方法与前文所述相同。

Step 02 在插入的图片上单击鼠标右键，在弹出的快捷菜单中选择“环绕文字”命令，在弹出的扩展菜单中选择“四周型”命令。

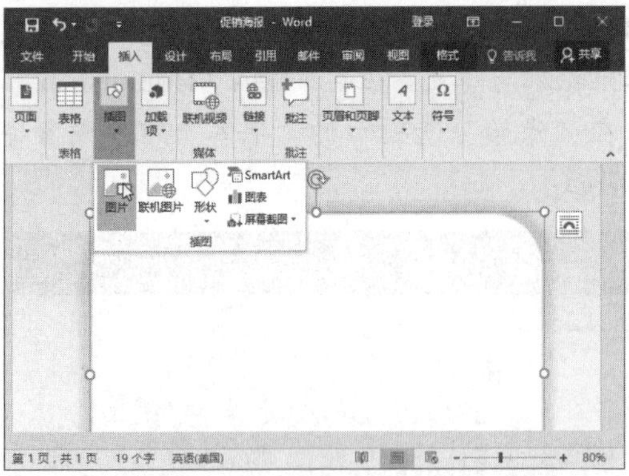

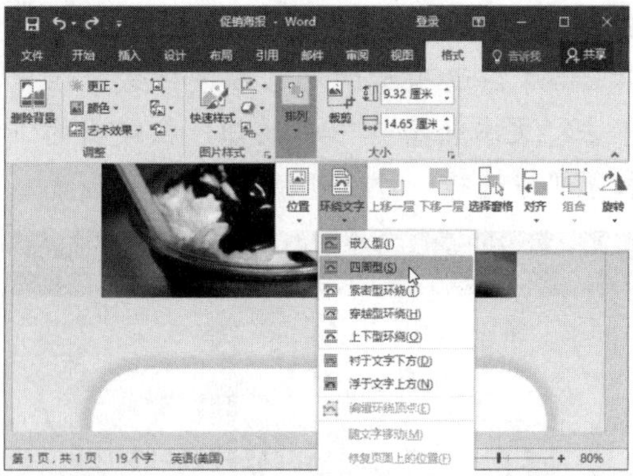

Step 03 选择图片，单击“图片工具 / 格式”选项卡的“大小”组中的“裁剪”按钮，将鼠标指针移至图片右侧的边线上，按住鼠标左键向左拖动鼠标将多余的部分裁掉，完成后按下“Enter”键完成裁剪。

Step 04 用同样的方法插入另一张图片，并调整位置和裁剪图片大小。

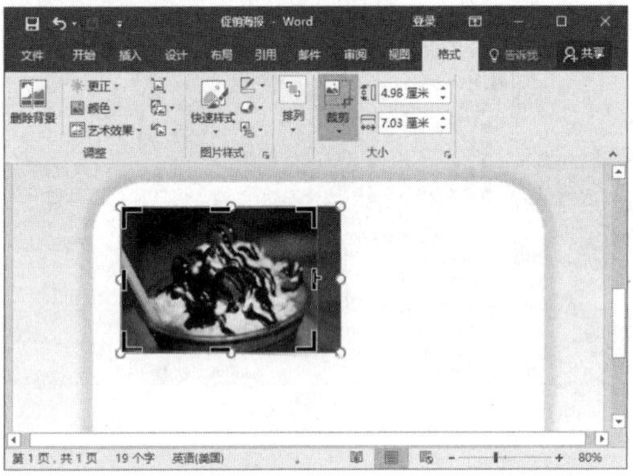

2. 添加促销文字

促销商品的价格标题和价格需要具有醒目的特点，让人对商品的折扣价格一目了然，刺激顾客的购买欲，操作方法如下。

Step 01 使用前文所学的方法在图片下方添加无填充和无轮廓的文本框，输入商品名称和价格，并分别设置字体样式。

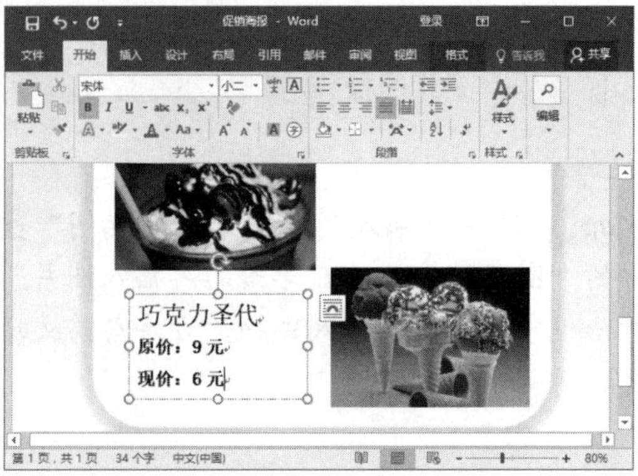

Step 02 选中促销商品名称，在“开始”选项卡的“字体”组中设置艺术字样式。

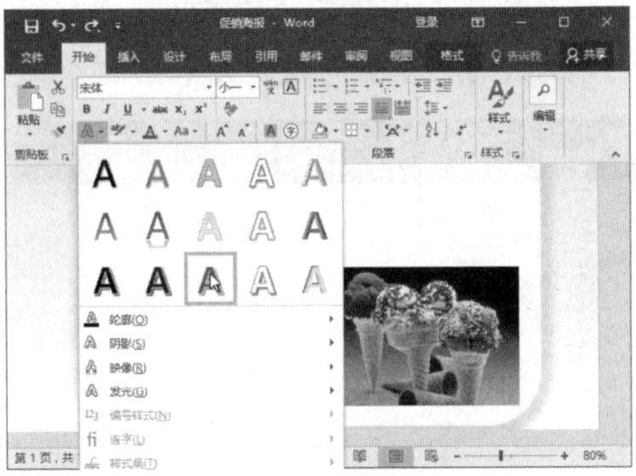

Step 03 选中“9元”文本，单击“开始”选项卡的“字体”组中的“删除线”按钮 abc。

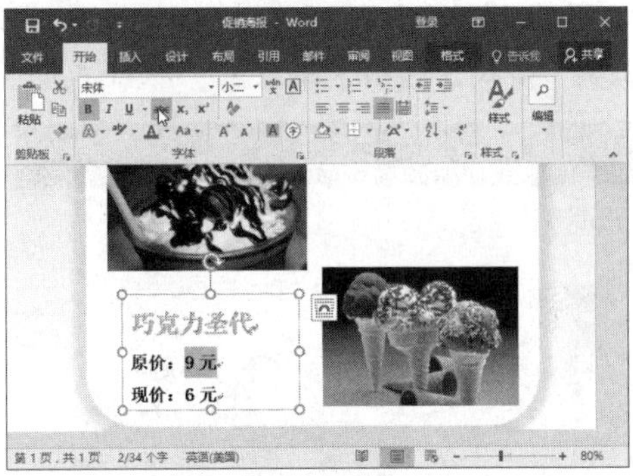

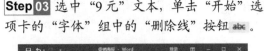

Step 04 选中“6元”文本，设置字体颜色为“红色”，然后将字体格式设置为“黑体，28号，加粗”。

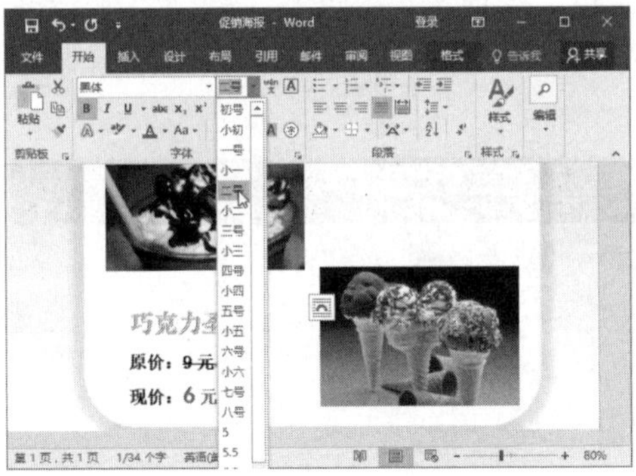

Step 05 复制文本框，粘贴到第二张图片的上方，并将促销信息更改为花样甜筒的相关信息。

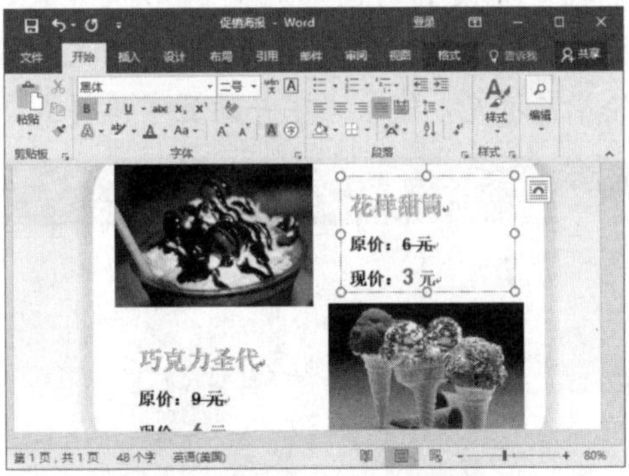

Step 06 在页面下方添加文本框，设置格式为无填充和无轮廓样式，输入促销时间文本，然后为其设置文本格式。

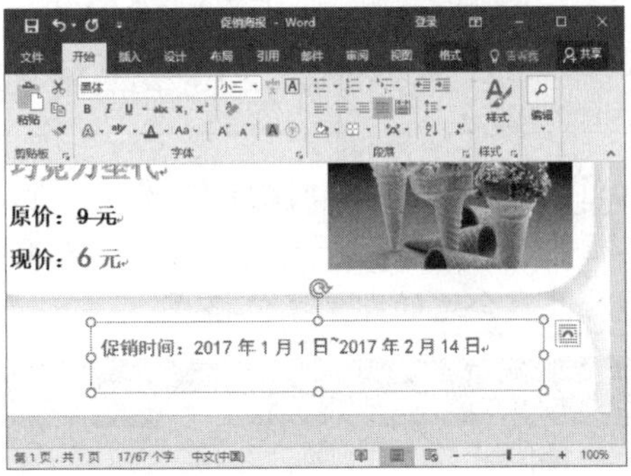

2.2.3 插入形状

促销海报上通常会有一些小标签突出显示，不仅是对促销海报的补充说明，还能起到美化促销海报的作用。通常，使用形状功能可以快速地制作这些小标签。

Step 01 在“插入”选项卡的“插图”组的“插入形状”下拉菜单中选择椭圆形状，按住 Shift 键绘制一个正圆形，然后在“绘图工具 / 格式”选项卡中设置形状样式。

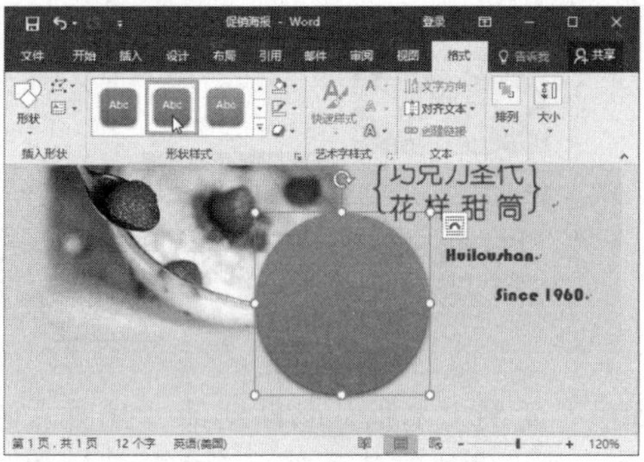

Step 02 在圆形中绘制一个文本框，取消文本框的轮廓与填充，在其中输入“限时抢购”文本，并设置字体格式，然后拖动文字文本框上方的旋转控制点，旋转文本框。

Step 03 使用相同的方法在图片的左上角绘制椭圆，并设置与圆形相同的形状样式，在椭圆形状上绘制一个文本框，取消文本框的轮廓与填充，输入文字并设置字体样式。

Step 04 在第一张图片的左上角绘制爆炸图形，在“绘图工具 / 格式”选项卡中设置形状样式。

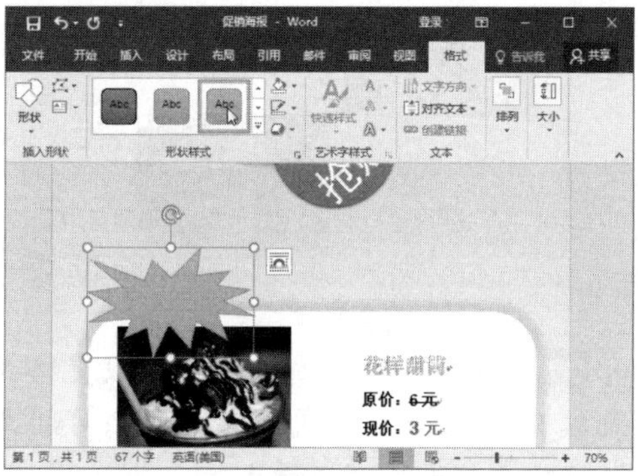

Step 05 在爆炸图形中间绘制文本框，取消文本框的轮廓和填充，输入“热卖”文本，并为其设置合适的设置字体格式。

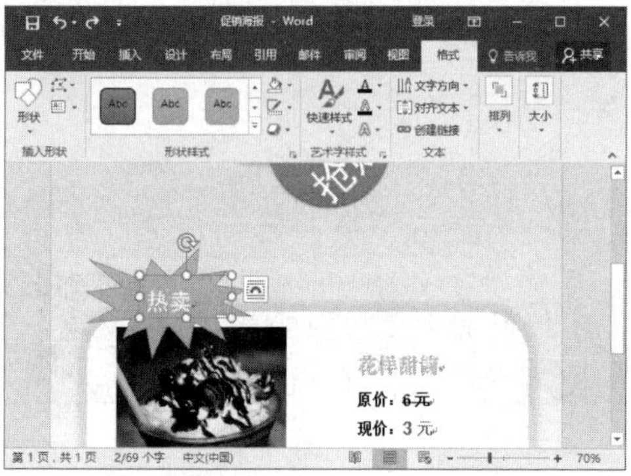

Step 06 设置完成后即可完成本例的制作，完成效果如图所示。

2.3 制作市场调查报告

市场调查报告是一种帮助公司决策的办公文档，是以科学的方法对市场的供求关系、购销状况及消费情况等进行深入细致的调查研究后所写成的书面报告。本例将制作一份茶叶市场调查报告，包括如下内容。

2.3.1 设置报告页面

本例将创建一个市场调查报告的空白文档，并为其设置页面方向及页面渐变填充，再插入内置封面，操作方法如下。

1. 设置纸张方向

在制作文档之前，我们可以根据需要先设置纸张方向，下面以设置横向页面为例，介绍设置纸张方向的方法。

切换到“布局”选项卡，单击“页面设置”组中的“纸张”方向下拉按钮，在弹出的下拉菜单中选择“横向”命令。

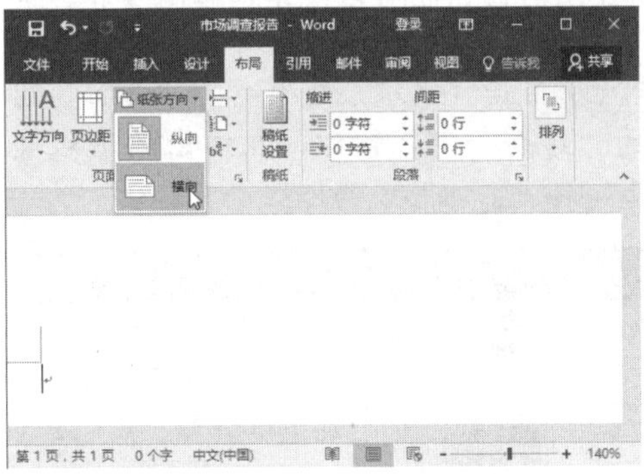

2. 设置渐变填充

根据文档的用途，用户可以为页面设置各种填充方式，如渐变、纹理、图案和图片等。下面以设置渐变填充为例，介绍设置页面颜色的方法。

Step 01 单击“设计”选项卡的“页面背景”组中的“页面颜色”下拉按钮，在弹出的下拉菜单中选择“填充效果”命令。

Step 02 弹出“填充效果”对话框，在“颜色”组中选择“双色”单选项，在“颜色1”和“颜色2”下拉列表中分别设置需要的颜色。

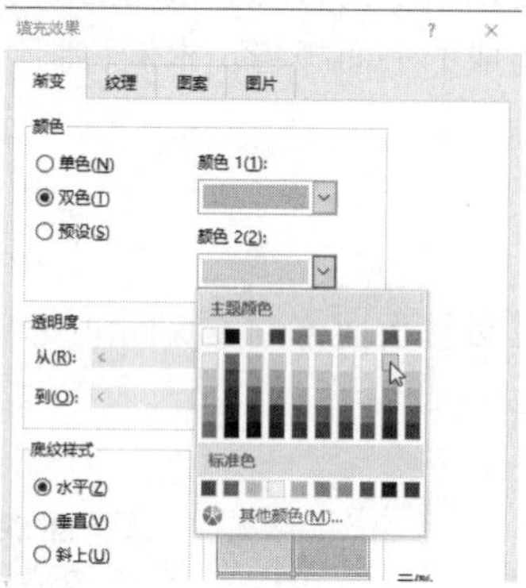

Step 03 在“底纹样式”组中选择“水平”单选项，选择完成后单击“确定”按钮。

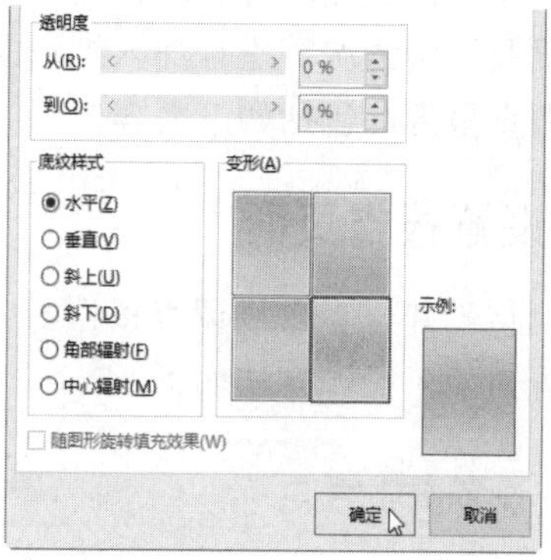

3. 插入封面

使用内置封面可以快速制作出专业、美观的封面，插入封面的操作方法如下。

Step 01 单击“插入”选项卡的“页面”组中的“封面”下拉按钮，在弹出的下拉菜单中选择“运动型”命令。

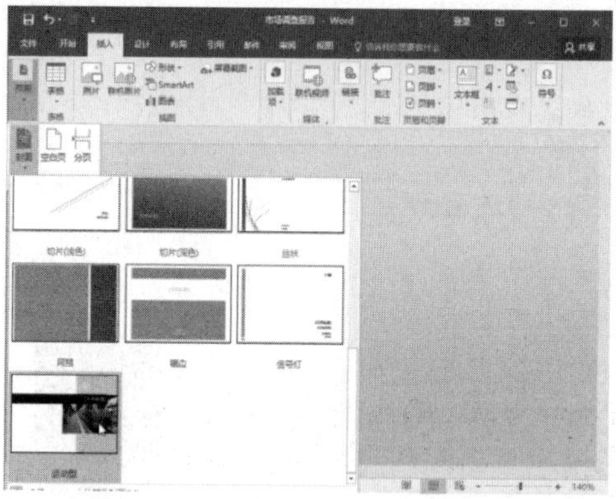

Step 02 插入封面后，单击“年”文本右侧的下拉按钮，在弹出的列表中选择制作报告的时间，例如“今日”。

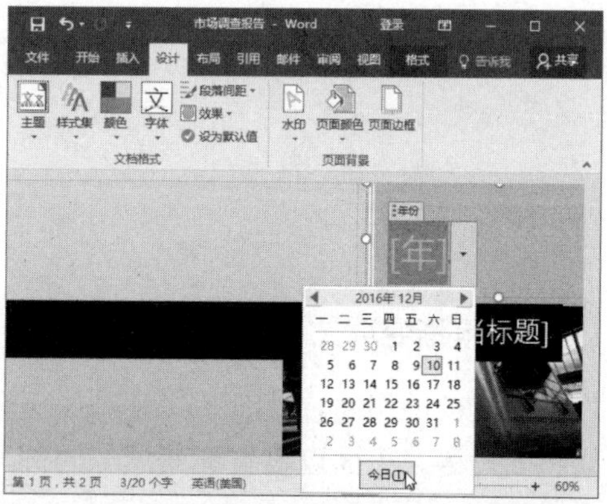

Step 03 在“文档标题”文本框中输入“茶叶市场调查报告”文本，在下方输入作者和公司信息，日期保持为默认，并设置字号为“四号”。

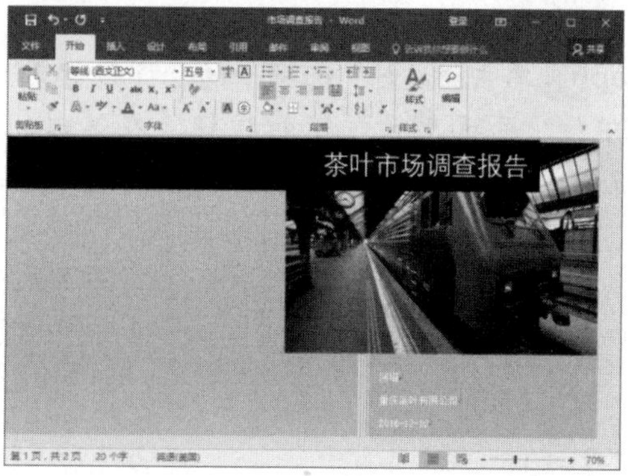

Step 04 单击封面的图片，选择“图片工具/格式”选项卡的“调整”组中的“更改图片”下拉按钮，在弹出的下拉菜单中选择“来自文件”命令。

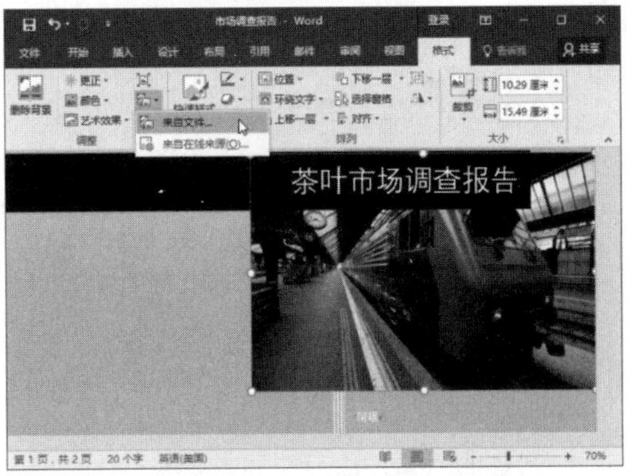

Step 05 弹出“插入图片”对话框，选择“封面”图像文件，然后单击“插入”按钮。

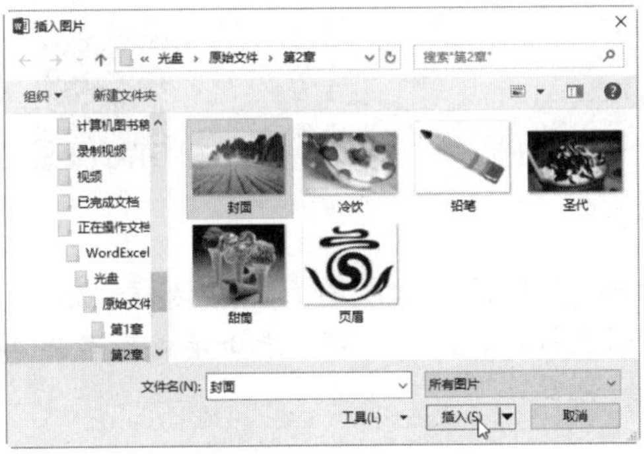

Step 06 返回文档主界面，即可查看到制作的封面效果。

2.3.2 插入图表

在市场调查报告中，文字描述固然重要，但插入图表可以让人一目了然地看清市场动态。很多人以为只有在 Excel 中才可以插入图表，其实 Word 中的图表效果同样精彩。

1. 设置文字样式

下面将“茶叶市场调查报告 .txt”中的文字输入调查报告中，然后设置标题样式，操作方法如下。

Step 01 根据“茶叶市场调查报告 .txt”输入调查报告内容，选中所有文本，打开“段落”对话框，在“特殊格式”下拉列表中选择“首行缩进”命令，保持默认“缩进值”为“2 字符”，设置完成后单击“确定”按钮。

Step 02 将光标定位到标题段落中，单击“开始”选项卡的“样式”组中的对话框启动器，在打开的“样式”窗格中选择“标题 2”样式，并分别设置所有标题段落的样式。

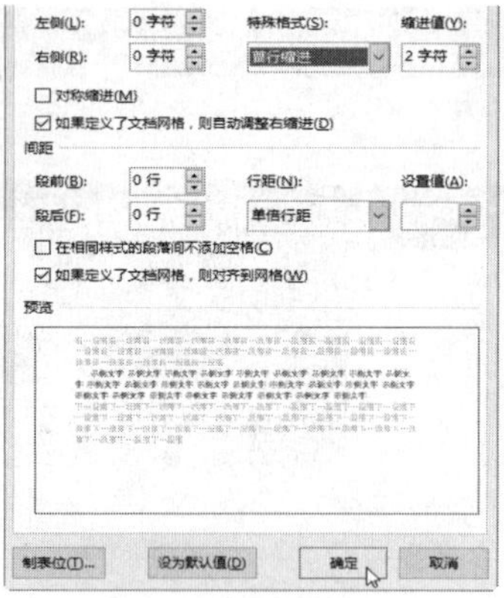

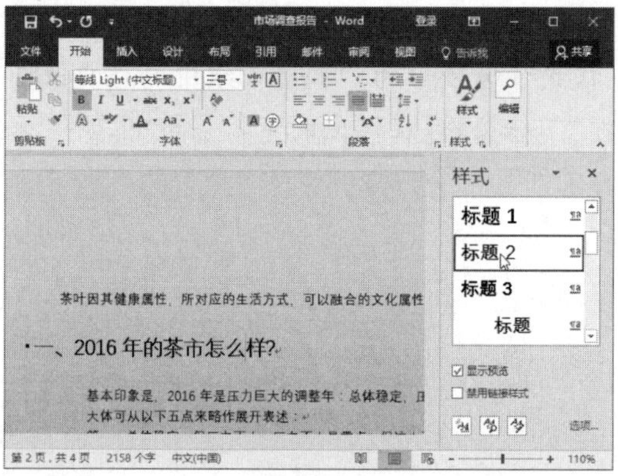

2. 插入图表

为了让数据更加直接，我们可以在 Word 中插入图表，操作方法如下。

Step 01 单击“插入”选项卡的“插图”组中的“图表”按钮。

Step 02 打开“插入图表”对话框，选择一种图表样式，如“饼图”，选择完成后单击“确定”按钮。

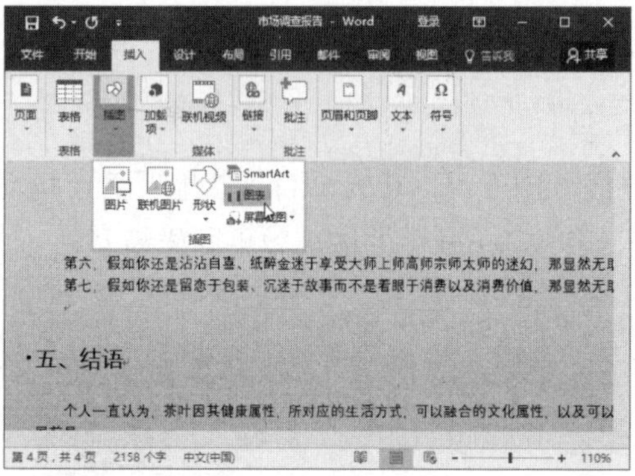

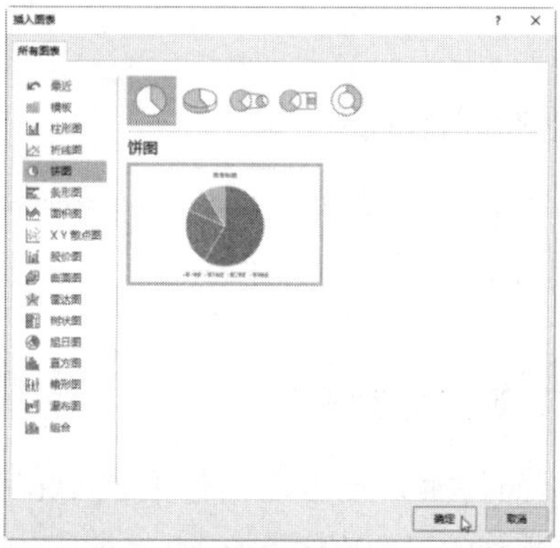

Step 03 自动启动 Word 2016，在单元格中输入图表需要显示的数据，输入完成后单击“关闭”按钮☒即可。

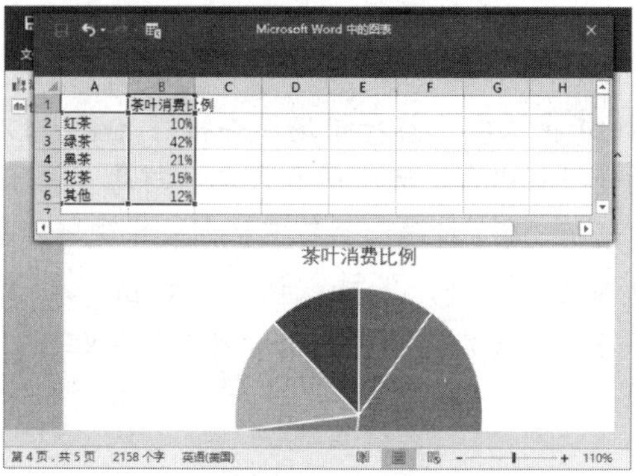

3. 设置图表样式

在 Word 中，不仅可以插入图表，还可以美化图表。美化图表的操作方法如下。

Step 01 选中图表标题，在“图表工具/格式”选项卡的“艺术字样式”组中选择一种艺术字样式。如果要更改图表标题，也可以选中图表后在文本框中输入需要的标题。

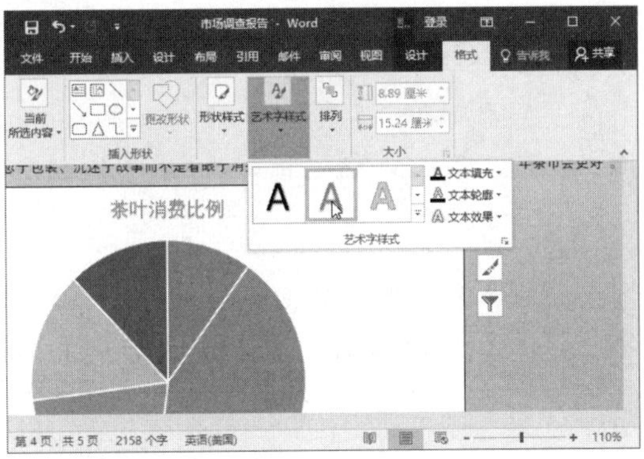

Step 02 选中图表，单击“图表工具/设计”选项卡的“图表布局”组中的“添加图表元素”下拉按钮，在弹出的下拉列表中选择“数据标签”命令，再在弹出的扩展菜单中选择“数据标签内”命令。

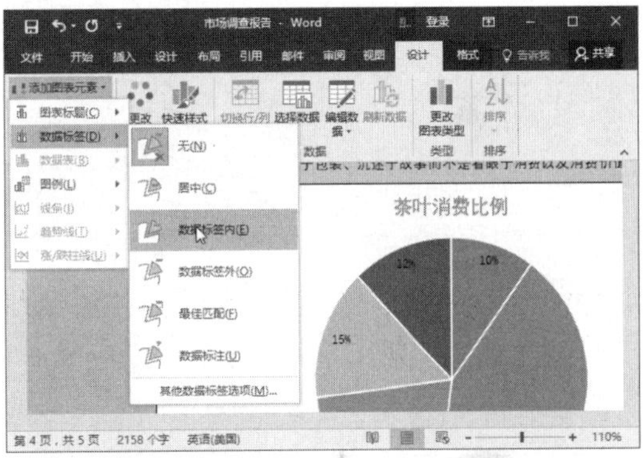

Step 03 保持图表选中状态，单击“图表工具/设计”选项卡的“图表布局”组中的“添加图表元素”下拉按钮，在弹出的下拉列表中选择“图例”命令，再在弹出的扩展菜单中选择“顶部”命令。

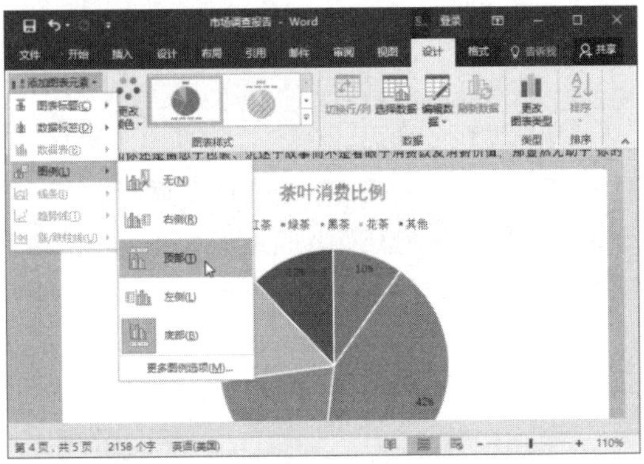

Step 04 保持图表选中，在“图表工具/格式”选项卡的“形状样式”组中选择一种形状样式即可完成图表的设置。

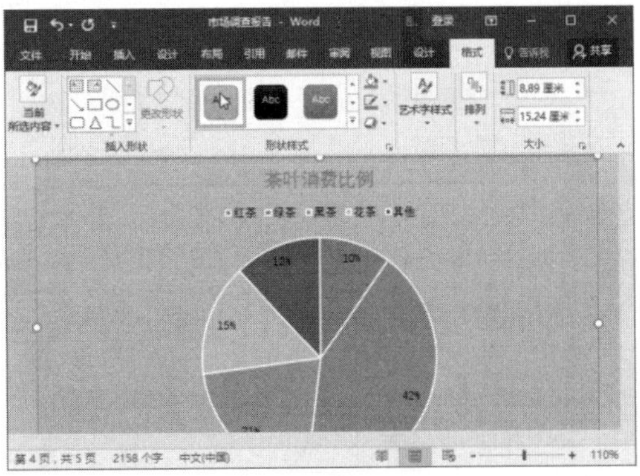

2.3.3 设计页眉和页脚

页眉是每个页面页边距的顶部区域，通常显示公司名称、文档主题等信息。页脚是每个页面页边距的底部区域，通常显示文档的页码等信息。对页眉和页脚进行编辑，可起到美化文档的作用。

1. 在页眉中插入图片

在文档的页眉中，不仅可以插入文字，还可以插入图片，操作方法如下。

Step 01 双击页眉位置，然后单击“开始”选项卡的“字体”组中的“清除所有格式”按钮。

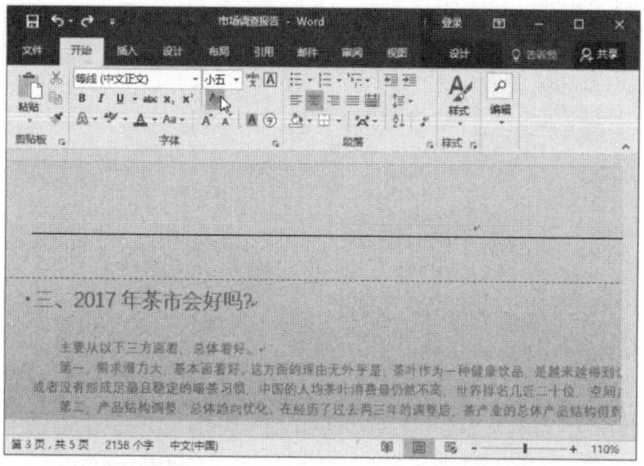

Step 02 单击“页眉和页脚工具 / 设计”选项卡的“插入”组中的“图片”按钮，根据前文所学的方法插入图片。

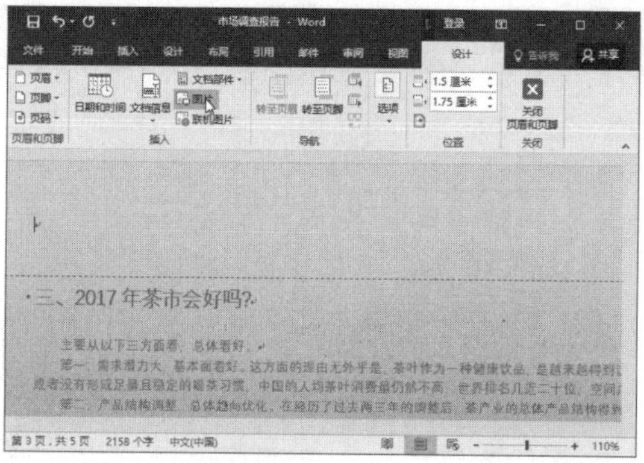

Step 03 选择图片并调整大小，然后单击“开始”选项卡的“段落”组中的“右对齐”按钮。

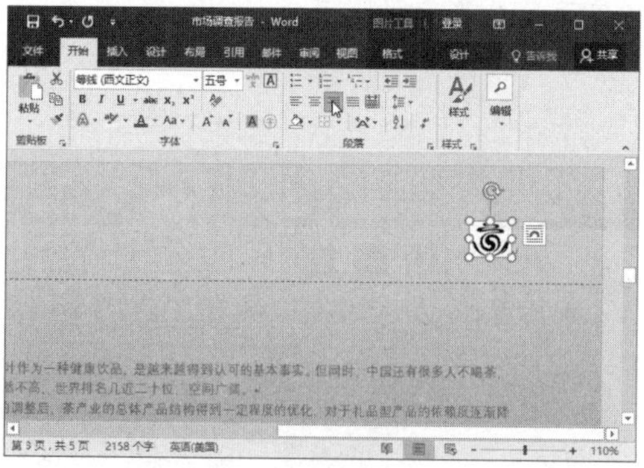

Step 04 在图片后输入公司名称，然后在“开始”选项卡的“字体”组中设置字体样式。

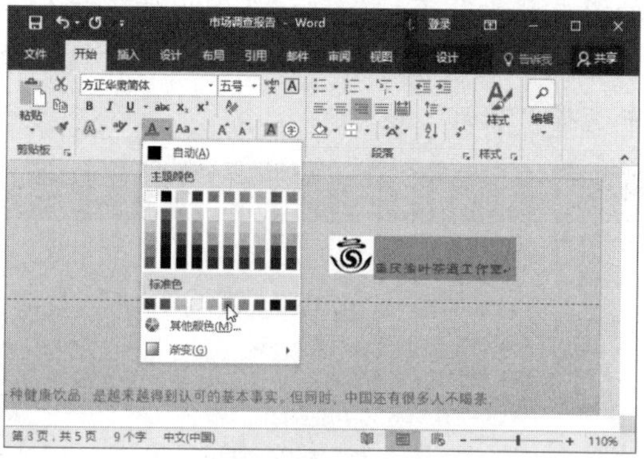

2. 插入页码

如果一篇文档含有很多页，为了打印后便于排列和阅读，应对文档添加页码，插入页码的操作方法如下。

Step 01 单击“页眉和页脚工具 / 设计”选项卡的“导航”组中的“转到页脚”按钮。

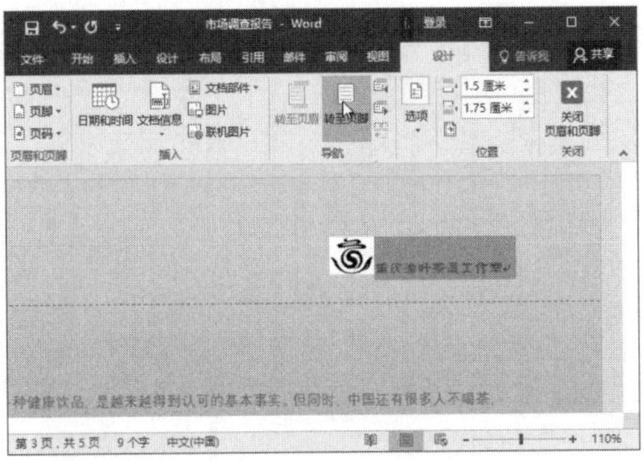

Step 03 页眉和页脚设置完成后，单击“页眉和页脚工具 / 设计”选项卡的关闭组中的“关闭页眉和页脚”按钮即可。

Step 02 光标将定位到页脚处，单击“页眉和页脚组”中的“页码”下拉按钮，在弹出的下拉菜单中选择“页面底端”命令，再在弹出的扩展菜单中选择一种页码的样式。

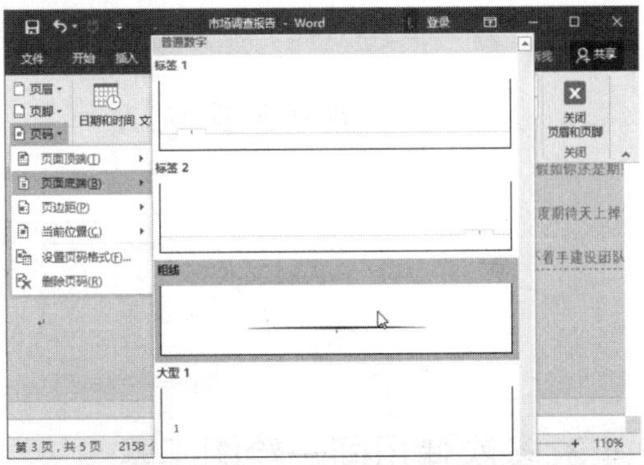

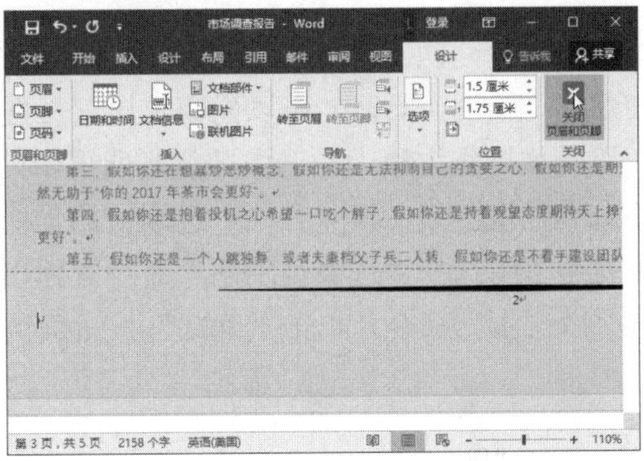

2.4 高手支招

2.4.1 将 SmartArt 图形保存为图片格式

SmartArt 图形制作完成后，如果想要将 SmartArt 图形保存为图形文件，只要将文档保存为网页格式即可。操作方法是：按照前文所学的方法打开“另存为”对话框，选择保存类型为网页。保存完成后，文件夹中会出现一个与文字同名的“.htm”的文件和一个“.file”的文件夹，打开文件夹即可看到图片。

2.4.2 快速添加内置水印

在制作 Word 的时候，经常需要为文档添加水印，如添加公司名称、文档机密等级等，此时可以使用内置水印为文件快速添加文字水印。

操作方法是：单击“设计”选项卡的“页面背景”组中的“水印”按钮，然后在弹出的下拉菜单中选择一种水印样式即可。

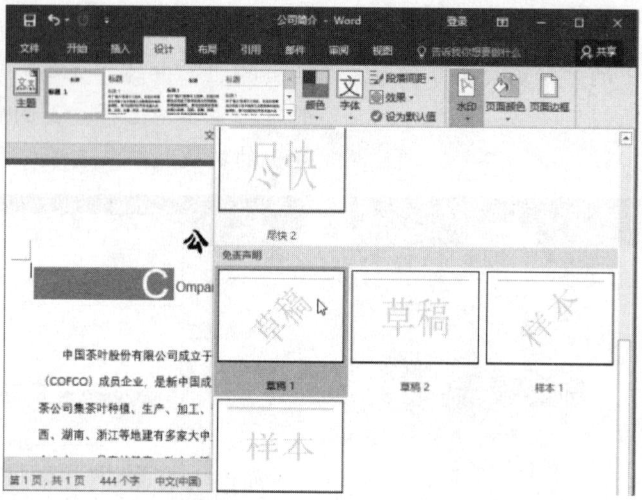

2.4.3 多次使用同一绘图工具

每选择一次工具，在绘制一个图形之后就会取消绘图工具的选中状态。如果需要多次使用同一绘图工具时，可以先锁定该工具再绘制图形。

具体操作方法为：选中并复制网页中的数据，在 Excel 窗口中选中要粘贴的目标单元格或单元格区域，在“开始”选项卡的“剪贴板”组中单击“粘贴”下拉按钮，在弹出的下拉菜单中选择“选择性粘贴”命令，弹出“选择性粘贴”对话框，在“方式”列表框中选择“文本”命令，单击“确定”按钮确认粘贴网页中的数据即可。

第3章

Word 表格的编辑与应用

在制作 Word 文档时，用表格可以将各种复杂的多列信息简明、概要地表达出来。而通过图表可以让用户更快、更清楚地了解表格中的数据变化。本章通过制作员工通讯录和办公室开支统计表，介绍在 Word 2016 中使用表格的方法。

3.1 制作员工通讯录

通讯录是日常办公中经常需要制作的文档之一。使用 Word 中的表格可以快速地将各部门的员工分类，并登记通讯录。本节使用 Word 的表格功能，详细介绍制作员工通讯录文档的具体步骤。

3.1.1 在文档中插入表格

在制作 Word 文档时，有些文档使用表格可以更清晰地表达，也能更好地归类和查找数据。

1. 插入表格

在 Word 文档中插入表格的方法很简单，下面以在“员工通讯录”文档中插入表格为例，介绍插入表格的方法。

Step 01 打开“员工通讯录”素材文件，单击“插入”选项卡的“表格”组中的“表格”下拉按钮，在弹出的下拉菜单中选择表格的行列数。

Step 02 返回文档中即可查看到表格已经插入。

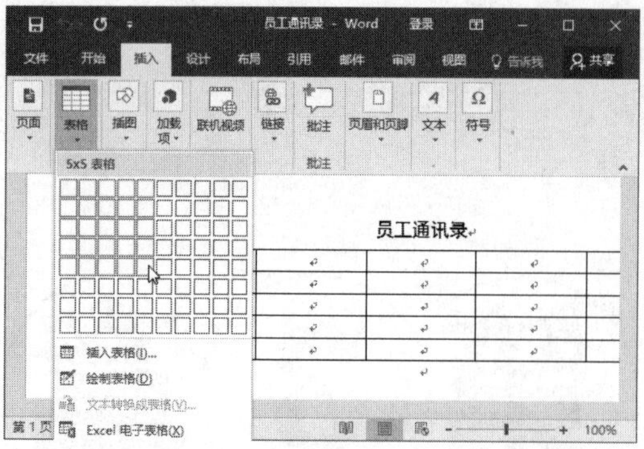

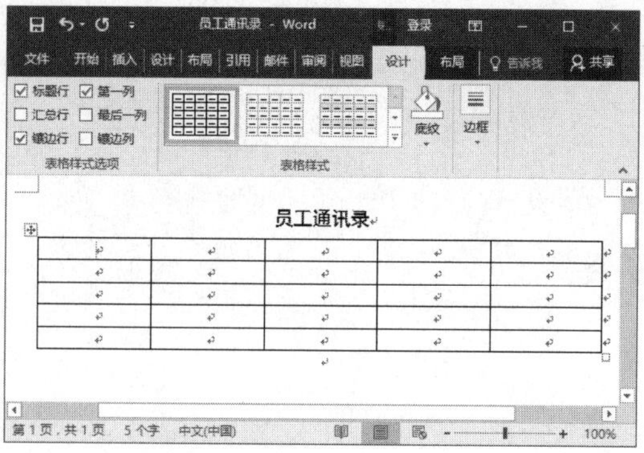

2. 输入表格数据

表格创建完成后，就可以开始输入表格数据了。

Step 01 将光标定位到第一排的第一个单元格中，直接输入文本，输入完成后将光标定位到下一个单元格中输入文本。

Step 02 使用相同的方法输入所有表格数据。

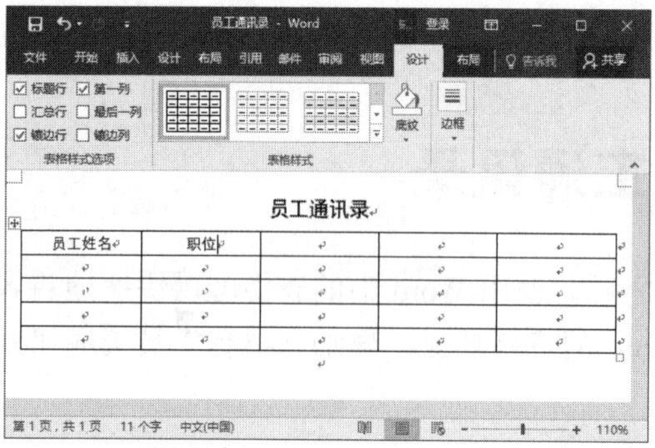

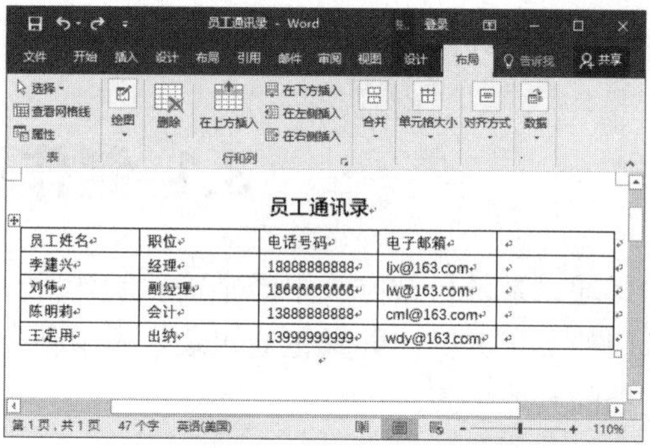

3. 插入或删除行与列

在创建表格时，虽然设定了固定的行数和列数，但在制作表格的过程中，如果发现创建的表格数量太多或太少，可以随时插入或删除行与列。

Step 01 如果要删除列，可以将光标定位到需要删除列的任意单元格中，然后单击“表格工具/布局”选项卡的“行和列”组中的“删除”下拉按钮，在弹出的下拉菜单中选择“删除列”命令。

Step 02 如果要在表格的下方添加行，可以将光标定位到要添加行的单元格中，单击“表格工具/布局”选项卡的“行和列”组中的“在下方插入”按钮，然后完成其他数据的输入即可。

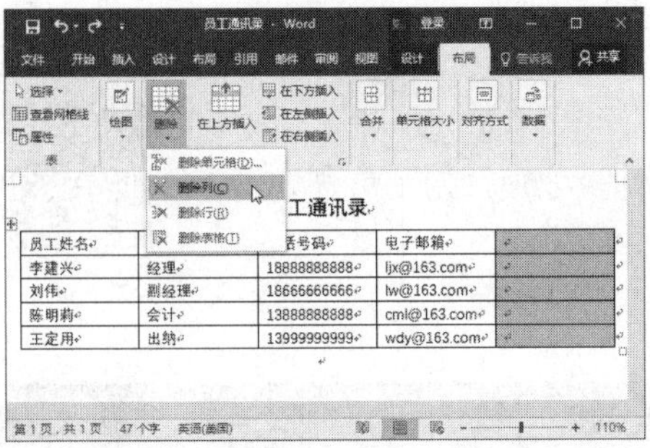

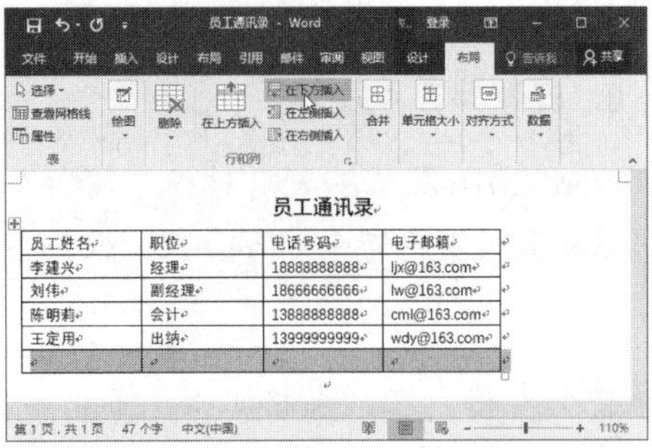

● 大师点拨

将光标定位到表格右侧的段落标记处，然后按下“Enter”键可以快速地在下方添加行。

4．调整行高和列宽

因为单元格中需要录入的数据长短不同，所以需要的单元格大小也有所不同，因此需要调整行高和列宽来适应文本，操作方法如下。

Step 01 如果要调整整个表格的行高，可以单击表格左上角的⊞按钮全选表格，在“表格工具 / 布局”选项卡的“单元格大小”组中的“高度”微调框中设置表格的行高。

Step 02 如果要调整某一行或列的列宽，可以先将光标置于该列的任意单元格中，然后在“表格工具 / 布局”选项卡的“单元格大小”组中的“宽度”微调框中设置表格的列宽。

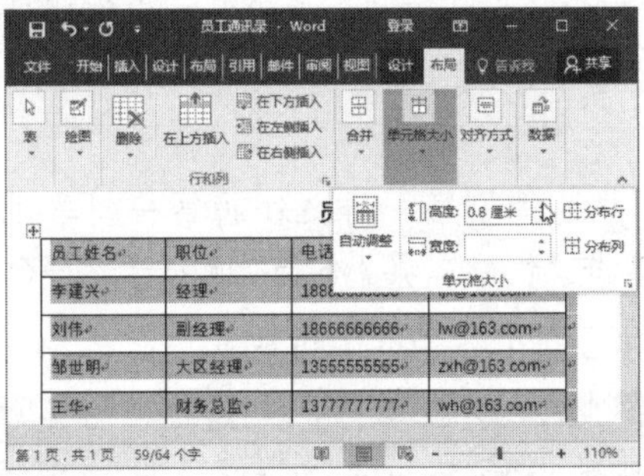

Step 03 如果要通过拖动的方法调整行高或列宽，可以将光标置于行或列的边框线上，当鼠标光标变为+||+时按下鼠标左键，拖动鼠标即可调整行高或列宽。

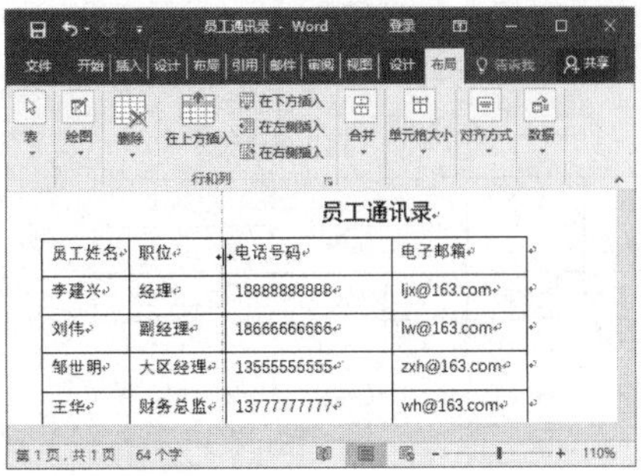

5. 设置对齐方式

Word 2016 默认的表格对齐方式为“靠上两端”对齐。为了美观，我们可以将其设置为居中对齐方式，操作方法如下。

选择整个表格，在“表格工具 / 布局”选项卡的“对齐方式”组中单击“水平居中”按钮即可。

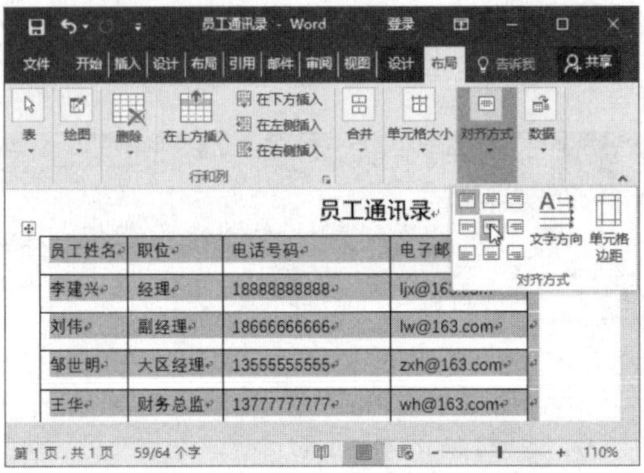

3.1.2 编辑文档中的表格

基本的表格制作完成后，为了使表格更完整，可以编辑表格。编辑表格包括拆分与合并单元格、设置文字方向、绘制斜线头等。

1. 拆分与合并单元

在制作表格的过程中，有时候会遇到需要拆分或者合并单元格的情况，此时可以通过以下的方法来操作。

Step 01 使用前文所学的方法在第一列的左侧添加插入行。

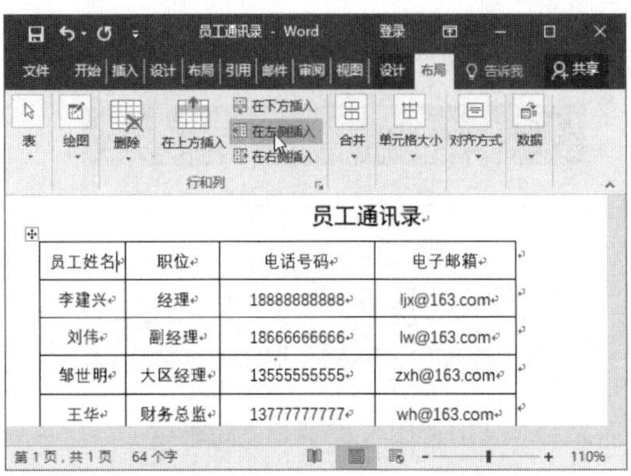

Step 02 选择除第一排之外的第一列单元格，然后单击“表格工具 / 布局”选项卡的“合并”组中的“拆分单元格”按钮。

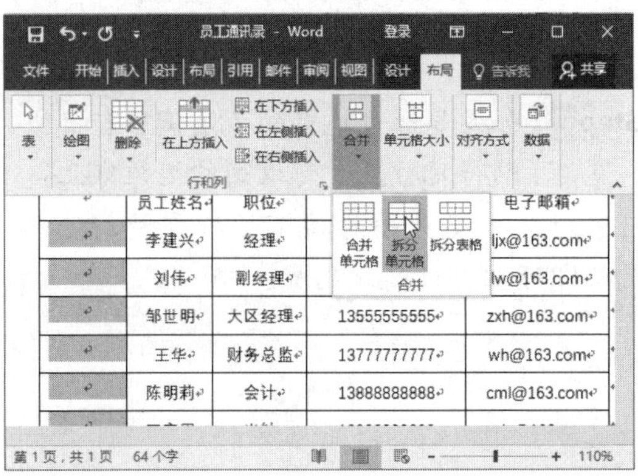

Step 03 打开“拆分单元格”对话框，分别设置要拆分的行数和列数，然后勾选“拆分前合并单元格”复选框，完成后单击“确定”按钮。

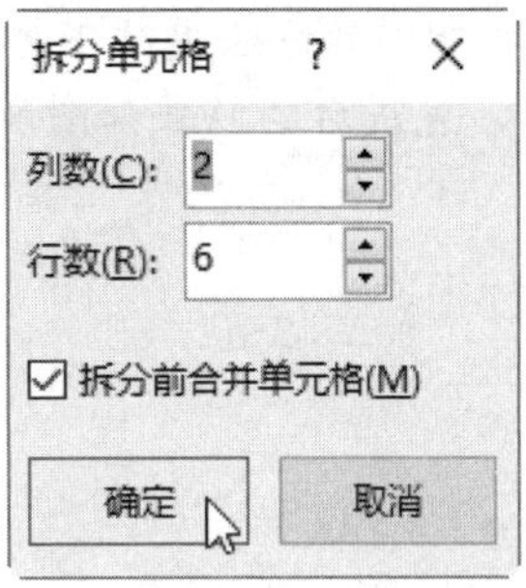

Step 04 在拆分后的第二列中输入员工编号，选择第一列的前两行单元格，然后单击“表格工具/布局”选项卡的“合并”组中的“合并单元格”按钮。

Step 05 使用相同的方法合并其他需要合并的单元格，并分别输入数据。

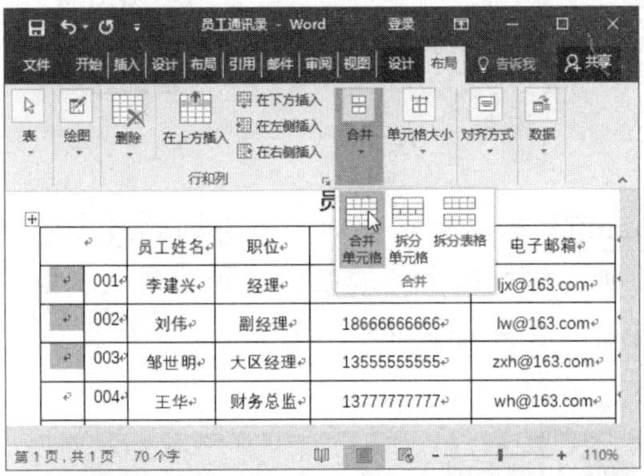

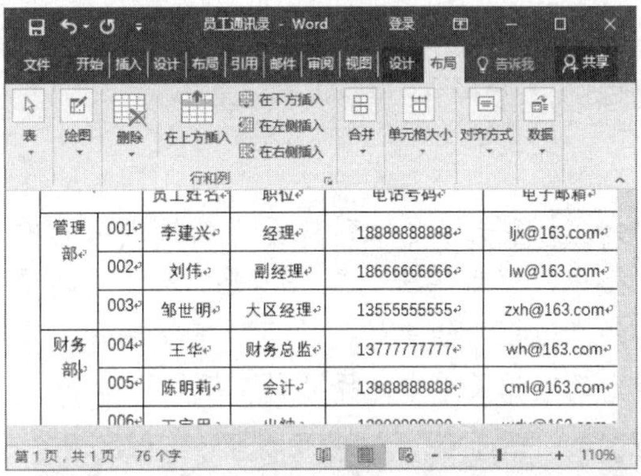

2. 设置文字方向

表格中的文字默认为水平显示，如果有需要也可以将文字方向更改为垂直方向，操作方法如下。

Step 01 将光标定位到需要更改文字方向的单元格中，然后单击“表格工具/布局”选项卡的“对齐方式”组中的“文字方向”按钮，即可更改文字的方向为垂直。

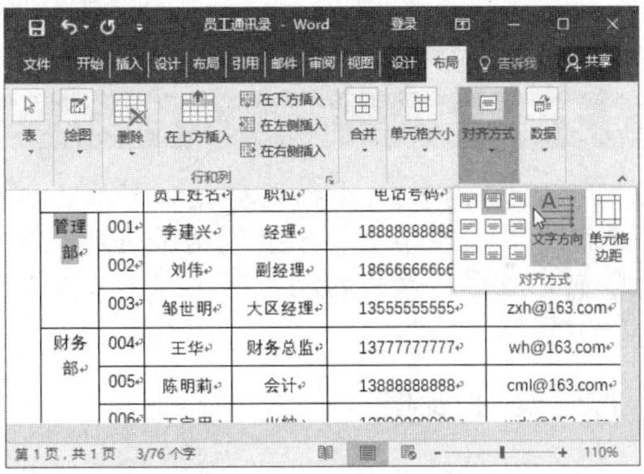

Step 02 使用相同的方法更改下方单元格中的文字方向，完成后的效果如图所示。

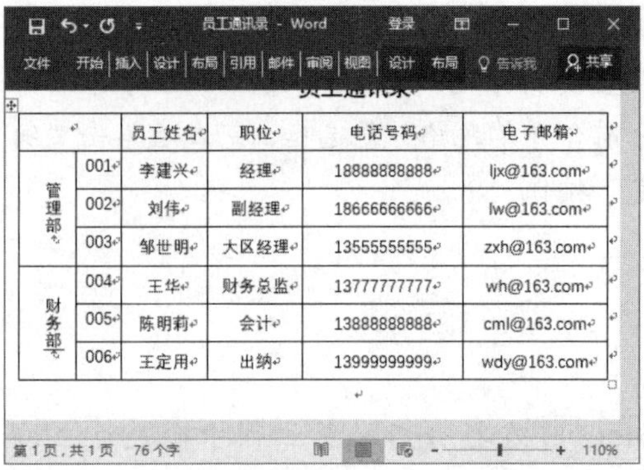

3. 绘制斜线头

在制作表头文字时，经常会需要绘制斜线头，以输入两个表头。绘制斜线头的操作方法如下。

Step 01 将光标定位到需要绘制斜线头的单元格中，然后单击“表格工具 / 设计”选项卡的“边框”组中的“边框”下拉按钮，在弹出的下拉菜单中选择“斜下框线”命令。

Step 02 返回文档中即可查看到斜线头已经添加。绘制两个无边框和无轮廓的文本框，再输入表头文字即可。

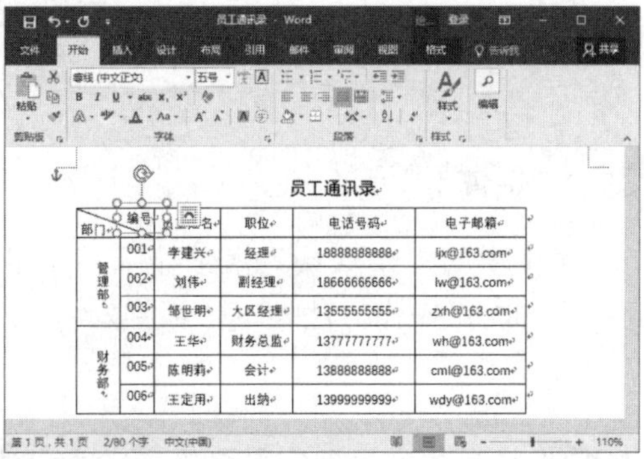

● 大师心得

在 Word 2016 中如果要在一个单元格中绘制两条斜线，在“图形”工具中选择“直线”工具，在单元格中绘制两条直线，再将直线的格式设置为与表格框线相同。直线绘制完成后，表头的文字需要使用文本框的形式来输入。

3.1.3 美化表格

为了让表格更加美观，我们可以为表格添加各种颜色和样式的边框及底纹，操作方法如下。

1. 设置表格底纹

表格的底纹衬于文字的下方，合适的颜色搭配可以让表格更加出彩。设置表格底纹的操作方法如下。

把光标定位到表格中的任意单元格，然后单击“表格工具 / 设计”选项卡的“表格样式”组中的“底纹”下拉按钮，在弹出的下拉菜单中选择一种底纹颜色。

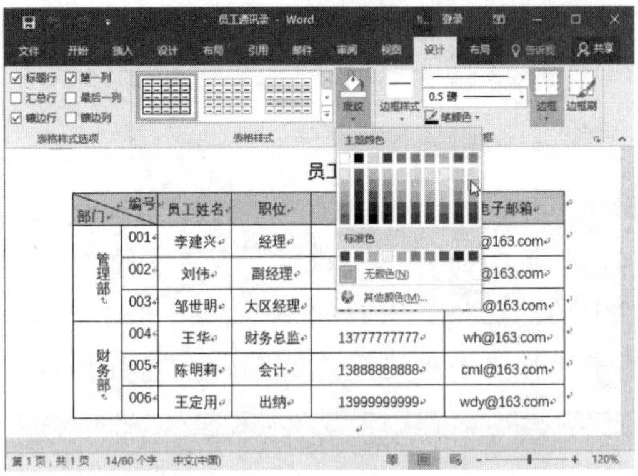

2. 设置表格边框

为表格设置不同颜色和样式的边框，可以让表格看起来更加美观，操作方法如下。

Step 01 将光标置于任意单元格，单击“表格工具 / 设计”选项卡的“边框”组中的“边框样式”下拉按钮，在弹出的下拉菜单中选择一种主题边框样式。

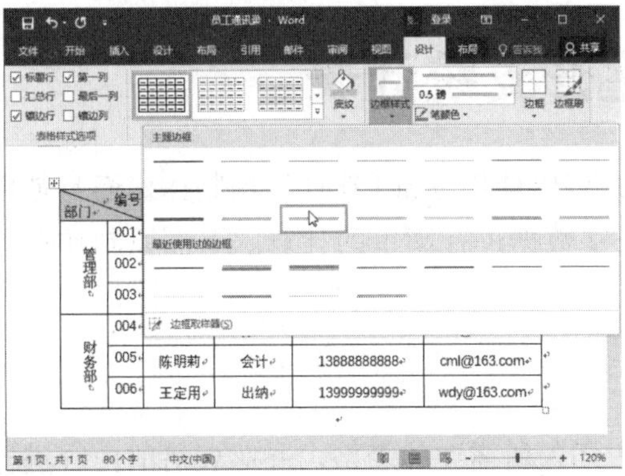

Step 02 单击“笔画粗细”下拉按钮，在弹出的下拉列表中选择边框线条的粗细，如“1.5 磅”。

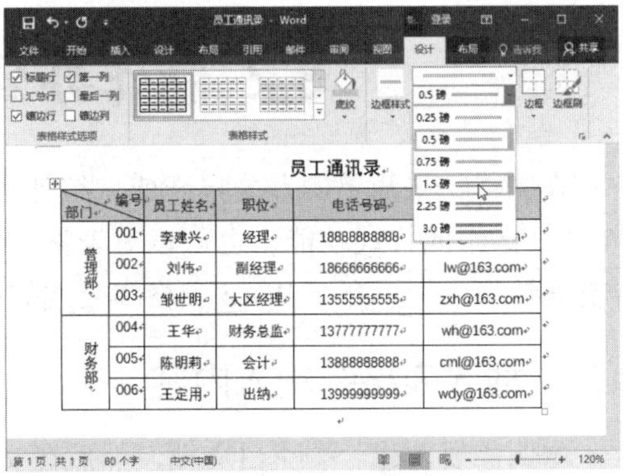

Step 03 此时光标将变为笔的形状，单击边框即可将所选边框更改为所选样式。

Step 04 如果要设置的边框较多，且比较有规律，可以单击“表格工具 / 设计”选项卡的“边框”组中的“边框”下拉按钮，在弹出的下拉菜单中选择要添加边框的位置，如“外侧框线”。

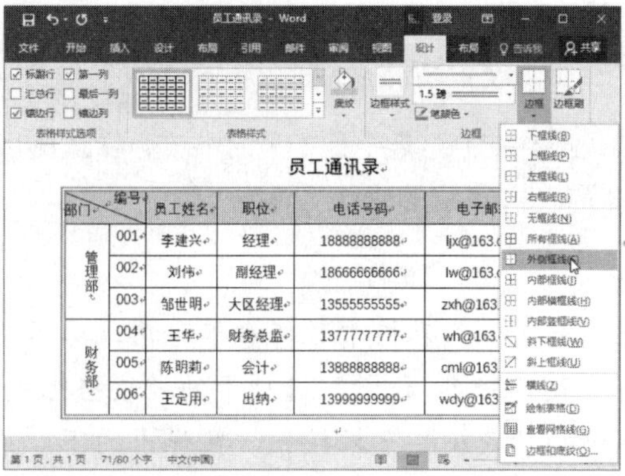

Step 05 重新设置一种边框的样式和线条粗细，单击“表格工具/设计”选项卡的“边框”组中的“边框”下拉按钮，在弹出的下拉菜单中选择要添加边框的位置，如“内部框线”。

Step 06 使用相同的方法为下画线设置线条样式即可。

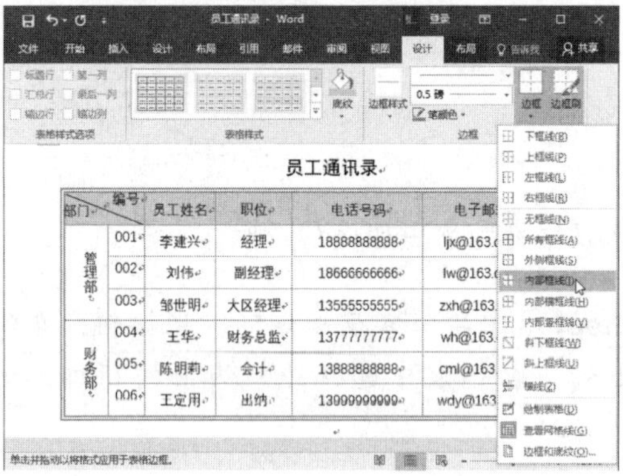

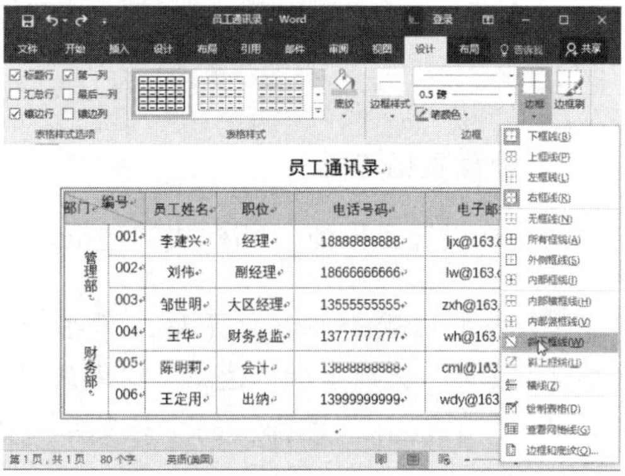

3.2 制作办公室开支统计表

在制作一些简单的办公报表或者统计表时，可以使用 Word 软件轻松制作。而且使用 Word 表格中的公式功能，也可以对表格中的一些数据进行简单的计算。下面以制作办公开支统计表为例，介绍 Word 表格中公式的操作。

3.2.1 插入表格并输入内容

本例需要新建一个空白文档，然后在文档中插入所需要的表格，并对表格的内容进行输入操作。

1. 设置纸张大小

一般情况下，使用的是 A4 纸张大小的模式。在某些时候，我们需要将页面的纸张尺寸大小做一下调整，操作方法如下。

新建一个名为“公司开支统计表”的文档，单击“布局”选项卡的“页面设置”组中的“纸张大小”下拉按钮，在弹出的下拉菜单中选择“16 开”命令即可。

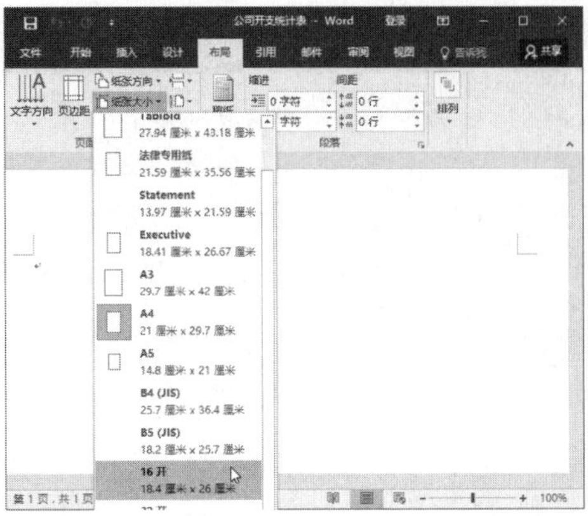

2. 插入表格

插入表格的方法很多，除了前面介绍的快速创建表格的方法，我们还可以创建规定行数、列数的表格，操作方法如下。

Step 01 切换到“插入”选项卡，单击“表格”组中的“表格”下拉按钮，在弹出的下拉菜单中选择“插入表格”命令。

Step 02 弹出“插入表格”对话框，在“表格尺寸”组中分别设置“列数”与“行数”，本例设置“列数”为“5”，设置“行数”为“8”，设置完成后单击“确定”按钮。

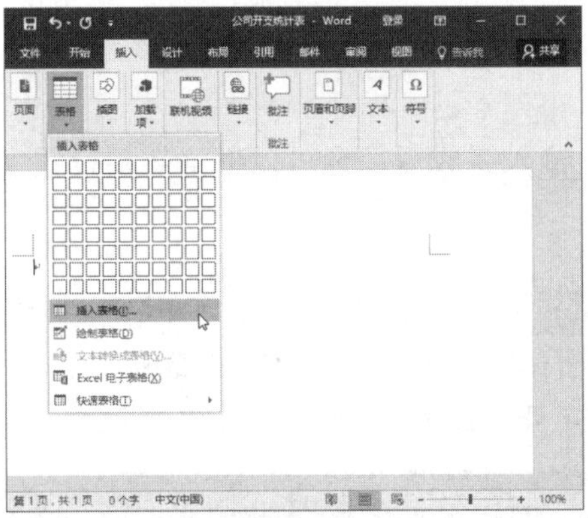

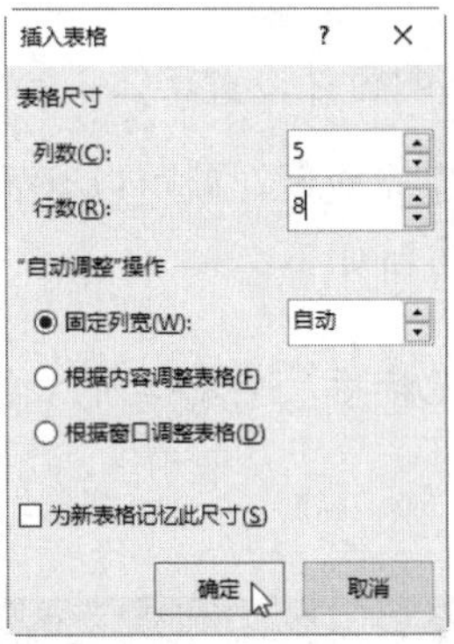

3. 制作表格标题

表格的标题可以独立于表格之外，也可以存放在表格单独的单元格中，下面使用“绘制表格”功能为表格标题绘制一个单独的单元格，操作方法如下。

Step 01 将光标定位到第一行的第一个单元格中，按下“Enter”键在表格前插入一行，然后输入表格标题。输入完成后单击“插入”选项卡的“表格”组中的“表格”下拉按钮，在弹出的下拉菜单中选择“绘制表格”命令。

Step 02 光标变为钢笔形状 ✎。按下鼠标左键不放，拖动绘制一个与表格相同宽度的单元格，然后松开鼠标左键，即可绘制一个单元格。

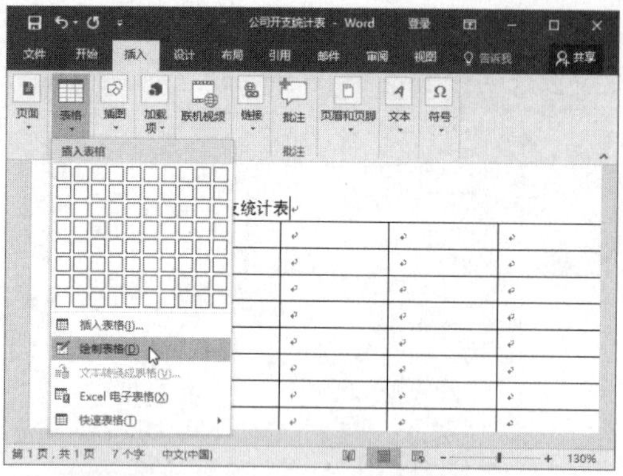

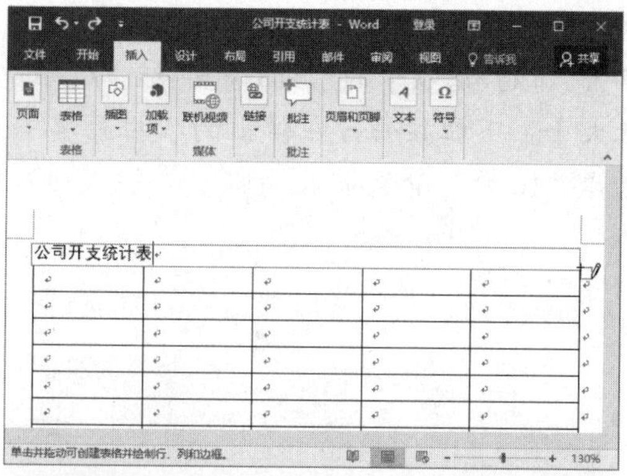

Step 03 标题单元格绘制完成后，效果如图所示。

4. 输入内容并设置字体

表格创建完成后，就可以开始输入表格内容，输入完成后，也可以根据需要设置字体格式，操作方法如下。

Step 01 将光标插入单元格内，输入表格内容。

Step 02 选中标题文本，在“开始”选项卡的“字体”组中将“字体”设置为“黑体”，将“字号”设置为“四号”。

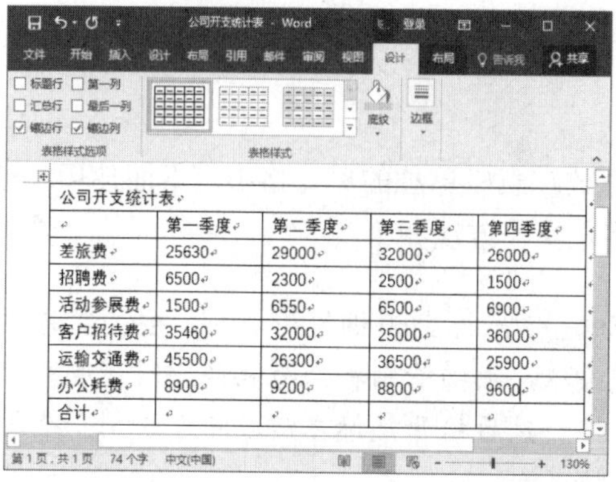

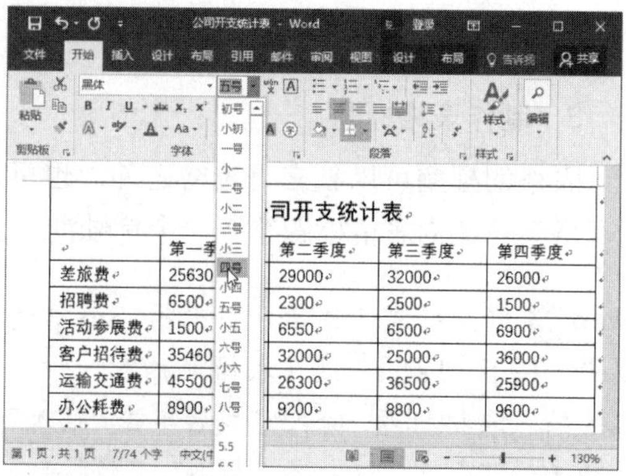

Step 03 将光标定位到第一行的最左侧，当光标变为向右的箭头 时，单击鼠标左键即可选中第一行。

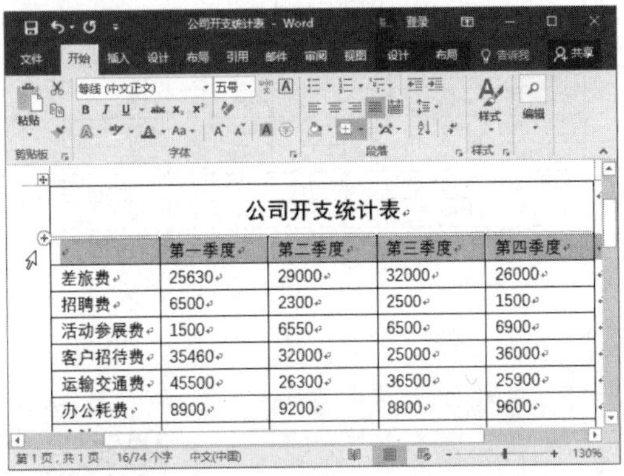

Step 04 在“开始”选项卡的“字体”组中设置表头的字体样式。

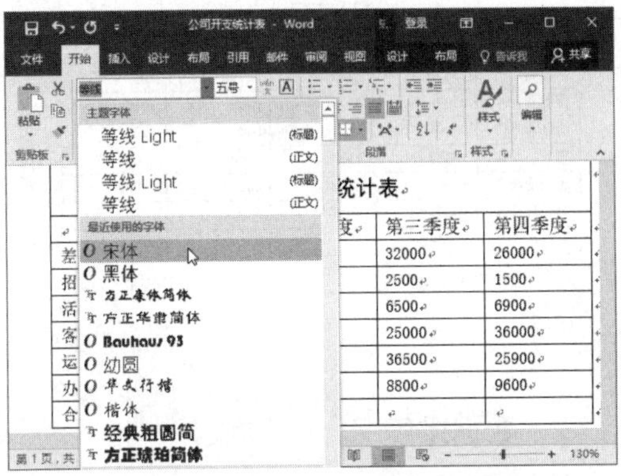

3.2.2 统计表格数据

在 Word 表格中，用户也可以对表格数据进行简单的统计，例如数据运算、数据排序等。

1. 数据计算

数据计算并不是 Excel 才具有的功能，使用 Word 也可以进行简单的计算，操作方法如下。

Step 01 将光标定位到计算结果单元格，本例定位到最后一行的第二列，然后单击“表格工具 / 布局”选项卡的“数据”组中的“公式”按钮。

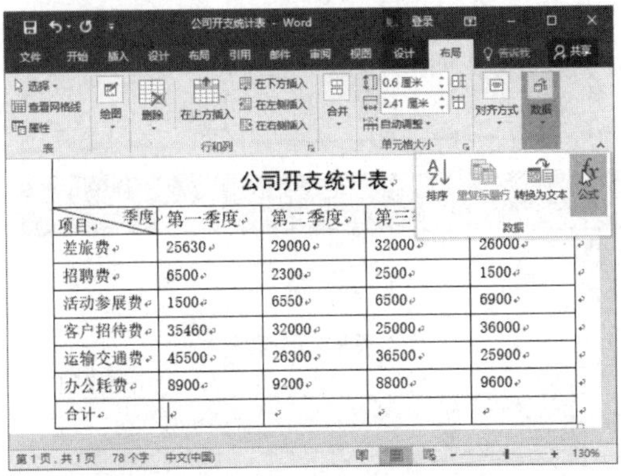

Step 02 打开“公式”对话框，系统默认公式为求和公式，保持默认状态，然后单击“确定”按钮。

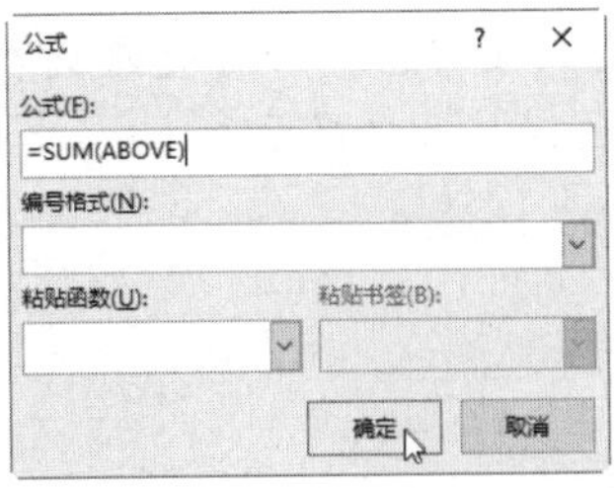

Step 03 返回文档中，即可查看到单元格中已经显示了求和结果值。

Step 04 使用相同的方法计算出其他单元格中的合计信息即可。

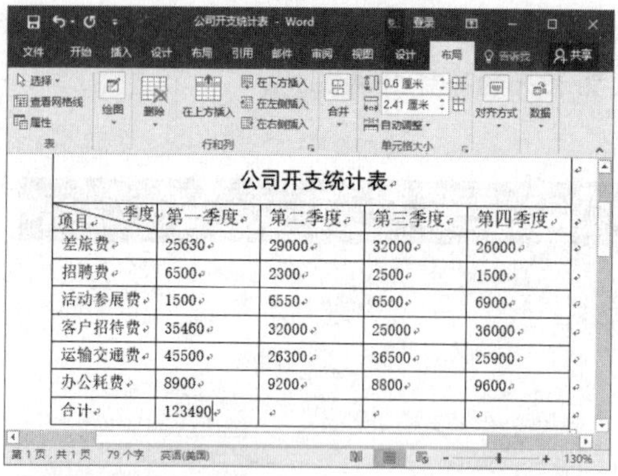

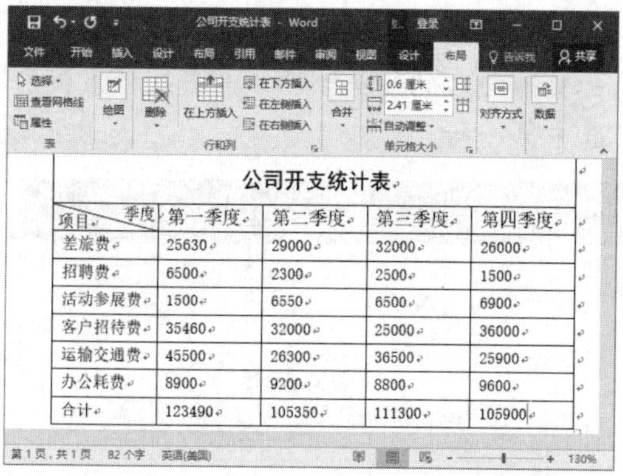

2. 数据排序

在 Word 的表格中，除了可以进行数据计算之外，还可以对数据进行排序，操作方法如下。

Step 01 选中要排序的单元格行或列，本例选择“第一季度”单元格列。

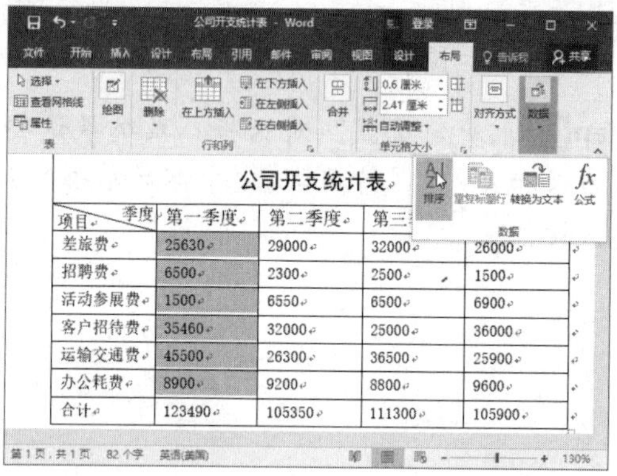

Step 02 打开“排序”对话框，在“主要关键字”下拉列表中选择被选的列，本例为“列 2”，然后选择“升序”单选项，选择完成后单击“确定”按钮。

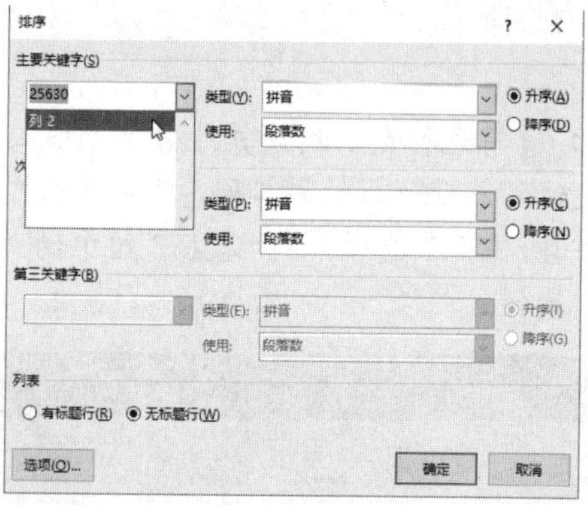

Step 03 返回文档后，即可查看到表格中的被选数据已经按升序显示。

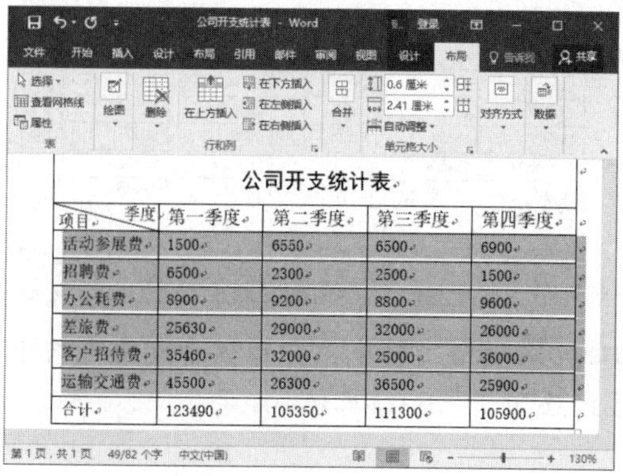

3.2.3 插入图表

为了使数据更加直观、数据的分析更加准确，可以在文档中插入相关的图表内容，操作方法如下。

1. 创建图表

创建图表的方法非常简单，操作方法如下。

Step 01 单击“插入”选项卡的“插图”组中的图表按钮。

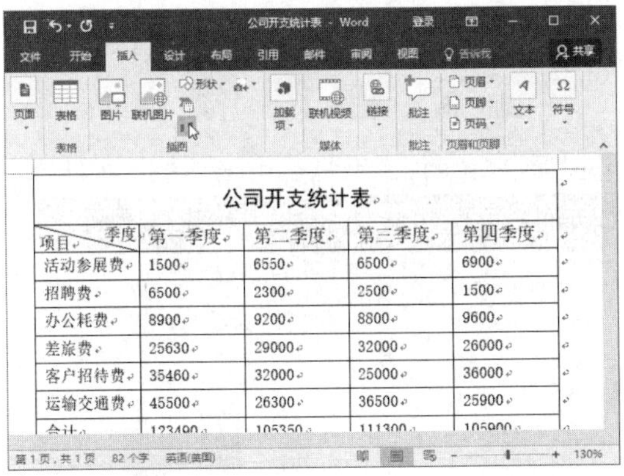

Step 02 打开“插入图表”对话框，在所有图表组中选择“图表类型”。本例选择“柱形图”，在右侧选择“簇状柱形图”命令，完成后单击“确定”按钮。

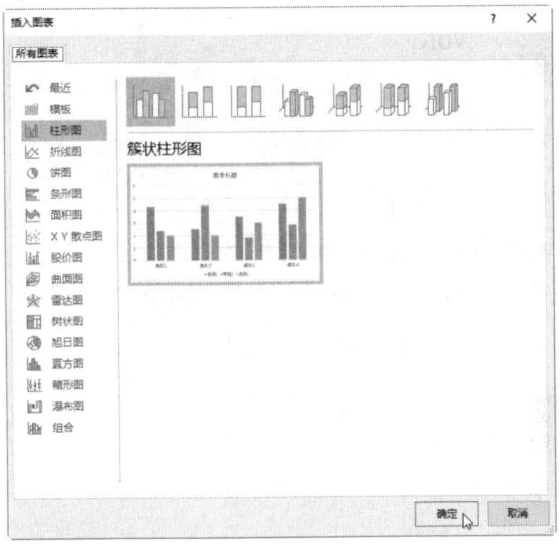

Step 03 返回工作表中即可查看到图表已经创建，并且自动打开了 Word 2016。

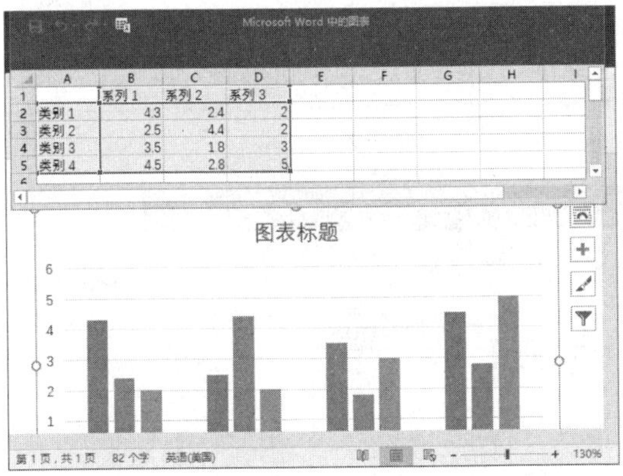

Step 04 在 Word 中输入所需的数据内容，输入完成后关闭 Word 文档，即可成功创建图表。

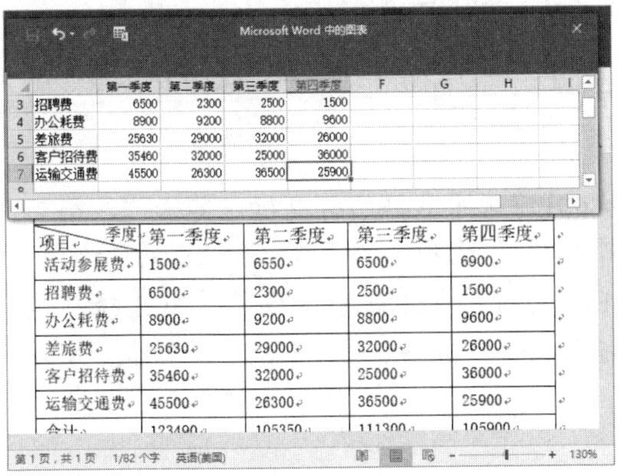

2．编辑图表

插入图表后，还可以对图表进行美化，操作方法如下。

Step 01 在图表标题文本框中选中图表标题，然后直接输入需要的标题。

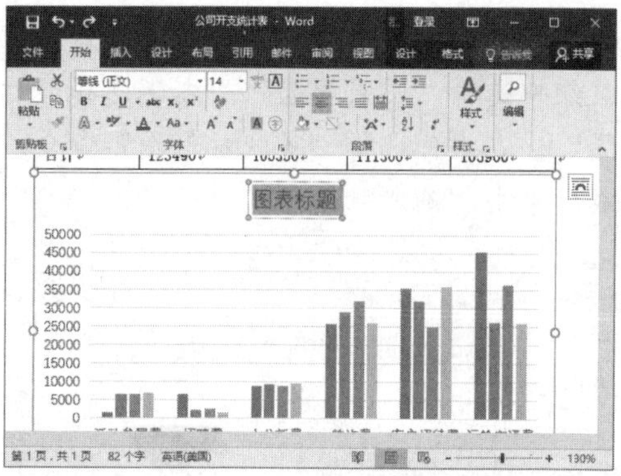

Step 02 选中图表，单击“图表工具/设计”选项卡的“图表样式”组中的“快速样式”下拉按钮，在弹出的下拉菜单中选择一种图表的快速样式。

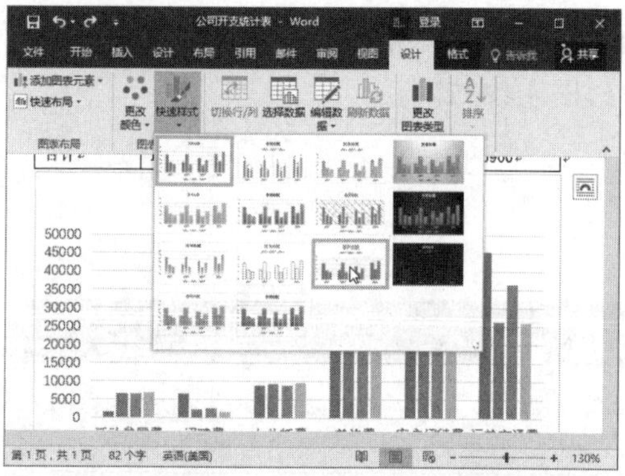

Step 03 将光标移动到图表任意控制点上，按住鼠标左键，拖动光标至满意的位置，然后释放鼠标，即可调整大小。

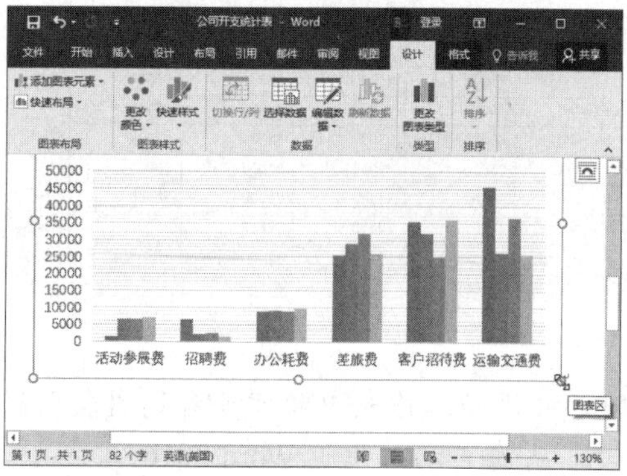

3.2.4 美化表格

表格制作完成后，用户可以对表格添加一些修饰，如添加边框和底纹等，以美化表格，操作方法如下。

Step 01 选中表格的标题行，单击“表格工具/设计”选项卡的“边框”组中的“边框”下拉按钮，在弹出的下拉菜单中选择“边框和底纹”命令。

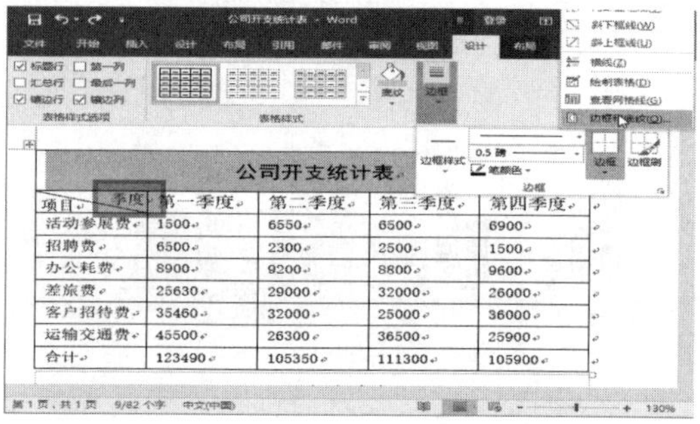

Step 02 弹出“边框和底纹”对话框，在“底纹”选项卡的“填充”下拉列表中选择一种底纹颜色，完成后单击“确定”按钮。

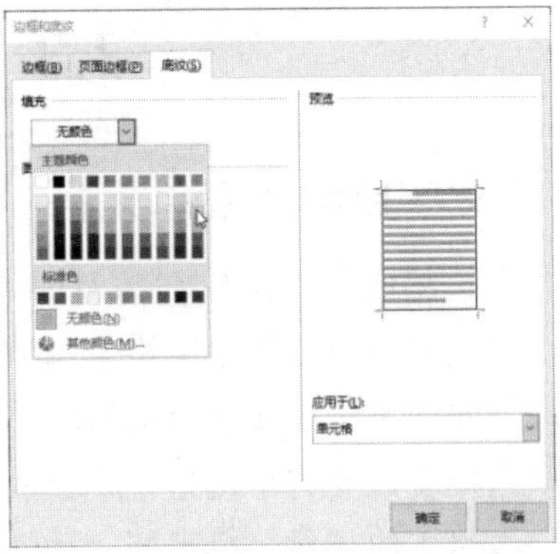

Step 03 选中表头行，使用相同的方法打开“边框和底纹”对话框，在“底纹”选项卡的“填充”下拉列表中选择填充颜色，在“图案”组中选择底纹图案样式，在“颜色”下拉列表中选择图案颜色，完成后单击“确定”按钮。

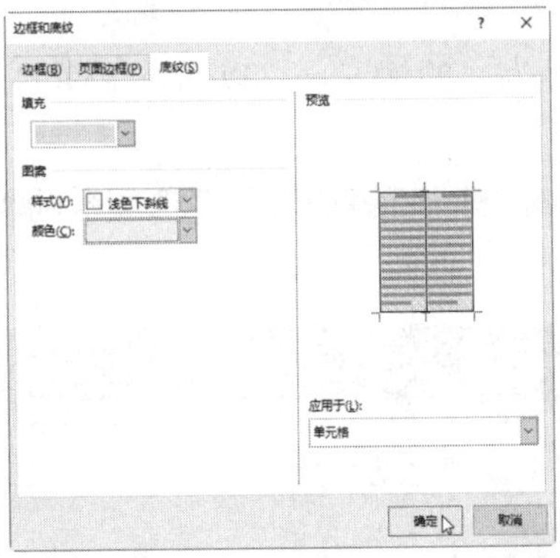

Step 04 返回文档中，即可查看到设置了底纹的表头效果。

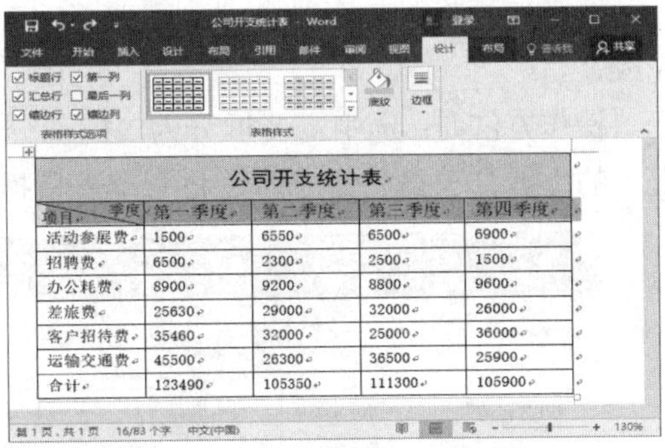

Step 05 使用相同的方法为其他需要添加底纹的单元格添加相同的底纹。

Step 06 选中整个表格，在“表格工具/设计”选项卡的“边框”组中选择“边框样式”“笔画粗细”“笔颜色”，然后单击“边框”下拉按钮，在弹出的下拉菜单中选择“外侧框线”命令，即可为表格添加外边框。

3.3 高手支招

3.3.1 让文字自动适应单元格

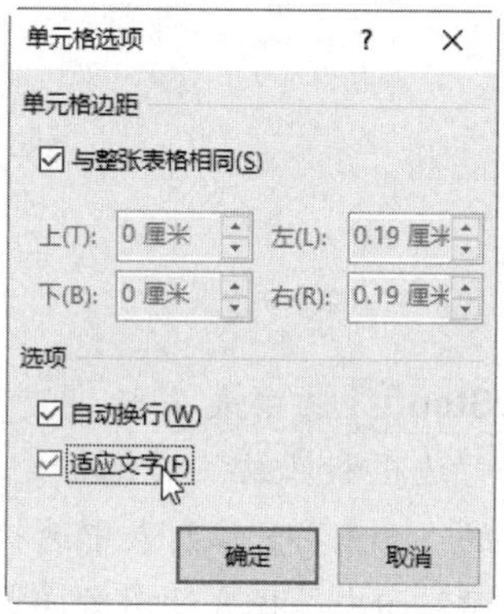

在制作表格时，有时候会需要调整字符间距使文字能够充满整个单元格。此时，使用空格来调节字符间距显然不合适，可以使用下面的方法让文字自动适应单元格。

Step 01 选择要设置的单元格，然后单击“表格工具 / 布局”选项卡的“表”组中的“属性”按钮。

Step 02 打开“表格属性”对话框，在“单元格”选项卡中单击“选项”按钮。

Step 03 打开“单元格选项”对话框，勾选“适应文字”复选框，然后依次单击“确定”按钮退出设置即可。

3.3.2 快速拆分表格

在制作表格时，有时会遇到需要将一个表格拆分为二的情况，可以通过下面的方法来完成。

操作方法是：选中需要拆分为二的部分表格，单击“表格工具 / 布局”选项卡的“合并”组中的“拆分表格”命令即可将一个表格拆分为二。

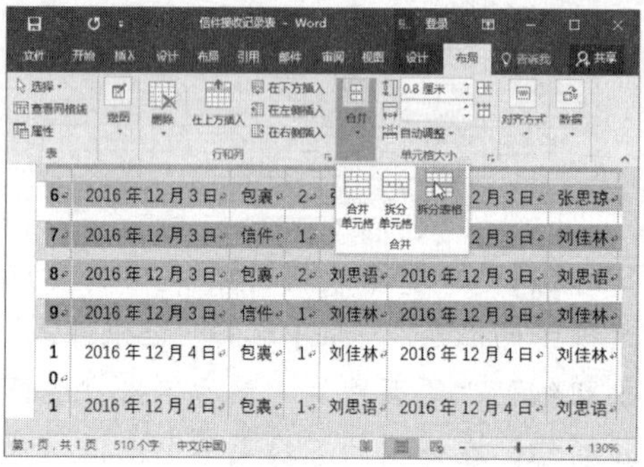

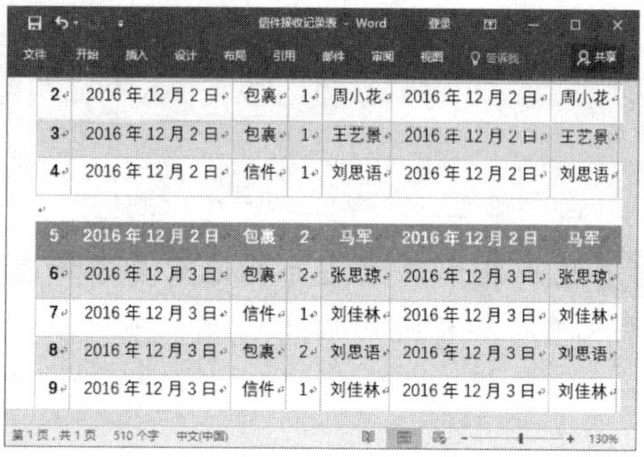

3.3.3 解决正文总是出现在表格旁边的问题

在一些 Word 文档中，文字总是跑到表格的旁边。为了让文字排列得更整齐，可以通过调整表格的环绕设置来改善，操作步骤如下。

Step 01 将光标定位在表格的单元格中，切换到“表格工具 / 布局”选项卡。

Step 02 单击“表”组中的“属性”按钮，弹出“表格属性”对话框，切换到“表格”选项卡，然后单击“文字环绕”栏中的“无”图标。

Step 03 单击“确定”按钮返回文档即可。

第 4 章

Word 模板与样式功能应用

使用 Word 的样式、模板和主题，可以快速地美化文档，能让所有的文档保持统一的格式。综合使用样式、模板和主题是文档排版必不可少的环节。本章通过制作企业模板、使用企业模板、使用样式制作投标书和制作投标书的案例，介绍 Word 2016 模板和样式的使用方法。

4.1 制作企业文件模板

企业内部文件通常具有相同的格式及相应的一些标准，例如有相同的页眉页脚、相同的背景、相同的字体及样式等。如果将这些相同的元素制作成为一个模板文件，在使用时就可以直接使用该模板创建文档，而不用花费时间另行设置。本例以制作一个企业文件模板为例，介绍模板制作的方法。

4.1.1 创建模板文件

要创建企业模板需要先新建一个模板文件，同时可以为文件添加相关的属性以进行说明和备注。

1. 新建 Word 模板文件

创建模板文件最常用的方法是在 Word 文档中另存为模板文件，那么首先就需要先创建一个 Word 文档，然后再执行以下操作。

Step 01 新建一个 Word 文档，在文件菜单中切换到“另存为”选项卡，单击右侧窗格的浏览按钮。

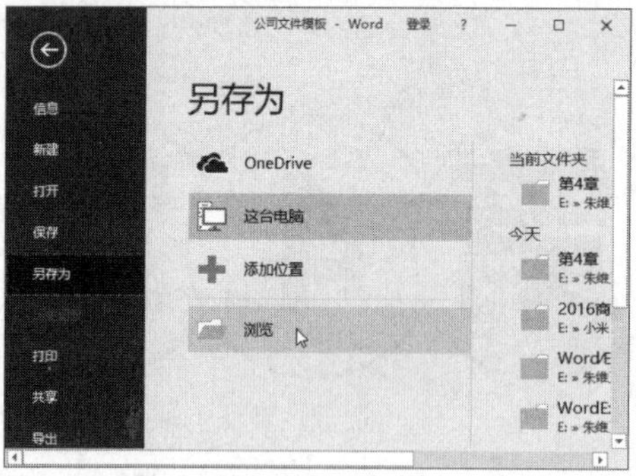

Step 02 打开“另存为”对话框，在“保存类型”下拉列表中选择“Word 模板”命令，完成后单击“保存”按钮。

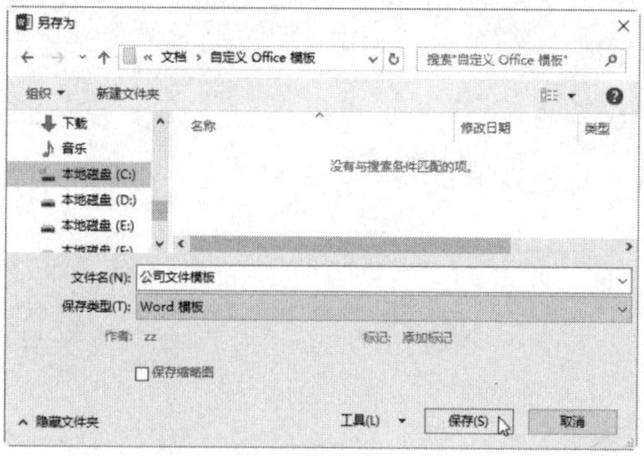

2. 设置文档模板属性

为文档添加属性，可以为文件添加一些附加信息，对文件进行说明或备注，以方便日后查找和使用。为模板文件添加属性的操作方法如下。

Step 01 在“文件”选项卡中单击“信息”图标，在右侧属性栏底部单击“显示所有属性”链接。

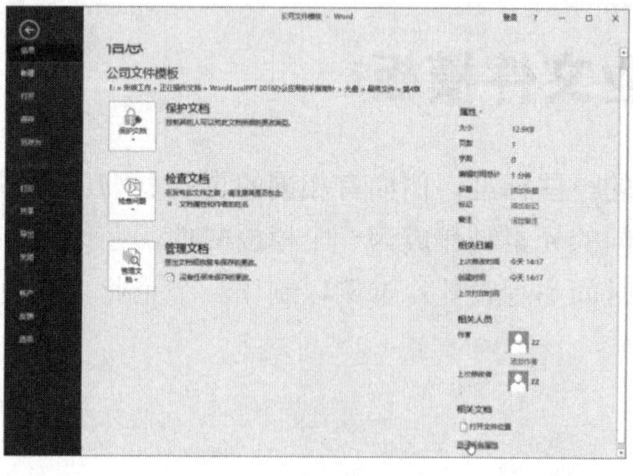

Step 02 在窗口右侧的“属性”栏中的各属性后输入相关的文档属性内容。

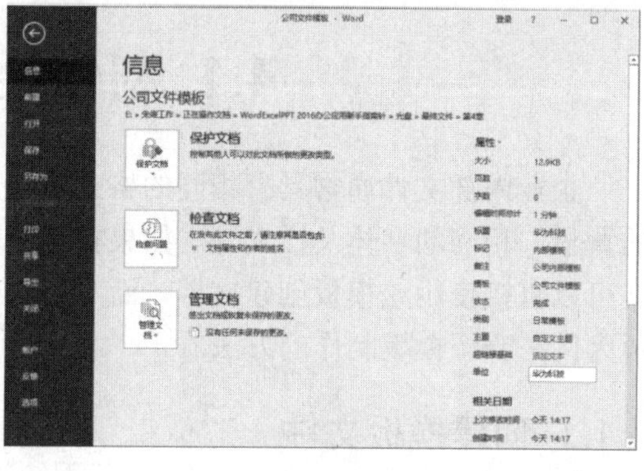

3. 在功能区显示“开发工具”选项卡

在制作模板文档时需要用到“开发工具”选项卡中的功能，而“开发工具”选项卡并没有默认显示在工具栏中，需要通过以下操作来显示。

Step 01 切换到“文件”选项卡后选择“选项”命令。

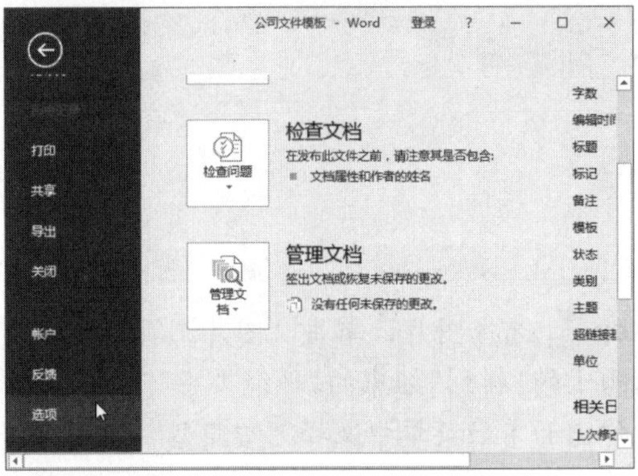

Step 02 打开“Word 选项”对话框，在“自定义功能区”列表框中勾选“开发工具”复选框，然后单击“确定”按钮即可。

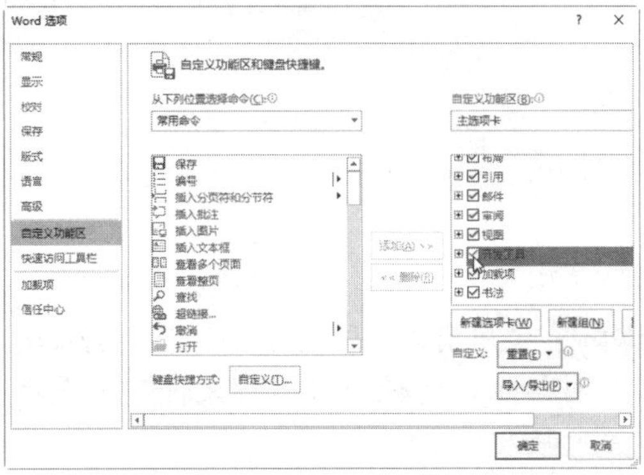

4.1.2 制作模板内容

创建好模板文件之后，就可以为模板添加内容和设置到该文件中，以便以后直接用该模板创建文件。通常模板中的内容含有固定的装饰成分，如固定的标题、背景和页面版式等。

1. 制作模板页眉内容

企业文档大多会使用公司的名称作为页眉，所以需要将固定的页眉格式添加到模板文件中，操作方法如下。

Step 01 单击“插入”选项卡的“页眉和页脚”组中的“页眉”下拉按钮，在弹出的下拉菜单中选择“编辑页眉”命令。

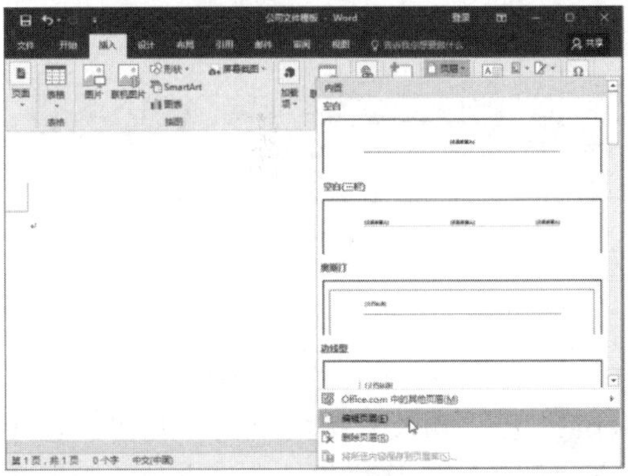

Step 02 单击“开始”选项卡的“段落”组中的“边框”下拉按钮，在弹出的下拉菜单中选择“无边框”命令去除页眉横线。

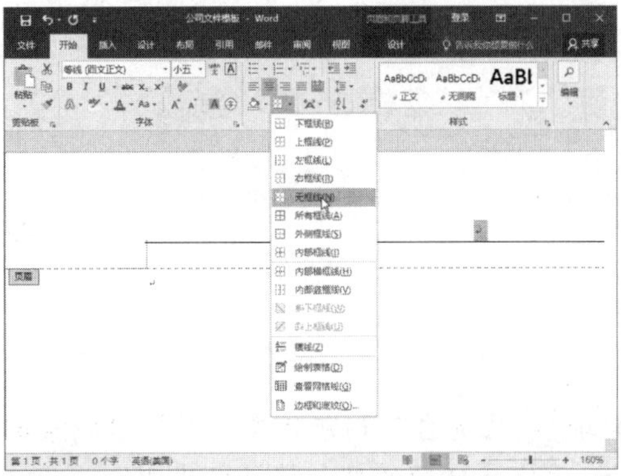

Step 03 单击“插入”选项卡的“插图”组中的“形状”按钮，在弹出的下拉菜单中选择“曲线”命令。

Step 04 使用曲线工具绘制一个如图所示的形状，并在“绘图工具 / 格式”选项卡的“形状样式”组中设置形状样式。

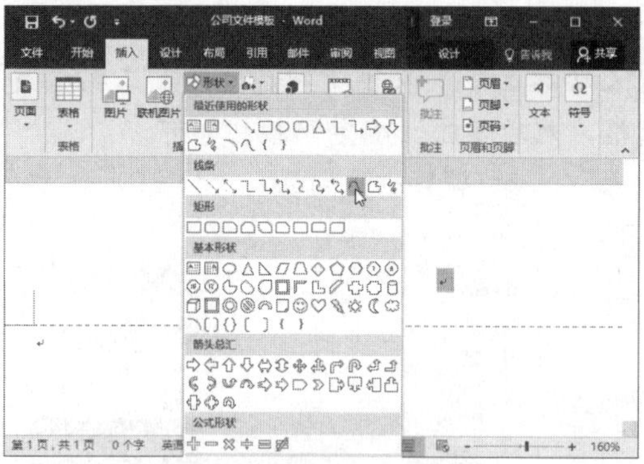

Step 05 使用前文所学的方法打开“插入图片”对话框，选择公司图标文件，完成后单击“插入”按钮。

Step 07 将图片移动到合适的位置，并调整图片的大小。

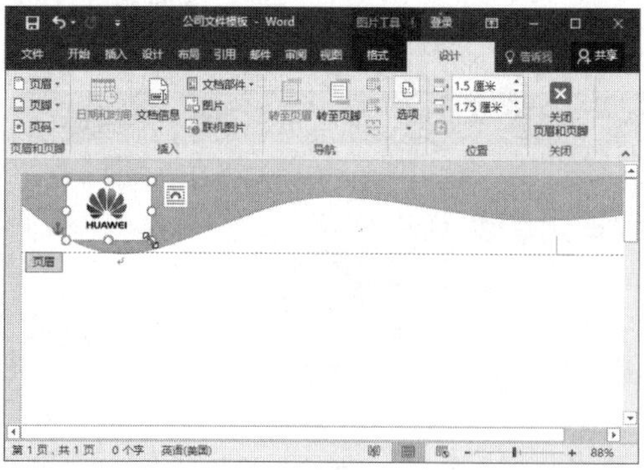

Step 09 系统自动判断背景，并标识删除部分，有需要保留的部分被标记为删除，可以单击“背景消除”选项卡中的标记要保留的区域按钮。在图片中设置保留区域后，单击“背景消除”选项卡中的“保留更改”按钮。

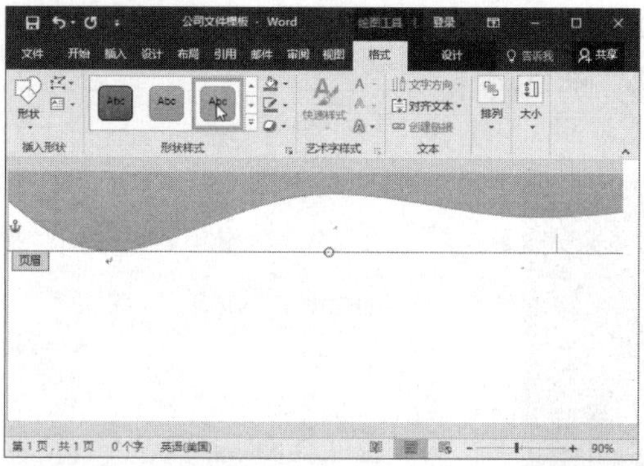

Step 06 选择图片，单击“图片工具/格式”选项卡的“排列”组中的“环绕文字”下拉按钮，在弹出的下拉菜单中选择“四周型”命令。

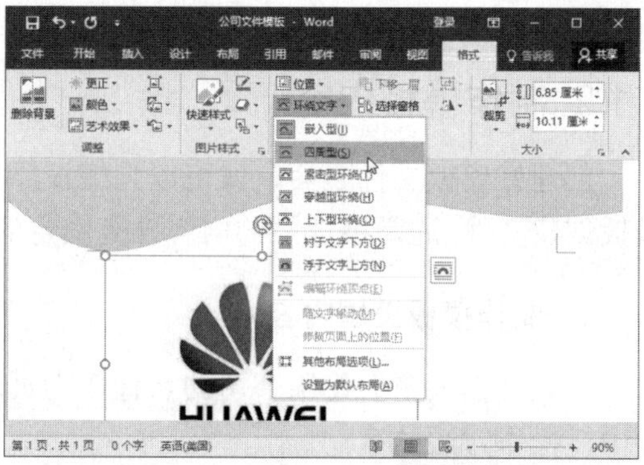

Step 08 选中图片，单击“图片工具/格式”选项卡的“调整”组中的“删除背景”按钮。

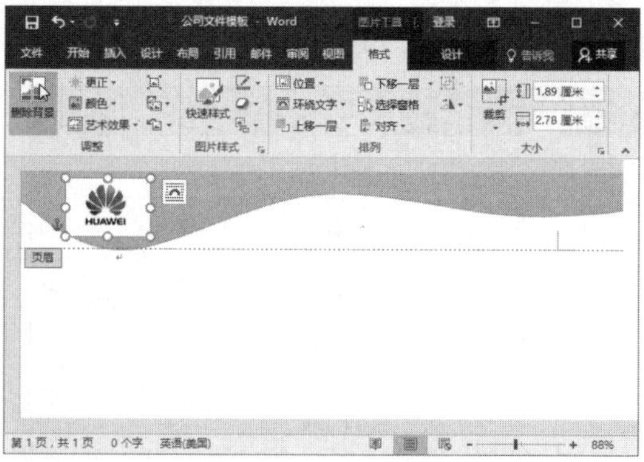

Step 10 在“插入”选项卡的“插图”组中单击“形状”下拉按钮，在弹出的下拉菜单中选择“文本框”形状。

Step 11 在公司图标右侧绘制文本框，在文本框中添加相应的文字，如公司简称，然后选中文字，在“绘图工具 / 格式”选项卡的“艺术字样式”组中设置文字的艺术字样式，并在“开始”选项卡的“字体”组中设置字体格式。

Step 12 选中文本框，在“绘图工具 / 格式”选项卡的“形状样式”组中设置形状填充为“无填充颜色”，设置形状轮廓为“无轮廓”。

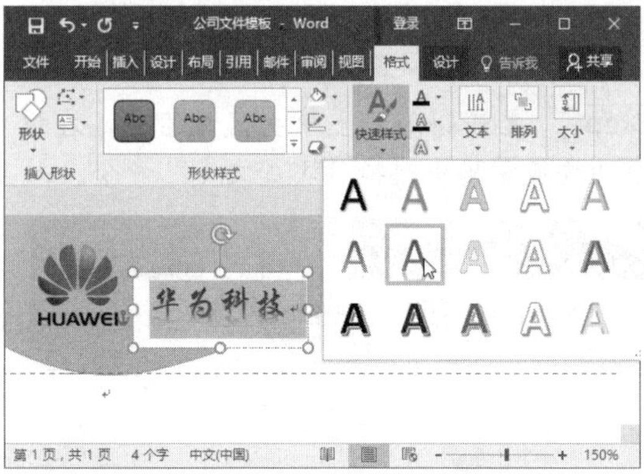

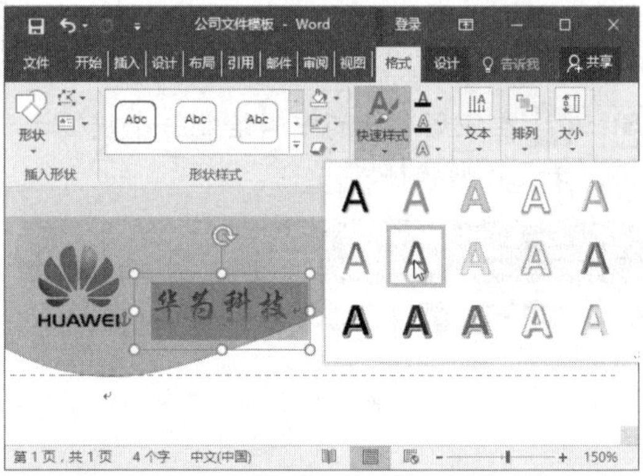

Step 13 在页面的另一侧使用相同的方法创建一个文本框，并设置文本框和文字样式。

Step 14 按住文本框顶端的旋转按钮不放，向左拖动鼠标，直至达到想要的角度。

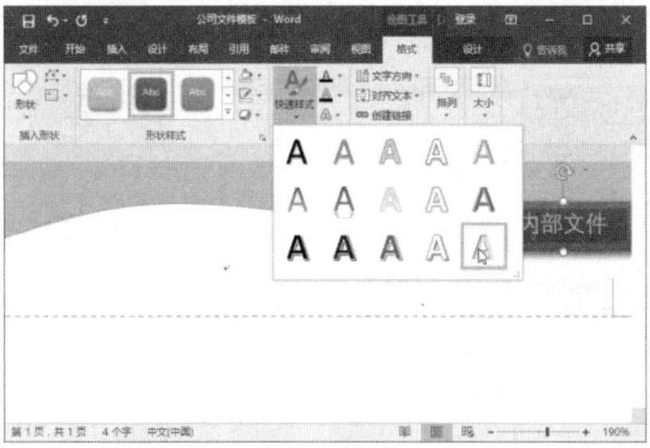

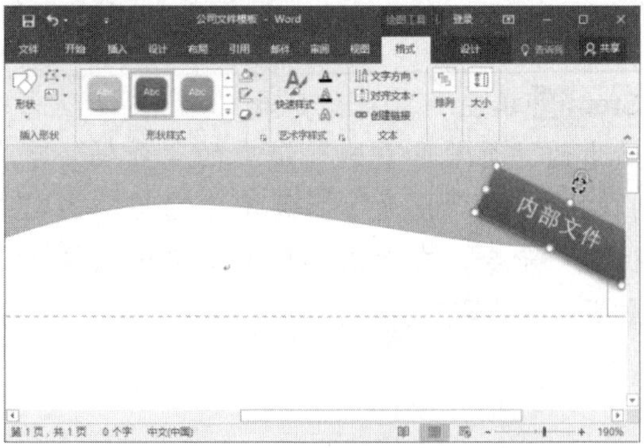

2. 制作模板页脚

在模板的页脚，大多会添加页码、公司地址、电话等，此处以在页脚处添加页码为例，介绍制作模板页脚的方法。

Step 01 单击“页眉和页脚工具”选项卡的“导航”组中的“转至页脚”按钮。

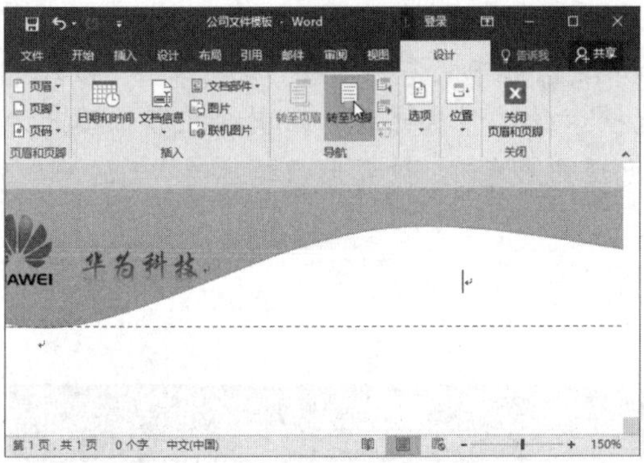

Step 02 转到页脚位置，使用矩形形状在页脚处绘制如图所示的矩形，在“绘图工具/格式”选项卡的“形状样式”组中设置与页眉相同的形状样式。

Step 03 在矩形形状的中间绘制一个椭圆形状，并设置形状样式。

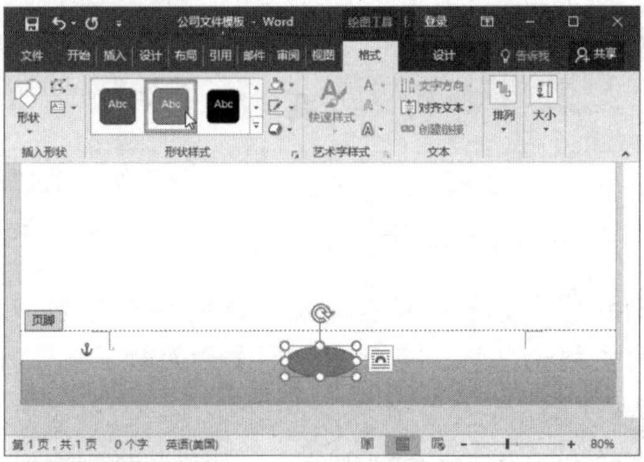

Step 04 在椭圆形状上单击鼠标右键，在弹出的快捷菜单中选择“添加文字”命令。

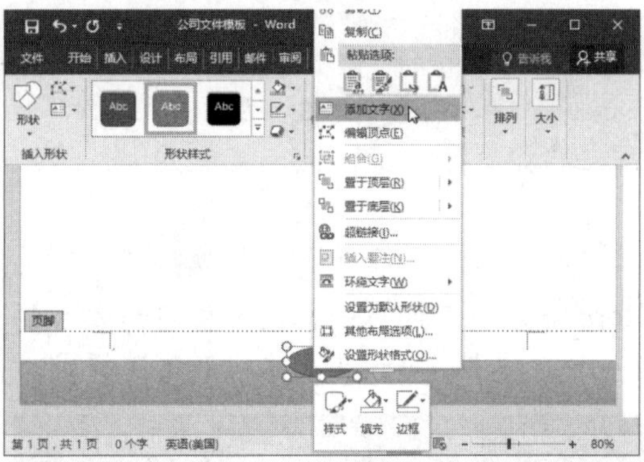

Step 05 单击“页眉和页脚工具/设计”选项卡的“页眉和页脚”组中的“页码”下拉按钮，在弹出的下拉菜单中选择“当前位置”命令，在弹出的扩展菜单中选择一种页码样式即可。

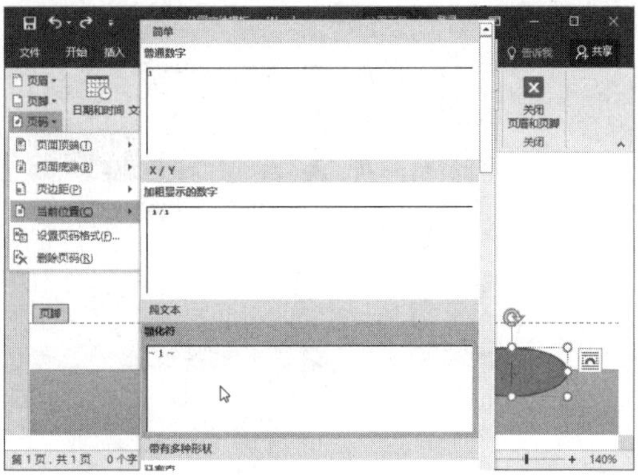

3. 添加水印图片

为了防止公司的信息被他人复制盗用，可以在模板中添加公司标识作为水印图片，操作方法如下。

Step 01 双击页面空白处，退出页眉和页脚编辑模式，单击“设计”选项卡的“页面背景”组中的“水印”下拉按钮，在弹出的下拉菜单中选择“自定义水印”命令。

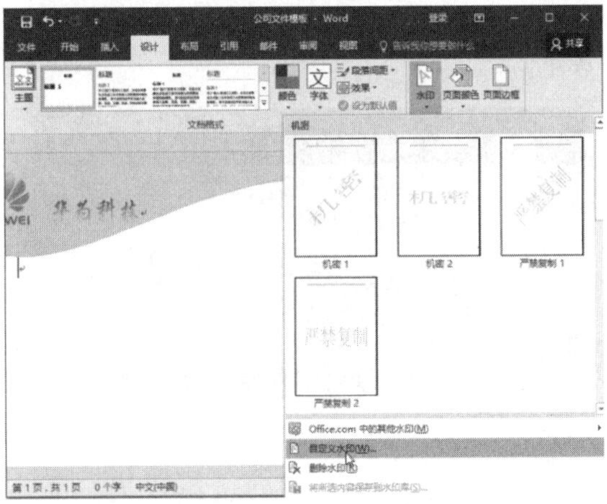

Step 02 打开“水印”对话框，选择“图片水印”单选项，然后单击“选择图片”按钮。

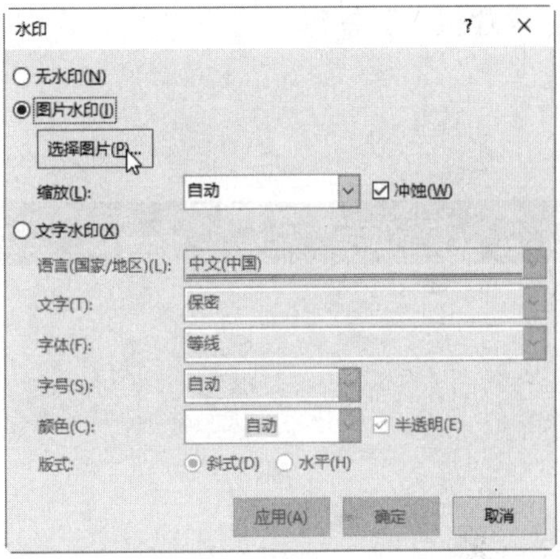

Step 03 在打开的“水印”对话框中选择要作为水印的图片插入，然后单击“确定”按钮。

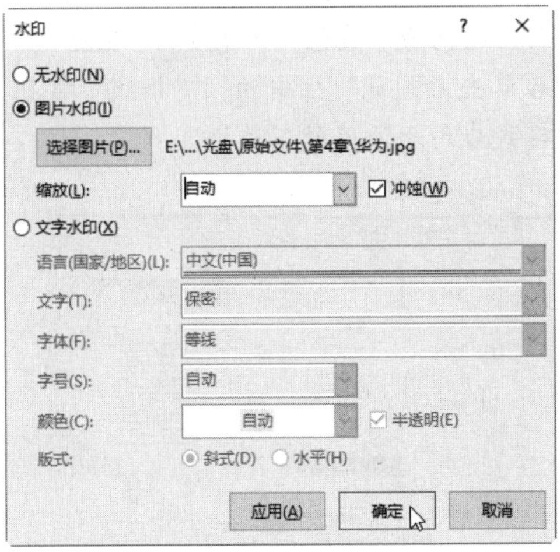

Step 04 进入页眉、页脚编辑状态，复制多个水印图片到页面，并调图片大小和位置即可。

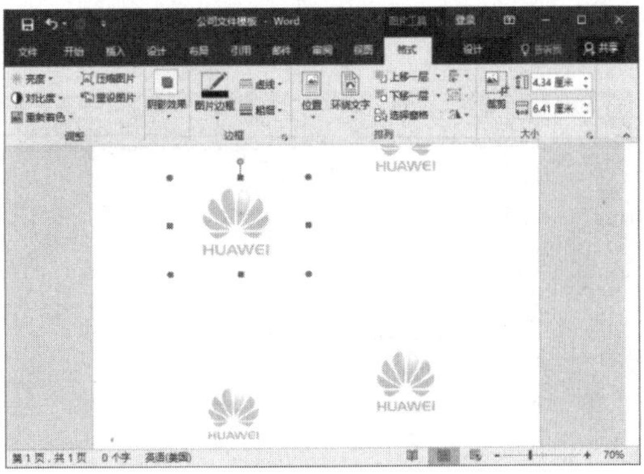

4．使用格式文本内容控件制作模板内容

在模板文件中，需要通过制作出一些固定的格式，这时可以使用“开发工具”选项卡中的格式文本内容控件来进行设置。在使用模板创建新文件时，只需要修改少量的文字内容就可以制作一份版式完整的文档。

Step 01 单击“开发工具”选项卡的“控件”组中的“格式文本内容控件”按钮 Aa，然后单击“开发工具”选项卡的“控件”组中的“设计模式”按钮。

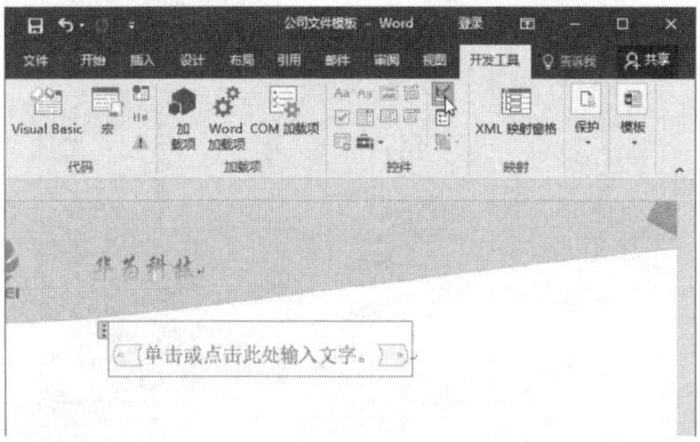

Step 02 修改控件中的文本内容为“单击此处输入标题”，然后选中插入的控件所在的整个段落，在“开始”选项卡的“字体”组中设置字体格式为“黑体，二号，蓝色”，居中。

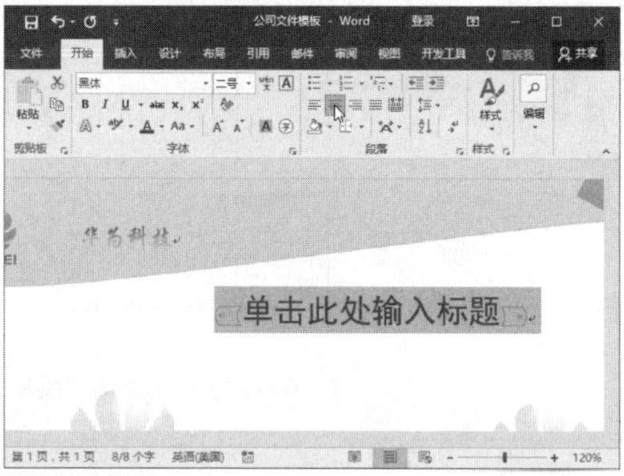

Step 03 单击“开始”选项卡的“段落”组中的“边框”下拉按钮，在弹出的下拉菜单中选择“边框和底纹”命令。

Step 04 打开“边框和底纹”对话框，在“边框”选项卡中，设置“应用于”选项为“段落”，设置边框类型为“自定义”，样式为“直线”，颜色为“蓝色”，宽度为“2.25 磅”，然后单击“预览”栏中的“下框线”按钮，将样式应用于段落的下边框。

Step 05 使用相同的方法在下方插入第 2 个格式文本内容控件，选中文本段落，然后单击“开发工具”选项卡的“控件”组中的“属性”按钮。

Step 06 打开“内容控件属性”对话框，在“常规”组的“标题”文本框中设置标题为“正文”，然后勾选“内容被编辑后删除内容控件”复选框，完成后单击“确定”按钮。

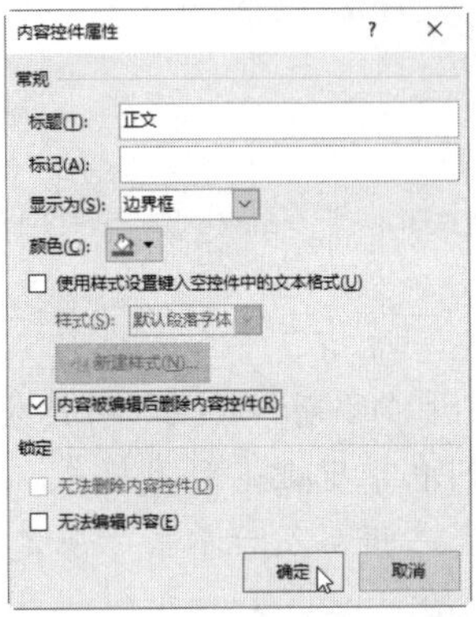

5. 添加日期选取器内容控件

为了方便公司员工方便地为文档添加日期，可以在文档的末尾添加日期选取器内容控件，操作方法如下。

Step 01 在文档的末尾处输入“发布日期：”文本，然后单击“开发工具”选项卡的“控件”组中的“日期选取器”内容控件按钮，选中添加的日期控件，然后再单击“开发工具”选项卡的“控件”组中的“属性”按钮。

Step 02 打开“内容控件属性”对话框，在“锁定”组中勾选“无法删除内容控件”复选框，在“日期选取器属性”组中选择日期格式，完成后单击“确定”按钮。

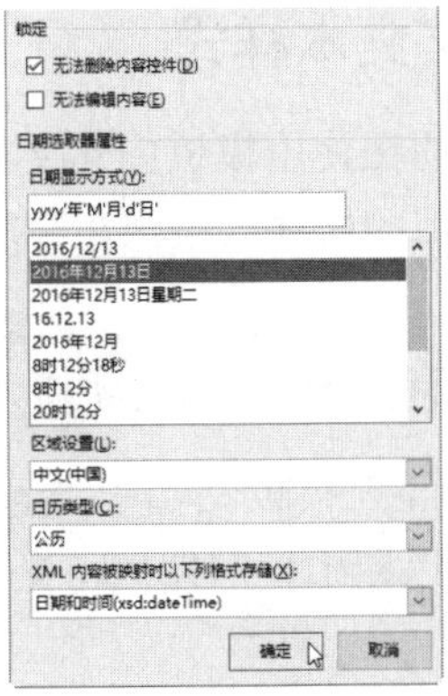

Step 03 选中日期控件所在段落，单击“开始”选项卡的“段落”组中的“右对齐”按钮，然后设置文本格式为“小四，加粗”。

Step 04 在下方段落中输入“最后编辑的日期：”文本，然后单击“插入”选项卡的“文本”组中的“日期和时间”按钮。

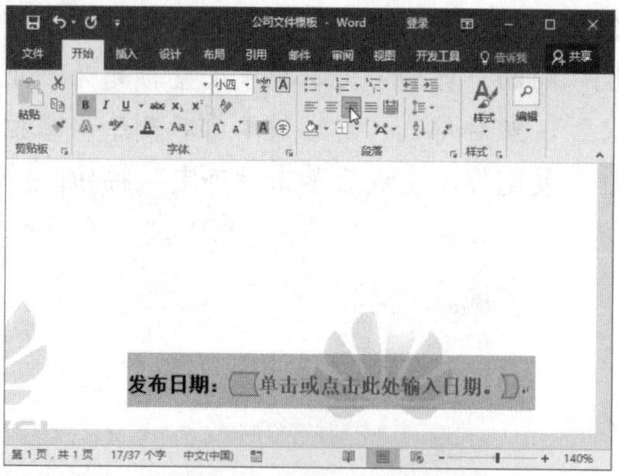

Step 05 打开“日期和时间”对话框，在“可用格式”列表框中选择日期格式，勾选“自动更新”复选框，然后单击“确定”按钮。

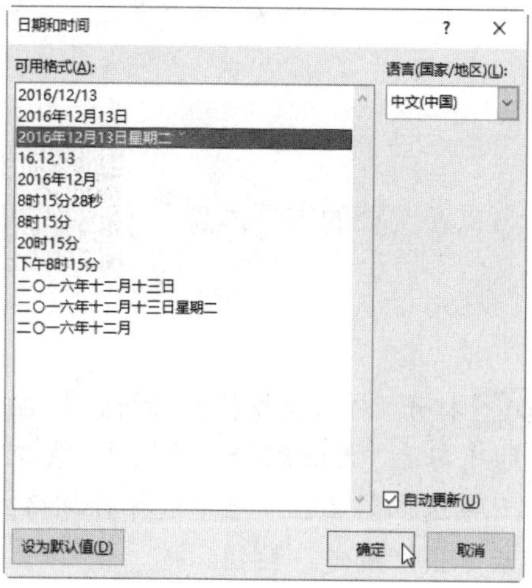

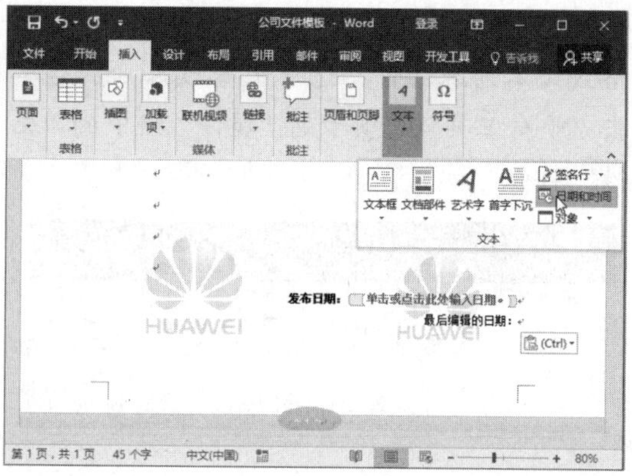

Step 06 选中日期所在的段落，设置字体格式为“小五，灰色”。

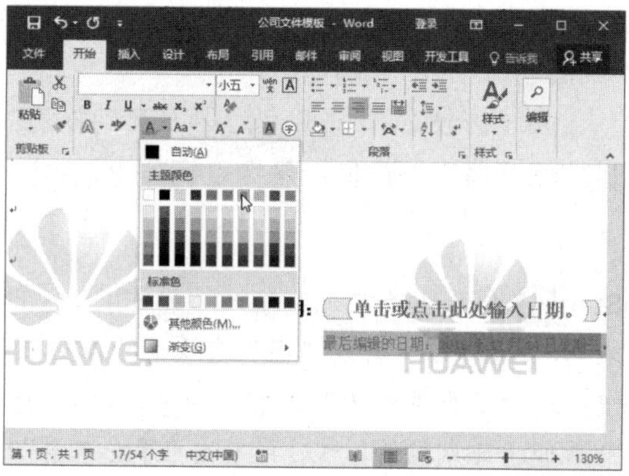

4.1.3 定义文本样式

为了方便在使用模板创建文档时可以快速地为文档设置内容格式，可以在模板中预先设置一些可用的样式效果，在编辑文件时直接选用相应的样式即可。

1. 将标题内容的格式新建为样式

如果已经在模板文档中设置了文本的样式，可以将该样式直接创建为新样式，以便于日后使用，操作方法如下。

Step 01 选中标题段落，单击“开始”选项卡的“样式”列表框右下角的“其他”按钮，在弹出的下拉菜单中选择“创建样式”命令。

Step 02 打开“根据格式化创建新样式”对话框，设置完成后单击“确定”按钮。

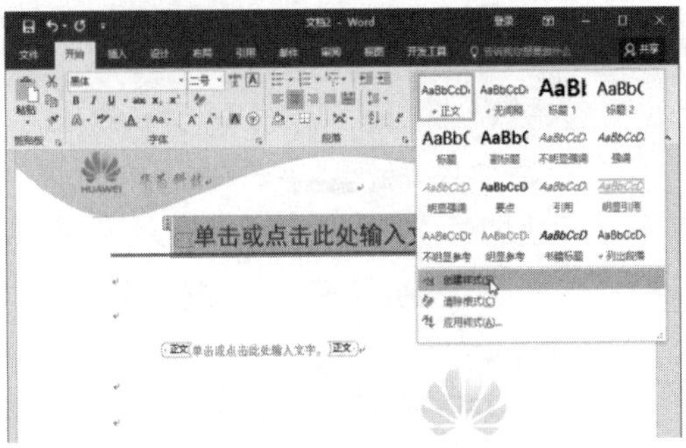

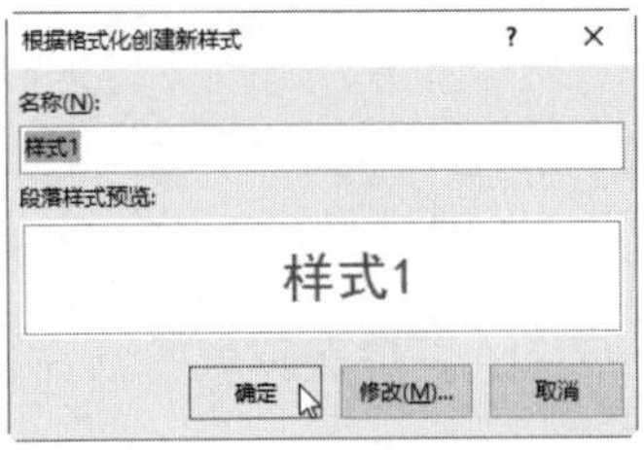

2. 修改正文文本样式

如果想要在正文文本样式的基础上修改样式，操作方法如下。

Step 01 打开“样式”窗格，单击“正文”右侧的下拉按钮，在弹出的下拉菜单中选择“修改”命令。

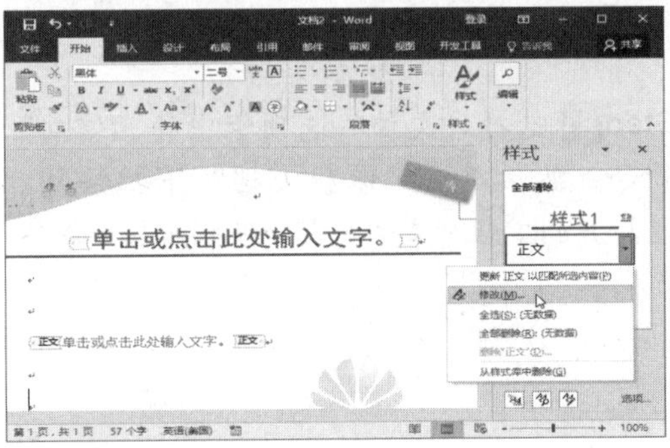

Step 02 打开“修改样式”对话框，设置字体、字号为“宋体，小四”，然后选择“基于该模板的新文档”单选项，完成后单击“格式”按钮，在弹出的下拉菜单中选择“段落”命令。

Step 03 打开“段落”对话框，设置“特殊格式”为“首行缩进”，设置“缩进值”为“2 字符”，然后依次单击“确定”按钮。

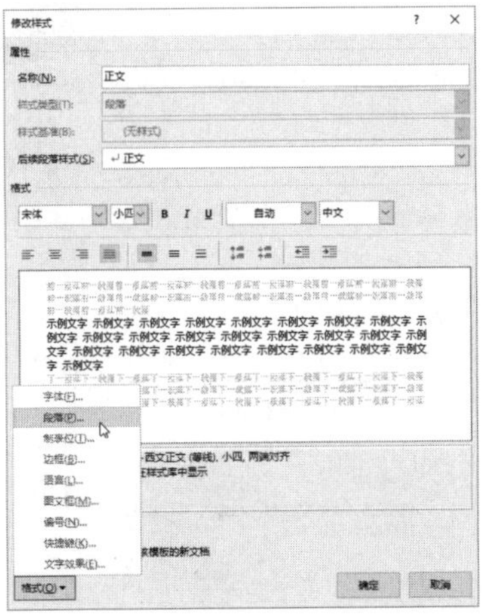

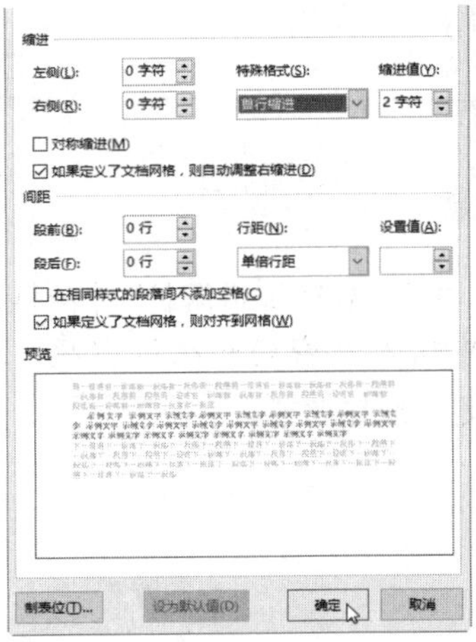

Step 04 使用相同的方法分别设置标题 1、标题 2 和其他需要定义文本样式的文本。

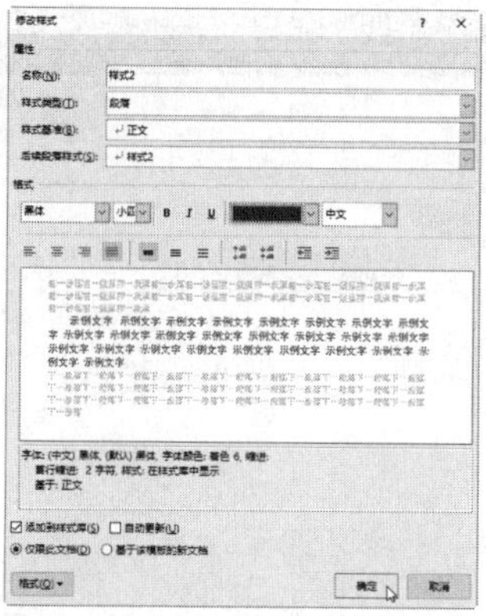

4.1.4 保护模板内容

模板制作完成后，为了避免他人随意更改模板内容，可以为其设置密码，以保护模板的安全。

Step 01 选择“文件”选项卡中的“信息”命令，然后单击“保护文档”下拉按钮，在打开的下拉列表中选择“限制编辑”命令。

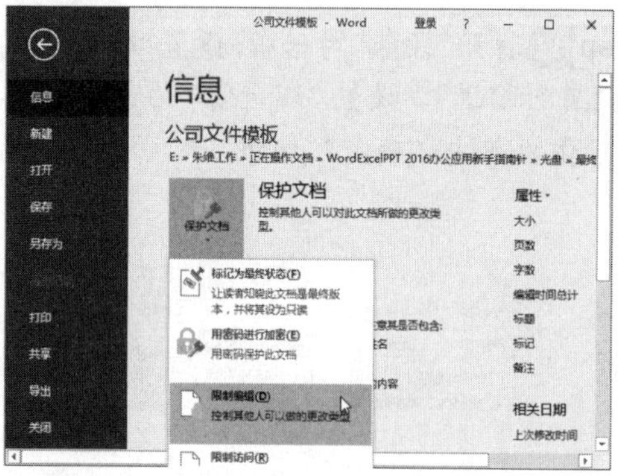

Step 02 打开“限制编辑”窗格，勾选“编辑限制”组中的“仅允许在文档中进行此类型的编辑”复选框，然后分别选中标题、正文和日期控件后，勾选“例外项（可选）栏”的“每个人”复选框，完成后单击“限制编辑窗格”中的“是，启动强制保护”按钮。

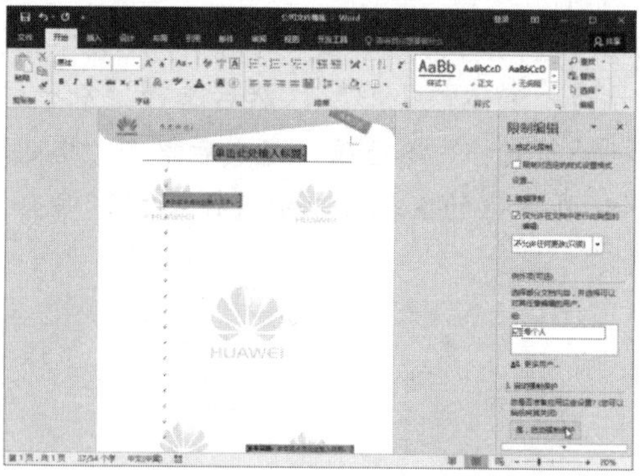

Step 03 打开“启动强制保护”对话框，在“密码”组中输入新密码和确认密码，然后单击“确定”按钮即可。

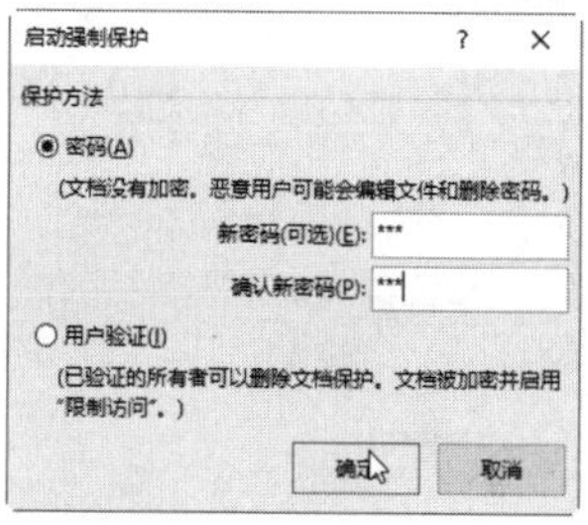

4.2 使用 Word 模板排版公司加班制度

公司内部文件通常要求使用相同的版面设置来完成，此时，可以使用模板来排版文件。本例将使用上一例所制作的模板来创建一个加班管理制度规定文档，在文档中创建并应用新的文本样式。

4.2.1 使用模板创建文档

要使用模板新建文件，可以在系统资源管理器中双击打开模板文件，然后在模板中添加相应的内容，也可以通过新建菜单新建文件。

1. 根据模板新建 Word 文档

如果想要使用模板文件创建文档，直接找到模板文件，双击模板文件就可以新建一个以该文件为模板的 Word 文档。除此之外，也可以打开 Word 软件，再通过以下方法新建 Word 文档。

启动 Word 文档，在右侧的窗口中转到“个人”选项卡，新建的模板将显示在该选项卡中，单击模板创建文件。

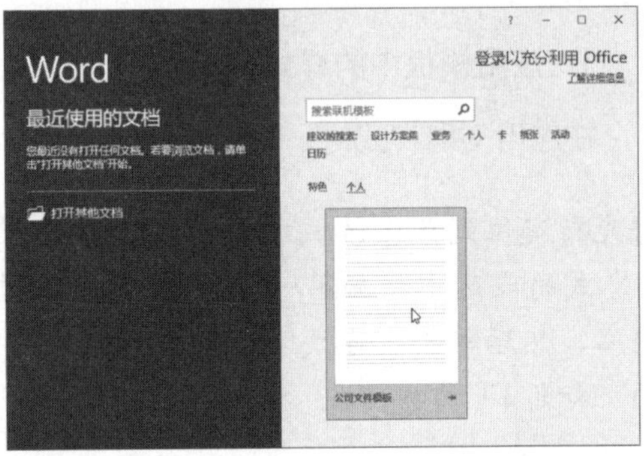

2. 在编辑区添加内容

通过模板文件新建了 Word 文档之后，就可以根据控件提示在编辑区添加内容了。

Step 01 单击标题区域的格式文本内容控件，输入标题文字“加班管理制度规定”。

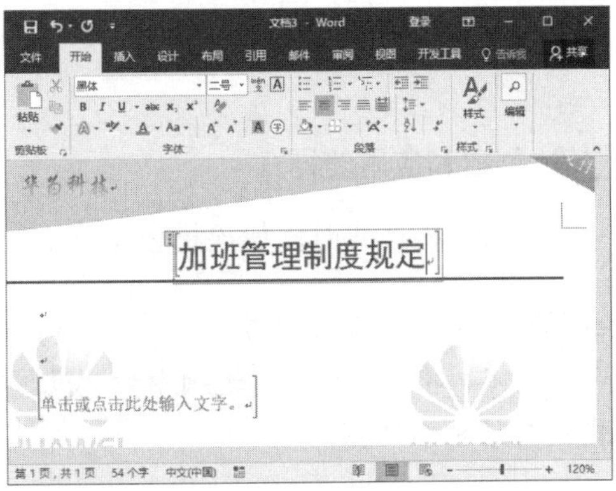

Step 02 单击文本中的正文的格式文本内容控件，输入加班管理制度规定的细则。

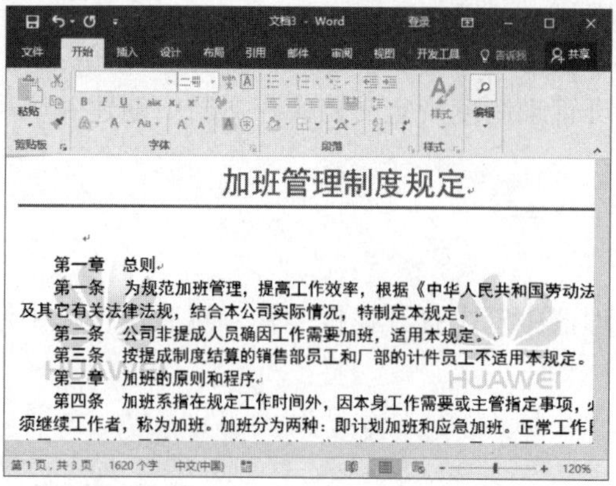

Step 03 单击文档末尾的文件发布日期右侧的日期选取器内容控件，选择发布的日期。

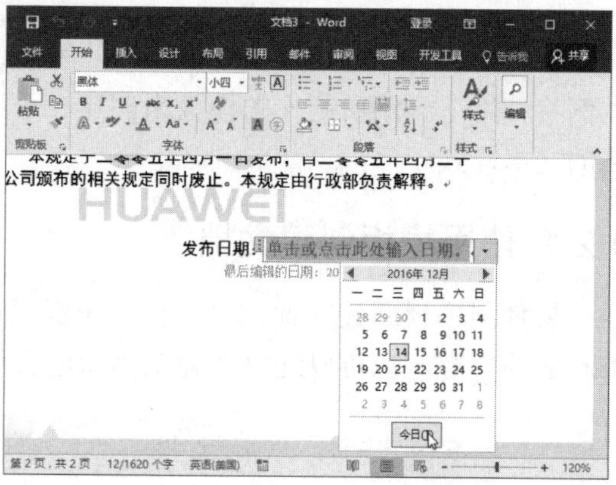

4.2.2 在文档中使用样式

在使用模板创建文档时，可以应用创建于模板中的样式对文档内容进行快速修改，也可以修改和应用新的样式。

1. 应用模板中的样式

在应用文档样式时，如果模板中有需要使用的样式，可以直接使用，操作方法如下。

将光标定位到正文区域中需要应用标题1样式的段落中，如第一章、第二章等内容，然后单击“样式”窗格列表框中的“标题1”样式。

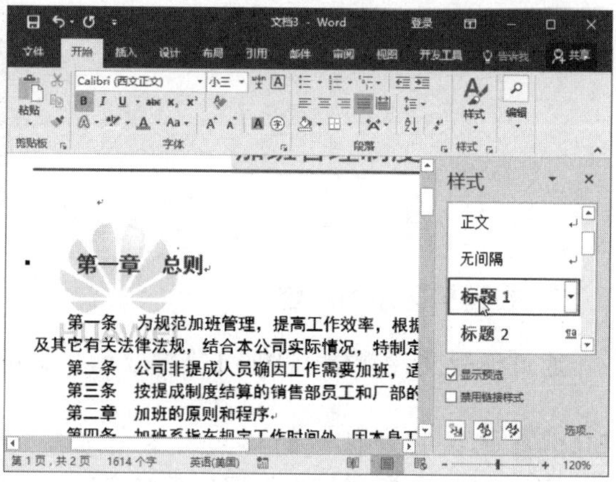

2. 创建和应用新样式

在应用文档样式时，如果模板中有需要使用的样式，可以直接使用，操作方法如下。

Step 01 选择正文区域中带有（一）~（*n*）编号的文本，单击“开始”选项卡的“段落”组中的对话框启动器。

Step 02 打开“段落”对话框，设置“间距”组中的“行距”为“1.5倍行距”，然后单击“确定”按钮。

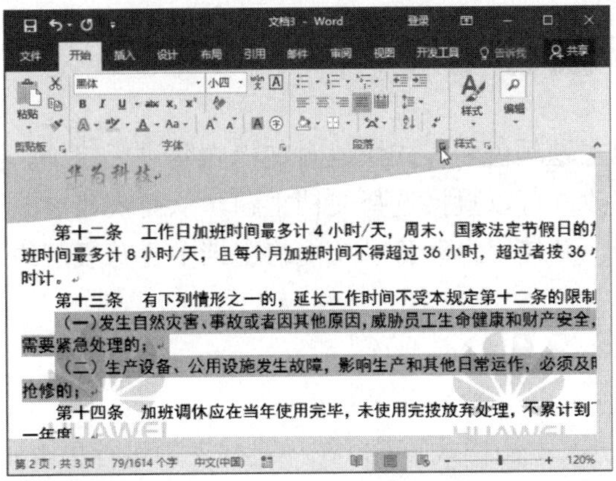

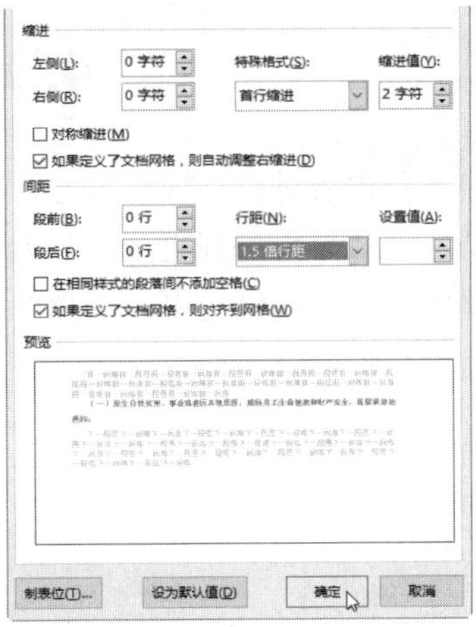

Step 03 单击“开始”选项卡的“样式”列表中的“创建样式”命令。

Step 04 弹出“根据格式化创建新样式”对话框，单击“确定”按钮。

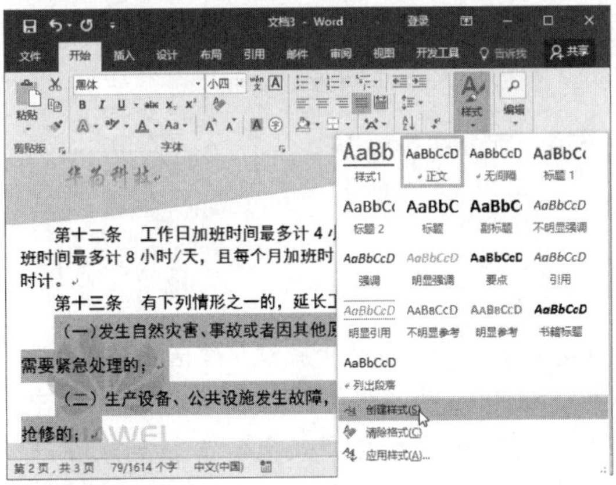

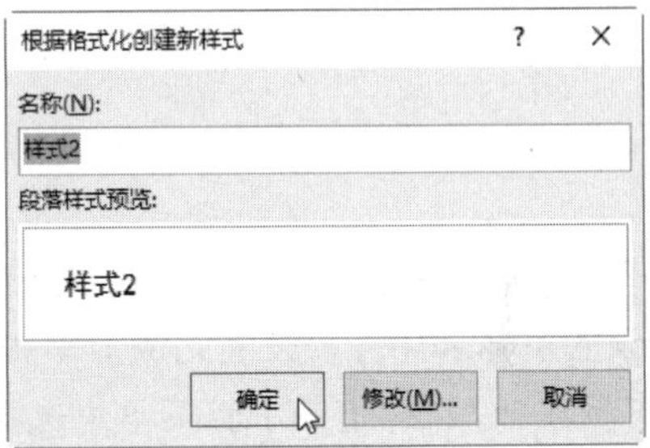

Step 05 为其他正文区域中带有（一）～（n）编号的文本，应用“样式 2”样式即可。

Step 06 单击“保存”按钮，使用前文所学的方法打开“另存为”对话框，设置文件名和保存路径，然后单击“保存”按钮。

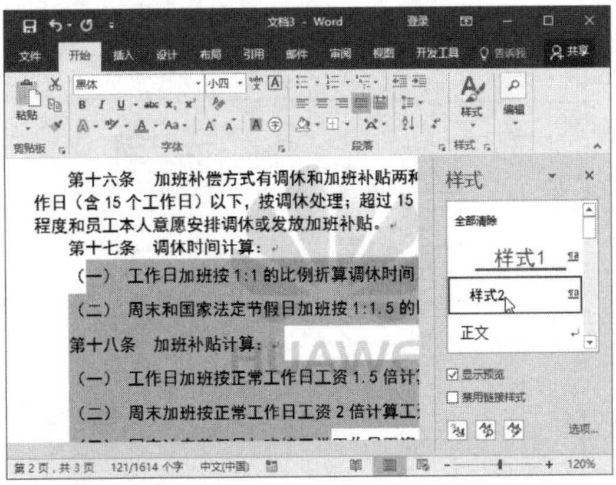

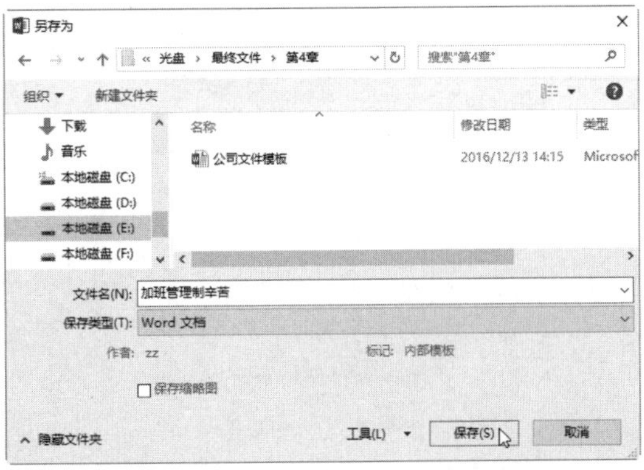

4.3 制作投标书

在对文档内容进行格式设置时，可以应用主题颜色和样式快速对文档内容进行修饰。在对文档的整体效果进行更改时，无需逐一修改，可以直接选择文档主题，从而快速更改文档的整体效果。本例将更改文档的整体效果，并使用自动目录功能将文档中含有段落级别样式的内容生成目录。

4.3.1 修改字体样式

当文档中的文字已经应用了样式时，想要更改文档样式，可以在样式列表中进行更改，而不需要逐一修改。

Step 01 打开素材文件，将光标定位到“第一部分：标书”文本段落中打开“样式”窗格，单击“标题 1”右侧的下拉按钮，在弹出的下拉菜单中选择“修改”命令。

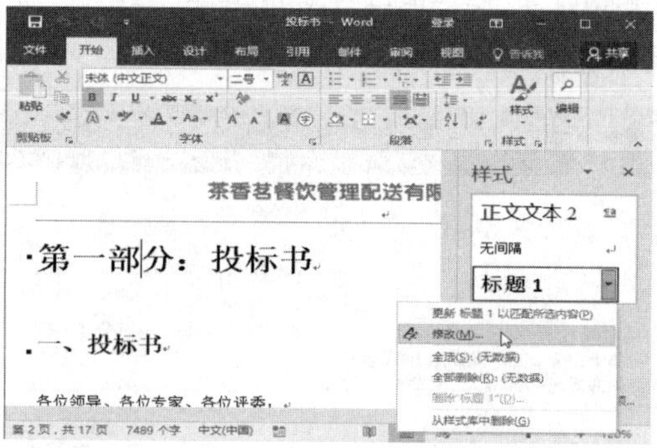

Step 02 打开“修改样式”对话框，在“格式”组中设置字体和字号，设置完成后单击“格式”下拉按钮，在弹出的下拉菜单中选择“边框”命令。

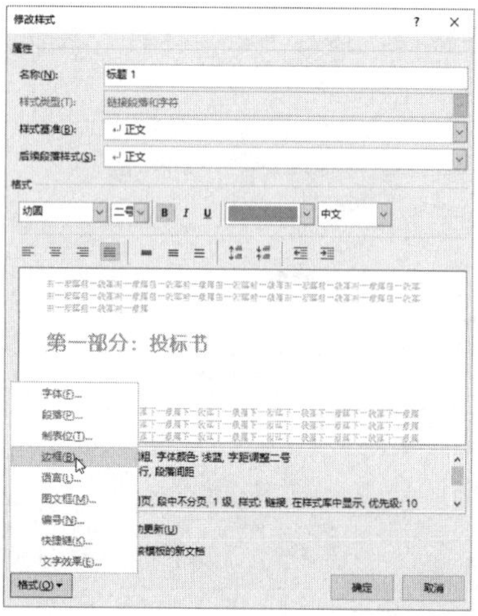

Step 03 打开“边框和底纹”对话框，在“设置”组中选择“阴影”，在“样式”组中选择边框样式，在“颜色”下拉列表中选择边框颜色，在“宽度”下拉列表中选择边框宽度，选择完成后单击“确定”按钮。

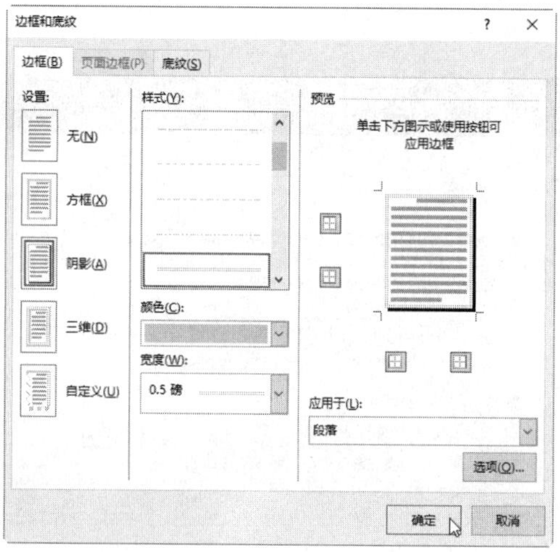

Step 04 依次单击“确定”按钮，退出后返回 Word 文档，即可查看到所有应用了“标题 1”样式的文本样式已经修改。

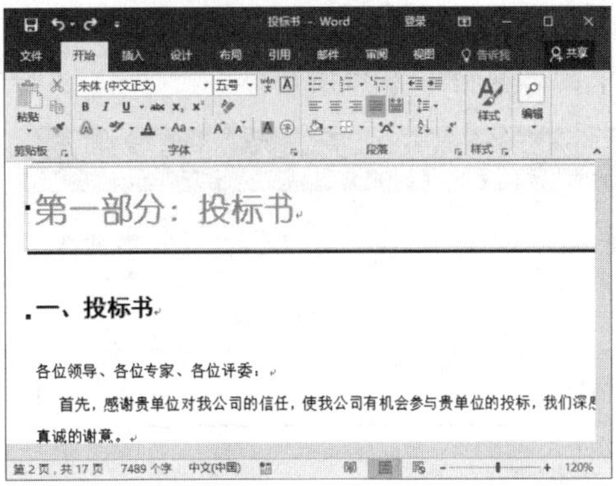

4.3.2 修改文档主题

使用主题可以改变文档中的颜色、字体、段落样式等格式，能快速美化文档。我们平时使用的是 Word 的默认主题样式，如果你想要更加个性化的文档样式，可以通过更改主题来达到更改文档样式的目的。

1. 更改主题

如果创建了 Word 文档，又希望可以快速为文档设置颜色、字体等样式，可以使用主题来完成。

Step 01 切换到“设计”选项卡，然后单击“文档格式”组中的“主题”下拉按钮，在弹出的下拉列表中选择一种主题。

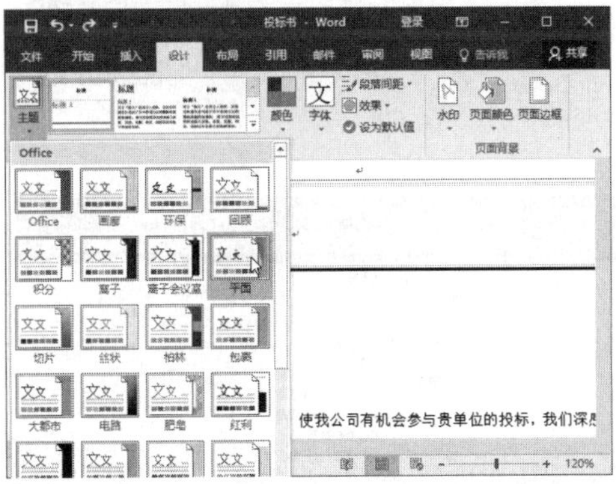

Step 02 设置完成后，即可查看到文档中的主题已经更改。

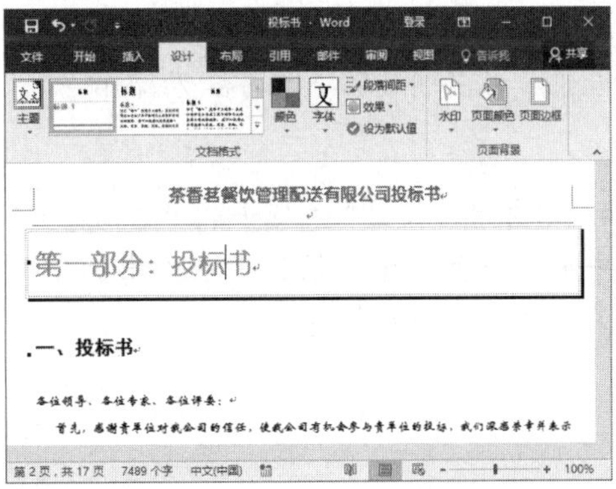

2. 更改样式集

使用样式集可以为文档中的每一个段落应用相应的段落样式，可以快速设置标题样式、行间距等样式。

Step 01 单击“设计”选项卡的“文档格式”组中的“其他”下拉按钮。

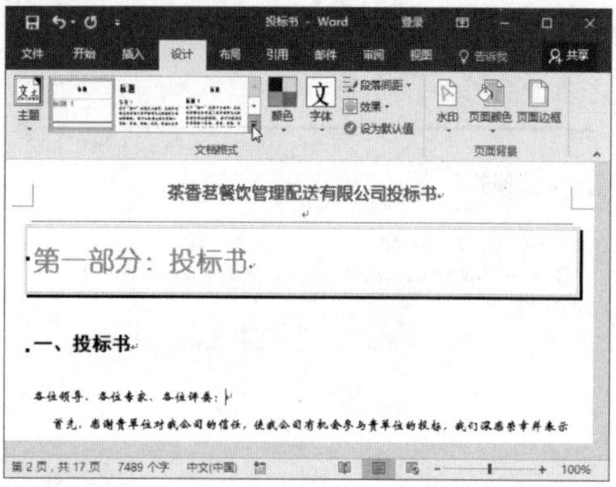

Step 02 在弹出的下拉菜单中选择一种样式集。

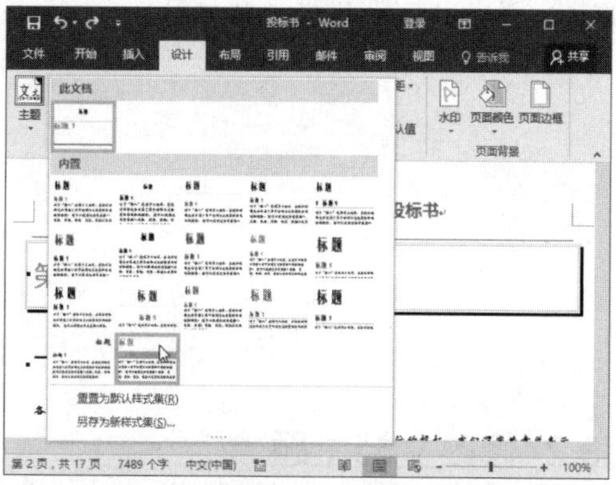

Step 03 设置完成后即可看到字体样式已经更改，效果如图所示。

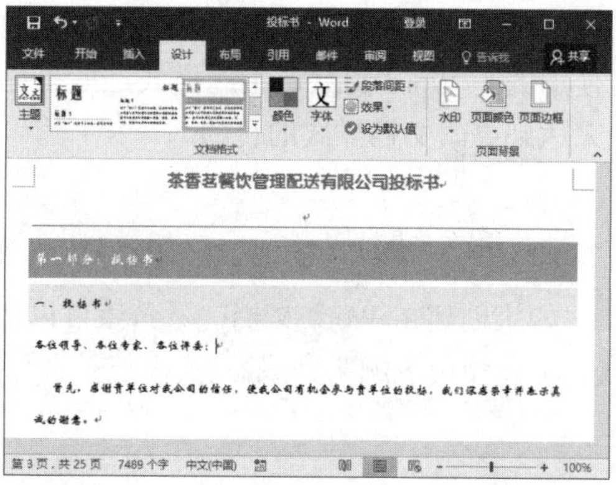

3. 更改颜色集

使用颜色集可以快速地为文档设置字体颜色，如果要使用主题中的颜色集，可以通过以下的方法来操作。

Step 01 单击“设计”选项卡的“文档格式”组中的“颜色”下拉按钮，在弹出的下拉菜单中选择一种颜色集。

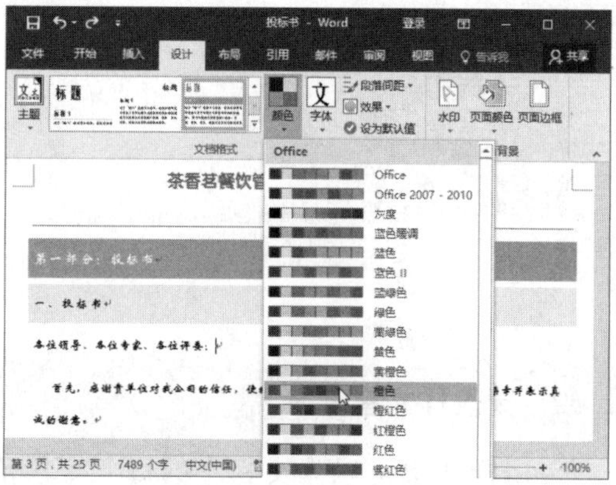

Step 02 设置完成后，即可查看到文档中的颜色已经更改。

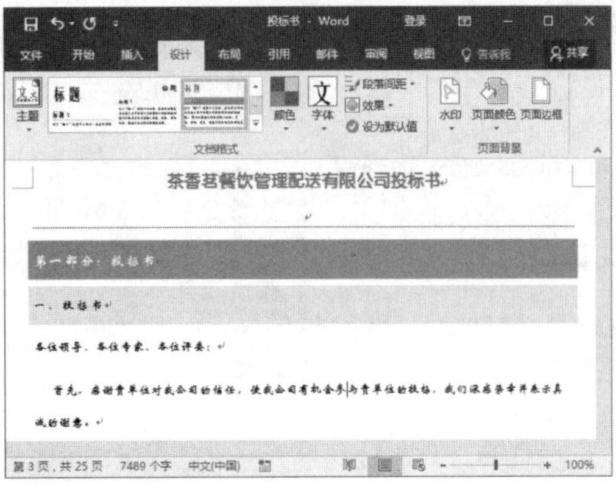

4. 更改字体集

Word 文档制作完成后，如果想快速地为各段落样式应用字体，可以使用主题中的字体集快速地设置字体样式。

单击“设计”选项卡的“文档格式”组中的“字体”下拉按钮，在弹出的下拉菜单中选择一种字体集即可。

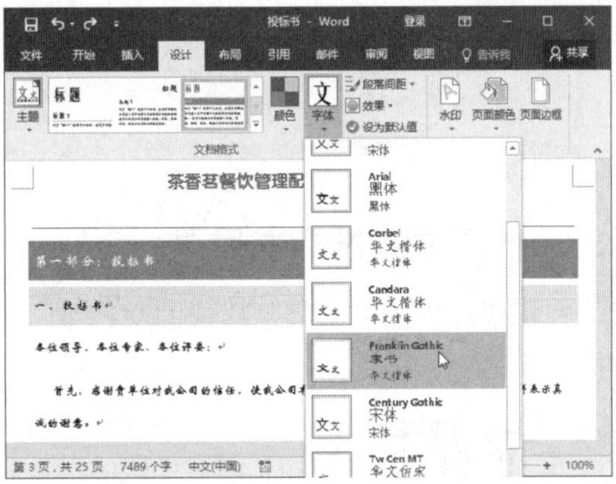

5. 新建主题颜色

在 Word 文档中如果应用了一种主题后，文档将应用该主题自带的颜色和字体；如果对主题的颜色或字体不满意，也可以修改或新建主题颜色或字体。下面以修改颜色集中的某些颜色为例，介绍新建主题颜色的方法。

Step 01 单击“设计”选项卡的“文档格式”组中的“颜色”下拉按钮，在弹出的下拉菜单中选择自定义颜色选项。

Step 02 打开“新建主题颜色”对话框，在“主题颜色”组中分别设置需要的颜色，然后在“名称”文本框中输入新建主题颜色的名称，完成后单击“确定”按钮。

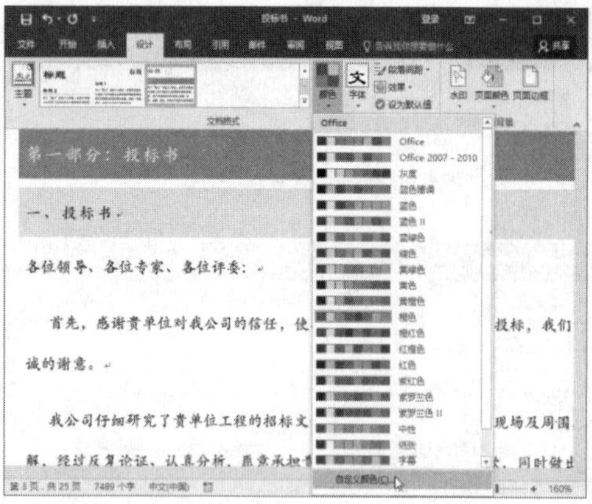

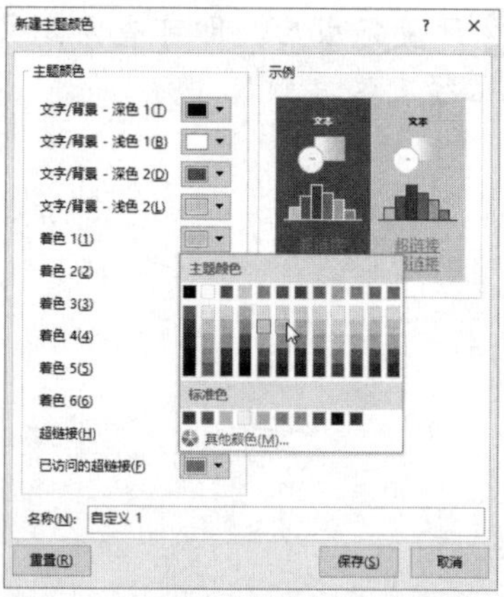

Step 03 返回 Word 文档即可查看到文档已经应用了修改后的主题颜色，单击“设计”选项卡的“文档格式”组中的“颜色”下拉按钮，在弹出的下拉菜单中可以查看到新建的自定义颜色。

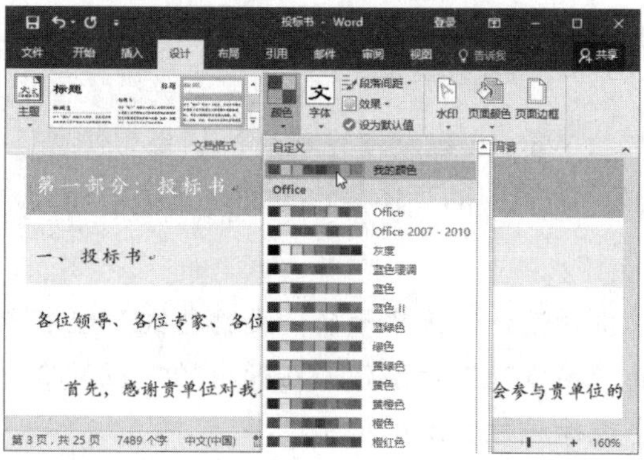

4.3.3 快速插入投标书目录

在标题段落应用了级别样式的文档中，可以使用自动目录功能为文档创建目录，操作方法如下。

1. 创建目录

通过“引用”选项卡中的目录功能，可以快速地插入目录，操作方法如下。

Step 01 在标题下方插入一行空行，单击“开始”选项卡的“字体”组中的“清除所有格式”按钮，清除该行的格式。

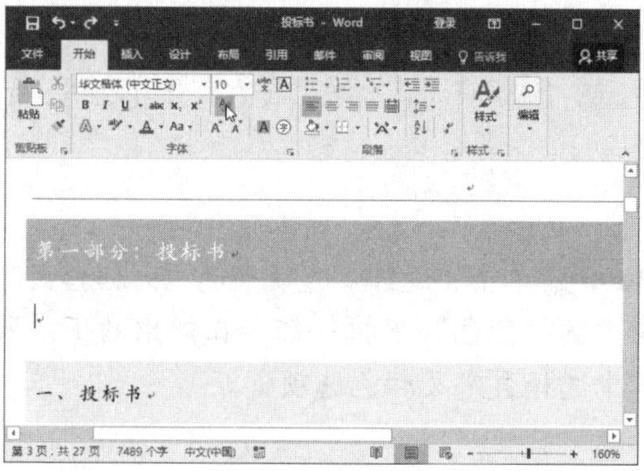

Step 02 单击“引用”选项卡的“目录”组中的“目录”下拉按钮，在弹出的下拉列表中选择一种目录样式，即可在文档中快速插入目录。

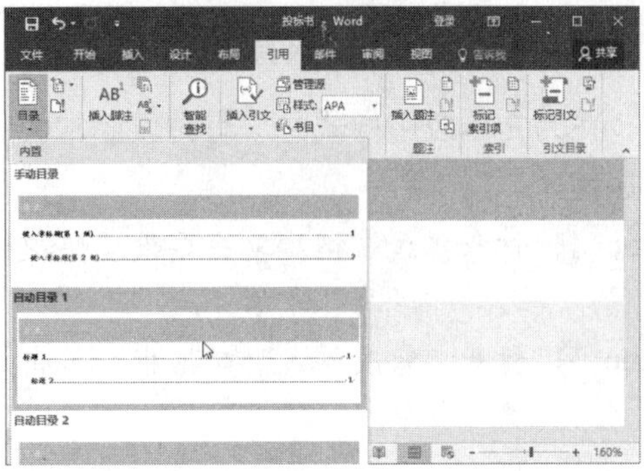

2. 更新目录

对文档内容中的标题和内容进行了修改后，自动目录的内容不会自动更新，此时需要手动更新目录信息，操作方法如下。

单击目录域上方的“更新目录”按钮，弹出“更新目录”对话框，选择“更新整个目录”单选项，然后单击“确定”按钮即可更新目录。

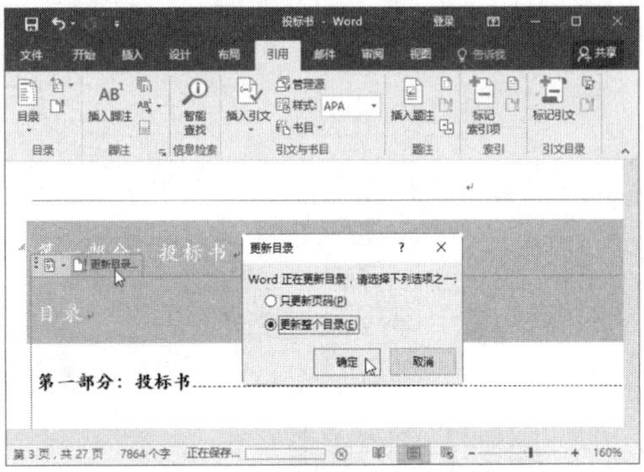

4.4 高手支招

4.4.1 快速删除多余的空白行

在编辑长文档时，有时会复制其他地方的文本，如网页上的文本，可能会出现大量的空白行，如果逐一删除会花费大量时间。此时，可以使用替换功能快速删除多余的空白行。

Step 01 单击“开始”选项卡的“编辑”组中的“替换”按钮。

Step 02 打开“查找和替换”对话框，在“查找内容”文本框中输入“^p^p”，在“替换为”文本框中输入“^p”，完成后单击“全部替换”按钮即可。

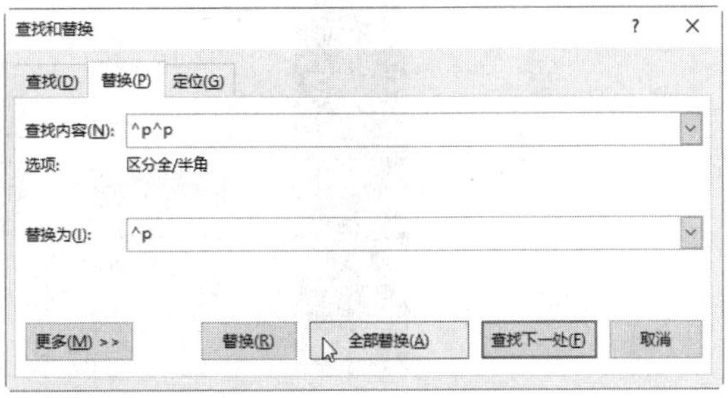

4.4.2 为样式设置快捷键

在为文档应用样式时，有时候经常会遇到一个样式频繁使用，此时可以为该样式设置快捷键。

Step 01 打开样式窗格，单击要设置快捷键的样式右侧的下拉按钮，在弹出的下拉菜单中选择“修改”命令。

Step 02 打开“修改样式”对话框，单击“格式”按钮，在弹出的下拉菜单中选择“快捷键”命令。

Step 03 打开“自定义键盘”对话框，将光标定位到“请按新快捷键”文本框中，在键盘上按下要设置的快捷键后，单击“指定”按钮，设置完成后单击“关闭”按钮。返回“修改样式”对话框中再单击“确定”按钮即可。

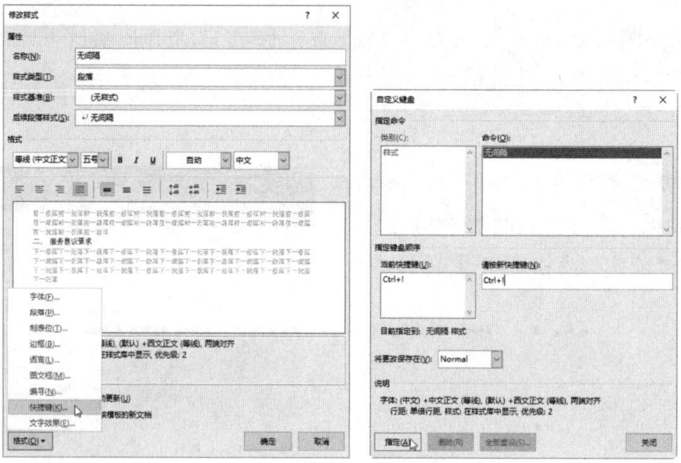

4.4.3 搜索联机模板

Word为了方便用户使用，内置了一些模板以供用户选择，可是Word内置的模板样式较少，如果用户需要更多的模板，可以搜索联机模板。

具体操作方法为：在“文件”选项卡中打开“新建”界面，在文本框中输入关键字，然后单击“开始搜索”按钮 🔍，在下方即可找到相关的模板，在搜索结果中选择一种模板样式即可。

第5章

Word 文档的高级应用

在 Word 2016 中，不仅可以编辑文档和表格，还可以使用一些特殊功能完成更高级的编排操作。本章通过修订文档、制作名片和制作问卷调查表等，介绍 Word 2016 的高级应用。

5.1 修订并审阅考核制度

在制作了考核制度之后，可能需要发送给他人查看和修改。此时，使用修订审阅功能可以记录修改轨迹。

5.1.1 审阅文档

在审核文档时，为了给他人指出文档中欠缺的部分，可以使用批注标注，而其他人也可以通过回复批注来交流。

1. 添加批注

在审阅文档时，如果遇到需要批注的地方，可以通过以下方法来操作。

Step 01 打开素材文件，将光标定位到需要批注的地方，然后单击“审阅”选项卡的“批注”组中的“新建批注”按钮。

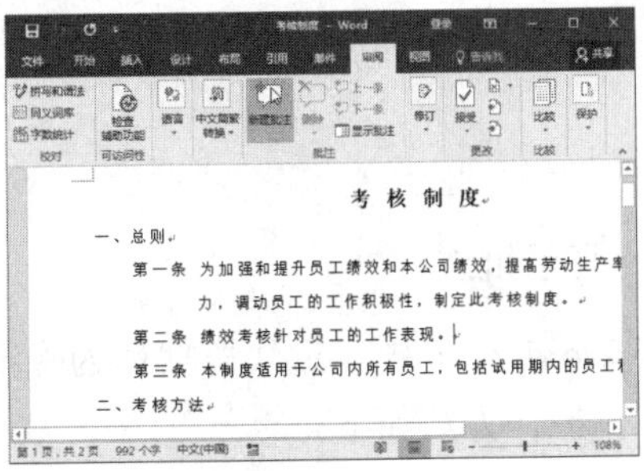

Step 02 弹出“批注”窗口，在“批注”对话框中直接输入批注内容可以为文档添加批注。批注添加完成后，单击关闭按钮 × 关闭批注框即可。

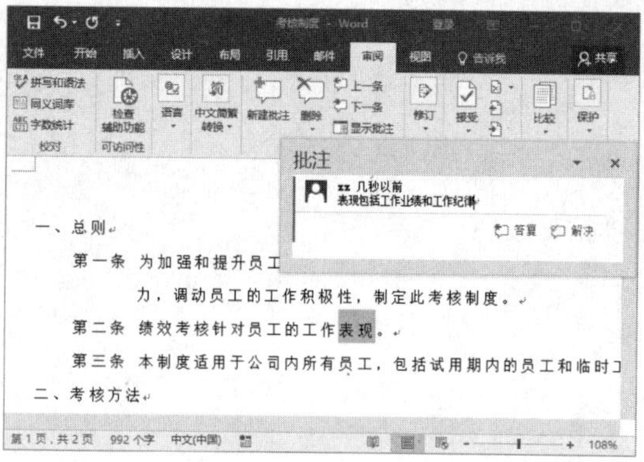

2. 查看与回复批注

他人为文档添加批注之后，用户也可以在批注框中回复批注，以此和审阅者交流修改意见。批注框默认为隐藏状态，在答复批注时，还需要先显示批注框，操作方法如下。

Step 01 在文档中单击“查看批注”按钮。

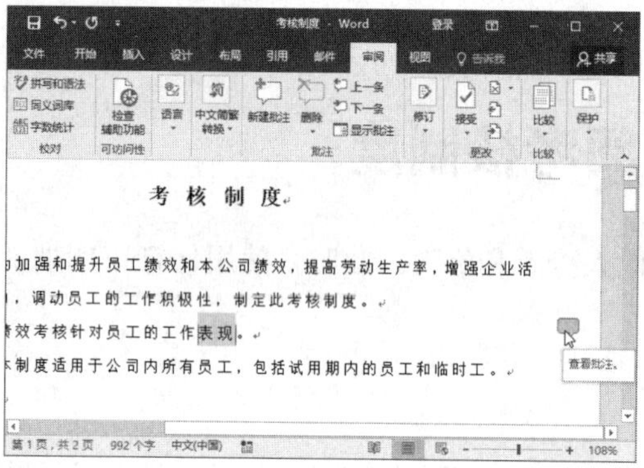

Step 02 在打开的批注框中单击“答复”按钮 。

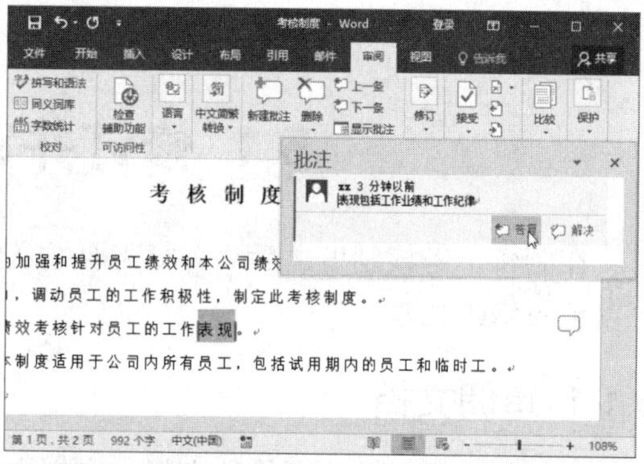

Step 03 在批注框中输入答复内容即可。

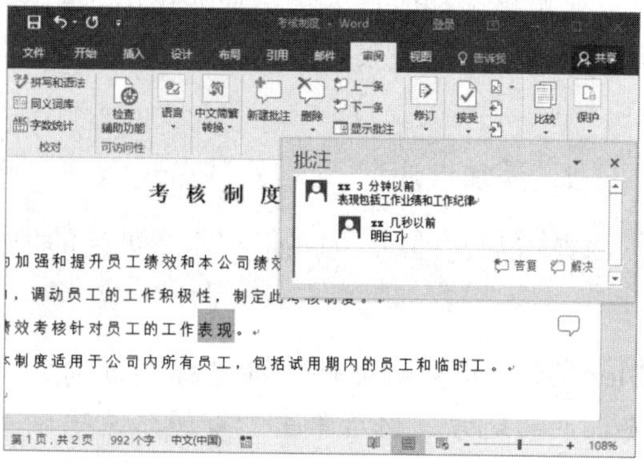

3. 显示批注

在 Word 2016 中，批注框默认为隐藏状态，如果用户有需要也可以将其设置为始终显示状态，操作方法如下。

单击“审阅”选项卡的“批注”组中的“显示批注”按钮，即可在文档的右侧打开批注窗格，始终显示批注内容。

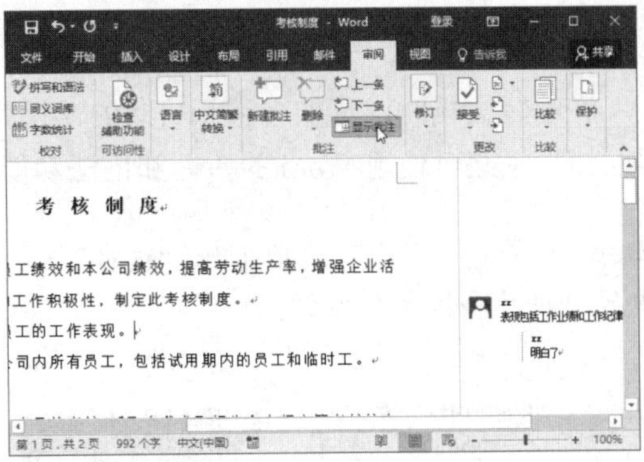

4．删除批注

在审阅的过程中，用户可能添加了一些批注内容，而在文档审阅完成后，需要将这些批注删除，操作方法如下。

Step 01 选择文档中要删除的批注框，然后单击“审阅”选项卡的“批注”组中的“删除”按钮即可。

Step 02 如果需要一次性删除文档中的所有批注，可以在单击“审阅”选项卡的“批注”组中的“删除”下拉按钮，在弹出的下拉菜单中选择“删除文档中的所有批注”命令即可。

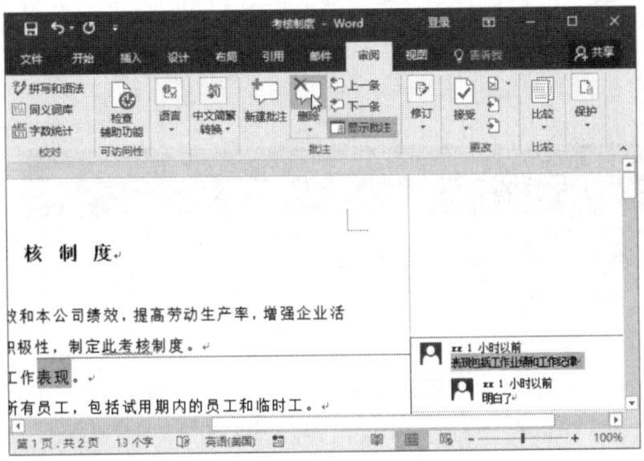

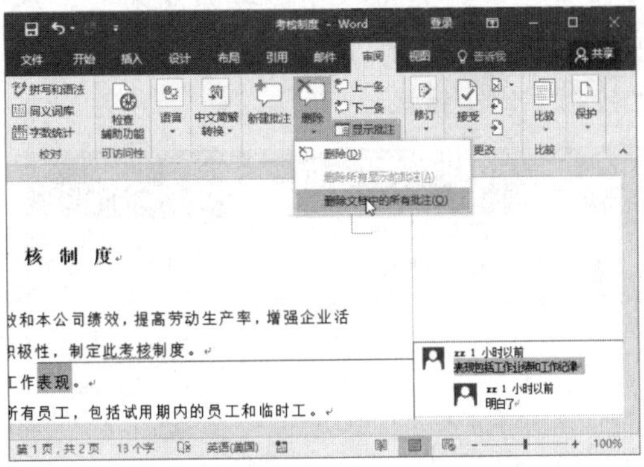

5.1.2 修订文档

在查看考核制作后，需要对考核制度进行修改时，可以使用“拼写和语法”功能辅助修订。打开修订模式后，还可以记录修订的内容，方便他人查看修订轨迹。

1. 校对拼写和语法

在编写文档时，可能会因为一时的误操作导致文章中出现一些错别字、错误词语或者语法错误，此时使用 Word 的拼写和语法功能可以快速地找出和解决这些错误。

Step 01 单击“审阅”选项卡的“校对”组中的“拼写和语法”按钮。

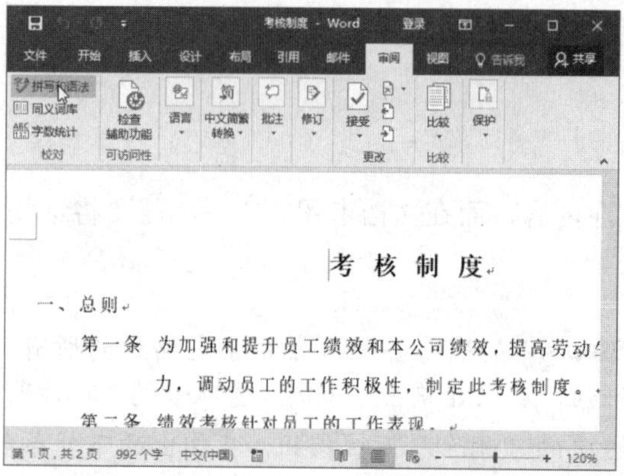

Step 02 打开“语法”窗格，自动搜索第一处错误，并提示错误的类型。如果错误处不需要修改，可单击“忽略”按钮。

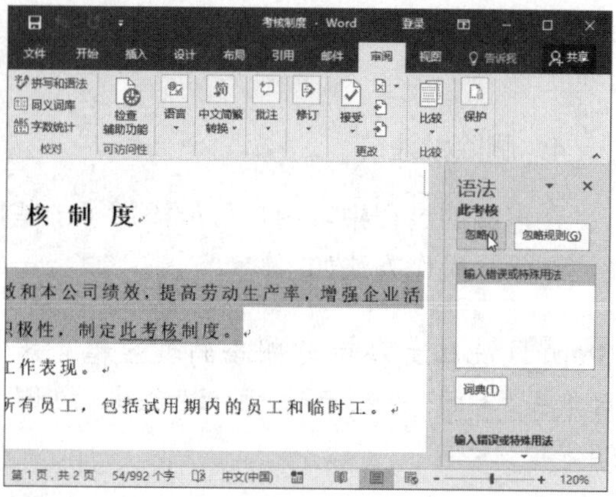

Step 03 自动跳转到下一处错误，在下方的列表框中显示系统认为的正确方案。如果同意更改，则单击“更改”按钮，并自动跳转到下一处错误。

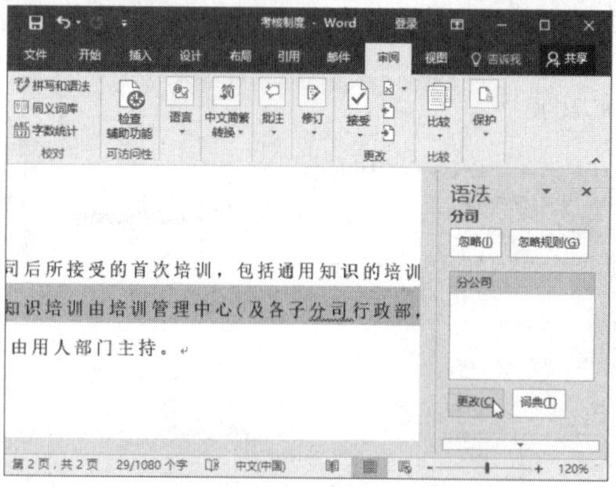

Step 04 拼写和语法检查完成后弹出提示框，单击“确定”按钮即可。

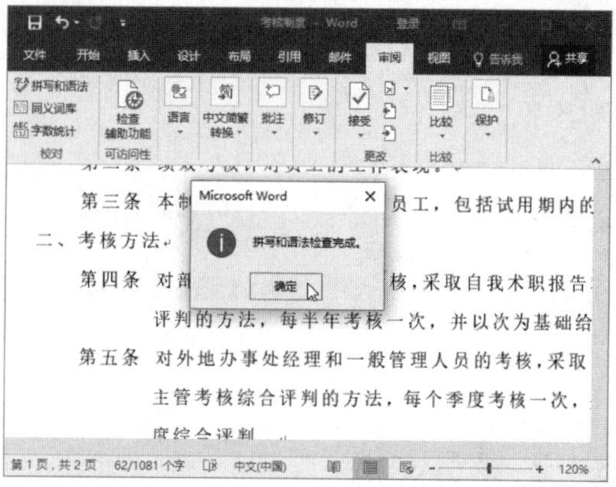

2. 修订文档内容

在修订文档的时候，如果想要记录修改的轨迹，可以开启修订模式，在修订模式中修订文档的操作方法如下。

Step 01 单击“审阅”选项卡的“修订”组中的“修订”按钮开启修订模式。

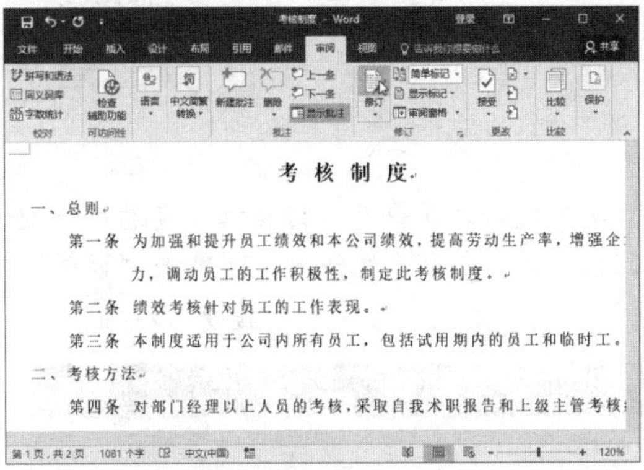

Step 02 开启修订模式后，如果文档中增加或删除文本，均会在左侧显示红色竖线标识。

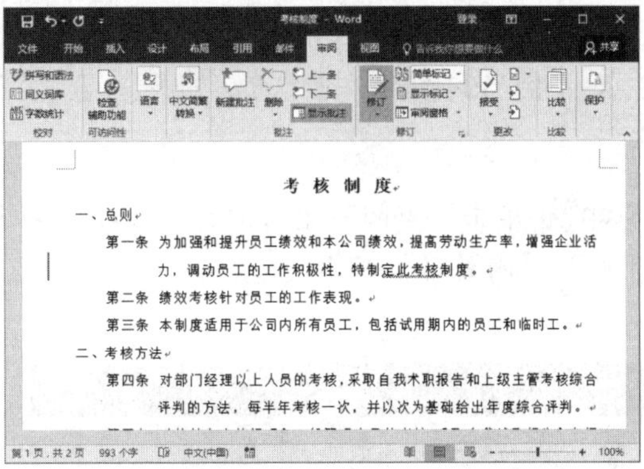

3. 查看修订内容

修订文档之后，默认在文档中显示简单标记，如果要查看比较全面的修订内容，可以查看所有标记，操作方法如下。

Step 01 单击“审阅”选项卡的“修订”组中的“显示以供审阅”下拉按钮，在弹出的下拉菜单中选择“所有标记”命令。

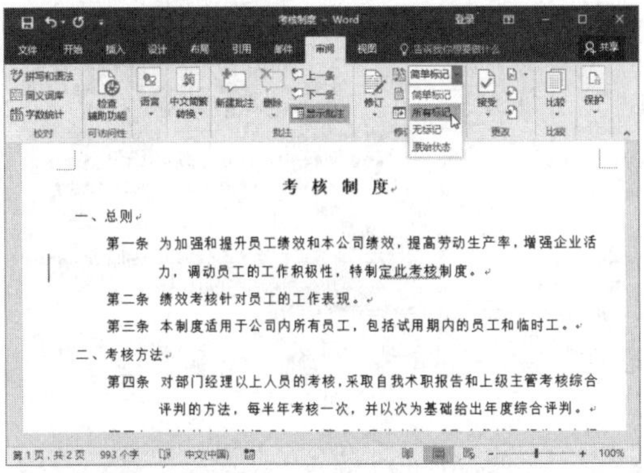

Step 02 打开所有标记模式后，增加的文本下方会显示下画线。

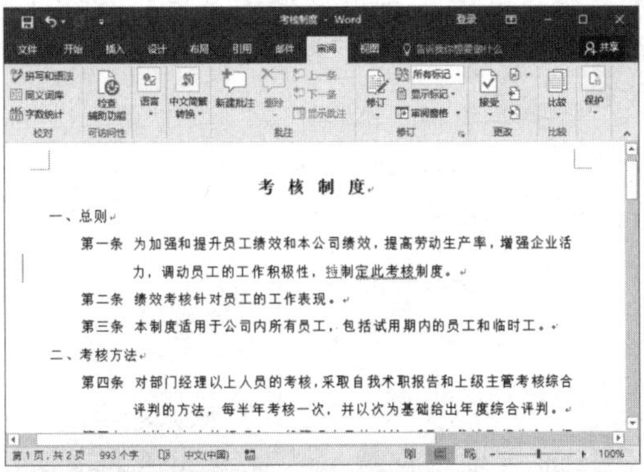

Step 03 如果删除了文本，则会在文本中间显示删除线。

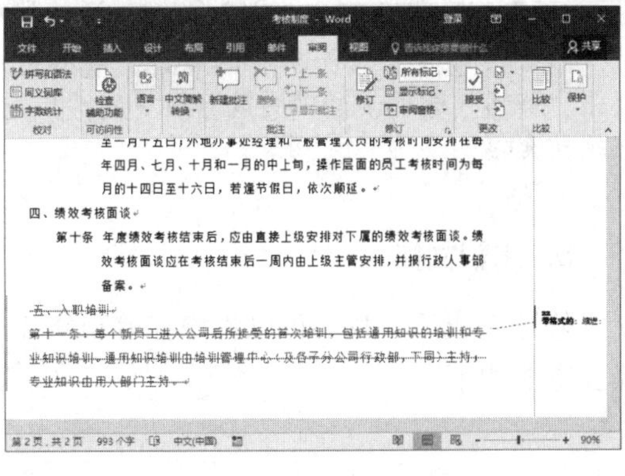

4．接受和拒绝修订内容

在修订了文档之后，需要审阅修改是否合理，然后接受合理的修改，拒绝不恰当的修改，操作方法如下。

Step 01 单击“审阅”选项卡的“修订”组中的“审阅窗格”按钮。

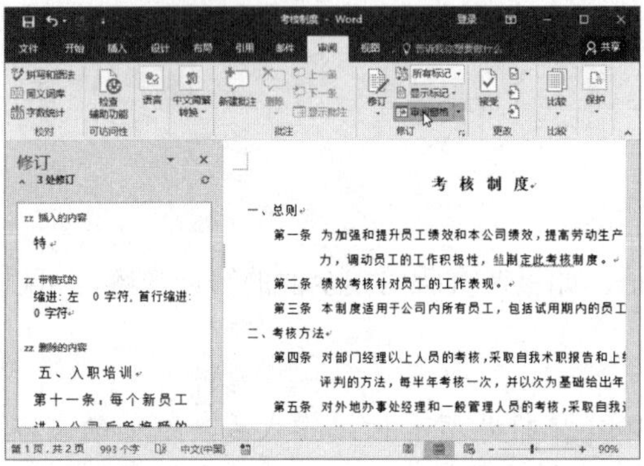

Step 02 默认打开垂直修订窗格，查看第一处修改，如果觉得修改合理，可单击“审阅”选项卡的“更改”组中的“接受”按钮。

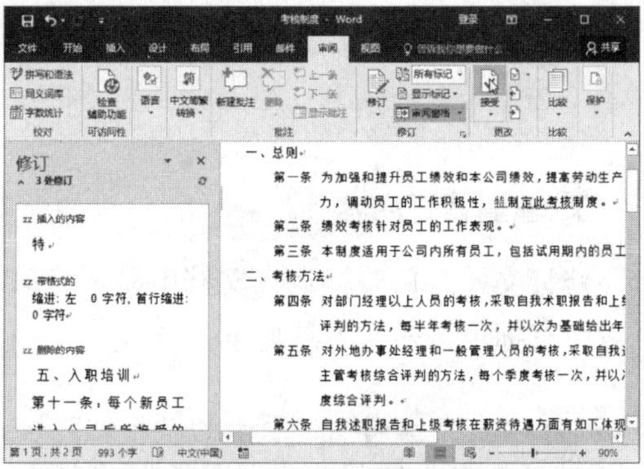

Step 03 自动跳转至下一处修订，如果查看了修订内容后，觉得修改不合理，可以单击“审阅”选项卡的“更改”组中的“拒绝”按钮。

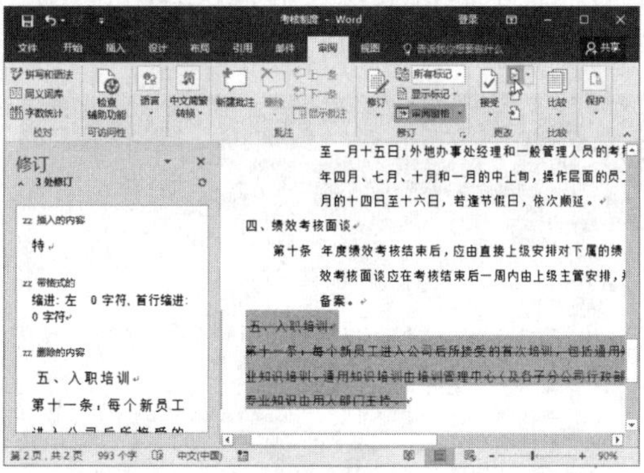

● 大师点拨

如果查看了后面所有的修订，觉得之后的修订都不合理，不需要处理时，可以单击“审阅”选项卡的“更改”组中的“拒绝”下拉按钮，在弹出的下拉菜单中选择“拒绝所有修订”命令即可。

5．比较文档

修订完成后，我们可以将修订前和修订后的两个文档进行比较，看看修订是否合理，操作方法如下。

Step 01 单击“审阅”选项卡的“比较”组中的“比较”下拉按钮。

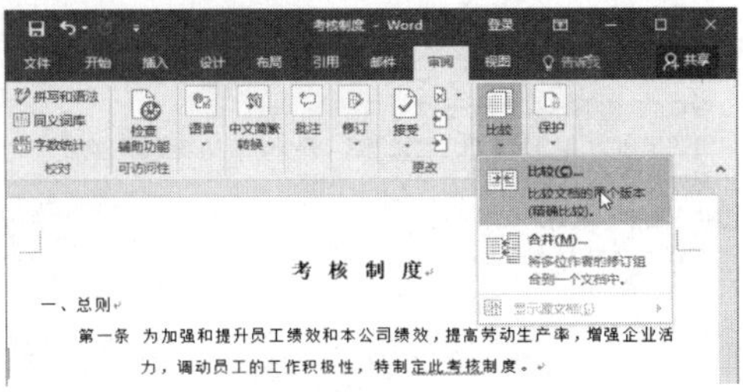

Step 02 弹出“比较文本”对话框，分别加载“原文档”和“修订的文档”内容，然后单击“确定”按钮。

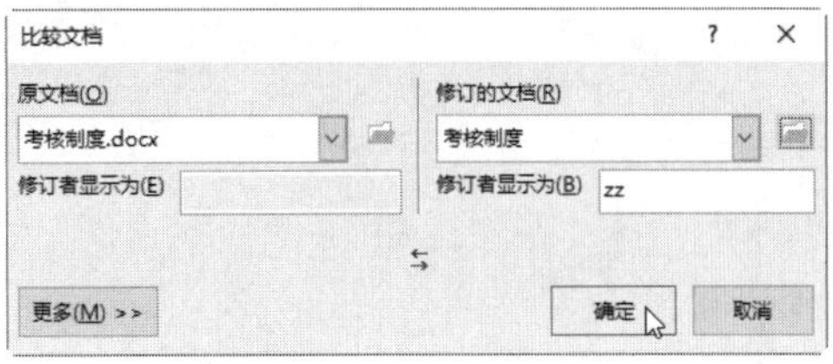

Step 03 将显示比较的文档、原文档和修订的文档三个文档的比较窗口，并在左侧打开修订窗格，用户可以比较三个文档的区别。

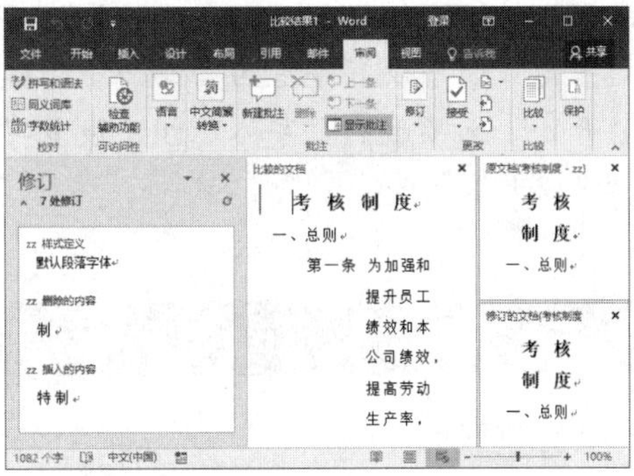

5.2 制作商务邀请函

商务邀请函是活动主办方为了郑重邀请其合作伙伴参加其举办的商务活动而专门制作的一种书面函件，体现了主办方的盛情。下面将以邀请合作伙伴参加厂家订货会为例，介绍商务邀请函的具体制作方法。

5.2.1 创建商务邀请函

很多邀请函都是以横向的页面格式制作的，所以本例的邀请函中包括了设置纸张方向、设置文本格式和设置段落格式几个方面。

Step 01 启动 Word 程序，新建一个名为“邀请函.docx”的文档，单击“布局”选项卡的“页面设置”组中的“纸张方向”按钮，在弹出的下拉菜单中选择“横向”命令。

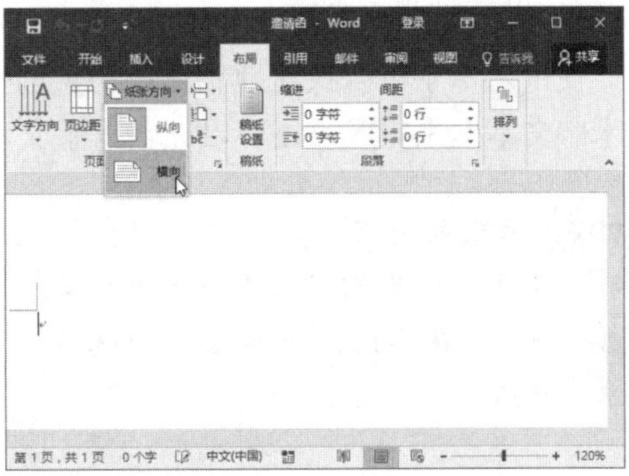

Step 02 输入邀请函的文本内容。

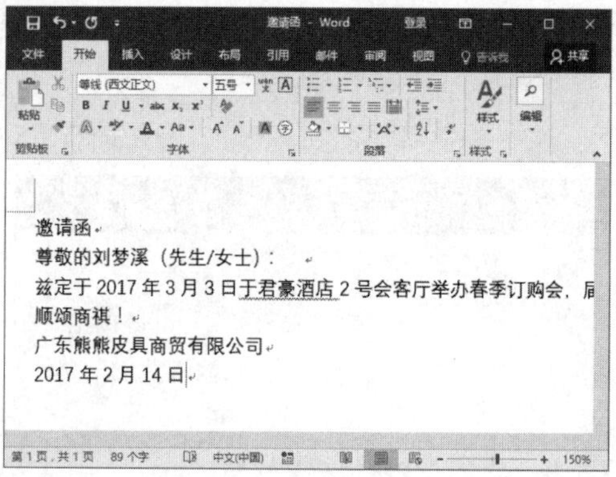

Step 03 选中所有文本，在“开始”选项卡的“字体”组中设置字号为“小三”，然后在“开始”选项卡的“字体”组中设置字体为“汉仪大黑简”。

Step 04 选中标题文本，在“开始”选项卡的“段落”组中设置“居中”格式；将正文设置为首行缩进格式；选中落款和时间文本，在“开始”选项卡的“段落”组中设置为“右对齐”格式，即可完成邀请函的制作。

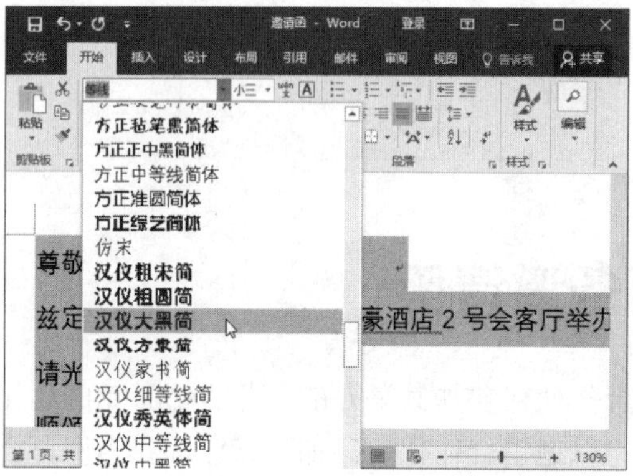

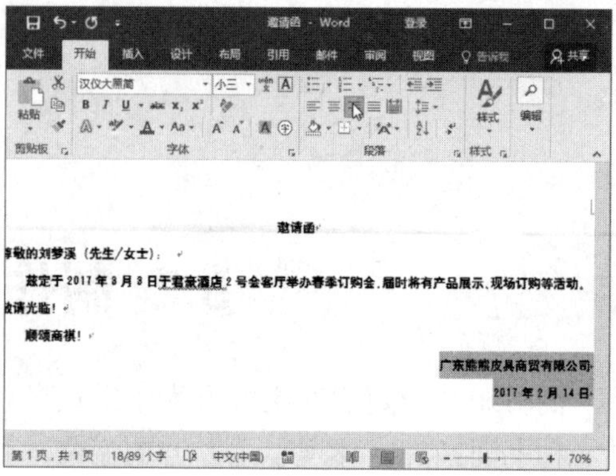

5.2.2 美化商务邀请函

输入了参会邀请之后，还可以对邀请函的文字进行美化，并插入图片，从而使邀请函更加美观。

1. 设置标题艺术字

使用艺术字可以快速地制作出精美的文字，在制作艺术字时，我们不仅可以通过插入艺术字文本框来完成，还可以在输入了文本之后将文本转换为艺术字，操作方法如下。

Step 01 选中标题文本，单击“开始”选项卡的“字体”组中的“文本效果和版式”下拉按钮 A ▾，在弹出的下拉菜单中选择一种艺术字样式。

Step 02 保持标题文本的选中状态，在“开始”选项卡的“字体”组中设置字号为“初号”。

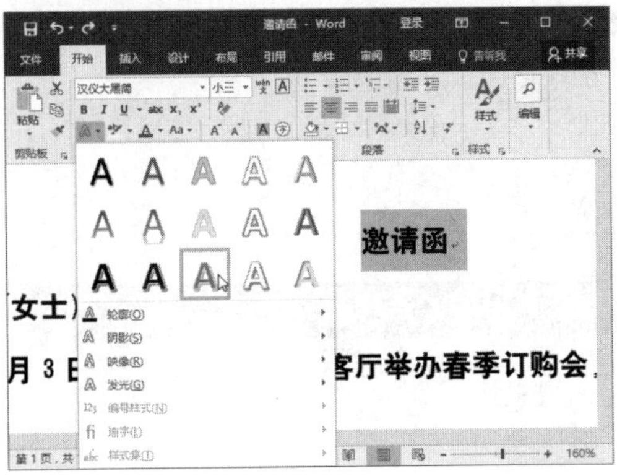

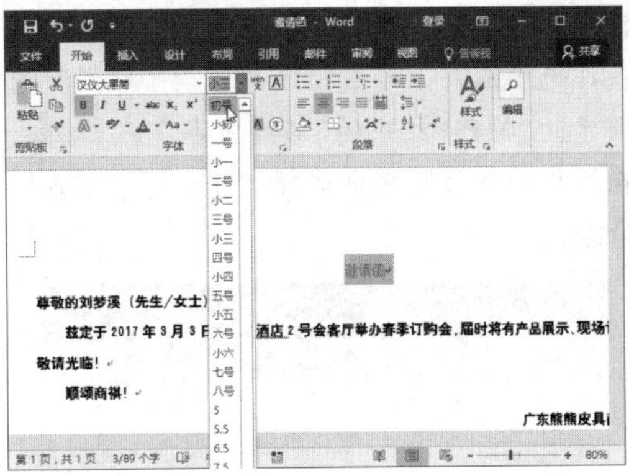

2. 插入联机图片

在邀请函中，我们可以插入精美的图片作为背景。如果电脑中没有合适的图片，也可以在联机图片中搜索图片，操作方法如下。

Step 01 单击“插入”选项卡的“插图”组中的“联机图片”按钮。

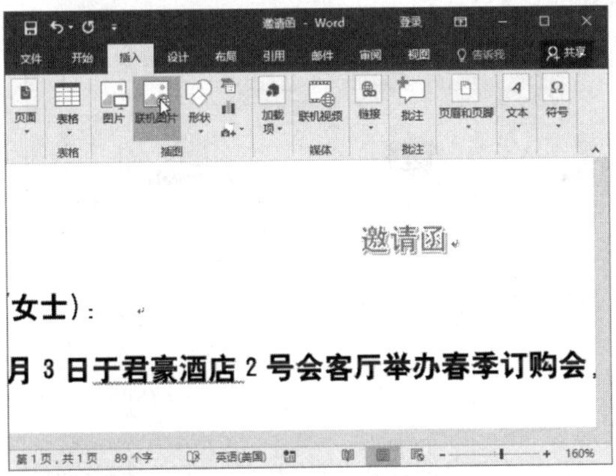

Step 02 弹出“插入图片”对话框，在“必应图像搜索”文本框中输入关键字，然后单击“搜索”按钮。

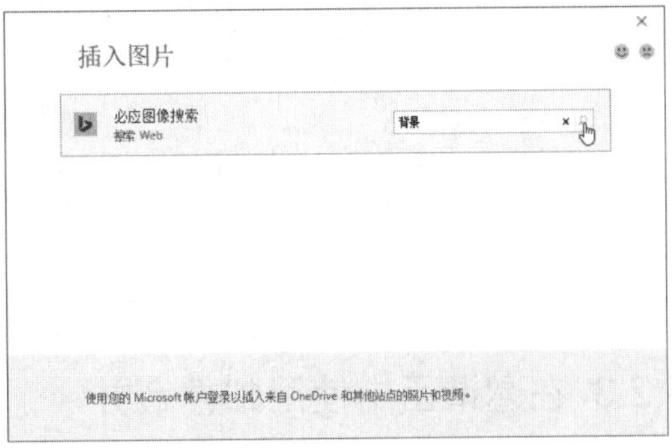

Step 03 在搜索结果中选择合适的图片，然后单击“插入”按钮。

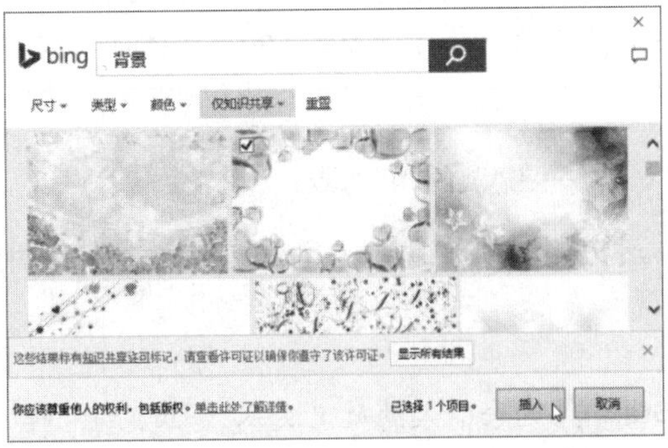

Step 04 返回文档中即可查看到图片已经插入，选中图片，单击“图片工具/格式”选项卡的“排列”组中的“环绕文字”下拉按钮，在弹出的下拉菜单中选择“衬于文字下方”命令。

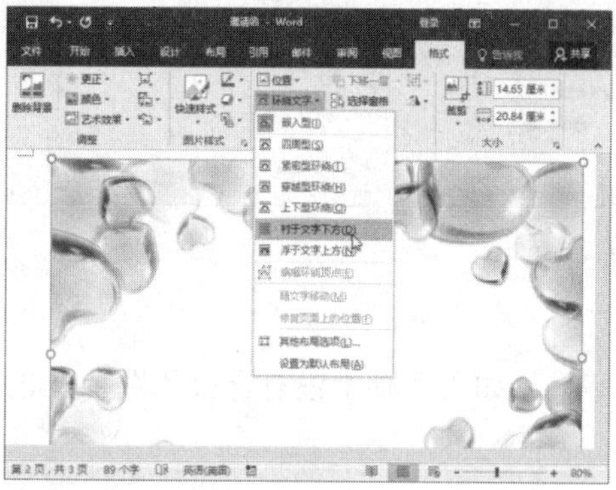

Step 05 通过图片四周的控制点，将图片调整为与页面大小相同。

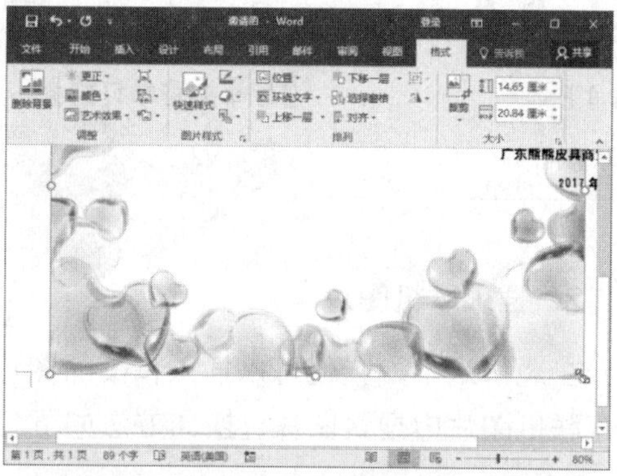

Step 06 保持图片选中状态，单击“图片工具\格式”选项卡的“调整”组中的“颜色”按钮，在弹出的下拉菜单中选择一种颜色格式，即可完成邀请函的美化。

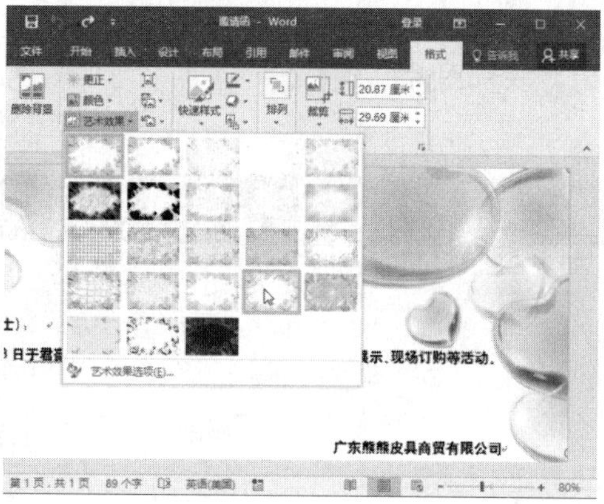

5.2.3 在邀请函中使用邮件合并

邀请函一般是分发给多个不同参会人员的，所以需要制作出多张内容相同，但接收人不同的邀请函。使用 Word 2016 的邮件合并功能，可以快速制作出多张邀请函。

1．键入通讯录列表

在批量制作邀请函之前，需要先键入通信列表，操作方法如下。

Step 01 删除输入的姓名文本，切换到“邮件”选项卡，单击“开始邮件合并”组中的“选择收件人”下拉按钮，在弹出的下拉列表中选择“键入新列表”命令。

Step 02 弹出“新建地址列表”对话框，单击“自定义列”按钮。

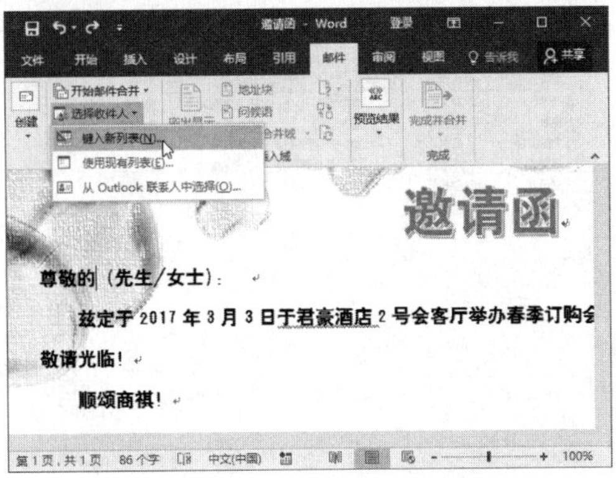

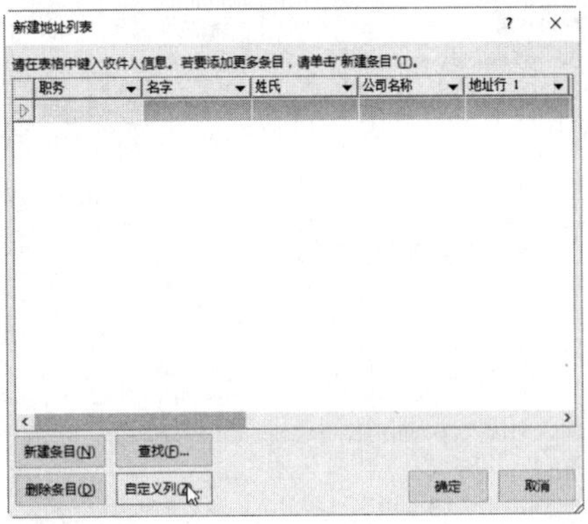

Step 03 在“字段名”列表框中选择不需要的字段，然后单击“删除”按钮。

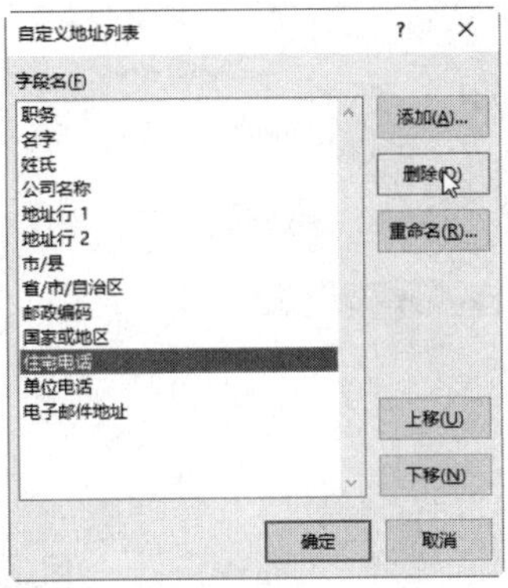

Step 04 弹出提示对话框，单击“是”按钮。

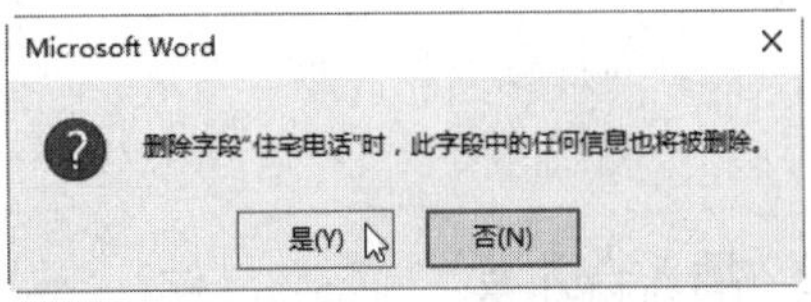

Step 05 选择“字段名”列表中的“名字”命令，然后单击“重命名”按钮。

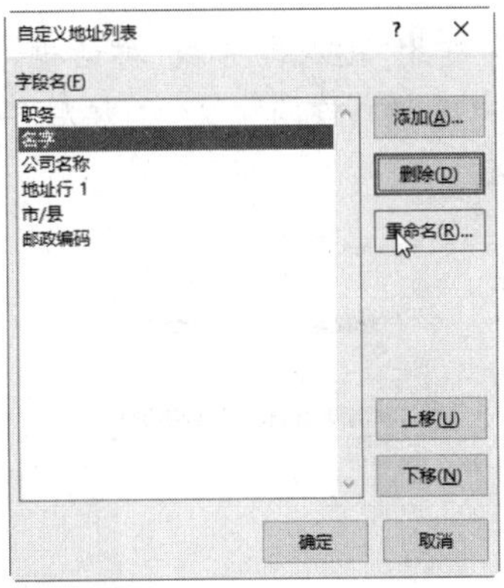

Step 06 弹出“重命名域”对话框，在“目标名称”文本框中输入“称谓”，然后单击“确定”按钮。

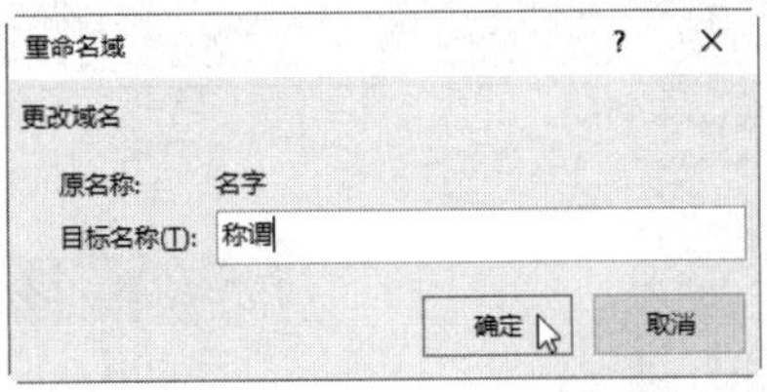

Step 07 字段名整理完成后，单击“确定”按钮返回“新建地址列表”对话框，在列表框中输入第一个收件人的相关信息，然后单击“新建条目”按钮。

Step 08 按照同样的方法创建其他收件人的相关信息，然后单击“确定”按钮。

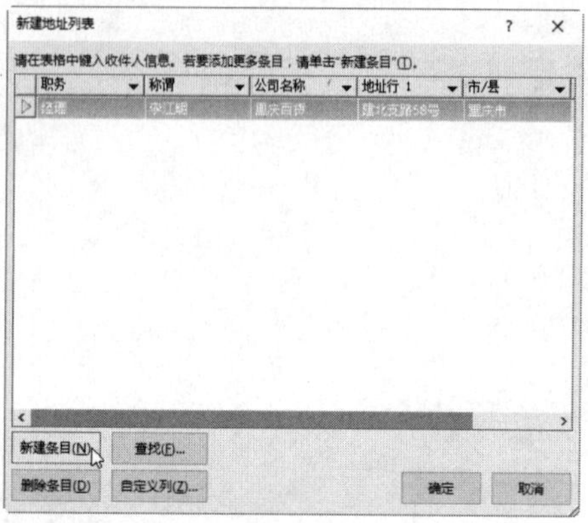

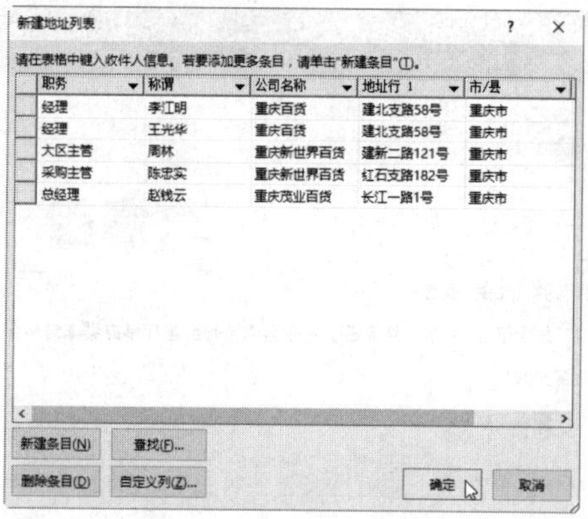

Step 09 弹出“保存通讯录”对话框，设置好文件名和保存位置，然后单击“保存”按钮。

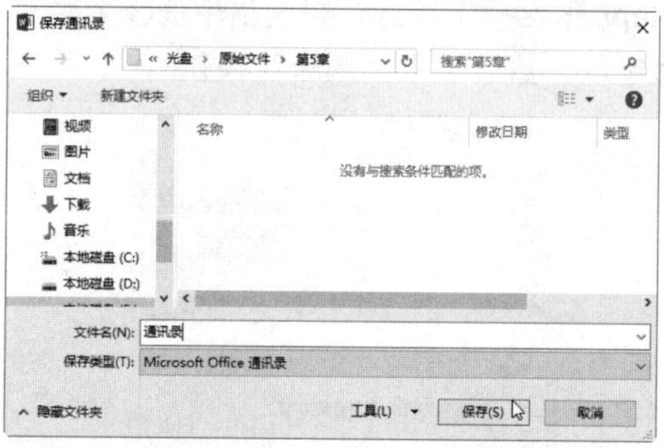

2. 插入合并域

在创建了通信列表之后，就可以通过插入合并域功能将数据导入邀请函中，操作方法如下。

Step 01 将光标定位到“尊敬的”文本后，单击“邮件”选项卡的“编写和插入域”组的“插入合并域”按钮。

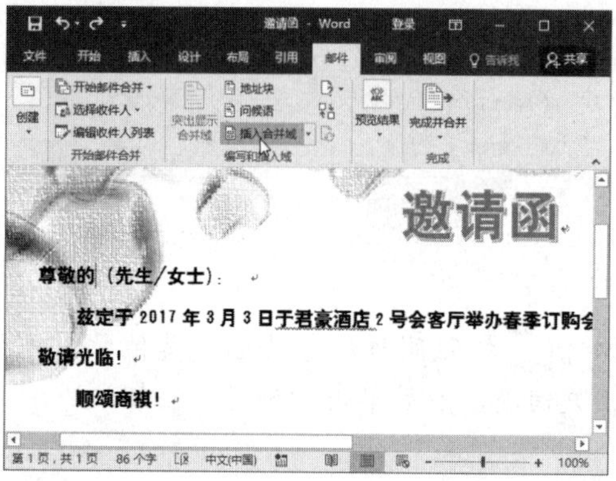

Step 02 打开“插入合并域”对话框，在“域”列表框中选择“称谓”命令，然后单击“插入”按钮。

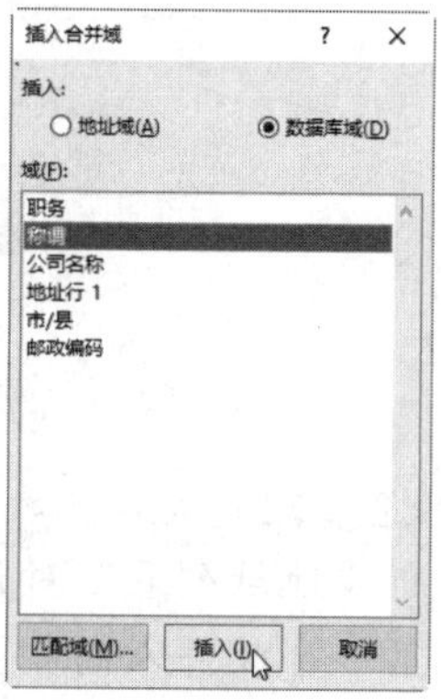

Step 03 单击“插入合并域”按钮右侧的下拉按钮，在弹出的下拉菜单中选择“职务”命令。

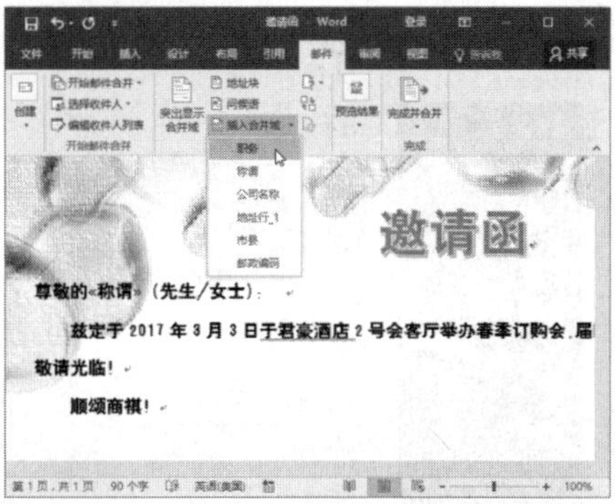

Step 04 完成后单击“邮件”选项卡的“预览结果”组中的“预览结果”按钮。

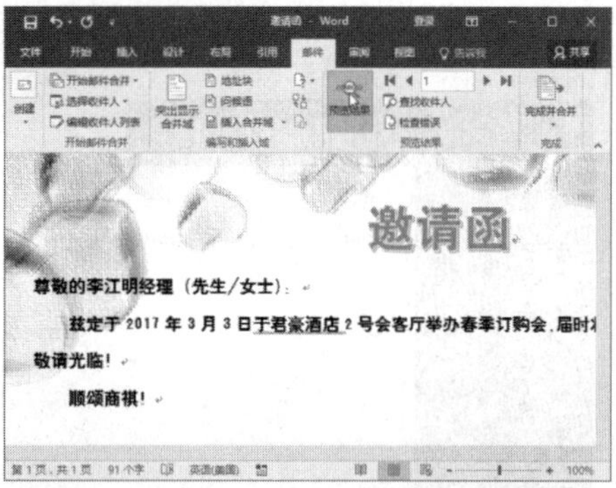

Step 05 在“邮件”选项卡的“预览结果”组中单击数值框后的“下一记录”按钮▸，可预览第二位联系人。预览完成后保存文档完成邀请函的制作。

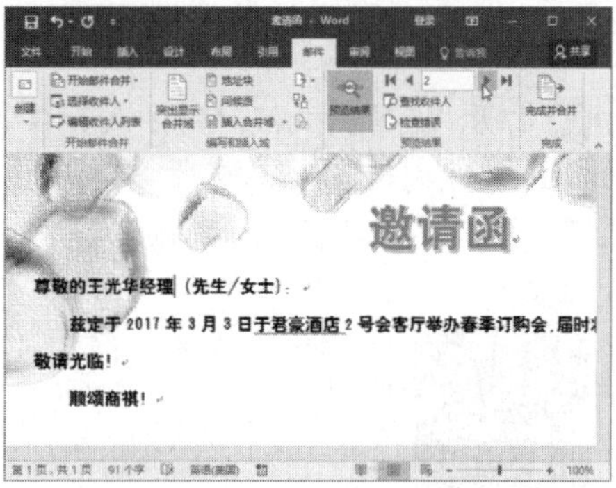

5.2.4 制作信封

在 Word 2016 中，我们可以使用中文信封功能快速制作一个信封，然后插入合并域作为参会邀请函的信封，操作方法如下。

1. 创建信封模板

在插入合并域之前，需要先创建信封模板，操作方法如下。

Step 01 单击“邮件”选项卡的“创建”组中的“中文信封”按钮。

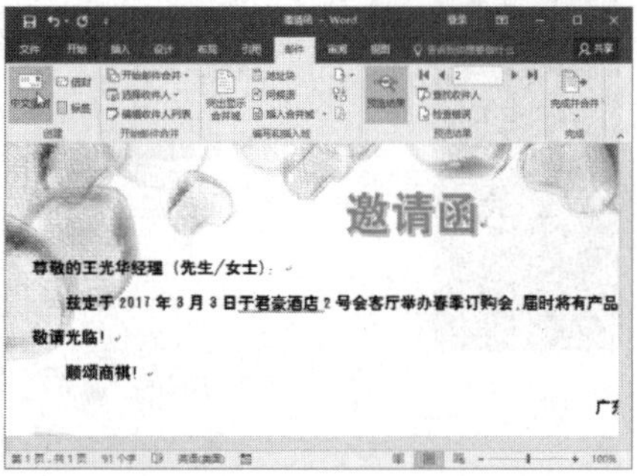

Step 02 弹出“信封制作向导”对话框，直接单击“下一步”按钮。

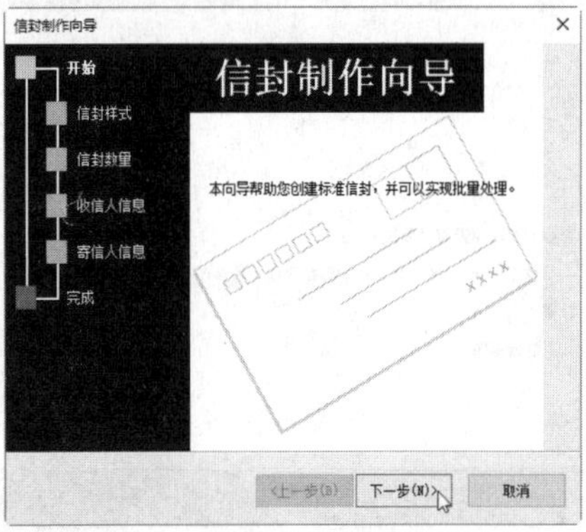

Step 03 打开“选择信封样式”界面，在“信封样式”下拉列表中选择“国内信封-ZL（230×120）”命令，然后单击“下一步”按钮。

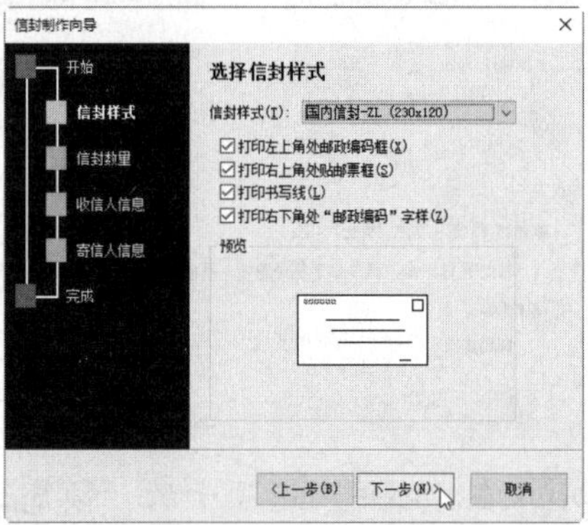

Step 04 打开“选择生成信封的方式和数量”界面，选择“键入收信人信息，生成单个信封”单选项，然后单击“下一步”按钮。

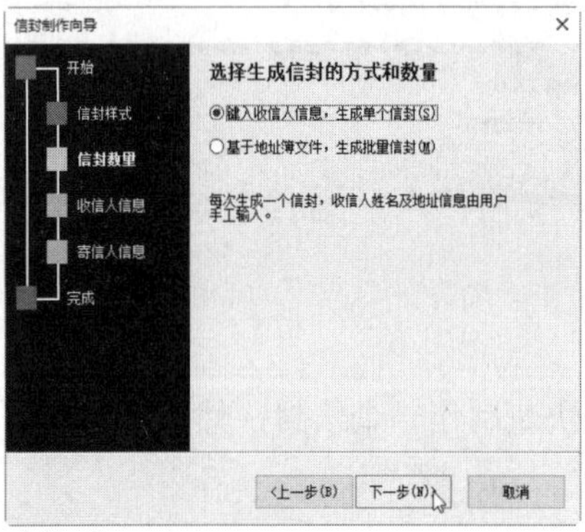

Step 05 打开“输入收信人信息”界面，因为之后要插入合并域，所以在此处直接单击“下一步”按钮即可。

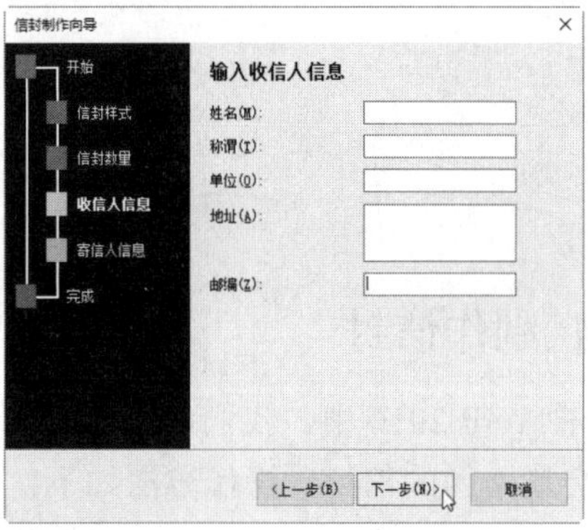

Step 06 打开“输入寄信人信息”界面，输入寄信人的姓名、单位、地址和邮编信息，然后单击“下一步”按钮。

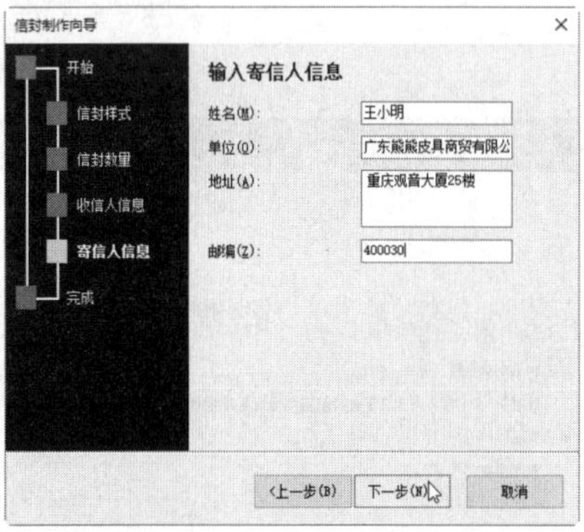

Step 07 在完成界面中单击“完成”按钮，即可完成信封的制作。

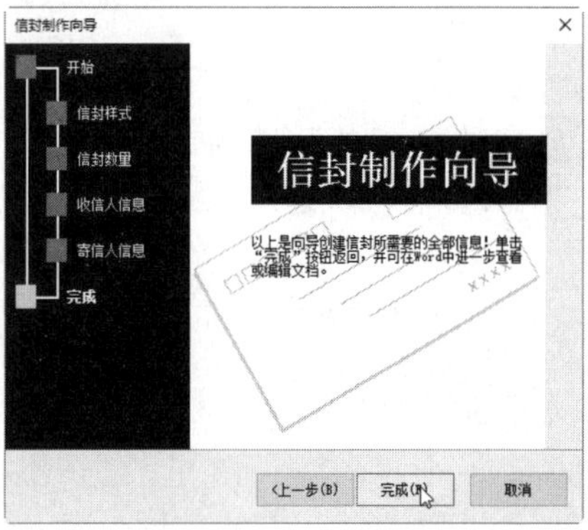

Step 08 返回文档中，即可查看到信封已经制作完成，将其保存为信封 .docx 即可。

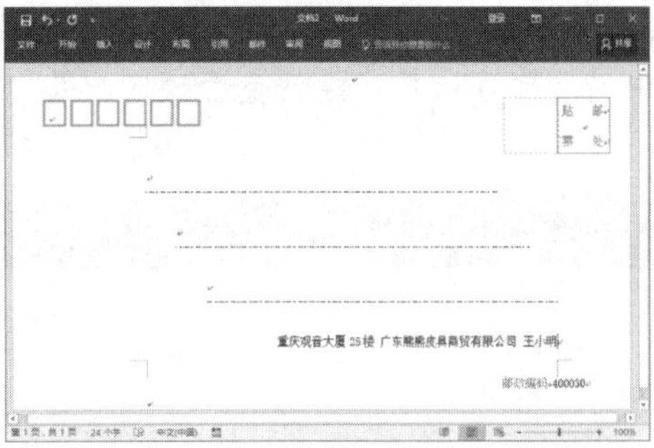

2. 使用通讯录批量制作信封

信封模板制作完成后，就可以开始使用之前制作的通讯录文件批量制作信封了，操作方法如下。

Step 01 将光标定位到邮政编码的位置，单击“邮件”选项卡的“开始合并”组中的“收件人”下拉按钮，在弹出的下拉菜单中选择“使用现有列表”命令。

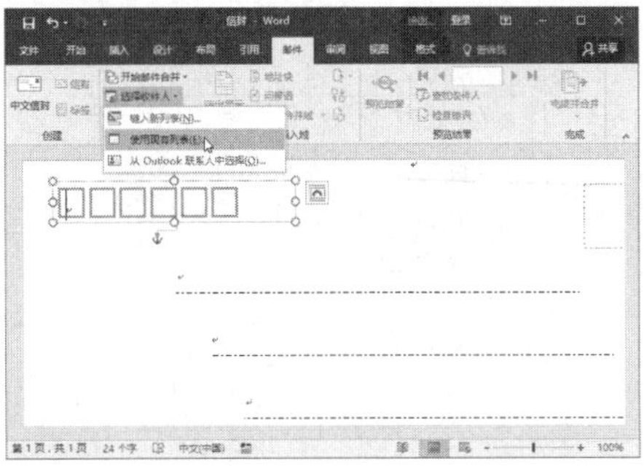

Step 02 打开“选取数据源”对话框，选择数据源的位置，然后选择“通讯录”文件，完成后单击“打开”按钮。

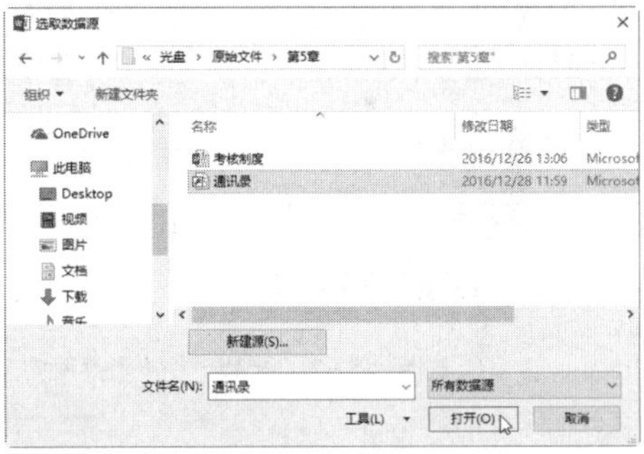

Step 03 返回文档中，单击“邮件”选项卡的“编写和插入域”组中的“插入合并域”下拉按钮，在弹出的下拉菜单中选择“邮政编码”命令。

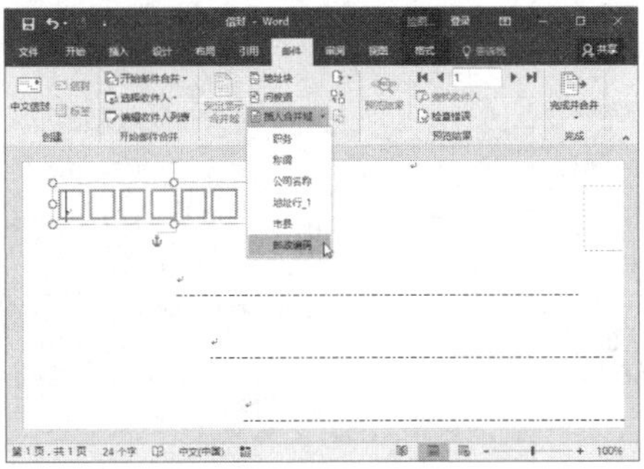

Step 04 使用相同的方法插入地址、公司名称、职务和称谓等信息。

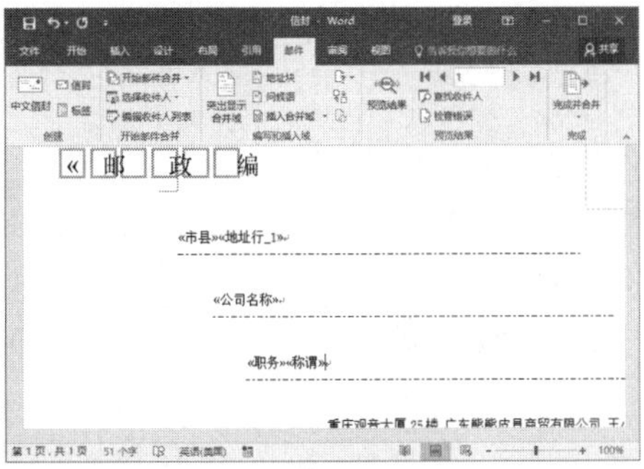

Step 05 单击“邮件”选项卡的“预览结果”组中的“预览结果”按钮查看预览效果。

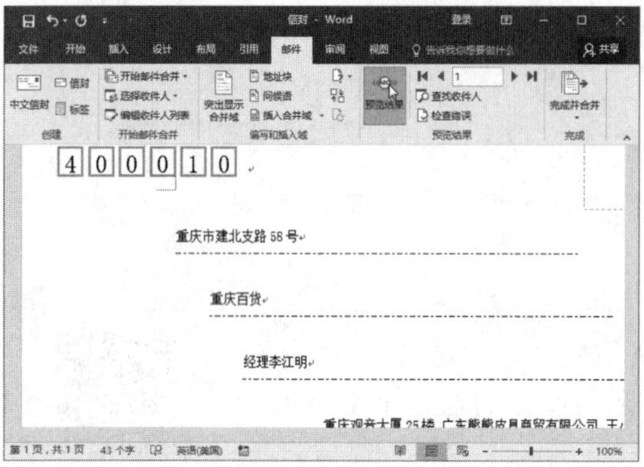

Step 06 在“姓名”文本后输入“（收）”，然后将姓名行字体设置为“黑体，一号”，其他文本字体设置为“黑体，四号”。

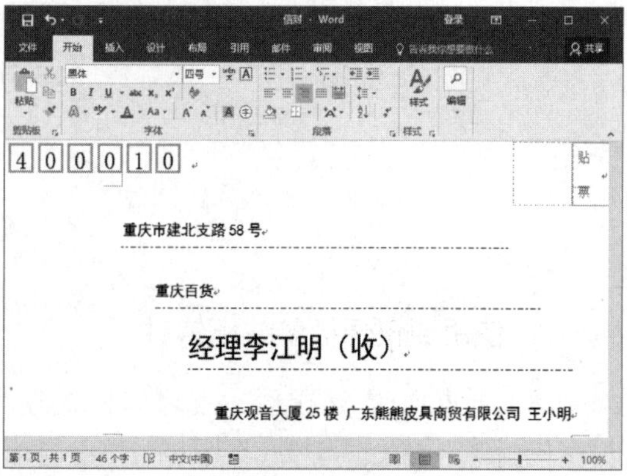

Step 07 单击“邮件”选项卡的“完成”组中的“完成并合并”按钮，在弹出的下拉菜单中选择“打印文档”命令。

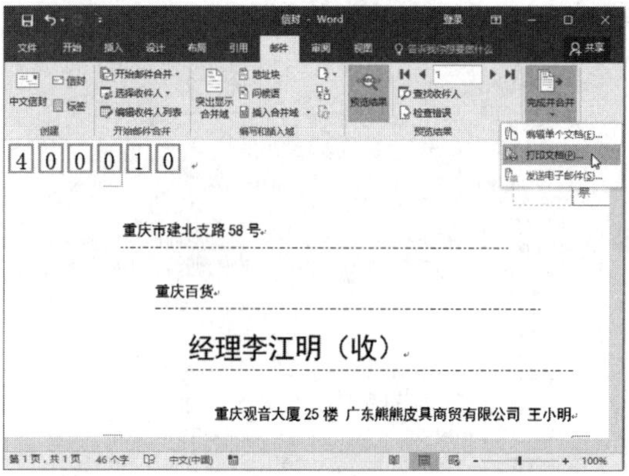

Step 08 弹出“合并到打印机”对话框，在“打印记录”组中选择“全部”单选项，然后单击“确定”按钮。

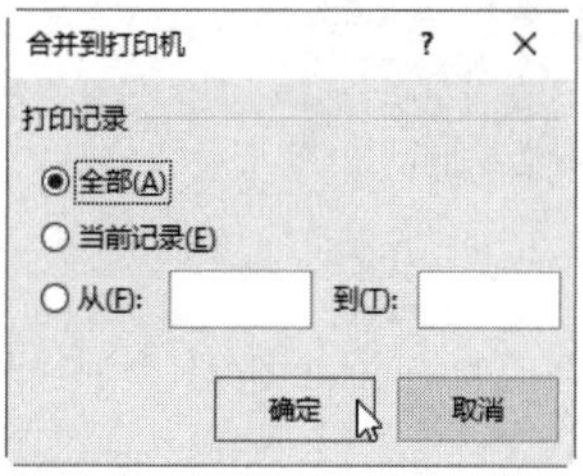

Step 09 打开“打印”对话框，设置打印范围和打印份数等参数，然后单击“确定”按钮即可。

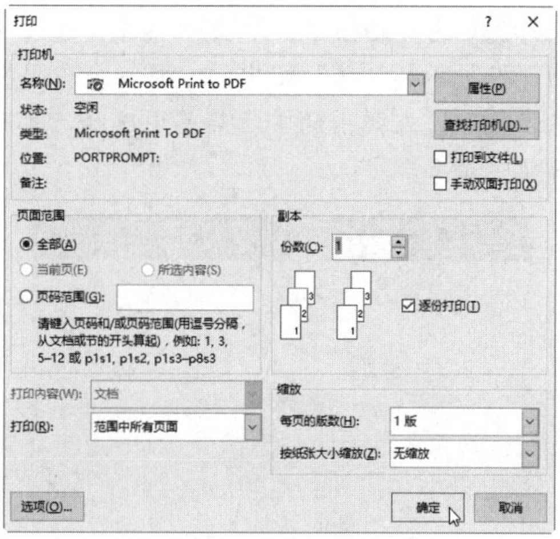

5.3 制作问卷调查表

在企业开发新产品或推出新服务时，为了使产品服务更好地适应市场的需求，通常需要事先对市场需求进行调查。本例将使用 Word 制作一份问卷调查表，并利用 Word 中的 Visual Basic 脚本添加一些交互功能，使调查表更加人性化，让被调查者可以更快速、方便地填写问卷信息。

5.3.1 在调查表中应用 ActiveX 控件

ActiveX 控件是软件中应用的组件和对象，如按钮、文本框、组合框、复选框等。在 Word 中插入 ActiveX 控件不仅可以丰富文档内容，还可以针对 ActiveX 控件进行程序开发，使 Word 具有更复杂的功能。

1. 将文件另存为启用宏的 Word 文档

在问卷调查表中需要使用 ActiveX 控件，并需要应用宏命令实现部分控件的特殊功能，所以需要将素材文件中的 Word 文档另存为启动宏的 Word 文档格式，操作方法如下。

Step 01 打开素材文件，转到“文件”选项卡，在“文件”选项卡中选择“另存为”→“浏览”命令。

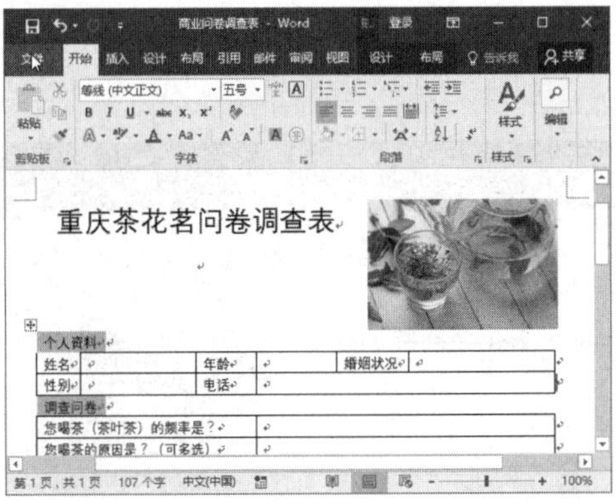

Step 02 打开“另存为”对话框，设置保存类型为“启用宏的 Word 文档”，然后单击“保存”按钮。

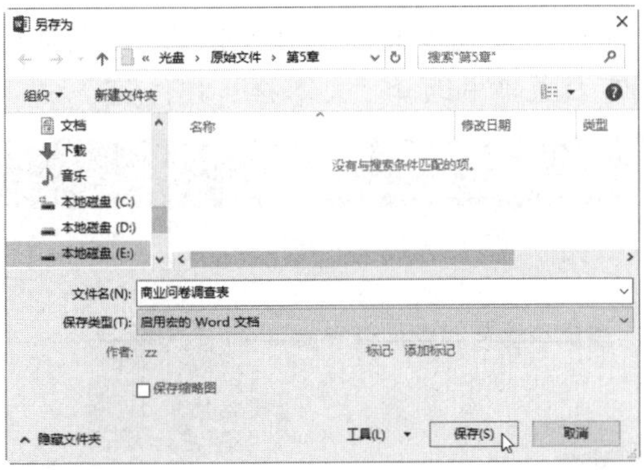

2. 添加“开发工具”选项卡

在文档中添加控件需要使用“开发工具”选项卡中的功能，而“开发工具”选项卡并没有默认显示在菜单栏，需要用户手动添加，添加“开发工具”选项卡的操作方法如下。

Step 01 在“文件”选项卡中选择“选项”命令。

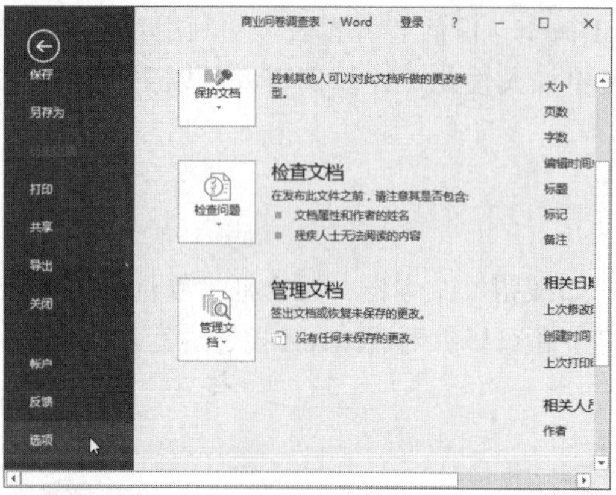

Step 02 打开“Word 选项”对话框，切换到“自定义功能区”选项卡，在“自定义功能区”下方的列表框中勾选“开发工具”复选框，然后单击“确定”按钮。

3. 插入文本框控件

在调查表中，需要用户输入文字内容的地方可以应用文本框控件，并根据需要对文本控件的属性进行设置，操作方法如下。

Step 01 将光标定位到“姓名”右侧的单元格中，然后单击“开发工具”选项卡的“控件”组中的“旧式工具”下拉按钮，在弹出的下拉菜单中选择“文本框”控件。

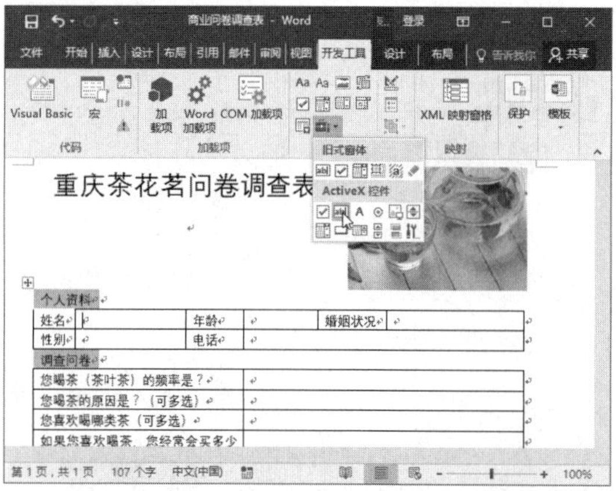

Step 02 插入“文本框”控件后，通过文本框四周的控制点调整文本框的大小。

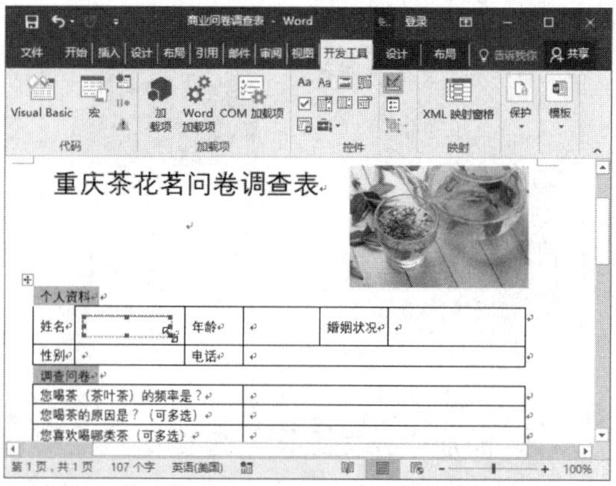

Step 03 使用相同的方法为其他需要填写内容的单元格添加文本框。

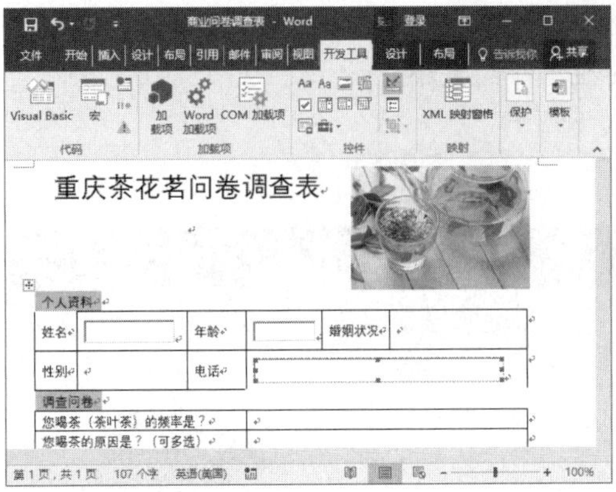

4. 插入选项按钮控件

如果要求他人在填写调查表时进行选择，而不是填写，并且只能选择一项信息时，可以使用选项按钮控件，操作方法如下。

Step 01 将光标定位到“性别”栏右侧的单元格中，单击“开发工具”选项卡的“控件”组中的“旧式工具”下拉按钮，在弹出的下拉菜单中选择“选项按钮”控件。

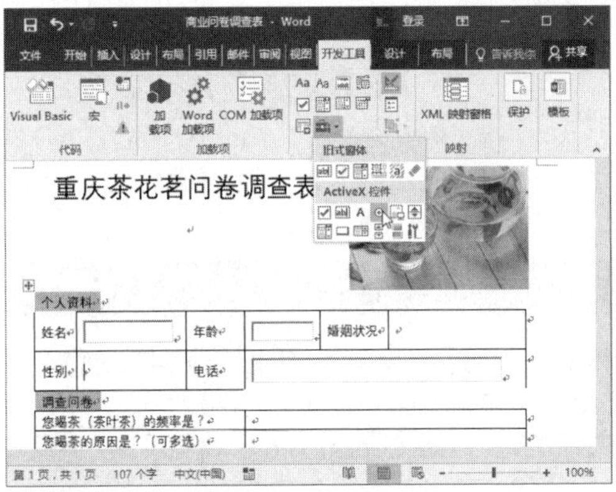

Step 02 添加的选项按钮为选中状态，单击“开发工具”选项卡的“控件”组中的“属性”按钮。

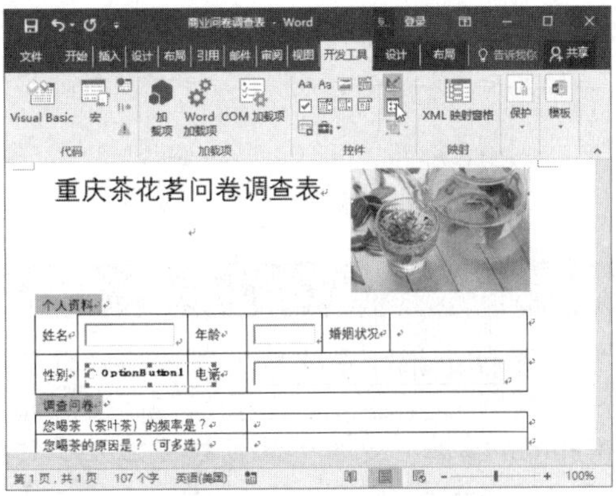

Step 03 打开“属性”对话框，将“Caption”更改为“男”，将“GroupName”更改为“Sex”，完成后关闭“属性”对话框。

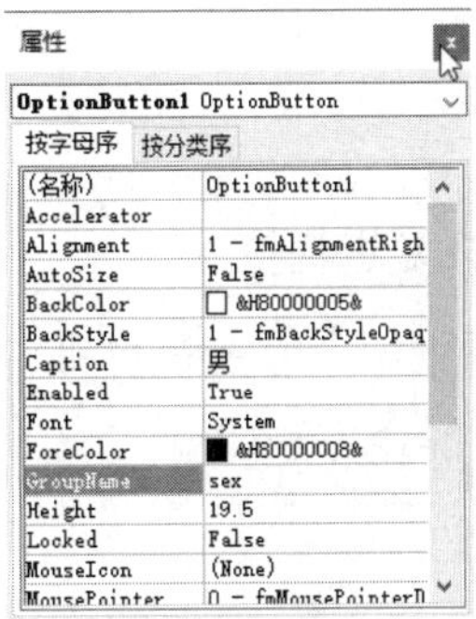

Step 04 通过文本框四周的控制点调整选项按钮控件的大小。

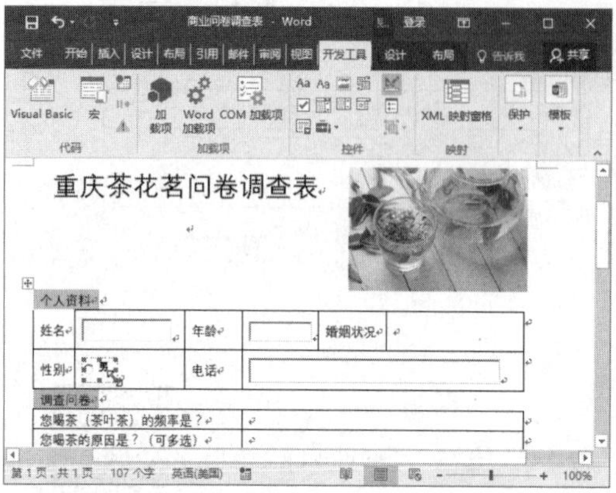

Step 05 使用相同的方法在“性别”文本框中再次添加一个选项按钮控件，并打开“属性”对话框，将“Caption”更改为“女”，将“GroupName”更改为“Sex”。

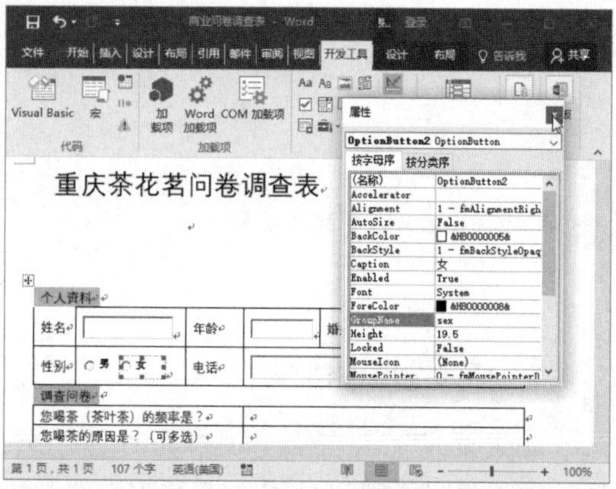

Step 06 使用相同的方法为其他需要单选项的单元格添加选项按钮控件。

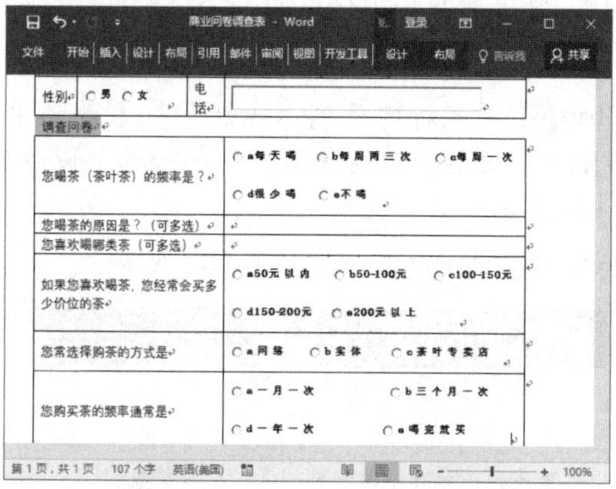

• 大师心得

属性是指对象的某些特性，不同的控件具有不同的属性，各属性分别代表它的一种特性，当属性值不同时，则控件的外观或功能会不相同。例如，选项按钮控件的 Caption 属性，是用于设置控件上显示的标签文字内容。而 GroupName 属性则用于设置多个选项按钮所在的不同组别，同一组别中只能选中其中一个选项按钮。

5. 插入复选框控件

如果要求用户在对信息进行选择时可以选择多项信息，可以使用复选框控件，操作方法如下。

Step 01 将光标定位到“您喝茶的原因是？（可多选）”右侧的单元格中，单击“开发工具”选项卡的“控件”组中的“旧式工具”下拉按钮，在弹出的下拉菜单中选择“复选框”控件☑。

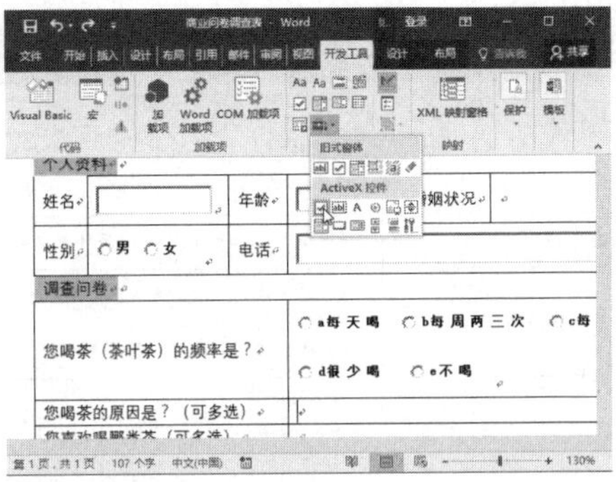

Step 02 添加的复选框控件为选中状态，单击“开发工具”选项卡的“控件”组中的“属性”按钮。

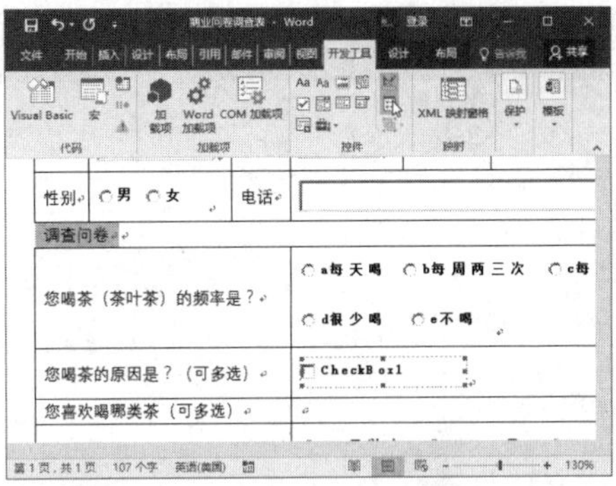

Step 03 在“属性”对话框中设置“Caption”为“a 有益健康”，设置“GroupName”为“hc”。

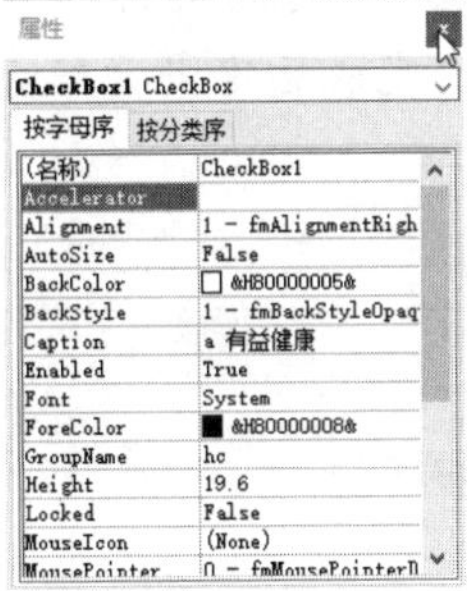

Step 04 使用相同的方法分别添加其他复选框控件，注意保持 GroupName 相同。

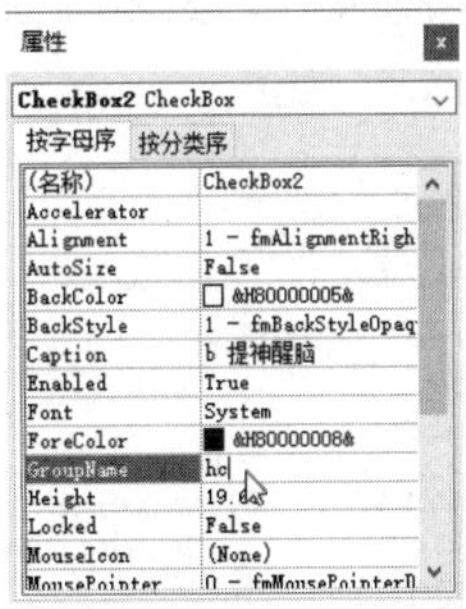

Step 05 分别为表格中可多选的单元格添加复选框控件。

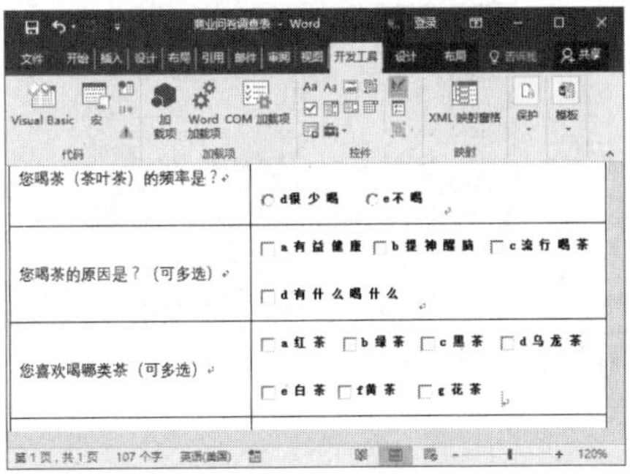

6. 插入命令按钮插件

如果要让用户可以快速地执行一些指定的操作，可以在 Word 文档中插入命令按钮控件，并通过编写按钮事件过程代码实现其功能，操作方法如下。

Step 01 将光标定位到表格下方需要添加按钮的位置，然后单击“开发工具”选项卡的“控件”组中的“旧式工具”下拉按钮 ，在弹出的下拉菜单中选择“命令按钮”控件。

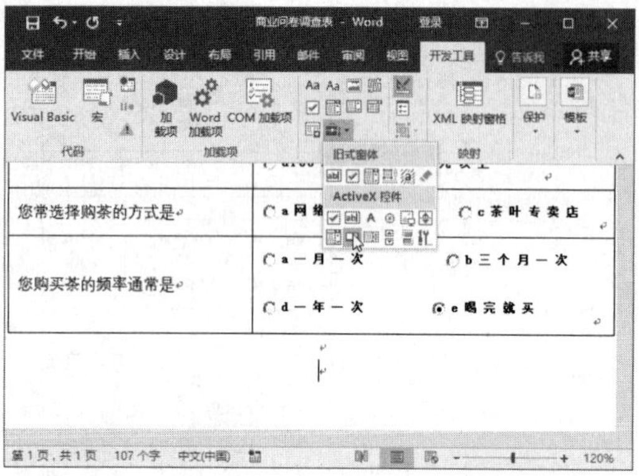

Step 02 保持命令按钮选中状态，选择“开发工具”选项卡的“控件”组中的“属性”命令。

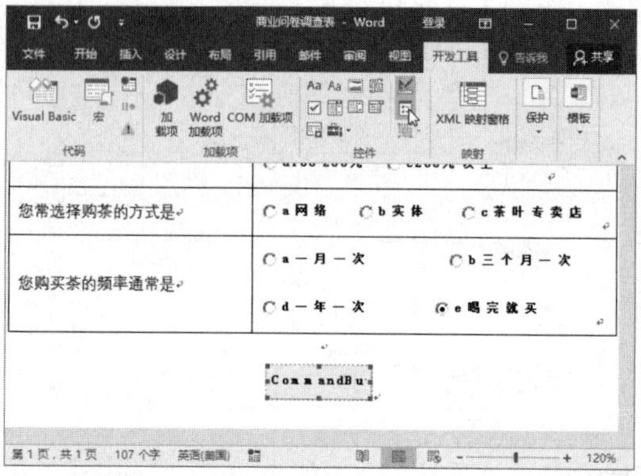

Step 03 打开“属性”对话框，设置“Caption”为“提交调查表”，然后单击“Font”选项右侧的“...”按钮。

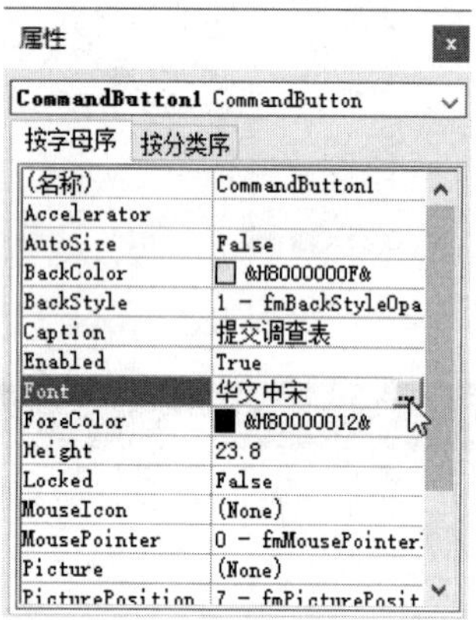

Step 04 打开“字体”对话框，设置“字体”为“华文新魏”“字形”为“常规”“大小”为“三号”，完成后单击“确定”按钮。

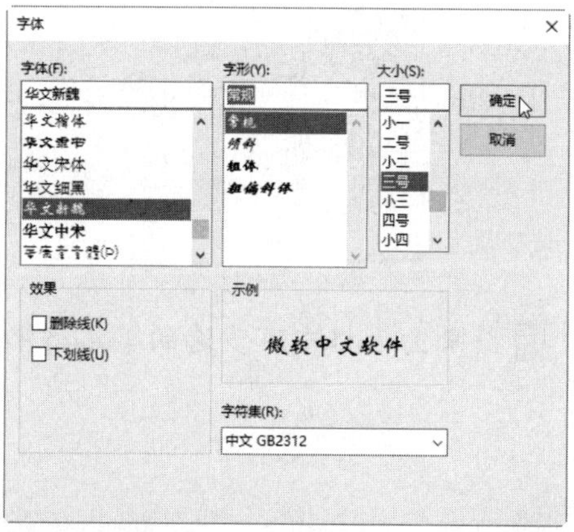

Step 05 返回文档中，通过按钮四周的控制点调整按钮大小。

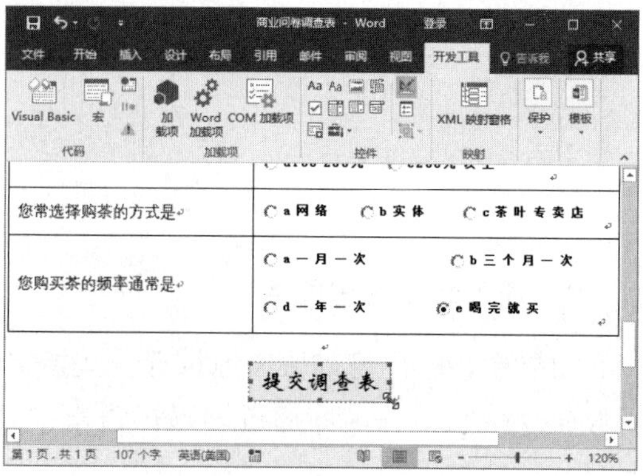

5.3.2 添加宏代码

在用户填写完调查表后，为了使用户更方便地将文档进行保存，并以邮件的方式将文档发送至指定可以在“提交调查表”按钮上添加程序，使用户单击该按钮后自动保存文件并发送邮件，操作方法如下。

Step 01 单击“开发工具”选项卡的“控件”组中的“设计模式”按钮打开设计模式，然后双击文档中的按钮“提交调查表”。

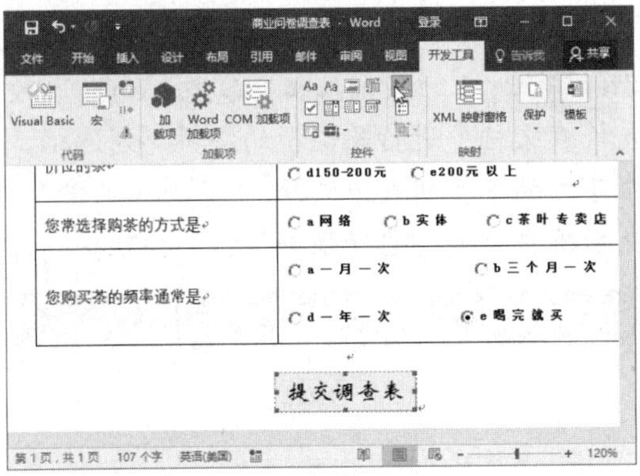

Step 02 打开代码窗口，并生成代码，在按钮单击事件过程中输入如图所示的程序代码。

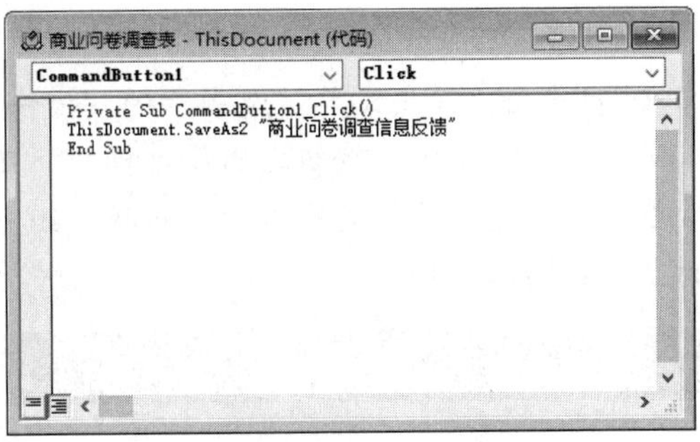

Step 03 转到“文件”选项卡，在弹出的下拉菜单中选择“导出文件”命令，将文件“另存为”至 Word 当前的默认保存路径，并命名该文件的文件名为“商业问卷调查信息反馈”。

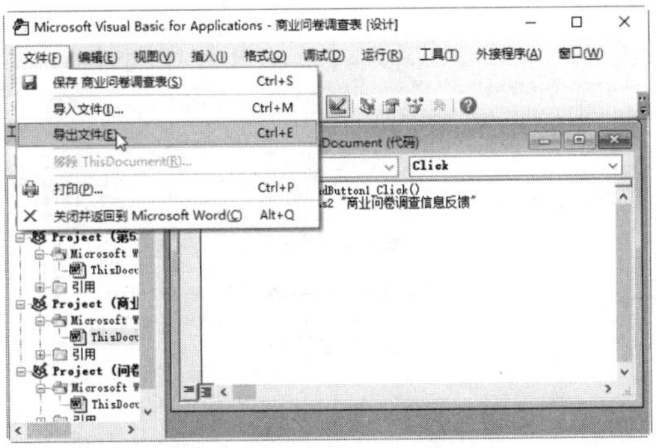

Step 04 保存文件的代码后添加发送代码，并设置邮件地址，设置邮件主题为“问卷调查信息反馈”，具体代码如图所示。

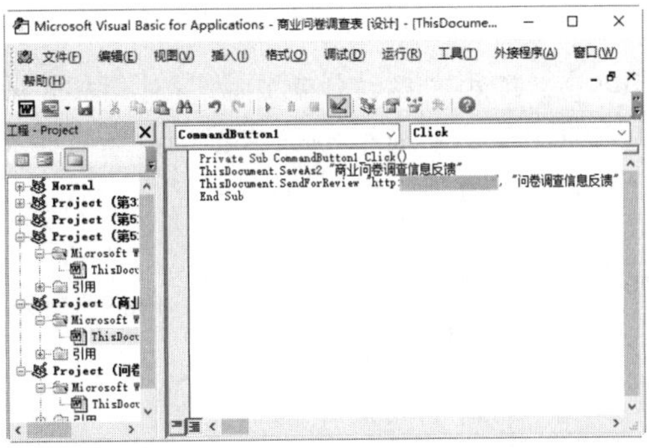

● 大师心得

Visual Basic 中的语句是一个完整的命令。它可以包含关键字、运算符、变量、常数，以及表达式等元素，各元素之间用空格进行分隔，每一条语句完成后按“Eneter”键换行。如果要将一句语句连续地写在多行上，则可以使用续行符 - 连接多行。

5.3.3 完成制作并测试调查表程序

为了保证调查表不被用户误修改，需要进行保护调查表的操作，使用户只能修改调查表中的控件值。同时，为了查看调查表的效果，还需要对整个调查表程序功能进行测试。

1. 保护调查表文档

使用保护文档中的仅允许填写窗体功能，可以使用户只能在控件上进行填写，而不能对文档内容进行其他任务操作，操作方法如下。

Step 01 单击“开发工具”选项卡的“控件”组中的“设计模式”按钮退出设计模式，然后单击“开发工具”选项卡的“保护”组中的“限制编辑”命令。

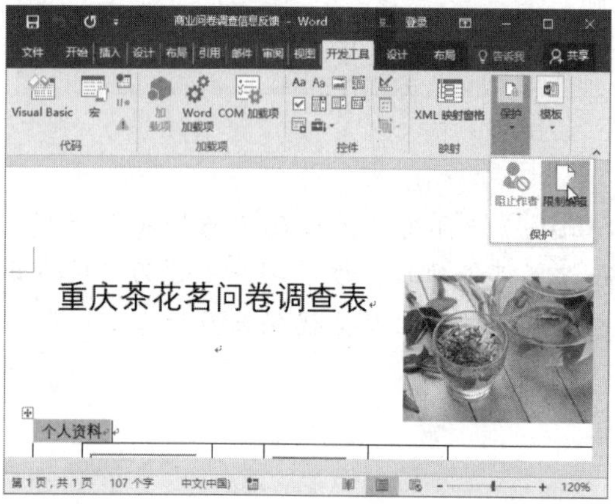

Step 02 打开“限制编辑”窗格，勾选“仅允许在文档中进行此类型的编辑”复选框，在下方的下拉列表中选择“填写窗体”命令，然后单击“是，启动强制保护”按钮。

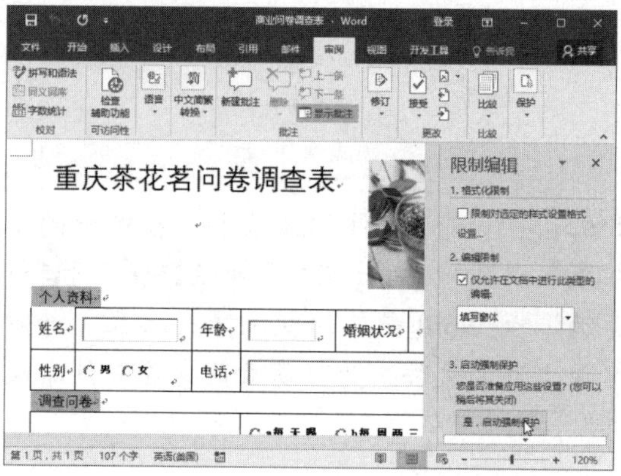

Step 03 打开“启动强制保护”对话框，在文本框中输入新密码和确认密码，然后单击“确定”按钮。

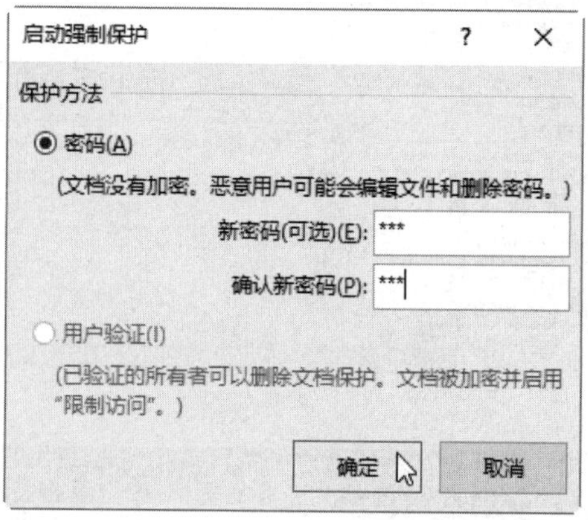

2. 填写调查表

调查表制作完成后，可以填写调查表进行测试，操作方法如下。

Step 01 在文档中填写调查表中的相关信息，填写完成后单击“提交调查表”按钮。

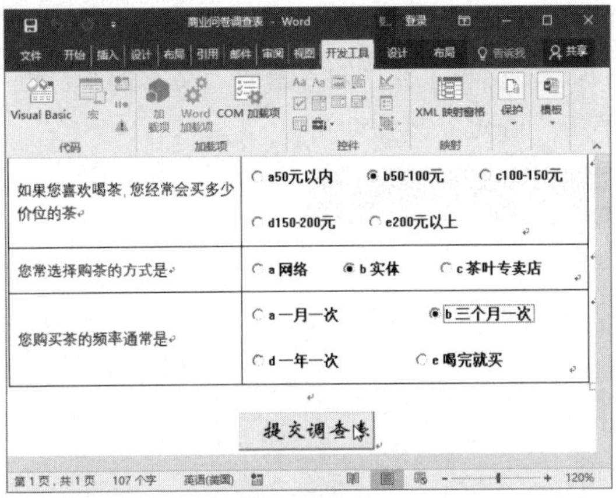

Step 02 此时，Word 将自动调用 Outlook 软件，并自动填写收件人地址、主题和附件内容，单击“发送”按钮即可直接发送邮件。

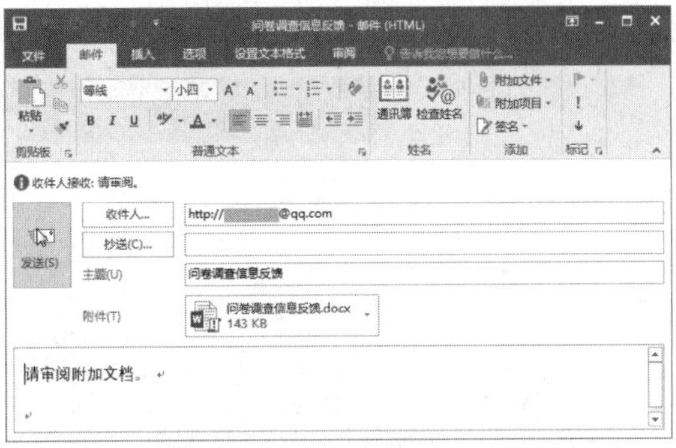

● 大师点拨

当用户填写调查表后，会自动保存并发送邮件到指定邮箱。

5.4 高手支招

5.4.1 输入超大文字

在 Word 文档中，可以选择的最大字号为“72”号，可是在工作中经常会遇到使用了“72”号字号仍然觉得字体太小的情况，此时，可以使用下面的方法输入超大字号。选中需要设置字号的文本，然后单击“开始”选项卡的“字体”组中的“字号”文本框，此时文本框处于选中状态，在文本框中输入“150”，按下“Enter”键即可。

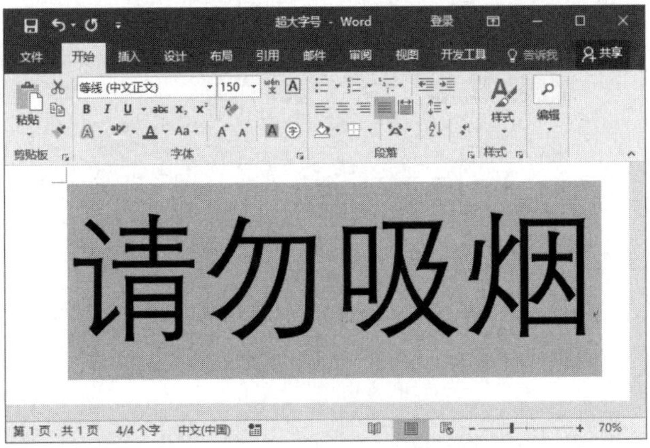

5.4.2 锁定修订功能

如果你想追踪他人对文档的所有更改，可以锁定修订功能，那么审阅者对文档做出的每一个修改都会在文档中标记出来。

操作方法是：单击“审阅”选项卡的“修订”组中的“修订”下拉按钮，在弹出的下拉菜单中选择“锁定修订”命令。打开“锁定跟踪”对话框，在“输入密码”文本框和“重新输入以确认”文本框中两次输入密码，然后单击“确定”按钮即可。

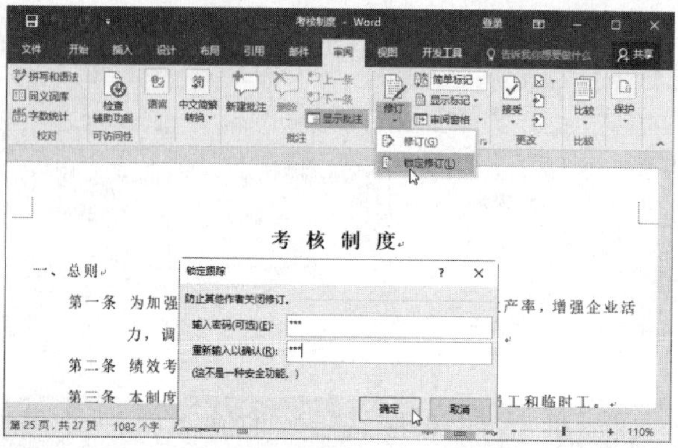

如果要解除锁定修订功能，可以再次选择“锁定修订”命令，在弹出的“解除锁定跟踪”对话框的“密码”文本框中输入密码，然后单击“确定”按钮即可。

5.4.3 取消文档强制保护

为文档设置了强制保护之后，文档中的文字便不可再进行删除和修改，如果发现文档有错漏，需要取消文档强制保护后再进行修改。

操作方法是：取消文档强制保护的方法比较简单，单击“限制编辑”窗格中的“停止保护”按钮，弹出“取消保护文档”对话框。在“密码”文本框中输入密码后单击“确定”按钮，即可取消文档强制保护。

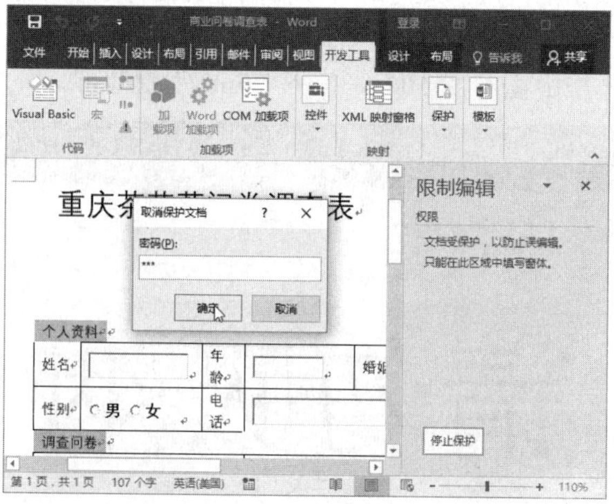

第6章

使用 Excel 制作基本表格

Excel 是 Microsoft 公司推出的一款集电子表格、数据存储、数据处理和分析等功能于一体的办公软件。本章通过制作员工档案表、供应商列表，介绍 Excel 表格编辑与美化的基本操作。

6.1 创建员工档案表

为了更方便、快捷地查看员工的基本档案信息，可以制作一份简单的员工档案表，将员工的基本信息录入其中。下面将介绍员工档案表的具体制作方法。

6.1.1 新建员工档案表文件

要存储数据信息，首先要创建一个 Excel 表格文件，一个 Excel 文件被称为工作簿，而一个工作簿中可以有多张不同的工作表。

1. 新建 Excel 工作簿

新建 Excel 文档的方法与新建 Word 文档的方法相似，下面介绍其中一种新建 Excel 文档的常用方法。

启动 Excel 程序，单击“空白工作簿”按钮，即可新建一个空白工作簿。

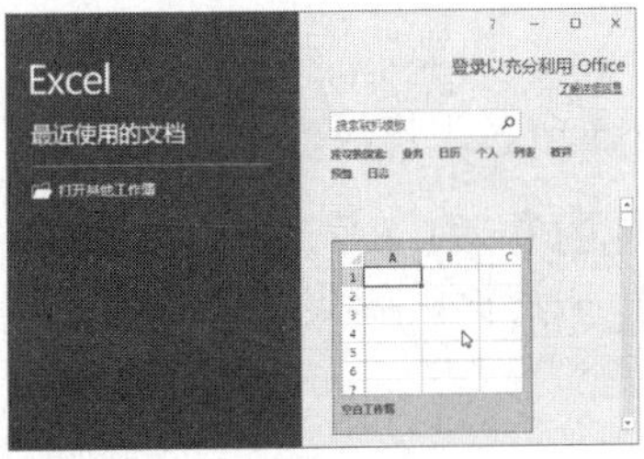

2. 保存工作簿

创建 Excel 工作簿后，通常需要将工作簿保存到硬盘上，并在编辑内容的同时经常保存文件，以避免软件或系统出现故障导致文件丢失，操作方法如下。

Step 01 新建的工作簿是一个空白的名为“工作簿 1”的工作簿，在快速访问工具栏中单击“保存”按钮。

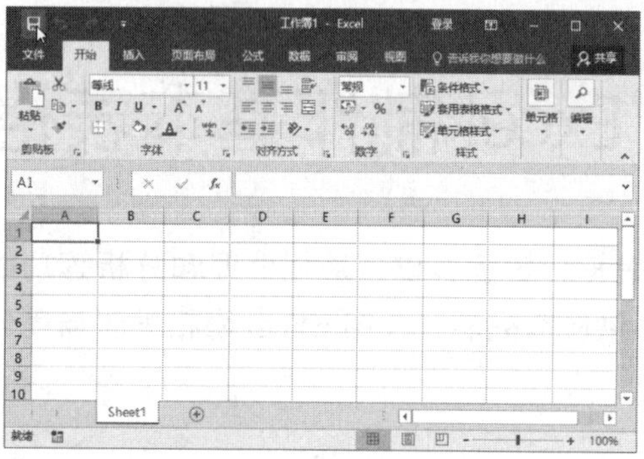

Step 02 由于新工作簿未保存过，此时将自动切换到“文件”选项卡的“另存为”界面中，在右侧选择“浏览”命令。

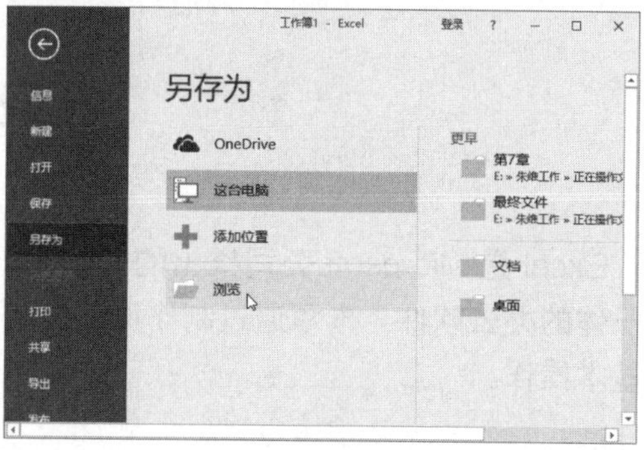

Step 03 弹出“另存为”对话框，设置文件保存路径，设置文件名称和文件保存类型，完成后单击“保存”按钮即可。

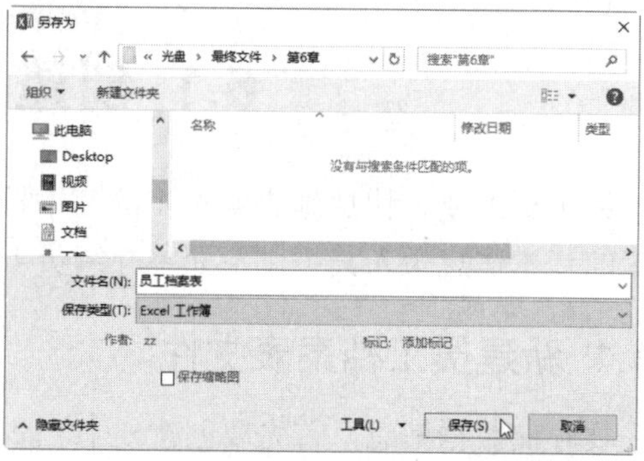

● 大师点拨

第一次保存文件时才会自动跳转到“文件”菜单的“另存为”选项卡，如果文件在之前已经执行过保存操作，单击“保存”按钮时，会在后台执行保存操作。

3. 重命名工作表

新建的 Excel 工作簿中，工作表的默认名称为 Sheet1。为了使工作簿的内容更加清晰，可以为不同的工作表设置不同的名称，操作方法如下。

Step 01 在工作表“Sheet1”上单击鼠标右键，在弹出的快捷菜单中选择“重命名”命令。

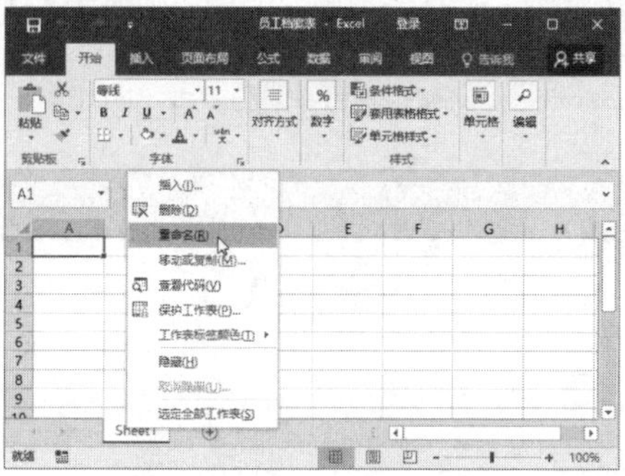

Step 02 工作表名称将呈可编辑状态，直接输入工作表名称，然后单击任意空白处，即可为工作表重命名。

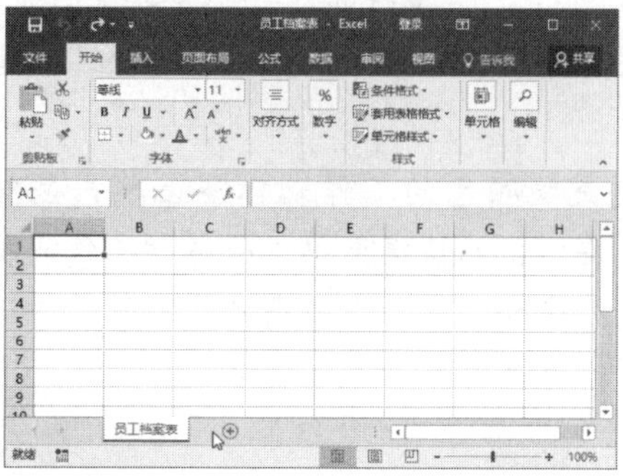

4．新建工作表

在 Excel 2016 中，默认的工作簿中只有一个工作表。如果用户要在同一工作簿中保存多个不同表格数据时，则需要新建更多的工作表，操作方法如下。

单击工作表标签处右侧的“新工作表”按钮⊕，即可在当前工作簿中插入新工作表。

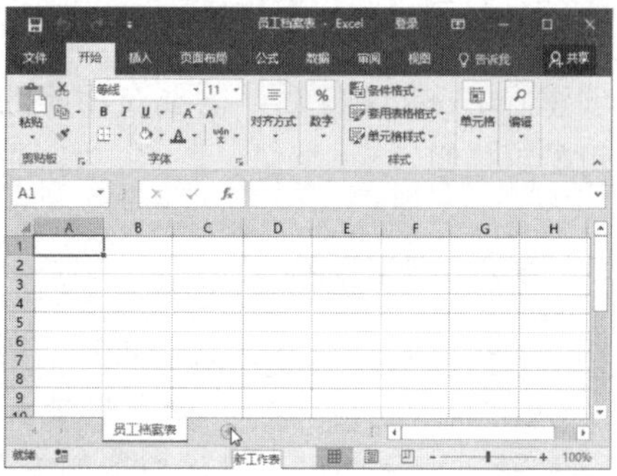

5．删除工作表

如果工作簿中不再需要某一工作簿时，可以将其删除，操作方法如下。

在工作表标签上单击鼠标右键，在弹出的快捷菜单中选择“删除”命令即可删除工作表。

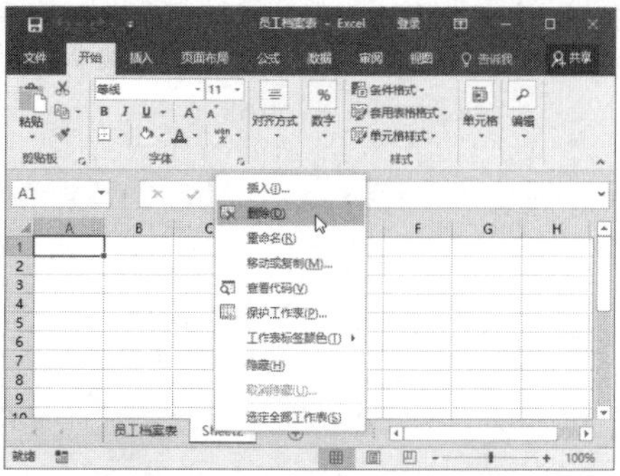

6. 更改工作表标签颜色

在工作簿中如果有多个工作表要进行编辑，为了区分不同的工作表，除了更改工作表名称外，还可以更改工作表标签的颜色，以突出显示工作表，操作方法如下。

在要更改颜色的工作表标签上单击鼠标右键，在弹出的快捷菜单中选择“工作表标签颜色”命令，然后在弹出的扩展菜单中选择一种颜色即可。

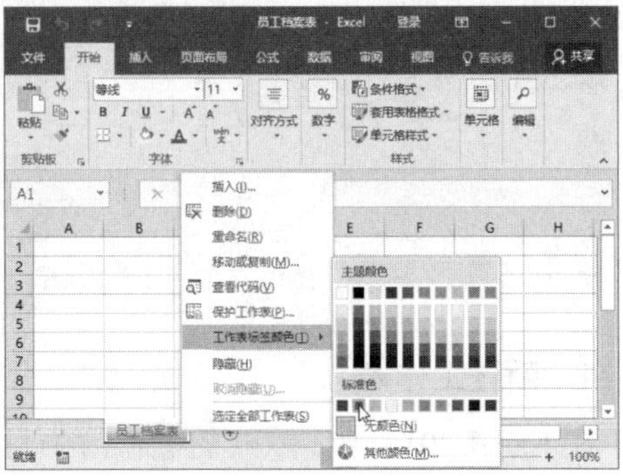

6.1.2 录入员工基本信息

创建好 Excel 文件后，需要在相应的单元格中输入相应的数据。本例将在工作表中录入公司员工信息。

1. 录入文本内容

在 Excel 中，每个单元格中的内容具有多种数据格式，不同的数据内容在录入时有一定的区别。如果是录入普通的文本和数值，在选择单元格后直接输入内容即可，操作方法如下。

Step 01 单击工作表中的第 1 个单元格，将单元格选中，直接输入文本内容，然后按下“Tab”键，快速选择右侧单元格，用相同的方法输入其他文本内容。

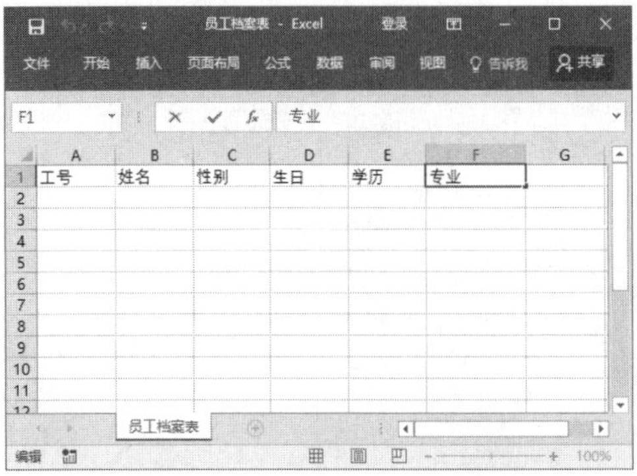

Step 02 将光标定位到 B2，输入第 1 个员工的姓名，按下“Enter”键自动换至下方的 B3 单元格，再输入第 2 个员工的姓名，然后使用相同的方法输入其他员工的姓名。

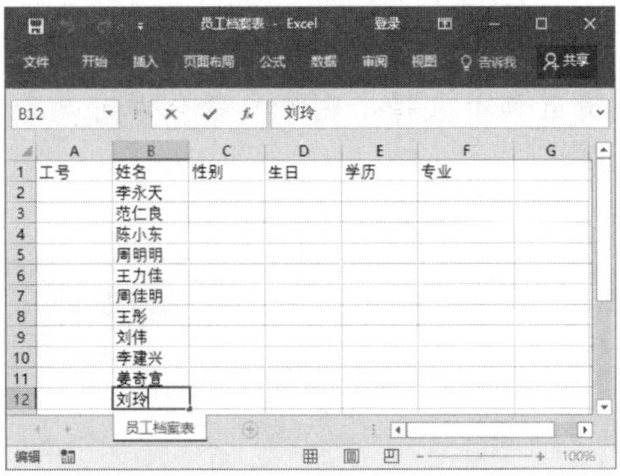

2. 录入文本型数据

在 Excel 中输入数值时，Excel 会自动将其以标准的数值格式保存在单元格中，数值左侧或小数点末尾的“0”将会被自动省略。例如，想要输入“001”，则会将该值转换为常规的“1”。如果要使数字保持输入时的格式，需要将数值转换为文本，例如，想要输入以 0 开头的数值，可以在输入数值时先输入单引号“’”，操作方法如下。

Step 01 选择 A2 单元格，在英文输入法状态下输入单引号“’”。

Step 02 将在引号后输入要显示的数字内容，输入完成后按下“Enter”键即可。

3. 填充文本型数据

在单元格中输入数据时，如果数据是连续的，可以使用填充数据功能快速输入数据，操作方法如下。

选择 A2 单元格，在单元格中输入工号“CQ1001”，将鼠标指针指向所选单元格右下角的填充柄，此时鼠标将变为实心十字型 **+**，向下拖动填充柄，将填充区域拖动至单元格 A12，即可完成编号录入。

● 大师点拨

如果输入的数据是数值型，使用本例的方法只能复制数据，而在拖动时按住“Ctrl”键，即可填充连续的数值。

4．在多个单元格同时输入数据

在输入表格数据时，如果要在某些单元格中输入相同的数据，此时可以同时输入，例如要在单元格中输入员工的性别数据，操作方法如下。

Step 01 选择第 1 个要输入性别“男”的单元格，然后按住“Ctrl”键逐个单击其他需要输入相同数据的单元格，将所有需要输入“男”的单元格选中。

Step 02 直接输入文本数据“男”，然后按下“Crtl+Enter”组合键，即可将该数据填充至所有选择的单元格。

Step 03 如使用相同的方法选择所有需要输入数据“女”的单元格后，输入数据“女”，然后按下“Crtl+Enter”组合键，即可将该数据填充至所有选择的单元格中。

5．输入日期类型的数据

在输入日期类型的数据时，需要按照日期相应的格式进行输入，通常可按“年 - 月 - 日”或“日 / 月 / 年”的格式进行输入。如果设置了日期格式，使用任何格式输入，都会自动转换为设置的日期格式，操作方法如下。

Step 01 选择 D2 : D12 单元格区域，然后单击“开始”选项卡的“数字”组中的对话框启动器。

Step 02 打开“设置单元格格式”对话框，在“分类”列表中选择“日期”命令，然后在右侧的“类型”列表框中选择一种日期格式，完成后单击“确定”按钮。

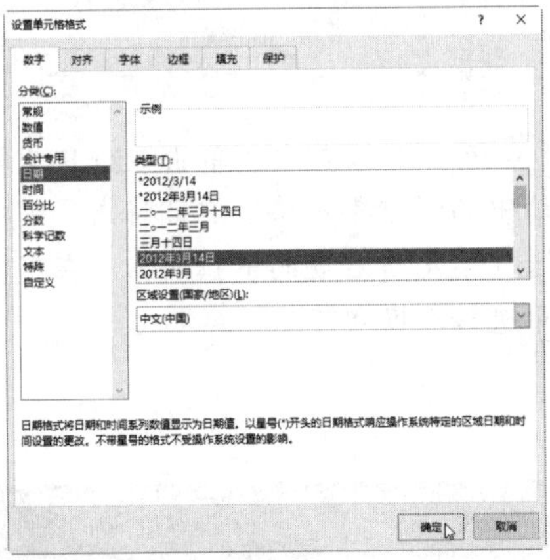

Step 03 返回工作簿中，使用任意日期格式输入日期。

Step 04 按下“Enter”键后日期将自动转换为所设置的日期格式。

Step 05 输入其他的日期即可完成日期的输入。

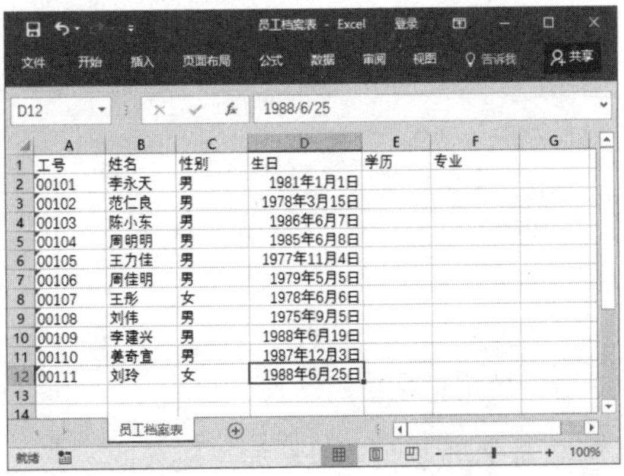

6. 设置“数据验证”提供序列选择

在表格中输入数据时，为了保证数据的准确性，方便以后对数据进行查找，对相同的数据应使用相同的描述。如“学历”中需要使用的“大专”和“专科”有着相同的含义，而在录入数据时，应使用统一的描述，如统一使用“专科”进行表示。此时，可以使用“数据验证”功能为单元格加入限制，防止同一种数据有多种表现形式，对单元格内容添加允许输入的数据序列，并提供下拉按钮进行选择，操作方法如下。

Step 01 选择 E2 : E12 单元格区域，然后单击“数据”选项卡的“数据工具”组中的“数据验证”按钮。

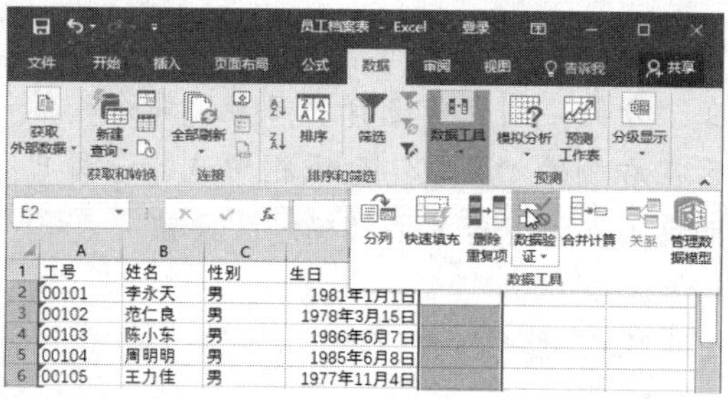

Step 02 打开“数据验证”对话框，在“设置”选项卡的“允许”下拉列表中选择“序列”命令，然后在“来源”文本框中输入数据，数据之间以英文的逗号隔开，完成后单击“确定”按钮。

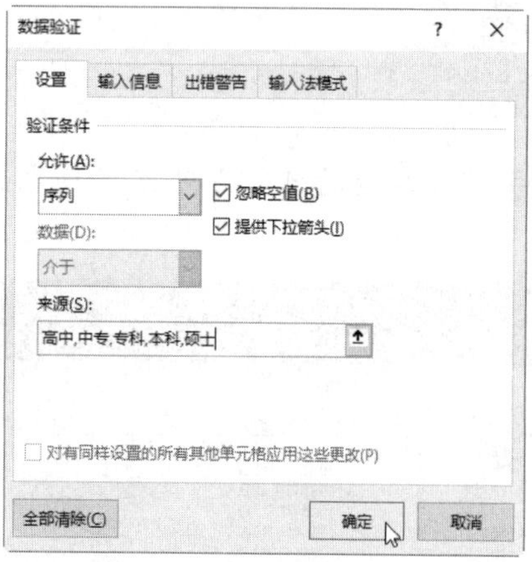

Step 03 返回工作表中，单击 E2 : E12 单元格区域中的任意单元格，右侧将出现下拉按钮，选择单元格右侧的下拉按钮，在下拉列表框中选择数据即可。

7. 使用记忆功能输入

在录入数据内容时，如果输入的数据已经在其他单元格中存在，可以借助 Excel 中的记忆功能快速输入数据，操作方法如下。

在“专业”列中输入数据内容，在输入过程中如果遇到出现过的数据，在输入部分数据后将自动出现完整的数据内容，单击按下“Enter”键即可完成数据输入。

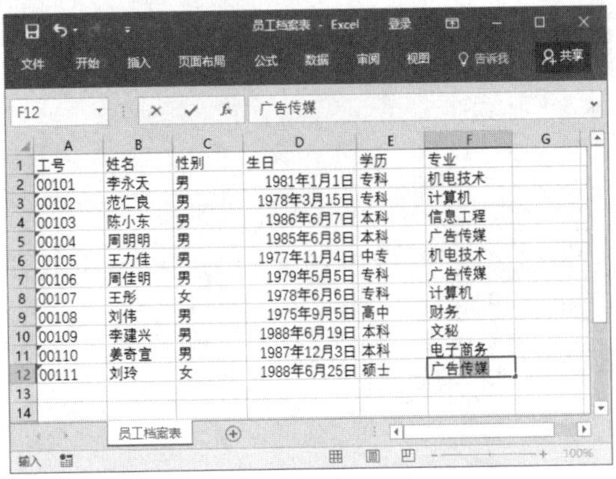

6.1.3 编辑单元格和单元格区域

在 Excel 表格中录入了数据之后，有时候需要对表格中的单元格或单元格区域进行一些编辑和调整，如插入或删除行、列，调整列宽、行高等操作。

1. 插入标题行

在表格制作的过程中，如果发现需要添加一行数据，可以使用插入行命令。如在表格的上方添加行，作为表格的标题行，操作方法如下。

Step 01 单击第一行的行号，选择该行，然后单击“开始”选项卡的“单元格”组中的“插入”下拉按钮，在弹出的下拉菜单中选择“插入工作表行”命令。

Step 02 操作完成后即可在表格上方插入行。

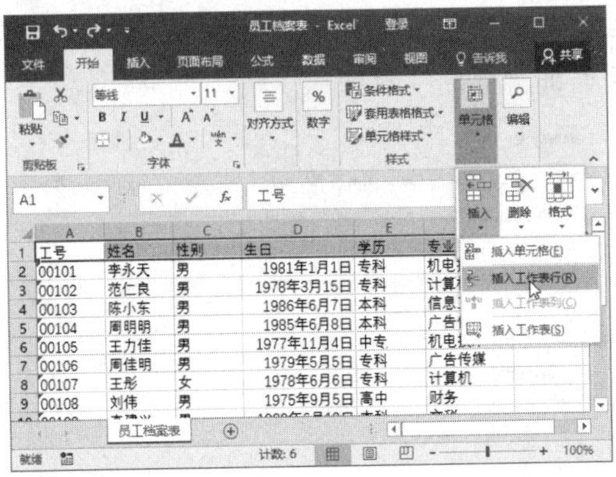

Step 03 选择 A1 : F1 单元格区域，然后单击“开始”选项卡的“对齐方式”组中的“合并后居中”按钮。

Step 04 合并单元格后，在该单元格中输入标题文本即可。

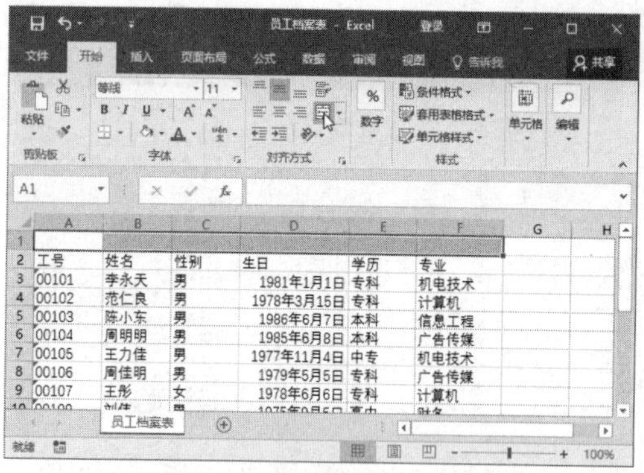

2．插入身份证号码列

因为在制作表格时忘记了设计身份证号码列，需要在此时添加。而在 Excel 中输入数据时，如果数据大于或等于 12 位，第 12 位的数字将被自动四舍五入，并以科学计数法进行表示，所以在输入身份证号码前需要进行相应的设置才能使其正常显示，操作方法如下。

Step 01 单击“学历”所在列的列号，选择该列，然后单击“开始”选项卡的“单元格”组中的“插入单元格”按钮。

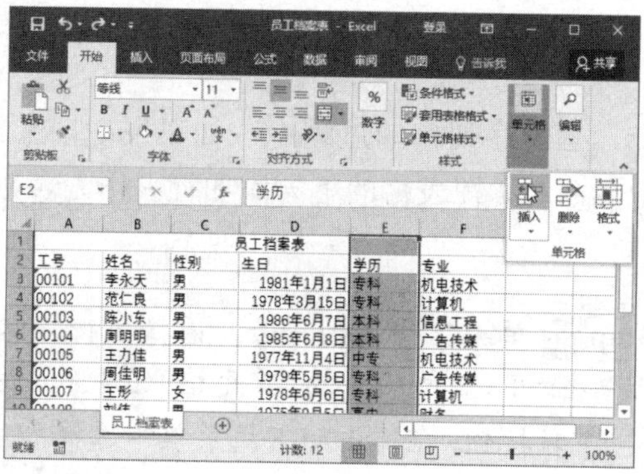

Step 02 在“学历”列的左侧会插入一个空白列，选择E3: E12单元格区域，然后单击“开始”选项卡的“数字”组中的对话框启动器。

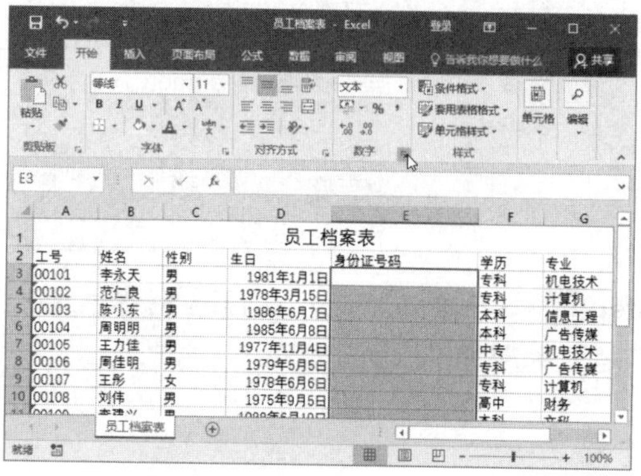

Step 03 弹出“设置单元格格式”对话框，在“分类”列表框中选择“文本”命令，然后单击“确定”按钮。

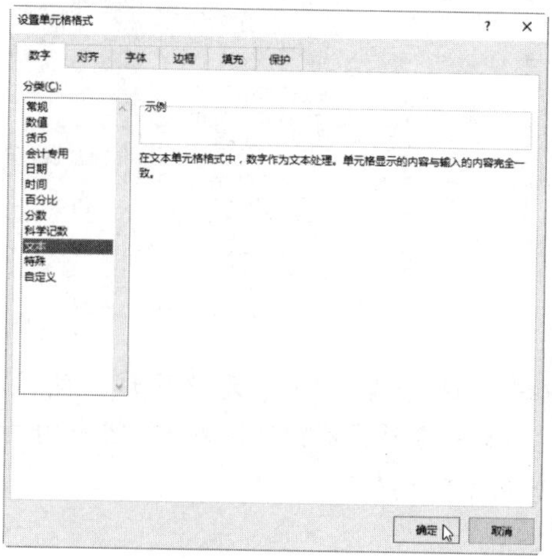

Step 04 在单元格中输入身份证号码即可。

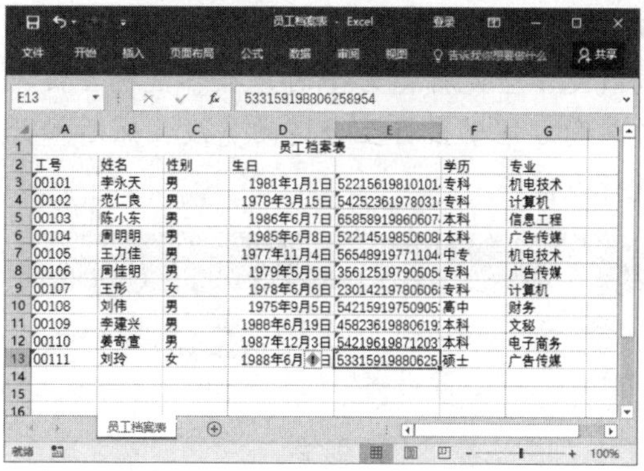

3．调整行高与列宽

当单元格中的数据需要更高或更宽的空间来容纳时，我们可以调整行高和列宽，操作方法如下。

Step 01 选择 A1 单元格，单击“开始”选项卡的“单元格”组中的“格式”下拉按钮，在弹出的下拉菜单中选择“行高”命令。

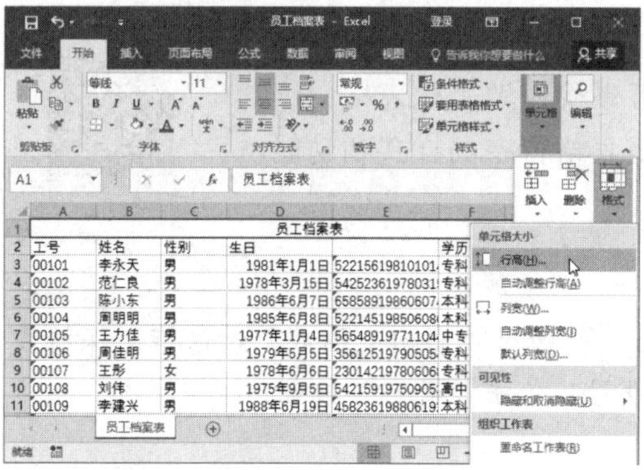

Step 02 弹出“行高”对话框，在“行高”文本框中输入需要的行高数值，然后单击“确定”按钮。

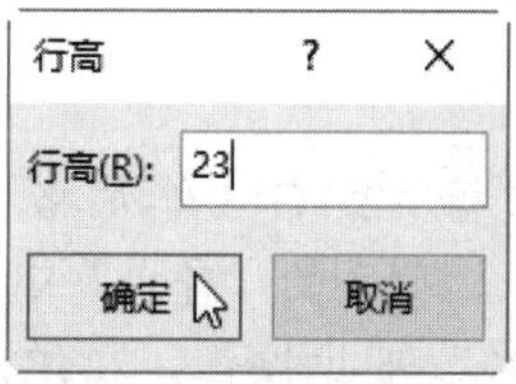

Step 03 在“开始”选项卡的“字体”组中设置标题的字体格式。

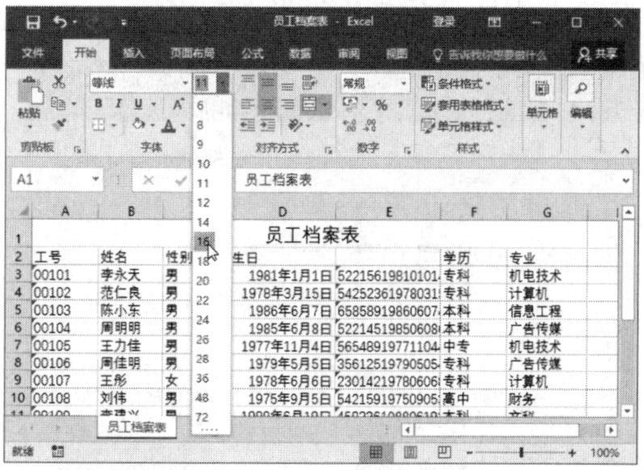

Step 04 将光标移动到 E 列和 F 列的行标分隔线处，当光标变为✚时，按下鼠标左键不放，向右拖动鼠标至合适的宽度，然后松开鼠标左键即可。

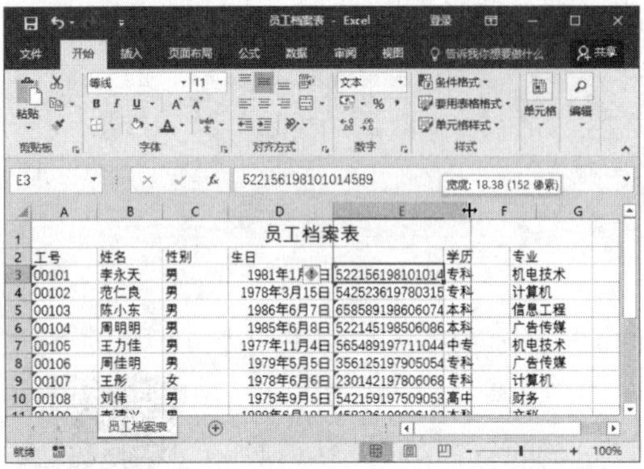

Step 05 行高和列宽设置完成后，最终效果如图所示。

6.1.4 美化工作表

在数据录入完成后，为了使表格的数据更加清晰，使表格更加美观，可以为表格添加各种单元样式，以美化表格。

1. 套用表格样式

使用 Excel 2016 的套用表格格式功能，可以快速地美化表格。该功能将所选的单元格区域转换为表格元素，应用表格特有的样式和功能，操作方法如下。

Step 01 选择 A2：G13 单元格区域，单击“开始”选项卡的“样式”组中的“套用表格格式”下拉按钮，在弹出的下拉菜单中选择一种表格样式。

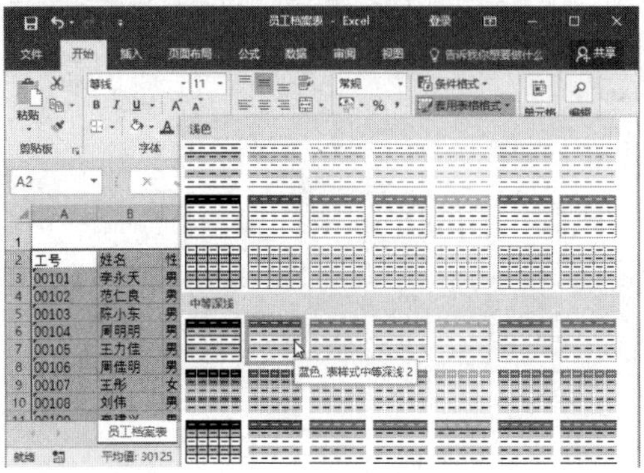

Step 02 弹出“套用表格式”对话框，保持默认设置，单击“确定”按钮。

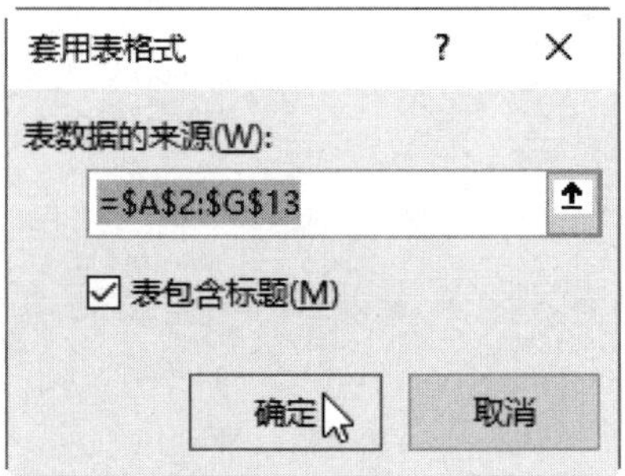

Step 03 选择“设计”选项卡的“工具”组中的“转换为区域”命令，在弹出的对话框中单击“是”按钮即可。

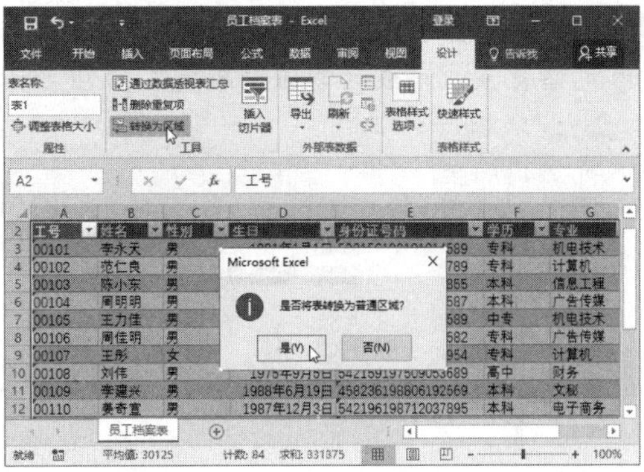

2．设置边框和底纹

除了套用表格样式，也可以自定义设置单元格的边框和底纹，操作方法如下。

Step 01 选择标题行，单击“开始”选项卡的“字体”组的“边框”下拉按钮，在弹出的下拉菜单中选择“其他边框”命令。

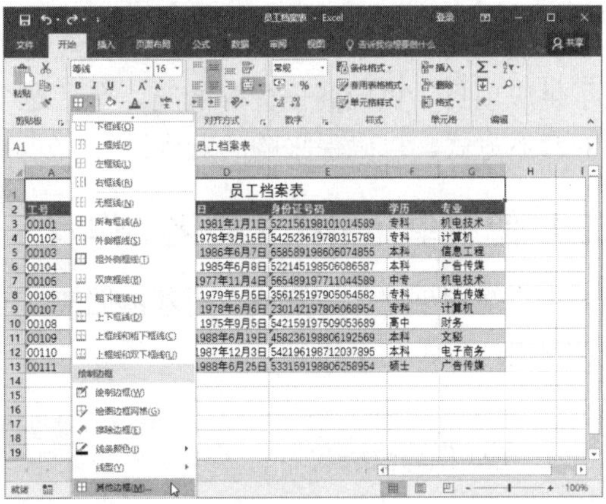

Step 02 打开“设置单元格格式”对话框，分别设置单元格的“样式”和“颜色”，然后单击“预置”组中的“外边框”按钮，完成后转到“填充”选项卡。

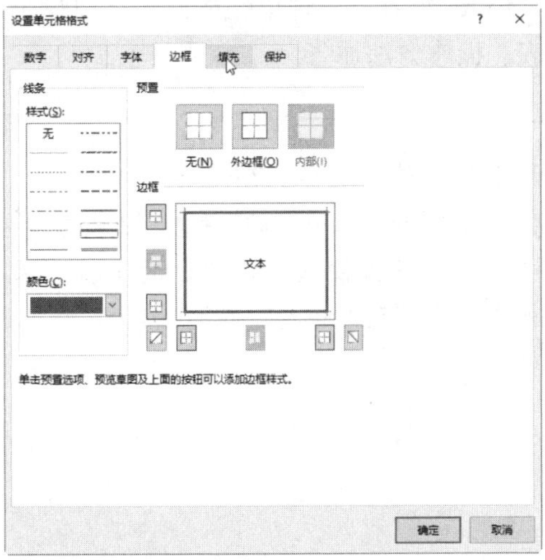

Step 03 在“背景色”中选择一种颜色作为单元格背景，完成后单击“确定”按钮。

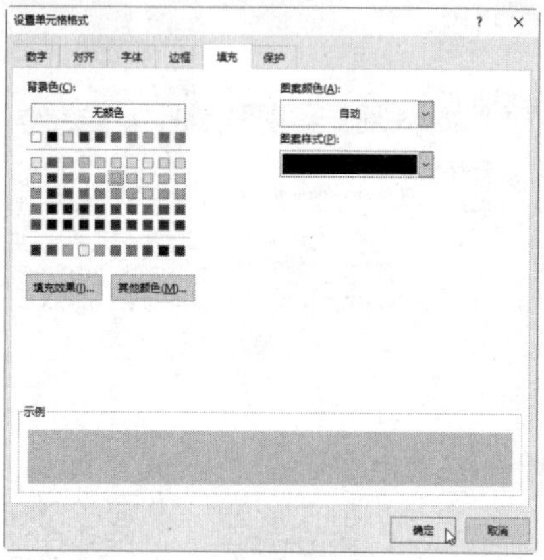

Step 04 返回工作簿后即可查看到设置了边框和底纹后的效果。

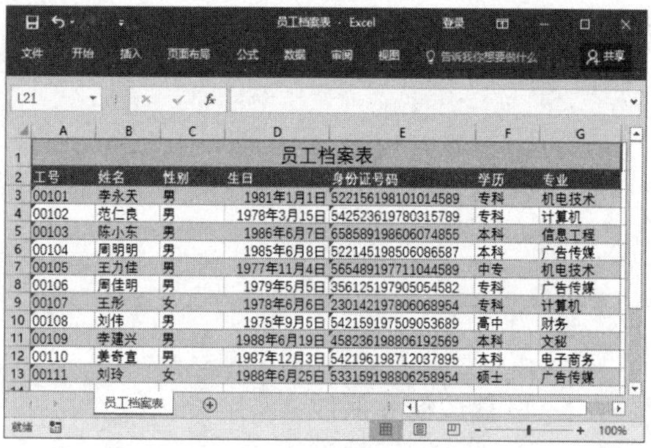

6.2 制作供应商列表

在供应商列表中，不仅可以查看供应商的名称、公司成立的时间和联系电话等，还记录了供应项目、供应商信誉等情况。有了这个列表，采购人员就可以很容易查找不同供应商的联系方式，以确保采购的顺利进行。

6.2.1 使用单元格样式美化工作表

工作簿中创建供应商列表的基本框架，但是基本设置并不能满足工作的需要。此时，可以使用样式美化工作表。

1. 应用单元格样式

Excel 内置了多种单元格样式，用户可以用单元格样式快速地美化工作表，操作方法如下。

打开素材文件，选择 A2:H2 单元格区域，然后单击“开始”选项卡的“样式”组中的“单元格样式”下拉按钮，在弹出的下拉列表中选择一种单元格样式即可。

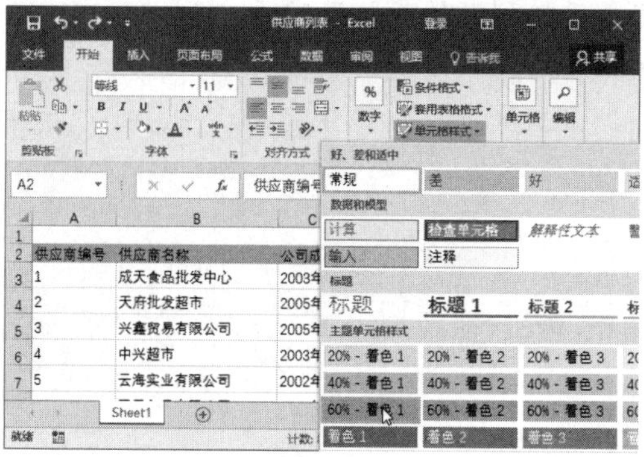

2. 新建单元格样式

内置的单元格样式比较单一，如果对内置的单元格样式不满意，用户也可以新建一种单元格样式，操作方法如下。

Step 01 单击“开始”选项卡的“样式”组中的“单元格样式”下拉按钮，在弹出的下拉列表中选择“新建单元格样式”命令。

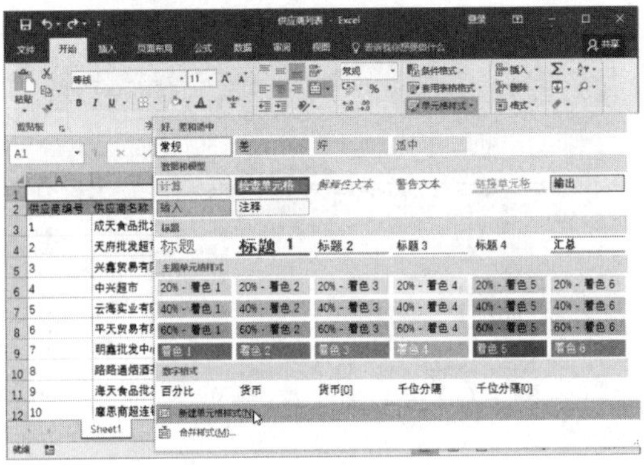

Step 02 弹出“样式”对话框，在“样式名”文本框中输入新建样式的名称，然后单击“格式”按钮。

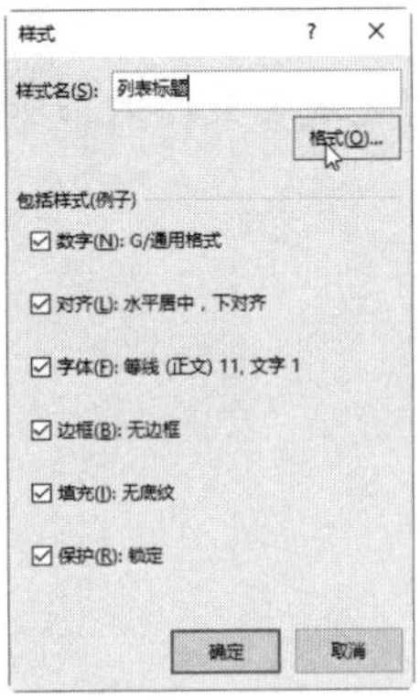

Step 03 打开“设置单元格格式”对话框，在“文本对齐方式”组中选择“水平对齐”和“垂直对齐”均为“居中”，然后转到“字体”选项卡。

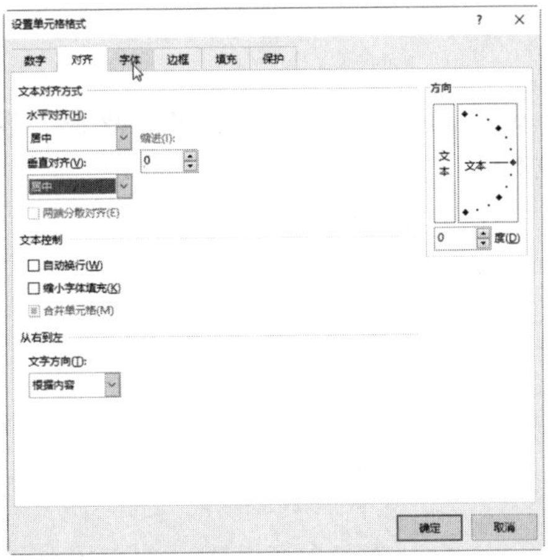

Step 04 在“字体”选项卡中分别设置字体、字形和字号，然后转到“边框”选项卡。

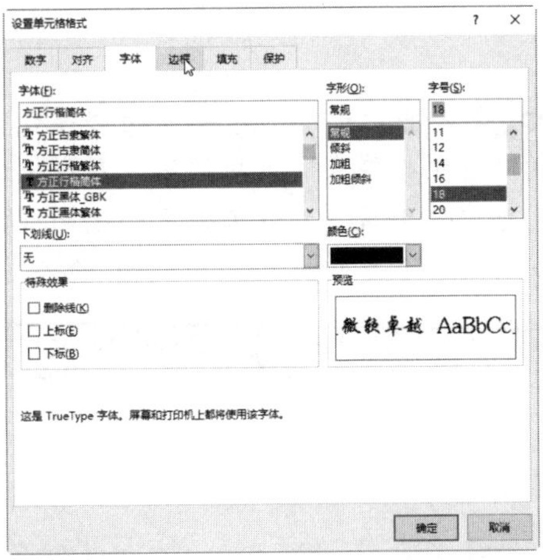

Step 05 在“边框”选项卡中设置线条的样式和颜色，在“边框”组中单击“下框线”按钮，完成后连续单击“确定”按钮返回工作簿。

Step 06 选择A1单元格，单击“开始”选项卡的“样式”组中的“单元格样式”下拉按钮，在弹出的下拉列表中即可查看到新建样式，选择该样式即可应用。

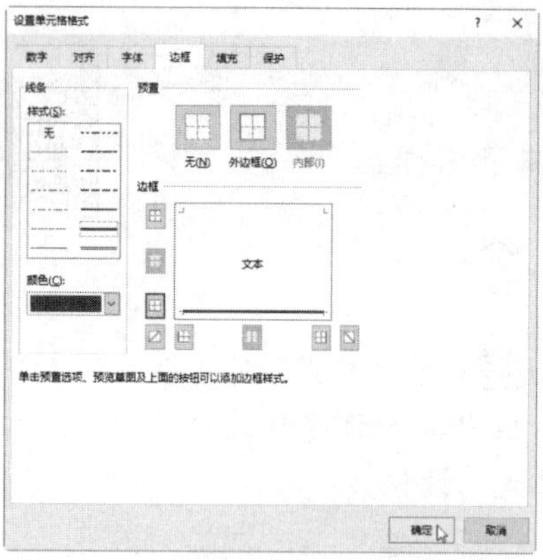

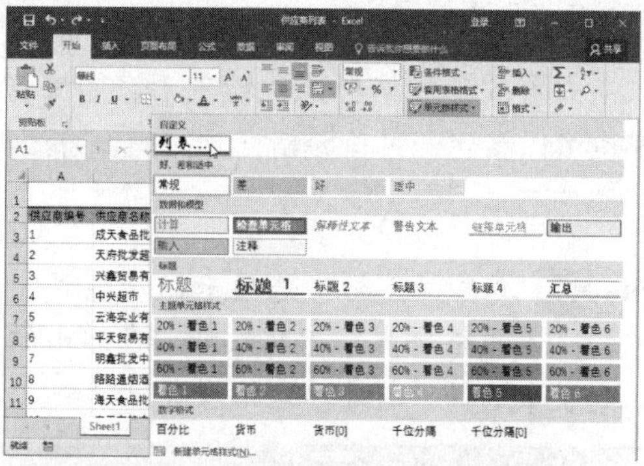

Step 07 应用完成后最终效果如图所示。

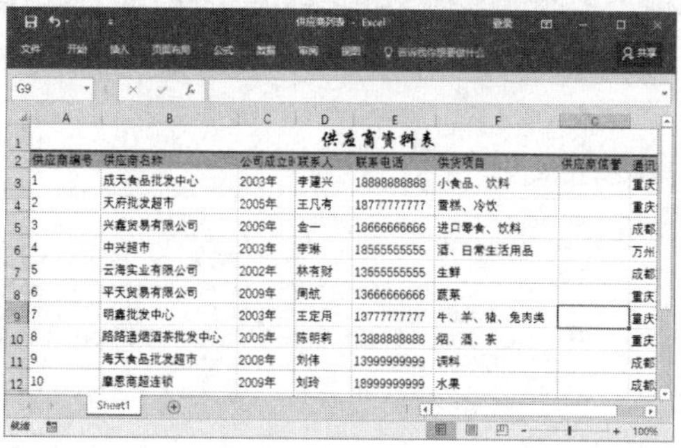

3. 修改单元格样式

内置的单元格样式比较单一，如果对内置的单元格样式不满意，用户也可以新建一种单元格样式，操作方法如下。

Step 01 单击“开始”选项卡的“样式”组中的“单元格样式”下拉按钮，在弹出的下拉列表中使用鼠标右键单击要修改的样式，在弹出的快捷菜单中选择“修改”命令。

Step 02 弹出“样式”对话框，单击“格式”按钮。

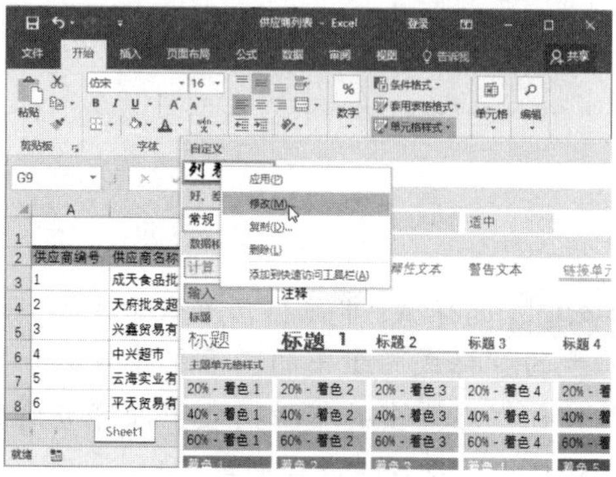

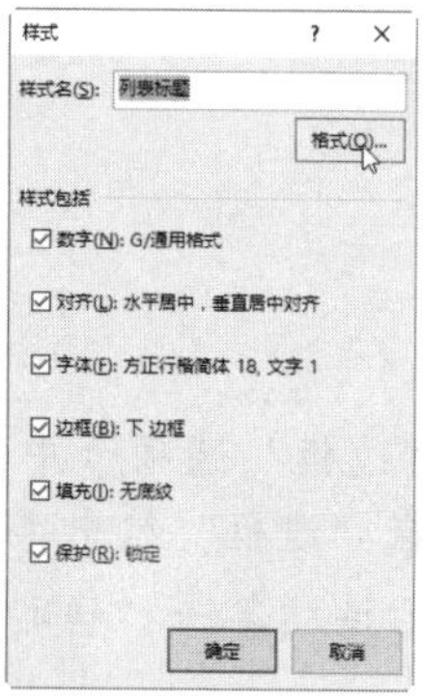

Step 03 打开“设置单元格格式”对话框，根据需要修改单元格的样式，完成后连续单击“确定”按钮退出。

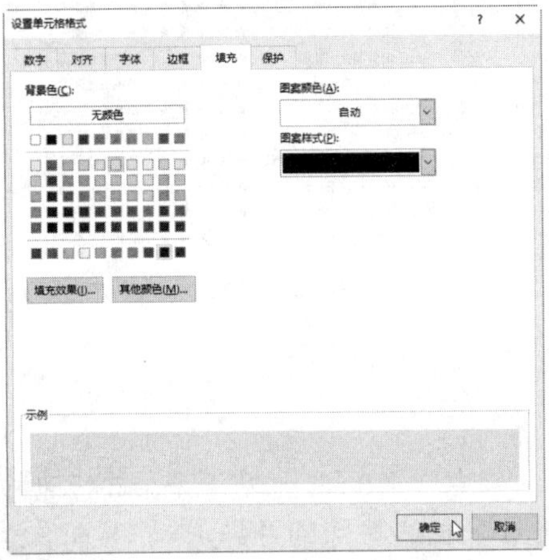

Step 04 返回工作簿即可发现应用了该样式的单元格已经修改为新的样式。

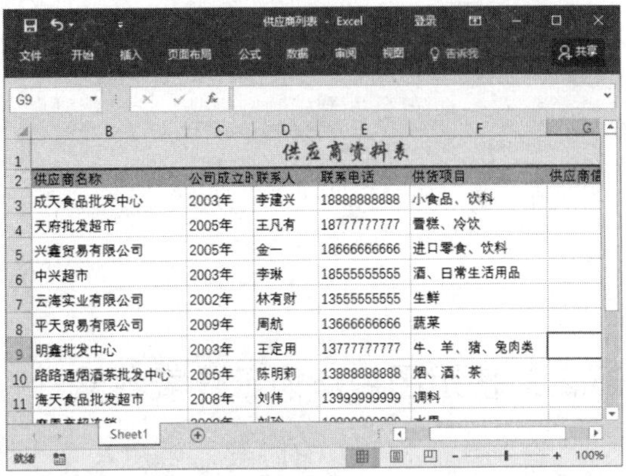

6.2.2 插入特殊符号

在制作表格时，有时候需要插入一些特殊符号来表达特殊的意思，在工作表中插入特殊符号的操作方法如下。

Step 01 选择 G3 单元格，然后单击“开始”选项卡的“符号”组中的“符号”按钮。

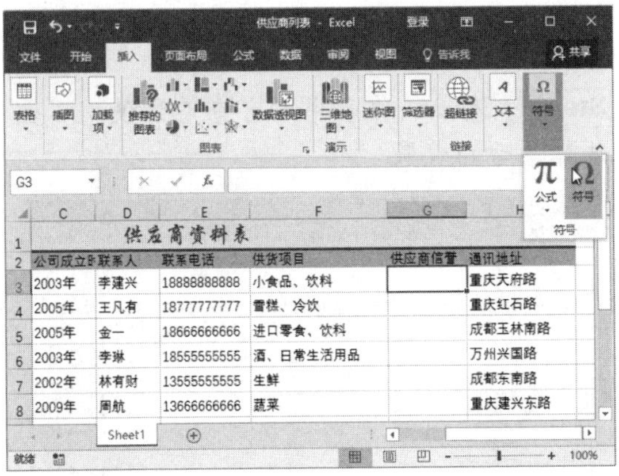

Step 02 打开“符号”对话框，在列表框中选择需要插入的符号，然后单击“插入”按钮，因为本例要插入 5 个符号，所以需要单击 5 次“插入”按钮。

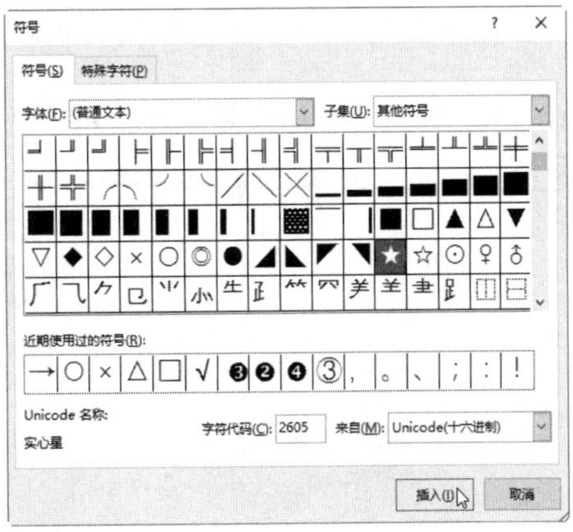

Step 03 符号插入完成后单击“关闭”按钮，返回工作簿中即可查看到符号已经插入。

Step 04 使用相同的方法为其他单元格添加符号。

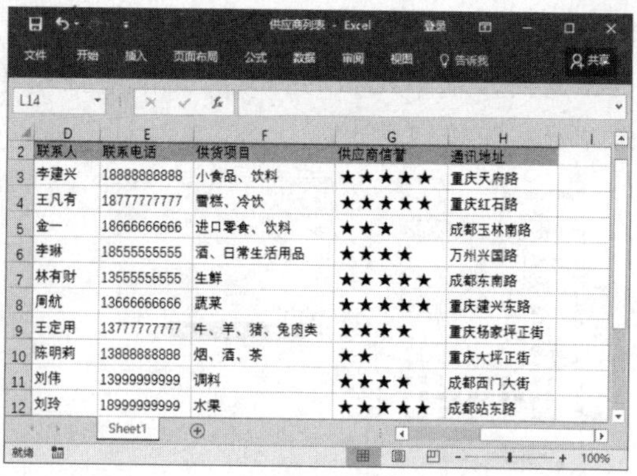

6.2.3 使用图片作为工作表背景

在制作表格时，有时候需要插入一些特殊符号来表达特殊的意思，在工作表中插入特殊符号的操作方法如下。

Step 01 切换到“页面布局”选项卡，然后单击“页面设置”组中的“背景”按钮。

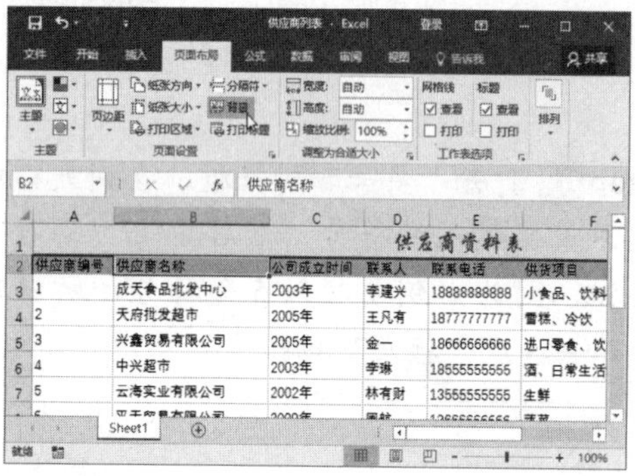

Step 02 打开“插入图片”对话框，单击“来自文件”右侧的“浏览”链接。

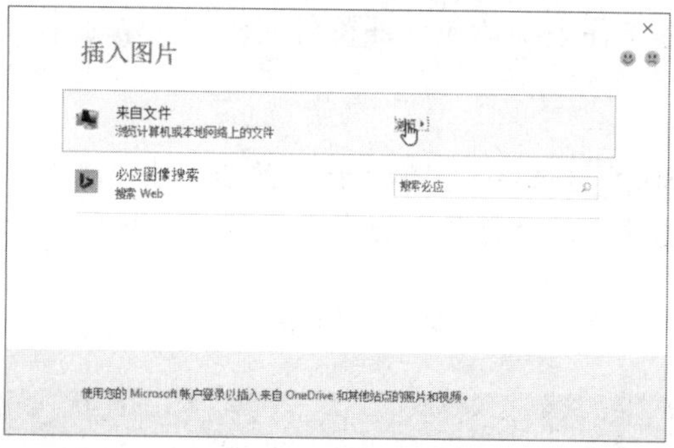

Step 03 打开“工作表背景”对话框，选择背景图片，然后单击“插入”按钮。

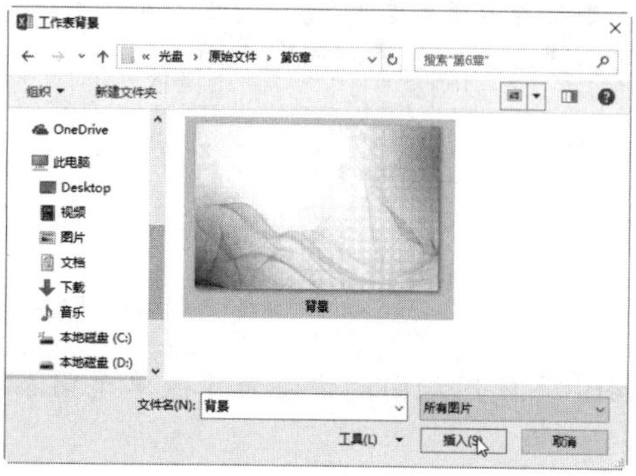

Step 04 返回工作表中即可查看到使用了图片背景后的效果。

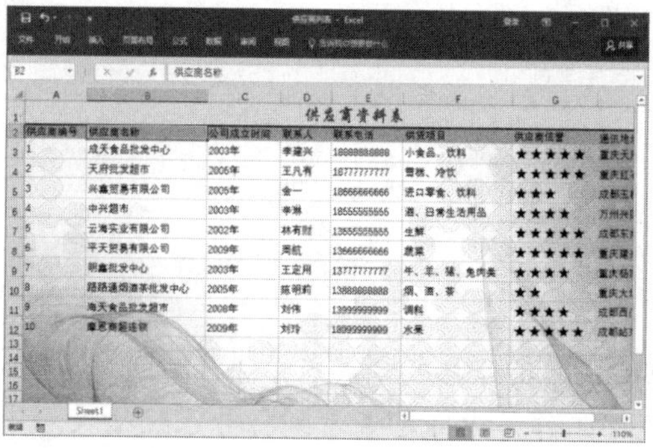

● 大师心得

如果要删除设置的工作表背景，则单击“页面布局”选项卡的“页面设置”组中的“删除背景”按钮，即可删除工作表的图片背景效果。

6.2.4 制定允许用户编辑区域

工作表制作完成后，为了避免他人误操作修改了工作表中的数据，可以为工作表设置可编辑区域，而可编辑区域之外的单元格均不可随意修改。

Step 01 单击“审阅”选项卡的“更改”组中的“允许用户编辑区域”按钮。

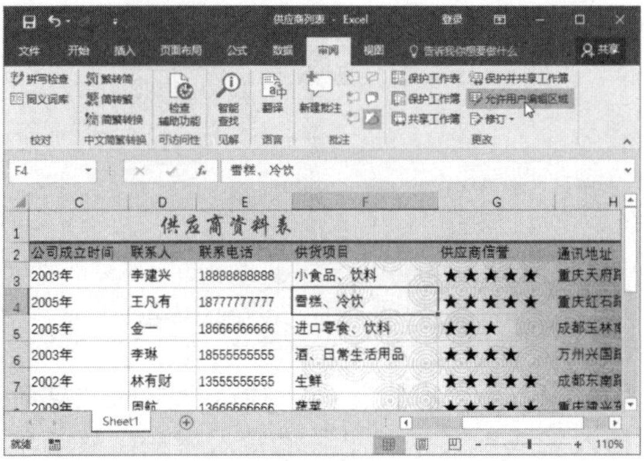

Step 02 打开“允许用户编辑区域”对话框，单击“新建”按钮。

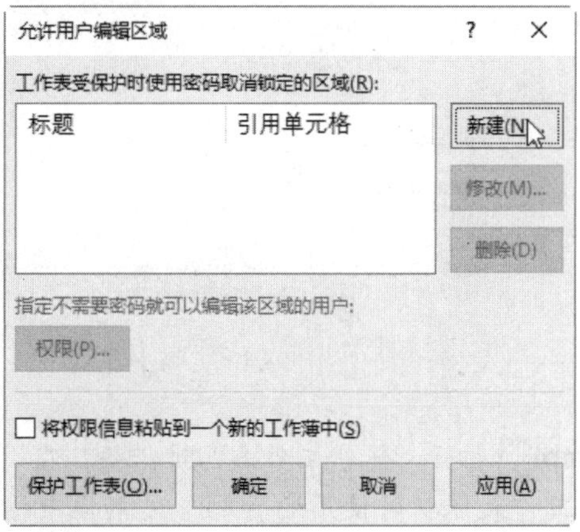

Step 03 打开“新区域”对话框，在“标题”文本框中输入“固定区域”文本，然后单击“引用单元格”文本框右侧的 ↑ 按钮。

Step 04 在工作表中选择 A2 : C12 单元格区域。

Step 05 在选中的区域地址后输入英文状态下的逗号，然后选中 F3 : G12 单元格区域，选择完成后单击按钮返回。

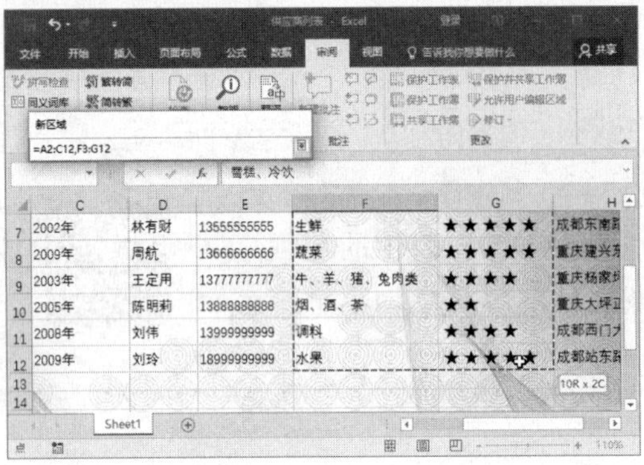

Step 06 在“新区域”对话框的“区域密码”文本框中输入密码，本例输入 123。

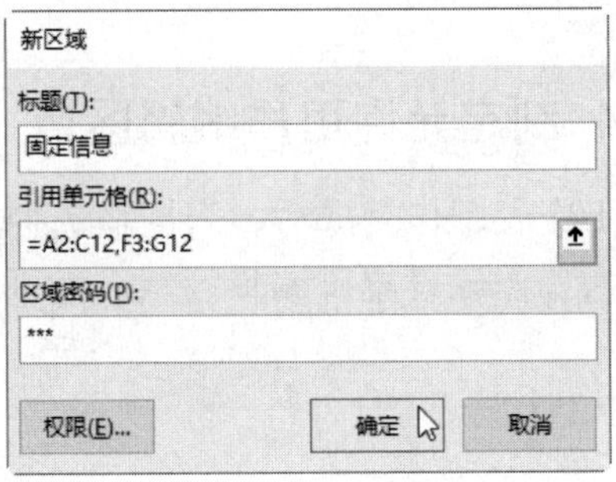

Step 07 在“确认密码”文本框中再次输入密码，然后单击“确定”按钮。

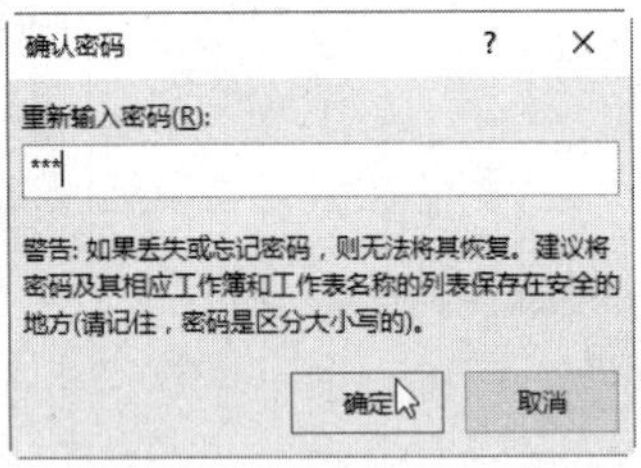

Step 08 返回“允许用户编辑区域”对话框，单击“保护工作表”按钮。

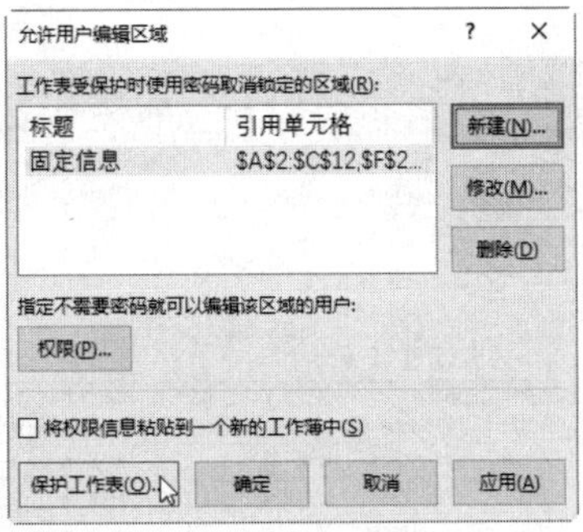

Step 09 打开“保护工作表”对话框，在“取消工作表保护时使用的密码”文本框中输入密码（与编辑密码不同），本例为 111，下方的列表框保持默认选择，然后单击“确定”按钮即可。

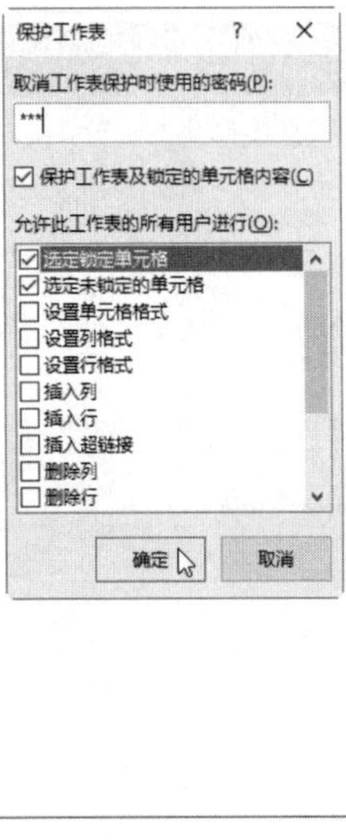

Step 10 在“确认密码”对话框中的“重新输入密码”文本框中再次输入密码，然后单击“确定”按钮。

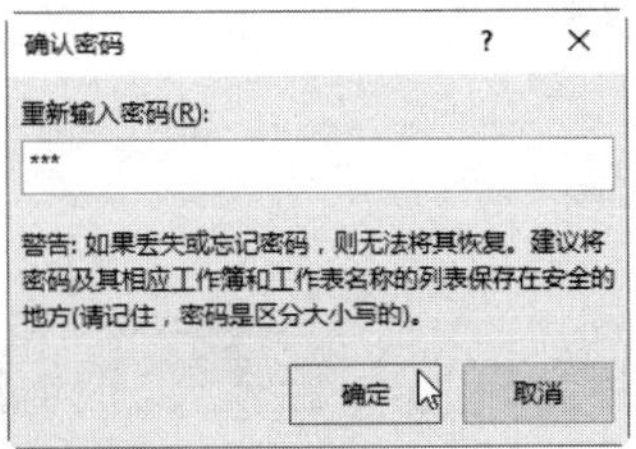

Step 11 返回工作表中，双击保护区域任意单元格，弹出“取消锁定区域”对话框，在“请输入密码以更改此单元格”文本框中输入密码即可更改该区域的数据。

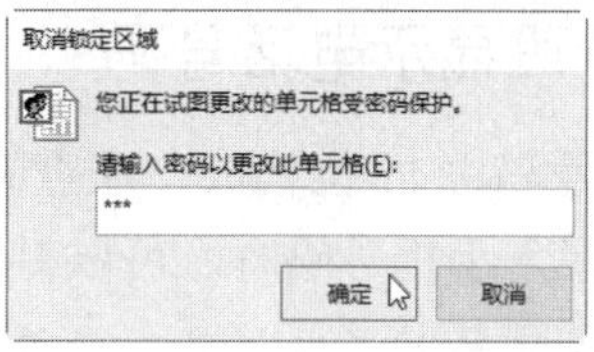

6.3 高手支招

6.3.1 快速定位单元格

工作表表格区域中的每一个格子称为一个单元格，单元格是表格中的基本元素，第一个单元格中可存储不同的数据信息，如文字、数值、日期和公式等。同时，每一个单元格都具有一个在表格中的引用地址，当选择一个单元格后，可以在名称框中看到该单元格的地址。在公式和函数应用中，可通过单元格的地址对单元格中的数据进行引用。

如果要快速定位到某一个单元格，直接在名称框中输入该单元格的地址即可，如定位到 C 列第 3 行的单元格，则在名称框中输入 C3，再按下“Enter”键即可；如果要定位第一行 A 到 F 的单元格，则在名称框中输入 A1:F1，然后按下“Enter”键即可选中该单元格区域。

6.3.2 删除录入数据时输入的空格

在编辑工作表的过程中，有时需要将表格中的一些没有用的空行删除。如果表格中的空行太多，逐个删除十分麻烦，通过下面的方法可以一次性快速删除工作表中的所有空行。

Step 01 选中需要删除空行的单元格区域，在“开始”选项卡的“编辑”组中选择“查找和选择”→“定位条件”命令。

Step 02 弹出“定位条件”对话框，选择“空值”单选项，单击“确定”按钮，所选单元格区域中的所有空值为选中状态。

Step 03 在“开始”选项卡的“单元格”组中直接单击“删除”按钮即可。

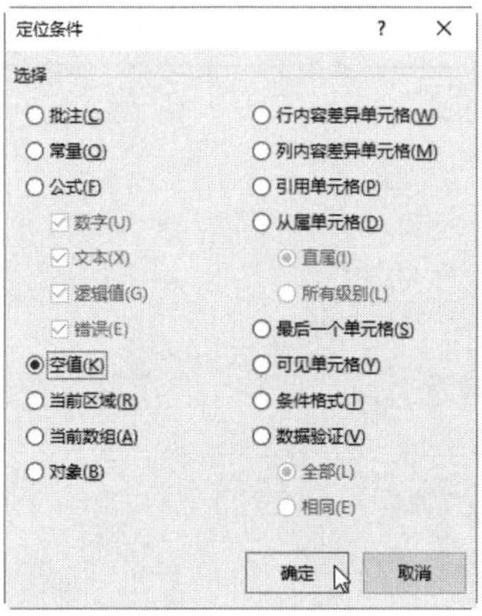

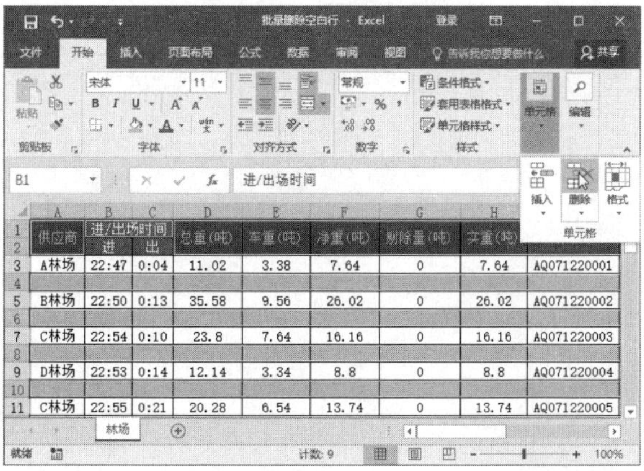

6.3.3 分段显示电话号码

手机号码由11位构成，在查看手机号码时，11位数字容易混淆，为了使手机号码更易读，在录入手机号码时，可以对手机号码进行分段显示，操作方法如下。

Step 01 选中输入了电话号码的单元格区域，然后单击“开始”选项卡的“数字”组中的对话框启动器。

Step 02 打开“设置单元格格式”对话框，在“数字”选项卡的“分类”列表中选择“自定义”命令，在“类型”文本框中输入“000-0000-0000”，完成后单击“确定”按钮，返回工作表中即可查看到所选数据已经分段显示。

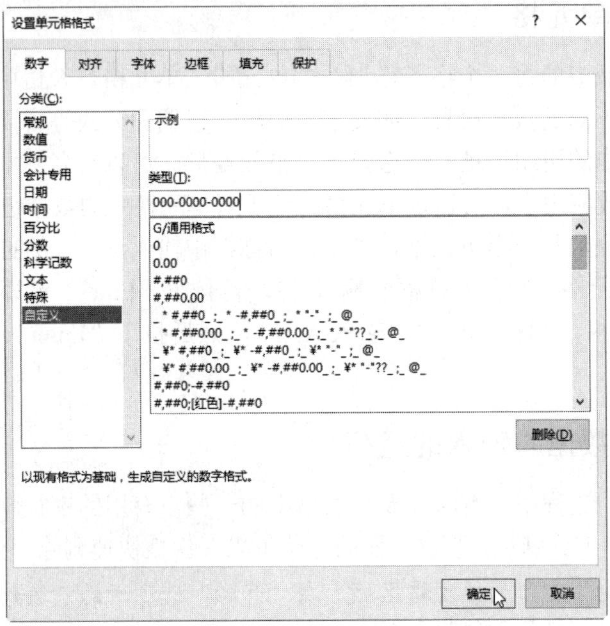

第 7 章

使用 Excel 公式与函数计算

在日常工作中，经常需要对一些复杂的数据进行处理，此时就需要使用 Excel 软件中的公式与函数功能。在 Excel 中有多种公式和函数，如果能够熟练使用，可以加快数据的处理速度，提高工作效率。

7.1 制作并打印员工工资数据

在企业中，每个月都需要将员工的工资发放情况制作成工资表，并制作、打印工资条。本例将应用公式对员工工资进行计算，再应用公式快速制作员工工资条并打印工资条。

7.1.1 制作固定工资表

员工的工资中除了部分固定的基本工资和固定的扣款部分外，还有一部分是根据特定的情况计算得出的，本例将计算员工的绩效奖金、岗位津贴、工龄工资等。下面分别计算员工的各项工资，并计算出实发工资。

1. 计算工龄工资

本例中假设工龄工资的计算方式为：工龄 5 年以内者每年增加 50 元，工龄 5 年（不含 5 年）以上者每年增加 100 元。计算工龄工资的操作方法如下。

Step 01 打开“员工工资表 .xlsx”素材文件，将光标定位到 H2 单元格，然后单击“编辑栏”中的“插入函数”按钮 fx 。

Step 02 在打开的“插入函数”对话框中的“或选择类别”中选择“逻辑”类别命令，在“选择函数”列表框中选择“IF”函数，然后单击“确定”按钮。

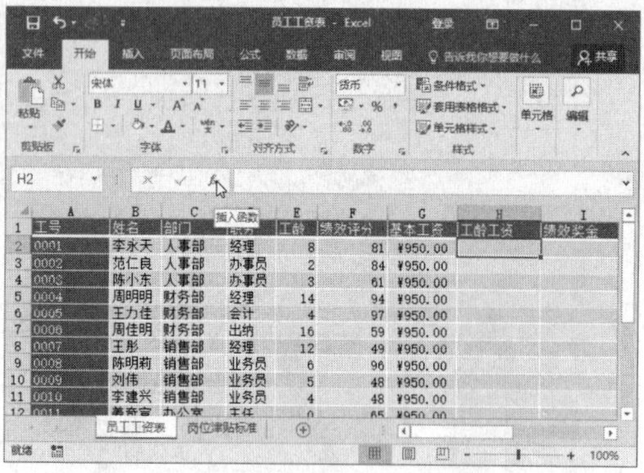

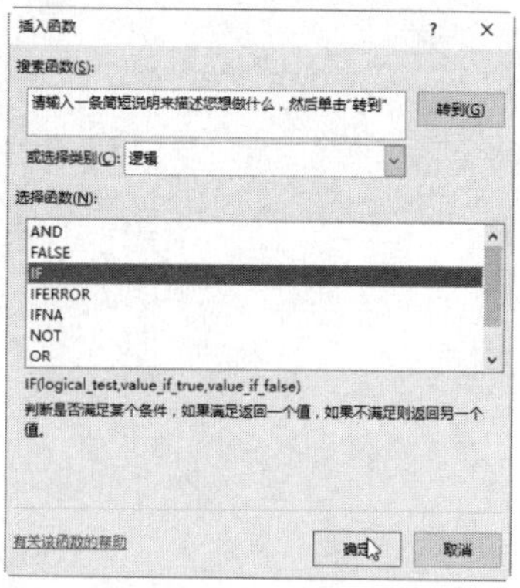

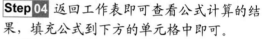

Step 03 打开"函数参数"对话框，设置"Logical_test"参数为"E2<5"，设置"Value_if_true"参数为"E2*50"，设置"Value_if_false"参数为"E2*100"，完成后单击"确定"按钮。

Step 04 返回工作表即可查看公式计算的结果，填充公式到下方的单元格中即可。

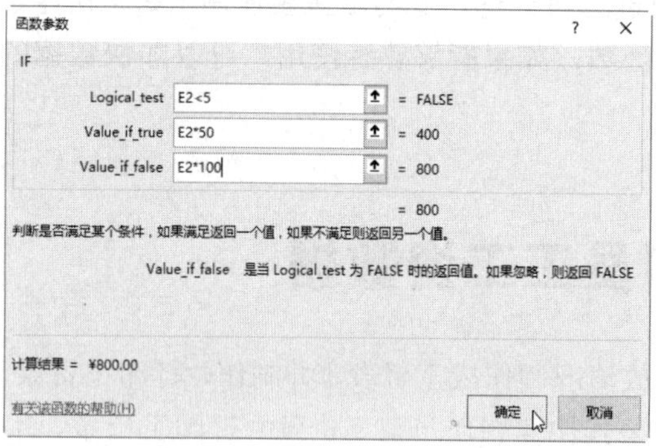

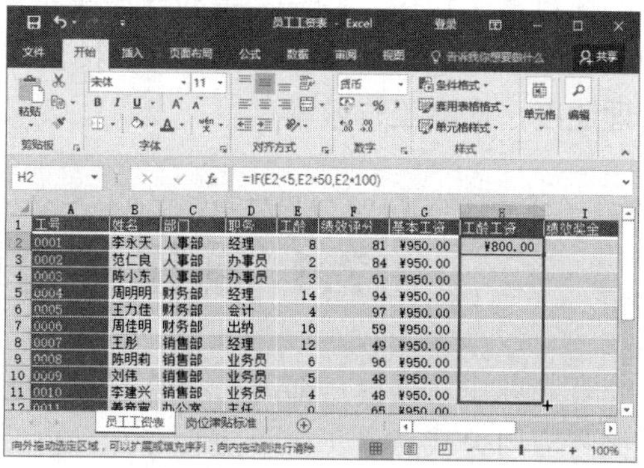

2. 计算绩效奖金

员工的绩效奖金通常根据该月的绩效考核成绩或业务量等计算得出，本例中的绩效奖金与绩效评分相关。计算方式为：60 分以下者无绩效奖金，61~80 分以每分 10 元计算，80 分以上者绩效奖金为 1 000 元，计算方法如下。

Step 01 将光标定位到 I2 单元格，然后单击"编辑栏"中的"插入函数"按钮 *fx* 。

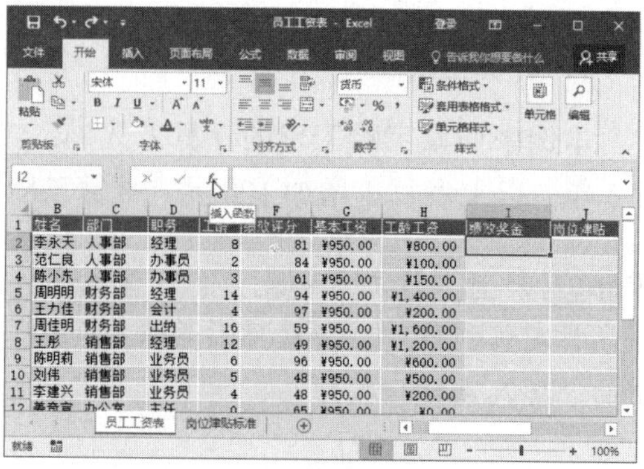

Step 02 按照前文所述的方法打开 IF“函数参数”对话框，设置“Logical_test”参数为“F2<60”，设置“Value_if_true”参数为“0”，设置“Value_if_false”参数为“IF(F2<80,F2*10,1000)”，然后单击“确定”按钮。

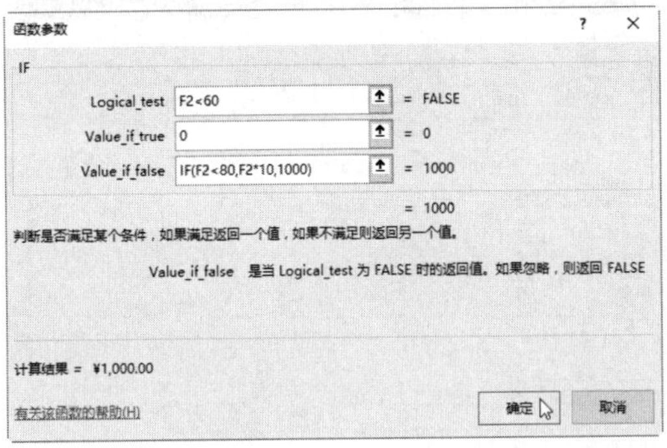

Step 03 返回工作表即可查看公式计算的结果，填充公式到下方的单元格中即可。

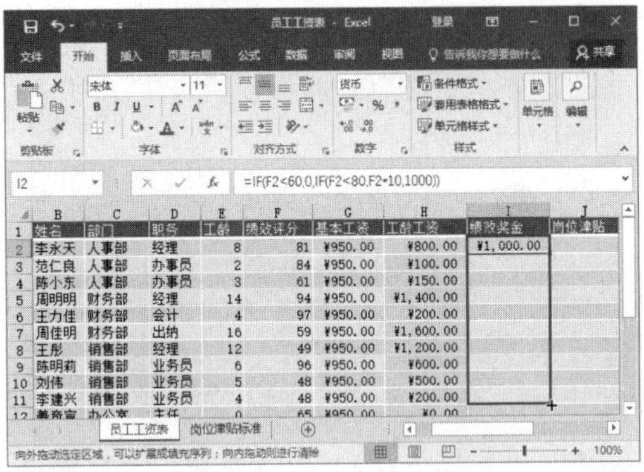

3．计算岗位津贴

企业中各员工所在的岗位不同，其工资会有一定的差别，所以企业中大多为不同的工作岗位设置了不同的岗位津贴。为了更方便地计算出各员工的岗位津贴，可以新建一个工作表列举出各职务的岗位津贴标准。然后利用查询函数，以各条数据中的职务数据为查询条件，从岗位津贴表中查询相应的数据，操作方法如下。

Step 01 复制“员工工资表”工作表中的职务列和“岗位津贴”的表头单元格到“岗位津贴标准”工作表，选中“职务”列，单击“数据”选项卡的“数据工具”组中的“删除重复项”按钮。

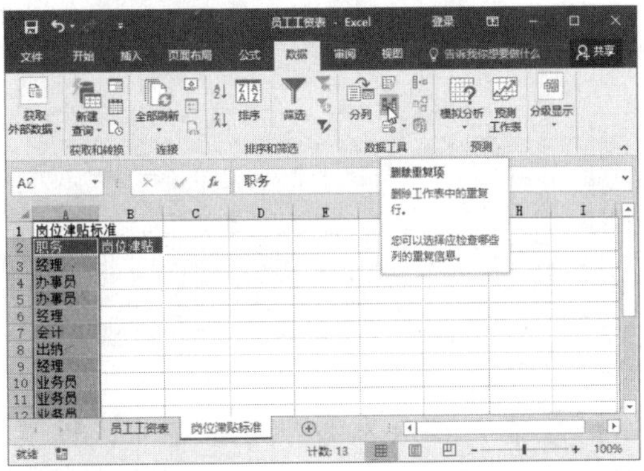

Step 02 弹出“删除重复项警告”对话框，在“给出排序依据”组中选择“以当前选定区域排序”单选项，然后单击“删除重复项”按钮。

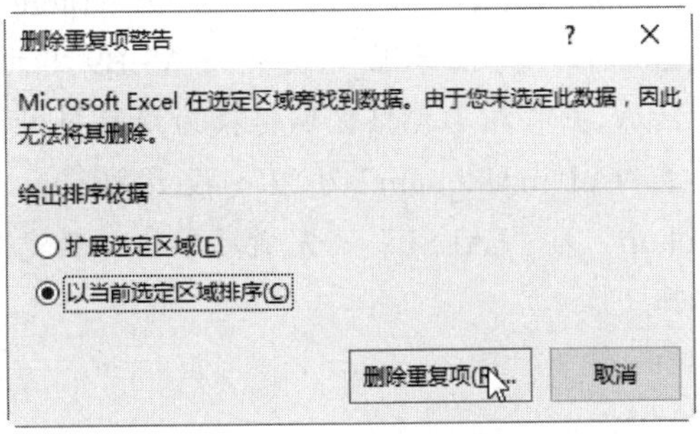

Step 03 打开“删除重复项”对话框，在“列”列表框中勾选“职务”复选框。然后单击“确定”按钮，在弹出的提示框中单击“确定”按钮。

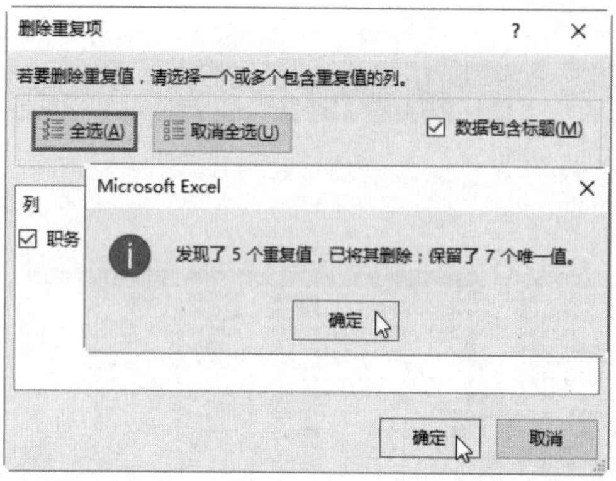

Step 04 在“岗位津贴标准”工作表中输入相应的数据。

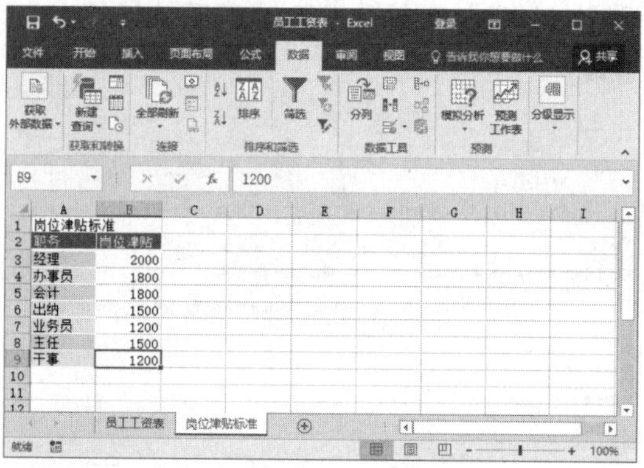

Step 05 将光标定位到 J2 单元格，然后单击“编辑栏”中的“插入函数”按钮 *fx* 。

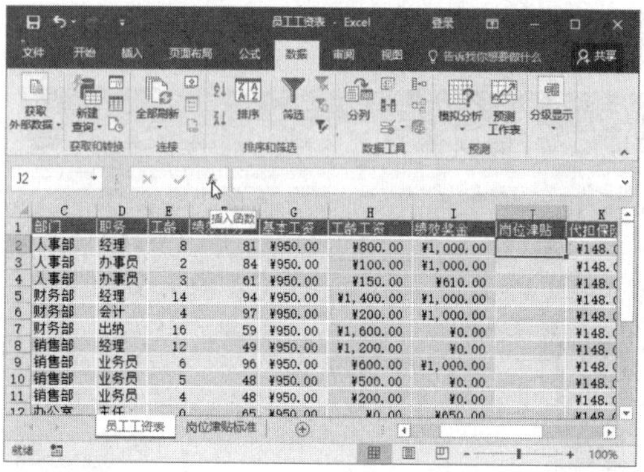

Step 06 打开“插入函数”对话框，在“或选择类别”下拉列表中选择“查找与引用”命令，在“选择函数”下拉列表中选择“VLOOKUP”函数，完成后单击“确定”按钮。

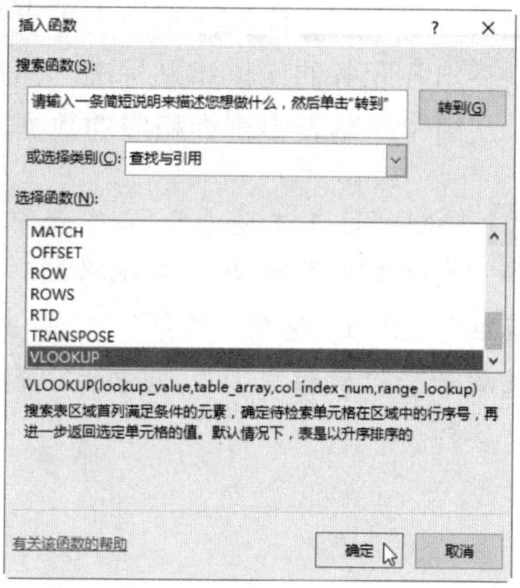

Step 07 在“函数参数”对话框中，设置“Lookup_value”为“D2”；设置“Table_array”为“岗位津贴”表中的 A3:B9 单元格区域，并将该单元格区域转换为绝对引用；设置“Col_index_num”为“2”；设置“Range_lookup”为“FALSE”，完成后单击“确定”按钮。

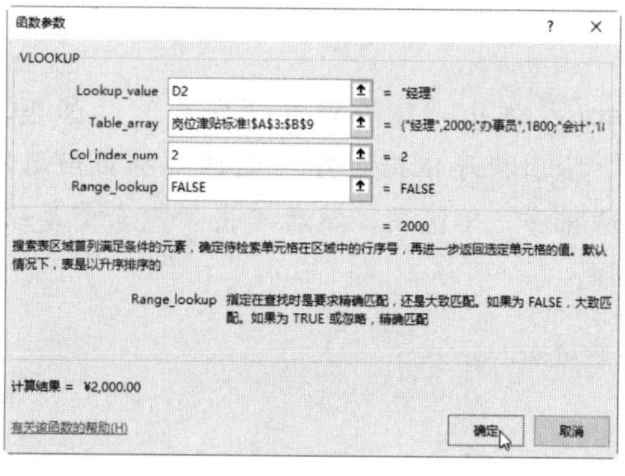

Step 08 返回工作表即可查看公式计算的结果，填充公式到下方的单元格中即可。

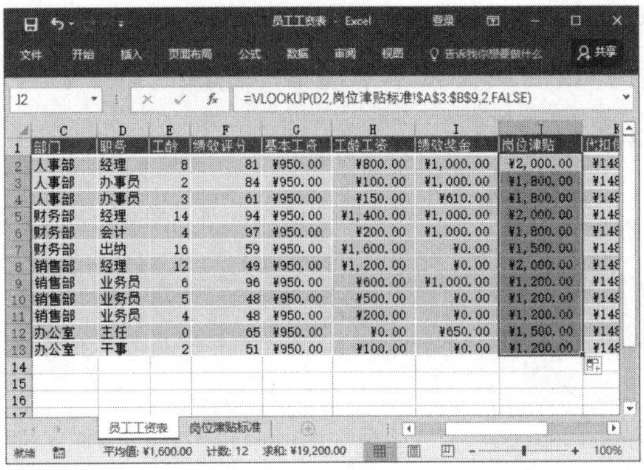

4. 计算实发工资

工资的各部分计算完成后，就可以通过公式计算出员工的实发工资，操作方法如下。

Step 01 选择 M2:M13 单元区域，在“编辑栏”中输入公式：“=SUM(G2:J2)-SUM(K2:L2)”。

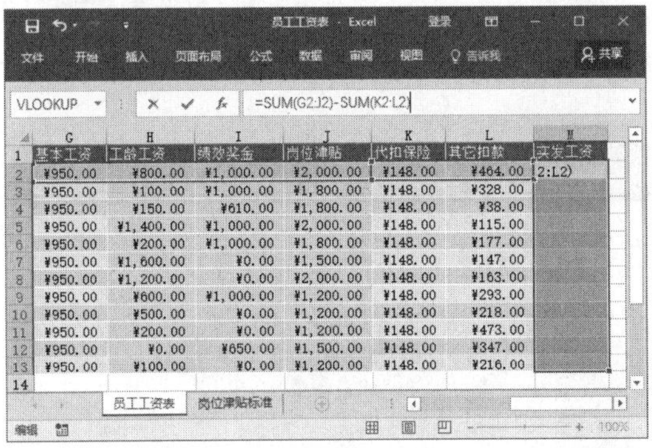

Step 02 按下“Ctrl+Enter”组合键即可为所选区域填充公式，完成实发工资的计算。

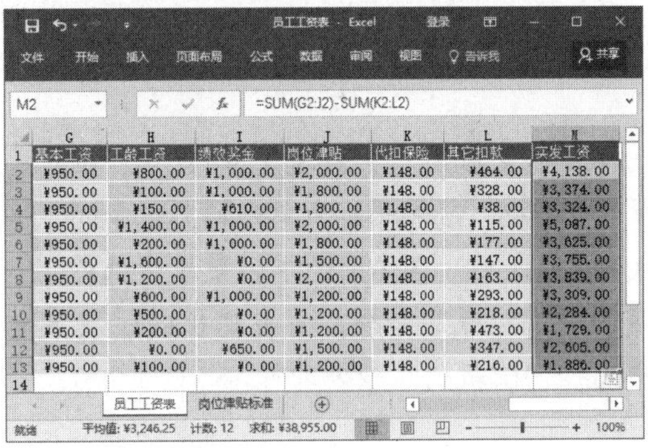

7.1.2 打印工资表

工资表制作并审核完成后，常常需要打印出来。本节将介绍工资表打印之前的准备工作，以及打印工作表等操作。

1. 隐藏工作表

在打印表格时，为了防止无关的表格被误打印，可以将工作表进行隐藏，操作方法如下。

Step 01 在要隐藏的工作表上单击鼠标右键，在弹出的快捷菜单中选择“隐藏”命令，即可隐藏工作表。

Step 02 如果要取消工作表的隐藏，可以单击“开始”选项卡的“单元格”组中的“格式”下拉按钮，在弹出的下拉菜单中选择“隐藏和取消隐藏”命令，再在弹出的扩展菜单中选择“取消隐藏工作表”命令即可。

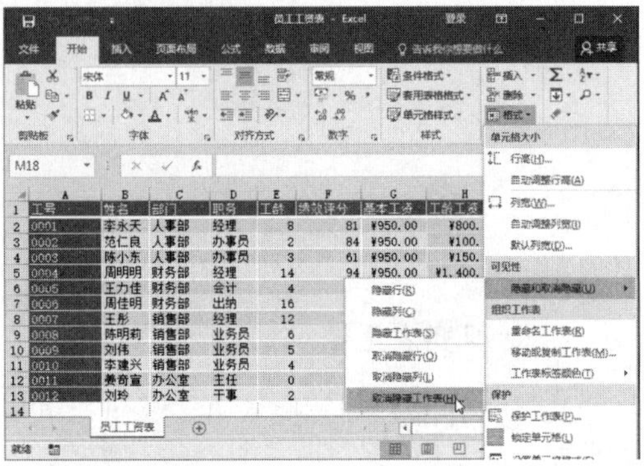

2. 隐藏列

在工作表中有些列并不需要被打印，此时可以将这些列隐藏起来，操作方法如下。

选择要隐藏的列，本例为C、D、E、F列。单击“开始”选项卡的“单元格”组中的“格式”下拉按钮，在弹出的下拉菜单中选择“隐藏和取消隐藏”命令，再在弹出的扩展菜单中选择“隐藏列”命令即可。

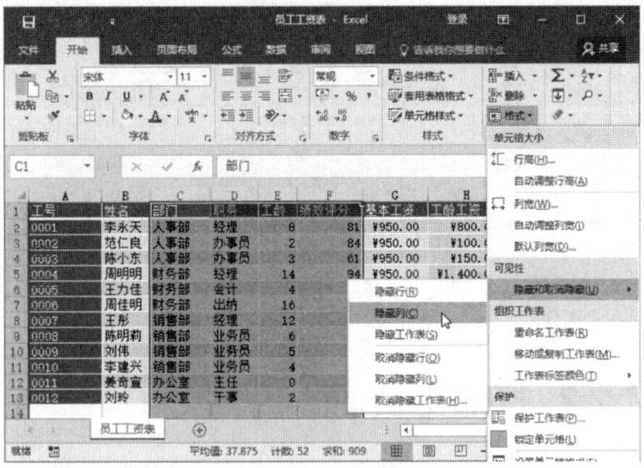

3. 设置纸张方向

在打印工作表之前，我们可以先将纸张方向设置为横向，操作方法如下。

单击“页面布局”选项卡的“页面设置”组中的“纸张方向”下拉按钮，在弹出的下拉菜单中选择“横向”命令即可。

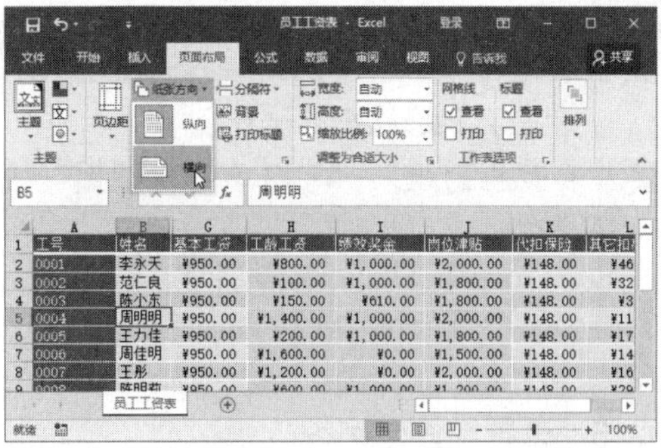

4. 设置页眉页脚

在打印工作表之前，通常可以在其上方和底部添加一些额外的文字或图片等内容作为页眉和页脚，操作方法如下。

Step 01 单击“页面布局”选项卡的“页面设置”组中的对话框启动器。

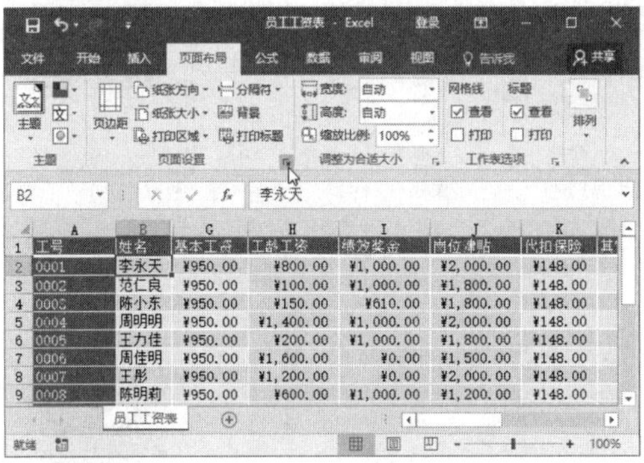

Step 02 打开“页面设置”对话框，在“页眉/页脚”选项卡中单击“自定义页眉”按钮。

Step 03 打开“页面”对话框，在下方的文本框中选择一个页眉的位置，如“中”。然后在文本框中输入页面内容，输入完成后单击“确定”按钮。

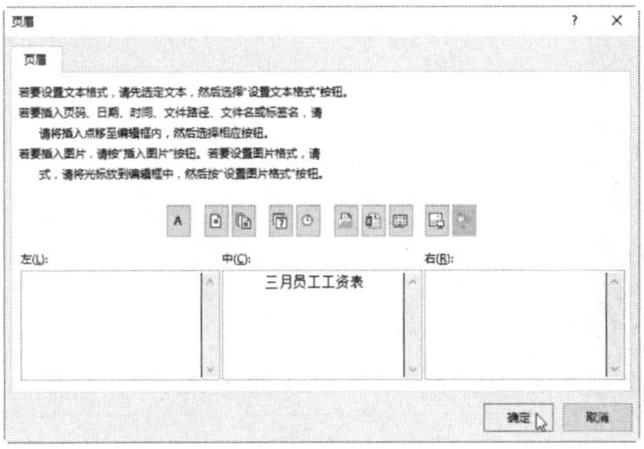

Step 04 返回“页面设置”对话框，在“页脚”下拉列表中选择一种页脚样式，然后单击“确定”按钮即可。

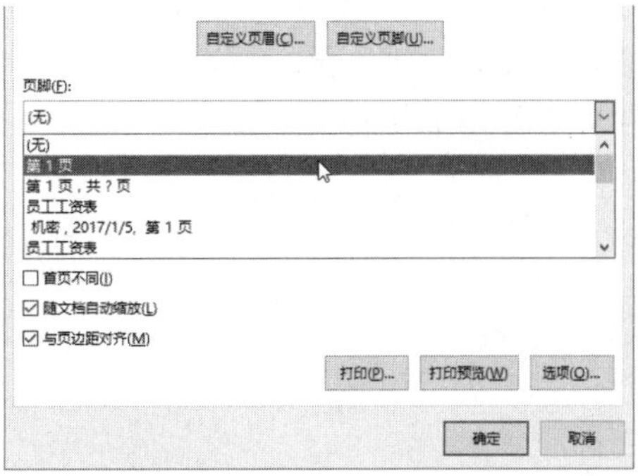

● 大师点拨

在 Excel 中设置了页眉和页脚之后，在工作表中并不能直接看到。如果想要查看页眉和页脚的效果，可以单击“视图”选项卡的“工作簿视图”组中的“页面布局”按钮查看。

5. 设置缩放比例

有些工作表在打印前需要放大或缩小一定的比例。例如，本例中需要将表格放大至 135%，操作方法如下。

在“页面布局”选项卡的“调整为合适大小”组中的“缩放比例”微调框中将比例调整至 135% 即可。

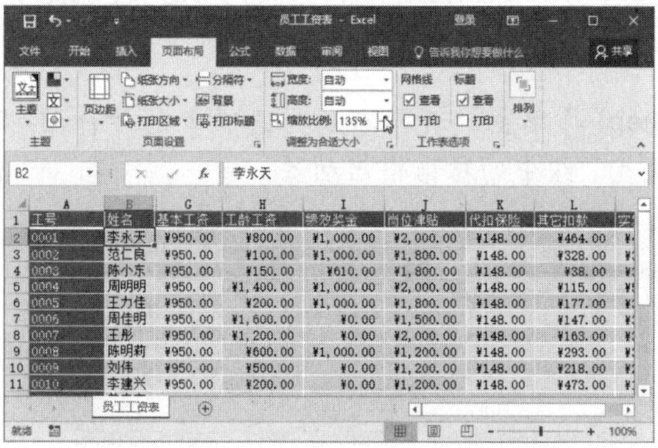

6. 打印工作表

在完成打印设置后，就可以打印表格了，操作方法如下。

在“文件”选项卡中单击“打印”按钮，在右侧窗格中可以查看预览效果。在中间窗格中设置打印参数，然后单击“打印”按钮即可打印工作表。

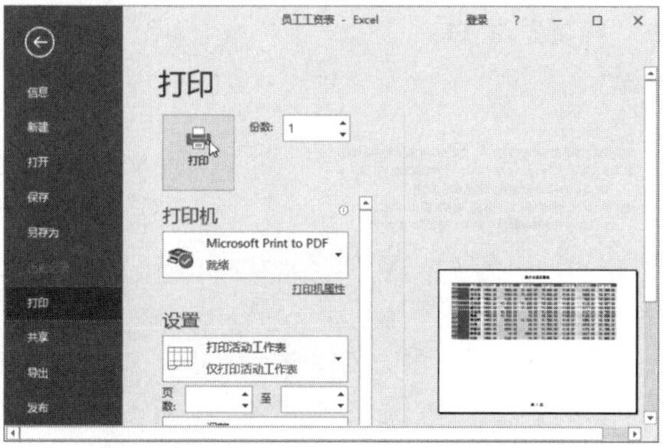

7.1.3 制作并打印工资条

在发放工资时，通常需要同时发放工资条，使员工能够清楚地看到自己各部分工资的金额。本例使用已完成的工资表，快速为员工制作工资条。

1. 制作工资条基本结构

在员工工资条中，需要有完整的工资数据信息。而且每一位员工所领取的工资条结构应该相同，所以需要先制作出工资条的基本结构，操作方法如下。

Step 01 新建一个名为“工资条”的工作表，选中“员工工资表”的第一行，然后单击“开始”选项卡的“剪贴板”组中的“复制”按钮。

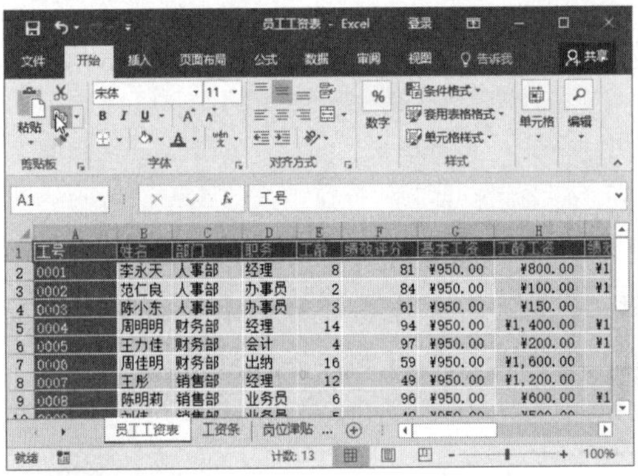

Step 02 将光标定位到“工资条”工作表的A1单元格中，然后单击“开始”选项卡的“剪贴板”组中的“粘贴”按钮。

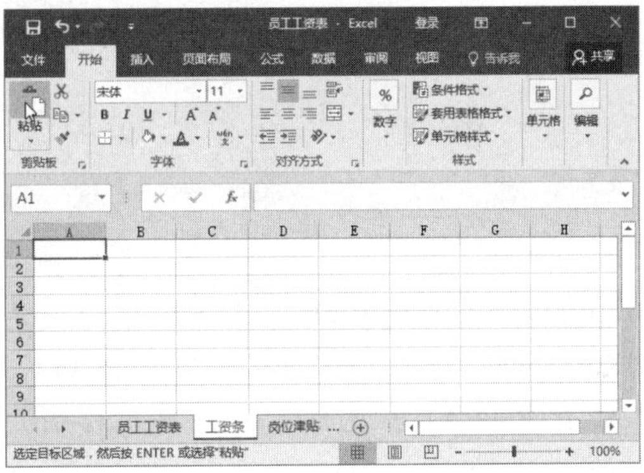

Step 03 选中 A2:M2 单元格区域，然后单击“开始”选项卡的“字体”组中的对话框启动器。

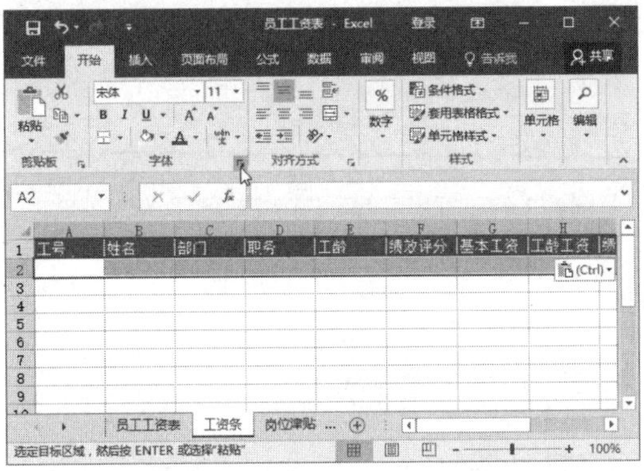

Step 04 打开“设置单元格格式”对话框，在“边框”选项卡中选择线条的样式和颜色，在“预置”组中选择“外边框”和“内部”命令，完成后单击“确定”按钮。

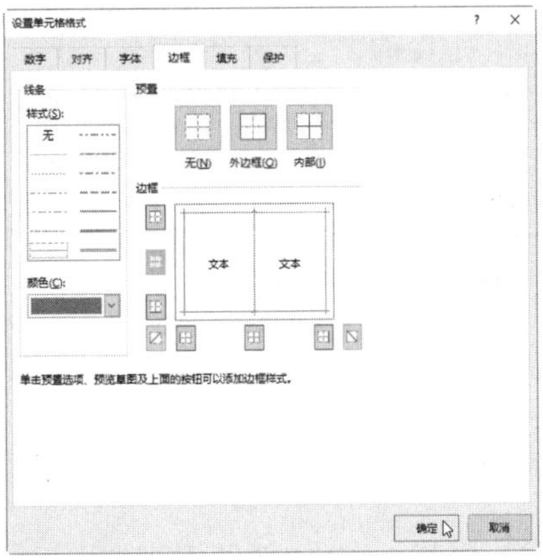

2. 使用公式快速生成工资条

为了快速制作出每一位员工的工资条，可以在当前的工资条基本结构中添加公式，操作方法如下。

Step 01 将光标定位到“工资条”工作表的 A2 单元格中，然后单击“编辑栏”中的“插入函数”按钮 *fx* 。

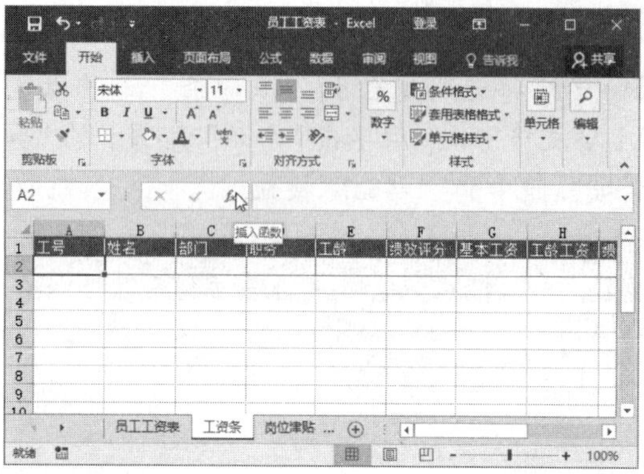

Step 02 打开“插入函数”对话框，在“或选择类别”下拉列表中选择“查找与引用”命令。再在“选择函数”下拉列表中选择“OFFSET”函数，完成后单击“确定”按钮。

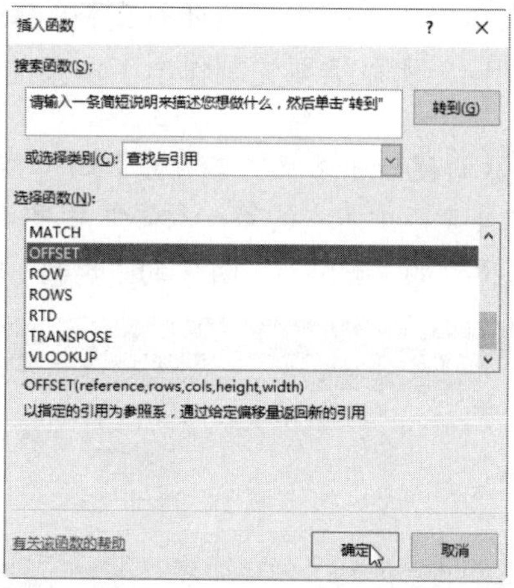

Step 03 在“函数参数”对话框中，设置“Reference”参数为“员工工资表!A1”工作表中的 A1 单元格，并将单元格引用地址转换为绝对引用；设置“Rows”为“Row()/3+1”（当前行数除以 3 后再加 1），设置“Cols”参数为“COLUMN()-1”（当前列数减 1），完成后单击“确定”按钮。

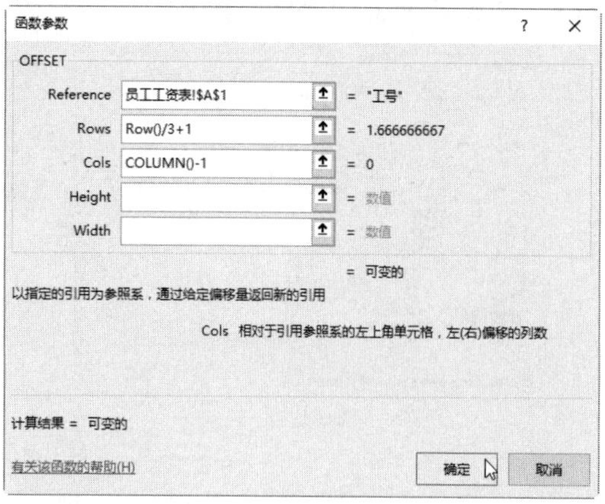

Step 04 返回工作表即可查看公式计算的结果，填充公式到右侧的单元格中。

Step 05 选中 A1:M3 单元格区域，拖动活动单元格区域右下角的填充手柄，向下填充至 35 行。

Step 06 操作完成后即可查看到所有员工的工资条。

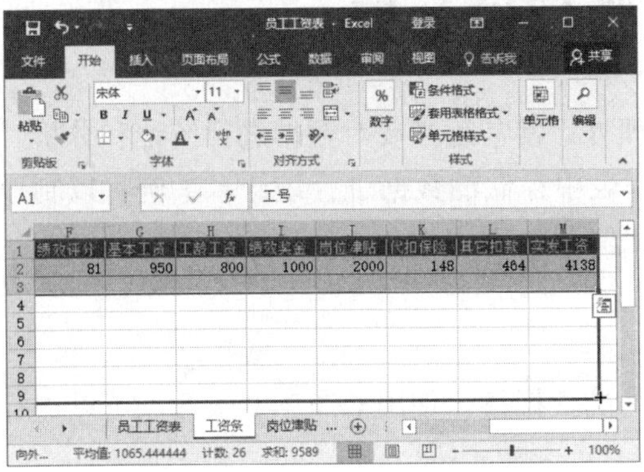

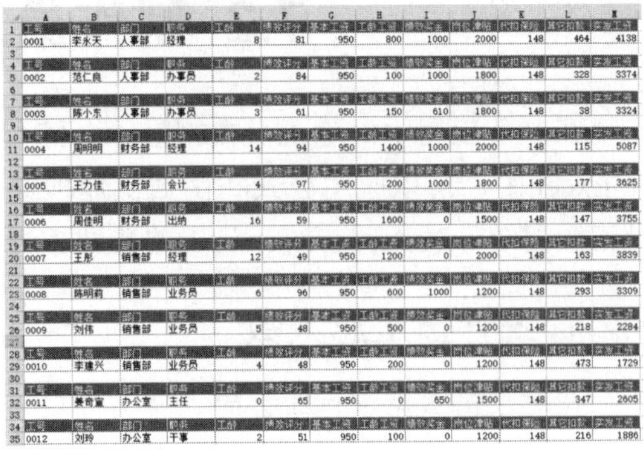

3. 打印工资条

工资条制作完成后，就可以开始打印工资条了。在打印之前，需要先隐藏不需要的数据，操作方法如下。

Step 01 选择“工资条”工作表中第 C 列到 F 列，然后单击鼠标右键，在弹出的快捷菜单中选择“隐藏”命令。

Step 02 在“页面布局”选项卡的“调整为合适大小”组中设置“缩放比例”为“110%”。

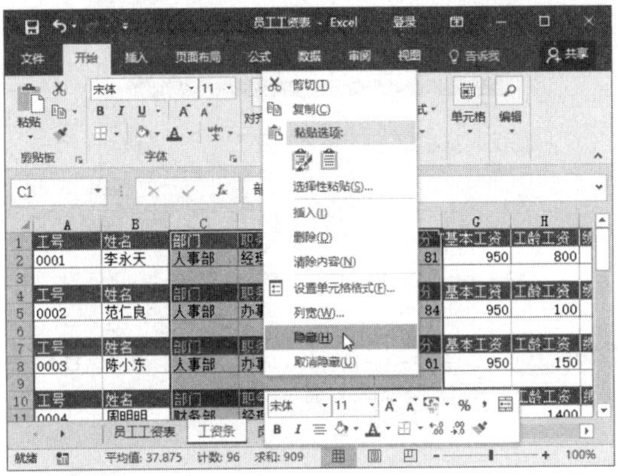

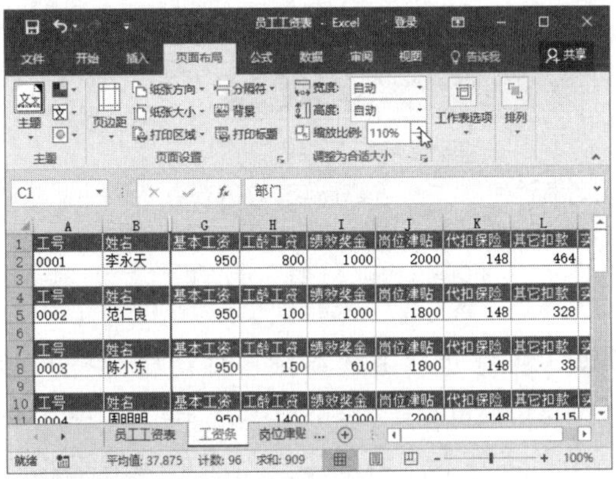

Step 03 在“文件”选项卡中单击“打印”按钮，在中间的窗格中设置打印参数，完成后单击“打印”按钮即可。

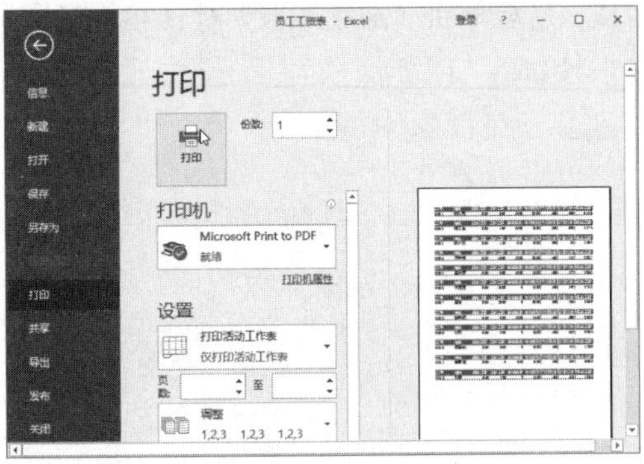

7.2 制作员工数据统计表

在办公应用中，除了对数据进行存储和管理外，常常还需要对数据进行统计和分析。在 Excel 中，可以应用公式和函数快速地对工作表中存储的数据进行统计。本例将以制作员工数据统计表为例，统计员工的总数、性别比例和学历。

7.2.1 统计员工总人数

在对表格数据进行统计时，常常需要统计总的数据量。使用 COUNT 函数，可以进行单元格个数的统计。

Step 01 打开素材文件，在“统计数据”工作表中定位到B3单元格，然后单击“编辑栏”中的“插入函数”按钮 *fx*。

Step 02 打开“插入函数”对话框，在“或选择类别”下拉列表中选择“统计”命令，在“选择函数”下拉列表中选择“COUNTA”函数，完成后单击“确定”按钮。

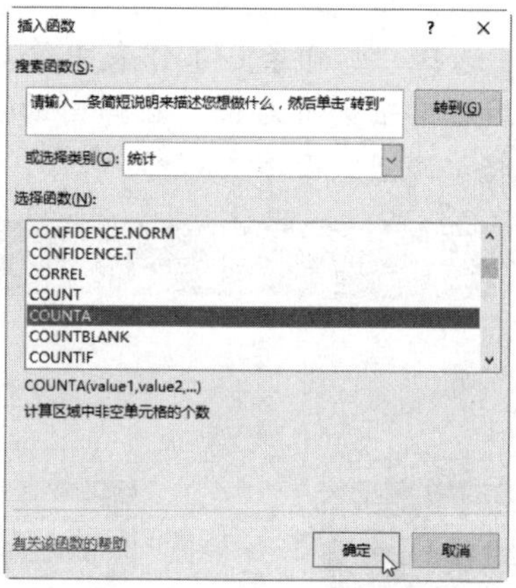

Step 03 打开“函数参数”对话框，将光标定位到“Value1”文本框中。在“员工基本信息”工作表中选择工号列中的数据单元格区域，然后单击“函数参数”对话框中的“确定”按钮。

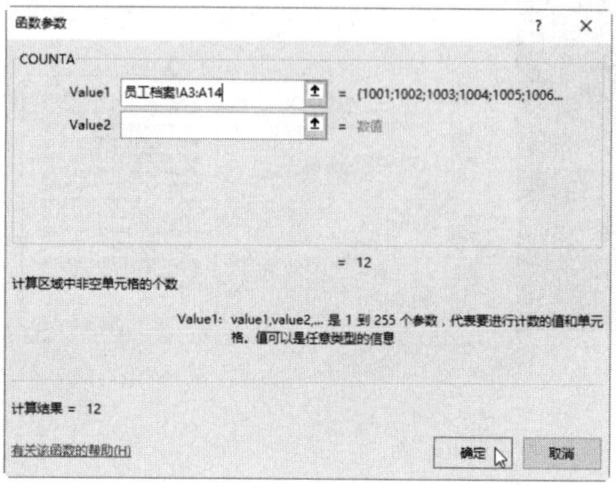

Step 04 返回工作簿中，即可查看到B3单元格中显示的统计结果。

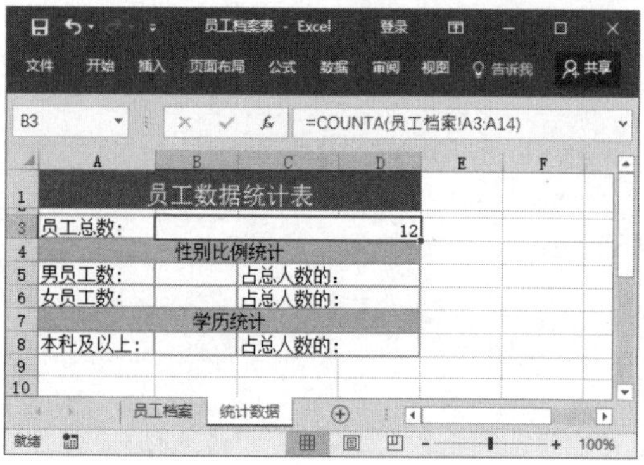

7.2.2 统计员工性别比例

在对表格数据进行统计时，经常需要根据指定条件进行数据统计，而且还需要计算出结果所占的比例。本例将统计男女员工的人数，并计算出男女员工占总人数的百分比。

1. 统计男女员工人数

要在指定单元格区域中统计满足条件的单元格个数，可以应用 COUNTIF 函数。本例中将使用该函数分别统计出男女员工的人数，操作方法如下。

Step 01 将光标定位到 B5 单元格，然后单击“编辑栏”中的“插入函数”按钮 f_x。

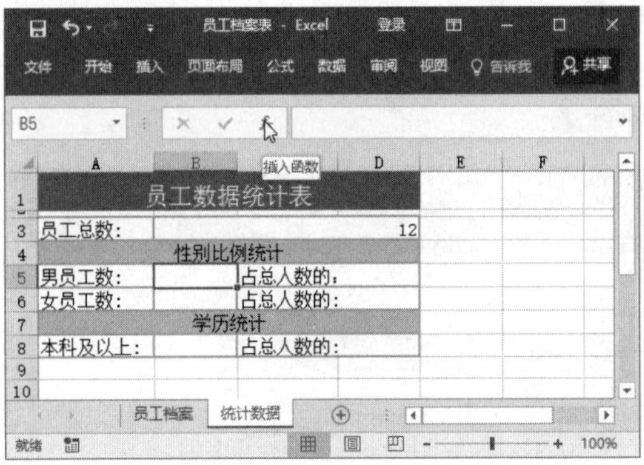

Step 02 打开“插入函数”对话框，在“或选择类别”下拉列表中选择“统计”命令，在“选择函数”下拉列表中选择“COUNTIF”函数，完成后单击“确定”按钮。

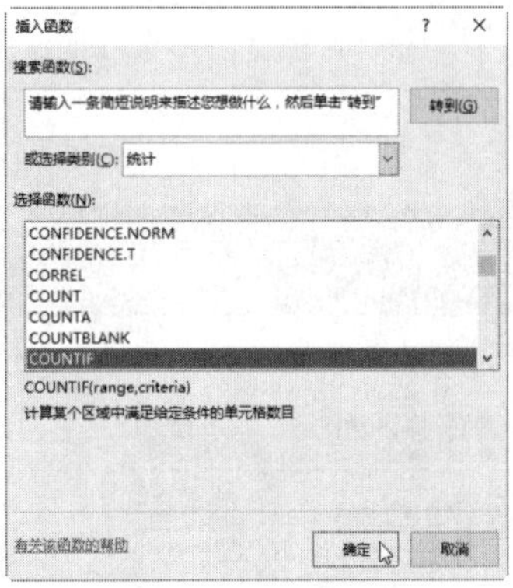

Step 03 在“函数参数”对话框中，将光标定位到“Range”文本框中，选择“员工基本信息”工作表中“性别”列中的数据，然后将光标定位到“Criteria”文本框中。单击员工基本信息工作表“性别”列中的任意文本为“男”的单元格，完成后单击“确定”按钮。

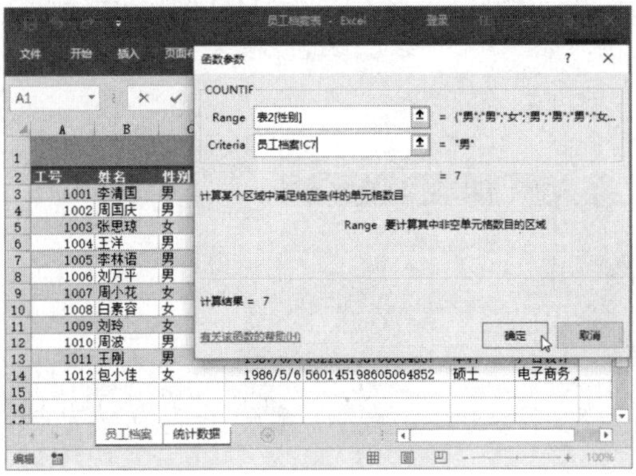

Step 04 将光标定位到 B6 单元格，使用相同的方法统计员工“女”的数量即可。

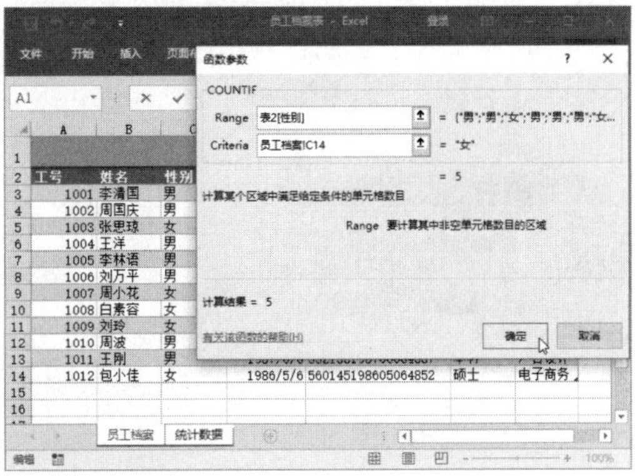

● 大师心得

COUNTIF 函数用于统计满足指定条件的单元格个数。该函数的第一个参数 Range 为用于计算的单元格区域，第二个参数 Criteria 为条件，需要应用文本类型数据。在参数 Criteria 中，如果要以文本内容作为比较条件，则直接输入或引用要进行比较的字符即可；若要比较数值，则需要应用比较运算符加上具体数值、数值的引用或运算表达式等，同样需要加上引号。

2. 计算男女员工比例

使用公式可以快速地对数据进行数学运算，从而得到准确的计算结果。下面以计算男女员工的比例为例，介绍公式的使用方法。

Step 01 将光标定位到 D5 单元格，输入公式“=B5/B3”。

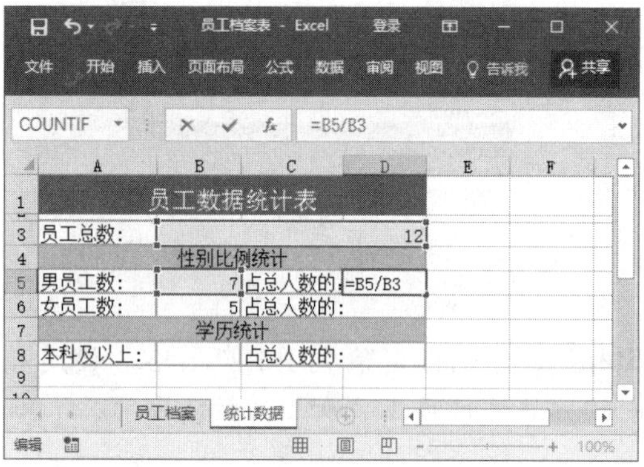

Step 02 选中公式中的单元格引用“B3”，按下“F4”键将其转换为绝对引用。然后按下“Enter”键确认公式的输入，即可得到统计结果。

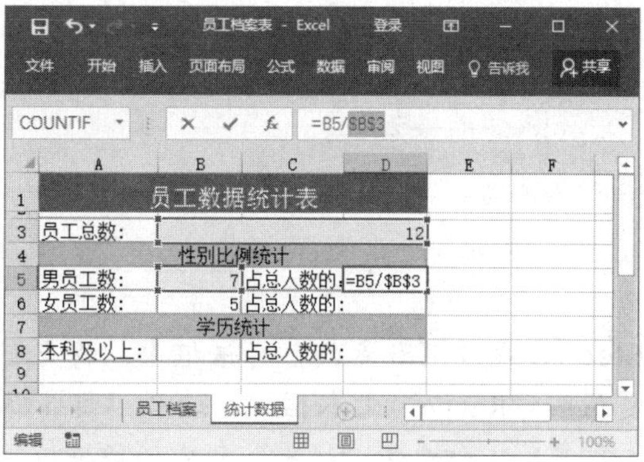

Step 03 单击“开始”选项卡的“数字”组中的“百分比样式”按钮，将结果转换为百分比显示。

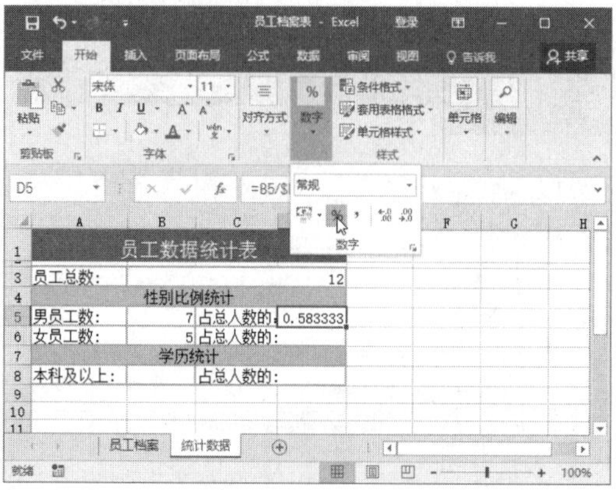

Step 04 将公式填充至统计女员工的人数比例的单元格中即可。

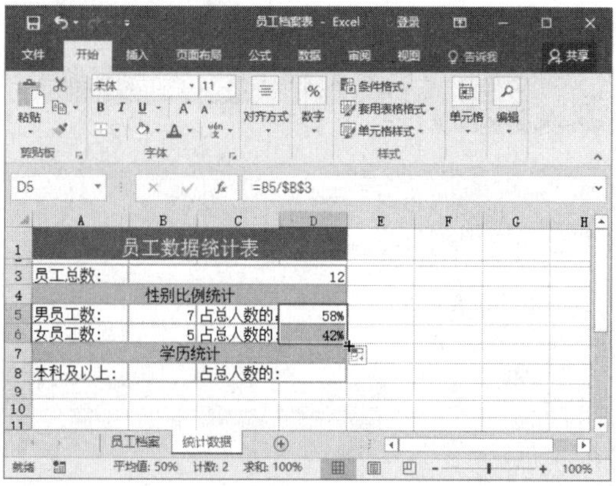

● 大师心得

单元格中的绝对单元格引用（如 A1）总是在指定位置引用单元格。如果公式所在单元格的位置改变，绝对引用保持不变。如果多行或多列地复制公式，绝对引用将不做调整。默认情况下，新公式使用相对引用，需要将它们转换为绝对引用。例如，如果将单元格 B2 中的绝对引用复制到单元格 B3 中，则在两个单元格中一样，都是 A1。

7.2.3 统计本科及以上学历的人数及比例

在统计员工数据时，经常需要对员工的学历情况进行统计和分析，本例将统计本科及本科以上的人数及比例。在“员工档案”表中，本科及本科以上学历的数据有“本科”和“硕士”两类，而在 COUNTIF 函数中仅需设置一个作为计数条件的参数。所以需要进行两次条件计算，然后将结果进行求和，才能够得到本科及本科以上学历的人数，操作方法如下。

Step 01 使用前文所述的方法打开“COUNTIF”，将光标定位到“Range”文本框中，在员工基本信息工作表中选择“学历”列中的数据。在“Criteria”文本框中选择任意为“本科”数据的单元格，完成后单击“确定”按钮。

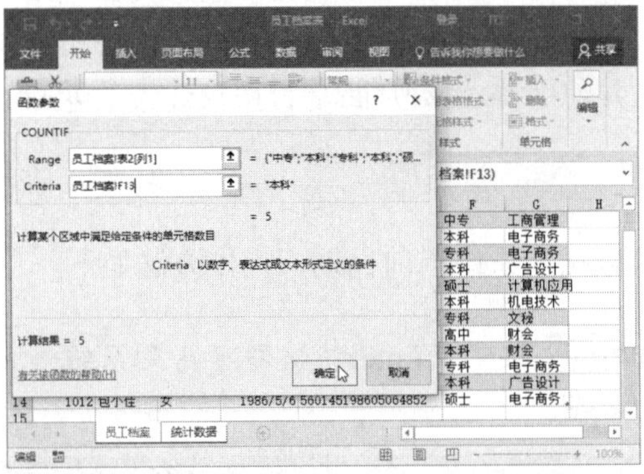

Step 02 在“编辑”组中的函数后输入加号“+”，然后单击“编辑栏”中的“插入函数”按钮 *fx*。

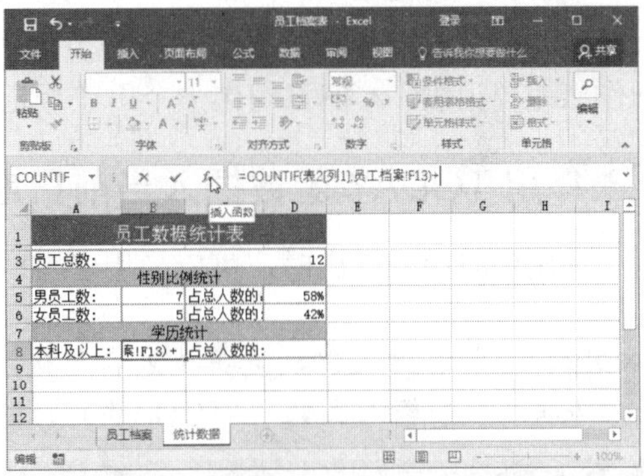

Step 03 使用前文所述的方法打开“COUNTIF”函数，在“函数参数”对话框中将光标定位到“Range”文本框中。在“员工基本信息”工作表中选择“学历”列中的数据，在“Criteria”文本框中输入“‘硕士’”，完成后单击“确定”按钮。

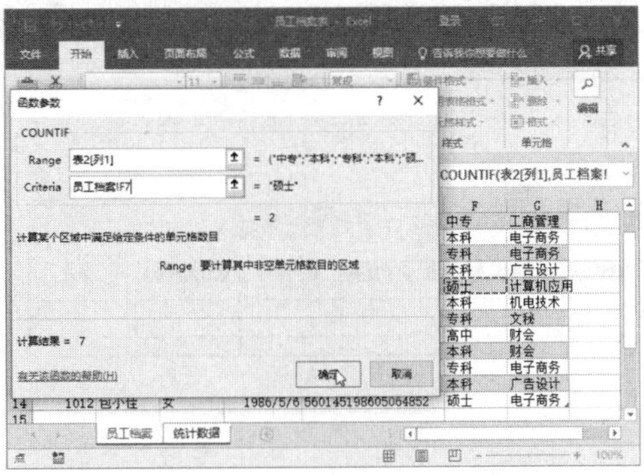

Step 04 按“Enter”键确认函数的输入，得到本科及本科以上学历的人数。然后将光标定位到 D8 单元格，输入公式“=B8/B3”，按下“Enter”键计算出结果。

Step 05 单击“开始”选项卡的“数字”组中的“百分比样式”按钮%，将结果转换为百分比显示。

7.3 制作员工出差登记表

公司员工可能会因为产品宣传、工作会议、技术培训等原因而出差。因为在出差期间员工的津贴、补助和报销费用等都将另行计算，所以为了了解员工的出差情况，公司需要制作出差登记表。本例将制作一个出差登记表，并使用 IF 函数判断是否按预计天数返回。

7.3.1 用 TODAY 函数插入当前日期

在制作出差登记表时，可以使用 TODAY 函数插入系统当前日期，操作方法如下。

Step 01 打开素材文件，选择 K2 单元格，在“编辑栏”中输入函数“=TODAY()”。

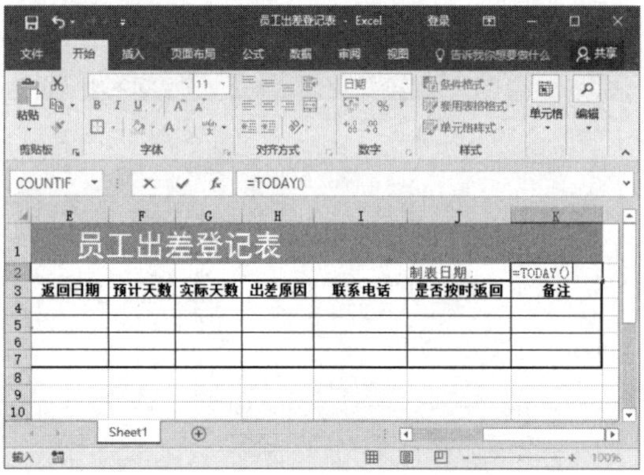

Step 02 按下“Enter”键即可得到系统当前的日期。

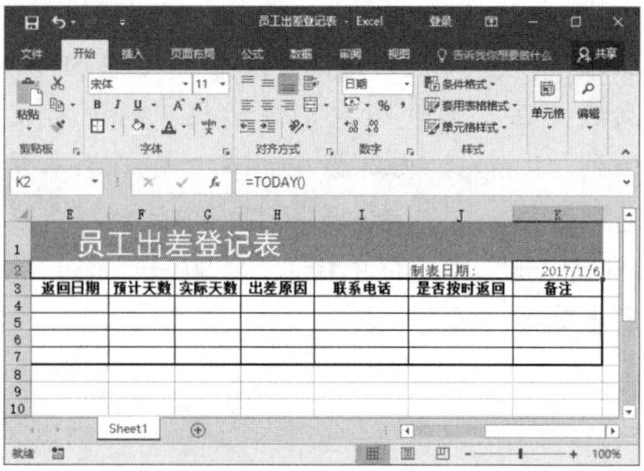

7.3.2 使用 IF 函数判断员工是否按时返回

有时候因为客户或自身的原因，员工没有在预定的时间内返回公司，这就需要向人事部门报备并说明原因。下面将使用 IF 函数来判断员工是否按时返回。

Step 01 在“员工出差登记表”中输入本月的出差记录。

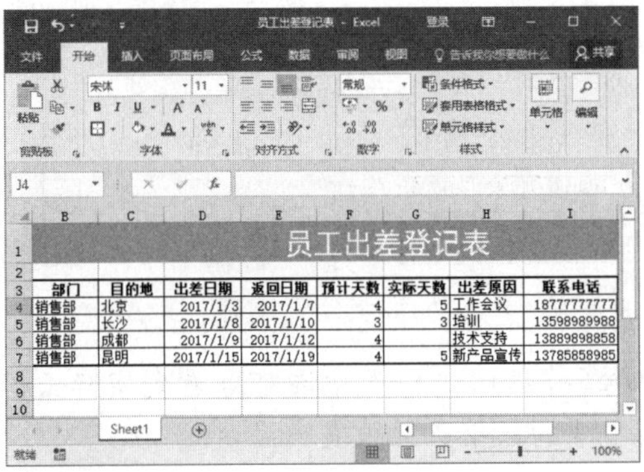

Step 02 选择 J4 单元格，如果以前使用过 IF 函数，可以单击“公式”选项卡的“函数库”组中的“最近使用的函数”下拉按钮，在弹出的下拉菜单中选择“IF”函数。

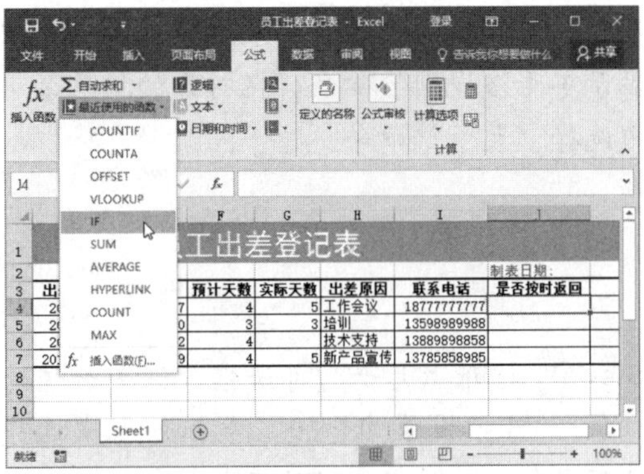

Step 03 在 IF“函数参数”对话框中，分别输入“G4>F4”“"否"”“"是"”，然后单击“确定”按钮。

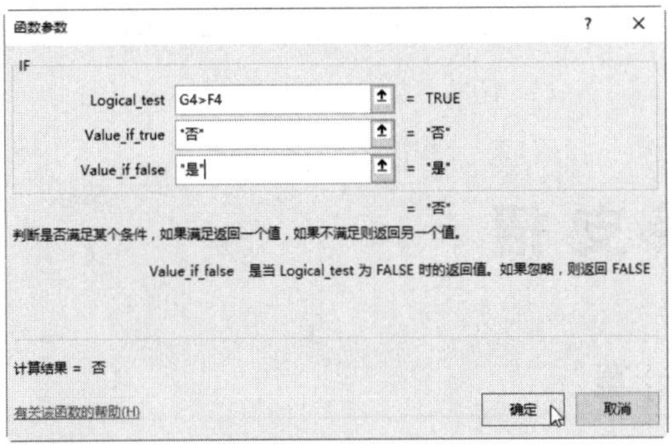

Step 04 返回工作表中即可查看 J4 单元格显示是否按时返回，向下填充公式即可。

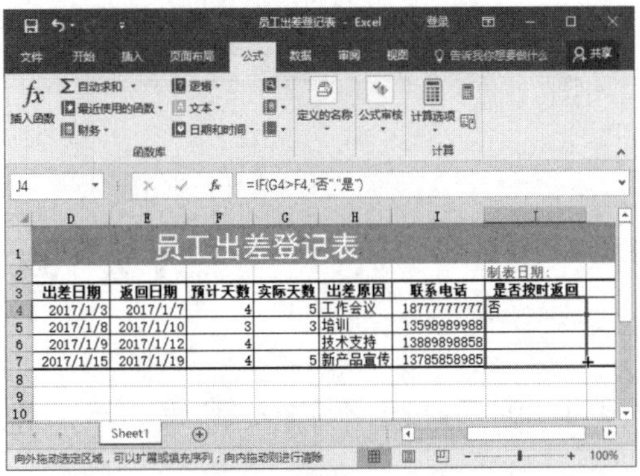

Step 05 在备注列单元格中根据是否按时返回列中的数据输入未按时返回的原因。

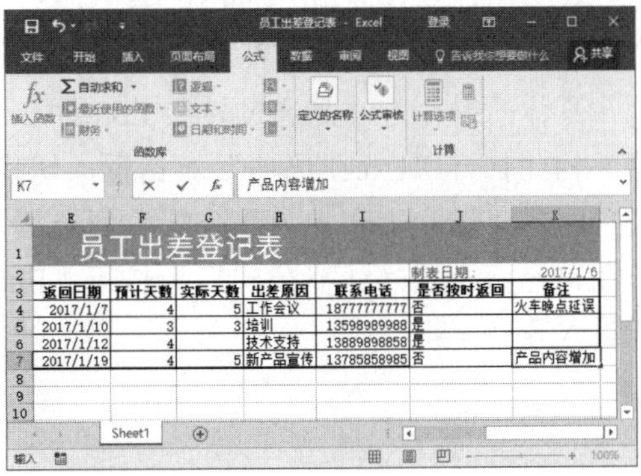

7.3.3 突出显示单元格

有的公司对于出差时间较长的员工会有特别的补助，在填写了出差情况之后，可以突出显示大于某个数值的单元格。

Step 01 选中 G4:G7 单元格区域，单击“开始”选项卡中的“样式”组中的“条件格式”下拉按钮，在弹出的下拉菜单中选择“突出显示单元格规则”命令，在打开的扩展菜单中选择“大于”命令。

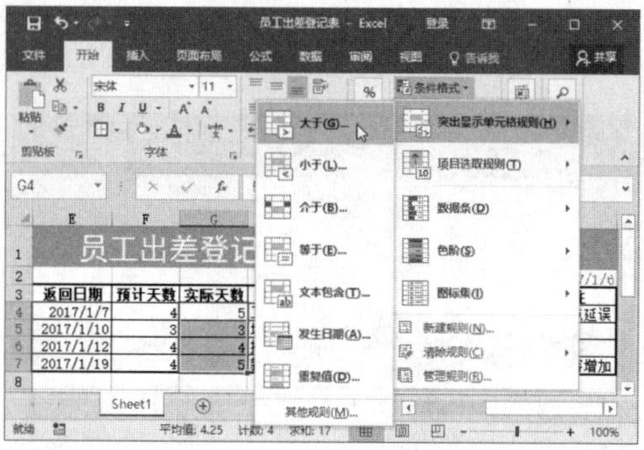

Step 02 打开“大于”对话框，设置数值为“4”。在“设置为……”下拉列表中选择填充颜色，然后单击“确定”按钮。

Step 03 返回工作表中即可查看到实际天数大于 4 的数值已经被突出显示。

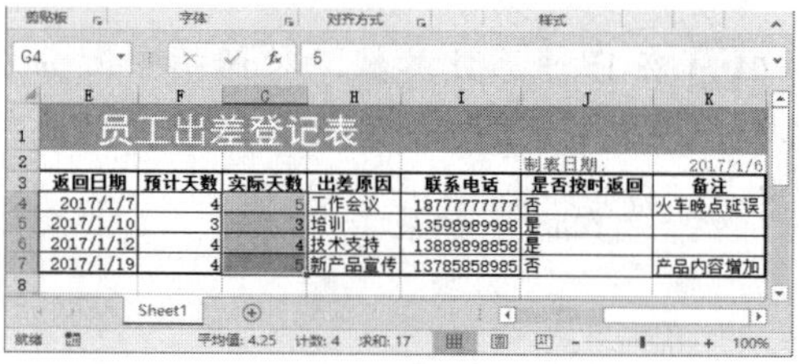

7.4 高手支招

7.4.1 使 Excel 不输入等号（=）也能计算

很多用户喜欢使用 Excel 作为计算器，输入等号（=）+ 计算式进行计算，使用起来非常方便。另有更方便的输入方法，即不输入等号（=），直接输入计算式进行计算。

具体的操作方法是通过转换 Lotus1-2-3 公式，在单元格中不输入等号（=）也可以计算。为此打开“Excel 选项”对话框，切换到“高级”选项卡。勾选“Lotus 兼容设置”选项组的“转换 Lotus1-2-3 公式”复选框，然后单击“确定”按钮。设置完成后，当用户在单元格中输入计算公式后，按下“Enetr”键，单元格将显示出计算结果，而不再需要输入等号（=）。

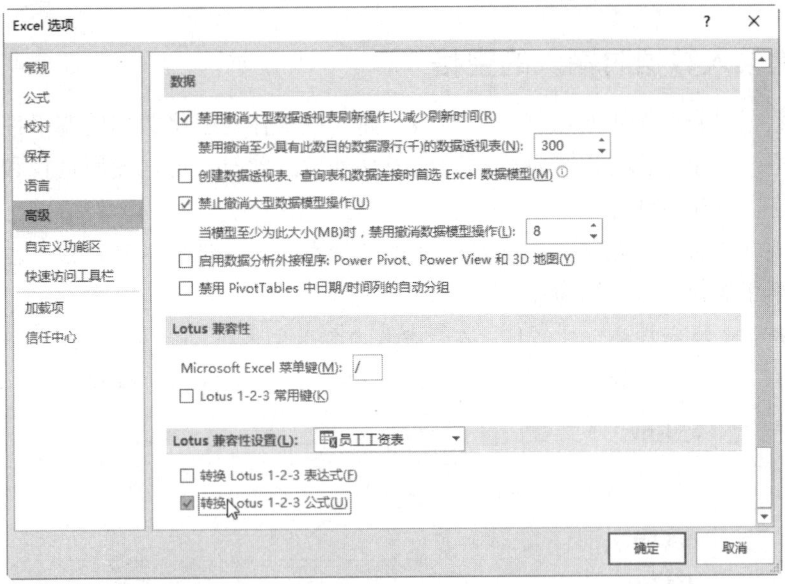

7.4.2 突出显示所有包含公式的单元格

有时候需要处理的表格很多，而某些表格中含有大量公式。在查看和编辑时，如果一不小心修改或删除了单元格中的函数，就容易造成表格错误，又需要重新编辑。为了避免这种情况，我们可以将包含有公式的单元格突出显示，操作方法如下：

Step 01 打开表格，单击“开始”选项卡的“编辑”选项组中的“查找和选择”按钮，在弹出的下拉菜单中选择“定位条件”命令。

Step 02 在打开的“定位条件”对话框中选择“公式”单选项，然后单击“确定”按钮。

Step 03 返回工作表时包含公式的单元格已经全部被选定，为了突出显示公式可以为公式设置背景颜色。单击“开始”选项卡中的“填充颜色”右侧的下拉按钮，然后在弹出的主题颜色中选择想要的颜色即可。

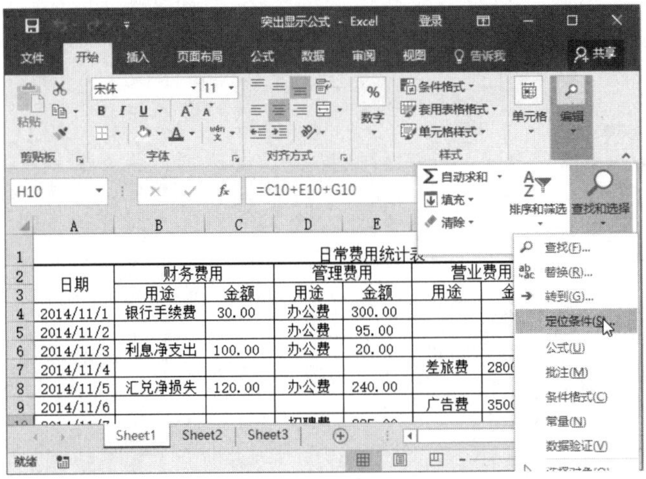

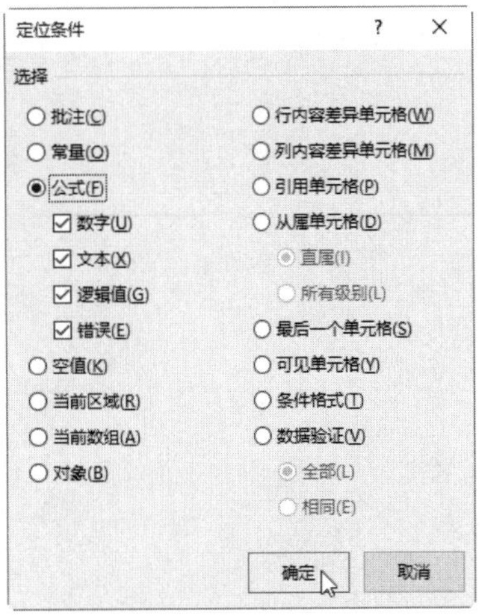

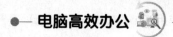

7.4.3 删除录入数据时输入的空格

在录入数据时有时会不小心输入了空格，而一些操作对表格数据的准确性要求很高，单元格中多出一个空格都可能导致数据不能成功处理。此时，可以使用查找和替换功能删除所有的空格，操作方法如下。

Step 01 单击“开始”选项卡的“编辑”组中的“查找和选择”下拉按钮，在弹出的下拉菜单中选择“替换”命令。

Step 02 打开“查找和替换”对话框，在“查找内容”文本框中输入一个空格。然后在“替换为”文本框不输入任何数据，完成后单击“全部替换”按钮。

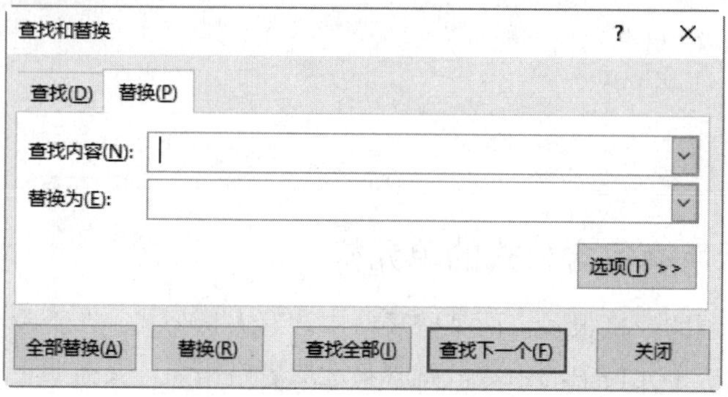

第 8 章

Excel 表格数据的排序筛选与汇总

在对表格数据进行查看和分析时，经常需要将表格中的数据按一定的顺序排序。或列举出符合条件的数据，以及对数据进行分类，这些操作使用 Excel 可以简单地完成。本章通过对表格数据进行排序、筛选及分类汇总，向读者介绍相关的操作方法。

8.1 排序考评成绩表

在查看数据时，经常需要按一定的顺序排列数据，以方便对数据进行查找与分析。例如，在查看员工考评成绩时，需要按总成绩的高低排列数据，以清楚地查看员工的排名。本例将按照不同的方式对考评成绩进行排序，并筛选出符合条件的数据。

8.1.1 按成绩高低进行排序

为了方便根据成绩的高低来查看记录，需要使用排序功能对指定列中的数据按成绩高低进行排序。本例将使用多种排序方式，灵活地排序“员工成绩”表中的各项数据。

1. 使用“排序”命令排序数据

使用“开始”选项卡中的“排序”命令可以快速地对表格中的数据进行排序。本例将对表格中“科目 1”成绩按从高到低的顺序排列，操作方法如下。

Step 01 将光标定位于“科目 1”列的任意单元格中，然后单击“开始”选项卡的“编辑”组中的“排序和筛选”下拉按钮，在弹出的下拉菜单中选择“降序”命令。

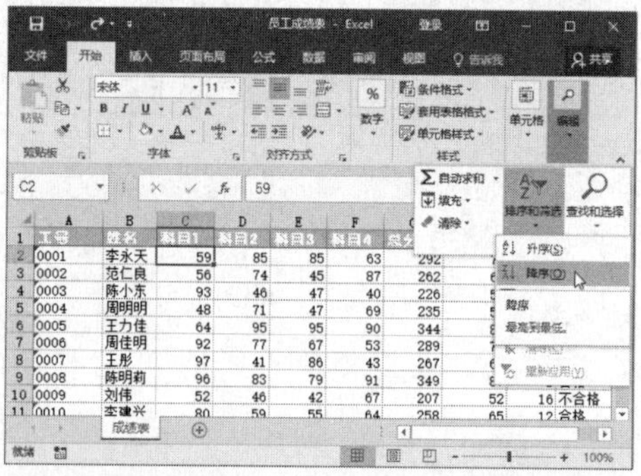

Step 02 工作表中当前列的数据将按从高到低的顺序排列。

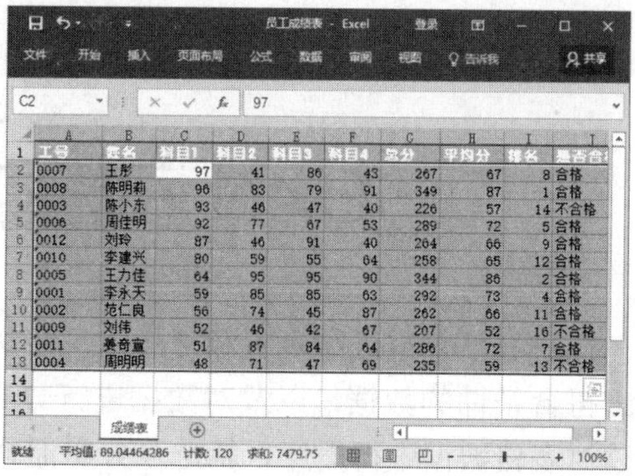

2. 使用“筛选”命令排序数据

将单元格区域转换为表格对象后，在表格对象中将自动启动筛选功能，此时利用列标题下拉菜单中的“排序”命令即可快速地对表格中的数据进行排序。

Step 01 单击“数据”选项卡的“排序和筛选”组中的“筛选”按钮，打开筛选状态，此时每个列标题的右侧将出现一个下拉按钮。

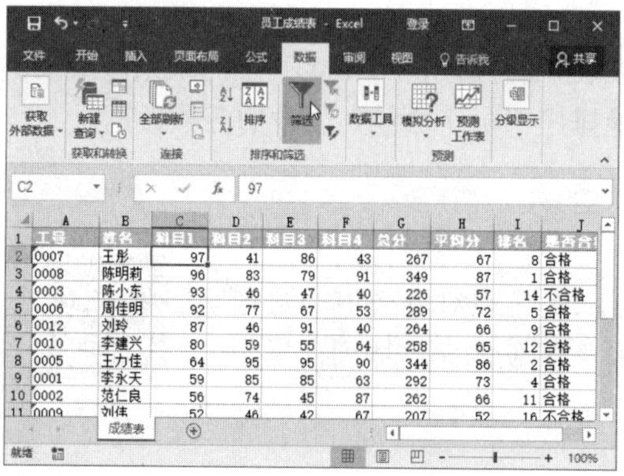

Step 02 单击“平均分”列右侧的下拉按钮，在弹出的下拉菜单中选择“升序”命令，即可依据平均分列中的数据按从高到低的顺序对表格数据进行排序。

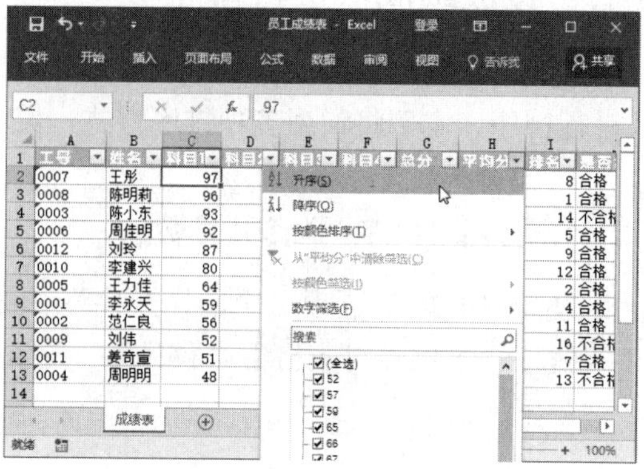

Step 03 如“平均分”列右侧的下拉按钮将变为↑，当前列的数据也将按从低到高的顺序排列。

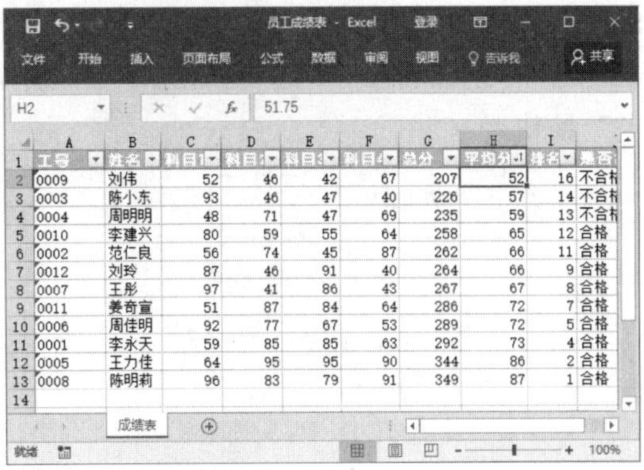

3．使用多个关键字排序数据

在对表格数据进行排序时，有时进行排序的字段中会存在多个相同的数据，需要使相同的数据按另一个字段中的数据进行排序。

Step 01 单击“开始”选项卡的“编辑”组中的“排序和筛选”下拉按钮，在弹出的下拉菜单中选择“自定义排序”命令。

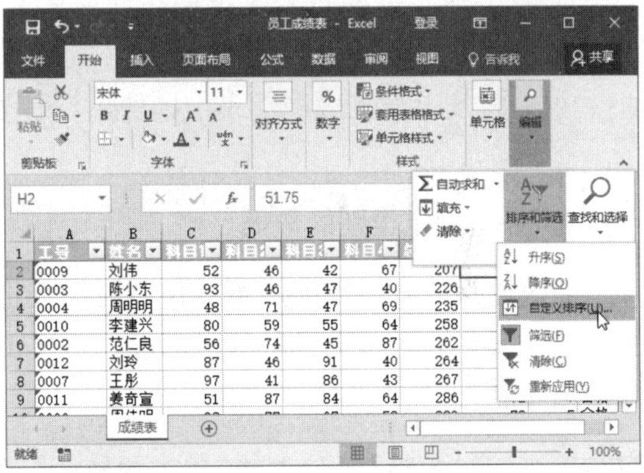

Step 02 打开“排序”对话框，在“主要关键字”下拉列表中选择“平均分”命令，设置“排序依据”为“数值”，设置“次序”为“降序”，完成后单击“添加条件”按钮。

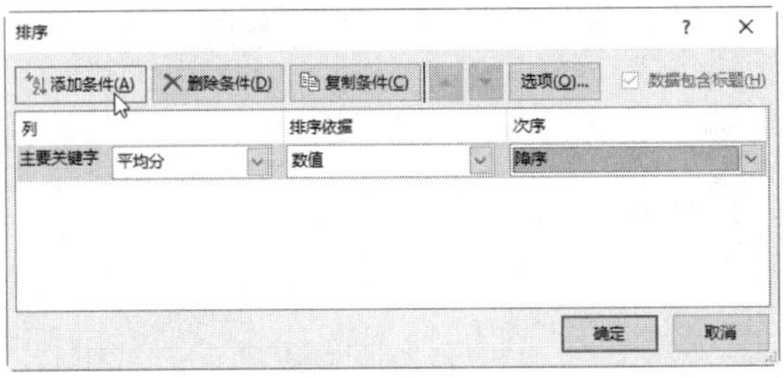

Step 03 设置“次要关键字”为“姓名”，设置“排序依据”为“数据”，设置“次序”为“升序”，完成后单击“选项”按钮。

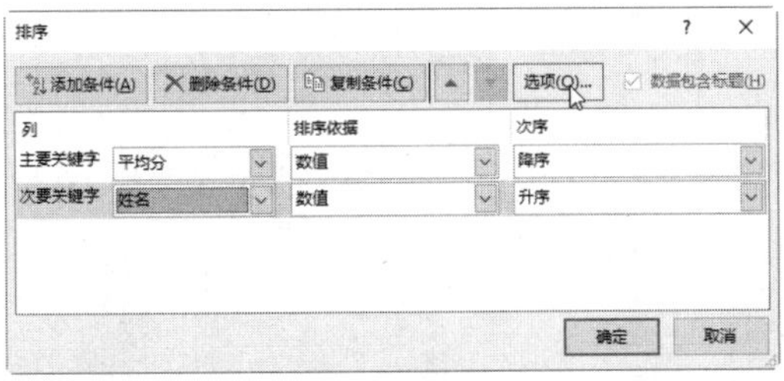

Step 04 打开“排序选项”对话框，在“方法”组中选择“笔画排序”单选项，然后单击“确定”按钮。

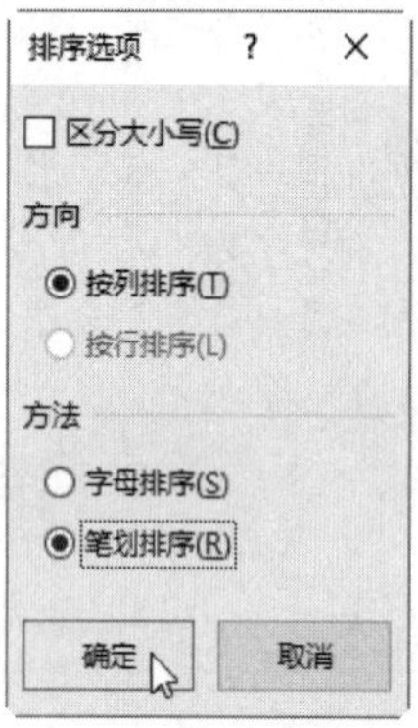

Step 05 在“排序”对话框中再次单击“确定”按钮返回工作表，即可查看到数据已经按所设置的条件排序。

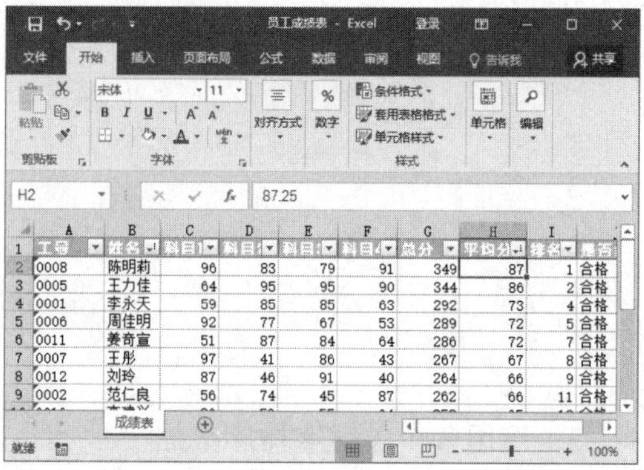

8.1.2 使用自动筛选功能筛选成绩表数据

为了方便数据的查看，可以将暂时不需要的数据隐藏。利用筛选功能可以快速地隐藏不符合条件的数据，也可以快速复制出符合条件的数据。本例将从“员工成绩”表中筛选出符合要求的数据。

1. 筛选指定类别的数据

要快速筛选表格数据，可以使用自动筛选功能，在表格对象中将自动开启自动筛选功能。若要在普通区域上应用筛选功能，可单击“数据”选项卡中的“筛选”按钮，开启高级筛选功能。

Step 01 单击“数据”选项卡的“排序和筛选”组中的“筛选”按钮。

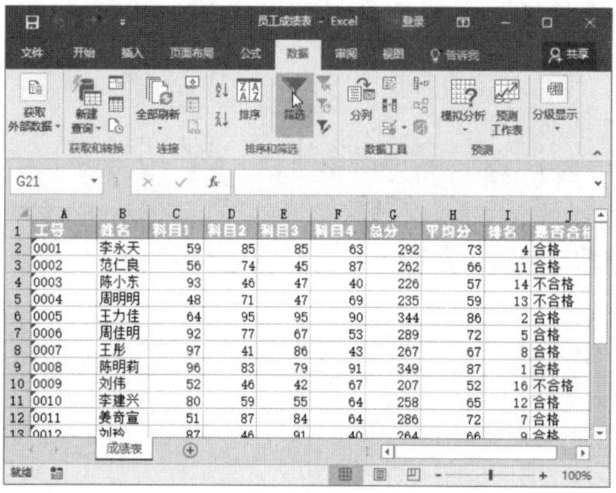

Step 02 单击“是否合格”单元格右侧的下拉按钮，在弹出的下拉菜单中清除“不合格”复选框，然后单击“确定”按钮。

Step 03 在工作表中即可查看到筛选出的数据。

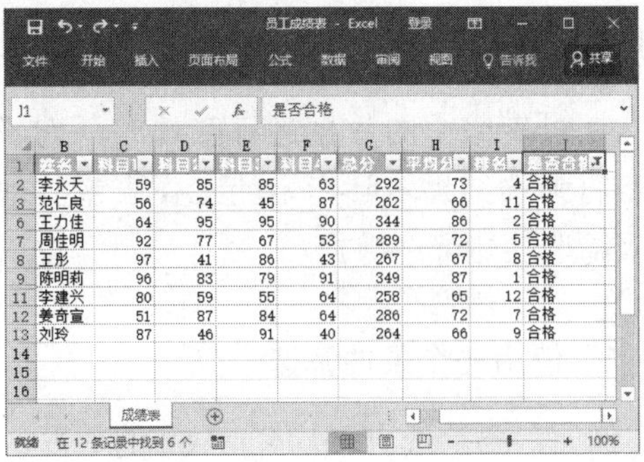

● 大师点拨

对表格进行筛选后，不满足条件的数据仍然存在于表格中，只是被隐藏了起来。如果要查看被隐藏的数据，可以清除筛选。清除筛选的方法是单击已设置筛选的字段旁边的下拉按钮，在弹出的菜单中选择“从 ** 中清除筛选”命令即可。

2. 筛选指定范围的数据

在筛选数值类型的数据时，常常需要筛选出一定范围的数据而非确切的多个数值，此时可以为筛选的数值指定范围。本例需要筛选出“科目 2”成绩在 60 分以上的数值，操作方法如下。

Step 01 单击“科目 2”单元格右侧的下拉按钮，在弹出的下拉菜单中选择“数字筛选”命令，在弹出的下拉菜单中选择“大于”命令。

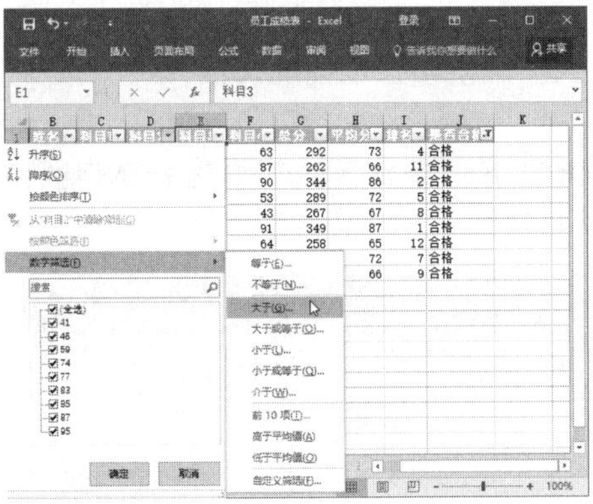

Step 02 在打开的“自定义自动筛选方式”对话框中设置“显示行”为“科目 2”，设置“大于”为“60”，完成后单击“确定”按钮。

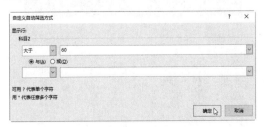

Step 03 返回工作表中即可得到筛选结果。

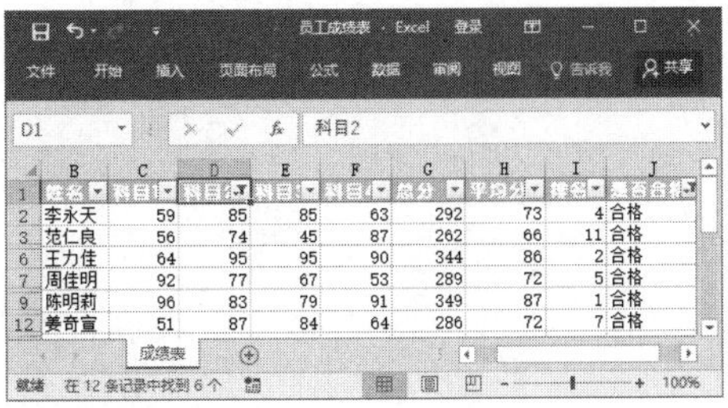

8.1.3 使用高级筛选功能筛选数据

在对表格中的数据进行筛选时，为了不影响原数据表的显示，通常需要将筛选结果转到指定的工作表或其他单元格区域，此时就可以使用高级筛选功能筛选数据。

1. 使用一个条件筛选

例如，要筛选出平均分>=60的数据，操作方法如下。

Step 01 在A16:A17单元格区域分别输入“平均分”“>=60”，然后单击“数据”选项卡的“排序和筛选”组中的“高级”按钮。

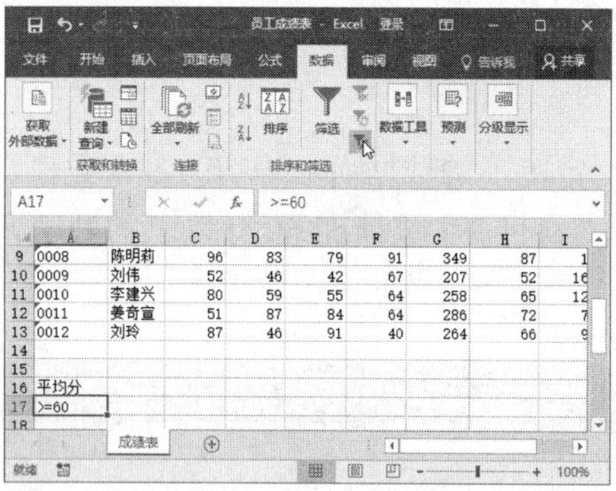

Step 02 打开“高级筛选”对话框，选择“方式”组中的“将筛选结果复制到其他位置”单选项，在“列表区域”中选择成绩表中的所有数据单元格（含列标题）。

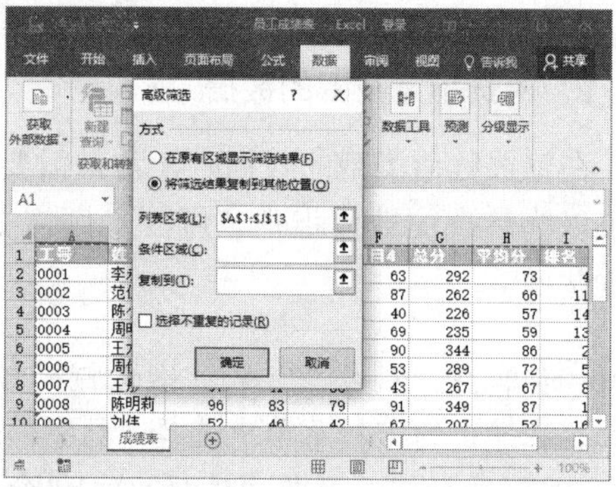

Step 03 在“条件区域”中选择A14:A17单元格区域。

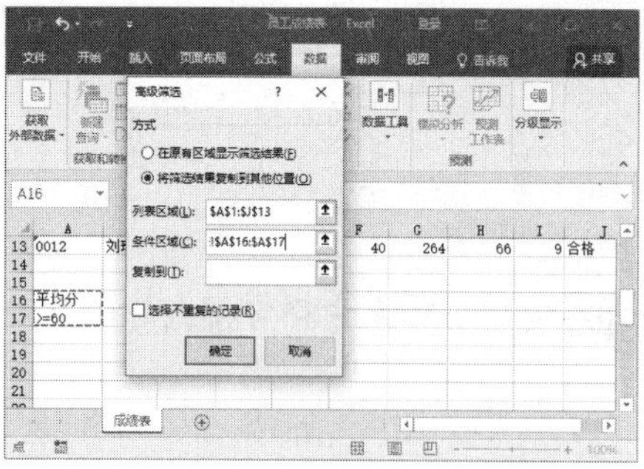

Step 04 在“复制到”文本框中引用A18单元格，完成后单击“确定”按钮。

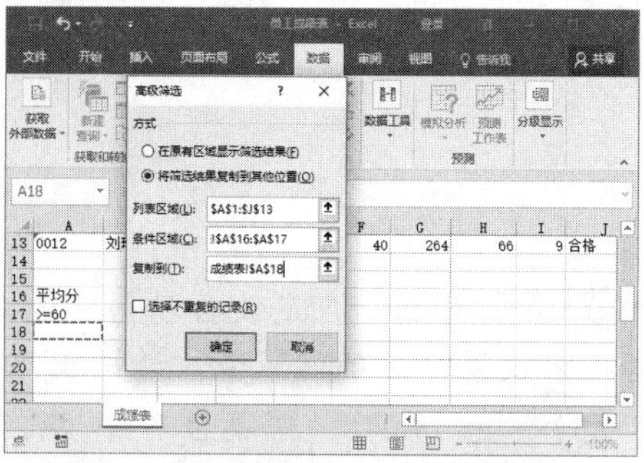

Step 05 返回工作表中查看到筛选结果。

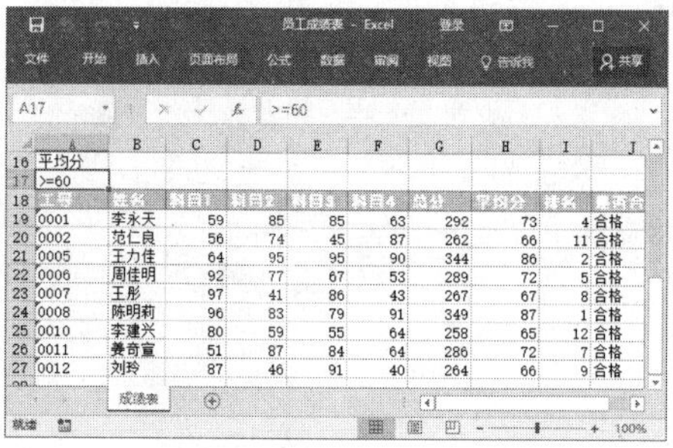

2. 使用多个条件筛选

例如，要筛选出所有科目均合格的数据，操作方法如下。

Step 01 在 A29:D30 单元格区域输入如图所示的数据内容作为条件区域，然后单击“数据”选项卡的“排序和筛选”组中的“高级”按钮。

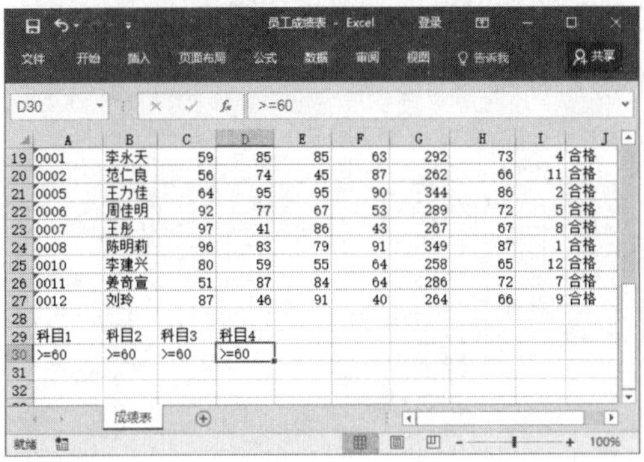

Step 02 在打开的“高级筛选”对话框中，选择“方式”组中的“将筛选结果复制到其他位置”单选项，在“列表区域”中选择成绩表中的所有数据单元格(含列标题)，在“条件区域”选择 A29:D30 单元格区域，在“复制到”文本框中引用 A31 单元格，完成后单击“确定”按钮。

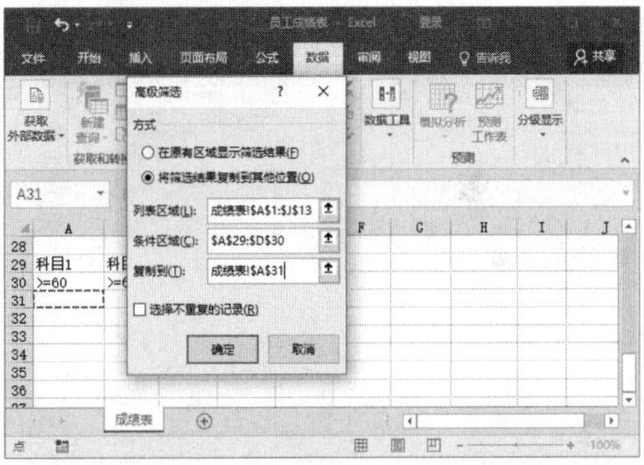

Step 03 返回工作表中可查看到筛选结果。

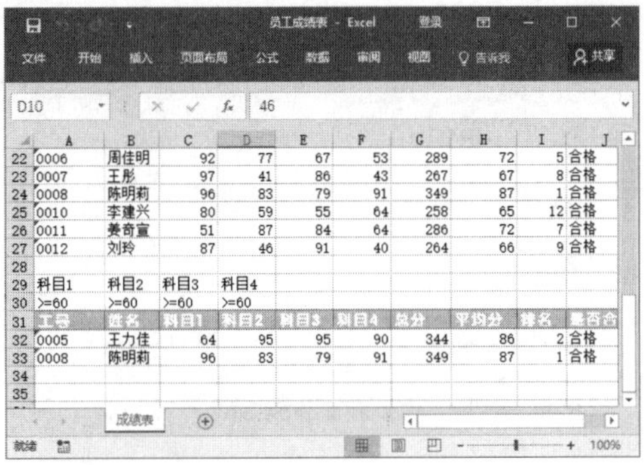

8.2 制作销售业绩分析表

在日常办公中，经常需要对大量的数据按不同的类别进行汇总计算。例如，在对销售情况进行分析时，需要对不同月份的销售情况进行汇总，或对不同部门的销售情况进行汇总，或对不同产品的销售情况进行汇总。本例将应用 Excel 中的合并计算和分类汇总功能，对“销售业绩”表进行分析。

8.2.1 应用合并计算汇总销售额

要按某一个分类将数据结果进行汇总计算，可以应用 Excel 中的合并计算功能，它可以将一个或多个工作表中具有相同标签的数据进行汇总计算。

1. 按月汇总销售额

在汇总销售额时，最常见的汇总方法就是按月汇总，操作方法如下。

Step 01 打开素材文件，新建一个工作表，并重命名为“各月销售总额”。在表格A1:B1单元格区域中输入如图所示的数据内容，并选择A2单元格，然后单击“数据”选项卡的“数据工具”组中的“合并计算”按钮。

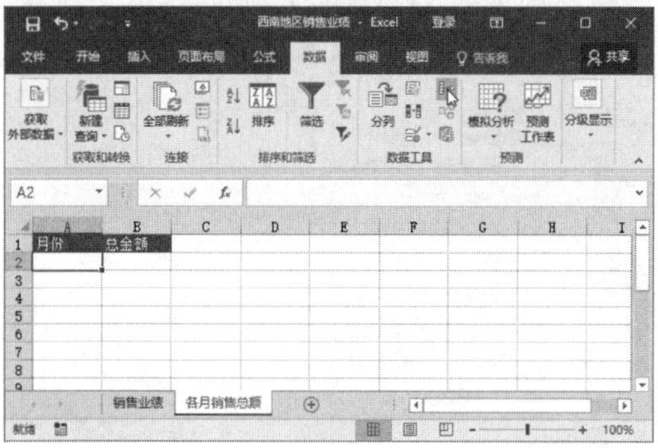

Step 02 在打开的“合并计算”对话框中，选择“函数”为“求和”，单击“引用位置”文本框右侧的按钮，在“销售业绩”工作表中选择“时间”和“销售额”列的数据。

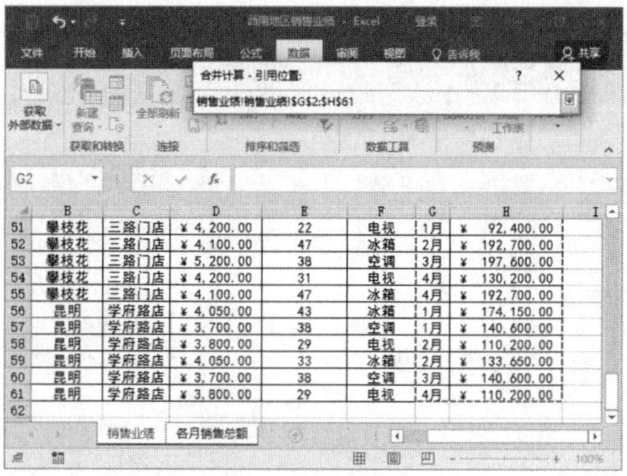

Step 03 在“标签位置”组中勾选“最左列”复选框，然后单击“添加”按钮，完成后单击“确定”按钮。

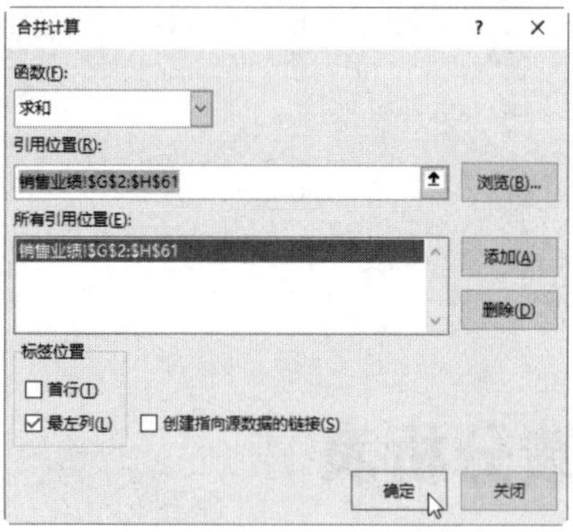

Step 04 操作完成后，即可在“各月销售总额”工作表中计算出各月的销售总额。

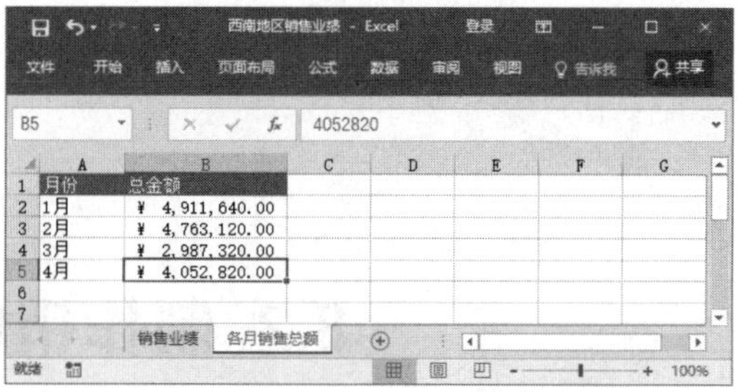

2. 按产品汇总销售额

在素材文件中，列举了各项产品各月的销售额。现在需要计算出各产品总的销量，并将该结果列举到新工作表中。为了与“销售业绩”工作表中的数据同步，此时可以在进行合并计算时选择“创建指向源数据的链接”复选框，操作方法如下。

Step 01 新建一个名为“各产品销售总额”的工作表，选择A1单元格，然后单击“数据”选项卡的“数据工具”组中的“合并计算”按钮。

Step 02 在打开的对话框中选择函数为“求和”，在“引用位置”参数中选择销售业绩工作表中的F2: H61单元格区域，在“标签位置”组中勾选“最左列”复选框，勾选“创建指向源数据的链接”复选框。然后单击“添加”按钮，完成后再单击“确定”按钮。

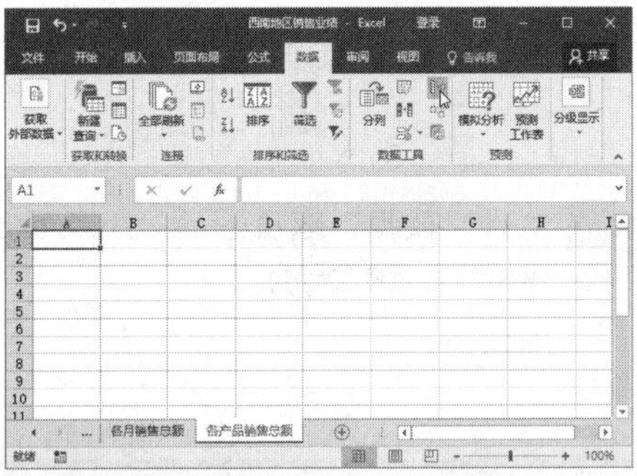

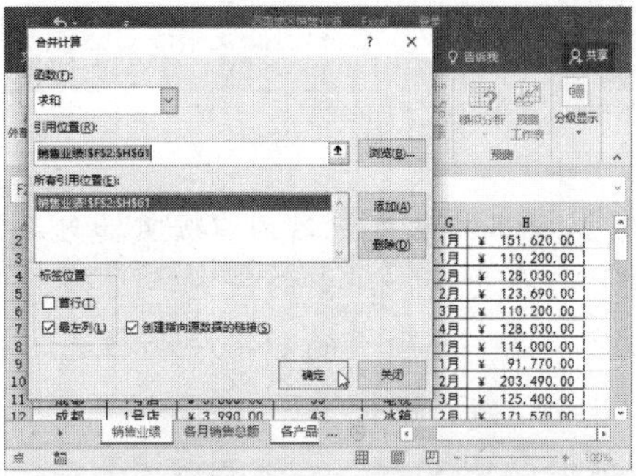

Step 03 返回工作表即可查看到已经计算出各产品的销售总额。删除不需要的空白列，并在顶部插入一行，添加标题行即可。

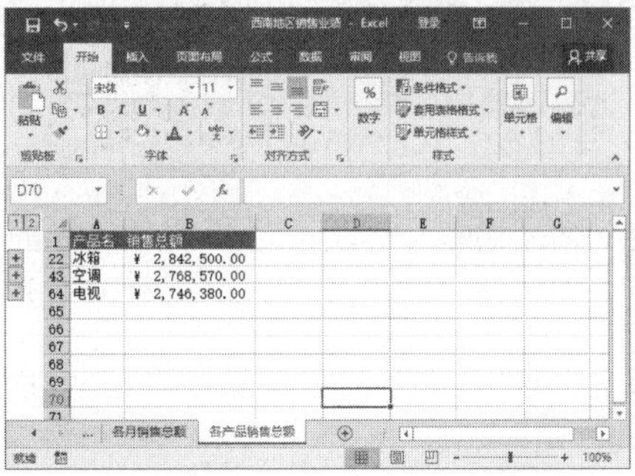

8.2.2 使用分类汇总功能汇总数据

使用合并计算可以快速地对某一类数据进行汇总计算，合并之后重在体现其计算结果，但无法清晰地显示出其明细数据。为了对不同类别的数据进行汇总，同时还能更清晰地查看汇总后的明细数据，可以使用分类汇总功能。

1. 按门店汇总销售额

在本例中为了能更清晰地查看到各卖场的销售情况，可以按“所在卖场”字段进行分类，并汇总销售额，操作方法如下。

Step 01 在“销售业绩”工作表标签上单击鼠标右键，在弹出的快捷菜单中选择“移动或复制”命令。

Step 02 打开“移动或复制工作表”对话框，在“下列选定工作表之前”列表框中选择“(移至最后)”命令。然后勾选“建立副本”复选框，完成后单击“确定”按钮。

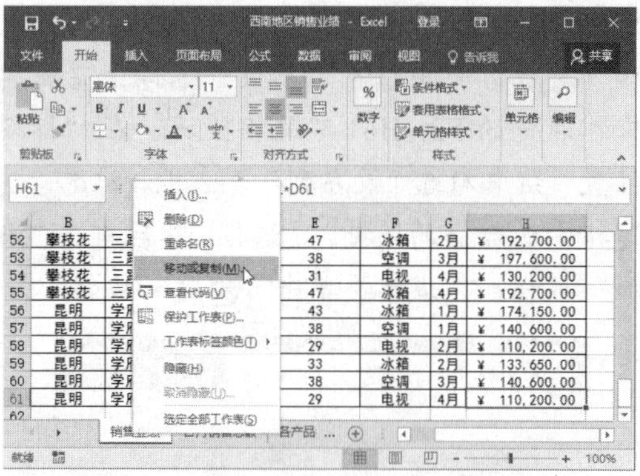

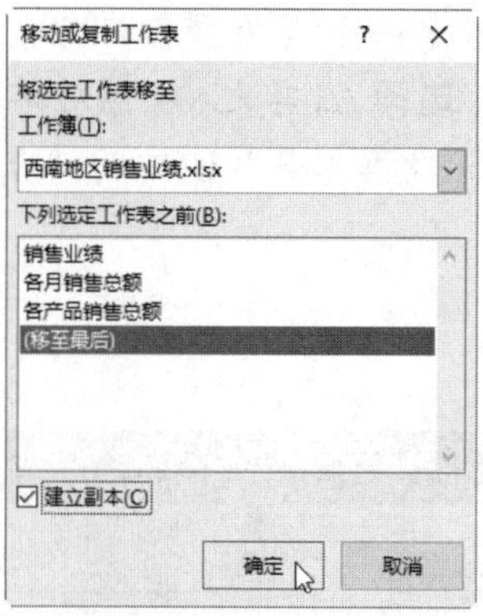

Step 03 将工作表重命名为“按卖场分类”，选择“所在卖场”列中的任意单元格，然后单击“数据”选项卡的“排序和筛选”组中的“升序”按钮进行排序。

Step 04 单击“数据”选项卡的“分级显示”组中的“分类汇总”按钮。

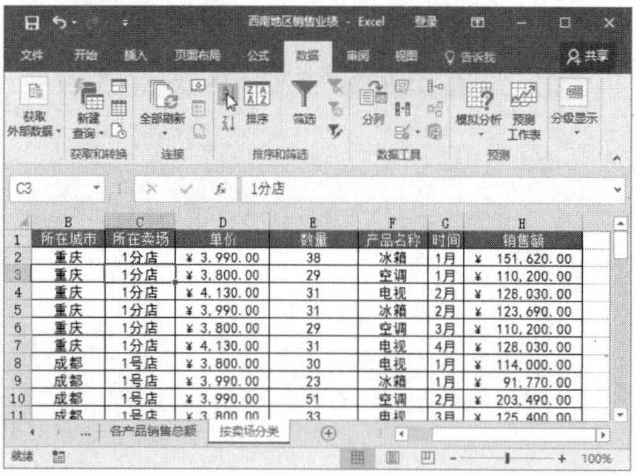

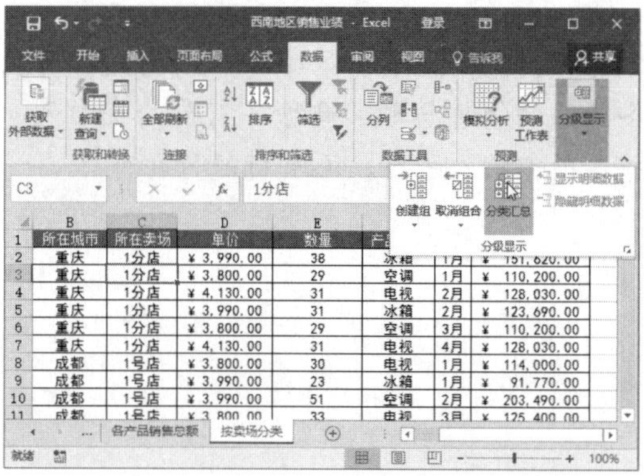

Step 05 打开“分类汇总”对话框，在“分类字段”下拉列表中选择“所在卖场”命令，在“汇总方式”下拉列表中选择“求和”命令，在“选定汇总项”列表中勾选“销售额”复选框，然后单击“确定”按钮。

Step 06 返回工作表后，数据将分级显示。单击左侧的[-]按钮可以隐藏明细数据，单击[+]按钮可以显示出该分类中的明细数据。

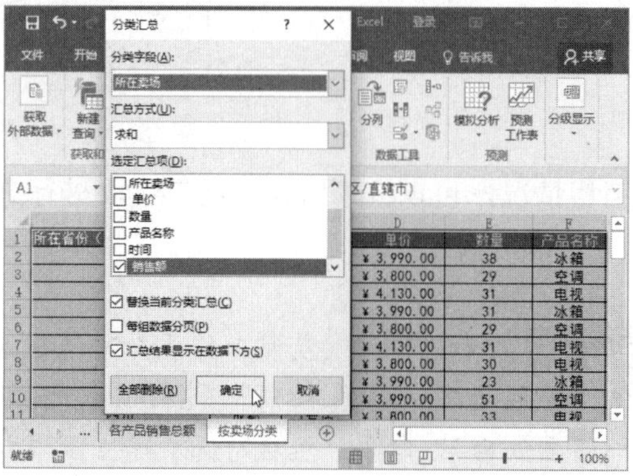

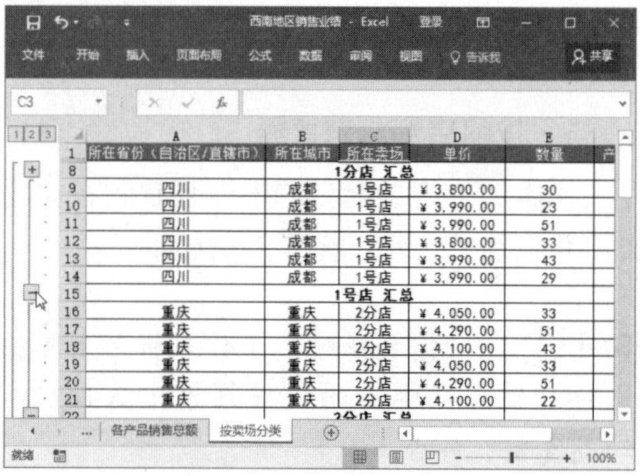

2．按地区汇总平均销售额

在本例中，为了能更清晰地查看到各地区的平均销售额，可以按“所在城市”字段进行分类并以平均值方式汇总销售额，操作方法如下。

Step 01 复制“销售业绩”工作表并重命名为“按地区分类”，选择“所在城市”列的任意单元格。然后单击“数据”选项卡的“排序和筛选”组中的“升序”按钮，将所在城市列中的数据进行升序排列。

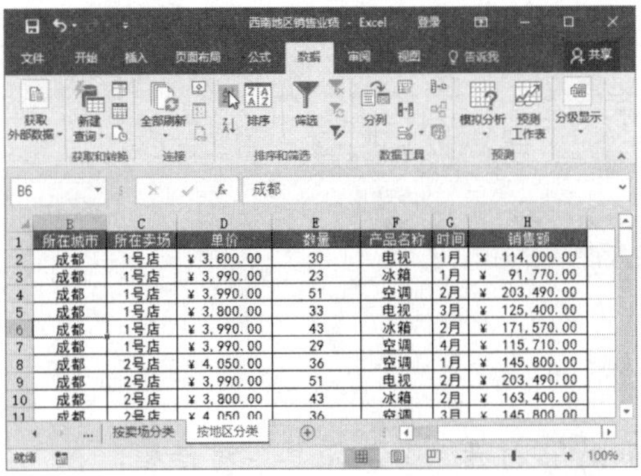

Step 02 单击“数据”选项卡的“分级显示”组中的“分类汇总”按钮。

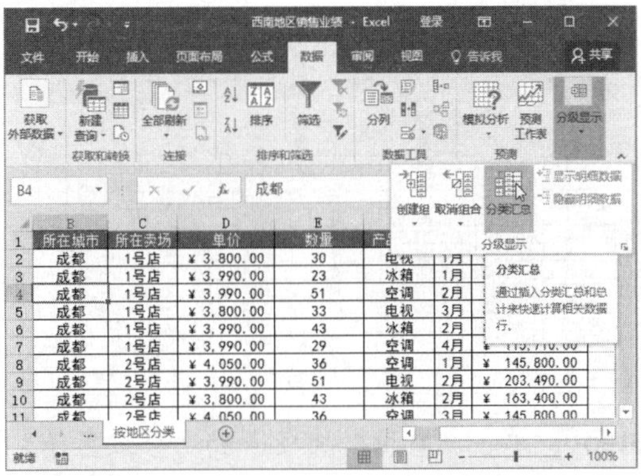

Step 03 打开“分类汇总”对话框，在“分类字段”下拉列表中选择“所在城市”命令，在“汇总方式”下拉列表中选择“平均值”命令，在“选定汇总项”列表中勾选“销售额”复选框，然后单击“确定”按钮。

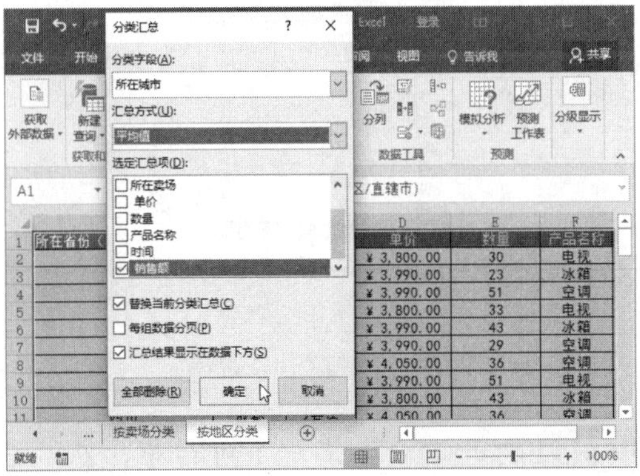

Step 04 返回工作表后即可查看到分类汇总的结果。

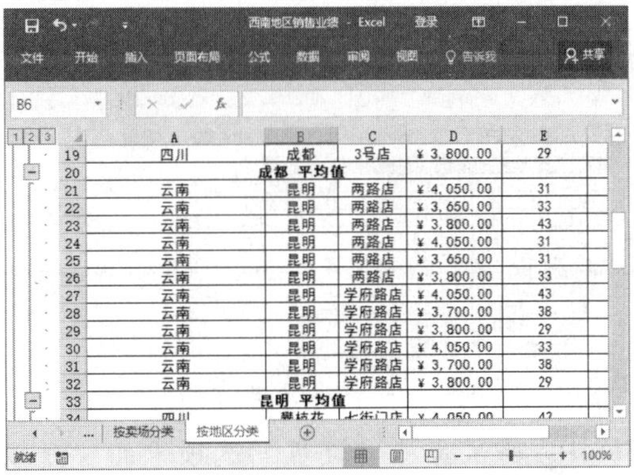

3．按产品和月份汇总销售额

在本例中为了能更清晰地查看各月的销售情况，可以利用分类汇总功能按产品进行分类汇总，并在该分类汇总的基础上再根据月份进行分类汇总，即在同一表格区域中使用两次分类汇总。为了使用两次分类汇总，在对表格中的数据进行排序时，应以第一次分类的字段为排序的主要关键字；以第二次分类的字段为排序的次要关键字，在排序之后进行两次分类汇总即可，操作方法如下。

Step 01 复制“销售业绩”工作表并重命名为“按产品和月份分类”，选择工作表中的任意单元格，然后单击“数据”选项卡的“排序和筛选”组中的“排序”按钮。

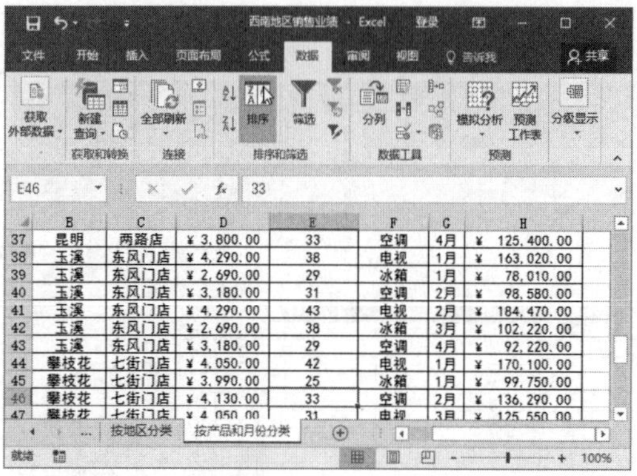

Step 02 打开“排序”对话框，在“主要关键字”下拉列表中选择“产品名称”命令，其他保持默认。然后单击“添加条件”按钮，在“次要关键字”下拉列表中选择“时间”命令，其他保持默认，完成后单击“确定”按钮。

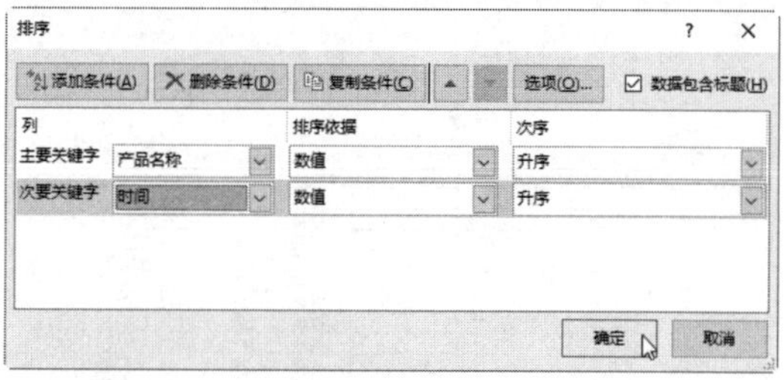

Step 03 单击“数据”选项卡的“分级显示”组中的“分类汇总”按钮。

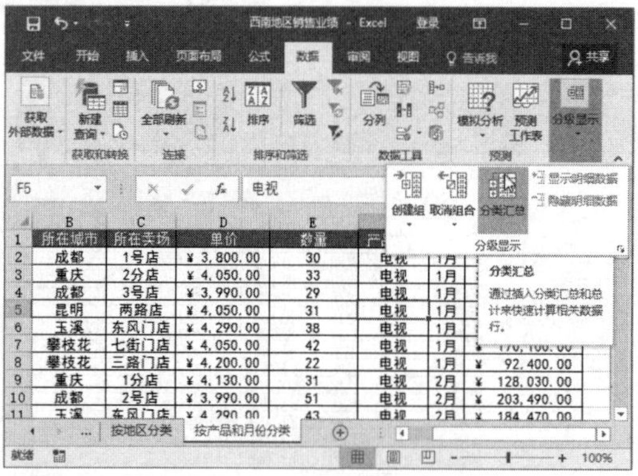

Step 04 打开“分类汇总”对话框，在“分类字段”下拉列表中选择“产品名称”命令，在“汇总方式”中选择“求和”命令，在“选定汇总项”下拉列表中勾选“销售额”复选框，完成后单击“确定”按钮。

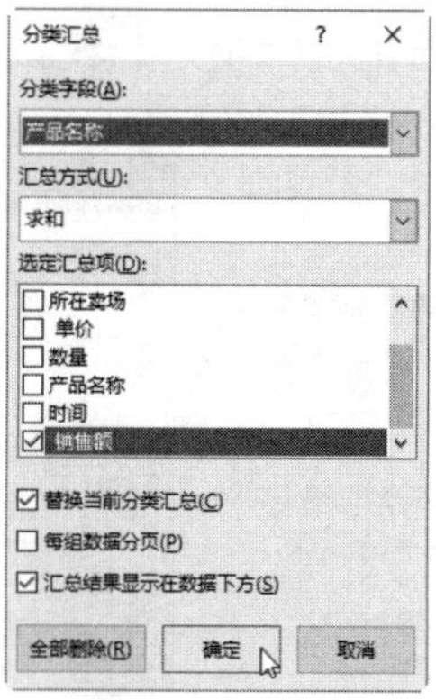

Step 05 再次单击“数据”选项卡的“分级显示”组中的“分类汇总”按钮。

Step 06 打开“分类汇总”对话框，在“分类字段”下拉列表中选择“时间”命令，在“汇总方式”中选择“求和”命令，在“选定汇总项”下拉列表中勾选“销售额”复选框。然后清除“替换当前分类汇总”复选框，完成后单击“确定”按钮。

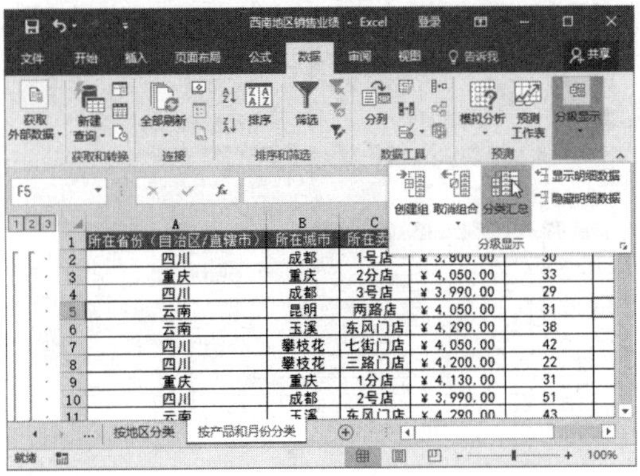

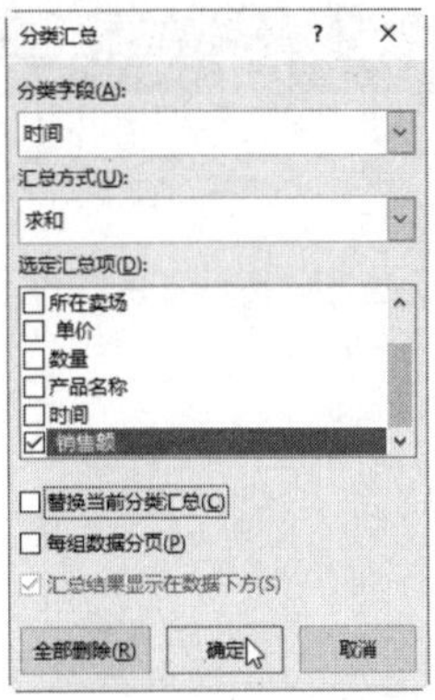

Step 07 返回工作表中即可查看到同时对两个字段进行分类汇总的结果。

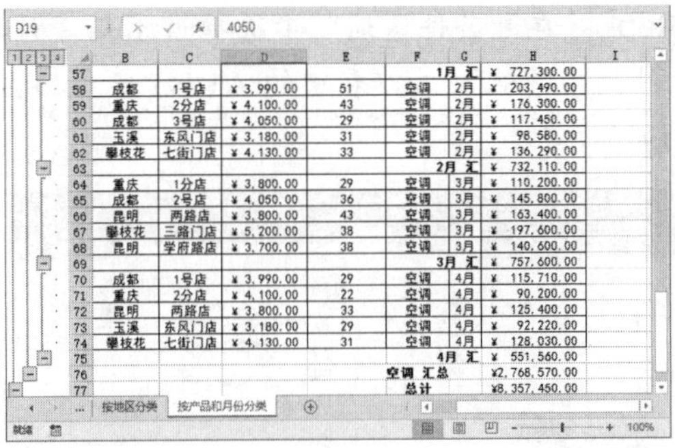

● 大师点拨

对工作表中的数据进行分类汇总后，如果需要删除分类汇总的结果，可以再次选择“数据”选项卡的“分级显示”组中的“分类汇总”命令，在弹出的“分类汇总”对话框中单击“全部删除”按钮即可。

8.2.3 筛选数据

要从工作表的大量数据中快速找出需要的数据，可以使用筛选功能。下面将对“销售业绩”表中的数据进行筛选。

1. 筛选指定品、指定时间的数据

为了快速查看“冰箱”在“3 月”和“4 月”的销售情况，可以使用高级筛选功能筛选相应的数据。在设置条件区域时，以“产品名称”和“时间字段”作为筛选条件，操作方法如下。

Step 01 新建一个名为“冰箱 3 月、4 月销售情况”的工作表，在 A1:B3 单元格区域输入如图所示的内容作为条件区域，然后单击“数据”选项卡的“排序和筛选”组中的“高级”按钮。

Step 02 在打开的“高级筛选”对话框中选择“将筛选结果复制到其他位置”单选项，然后在“列表区域”中选择销售业绩中所有数据单元格（含标题）。

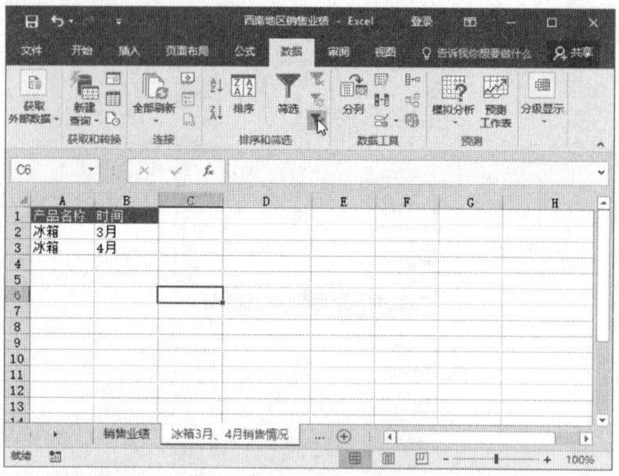

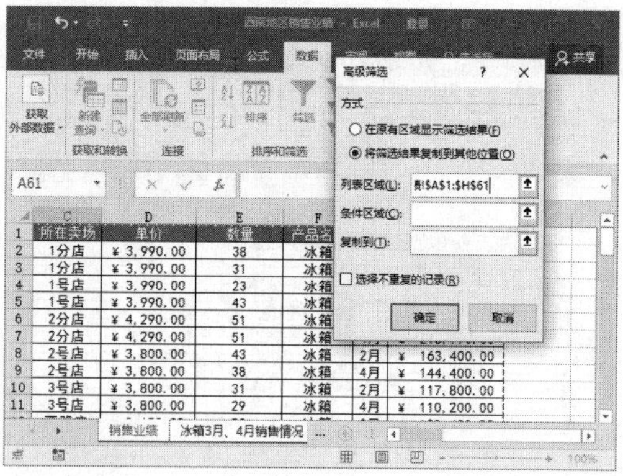

Step 03 在“条件区域”中选择“冰箱 3 月、4 月销售情况”工作表中的 A1:B3 单元格区域。

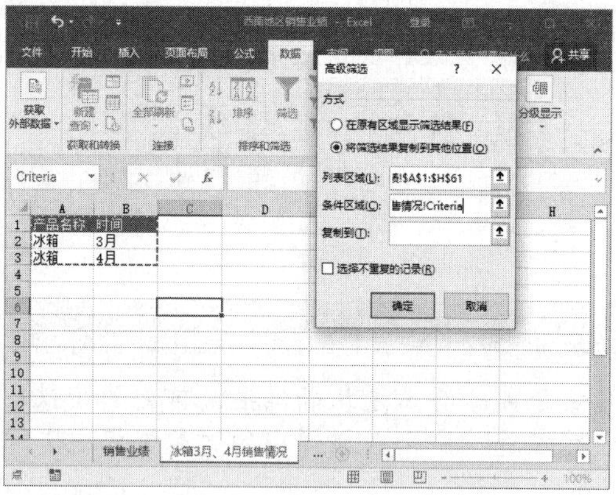

Step 04 在“复制到”框中选择“冰箱 3 月、4 月销售情况”工作表中的 A5 单元格，完成后单击“确定”按钮。

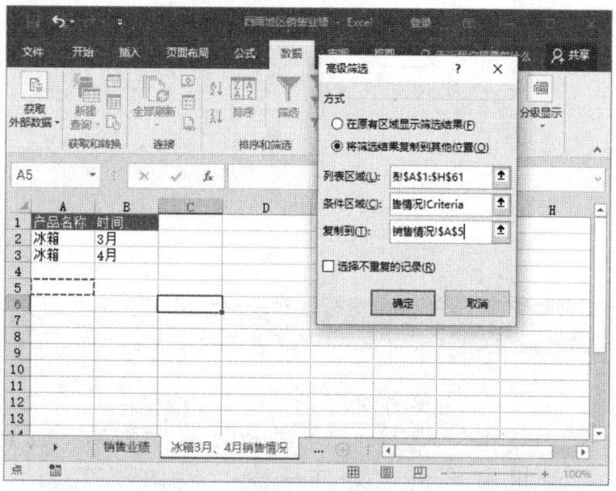

Step 05 返回工作表后即可查看到筛选的结果。

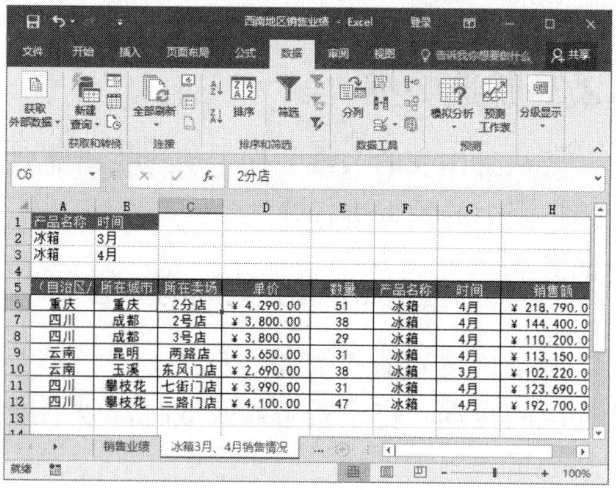

2．筛选销售额最高的数据

在对数据进行筛选时，有时候需要筛选出数据中某项数据值最大或最小的多条数据。此时可以使用自动筛选功能，操作方法如下。

Step 01 选择“销售业绩”工作表数据区域中的任意单元格，然后单击“数据”选项卡的“排序和筛选”组中的“筛选”按钮。

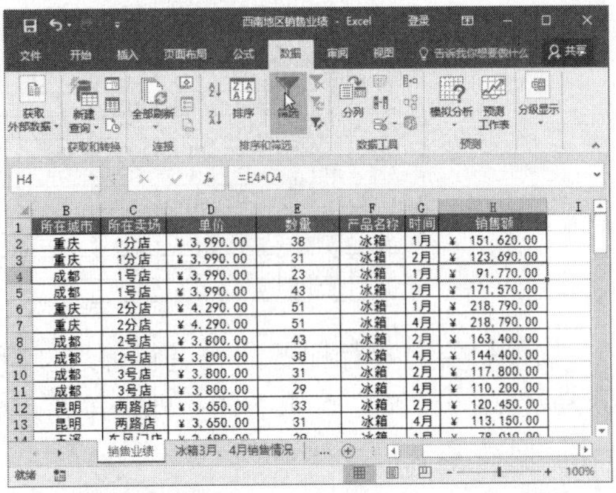

Step 02 开启筛选功能，单击“销售额”右侧的下拉按钮，在弹出的下拉菜单中选择“数字筛选”命令，在弹出的扩展菜单中选择“前10 项”命令，打开“自动筛选前 10 个”对话框。设置筛选条件为“显示最大 5 项”，然后单击“确定”按钮。

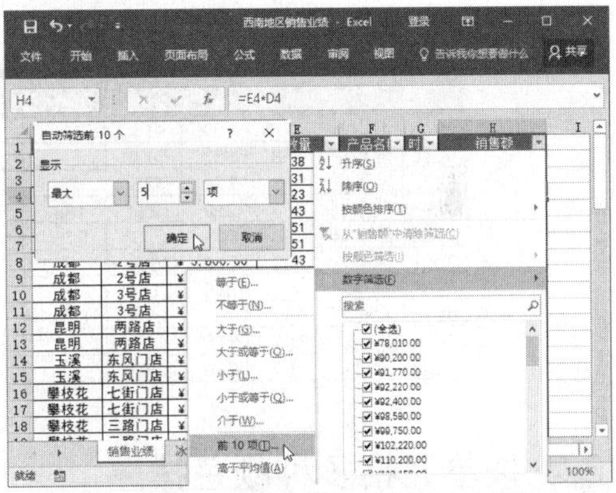

Step 03 返回工作表中，即可查看到销售额最大的 5 项数据已经被筛选出来。

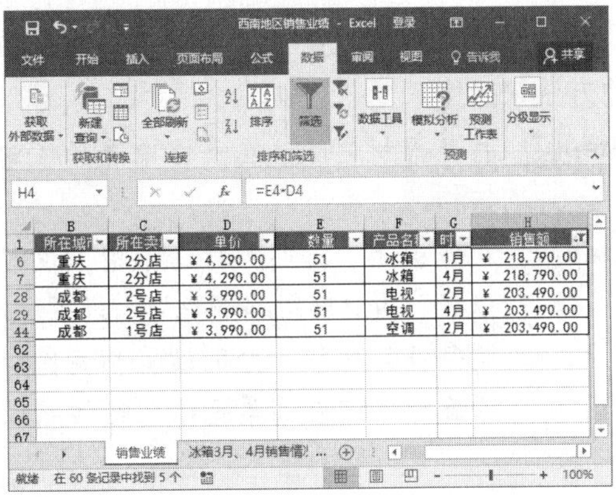

8.3 高手支招

8.3.1 对双行标题列表进行筛选

某些表格由两行标题组成，有的单元格还做了合并处理。如果选择数据区域的任意单元格再执行筛选操作，发现筛选的下拉按钮会被放置在上排，不能进行精确筛选，本节讲解怎样才能将下拉按钮放置于标题的第二列。

A 工号	B 姓名	C 应付工资 工资	D 津贴	E 补助	F 加班费	G 奖励	H 小计	I 扣减金额 社保	J 罚款	K 水电费	L 其他	M 小计	N 应发工资
0003	石立方	3800	700	910			5410	88				88	5322
0045	陈旭平	658	153	514			1325	88		69	150	307	1018
0063	宋苏兰	519	121	573			1213	88	10	11		109	1104
0297	艾年利	900	210	1294	468	30	2902	88		22	150	260	2642
0354	熊小军	690	0	223	876		1789	88		17	30	135	1654
0381	徐淑芳	900	210	1394			2504	88				88	2416
0407	王灿	900	210	1194			2304	88		9		97	2207
0435	贺相利	690	0	223	876		1789			17	30	47	1742
0437	易元涛	750	210	967		20	1947			12		12	1935
0460	宋立香	750	210	687			1647	88		9		97	1550

如果想要对双行标题列表进行筛选，可以先选中第二列再进行筛选。操作方法是：单击行标数字 2，即选中第 2 行。然后单击“数据”选项卡的“排序和筛选”组中的“筛选”按钮，最终得到以下结果。

A 工号	B 姓名	C 应付工资 工资	D 津贴	E 补助	F 加班	G 奖	H 小计	I 扣减金额 社	J 罚	K 水电	L 其	M 小计	N 应发工资
0003	石立方	3800	700	910			5410	88				88	5322
0045	陈旭平	658	153	514			1325	88		69	150	307	1018
0063	宋苏兰	519	121	573			1213	88	10	11		109	1104
0297	艾年利	900	210	1294	468	30	2902	88		22	150	260	2642
0354	熊小军	690	0	223	876		1789	88		17	30	135	1654
0381	徐淑芳	900	210	1394			2504	88				88	2416
0407	王灿	900	210	1194			2304	88		9		97	2207
0435	贺相利	690	0	223	876		1789			17	30	47	1742
0437	易元涛	750	210	967		20	1947			12		12	1935
0460	宋立香	750	210	687			1647	88		9		97	1550

8.3.2 按单元格多种颜色排序

如果表格中被设置了多种颜色，而又希望根据颜色的次序来排列数据，可以按照以下的方法来操作。

Step 01 打开素材文件，在表格中选择任意单元格，然后单击“数据”选项卡的“排序”按钮。

Step 02 在弹出的“排序”对话框中，设置“主要关键字”为“基本工资”，设置“排序依据”为“单元格颜色”，设置“次序”为“红色”在顶端。设置完成后单击“复制条件”按钮，分别设置“黄色”和“蓝色”。然后单击“确定”按钮，返回工作表后即可看到单元格已经按照设置的颜色排序。

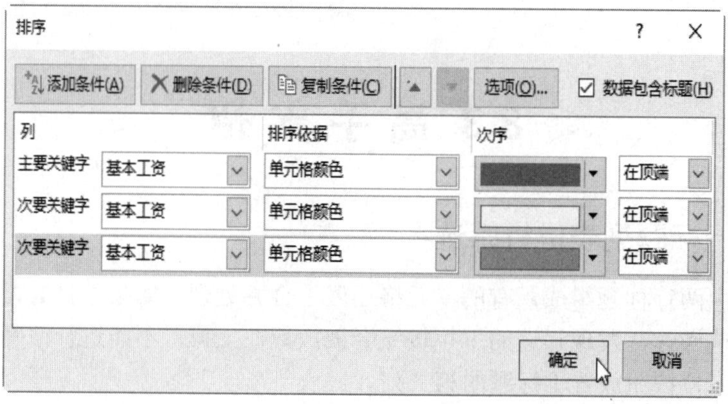

8.3.3 使用通配符进行模糊筛选

通配符“*”表示一串字符，“？”表示一个字符，使用通配符可以快速筛选出一列中满足条件的记录。下面以筛选姓名中姓“朱”的员工为例，操作步骤如下。

Step 01 打开素材文件，将光标定位到工作表的数据区域中。切换到“数据”选项卡，单击“排序和筛选”组中的“筛选”按钮。

Step 02 单击需要筛选的列标题右侧的下拉按钮，如姓名。在弹出的下拉列表中将鼠标指针指向“文本筛选”命令，在级联菜单中选择“自定义筛选”命令。

Step 03 在“自定义自动筛选方式”对话框中选择“姓名”为“等于”命令，在右侧文本框中输入“朱*”。单击“确定”按钮返回工作表，即可看到工作表中只显示符合条件的员工数据记录。

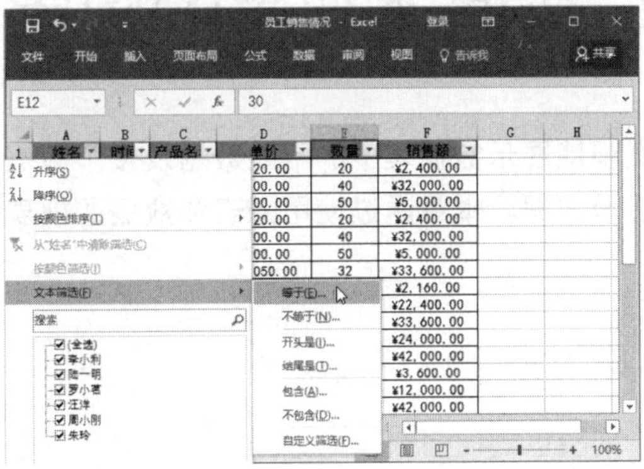

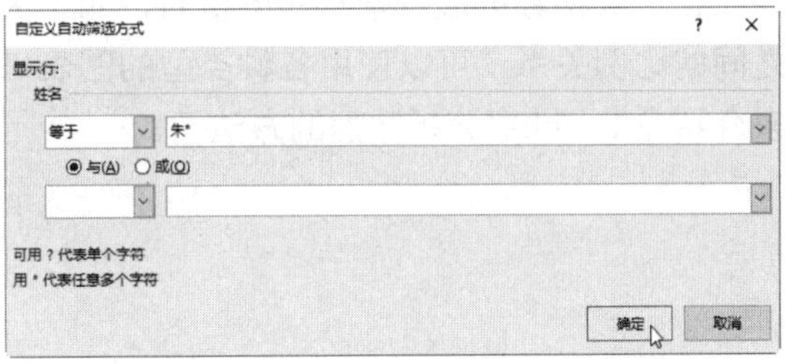

第9章

Excel 图表与数据透视表的应用

在对表格数据进行查看和分析时，为了更直观地展示数据表中的不同数据及多个数据之间的比例关系，可以使用各种类型的图表来展示数据。本章通过使用图表和数据透视表来介绍在 Excel 中分析数据的方法。

9.1 创建生产统计图表

企业每年都需要制作生产统计表，以了解每季度的生产总量和年度总计。为了更清楚地查看数据对比，可以根据表格创建图表。本节以制作车间生产报告图表为例，通过插入多个图表，并以美化图表为例，介绍制作和美化图表的方法。

9.1.1 创建图表

使用图表可以直观地显示出各车间每季度的生产量，并对数据进行对比。下面根据表格创建图表来分析数据。

1. 插入图表

Excel 有多种图表类型，用户可以根据数据选择合适的图表类型。下面以创建柱形图为例，介绍创建图表的具体方法。

Step 01 打开素材文件，选择 A2:E7 单元格区域，单击“插入”选项卡的“图表”组中的“插入柱形图或条形图”下拉按钮，在弹出的下拉列表中选择“簇状柱形图”命令。

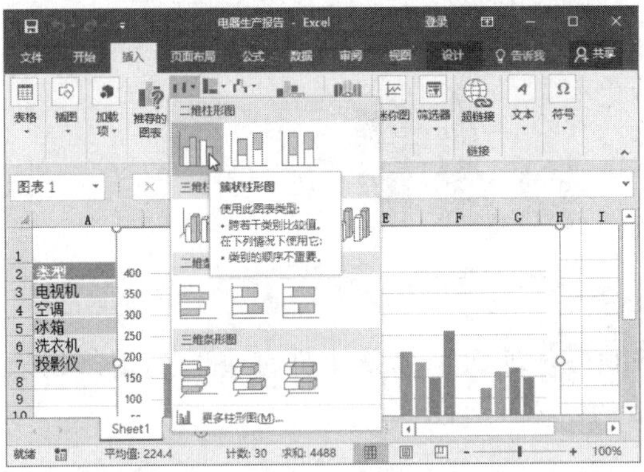

Step 02 操作完成后，即可查看到图表已经插入了工作簿中。

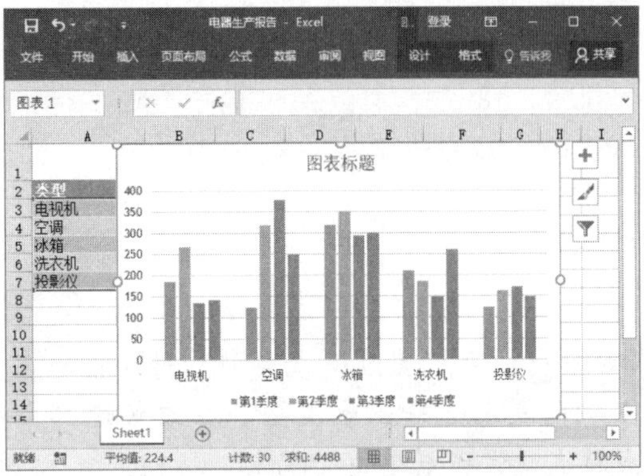

2. 调整图表的位置和大小

为了使图表放在工作表中的合适位置，用户可以对图表的位置和大小进行调整，操作方法如下。

Step 01，将鼠标指针移动到图表上，当光标变为 时，按下鼠标左键不放，将图表拖动到合适的位置后释放鼠标左键即可。

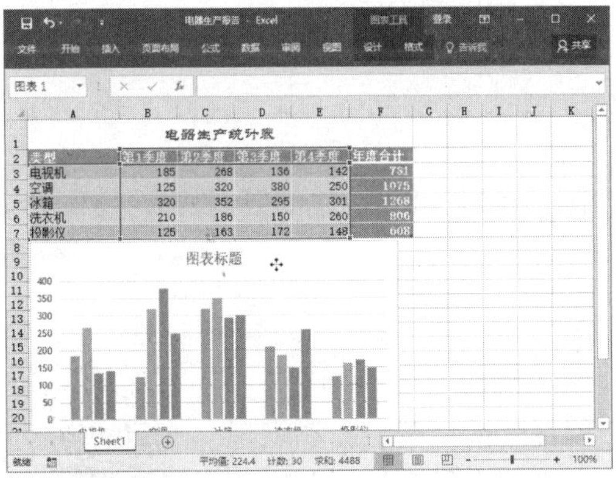

Step 02 选中要调整大小的图表，此时图表区的四周会出现 8 个控制点。将鼠标光标移动到图表控制点上，当光标变为双向箭头时，按下鼠标左键拖动即可调整图表大小。

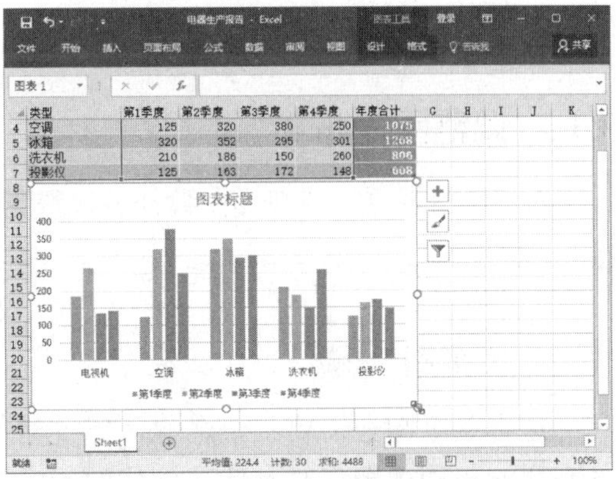

3. 更改图表类型

在创建图表之后，如果对创建的图表类型不满意，也可以随时更改图表类型，操作方法如下。

Step 01 选择图表，选择“图表工具 / 设计”选项卡的“类型”组中的“更改图表类型”命令。

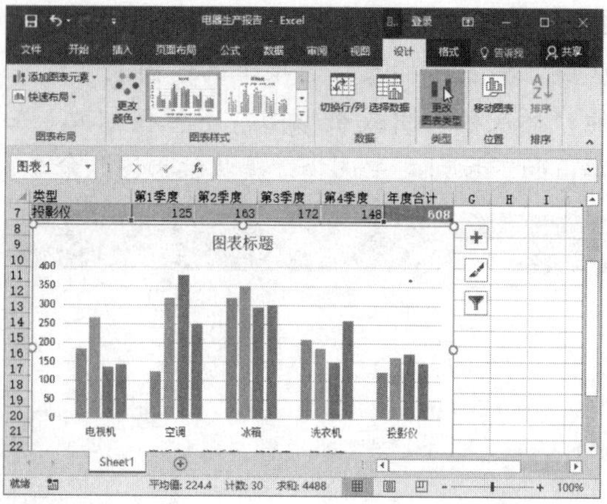

Step 02 打开“更改图表类型”对话框，在左侧列表中选择图表类型，在右侧选择图表样式，完成后单击“确定”按钮。

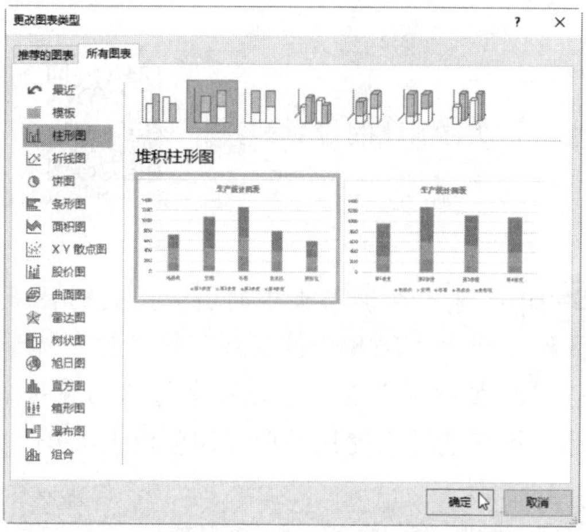

Step 03 返回工作簿中即可查看到更改图表后的效果。

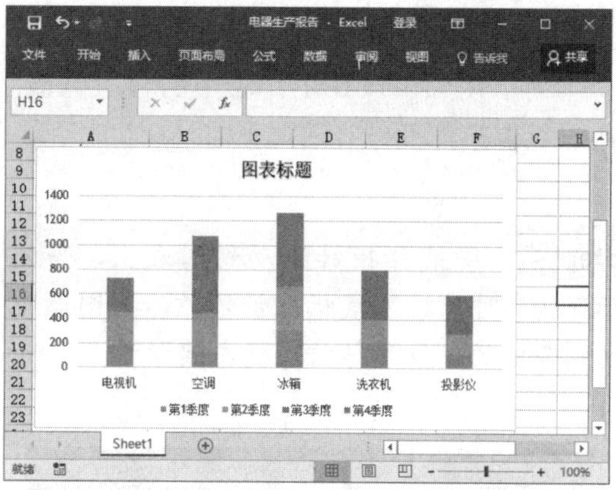

9.1.2 调整图表布局

为了使图表更加美观，使数据表现得更加清晰，可以为图表添加各种修饰，操作方法如下。

1. 设置图表标题

通常一个图表需要一个名称，通过简单的语言概括该图表需要表现的意义。在创建图表时，默认创建的图表标题为“图表标题”，此时可以通过以下方法更改图表标题。

Step 01 双击图表标题，将光标定位到图表标题文本框中，选中图表标题，直接输入文字即可重新设置图表标题。

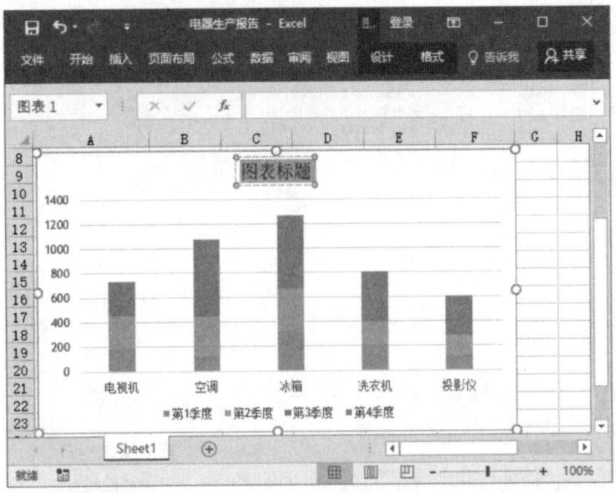

Step 02 选中图表标题文本框，在“图表工具 / 格式”选项卡的“艺术字样式”中设置图表标题的艺术字样式。

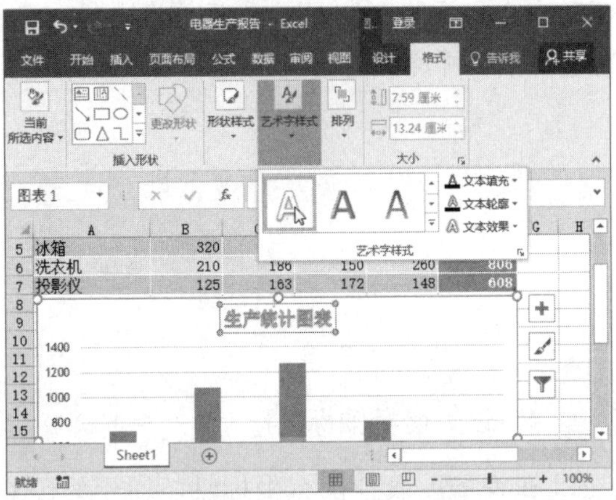

2．更改图例位置

在图表中通常会有对图表中的图形或颜色进行说明的部分，这就是图例。本例的图例位于图表下方，不同的颜色代表了不同的季度。为了使图例更明显，整体布局更美观，可以将其更换到图表的右侧，操作方法如下。

选择图表，单击“图表工具 / 设计”选项卡的“图表布局”组中的“添加图表元素”下拉按钮。在弹出的下拉菜单中选择“图例”命令，在弹出的扩展菜单中选择“右侧”命令。

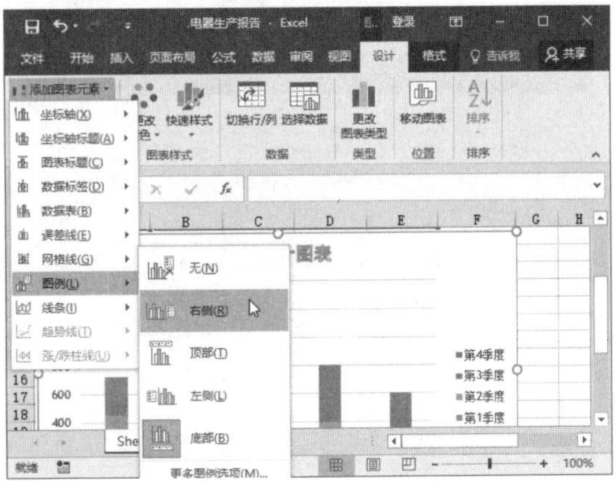

3．显示数据标签

图表中默认并没有显示数据标签，为了查看图表中各部分图表所表示的数值，可以将数据标签显示出来，操作方法如下。

选择图表，单击“图表工具 / 设计”选项卡的“图表布局”组中的“添加图表元素”下拉按钮。在弹出的下拉菜单中选择“数据标签”命令，再在弹出的扩展菜单中选择“数据标签内”命令。

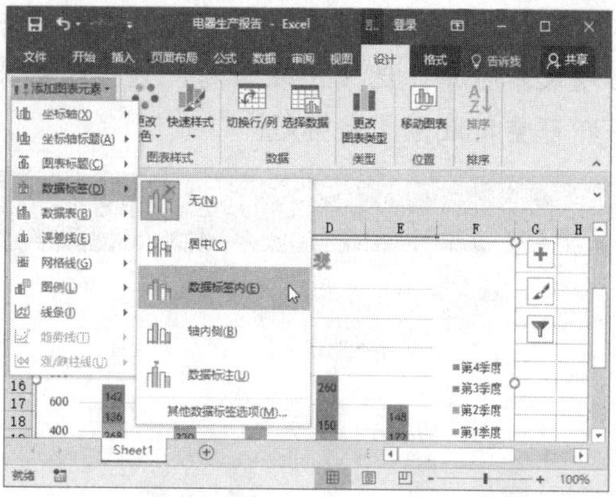

4．设置坐标轴标题

在许多图表中都有坐标轴，用于体现数据的类别或具体数据。图表默认并没有坐标轴标题。为了使图表显示得更加清晰，用户也可以为图表添加坐标轴标题，操作方法如下。

Step 01 选择图表，在图表的右侧将出现“图表元素”浮动工具按钮 + 。单击该按钮，在弹出的快捷菜单中单击“坐标轴标题”右侧的扩展按钮 ▸，在弹出的扩展菜单中选择“主要横坐标轴”命令。

Step 02 在图表下方将添加一个默认名称为“坐标轴标题”的文本框，在其中输入轴标题内容即可。

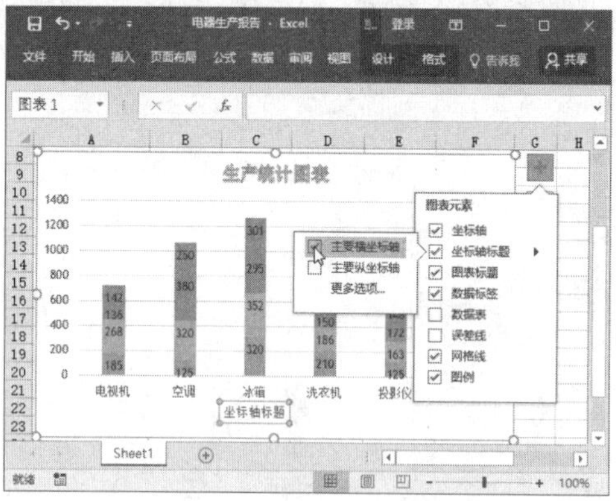

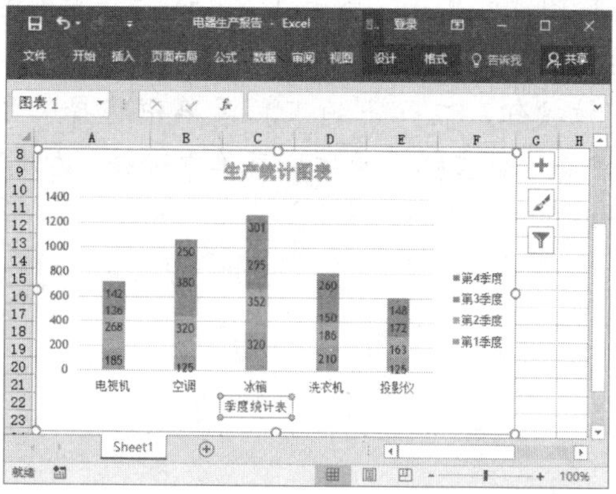

5．设置坐标轴刻度

图表的坐标轴都会有刻度值，本例图表中的纵坐标轴默认以数据 0、200、400 等为坐标刻度。为了使坐标刻度更清晰，现在将坐标刻度调整为每隔 100 显示一个刻度值，操作方法如下。

Step 01 选中纵坐标轴，然后在该坐标轴上单击鼠标右键，在弹出的快捷菜单中选择“设置坐标轴格式”命令。

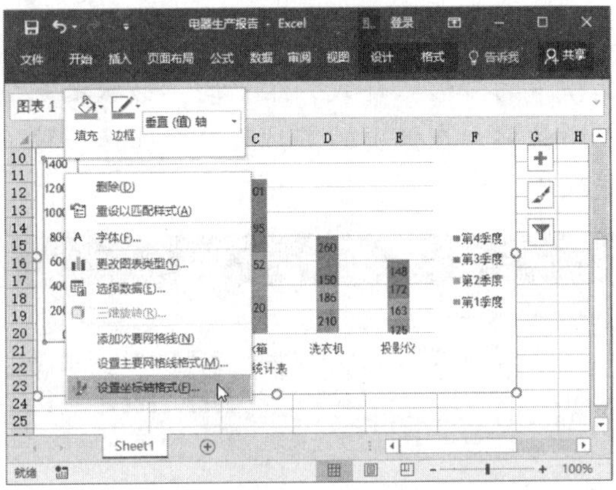

Step 02 打开“设置坐标轴格式”窗格，在“坐标轴选项”选项卡的“坐标轴选项”组中，设置“单位”组中的“主要”为“100.0”，完成后即可查看到纵坐标轴的刻度已经更改。

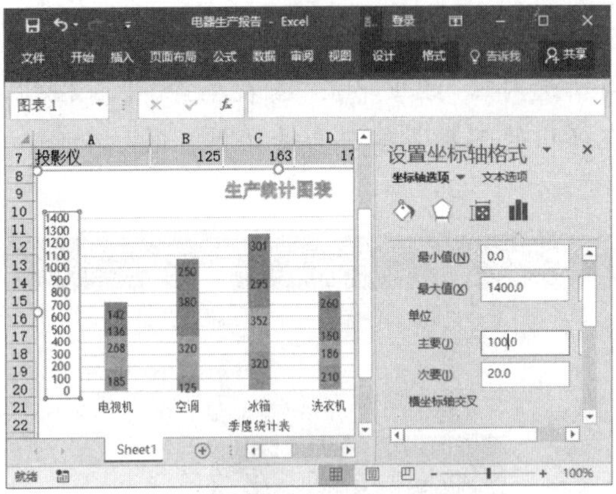

9.1.3 美化图表

在制作图表时，为了提高图表的美观度，使图表具有更好的视觉效果，可以为图表添加各种修饰，操作方法如下。

1. 使用样式快速美化图表

Excel 中内置了多种图表样式，使用快速样式可以立刻让图表生动起来，操作方法如下。

Step 01 选择图表，单击“图表工具 / 设计”选项卡的“图表样式”组中的“其他”按钮。

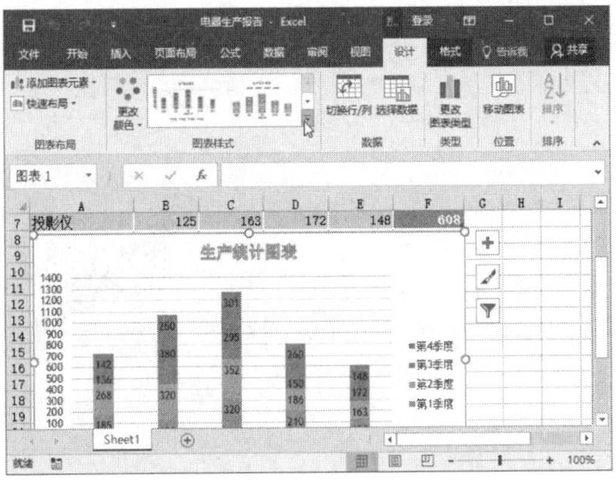

Step 02 弹出内置的图表样式，选择一种图表样式即可快速美化图表。

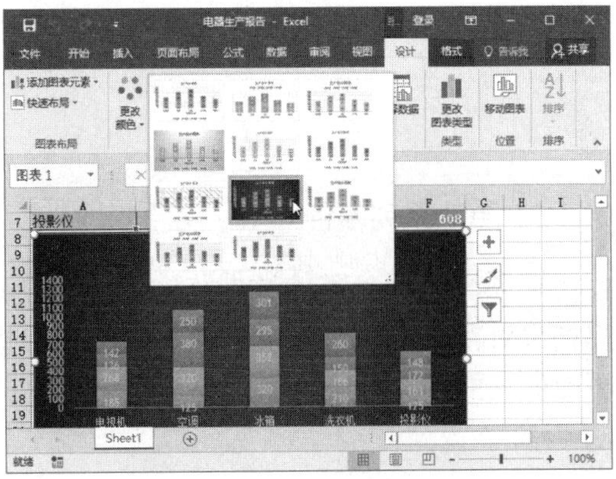

2. 设置图表区背景

Excel 中内置了多种图表样式，使用快速样式可以立刻让图表生动起来，操作方法如下。

Step 01 在“图表工具 / 格式”选项卡的“当前所选内容”组中单击“图表元素”下拉按钮，在弹出的下拉菜单中选择“图表区”命令。

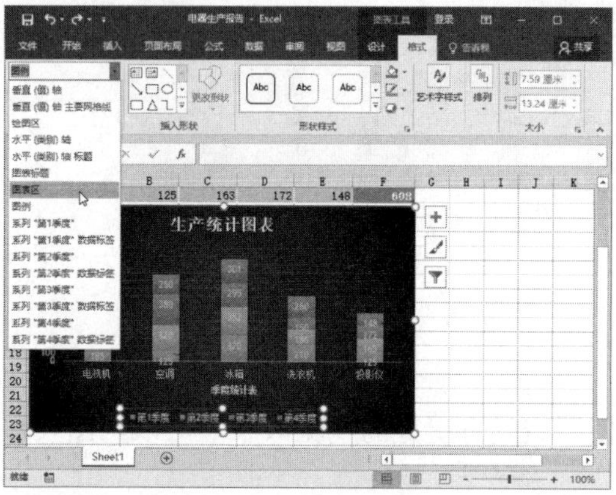

Step 02 选中图表区，单击“图表工具 / 格式”选项卡的“形状样式”组中的“形状填充”下拉按钮，在弹出的下拉菜单中选择一种填充颜色。

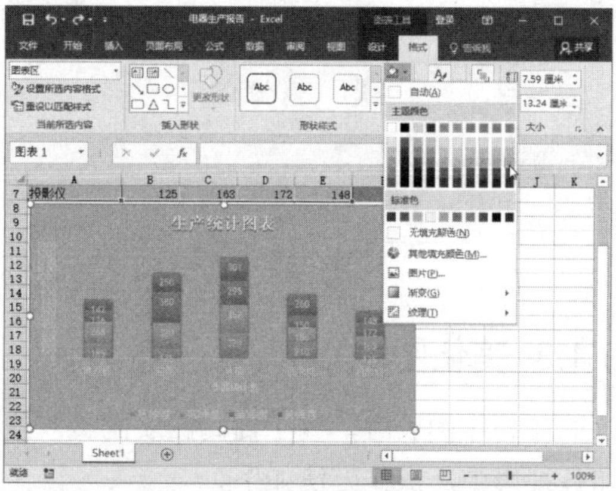

Step 03 再次单击“形状”填充下拉按钮，在弹出的下拉菜单中选择“渐变”命令，在弹出的扩展菜单中选择一种渐变样式即可。

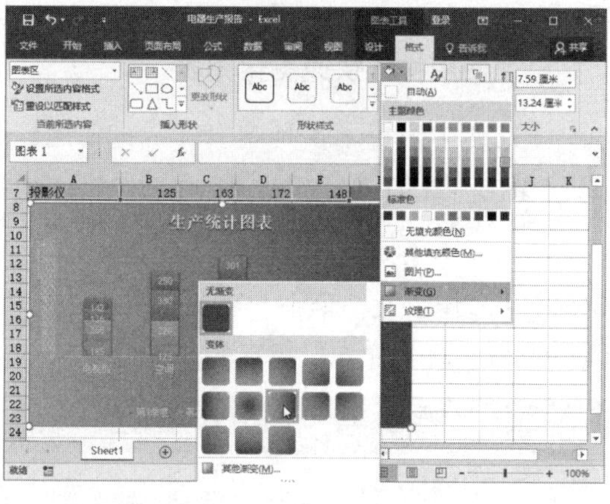

3. 更改系列颜色

在图表中每一类的数据称之为“一个系列”，用一种颜色表示。用户如果对默认的系列颜色不满意，Excel 也提供了多种颜色方案可供选择。更改颜色的操作方法如下。

选择图表，单击“图表工具 / 设计”选项卡的“图表样式”组中的“更改颜色”下拉按钮，在弹出的下拉列表中选择一种颜色即可。

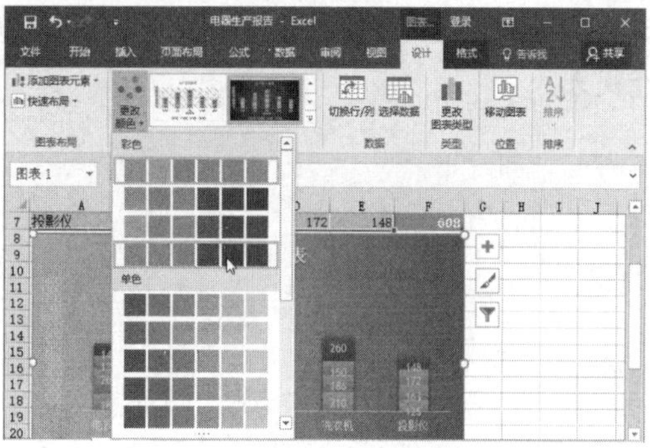

9.2 使用数据透视图表分析产品销售情况

在对数据进行深入分析时，可以使用数据透视表或数据透视图，数据透视表和数据透视图都是以交互方式，以及交互显示数据表中不同类别数据的汇总结果。本例将应用数据透视表和数据透视图对产品的销售情况进行多种分析。

9.2.1 使用数据透视表分析数据

在制作了销售数据分析表之后，为了更直观地查看数据，可以使用数据透视表对数据进行分析，操作方法如下。

1. 创建数据透视表

要使用数据透视表分析数据，首先需要创建数据透视表，操作方法如下。

Step 01 打开素材文件，选中数据区域中的任意单元格，单击“插入”选项卡的“表格”组中的“数据透视表”按钮。

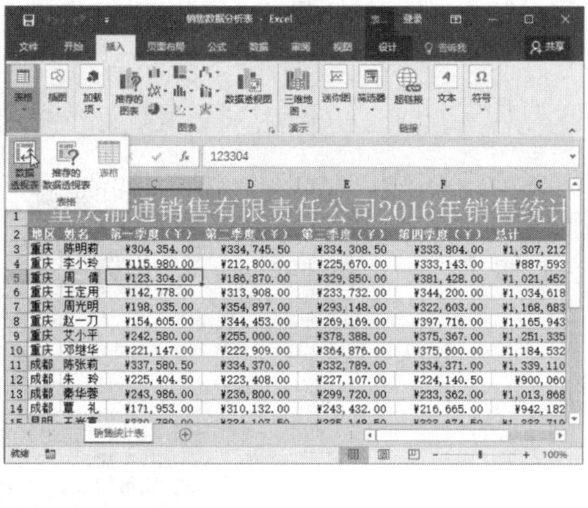

Step 02 打开“创建数据透视图”对话框，自动引用当前活动单元格所在的表格区域作为数据透视表的分析区域，单击“确定”按钮即可。

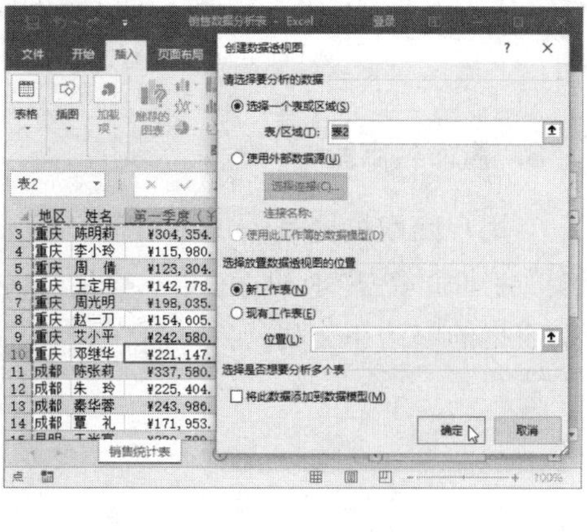

Step 03 返回文档中即可查看到创建的数据透视表。

2. 添加字段

在创建出的数据透视表中并没有任何数据，需要在其中添加相应的字段才可以得到相应的分析结果。

选择数据透视表中的任意单元格，打开“数据透视表字段列表”窗格。在“选择要添加到报表的字段”列表框中勾选相应字段对应的复选框，即可创建出带有数据的数据透视表。

● 大师点拨

当关闭了“数据透视表字段”窗格后，重新选择数据透视图中需要应用的字段或对字段位置进行调整时，需要打开“数据透视表字段”窗格。打开的方法是：单击“数据透视表工具/分析”选项卡的“显示”组中的“字段列表”按钮。

3. 重命名字段

当用户向数据区域添加字段后，Excel 都会将其重命名。比如“第一季度”会重命名为“求和项：第一季度”，这样就会加大字段所在列的列宽，影响表格的整洁和美观。

Step 01 单击数据透视表的列标题单元格，如“求和项：第一季度（￥）”。在编辑栏中删除多余的文本，将其更改为“第一季度”。

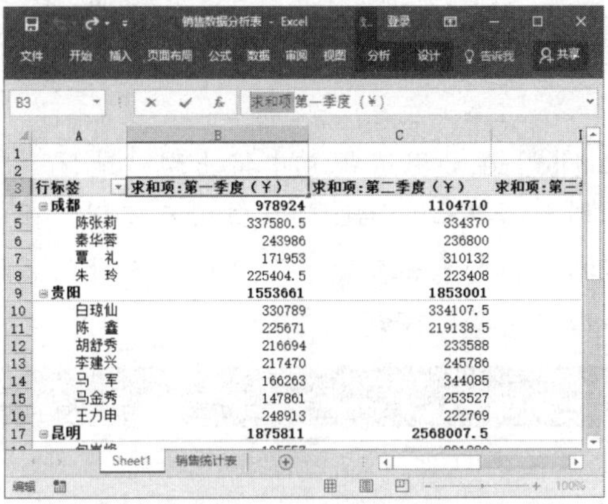

Step 02 使用相同的方法重命名其他字段。

● 大师心得

数据透视表中每个字段的名称必须唯一，Excel 不接受任意两个字段具有相同的名称，即创建的数据透视表的各个字段的名称不能相同。创建的数据透视表的字段名称与数据源表头的名称也不能相同，否则会出现错误提示。

4. 美化数据透视表

美化数据透视表的方法与美化表格的方法基本相同，操作方法如下。

Step 01 选择数据列表中的任意单元格，单击“数据透视表工具 / 设计”选项卡的“数据透视表样式”组中的“其他”下拉按钮。

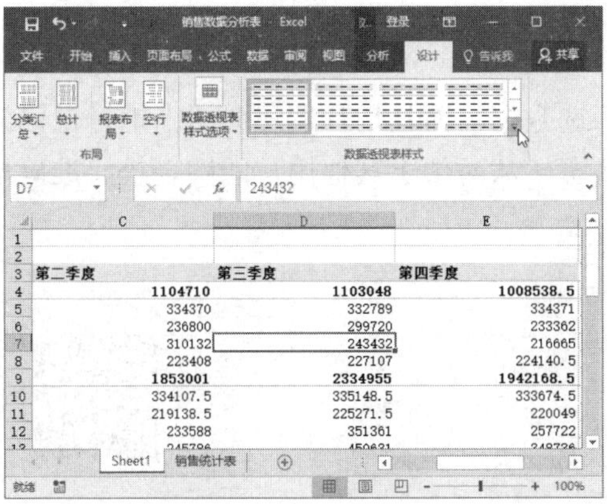

Step 02 在弹出的下拉列表中选择一种数据透视表样式即可。

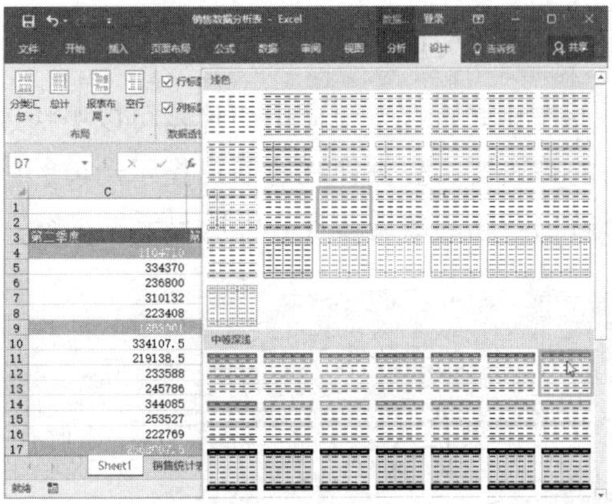

5. 按地区分析数据

为了更清楚地查看数据透视图中的数据，我们可以将数据透视图移动到新工作表中，操作方法如下。

Step 01 单击“数据透视表字段”窗格的“行”栏中的“地区”下拉按钮，在弹出的快捷菜单中选择“移动到报表筛选”命令。

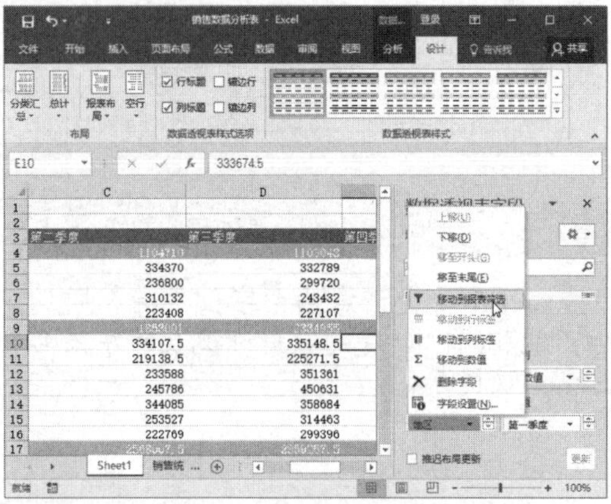

Step 02 在数据透视表中将出现“地区”下拉列表，单击“地区”下拉列表按钮。在弹出的下拉列表框中选择“贵阳”命令，然后单击“确定”按钮。

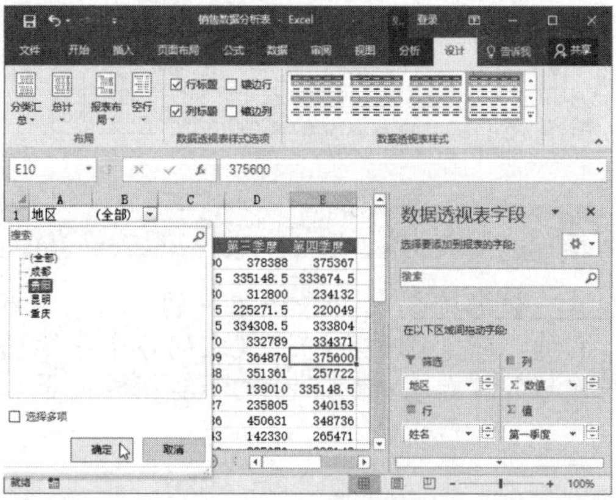

Step 03 此时可以在数据透视表中查看到“贵阳”地区的销售数据。

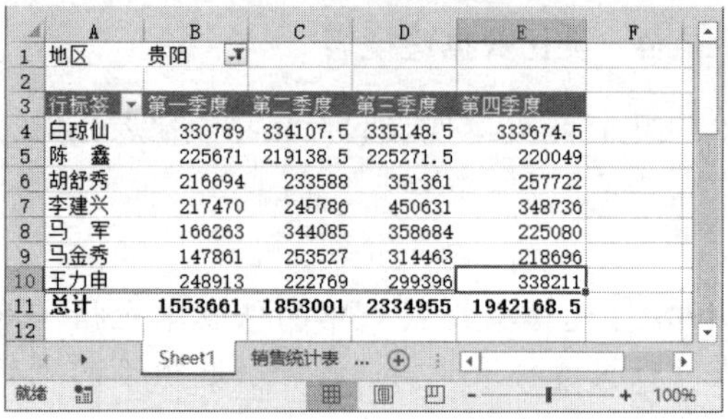

9.2.2 插入切片器分析数据

在数据透视表中使用切片器可以更快速地筛选数据，而且切片器还会清晰地标记已应用的筛选器，提供详细的信息指示当前的筛选状态，从而便于其他用户能够轻松、准确地了解已筛选的数据透视表中所显示的内容。

1. 插入切片器

如果要插入切片器，操作方法如下。

Step 01 将鼠标光标定位到数据透视表的任意单元格中，然后单击“数据透视表 / 分析”选项卡的“筛选”组中的“插入切片器”按钮。

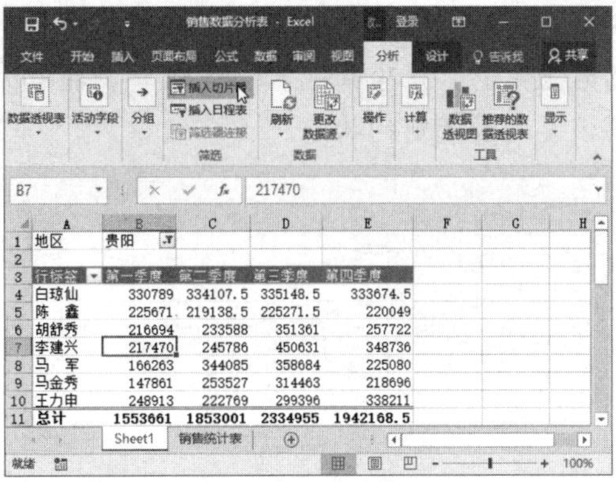

Step 02 打开“插入切片器”对话框，勾选“地区”“姓名”“总计”“排名”复选框，完成后单击“确定”按钮即可插入切片器。

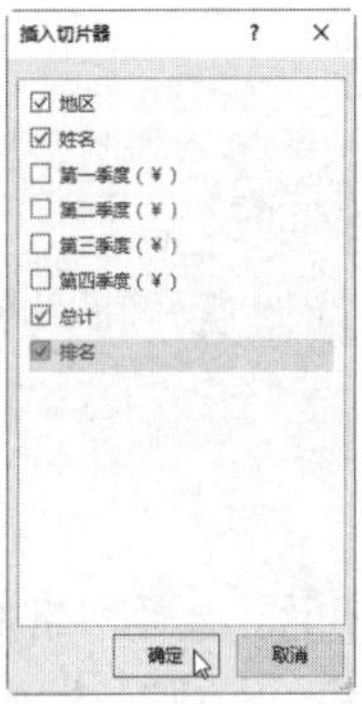

2. 筛选数据

使用切片器来筛选数据透视表中的数据方法非常简单，只需单击切片器中的一个或多个按钮即可，操作方法如下。

Step 01 在“地区”切片器中选择“昆明”命令，在其他切片器中即可显示昆明地区销售人员的销售总计和排名情况，而其他数据呈灰色显示。

Step 02 在“姓名”切片器中选择销售人员的名字，在“总计”切片器和“排名”切片器中即可显示该人员的销售情况和排名，而其他数据呈灰色显示。

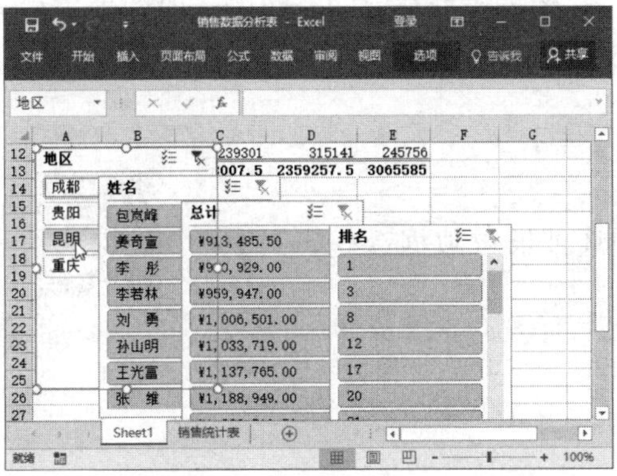

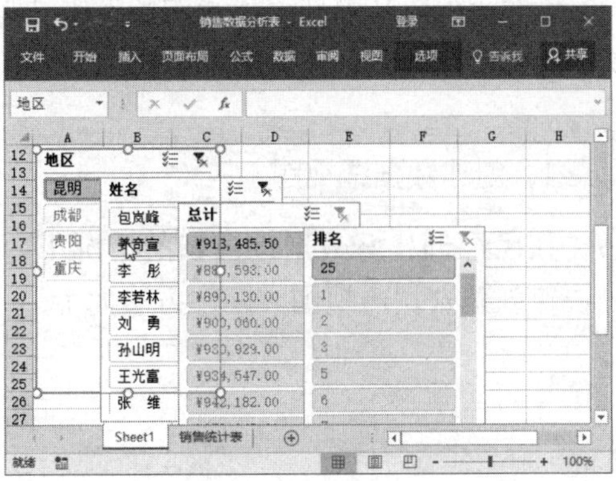

Step 03 如果需要重新筛选，可以单击切片器右上角的“清除筛选器”按钮，将切片器恢复到筛选前的状态。

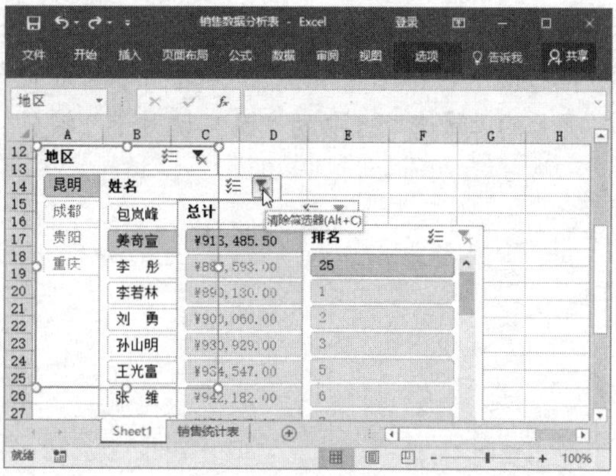

3. 美化切片器

在插入切片器后，可以使用切片器样式对切片器进行快速美化，操作方法如下。

按住“Ctrl”键不放，选择所有创建的切片器，在“切片器工具/选项”选项卡的“切片器样式”组中设置切片器样式。

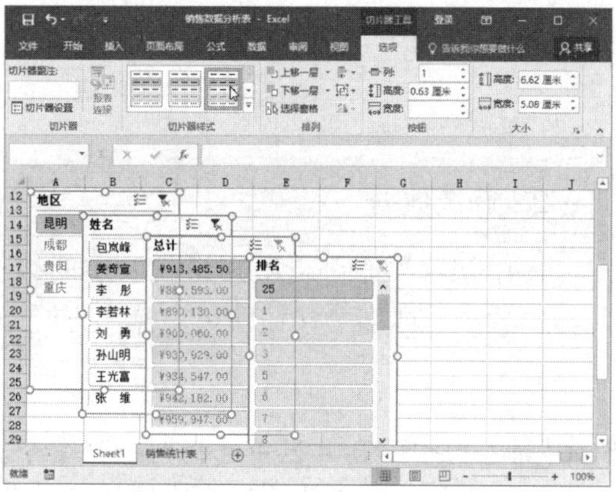

9.2.3 使用数据透视图分析数据

数据透视图是数据透视表的图形表达方式，其图表类型与前面介绍的一般图表类型类似，主要有柱形图、条形图、折线图、饼图、面积图和圆环图等。

1. 创建数据透视图

在已经创建好数据透视表的情况下，用户还能够以数据透视表为基础快速创建数据透视图，操作方法如下。

Step 01 选中数据透视表中的任意单元格，切换到“数据透视表工具 / 分析”选项卡，单击“工具”组中的“数据透视图”按钮。

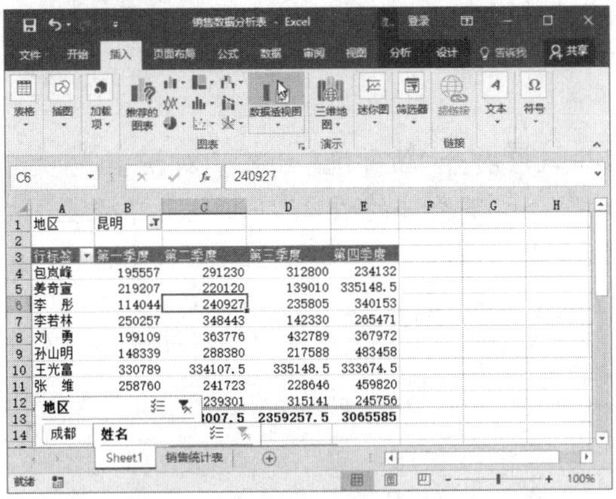

Step 02 在弹出的下拉列表中选择一种数据透视表样式即可。

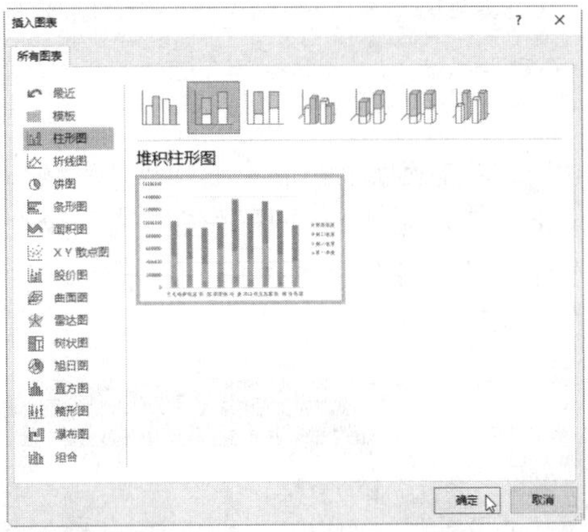

● 大师点拨

选择数据区域，在“插入”选项卡的“图表”组中单击“数据透视表”按钮，可以创建一个空白的数据透视表和数据透视图。

2. 移动数据透视图

数据透视图创建后默认与数据透视表在同一工作簿中，为了更清楚地显示数据透视图中的数据，可以将数据透视图移动到另一个工作簿，操作方法如下。

Step 01 在数据透视表中单击鼠标右键，在弹出的快捷菜单中选择“移动图表”命令。

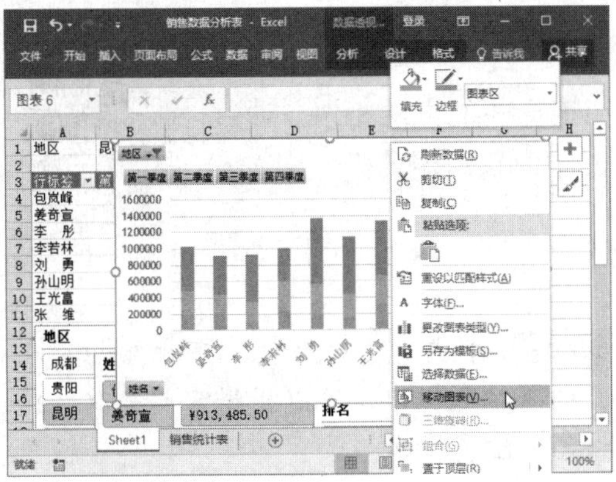

Step 02 打开“移动图表”对话框，在“选择放置图表的位置”组中选择“新工作表”单选项，然后单击“确定”按钮即可。

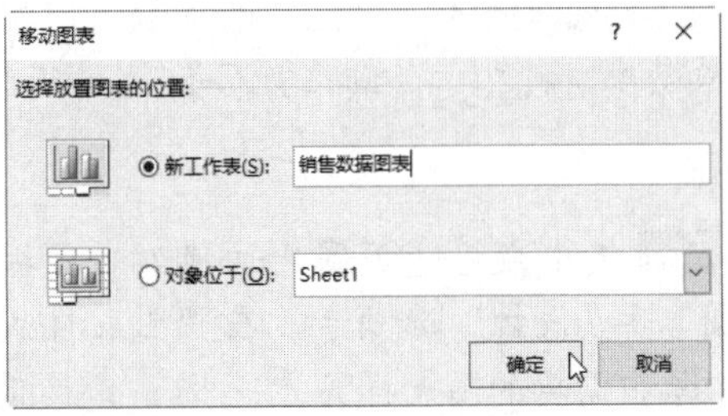

3．分析数据透视图

在数据透视图中也可以筛选数据，操作方法如下。

Step 01 单击数据透视表中的“姓名”按钮，在弹出的下拉菜单中选择“值筛选”命令，再在弹出的扩展菜单中选择“小于”命令。

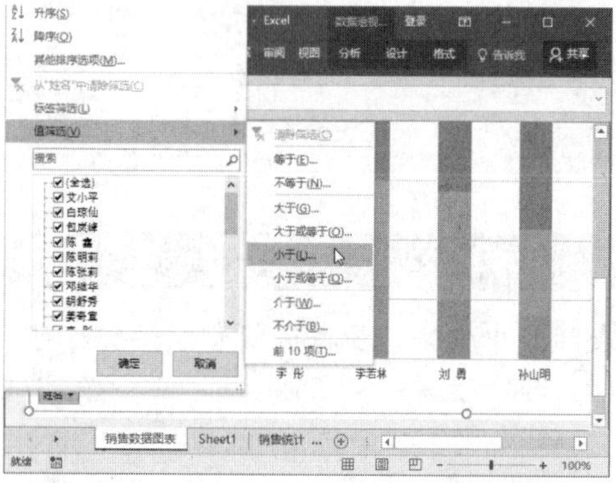

Step 02 打开“值筛选(姓名)”对话框，在“显示符合以下条件的项目”下拉列表中设置“第二季度”“小于”“250000”，完成后单击“确定”按钮。

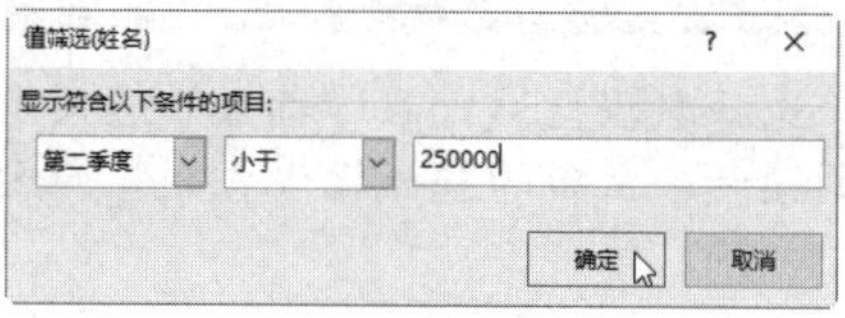

Step 03 返回数据透视表中即可查看到符合条件的数据已经被筛选出来。

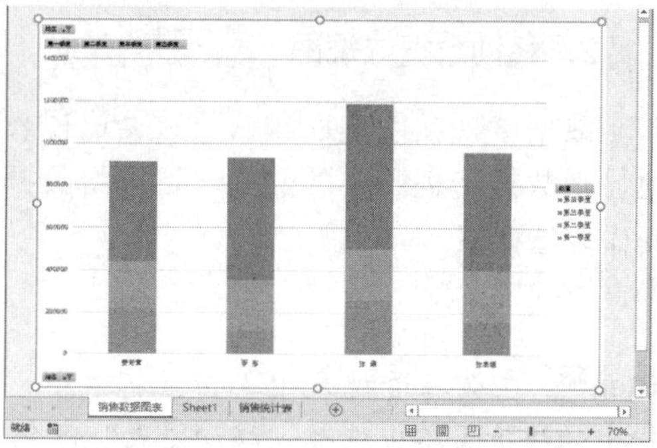

4．美化数据透视图

在数据透视图中设置样式的方法与设置图表样式的方法相似，通过“数据透视图工具 / 设计”选项卡可以将 Excel 中内置的图表样式快速应用到数据透视图中，操作方法如下。

Step 01 选中数据透视图，切换到“数据透视图工具 / 设计”选项卡，在“图表样式”组中单击需要的图表样式。

Step 02 单击“更改颜色”下拉按钮，在打开的下拉色板中，可以根据需要更改数据透视图的配色方案。

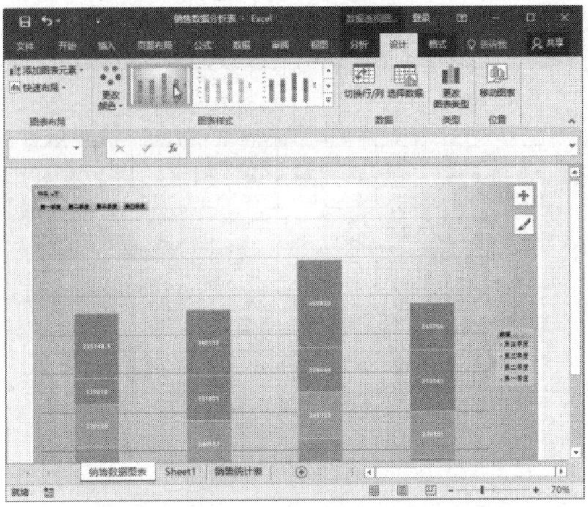

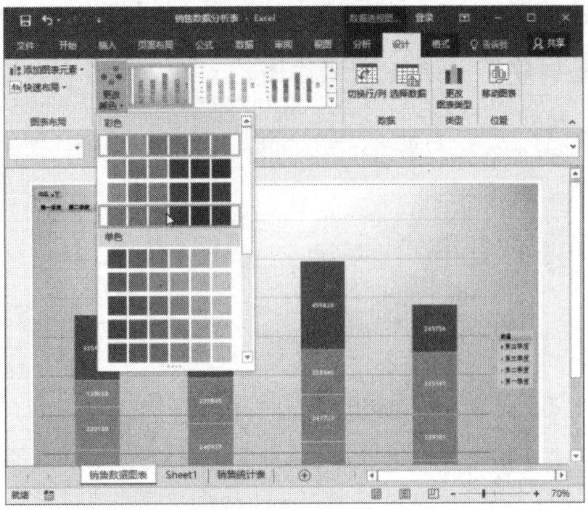

9.3 分析销售情况趋势

与 Excel 工作表中的其他图表不同，迷你图不是对象，它实际上是单元格背景中的一个微型图表。在数据旁边放置迷你图可以使数据表达得更直观、更容易被理解。下面将介绍创建迷你图分析销售情况趋势的具体方法。

9.3.1 创建迷你图分析销售情况趋势

虽然迷你图不能完全替代图表的作用，但是在日常工作中，我们可以使用迷你图在数据表格旁边简明地显示出数据的趋势，方便进行简单的分析和判断。本例将创建折线迷你图分析销售情况趋势，操作方法如下。

Step 01 打开素材文件，在按住“Ctrl”键的同时，单击I3、I6、I9、I12单元格，将其同时选中，然后单击“插入”选项卡的“迷你图”组中的“折线图”按钮。

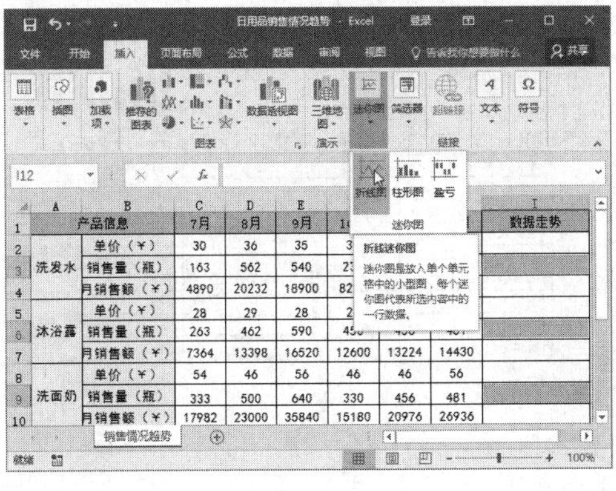

Step 02 弹出“创建迷你图”对话框，在“数据范围”文本框中设置数据源为“C3:H3,C6:H6,C9:H9,C12:H12”（以英文逗号“,”分隔），完成后单击“确定”按钮。

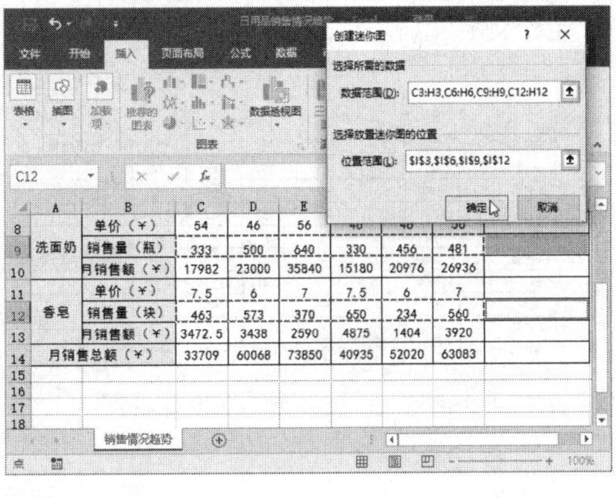

Step 03 返回工作表，可以看到其中根据设置创建了一组折线迷你图。

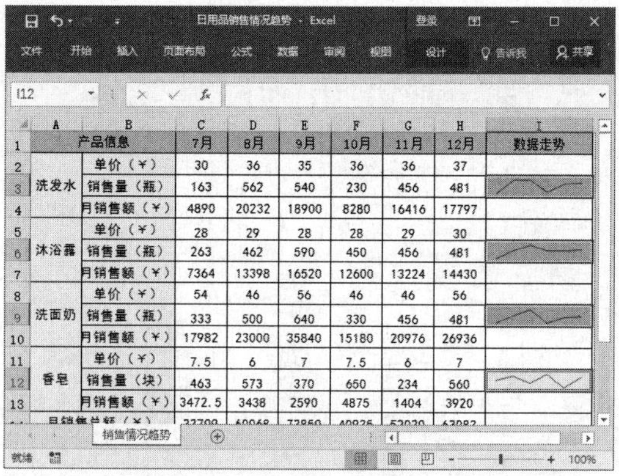

大师心得

在创建迷你图时，一个迷你图对应的数据源只能是同一行或同一列中相邻的单元格；否则无法创建迷你图。

9.3.2 编辑与美化迷你图

在创建迷你图之后，为了使迷你图更清晰、美观，可以对其进行编辑和美化操作，操作方法如下。

Step 01 选中迷你图所在单元格，切换到“迷你图工具/设计”选项卡，在“显示”组中勾选“高点”和“低点”复选框，显示出最高值和最低值的数据节点。

Step 02 在“迷你图工具/设计”选项卡的“样式”组中，单击“迷你图颜色”下拉按钮，在打开的下拉菜单中选择“粗细”命令，再在打开的扩展菜单中，根据需要选择迷你折线图的线条粗细。

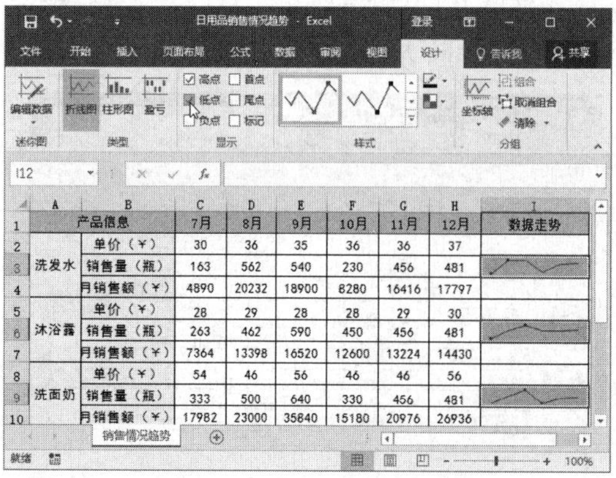

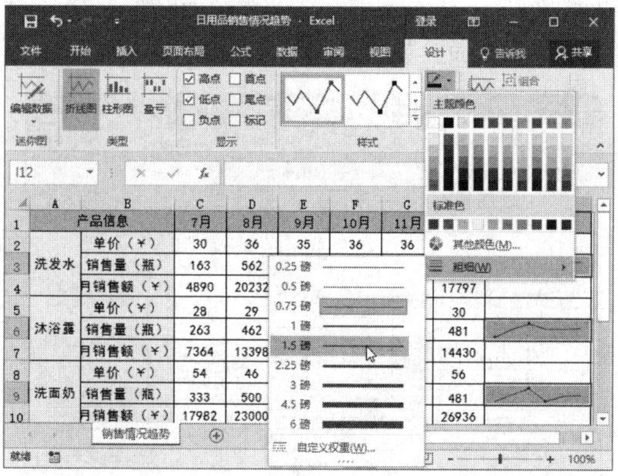

Step 03 在“迷你图工具/设计”组的“样式”组中单击“标记颜色”下拉按钮，在打开的下拉菜单中选择“低点”命令，在打开的扩展菜单中设置迷你折线图的低点为绿色。

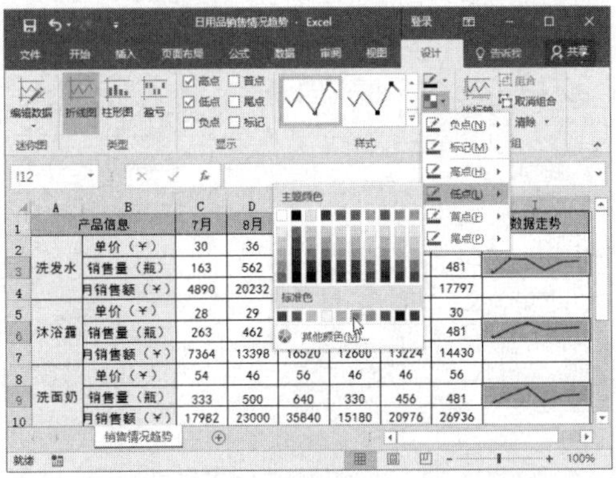

Step 04 返回工作表，即可看到设置后的效果。

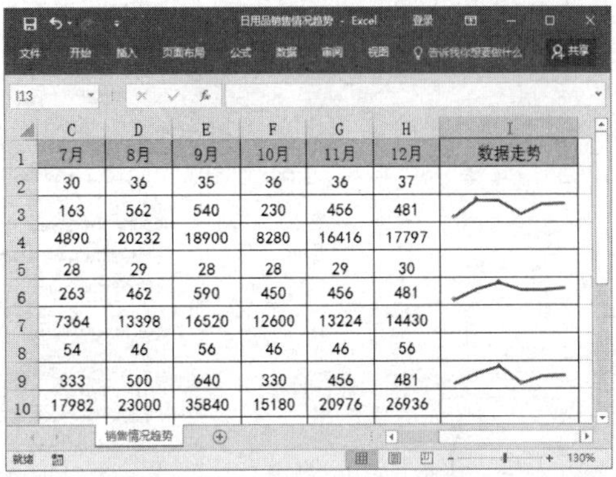

● 大师点拨

同时创建的多个迷你图，将自动被组合到一起，形成一个整体。选中其中任意一个，即可对全部迷你图进行编辑或美化操作。

9.4 高手支招

9.4.1 更改字段列表中字段的显示顺序

数据透视表中的字段有时候不会按照工作簿中的数据排列，为了方便查看，我们可以更改字段列表中字段的显示顺序。

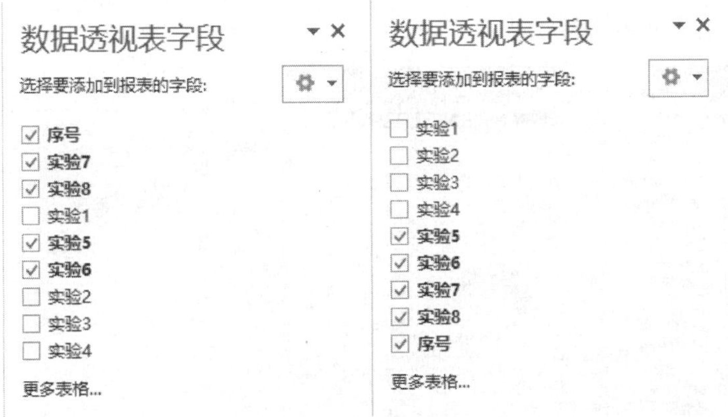

更改字段列表中字段的显示顺序的操作方法是：单击数据透视表的任意单元格，然后单击“数据透视表工具/分析”选项卡的“数据透视表”组中的“选项”按钮，弹出“数

据透视表选项”对话框。切换到“显示”选项卡，然后选择“字段列表”中的“升序”单选项，完成后单击“确定”按钮即可。

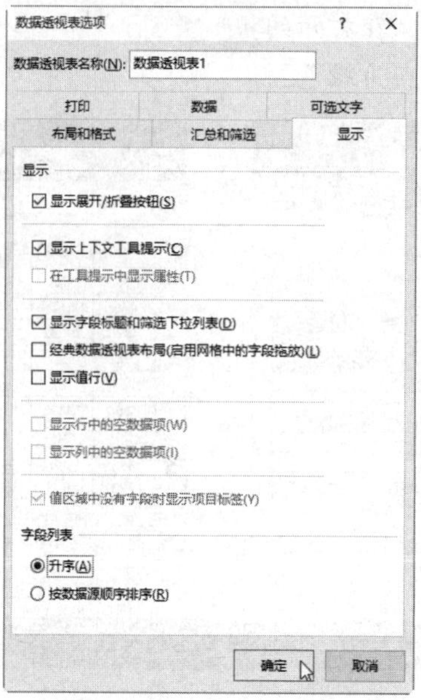

9.4.2 将图表保存为模板

在创建图表或更改图表类型时，如果系统提供的图表模板不能满足需要，用户可以根据需要制作好一张图表并将其保存为自己的图表模板，操作方法如下。

Step 01 在工作簿中创建并设置好模板图表，选中整个图表，单击鼠标右键，在弹出的快捷菜单中选择“另存为模板”命令。

Step 02 弹出“保存图表模板”对话框，在“文件名”文本框中输入图表模板名称，其他保持默认设置，单击“保存”按钮即可。

Step 03 保存图表模板后，在创建图表时，打开“插入图表”对话框。切换到“所有图表”选项卡。在“模板”组中，选择自定义的图表模板，单击“确定”按钮，即可按自定义图表模板创建图表。

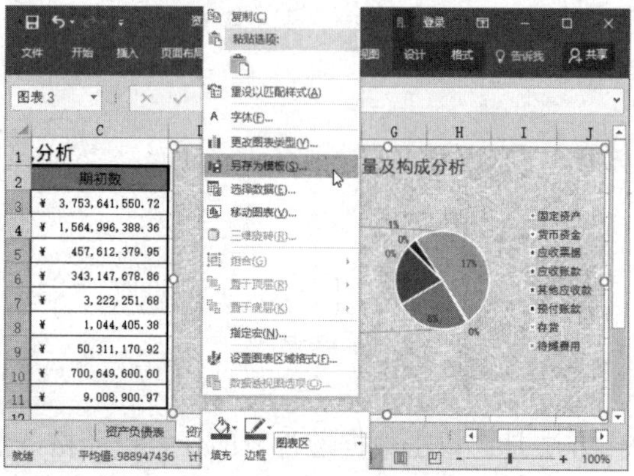

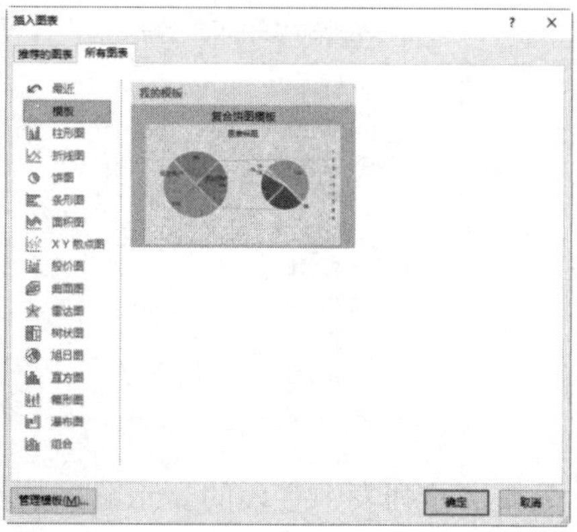

● 大师心得

在“插入图表”对话框中单击“管理模板”按钮，可以打开自定义图表模板所在文件夹，对其进行复制、删除、重命名等操作。

9.4.3 在饼状图中让接近 0% 的数据隐藏起来

在制作饼图时，如果数据本身靠近零值，在饼图中将不能显示色块，只会在图表中显示一个“0%”的标签。即使将这个标签删除，如果再次更改图表中的数据，这个标签又会自动出现，此时可以使用以下方法彻底隐藏接近 0% 的数据。

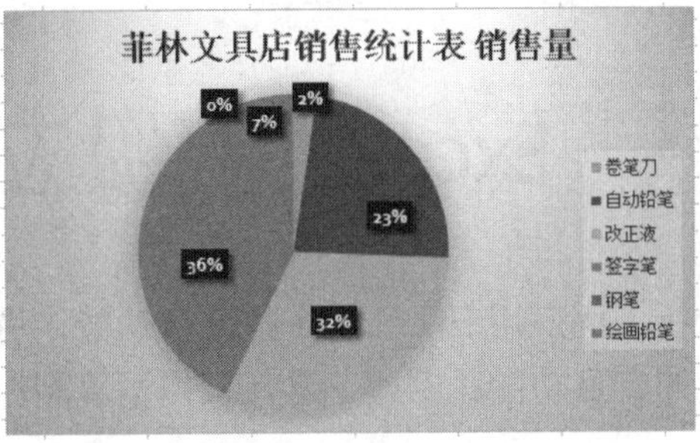

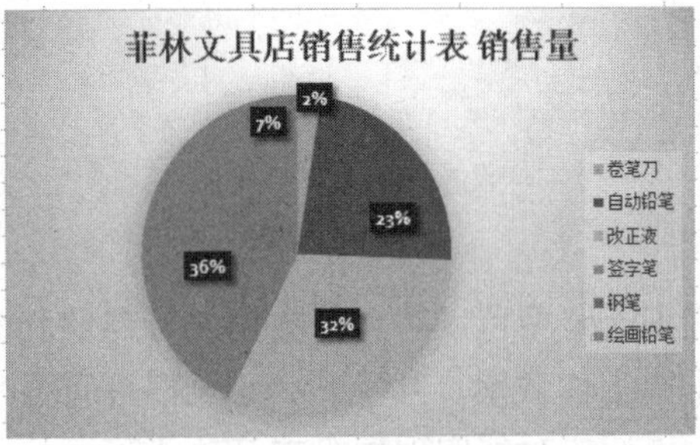

操作方法为：选中图表，然后双击图表标签，打开“设置数据标签格式”对话框。切换到“标签选项”选项卡，单击“数字”组中的“类别”下拉列表框，在打开的下拉菜单中选择“自定义”命令。然后在“格式代码”文本框中输入“[< 0.01] " " ;0%”，单击“添加”按钮即可。

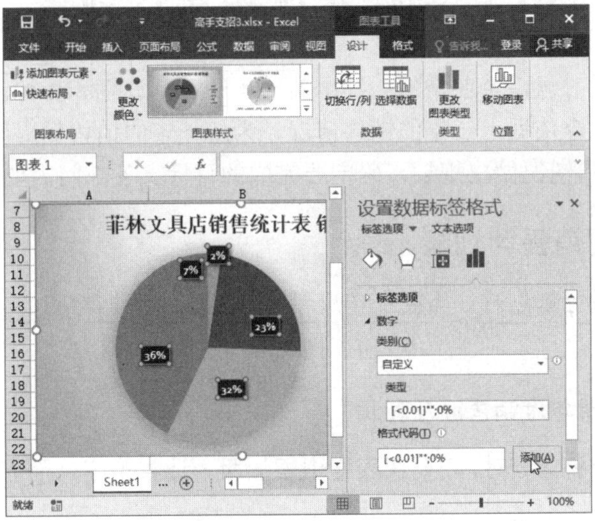

第10章

Excel 的高级应用

在 Excel 中可以对大量数据进行存储和分析，而应用 Excel 的一些高级功能，可以有效地提高工作效率，并使 Excel 表格具有强大的交互功能。例如，进行模拟运算制作销售计划、使用宏功能实现高级交互功能等。

10.1 制作年度销售计划表

在年初或年末的时候，企业常常会提出新一年的各种计划和目标。例如，产品的销售计划。销售计划通常会依据上一年的销售情况，为新一年的销售额提出要求。本例将应用 Excel 对新一年的销售情况做出规划，确定要完成的目标、各部门需要完成的总目标等。

10.1.1 创建年度销售计划表

在对年度销量进行规划时，需要在年度销售计划表中添加相应的公式以确定数据间的关系，操作方法如下。

1. 添加公式计算年度销售额及利润

在制订部门的销售计划时，需要在表格中添加用于计算年度总销售额和总利润的公式，操作方法如下。

Step 01 打开素材文件，选择 C2 单元格，在该单元格中输入公式“=SUM(B7:B10)”，计算出 B7:B10 单元格区域中的数据之和。

Step 02 选择 C3 单元格，在该单元格中输入公式“=SUM(D7:D10)”，计算出 D7:D10 单元格区域中的数据之和。

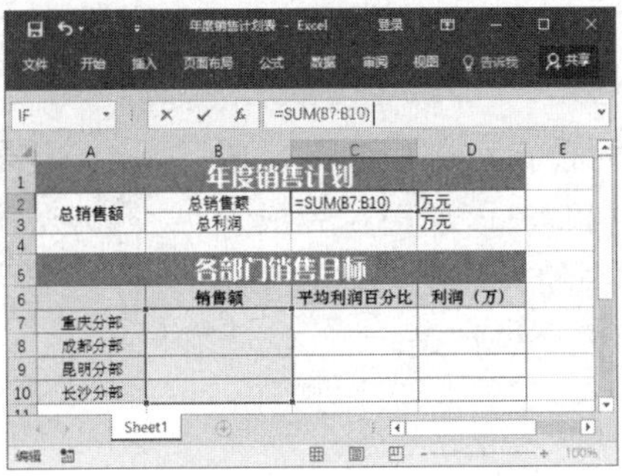

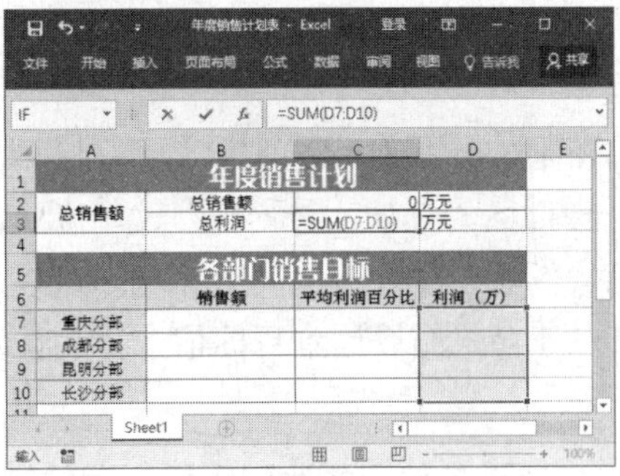

2. 添加公式计算各部门销售利润

各部门的销售利润应该根据各部门的销售额与平均利润百分比计算得出，所以应该在“利润”列中的单元格添加计算公式，操作方法如下。

Step 01 选择 D7 单元格，在该单元格中输入公式“= B7*C7”，计算出 B7 和 C7 单元格的乘积以得到利润值。

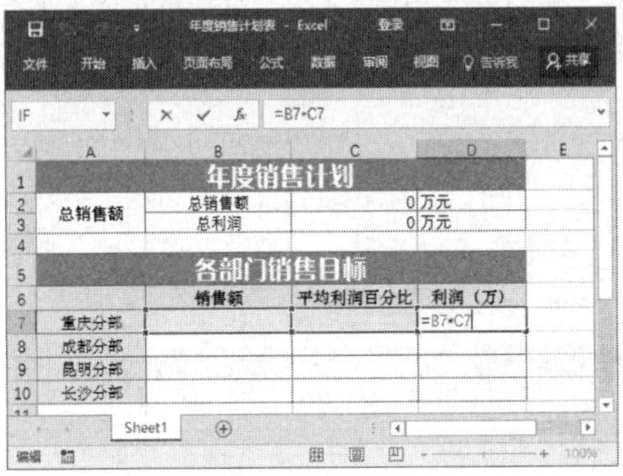

Step 02 拖动 D7 单元格右下角的填充柄，将公式填充至整列。

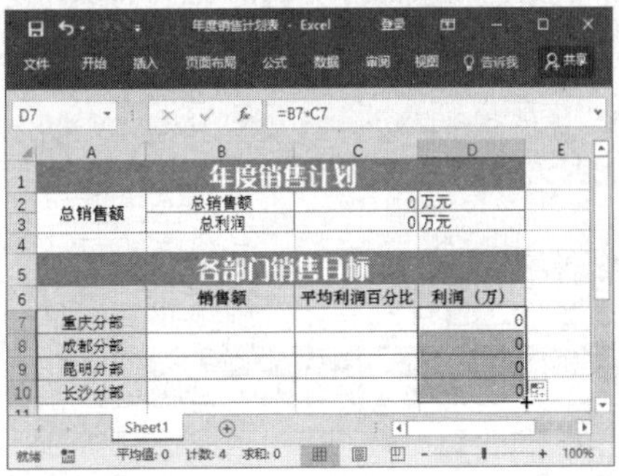

3. 初步设定销售计划

公式添加完成后，可以在表格中设置部门的目标销售额及其平均利润百分比，从而可以查到该计划能达到的总销售额及总利润。例如，假设各部门均能完成 8 000 万元的销售额，平均利润百分比分别为 25%、30%、28%、32%。利用 Excel 表计算各部门的平均利润百分比操作方法如下。

将各部门的平均利润填入表格区域，即可计算出各部门要达到的目标利润、全年总销售额和总利润。

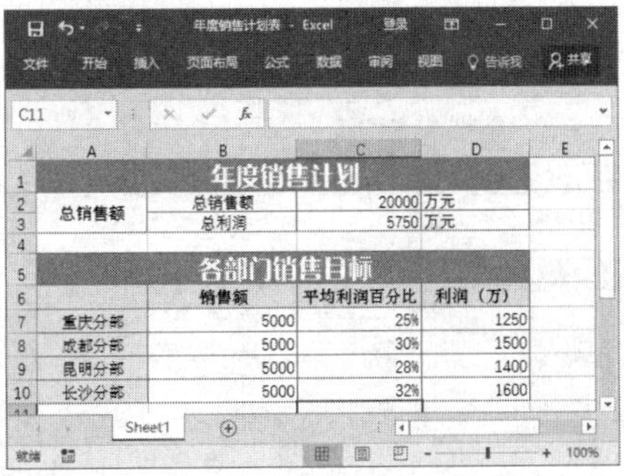

10.1.2 计算要达到目标利润的销售额

在制作计划时，通常以最终利润为目标，从而设定该部门需要完成的销售目标。例如，针对某一部门要达到指定的利润，该部门应完成多少销售任务。在进行此类运算时，可以使用 Excel 中的“单变量求解”命令，以使公式结果达到目标值，自动计算出公式中的变量结果。

1. 计算各部门要达到目标利润的销售额

假设总利润要达到 7 000 万元，即各部门的平均利润应达到 1 750 万元。为了使各部门能达到 1 750 万元的利润，则需要计算出各部门需要达到的销售额，操作方法如下。

Step 01 选择“重庆分部”的“利润”单元格 D7，然后单击“数据”选项卡的“预测”组中的“模拟分析”下拉按钮，在弹出的下拉菜单中选择“变量求解”命令。

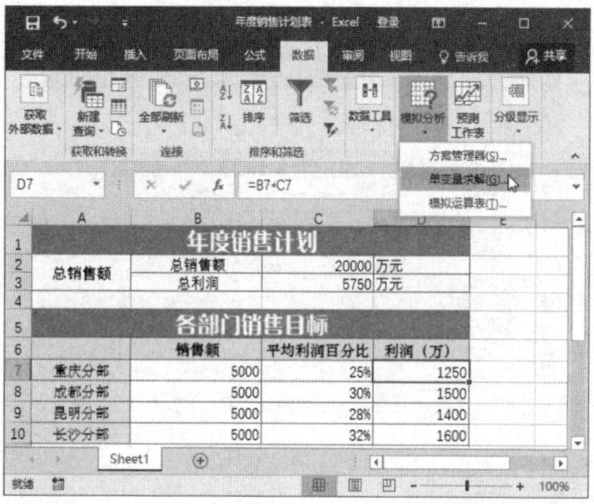

Step 02 打开“单变量求解”对话框，设置“目标值”为“1750”，在“可变单元格”中引用要计算结果的单元格 B7，完成后单击“确定”按钮。

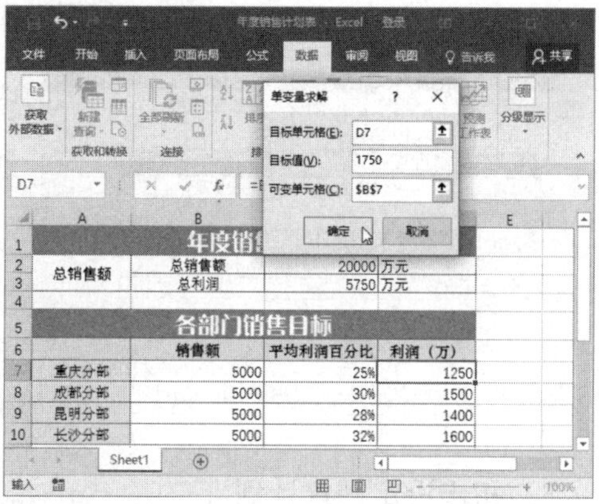

Step 03 Excel 将自动计算出公式单元格 D7 结果达到目标值 1 750 万元时，B7 单元格应达到的值。

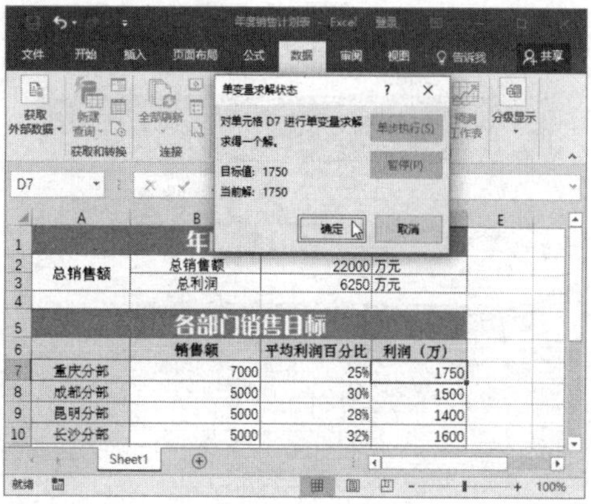

Step 04 用相同的方式计算出各部门利润要达到 1 750 万元时的销售额。

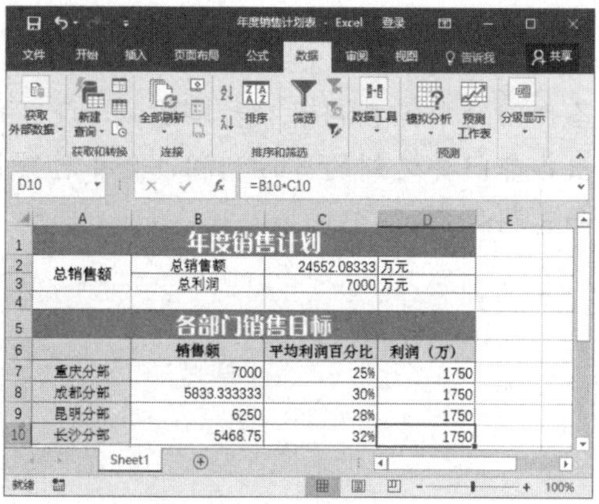

2. 以总利润为目标计算一个部门的销售计划

假设为了使总利润可以达到8 000万元，现需要在当前各部门基础上调整昆明分部的销售目标，此时应以总利润为目标，计算昆明分部的销售额，操作方法如下。

Step 01 选择“总利润”计算结果单元格C3，单击“数据”选项卡中的“模拟分析”按钮，在弹出的下拉菜单中选择“单变量求解”命令。

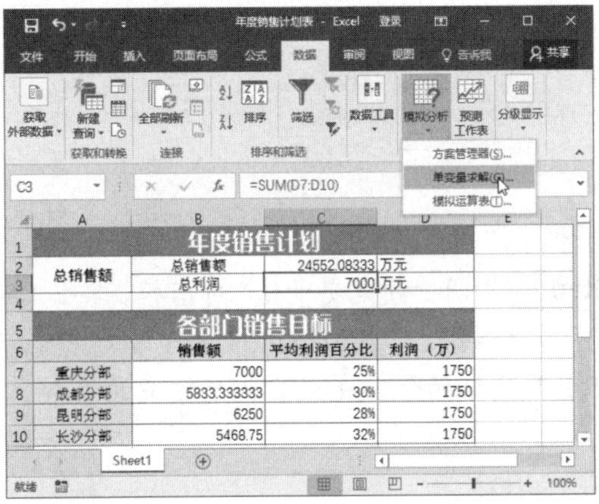

Step 02 打开“单变量求解”对话框，设置“目标值”为“8000”，在“可变单元格”中引用要计算结果的单元格B9，然后单击“确定”按钮。

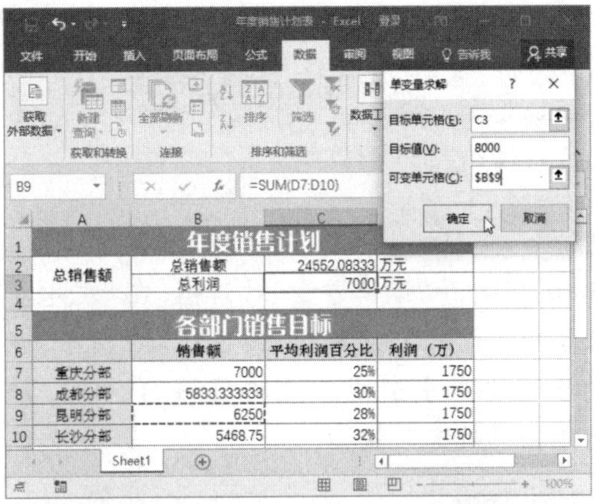

Step 03 Excel将自动计算出公式单元格C3结果达到目标值8 000万元时，B9单元格应该达到的值。

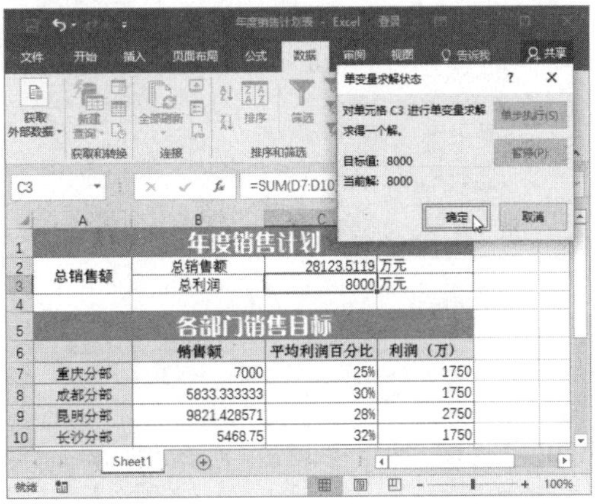

10.1.3 使用方案制订销售计划

在各部门完成不同的销售目标的情况下，为了查看总销售额、总利润及各部门利润的变化情况，可为各部门要达到的不同销售额制订不同的方案。

1. 添加方案

要使表格中部分单元格内保存多个不同的值，可针对这些单元格添加方案，将不同的值保存到方案中，操作方法如下。

Step 01 选择“数据”选项卡的“模拟”组中的“模拟分析”下拉按钮，在弹出的下拉菜单中选择“方案管理器”命令。

Step 02 在打开的“方案管理器”对话框中单击“添加”按钮。

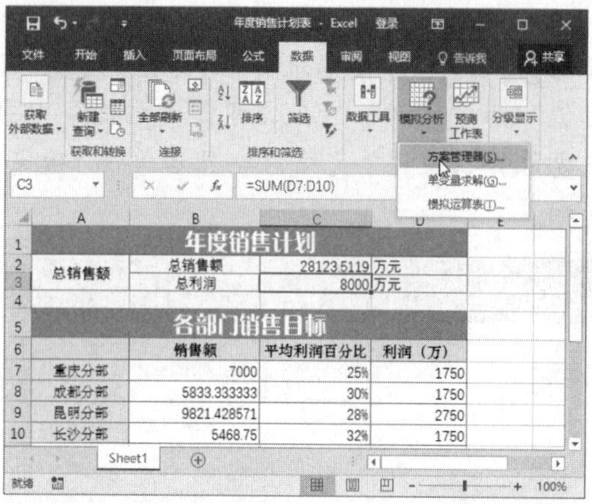

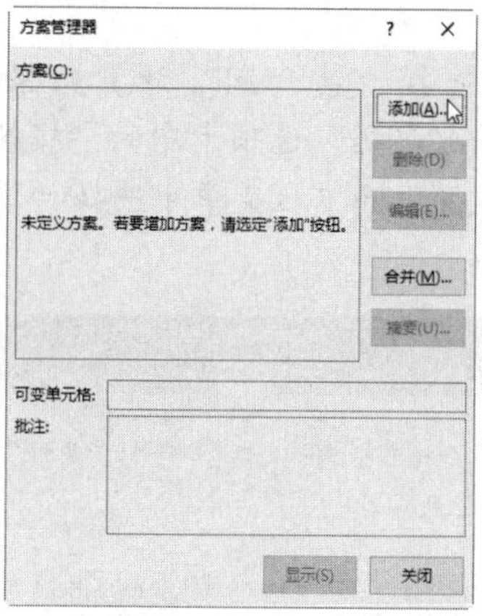

Step 03 打开“编辑方案”对话框，在“方案名”文本框中输入方案名称“销售计划1”，在“可变单元格”中引用单元格区域B7:B10，然后单击“确定”按钮。

Step 04 打开“方案变量值”对话框，单击“确定”按钮将当前单元格中的值作为方案中各可变单元格的值，完成第一个方案的添加。

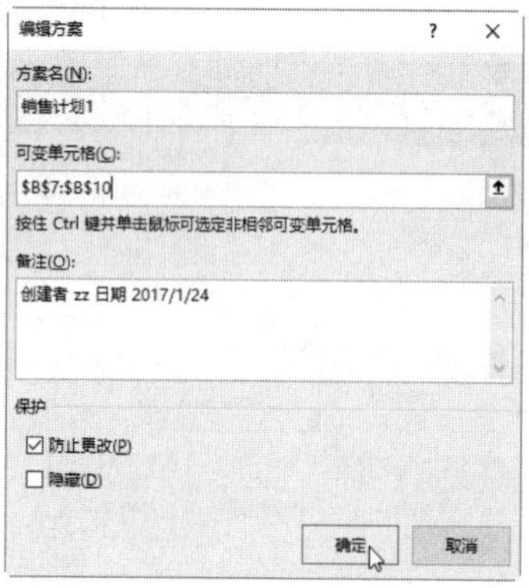

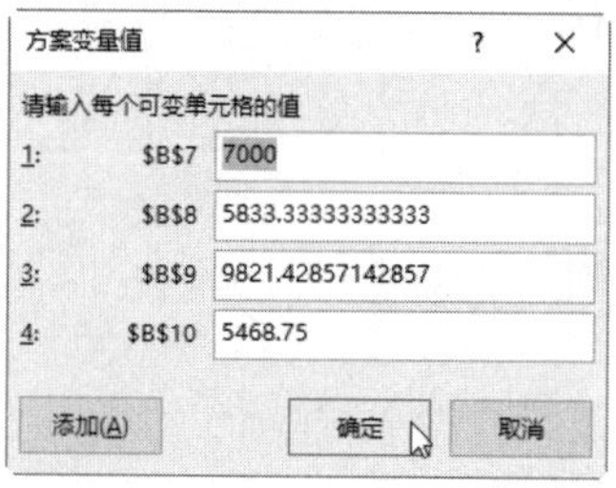

Step 05 返回“方案管理器”对话框，单击“添加”按钮。

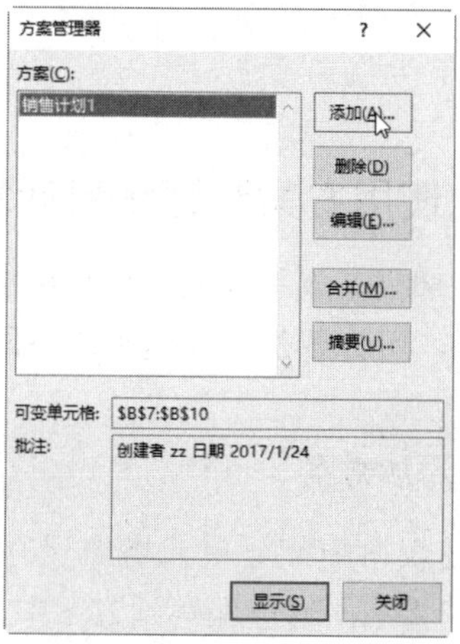

Step 06 在“添加方案”对话框中设置新方案名称，并在“可变单元格”中再次引用 B7:B10 单元格区域，然后单击“确定”按钮。

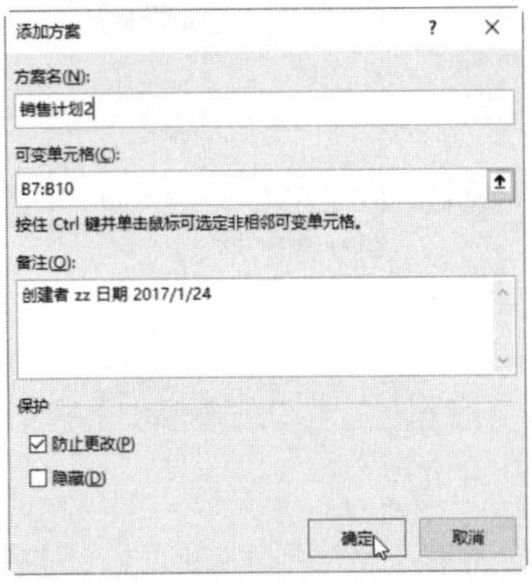

Step 07 在打开的“方案变量值”对话框中设置 4 个可变单元格的值为“6000”，然后单击“添加”按钮完成新方案的添加。

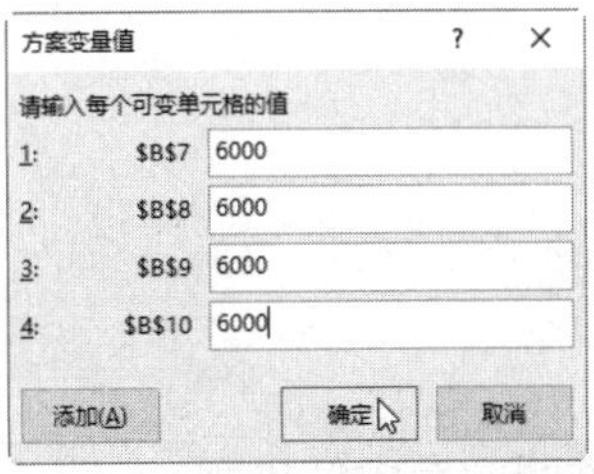

Step 08 打开“添加方案”对话框，设置新方案名称。并再次引用 B7:B10 单元格区域，单击“确定”按钮创建第三个方案。

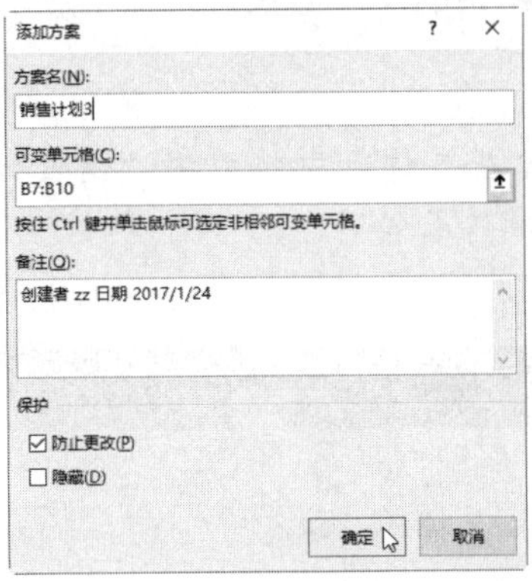

Step 09 在打开的“方案变量值”对话框中分别设置 4 个可变单元格的值，然后单击“添加”按钮添加方案。

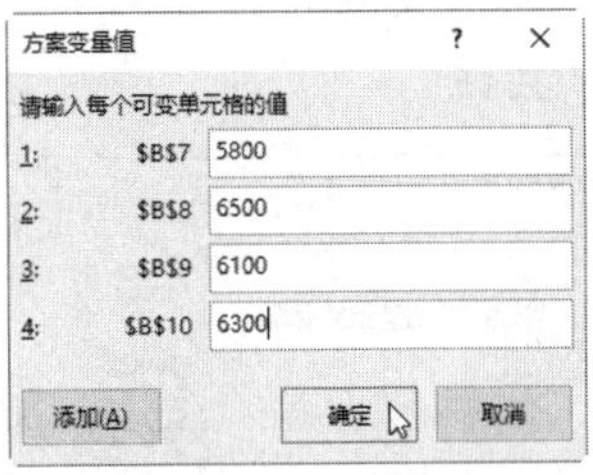

Step 10 打开“添加方案”对话框，设置新方案名称。并再次引用 B7:B10 单元格区域，单击“确定”按钮创建第四个方案。

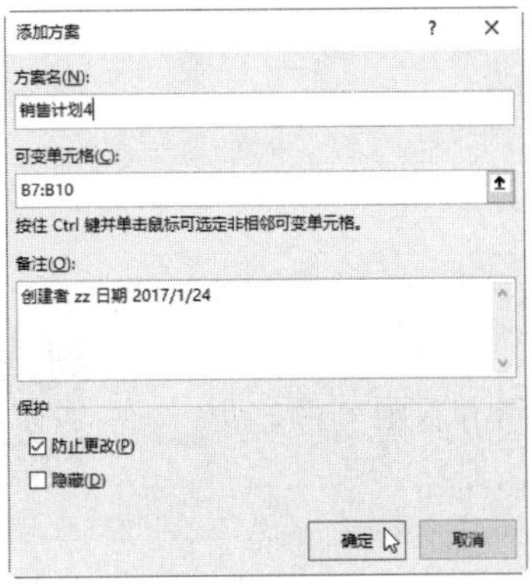

Step 11 在打开的“方案变量值”对话框中设置 4 个可变单元格的值均为“7500”，然后单击“添加”按钮添加方案。

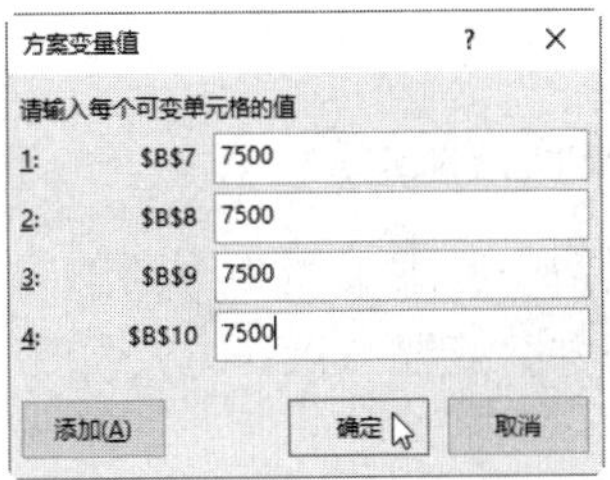

Step 12 完成方案添加后，在“方案管理器”对话框的“方案”列表框中可以查看到这四个方案的选项。

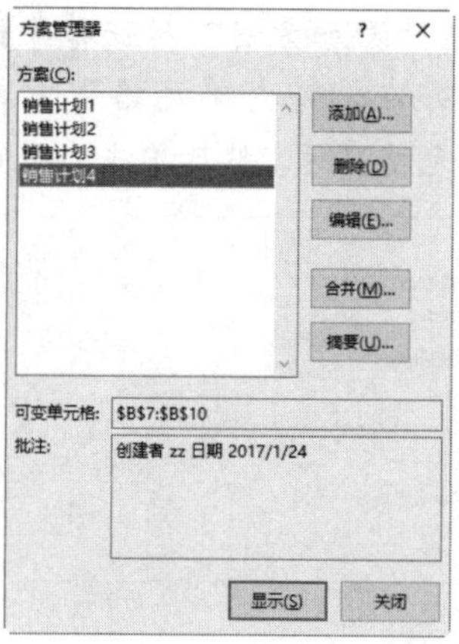

2. 查看方案求解结果

添加好方案后，要查看方案中设置的可变单元格的值发生变化后表格中数据的变化，可以单击“方案管理器”对话框中的“显示”按钮。下面以显示“销售计划 2”为例，介绍查看方案求解结果的操作方法。

Step 01 打开“方案管理器”，在“方案”列表框中选择“销售计划 2”命令，然后单击“显示”按钮。

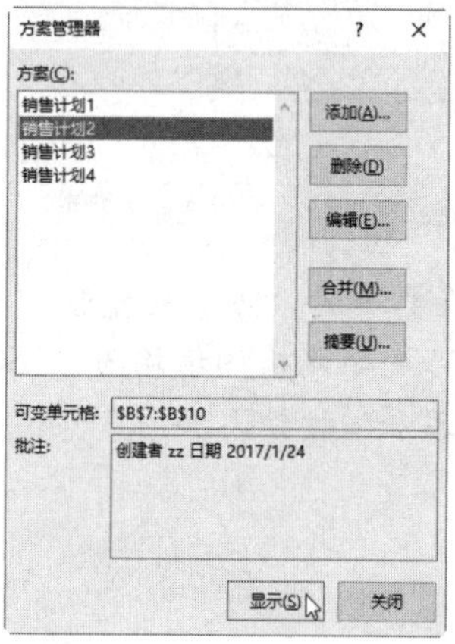

Step 02 在工作表中将应用“销售计划 2”的结果，效果如下。

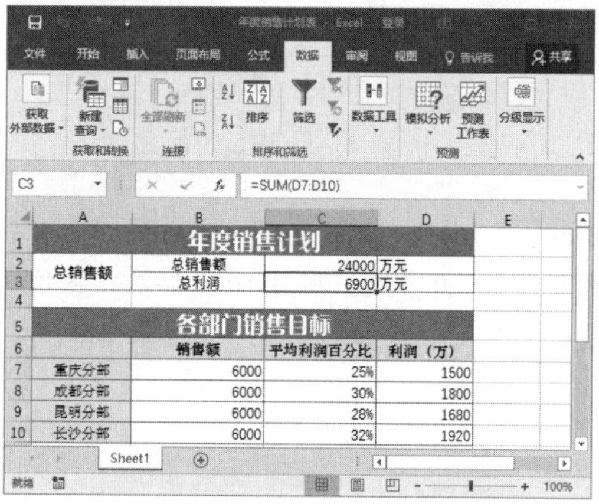

3. 生成方案摘要

在表格中应用了多个不同的方案，如果要对比不同方案得到的结果，可以应用方案摘要，操作方法如下。

Step 01 打开“方案管理器”对话框，然后单击“摘要”按钮。

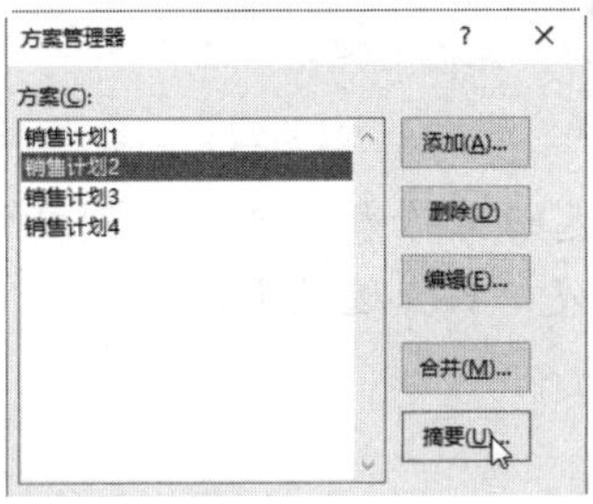

Step 02 打开“方案摘要”对话框，在结果单元格中引用单元格 C2 和 C3，然后单击“确定”按钮。

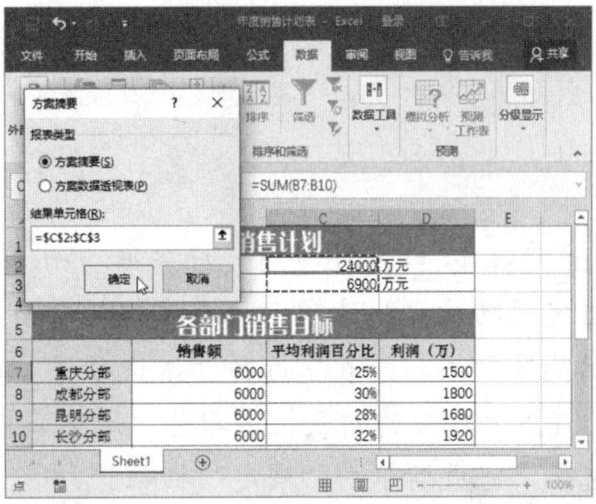

Step 03 返回文档即可查看到生成的方案摘要。

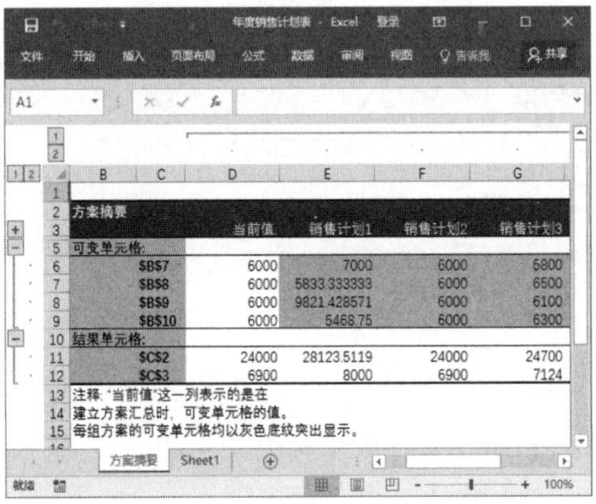

Step 04 修改摘要报表中的部分单元格内容，将原本为引用单元格地址的文本内容更改为对应的标题文字，并调整表格的格式，最终效果如图所示。

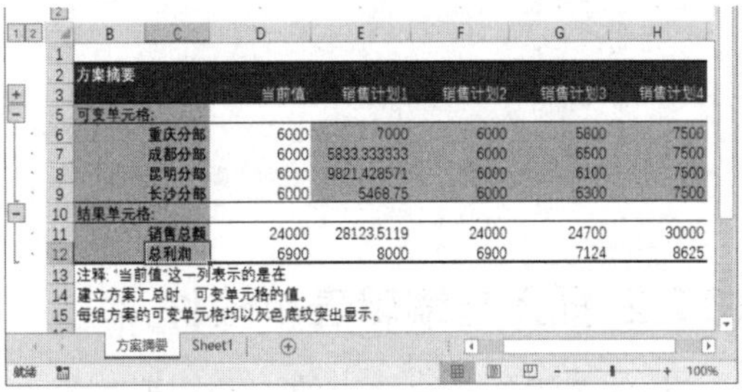

10.2 制作新产品市场调查问卷

新产品市场调查问卷的用处在于收集客户信息以获取新产品的市场反响，从而掌握市场对新产品的接受能力。下面将介绍新产品市场调查问卷的具体制作方法。

10.2.1 自定义功能区

在默认情况下，Excel 功能区中没有显示出“开发工具”选项卡。如果需要使用宏等功能，需要用到该选项卡。此时用户可以自定义功能区，将“开发工具”选项卡显示出来，操作方法如下。

Step 01 打开素材文件，切换到“文件”选项卡，选择“选项”命令。

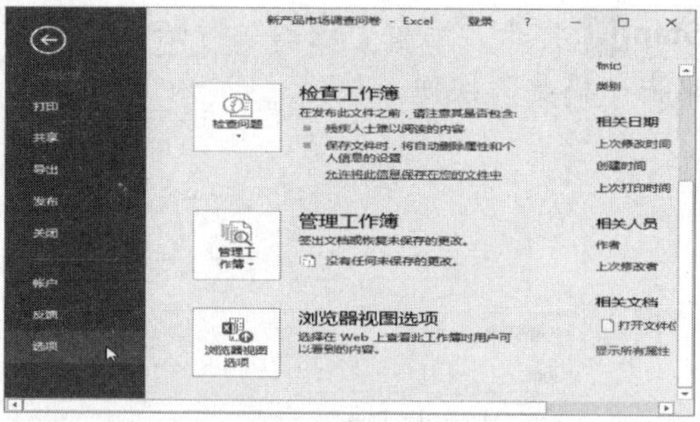

Step 02 弹出“Excel 选项”对话框，切换到“自定义功能区”选项卡，在右侧的“自定义功能区”下拉列表中选择“主选项卡”命令，在下方对应的列表框中勾选“开发工具”复选框，完成后单击“确定”按钮。

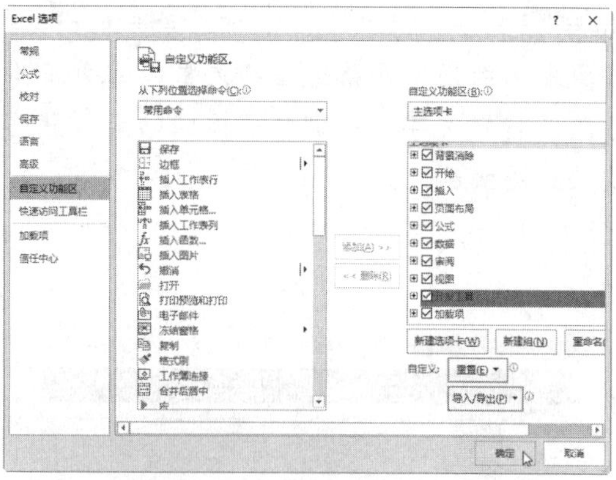

Step 03 返回工作表，可以看到功能区中出现了“开发工具”选项卡。

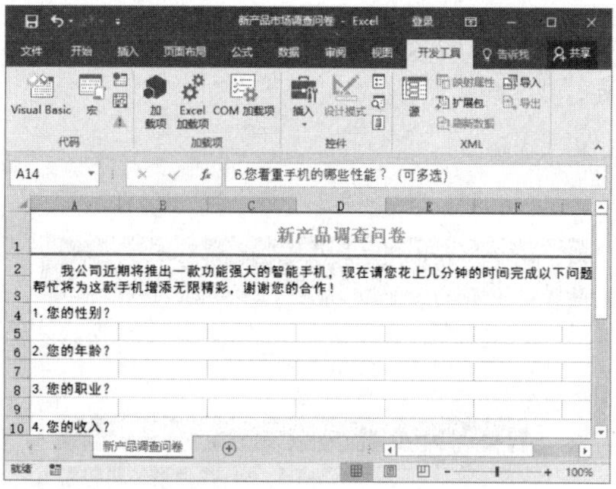

10.2.2 插入与编辑表单控件

控件即添加在窗体上的一些图形对象，用户可以操作该对象来执行某一行为。本例需要在调查问卷中插入单选项和复选框。

1. 插入单选按钮

本例已经制作了调查问卷的框架，打开素材文件后首先插入单选项，操作方法如下。

Step 01 切换到“开发工具”选项卡，在“控件”组中单击“插入”下拉按钮，在打开的下拉菜单中单击“表单控件”组中的“选项按钮”按钮。

Step 02 此时光标呈十字形状，在工作表中按下鼠标左键并拖动到合适位置释放鼠标，即可绘制一个选项按钮。

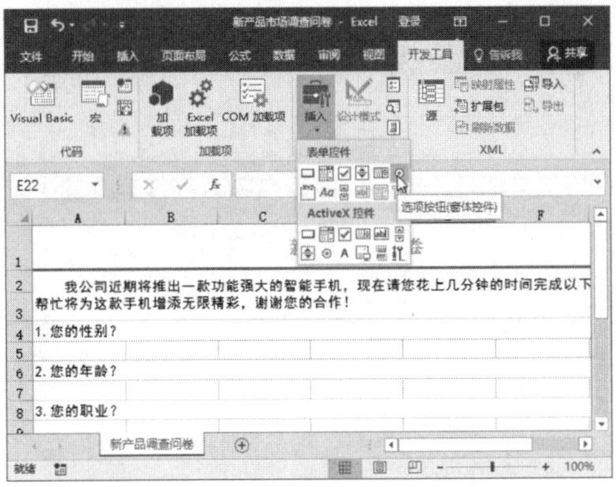

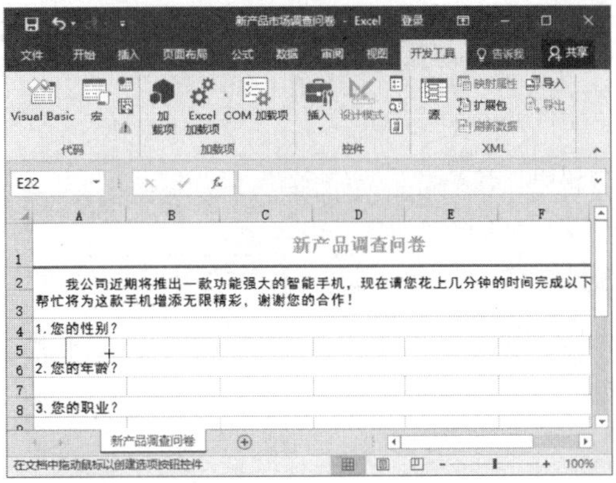

Step 03 使用鼠标右键单击绘制的选项按钮，在弹出的快捷菜单中选择“编辑文字”命令。

Step 04 此时选项按钮呈可编辑状态，删除选项按钮的名称。输入需要的内容，这里输入“男”，单击工作表其他位置即可退出编辑状态。

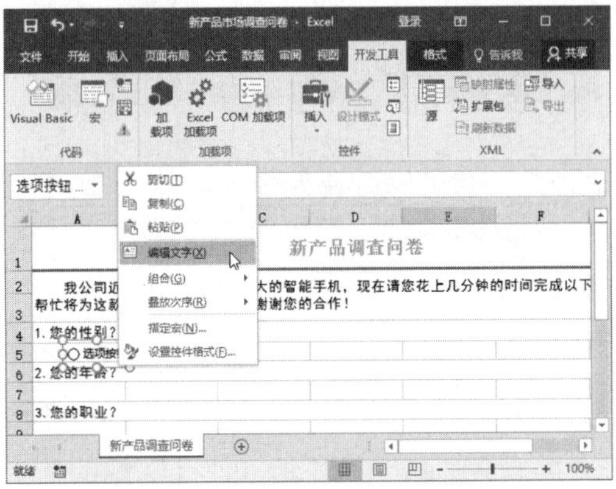

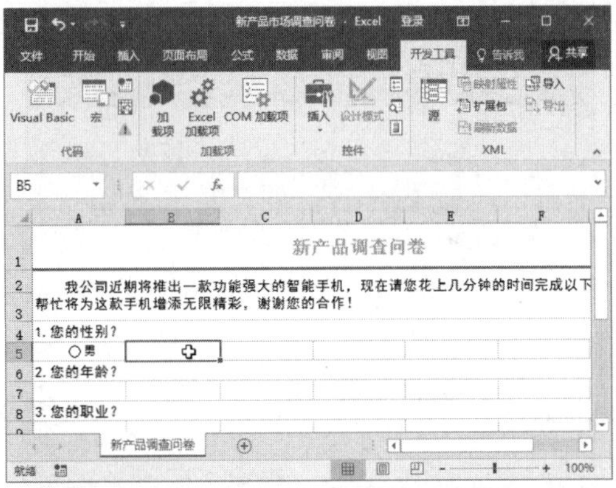

Step 05 使用鼠标右键单击选项按钮，然后用鼠标左键单击工作表的其他空白处，此时出现控制框。将光标指向控制框，当光标呈✥形状时，使用鼠标左键拖动，即可根据需要调整选项按钮的位置。然后将光标指向控制框上的 8 个控制点，当光标呈双向箭头形状⤢形状时，按住鼠标左键拖动即可根据需要调整选项按钮控制框的大小，以便显示出完整的选项按钮名称。

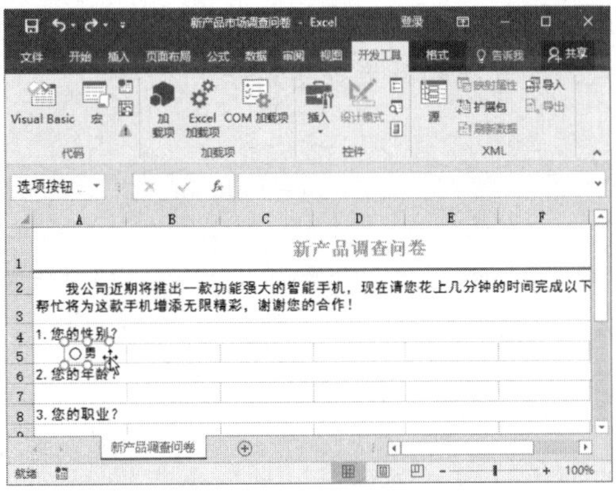

Step 06 使用鼠标右键单击选项按钮，在弹出的快捷菜单中选择“复制”命令，复制选项按钮。

Step 07 在工作表合适位置单击鼠标右键，在弹出的快捷菜单中选择“粘贴”命令。

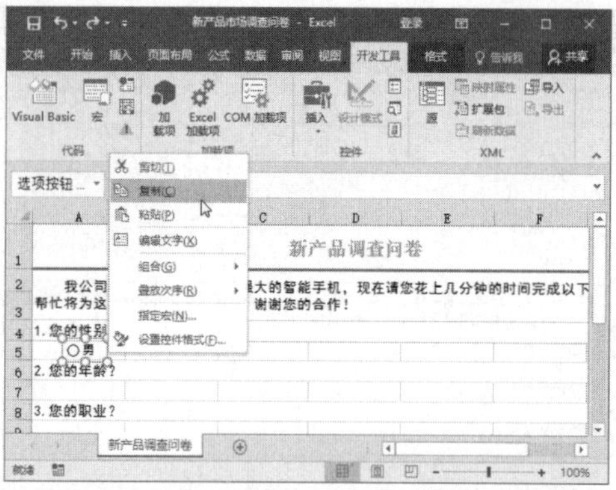

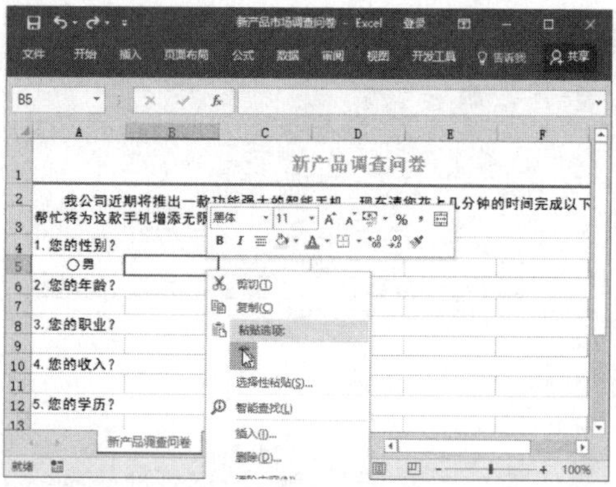

Step 08 使用鼠标右键单击选项按钮，在弹出的快捷菜单中选择“复制”命令，复制选项按钮。使用鼠标右键单击刚复制的选项按钮，在弹出的快捷菜单中选择“编辑文字”命令。

Step 09 此时选项按钮呈可编辑状态，删除选项按钮的名称，输入需要的内容，这里输入“女”，单击工作表其他位置即可退出编辑状态。

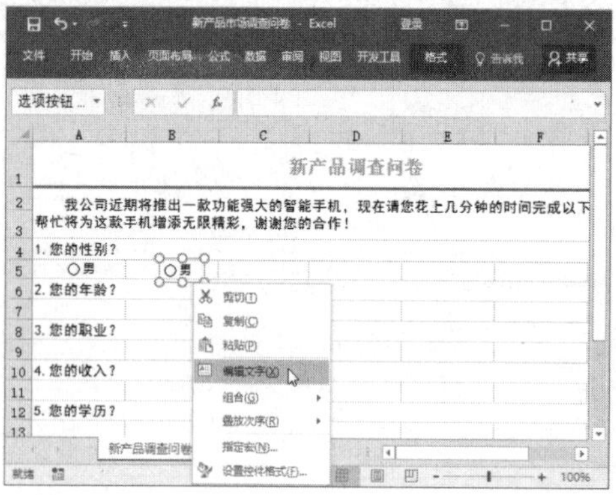

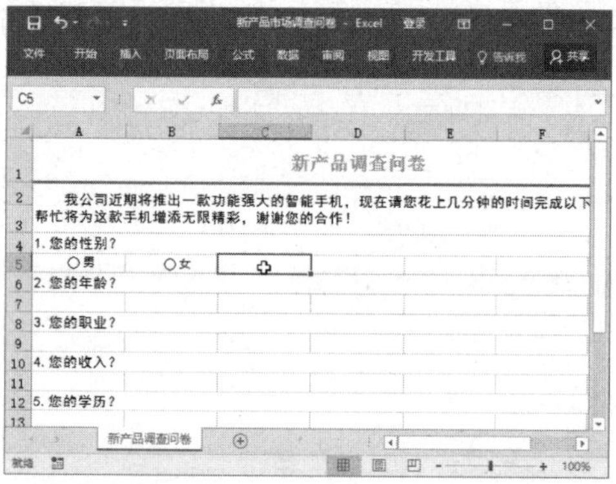

Step 10 按照上面的方法添加其他选项按钮，设置后的效果如图所示。

2. 插入复选按钮

复选按钮以方框的形式插入筛选框，操作方法如下。

Step 01 切换到“开发工具”选项卡，在“控件”组中单击“插入”下拉按钮，在打开的下拉菜单中单击“表单控件”组中的“复选框”按钮。

Step 02 此时光标呈十字形状，在工作表中按下鼠标左键并拖动到合适位置释放鼠标，即可绘制一个复选框按钮。

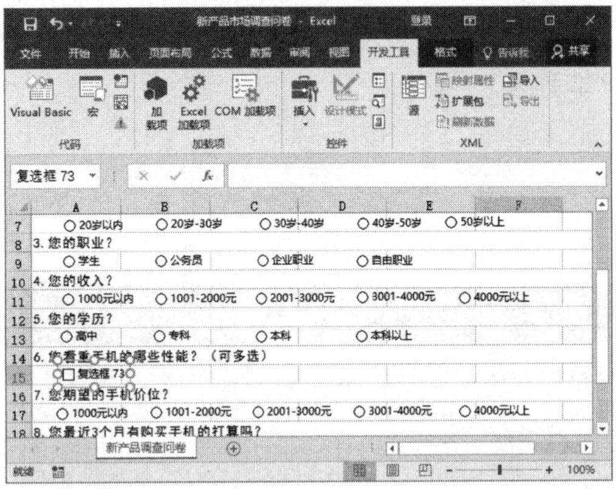

Step 03 使用鼠标右键单击绘制的复选框按钮，在弹出的快捷菜单中选择“编辑文字”命令。

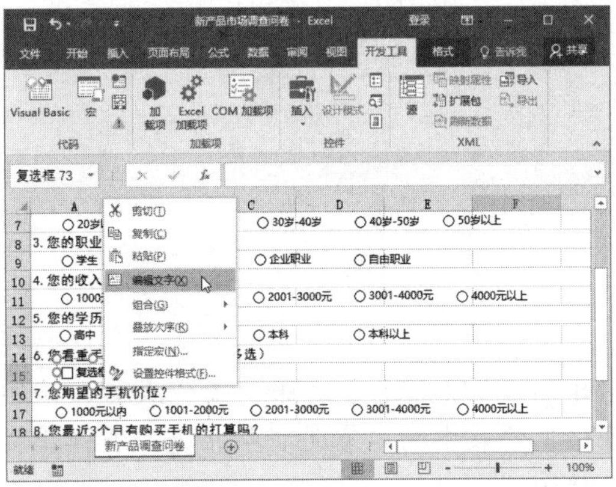

Step 04 此时选项按钮呈可编辑状态，删除选项按钮的名称，输入需要的内容。这里输入“外观”，单击工作表的其他位置即可退出编辑状态。

Step 05 按照前面的方法，通过复制和粘贴的方式继续添加其他复选框。根据需要修改复制的复选框按钮的名称，效果如图所示。

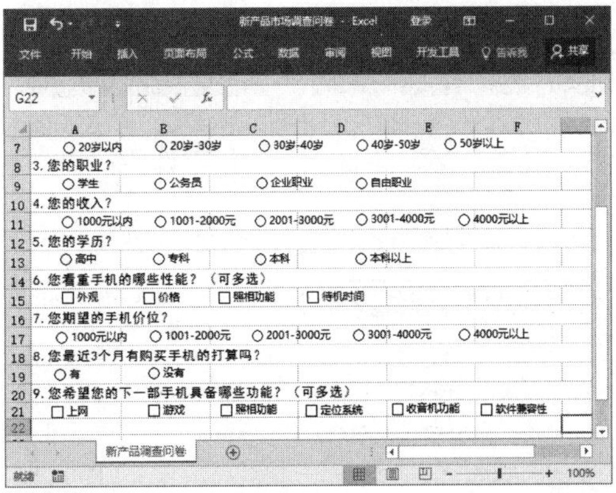

10.2.3 保护工作表

在制作完成新产品市场调查问卷之后，可以设置密码保护工作表，操作方法如下。

Step 01 在完成调查问卷的制作之后，切换到“审阅”选项卡，在“更改”组中单击“保护工作表”按钮。

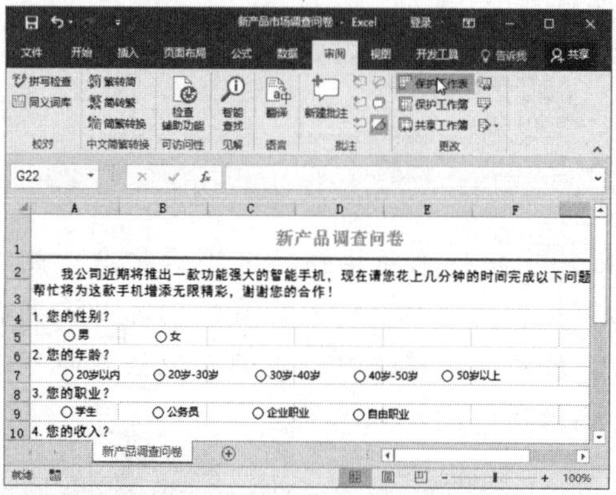

Step 02 弹出“保护工作表”对话框，默认情况下，勾选“保护工作表及锁定的单元格内容”“选定锁定单元格”“选定未锁定的单元格”3个复选框，保持其勾选状态。在“取消工作表保护时使用的密码”文本框中输入密码，本例输入“123”，完成后单击“确定”按钮。

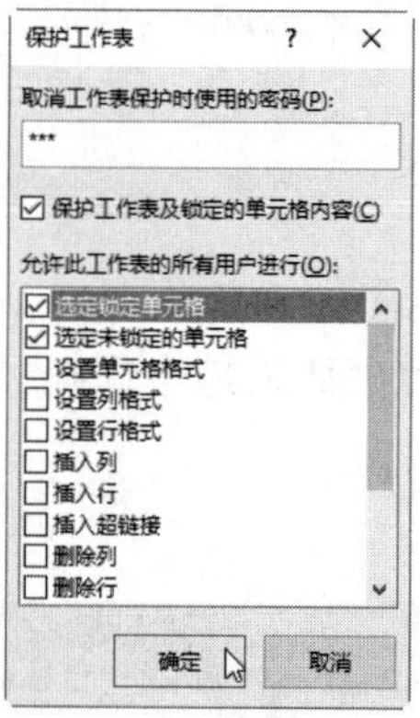

Step 03 弹出“确认密码”对话框，在“重新输入密码”文本框中再次输入密码，然后单击“确定”按钮。

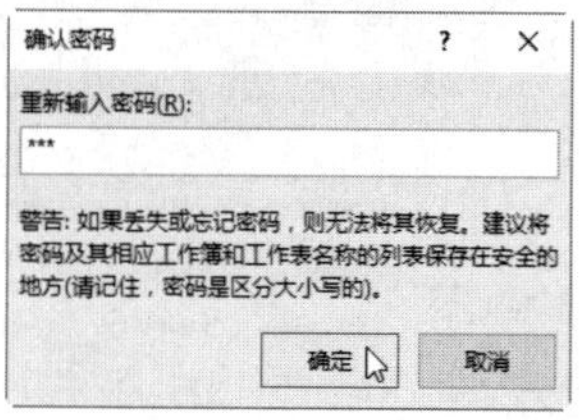

Step 04 设置完成后，单击快速访问工具栏中的“保存”按钮，保存工作表即可。

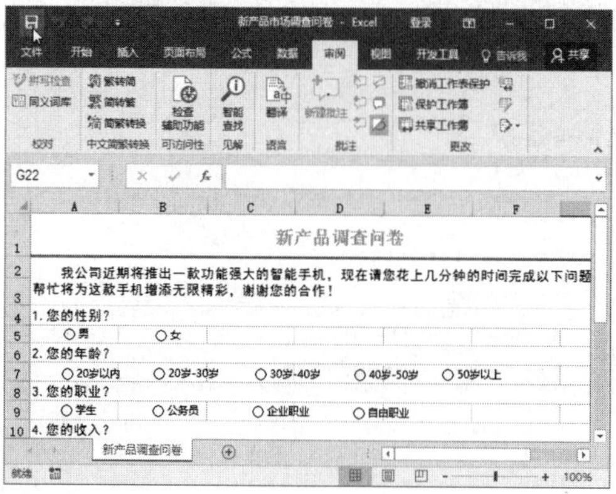

Step 05 按照上述方法保护工作表后，试图修改工作表中的内容时将被拒绝，并弹出提示对话框。

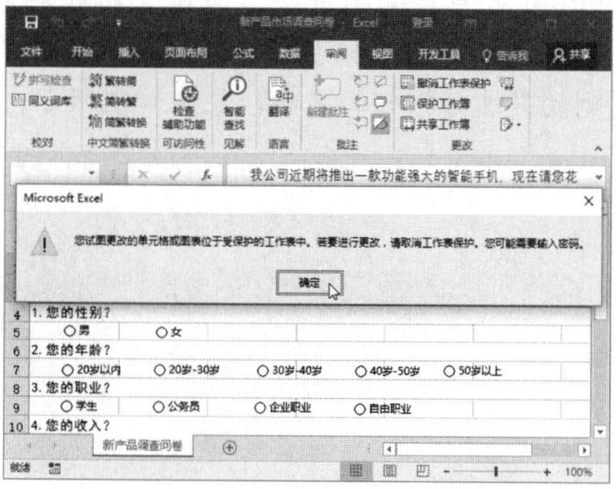

10.3 制作客户信息管理系统

企业客户信息的管理尤为重要，在对客户信息进行管理时，通过需要对信息进行录入、查询和编辑修改等。本例将使用 Excel 制作一个简易的客户信息管理系统，通过单独的“客户信息表”在“客户信息总表”中录入数据。

10.3.1 创建客户信息总表

为了方便客户信息数据的存储、查询与修改，可以将所有的客户信息保存在一个常规的数据表格中。

1. 制作表格结构

制作基本表格需要列举出各条客户信息所需要的字段，操作方法如下。

Step 01 新建一个名为“客户信息管理系统”的工作簿，在工作表中列举出各条客户信息所需要的字段，修改工作表的名称为“客户信息管理总表”。

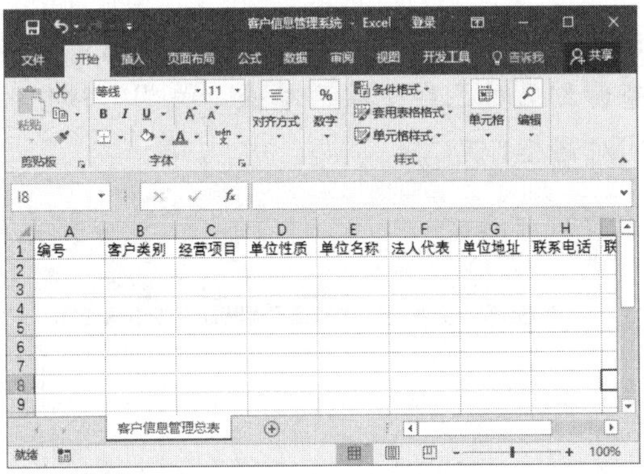

Step 02 选择前两行数据单元格区域，单击“开始”选项卡的“样式”组中的“套用表格格式”下拉按钮，在弹出的下拉菜单中选择一种表格样式。

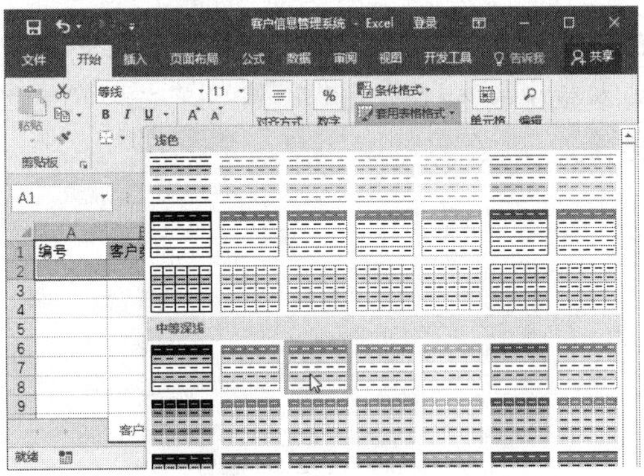

Step 03 在打开的“套用表格式”对话框中勾选“表包含标题”复选框，然后单击“确定”按钮。

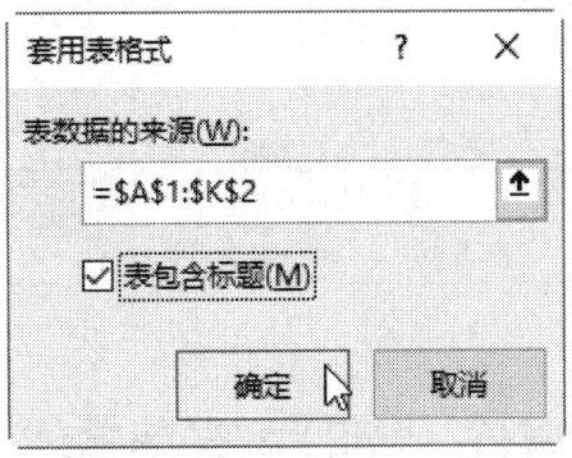

2. 重命名表格名称

制作基本表格需要列举出各条客户信息所需要的字段，操作方法如下。

Step 01 单击“公式”选项卡的“定义的名称”组中的“名称管理器”按钮。

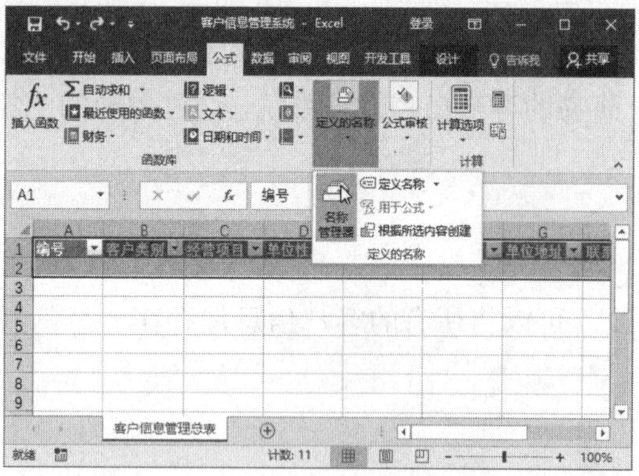

Step 02 打开“名称管理器”对话框，单击“编辑”按钮。

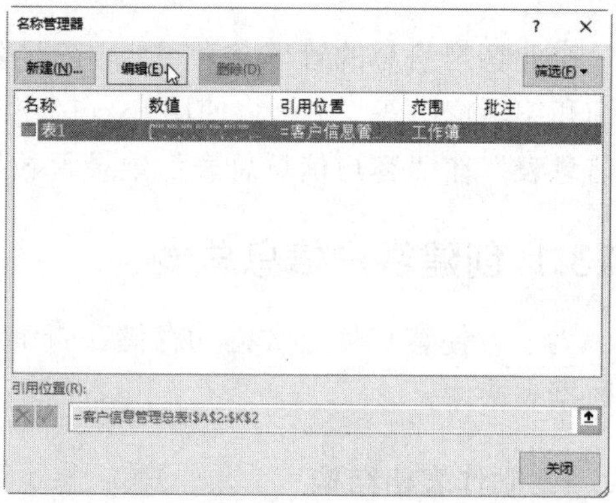

● 大师心得

在 Excel 中，可以为指定的单元格或单元格区域自定义名称。定义名称后在公式、函数或应用某些命令需要对这些单元格或单元格区域进行引用时，直接使用设定的名称即可。

Step 03 打开“编辑名称”对话框，在“名称”文本框中输入“总表”，然后单击“确定”按钮。

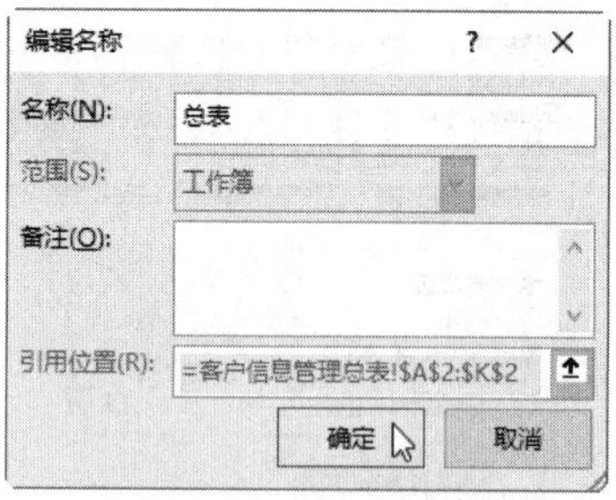

Step 04 返回“名称管理器”对话框中即可查看到名称已经更改，单击“关闭”按钮关闭对话框即可。

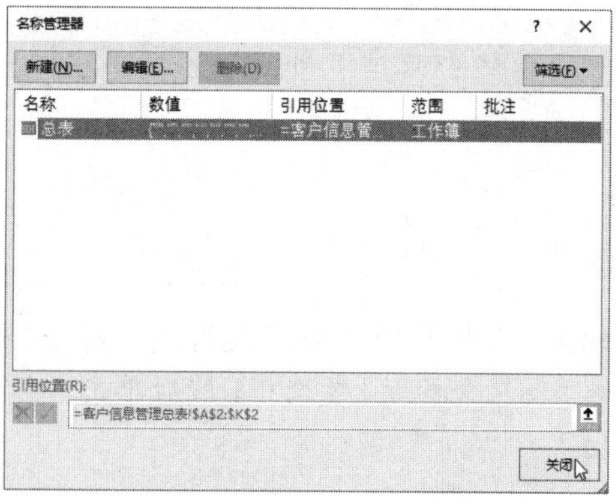

10.3.2 制作“客户信息表”

为了使客户信息录入的过程更加方便，数据显示更加清晰，防止在大量数据的表格中直接录入数据导致不必要的一些错误，可以单独创建一个“客户信息表”用于录入数据。

1. 制作基本表格并美化表格

首先要制作“客户信息表”的基本表格，并进行相应的美化设置。

新建一个工作表，并重命名为"客户信息表"，在单元格区域中制作表格结构并添加相应的修饰，在表格顶部插入艺术字并设置艺术字效果。

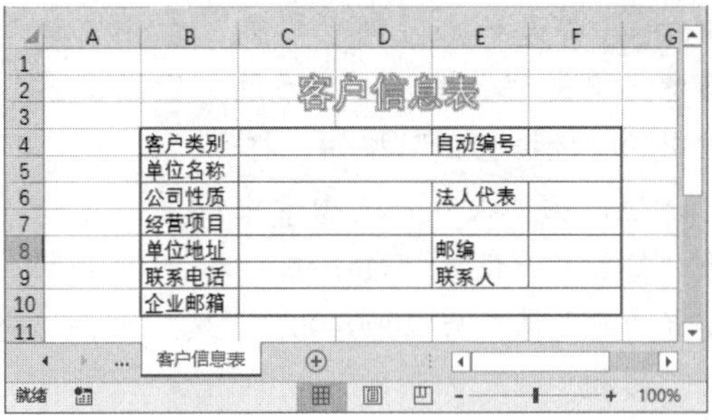

2．设置数据验证

为了防止录入数据时单元格出现不必要的错误，可以针对部分有规则的单元格设置数据验证，操作方法如下。

Step 01 将光标定位到"客户类别"右侧的单元格中（具体单元格以个人情况为准，本例为 C4），单击"数据"选项卡的"数据工具"组中的"数据验证"按钮。

Step 02 打开"数据验证"对话框，在"设置"选项卡中设置"允许"为"序列"，设置"来源"为"普通客户，VIP 客户"，然后单击"确定"按钮。

Step 03 将光标定位到"公司性质"右侧的单元格中，单击"数据"选项卡的"数据工具"组中的"数据验证"按钮，打开"数据验证"对话框。在"设置"选项卡中设置"允许"为"序列"，设置"来源"为"国有企业，三资企业，集体企业，私营企业"，然后单击"确定"按钮。

Step 04 将光标定位到“邮编”右侧的单元格中，单击“数据”选项卡的“数据工具”组中的“数据验证”按钮，打开“数据验证”对话框，在“设置”选项卡中设置“允许”为“整数”，设置“最小值”为“100000”，设置“最大值”为“999999”，然后单击“确定”按钮。

3．使用自动编号功能

在“客户信息表”中，填写的客户信息，其编号应根据“客户信息总表”中的数据量，从而使新添加的编号与“客户信息总表”中的编号能连续。如果“客户信息总表”中已经有 3 条数据，那么新数据的自动编号数应为 4。此时，可以使用自动编号由客户信息记录总数加 1 得到，操作方法如下。

将光标定位到“自动编号”右侧的单元格中，在编辑栏中输入公式“=COUNT(总表 [编号]) +1”。

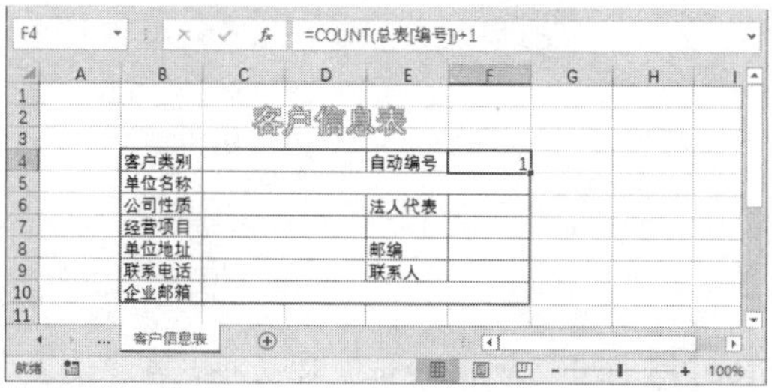

4．添加公式检测数据的完整性

为了保证客户信息录入的完整性，可以添加公式对数据的完整性进行检测，操作方法如下。

在表格下方的单元格中输入公式“=IF (AND(C4<>" ",C5<>" ",C6<>" ",F6<>" ",C7<>" ",C8<>" ",F8<>" ",C9<>" ",F9<>" ",C10<>" "),"客户信息填写完整","客户信息填写不完整")”，对表格中需要输入数据的单元格是否为空进行判断，并显示相应结果。

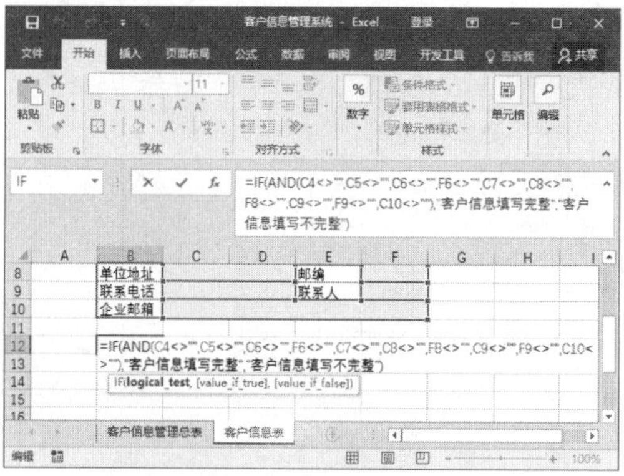

10.3.3 录制宏命令

当客户信息表中的数据填写完整后，为了快速将这些数据自动录入到客户信息总表中，可以利用宏命令对表格数据的完整性进行检测，并通过录制宏功能将信息自动录入总表数据中。而在填写新的客户信息时，需要将客户信息表中现有的数据清空，同样也可以使用宏命令快速清空数据。

1．录制自动录入数据的宏

为了实现自动将“客户信息表”中的数据录入到“客户信息总表”中，可以先将录入数据的过程录制为宏命令，操作方法如下。

Step 01 为了录制宏命令，可以先在“客户信息表”中录入一些示例数据，单击“开发工具”选项卡的“代码”组中的“录制宏”按钮。

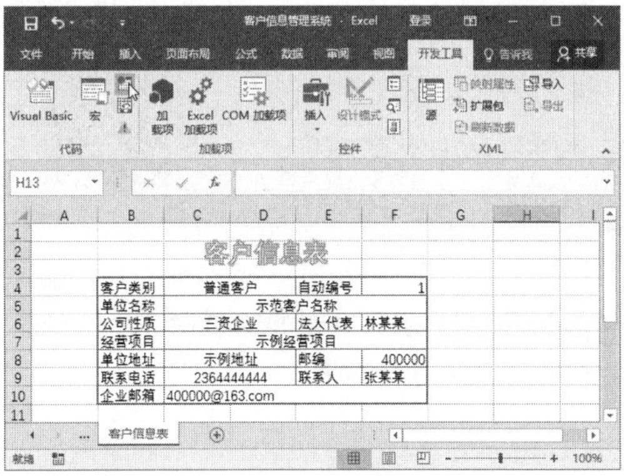

Step 02 打开“录制宏”对话框，在“宏名”文本框中输入“把数据录入到总表”，然后单击“确定”按钮开始录制宏。

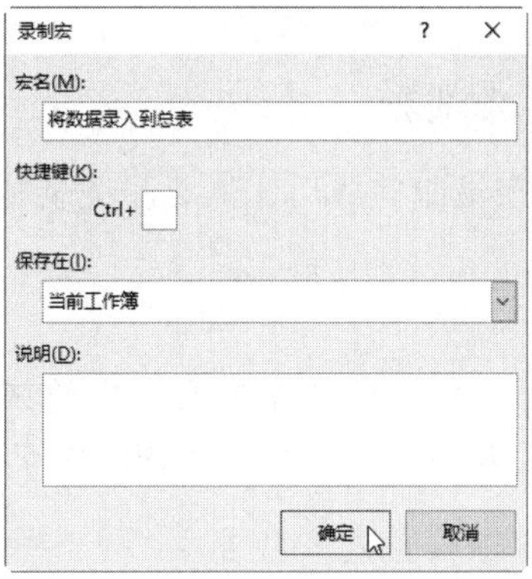

Step 03 选择“客户信息管理总表”工作表中的第 2 行，然后单击“开始”选项卡的“单元格”组中的“插入”按钮。

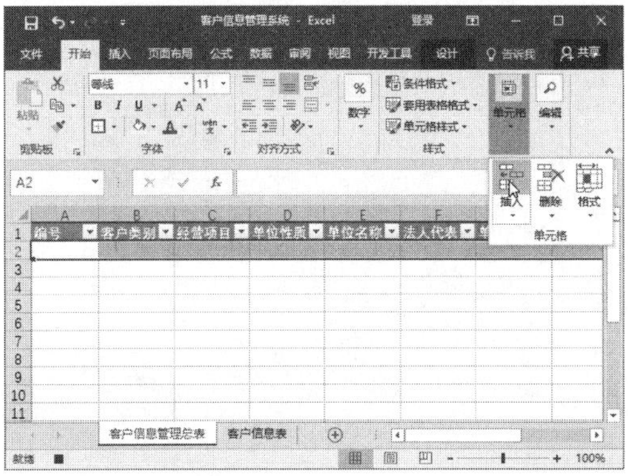

Step 04 复制“客户信息表”中的 F4 单元格，单击“开始”选项卡的“剪贴板”组中的“粘贴”下拉按钮，在弹出的下拉菜单中选择“值”命令。

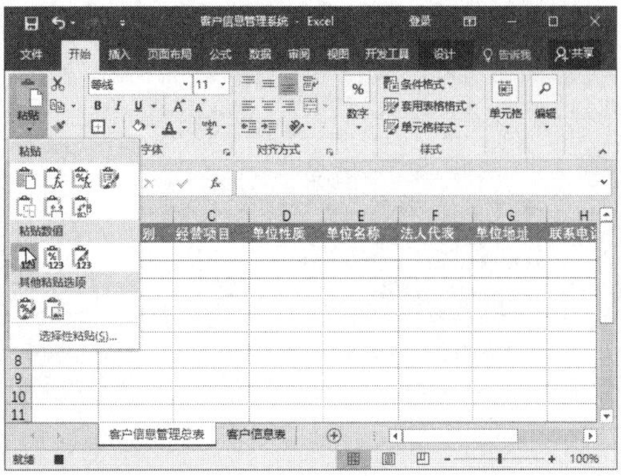

Step 05 复制客户信息表中的C4单元格，使用相同的方法将复制的单元格粘贴到“客户信息总表”的B2单元格中。

Step 06 使用相同的方法复制“客户信息表”中需要录入到“客户信息总表”中的数据，并粘贴到“客户信息总表”中第2行的相应列中，所有数据复制完成后单击“开发工具”选项卡的“代码”组中的“停止录制”按钮■。

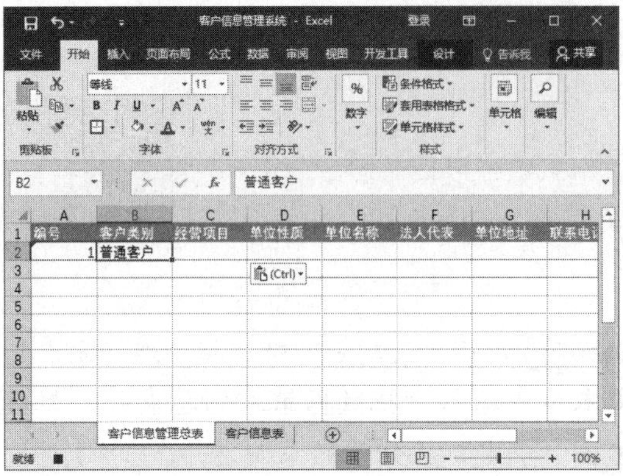

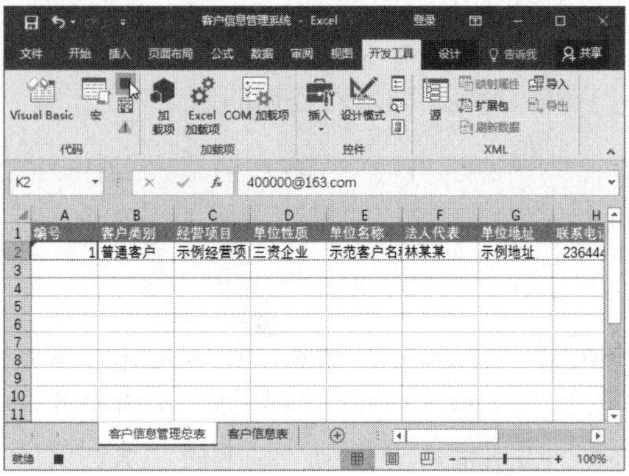

2. 测试宏

当宏录制完成后，需要测试录制的宏的可执行性，操作方法如下。

Step 01 更改“客户信息表”中的信息，单击“开发工具”选项卡的“代码”组中的“宏”按钮。

Step 02 打开“宏”对话框，选择录制的宏，然后单击“执行”按钮。

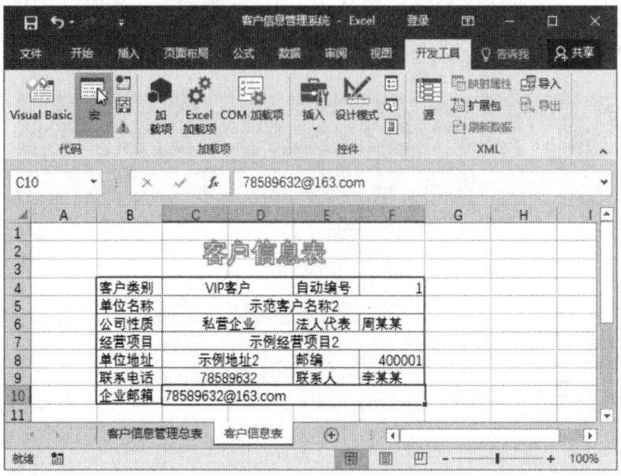

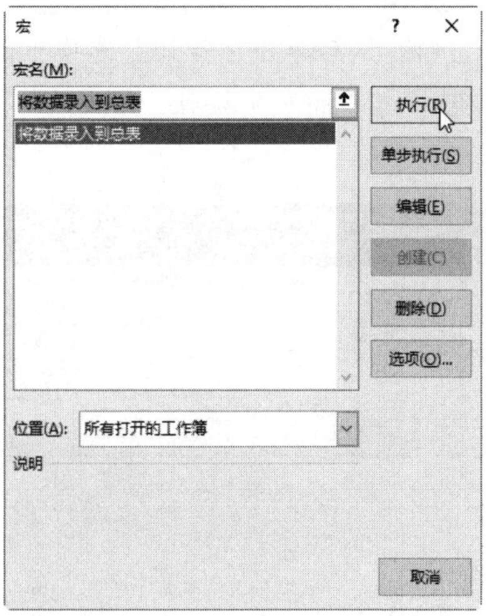

Step 03 当宏命令执行完成后，在“客户信息总表”中将自动添加一条数据，该条数据即为更改后的“客户信息表”中的数据。

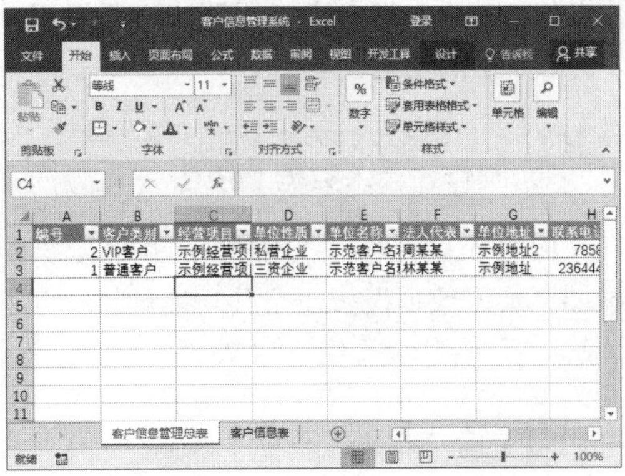

3. 录制清除数据的宏

为了方便录入新数据，还需要清除“客户信息表”中的数据宏，操作方法如下。

Step 01 单击“状态栏”中的“录制宏”按钮。

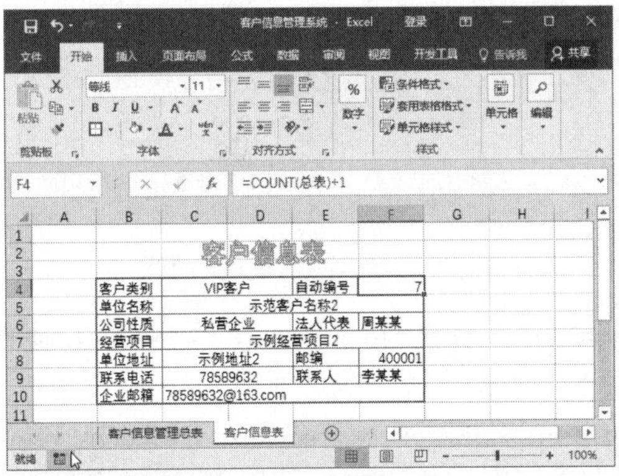

Step 02 打开“录制宏”对话框，将“宏名”更改为“清除数据”，然后单击“确定”按钮。

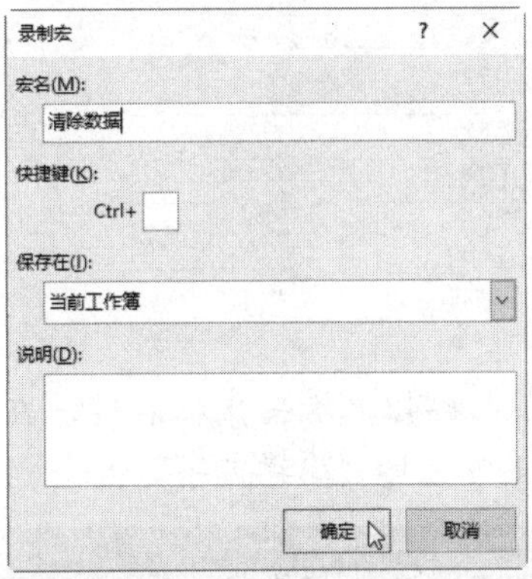

Step 03 删除客户信息表中需要手动填写的数据，单击“状态栏”中的“停止录制”按钮完成宏命令的录制。

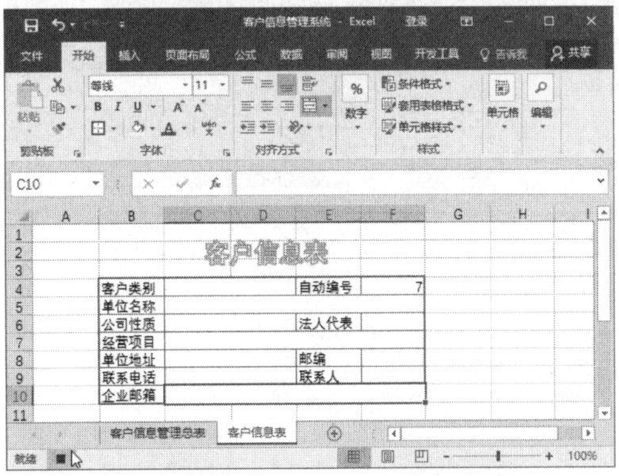

10.3.4 添加宏命令执行按钮

在“客户信息表”中的数据录入完成后，为了方便地快速调用“将数据录入到总表”

宏命令，可在工作表中添加按钮，在单击该按钮后便调用该宏命令；同理，也可以添加清除表格数据的功能。

1. 制作“录入数据”按钮

应用表单控件中的按钮控件可以快速添加按钮，并为其设置功能，添加“录入数据”按钮及其功能的操作步骤如下。

Step 01 单击“开发工具”选项卡的“控件”组中的“插入”下拉按钮，在弹出的下拉菜单中单击“按钮（窗体控件）”按钮，在添加按钮的位置拖动鼠标绘制按钮。

Step 02 打开“指定宏”对话框，在“宏名”列表框中选择“把数据录入到总表”命令，然后单击“确定”按钮。

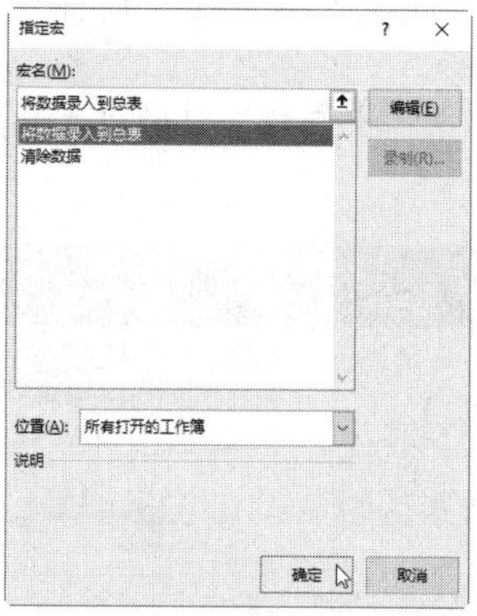

Step 03 在按钮上单击鼠标右键，在弹出的快捷菜单中选择“编辑文字”命令。

Step 04 按钮呈可编辑状态，将按钮名称更改为“录入数据”。

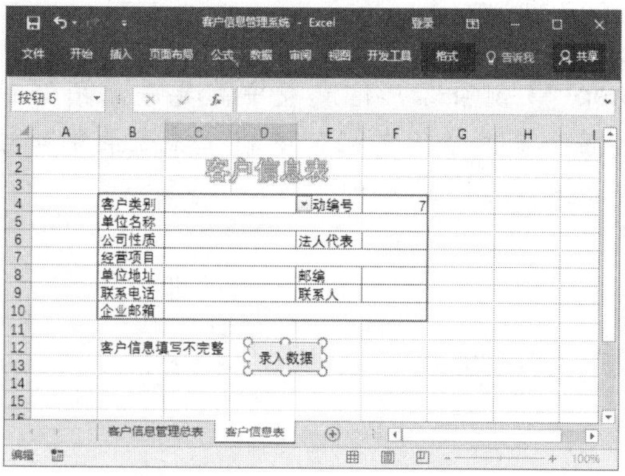

2. 制作“清除数据”按钮

在客户信息表中添加按钮，单击该按钮后执行“清除数据”命令可以清除“客户信息表”中的数据信息，操作方法如下。

Step 01 使用相同的方法打开“指定宏”对话框，选择“清除数据”命令。

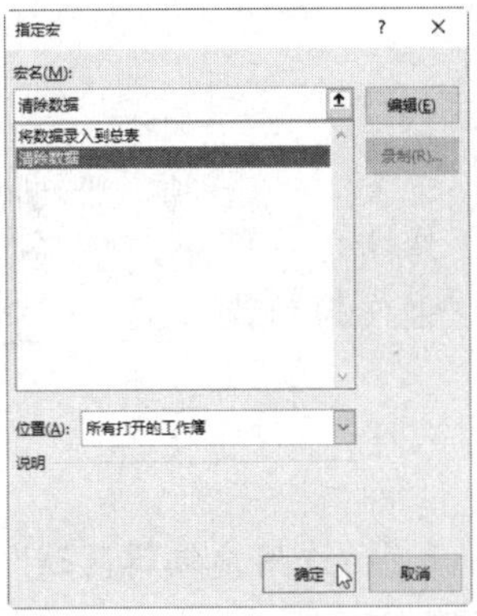

Step 02 将“清除数据”按钮文字修改为“清除数据”，完成后的效果如图所示。

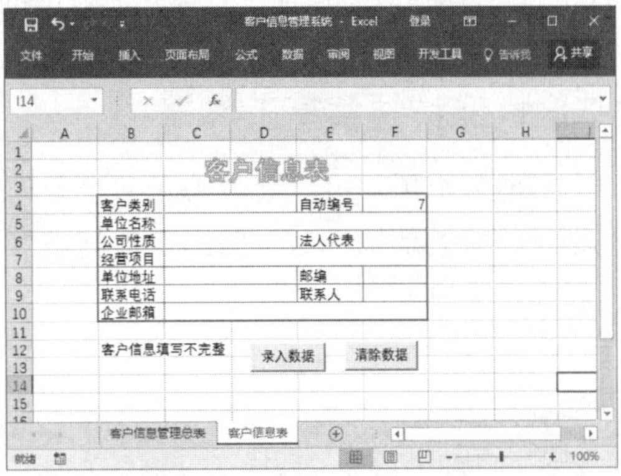

● 大师点拨

在表格中绘制按钮，并为其指定宏命令后，该按钮被单击时将执行相应的宏命令，无法通过单击操作将其选中并对其进行修改和设置。要对按钮进行选择、修改和设置时，要先使用鼠标右键单击将其选中，再执行快捷菜单中的命令。

10.3.5 保存“客户信息表”

当表格制作完成后，要将其保存为启用宏的工作簿，操作方法如下。

打开“另存为”对话框，选择“保存类型”为“Excel 启用宏的工作簿”，单击“保存”按钮。

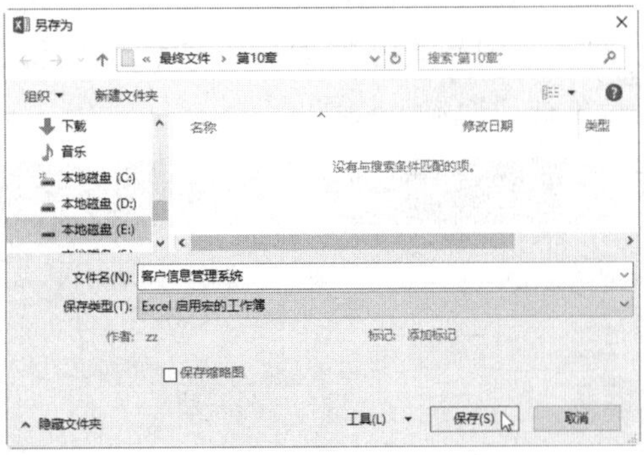

10.4 制作通信费年度计划表

在使用 Excel 编辑数据时，表格中的某些数据可能需要由他人提供，或在编辑表格时需要多个用户同时对一个表格进行编辑，共享工作簿功能允许多个用户同时编辑一个工作表。本例以“通信费年度计划表”（注：图中的“通讯费”应为“通信费”）为例，在表中允许各部门主管对各员工的通信费用进行适当的修改和调整，将该工作簿进行共享，并演示不同的用户对工作簿进行编辑和修改的操作。

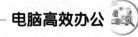

10.4.1 保护并共享工作簿

要使多个用户可以同时编辑一个工作簿，可以将工作簿进行共享。但为了防止其他用户对一些固定数据进行更改，在共享工作簿前应对工作表进行保护。

Step 01 打开素材文件，单击“审阅”选项卡“更改”组中的“允许用户编辑”按钮。

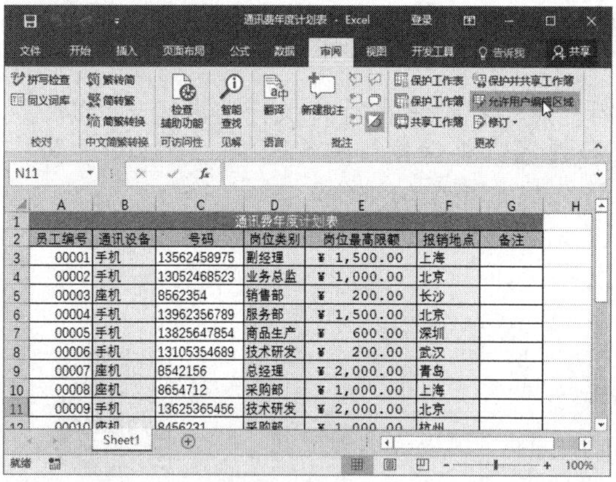

Step 02 打开“允许用户编辑区域”对话框，单击“新建”按钮。

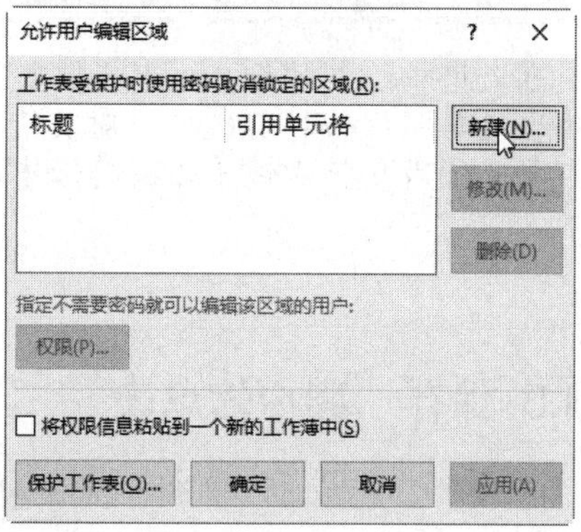

Step 03 打开“新区域”对话框，在“标题”文本框中输入“可编辑区域”，在“引用单元格”中引用“=E3:E25,G3:G25”单元格区域，然后单击“确定”按钮。

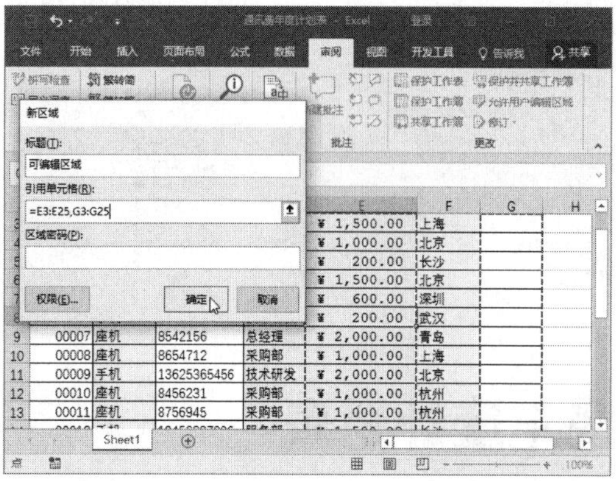

Step 04 返回“允许用户编辑区域”对话框，单击“保护工作表”按钮。

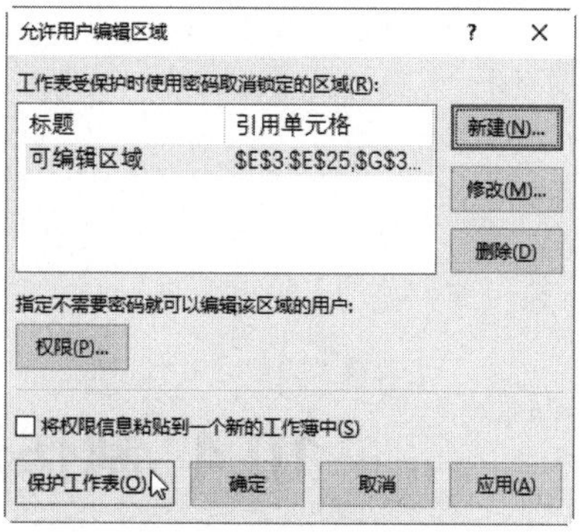

Step 05 打开“保护工作表”对话框，在“取消工作表保护时使用的密码”文本框中输入密码（本例密码均为 123），然后单击“确定”按钮。

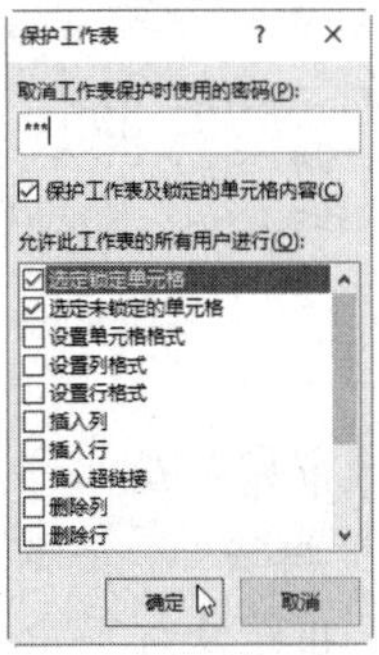

Step 06 打开“确认密码”对话框，再次输入密码，然后单击“确定”按钮。

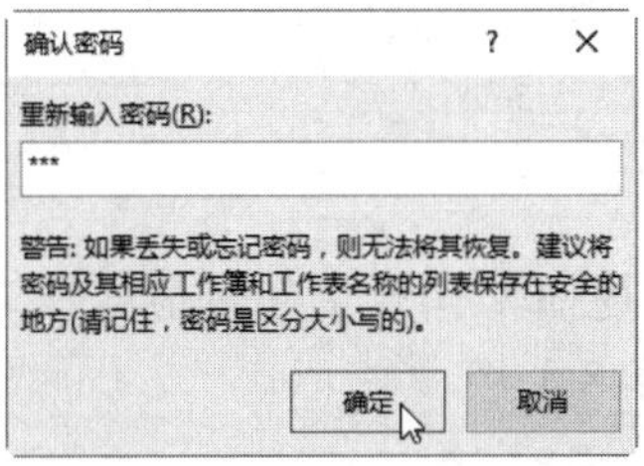

Step 07 返回工作表中，单击“审阅”选项卡的“更改”组中的“保护并共享工作簿”按钮。

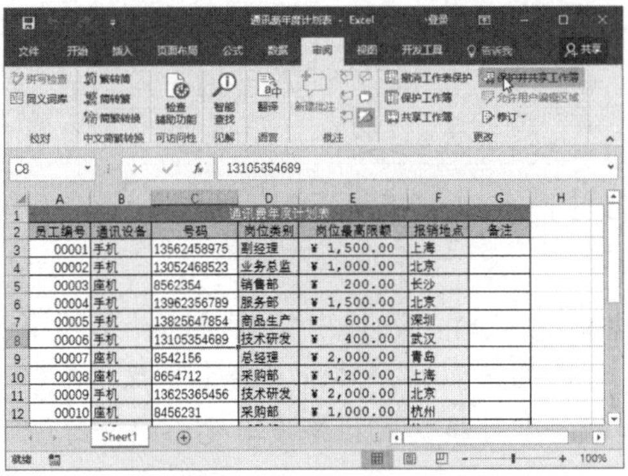

Step 08 打开“保护共享工作簿”对话框，在“密码”文本框中输入密码，单击“确定”按钮。接着在打开的“确认密码”对话框中再次输入密码，然后单击“确定”按钮即可。

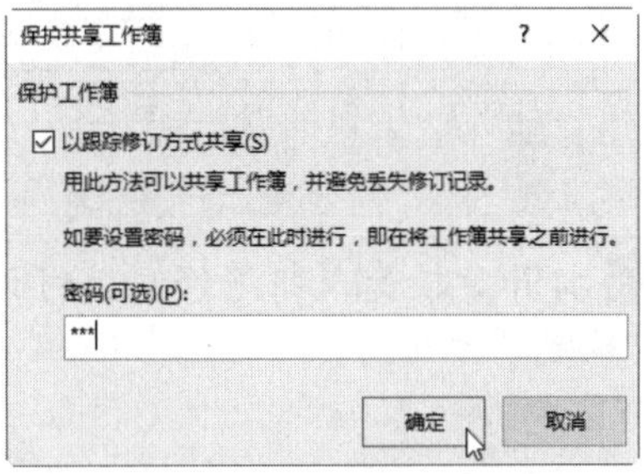

10.4.2 修订共享工作簿

当工作簿完成修订共享后，利用网络共享等共享功能将文件进行共享后，工作簿即可同时被多个不同的用户打开并在允许编辑的区域中进行修改。当其他用户对数据进行修改后，单元格的左上角将出现蓝色的三角符号，鼠标指针指向该单元格时将显示相应的修订记录信息。修订共享工作簿的具体方法如下。

Step 01 单击“审阅”选项卡的“更改”组中的“修订”下拉按钮，在弹出的下拉菜单中选择“突出显示修订”命令。

Step 02 打开“突出显示修订”对话框，选择“时间”列表框中的“全部”命令，单击“确定”按钮。

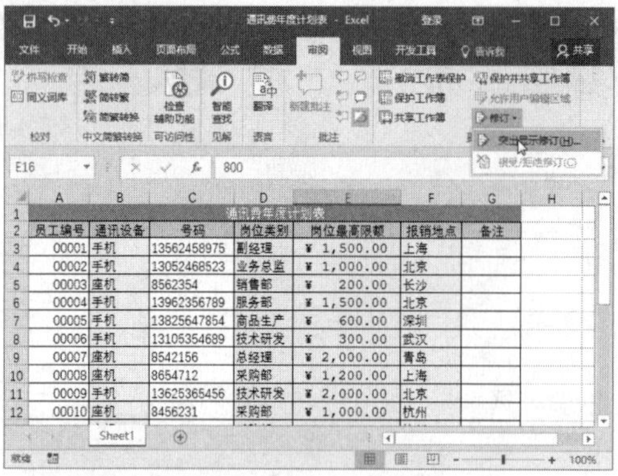

Step 03 返回工作表中即可显示出其他用户修改过的单元格。

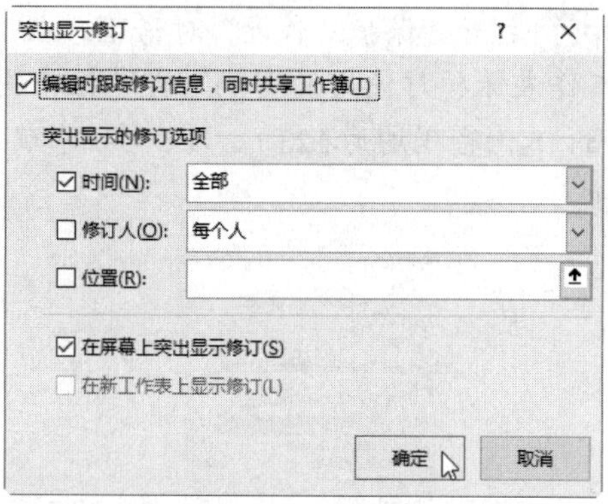

Step 04 单击“审阅”选项卡的“更改”组中的“修订”下拉按钮，在弹出的下拉菜单中选择“接受/拒绝修订”命令。

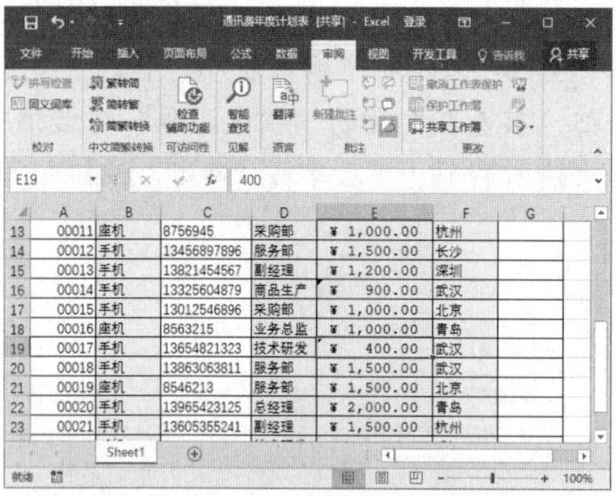

Step 05 打开“接受或拒绝修订”对话框，单击“确定”按钮。

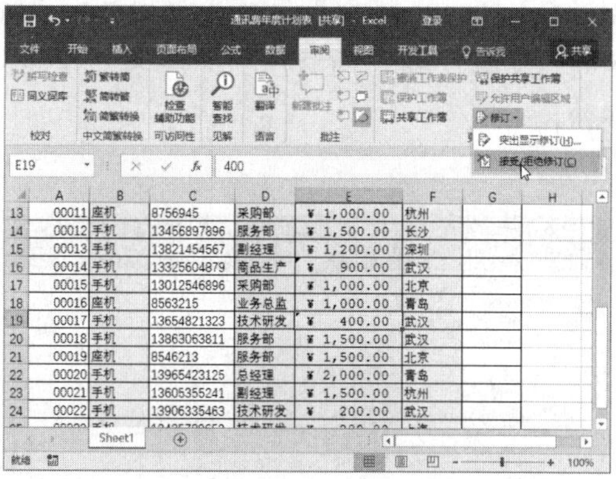

Step 06 此时，表格中将自动选择第 1 个被修订后的单元格，单击“接受”或“拒绝”按钮，即可接受或拒绝该单元格的修订。

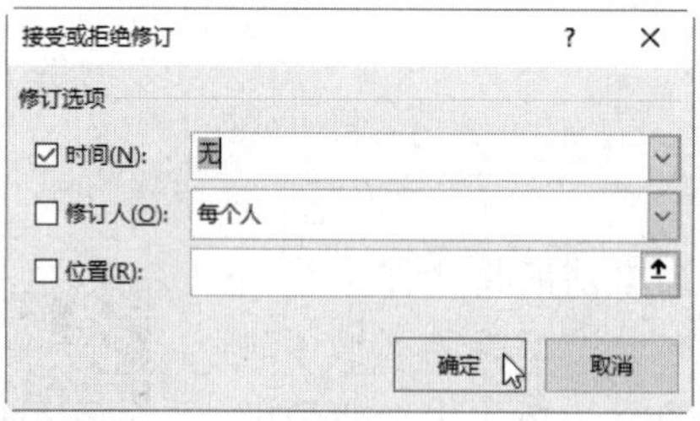

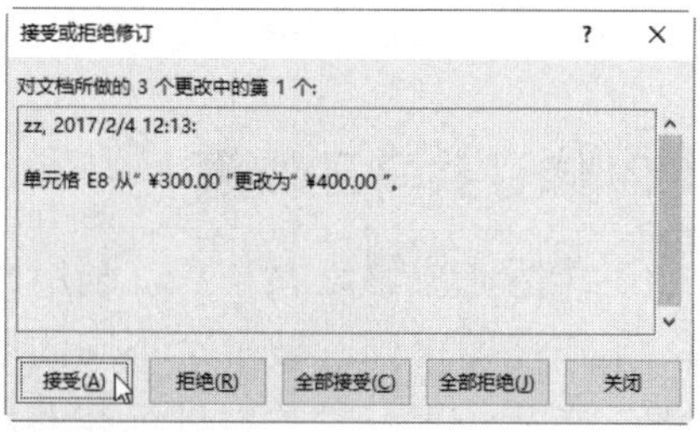

Step 07 使用相同的方法接受或拒绝其他单元格中的修订。

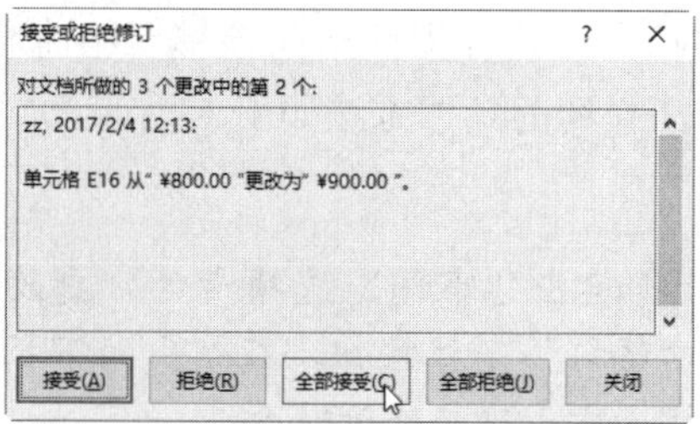

10.5 高手支招

10.5.1 在多个工作表同时设置相同的数据验证

在制作工作表时，有时候需要在多个工作表中设置相同的数据验证。例如，在工作表“Sheet1”中填写机关人员执证情况，C2:C26 单元格区域设置了数据验证下拉菜单。工作表“Sheet2”“Sheet3”“Sheet4”的格式相同，现在需要将其他工作表的 C2:C26 单元格区域设置为与“Sheet1”相同的数据验证下拉菜单。

	A	B	C	D	E	F	G
1	序号	姓名	证件类型	证件号	签发日期	有效期	有效期至
2	1	曹巧筱	双程证	19464185	2007-07-31	5	2012-07-30
3	2	褚华	双程证	04421830	2003-12-10	5	2008-12-09
4	3	冯军健	普通护照	03448371	2002-03-27	10	2012-03-26
5	4	韩美	大陆证	W12029536	2006-03-21	5	2011-03-20
6	5	韩裕忠	双程证	W08799060	2004-10-29	5	2009-10-28
7	6	何宏宏	普通护照	G12569346	2005-01-27	5	2010-01-26
8	7	华楠香	双程证	W10617068	2005-05-11	5	2010-05-10
9	8	华霞	普通护照	G14850968	2005-09-21	5	2010-09-20
10	9	孔发坚	大陆证	T00275847	2007-11-06	5	2012-11-05
11	10	孔国忠	双程证	W24926582	2008-06-03	5	2013-06-02
12	11	李楠美	双程证	W23411144	2008-03-19	5	2013-03-18
13	12	钱丹妙	双程证	W21158783	2007-09-18	5	2012-09-17
14	13	沈芬红	普通护照	G2691474	2008-02-13	10	2018-02-12
15	14	孙德健	双程证	W15747619	2006-10-17	5	2011-10-16
16	15	王辉德	双程证	W23340124	2008-01-29	5	2013-01-28
17	16	卫裕艺	双程证	W08758807	2004-10-26	5	2009-10-25
18	17	吴坚刚	普通护照	G11785362	2004-10-27	5	2009-10-26
19	18	杨发	普通护照	G08686934	2004-01-12	5	2009-01-11
20	19	杨国志	双程证	W15799093	2006-10-18	5	2011-10-17
21	20	杨花妙	普通护照	G11611939	2004-10-09	5	2009-10-08
22	21	尤霞惠	普通护照	G22393463	2007-04-19	10	2017-04-18
23	22	周华文	双程证	W14244090	2006-08-02	5	2011-08-01
24	23	周辉	双程证	W19427823	2007-07-30	5	2012-07-29
25	24	朱惠虹	双程证	W15730887	2006-11-07	5	2011-11-06
26	25	朱真花	普通护照	G19068526	2006-11-15	5	2011-11-14

可以在工作组中选择粘贴数据验证设置，操作方法如下。

Step 01 打开素材文件“证件登记表.xlsx”，选定“Sheet1”工作表中的 C2:C26 单元格区域，按下“Crtl+C”组合键复制。

Step 02 单击“Sheet2”标签，按下“Shift”键，再单击最后一个工作表的“Sheet4”标签，选定“Sheet2”“Sheet3”“Sheet4”3 个工作表。

Step 03 选定“Sheet2”工作表中的 C2 单元格，然后单击鼠标右键，在弹出的快捷菜单中选择“选择性粘贴”命令，在弹出的扩展菜单中选择“选择性粘贴”命令。

Step 04 打开“选择性粘贴”对话框，选择“粘贴”组中的“验证”单选项。然后单击“确定”按钮，即可将所有工作表的 C2:C26 单元格区域都设置为与“Sheet1”相同的数据验证下拉菜单。

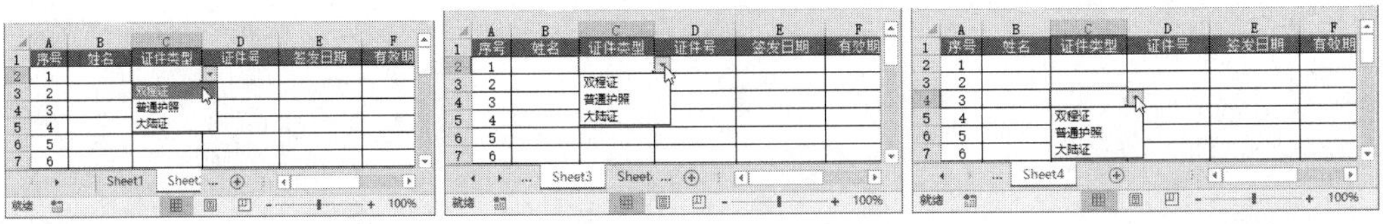

10.5.2 把不符合要求的数据找出来

在制作数据表格之后，有的用户需要将不符合要求的数据找出来。此时可以在工作组中选择粘贴数据验证设置，操作方法如下。

Step 01 打开素材文件“证件登记表.xlsx”，选定B3:F10单元格区域，然后单击“数据”选项卡“数据工具”组中的“数据验证”按钮。

Step 02 弹出“数据验证”对话框，在“设置”选项卡中的“允许”下拉列表框中选择“自定义”命令，在“公式”文本框中输入公式“=ABS(B3-5)<=0.08”，完成后单击“确定”按钮。

Step 03 单击“数据”选项卡的“数据工具”组中的“数据验证”按钮旁的下拉按钮，在弹出的下拉菜单中选择“圈释无效数据”命令，工作表中偏离数据超过0.08的数据即可被标识圈标记出来。

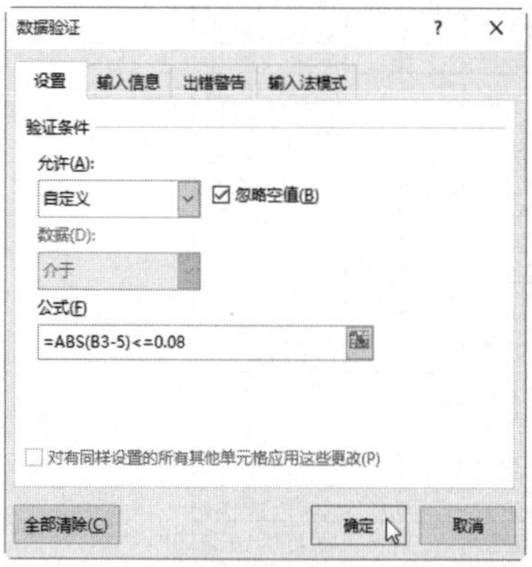

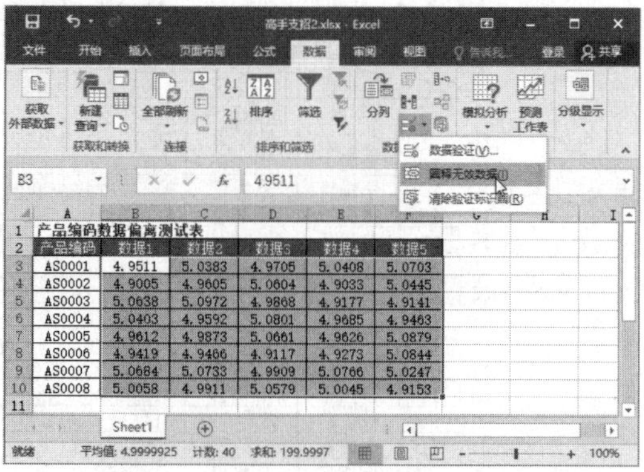

10.5.3 对不连续区域使用格式刷

在使用格式刷复制单元格格式时，单击“格式刷”按钮往往只能刷一个连续区域，如果需要对不连续区域使用格式刷，则执行以下操作。

选中需要复制的格式，然后在“开始”选项卡中双击“剪贴板”组中的“格式刷”按钮，可进入连续使用格式刷的状态。当光标变成刷子时，在要应用该格式的单元格区域单击即可。如果要退出连续使用格式刷状态，则需再次单击“格式刷”按钮，或按下“Esc”键。

第11章

PPT 幻灯片的编辑与设计

在日常办公应用中，经常需要使用 PowerPoint 将某些文稿内容以屏幕放映的方式进行展示，并制作出图文并茂且具有丰富动态效果的演示文稿。本章将通过制作宣传演示文稿和楼盘演示文稿来介绍文稿的创建、设计、编辑及美化的相关知识。

11.1 制作企业宣传演示文稿

企业宣传 PPT 是企业形象识别系统的一个重要组成，所以在设计该类 PPT 时需要具有一定的专业性。由于企业理念、历史、业绩、规划等都较抽象，所以还需要结合对象的应用来实现可视化、直观化的表达效果。

11.1.1 创建演示文稿文件

要制作企业宣传演示文稿，首先需要创建演示文稿，在 PowerPoint 2016 中，常用的新建演示文稿的方法如下。

1．新建空白演示文稿

如果要从零开始制作演示文稿，可以新建一个空白的演示文稿，操作方法如下。

Step 01 在“开始”菜单中单击“PowerPoint 2016”图标。

Step 02 待程序启动完毕后，按下“Enter”键或“Esc”键，或者选择“空白演示文稿”命令。

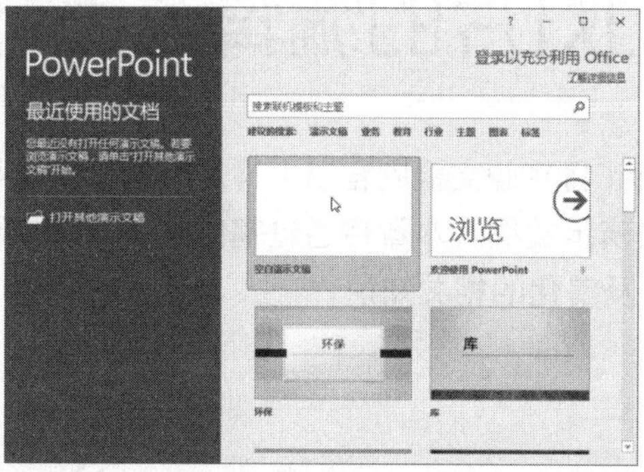

Step 03 操作完成后即可创建一个名为“演示文稿 1”的 PPT 文件。

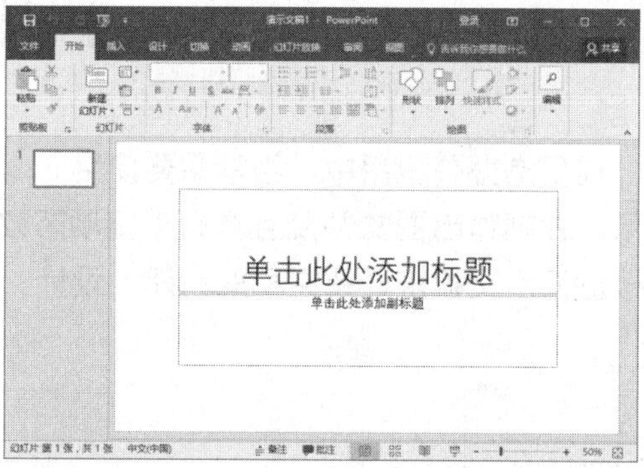

大师点拨

在 PowerPoint 环境下，按下“Ctrl+N”组合键，可快速创建一个空白演示文稿。

2. 根据模板创建演示文稿

在 PowerPoint 2016 中，为用户提供了多种类型的样本模板，用户可根据需要使用模板创建演示文稿。

Step 01 转到“文件”选项卡，在打开的列表中选择“新建”命令，在右侧选择想要的模板样式。

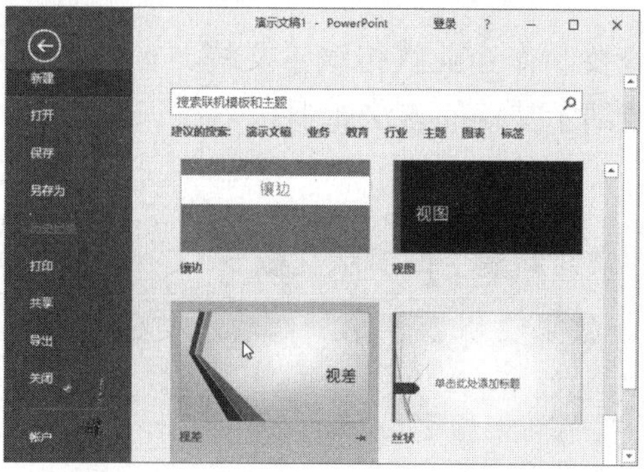

Step 02 打开模板预览对话框，如果确定使用该模板，单击“创建”按钮。

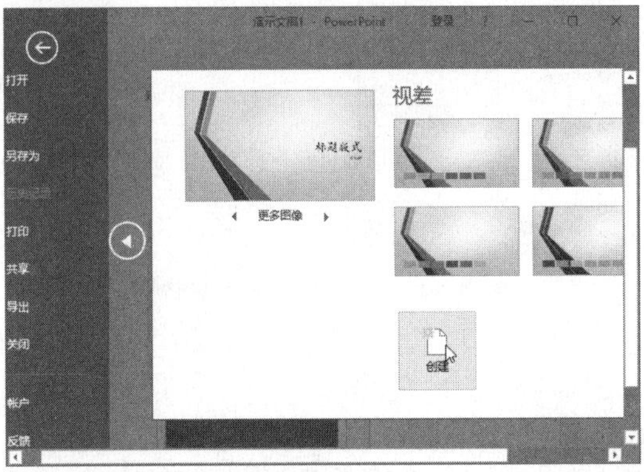

Step 03 根据模板创建演示文稿完成后，效果如图所示。

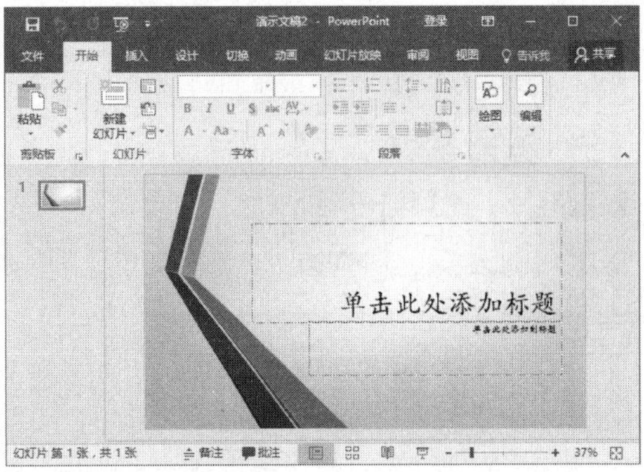

● 大师点拨

如果没有找到合适的模板，可以在“搜索联机模板和主题”搜索框中输入关键字搜索更多的模板。

3. 根据现有演示文稿创建

在制作多个风格统一的演示文稿时，还可以根据设计好的演示文稿创建出新的演示文稿，操作方法如下。

Step 01 在打开的演示文稿中，切换到“文件”选项卡，在左侧选择“新建”命令，然后在右侧窗格中选择“空白演示文稿”命令。

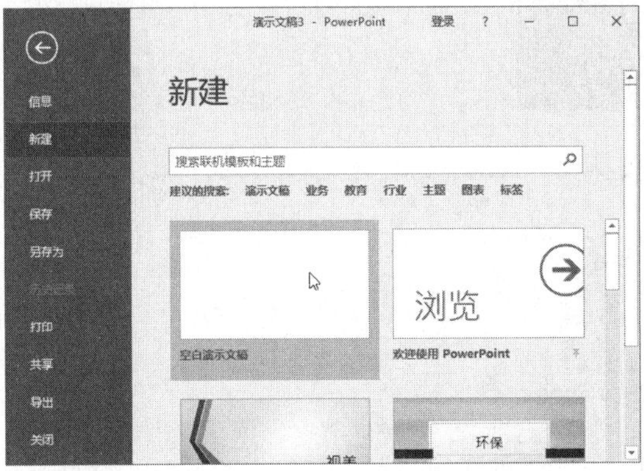

Step 02 在新建的空白演示文稿中切换到“设计”选项卡，然后单击“主题”组中的“其他”下拉按钮。

Step 03 在弹出的下拉菜单中选择“浏览主题”命令。

Step 04 在打开的“选择主题或主题文档”对话框中，选择素材文件“案例 PPT”，然后单击“应用”按钮应用即可。

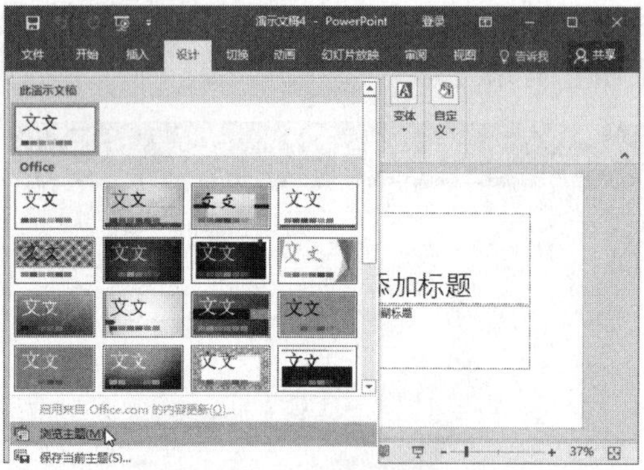

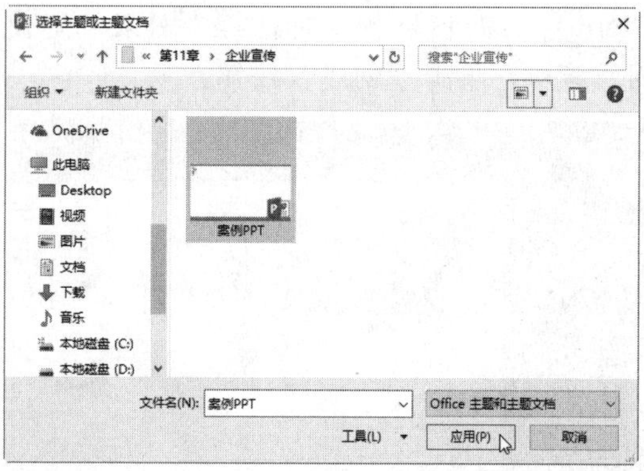

4. 保存演示文稿

无论是新建演示文稿，还是已有的演示文稿，对其进行相应的编辑后，都应进行保存，以便日后使用。要保存新建演示文稿，可按下面的操作步骤实现。

Step 01 单击“快速访问工具栏”中的“保存”按钮。

Step 02 在打开的页面中依次选择“另存为”→“浏览”命令。

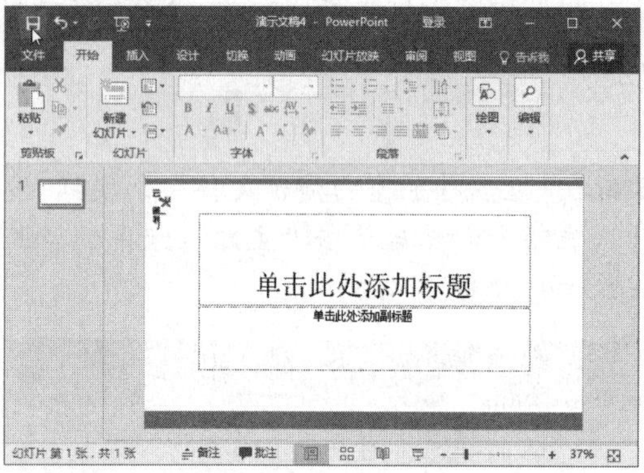

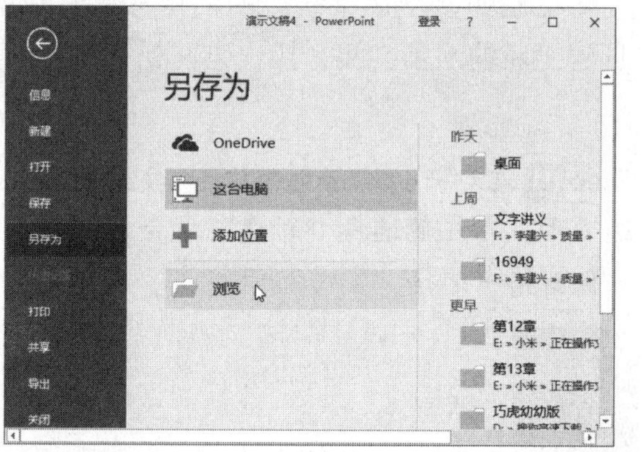

Step 03 打开“另存为”对话框，设置保存路径和文件名，然后单击“保存”按钮即可。

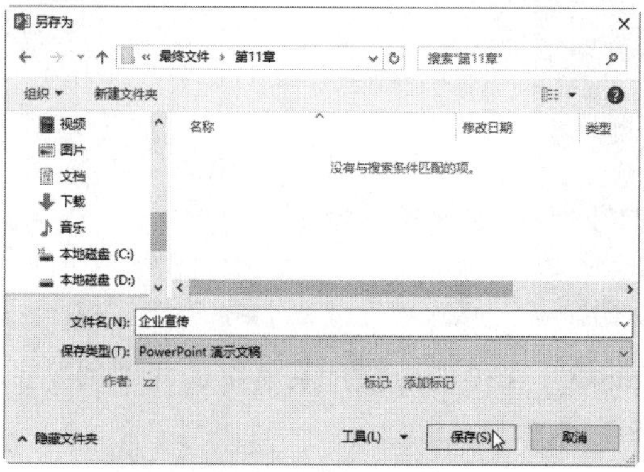

11.1.2 应用大纲视图添加主要内容

在制作幻灯片时，可将演示文稿的内容添加到大纲视图中，然后在大纲视图中创建出多张不同主题的幻灯片。

1. 输入幻灯片封面文字

在大纲视图中还可以直接输入文字内容以作为幻灯片封面或标题文字，操作方法如下。

Step 01 切换到“视图”选项卡，单击“大纲视图”按钮。

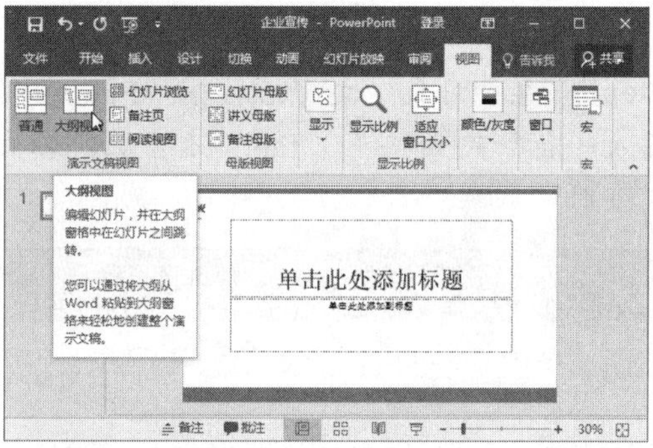

Step 02 页面切换到大纲视图，在窗口中输入幻灯片的标题文字内容，输入完成后，按下“Enter”键即可创建出新的幻灯片。

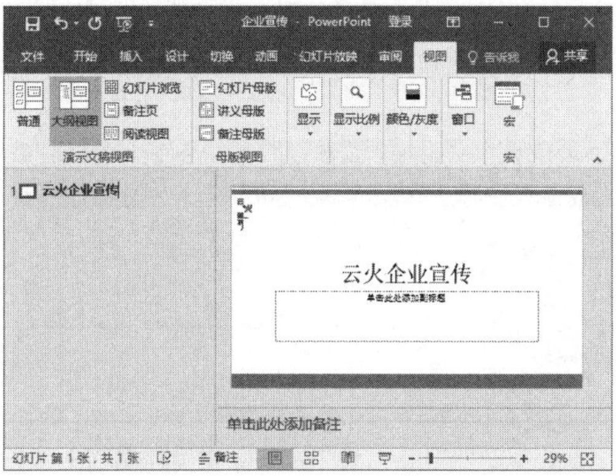

Step 03 按照相同的方法输入幻灯片的标题内容即可。

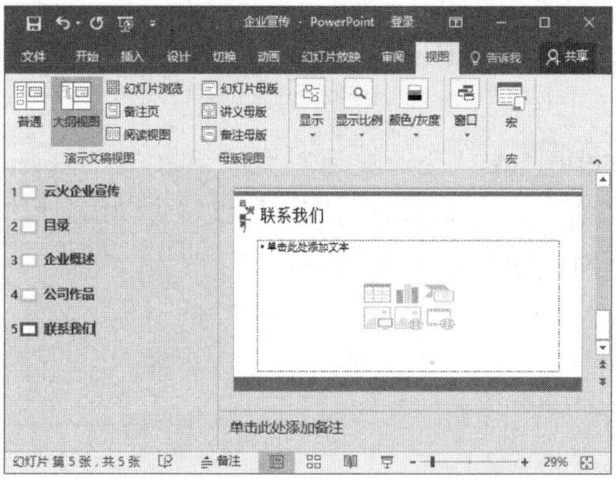

2. 输入幻灯片内容

在大纲视图下还可以输入幻灯片内容，只需要在各标题后添加一个二级标题，该内容将被自动作为幻灯片的内容。

Step 01 在大纲窗格中的“企业宣传”文字后按下“Enter”键插入一行，然后单击鼠标右键，在弹出的快捷菜单中选择“降级”命令。

Step 02 输入副标题内容。

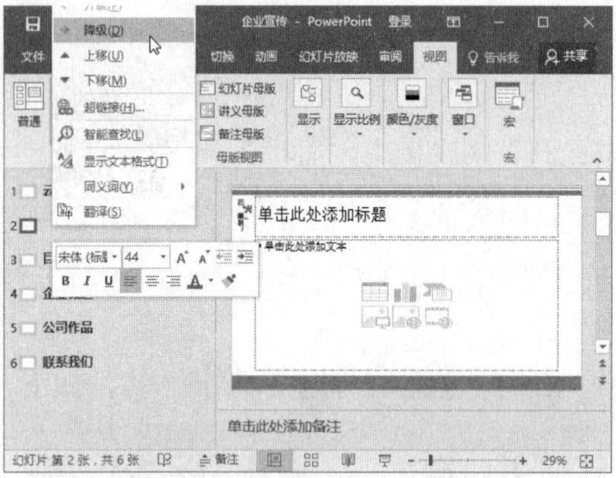

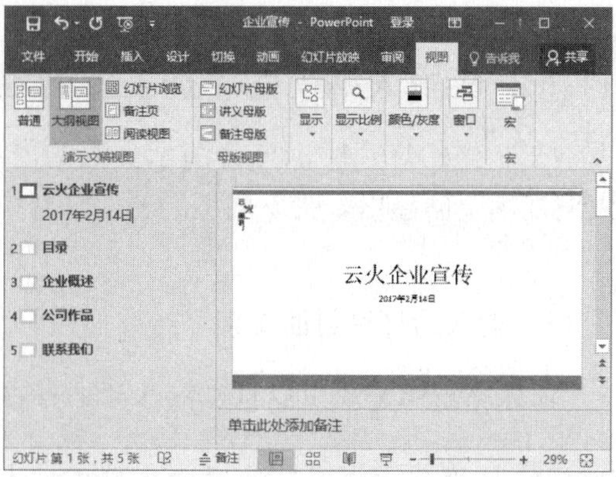

Step 03 在“目录”文字后按下“Enter”键插入一行，然后按下“Tab”键降低内容大纲级别。

Step 04 输入目录内容即可。

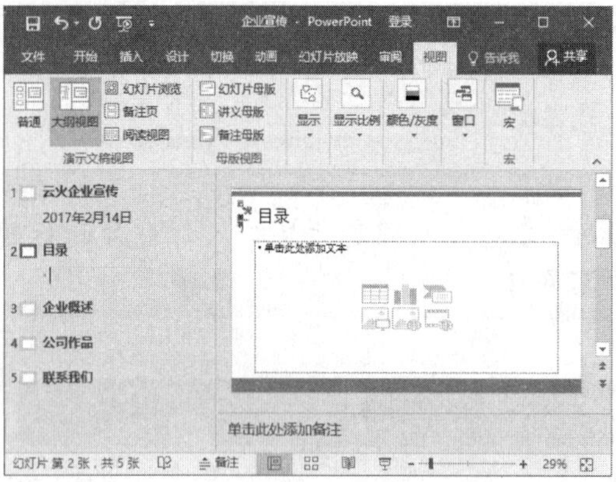

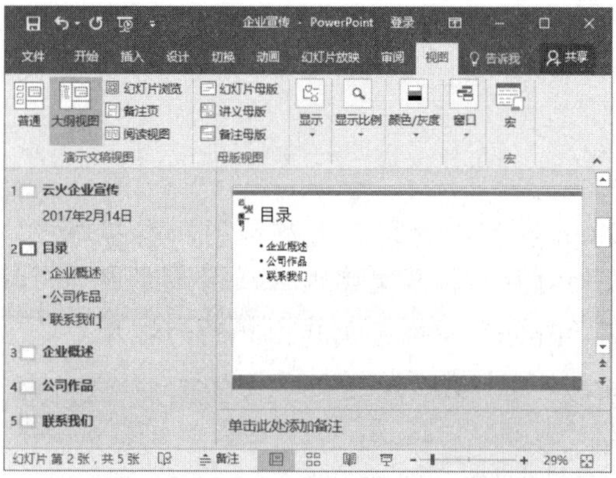

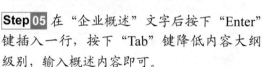

Step 05 在“企业概述”文字后按下“Enter”键插入一行，按下“Tab”键降低内容大纲级别，输入概述内容即可。

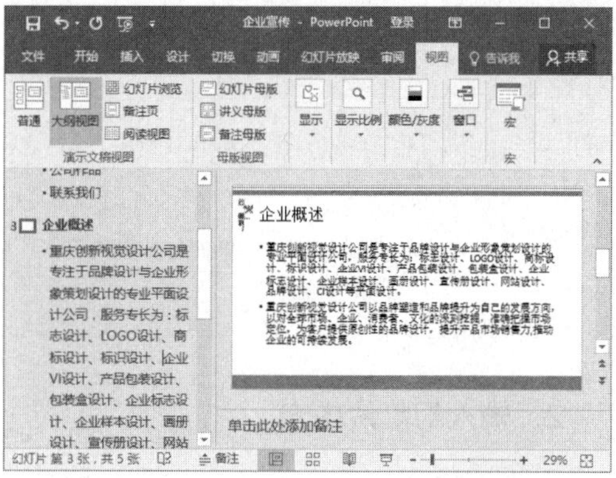

11.1.3 编辑“标题”幻灯片

在制作幻灯片时，可将演示文稿的内容添加到大纲视图中，然后在大纲视图创建出多张不同主题的幻灯片。

1. 设置文字格式

通常演示文稿的第 1 张幻灯片作为整个演示文本的标题，在该页中仅有少量的标题文字，所以需要为幻灯片中的文字添加各种修饰。

Step 01 在大纲窗格中选择第 1 张幻灯片，然后选择幻灯片中的标题文字，在“开始”选项卡的“字体”组中设置字体和字号。

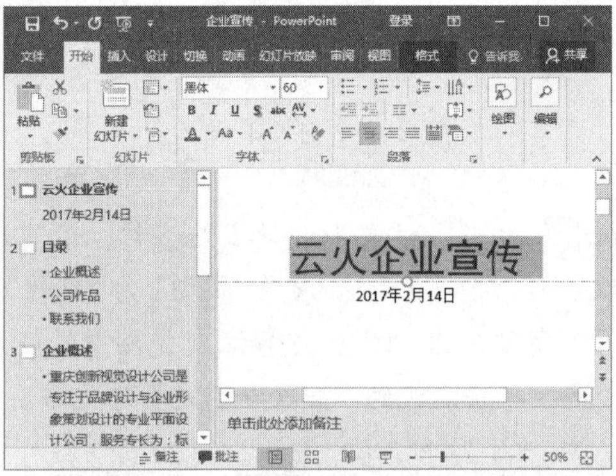

Step 02 保持文字的选择状态，单击“开始”选项卡的“字体”组中的“字符间距”下拉按钮，在弹出的下拉菜单中选择“很松”命令。

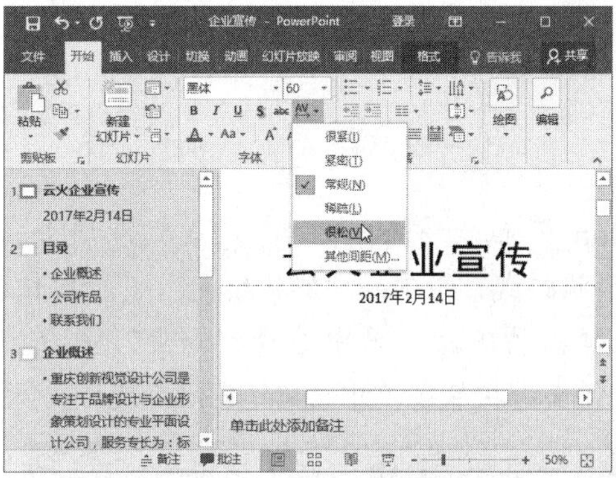

• 大师心得

在 PowerPoint 中，除了在“开始”选项卡中设置文字字体格式外，也可以在“开始”选项卡的“字体”组中单击对话框启动器。打开“字体”对话框，通过对话框设置字体下画线、字体样式、字符间距等。

Step 03 单击“绘图工具 / 格式”选项卡的“艺术字样式”组中的“快速样式”下拉按钮，在弹出的下拉菜单中选择一种艺术字样式即可。

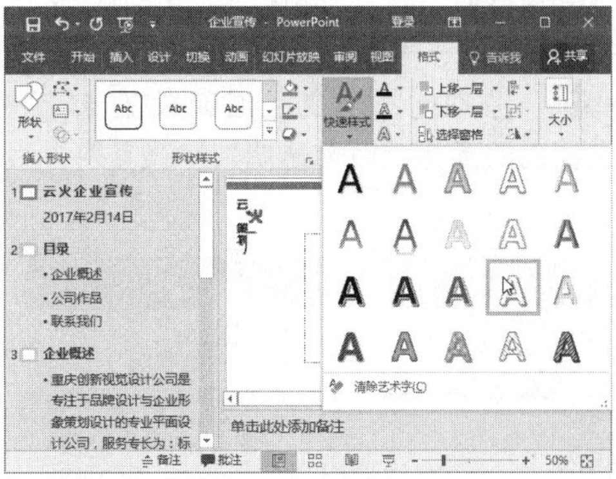

2. 修饰副标题文字及占位符

为了使标题幻灯片的效果更加美观，可以为副标题及其占位符添加适当的修饰，操作方法如下。

Step 01 选择副标题占位符，将光标定位到占位符四周的控制点，拖动调整占位符的高度和大小。

Step 02 将光标移动到占位符的四周，当光标变为时按下鼠标左键不放拖动，调整占位符的位置。

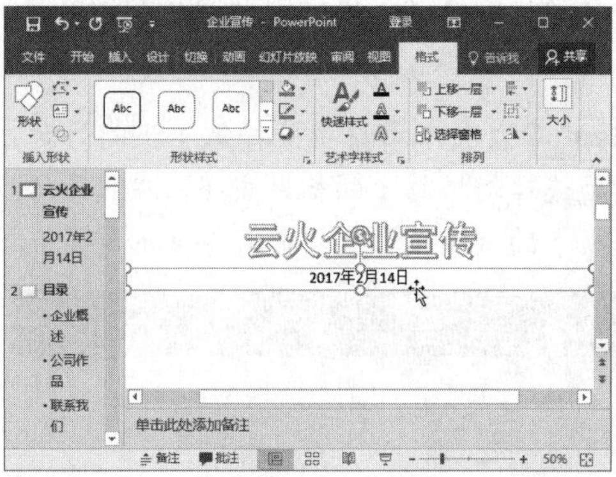

Step 03 单击“绘图工具/格式”选项卡的“形状样式”组中的“形状填充”下拉按钮，在弹出的下拉菜单中选择“渐变”命令，在弹出的扩展菜单中选择“其他渐变”命令。

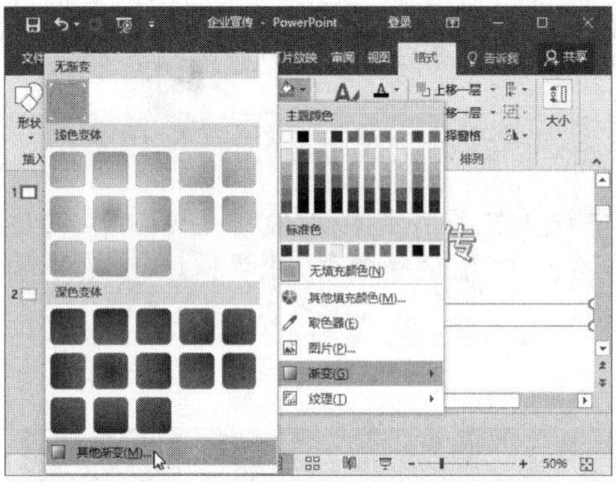

Step 04 打开“设置形状格式”窗格，设置填充效果为“渐变填充”，设置“类型”为“线性”，设置“角度”为“0”。选择渐变光圈中的任意一个点，单击右侧的“删除渐变光圈”按钮。

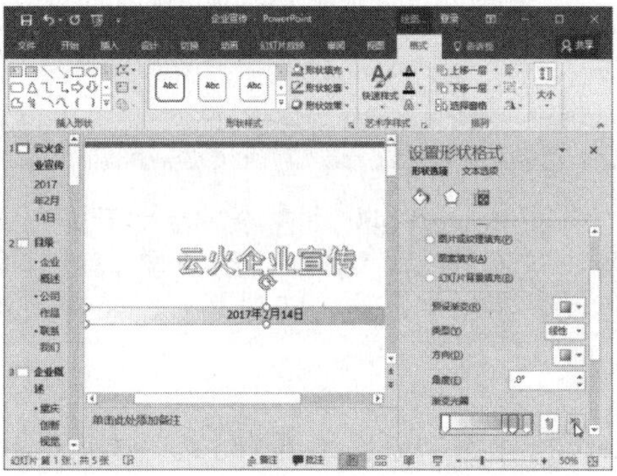

Step 05 分别选择渐变光圈的设置点，将渐变颜色设置为“白色透明”“浅蓝”“白色透明”。

Step 06 单击“设置形状格式”窗格中的“关闭”按钮，完成填充效果设置后的效果如图所示。

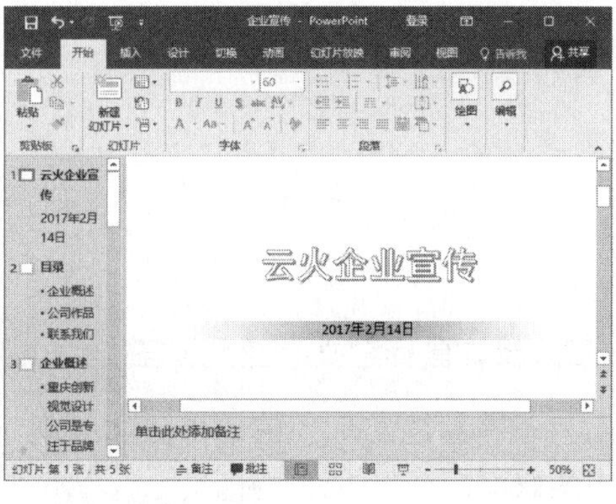

11.1.4 编辑“目录”幻灯片

在演示文稿中通常需要在一个幻灯片中列举出整个 PPT 的内容，即 PPT 目录。为了使该幻灯片更加美观，还需要对其进行编辑。

1. 设置标题格式

在编辑目录幻灯片时，首先对标题格式进行调整，操作方法如下。

Step 01 在幻灯片窗格中选择第 2 张幻灯片，选择“目录”标题占位符，调整大小后拖动占位符到幻灯片的右侧。

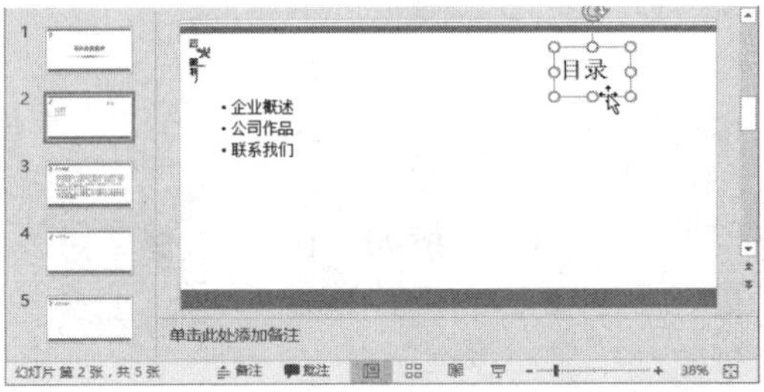

Step 02 在“开始”选项卡的“字体”组中设置字体、字号和颜色即可。

2. 设置内容列表格式

在编辑内容幻灯片时，首先对标题格式进行调整，操作方法如下。

Step 01 选择内容占位符，并调整占位符的位置。

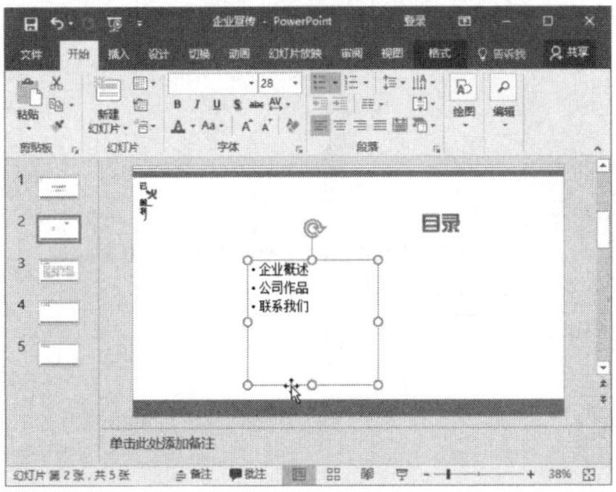

Step 02 在“开始”选项卡的“字体”组中设置字体和字号。

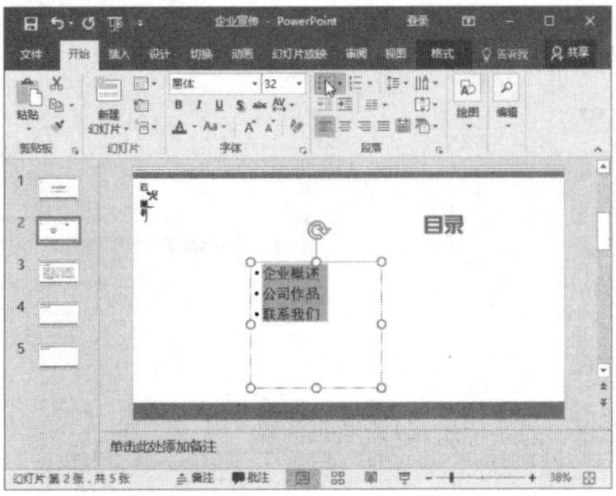

Step 03 单击“开始”选项卡的“段落”组中的“行距”下拉按钮，在弹出的下拉菜单中选择“行距选项”命令。

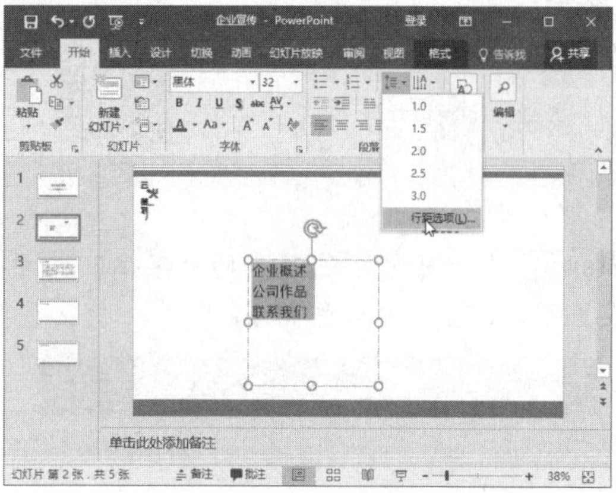

Step 04 打开“段落”对话框，设置“行距”为“固定值”，设置“设置值”为“60 磅”，完成后单击“确定”按钮即可。

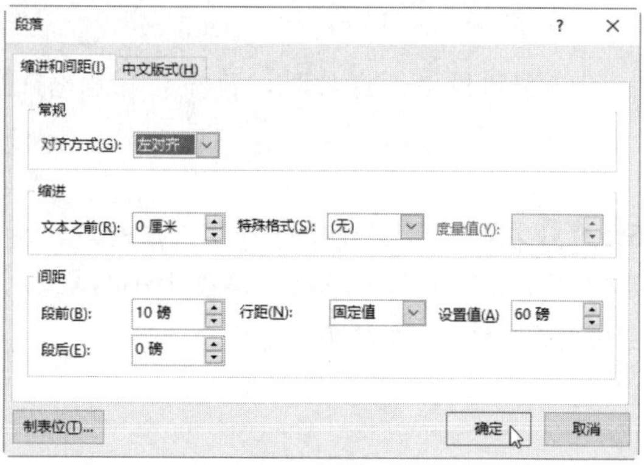

3. 绘制图形

在幻灯片中经常需要绘制一些图形以对幻灯片进行修饰。例如，在本例中，需要在“目录”幻灯片标题和内容中间添加两条直线进行分割与修饰，操作方法如下。

Step 01 单击“插入”选项卡的“插图”组中的“形状”下拉按钮，在弹出的下拉菜单中选择“直线”工具。

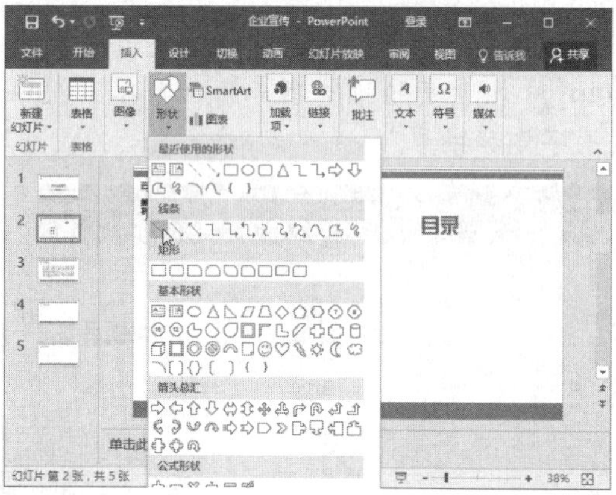

Step 02 在幻灯片中按下鼠标左键并拖动绘制出一条直线，绘制完毕后将直线移动至标题文本框下方。

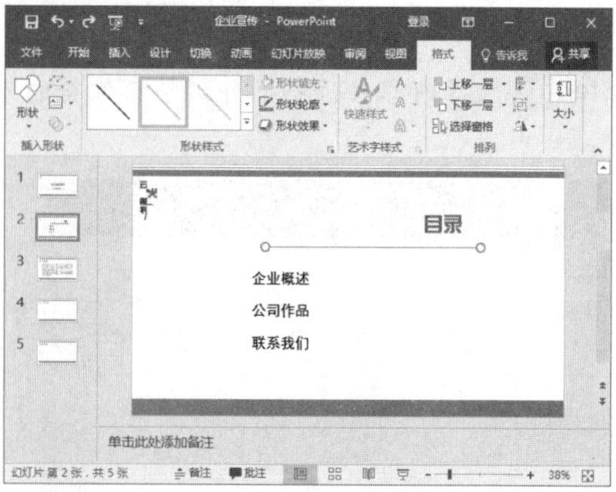

Step 03 使用相同的方法在幻灯片中绘制出一条与之前直线相交的直线。

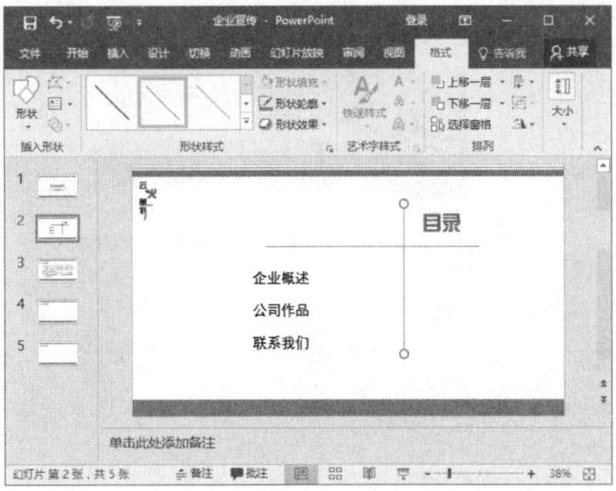

Step 04 按住“Ctrl”键不放，在两条直线上依次选中直线，然后单击“绘图工具 / 格式”选项卡的“形状样式”组中的“其他”按钮。

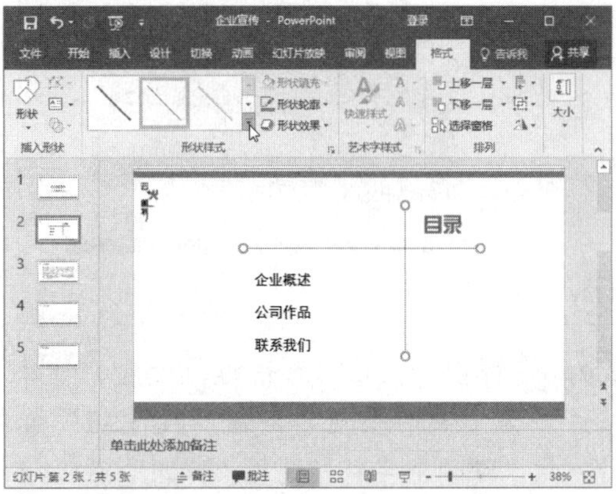

Step 05 在弹出的下拉列表中选择一种直线的主题样式。

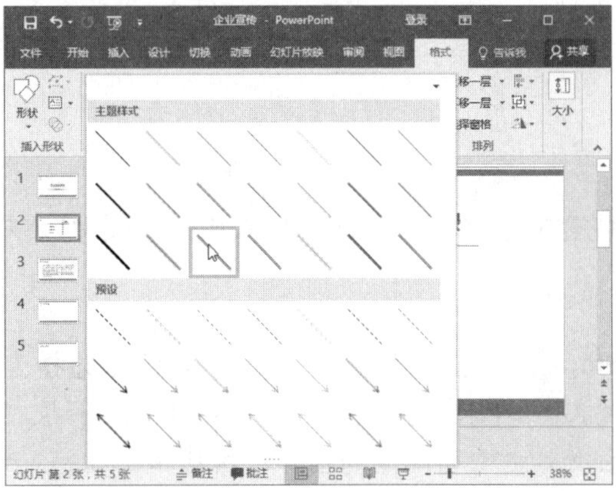

Step 06 单击“绘图工具 / 格式”选项卡的“形状样式”组中的“形状轮廓”下拉按钮，在弹出的下拉菜单中选择“粗细”命令，在弹出的扩展菜单中选择“3 磅”。

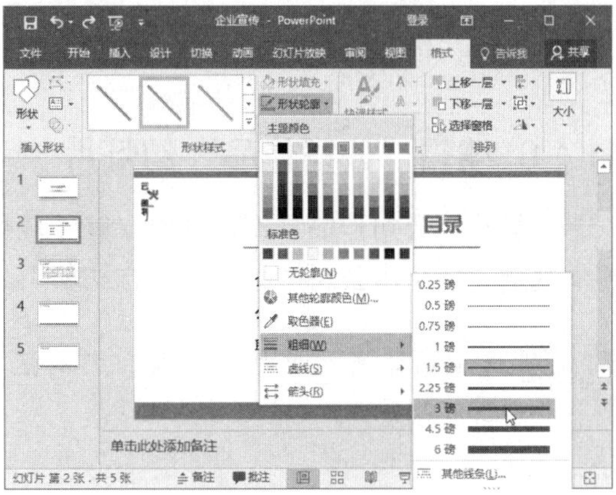

11.1.5 编辑“企业概述”幻灯片

在“企业概述”幻灯片中包含了大量的文字，为了便于阅读文字，需要对文本的段落格式进行相应的设置，操作方法如下。

Step 01 选中内容占位符，单击“开始”选项卡的“段落”组中的“项目符号”按钮 ☰，取消选择项目符号。

Step 02 单击“开始”选项卡的“段落”组中的对话框启动器。

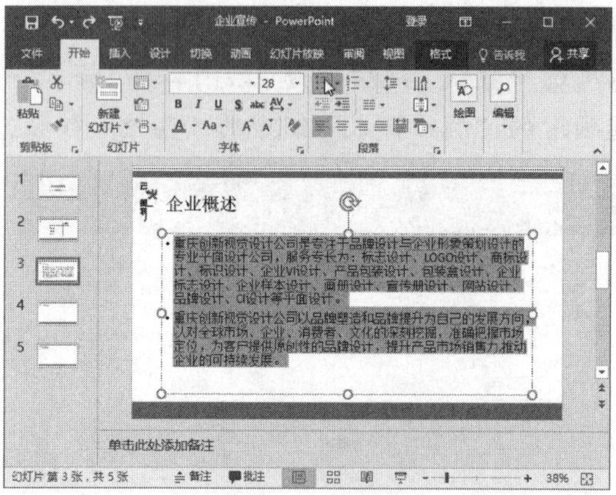

Step 03 弹出“段落”对话框，设置“特殊格式”为“首行缩进”，使“度量值”保持默认，即两个字符。设置“行距”为“1.5倍行距”，完成后单击“确定”按钮。

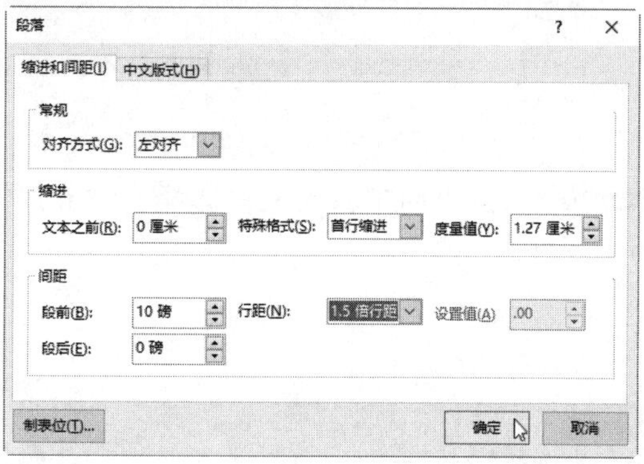

11.1.6 编辑“公司作品”幻灯片

在编辑“公司作品”幻灯片时，除了应用现有文字之外，还需要加入相关的图片，以便从视觉上展示出公司产品，操作方法如下。

Step 01 选中第 4 张幻灯片，在内容文本框中单击“图片”按钮。

Step 02 弹出“插入图片”对话框，选择素材文件的保存路径，按住“Ctrl”键不放，依次单击需要插入的图片，然后单击“插入”按钮。

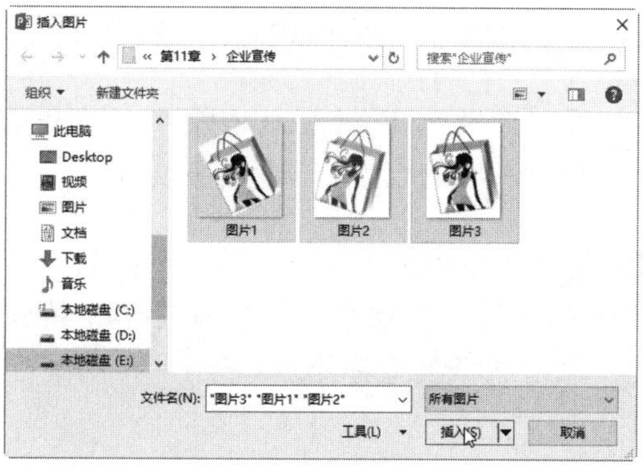

Step 03 所选图片将插入到幻灯片中，在图片上单击后拖动调整其位置。

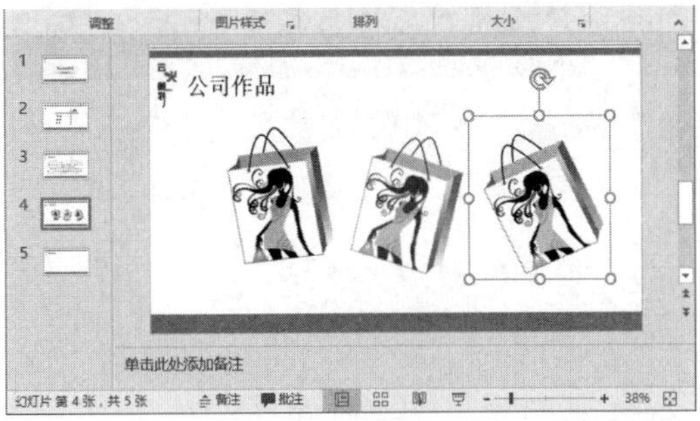

Step 04 分别选择图片，拖动旋转手柄调整图片的方向，调整完成后的效果如图所示。

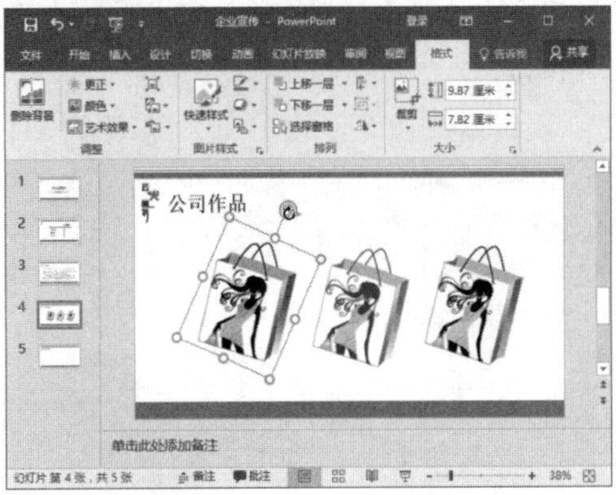

11.1.7 编辑“联系我们”幻灯片

幻灯片编辑完成后还需要对幻灯片的结束页进行编辑，为了使文本看起来错落有致，还可以为其添加项目符号。

Step 01 选择第 5 张幻灯片，单击内容文本框，即可开始输入文本。

Step 02 输入地址、电话和邮箱等内容。

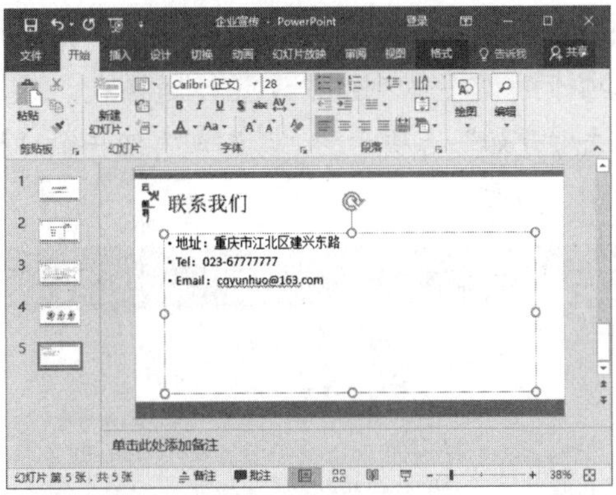

Step 03 选中正文文本，单击“开始”选项卡的“段落”组中的“项目符号”下拉按钮，在弹出的下拉菜单中选择“项目符号和编号”命令。

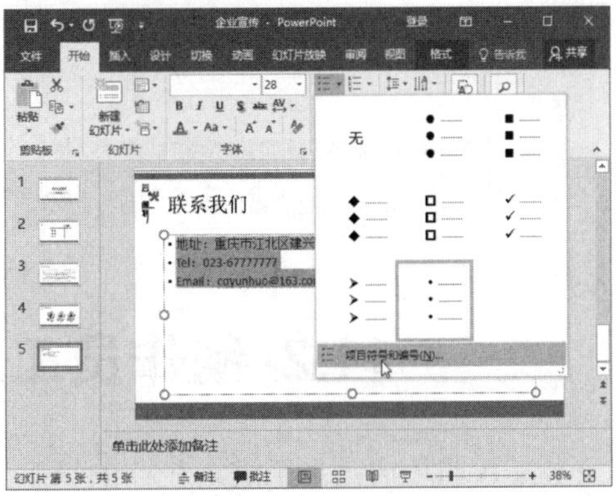

Step 04 打开“项目符号和编号”对话框，在列表框中选择项目符号的样式，在“颜色”下拉列表中选择合适的颜色，完成后单击“确定”按钮。

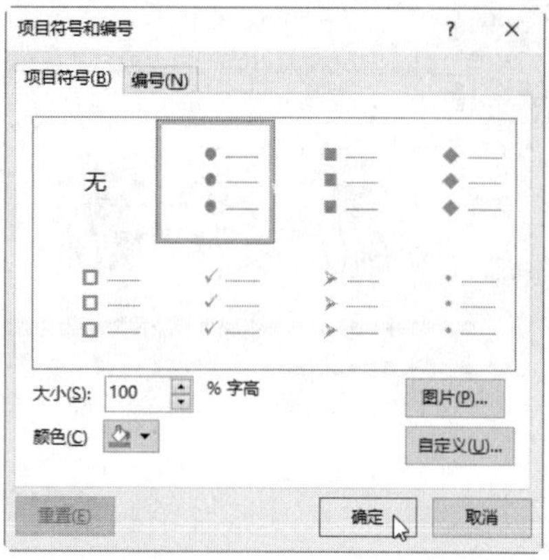

Step 05 返回幻灯片中，在“开始”选项卡的“字体”组中设置字体格式即可。

11.1.8 设置幻灯片标题

在制作幻灯片时，为了追求统一性，我们通常希望幻灯片的标题呈统一格式。此时可以在设置了一个幻灯片标题后，使用格式刷为其他标题应用相同的格式。

Step 01 选择任意标题占位符，在“开始”选项卡的“字体”组中设置标题样式，然后双击“开始”选项卡的“剪贴板”组中的“格式刷”按钮。

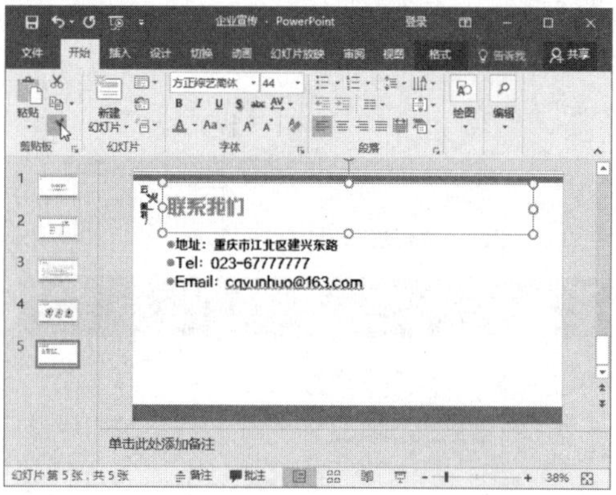

Step 02 此时光标呈 形状，选择其他幻灯片的标题文本即可为其他幻灯片应用相同的标题样式。

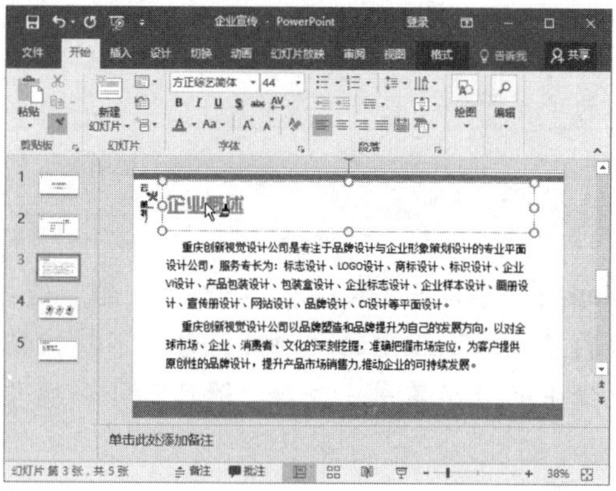

11.2 制作员工入职培训演示文稿

员工入职培训是员工进入企业的第 1 步，本例将使用文本、图片、图形等幻灯片元素制作入职培训演示文稿，通过对幻灯片母版、文本、图形、动画等对象的应用，使企业培训人员能够快速地掌握培训类演示文稿的制作。

11.2.1 根据模板新建演示文稿

在制作本案例时，需要先基于模板新建一个演示文稿。若在模板样式中找不到合适的内置模板，还可以通过搜索操作，下载新的模板，操作方法如下。

Step 01 启动 PowerPoint 程序，在搜索框中输入需要查找的模板类型，如“培训”，然后单击“搜索”按钮⌕。

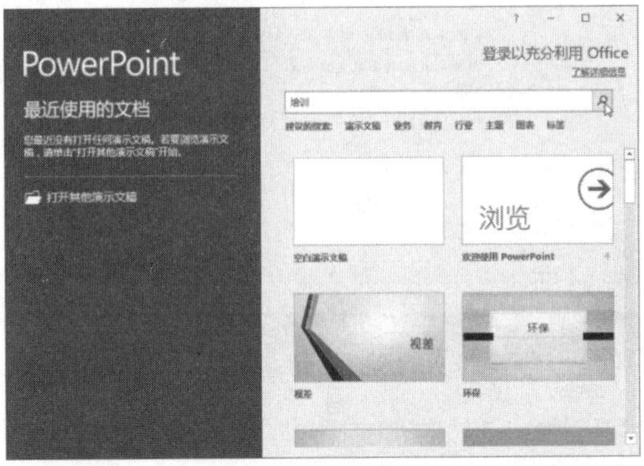

Step 02 在页面下方显示出搜索结果，单击合适的模板。

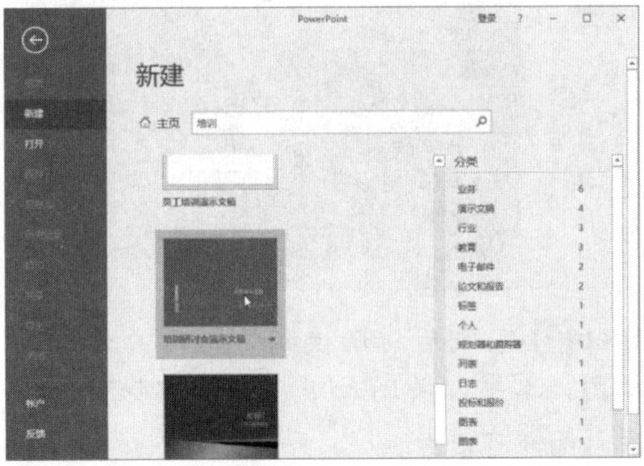

Step 03 在打开的对话框中会显示该模板的预览图，如果确认使用该模板，可单击“创建”按钮。

Step 04 此时 PowerPoint 窗格中将创建一个基于“培训”模板的演示文稿，将该演示文稿另存为“培训演示文稿”即可。

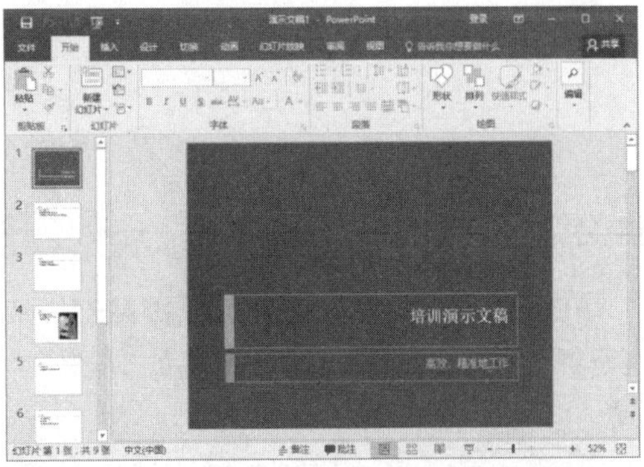

● 大师点拨

如果需要长期搜索某一合适模板，可以在该模板上单击“固定至列表”按钮，将该模板固定到模板列表中。

11.2.2 在母版中更改模板字体

通过模板和主题新建的颜色文稿都有预定的版式和文字格式，在一定程度上能提高用户的工作效率。但模板并不是完美的，有时候根据实际的使用情况，可以对模板进行一些更改，以便于更好地配合幻灯片内容。

Step 01 在“视图”选项卡中单击“幻灯片母版”按钮。

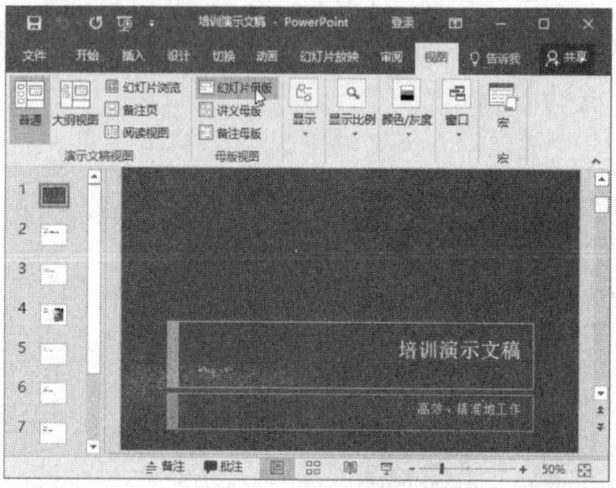

Step 02 进入“幻灯片母版”视图，选中第1张幻灯片母版，然后在“开始”选项卡的“字体”组中设置字体格式。

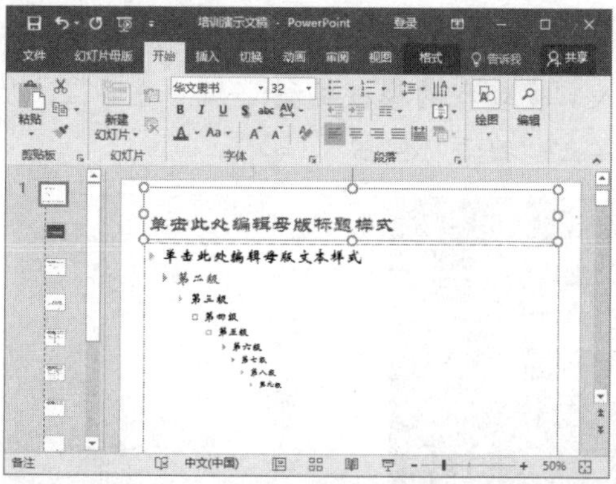

Step 03 完成后，切换到“幻灯片母版”视图，单击“关闭母版视图”按钮返回普通页面即可。

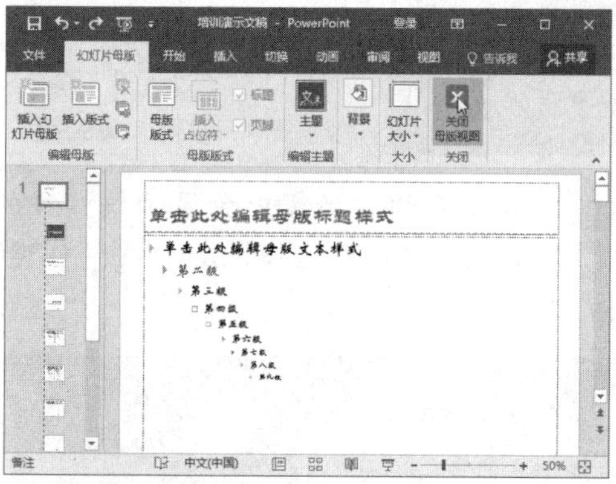

11.2.3 插入图片和文本框

在演示文稿中插入图片可以提高幻灯片的表现力，插入图片之后还可以设置图片格式，如设置位置和大小等，操作方法如下。

1. 插入图片

在编辑目录幻灯片时，首先对标题格式进行调整，操作方法如下。

Step 01 在幻灯片封面页输入演示文稿的标题和副标题文字。

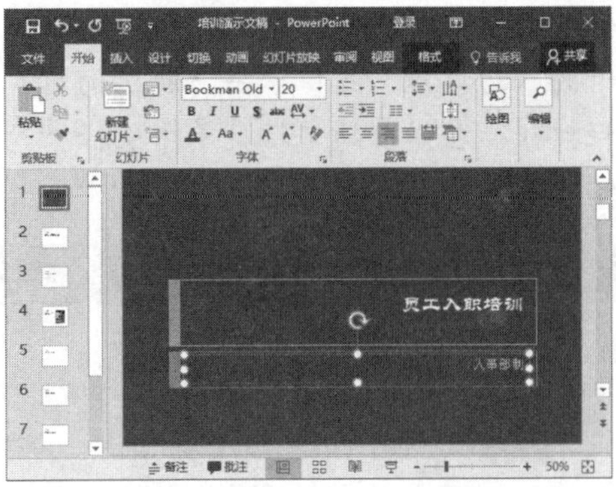

Step 02 在第 2 页幻灯片中输入标题内容文本，单击“插入”选项卡的“图像”组中的“图片”按钮插入图片。

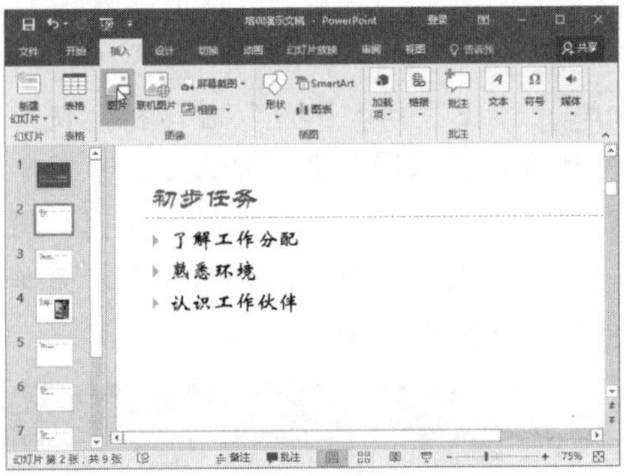

Step 03 打开“插入图片”对话框，在素材文件夹中选择需要插入的图片，然后单击“插入”按钮。

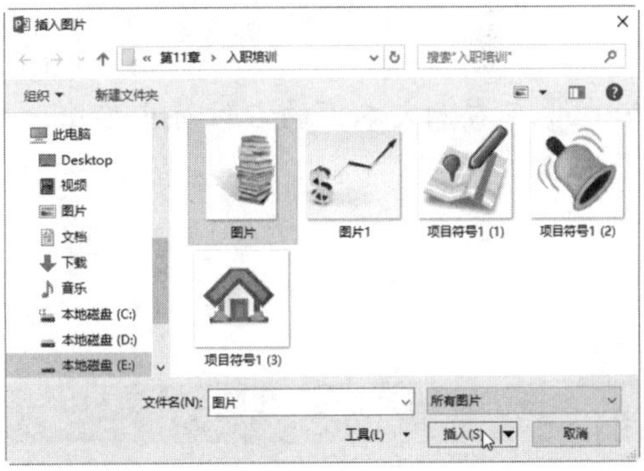

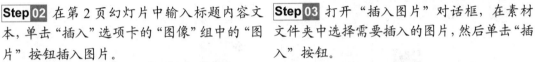

Step 04 选中插入的图片，拖动图片四周的控制点调整图片大小。

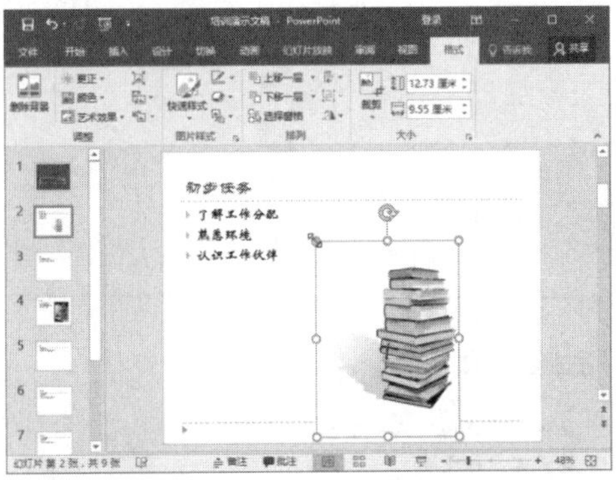

Step 05 将鼠标移动到图片上，当光标变为✥时，按下鼠标左键拖动图片到合适的位置。

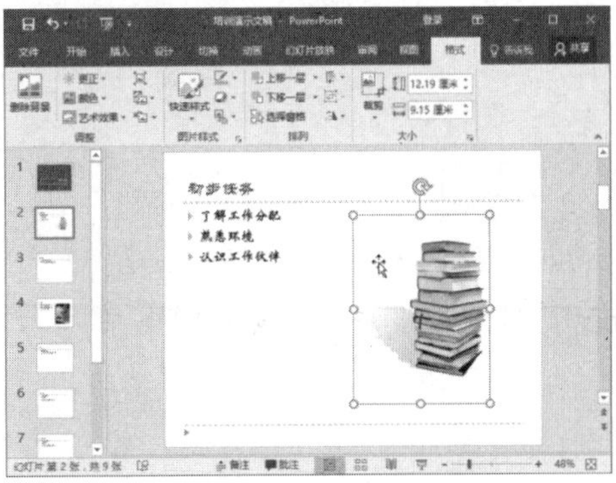

2. 设置图片的叠放次序

在幻灯片中插入图片时，有时放在下层的图片或文本框将被上层的图片遮挡住部分内容。为了更好地显示出幻灯片内容，需要调整多个对象的叠放次序，操作方法如下。

Step 01 选中第 3 张幻灯片，在“开始”选项卡的“幻灯片”组中单击“新建幻灯片”下拉按钮，在弹出的下拉菜单中选择“两栏内容”命令。

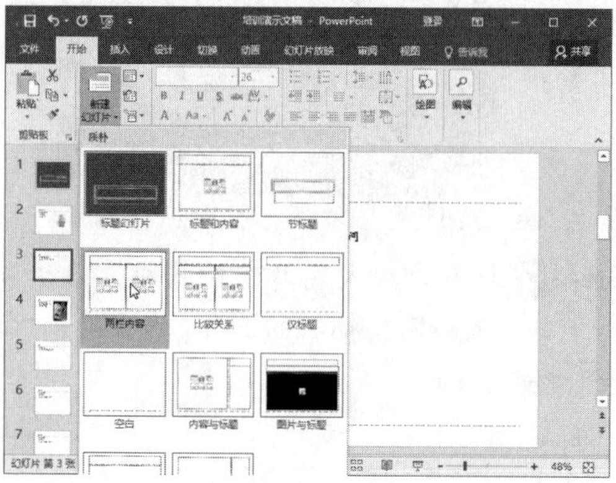

Step 02 输入标题内容和左侧的文本内容，并拖动文本框的控制点调整文本框大小。

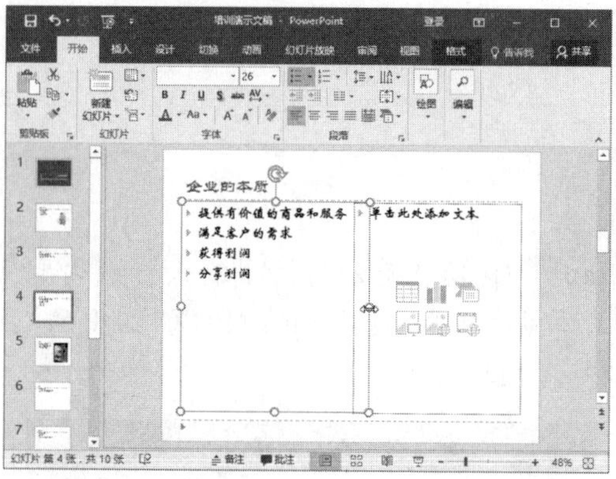

Step 03 在右侧文本框的占位符中单击“图片”按钮。

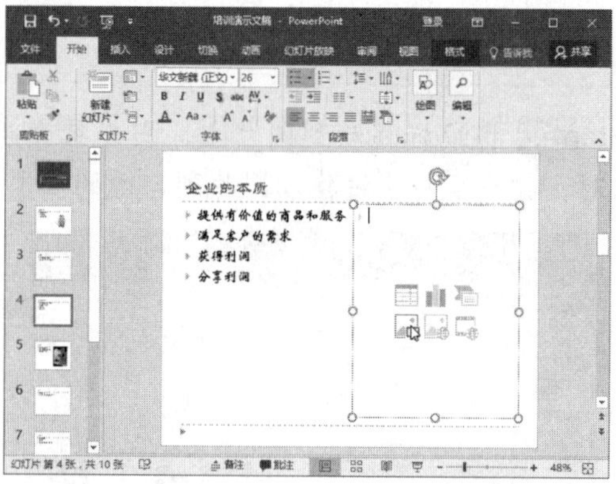

Step 04 弹出“插入图片”对话框，使用前文所述方法插入图片并调整大小。然后单击“图片工具 / 格式”选项卡的“排列”组中的“下移一层”命令，在弹出的下拉菜单中选择“置于底层”命令。

Step 05 设置完成后，效果如图所示。

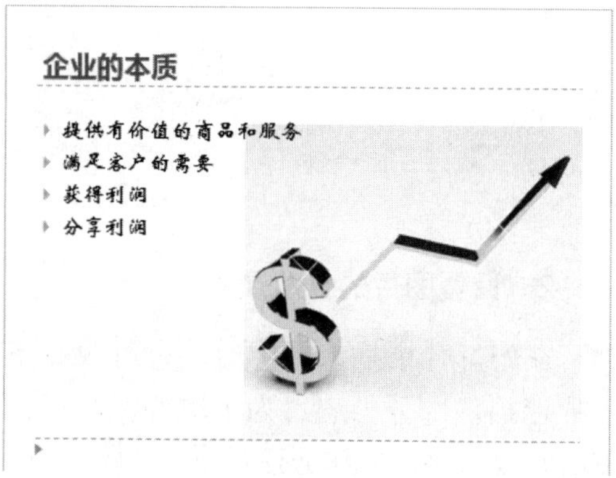

3．插入文本框

在幻灯片中插入图片时，有时放在下层的图片或文本框将被上层的图片遮挡部分内容。为了更好地显示出幻灯片内容，需要调整多个对象的叠放次序，操作方法如下。

Step 01 选中第 4 张幻灯片，在“开始”选项卡的“幻灯片”组中单击“新建幻灯片”下拉按钮，在弹出的下拉菜单中选择“空白”命令。

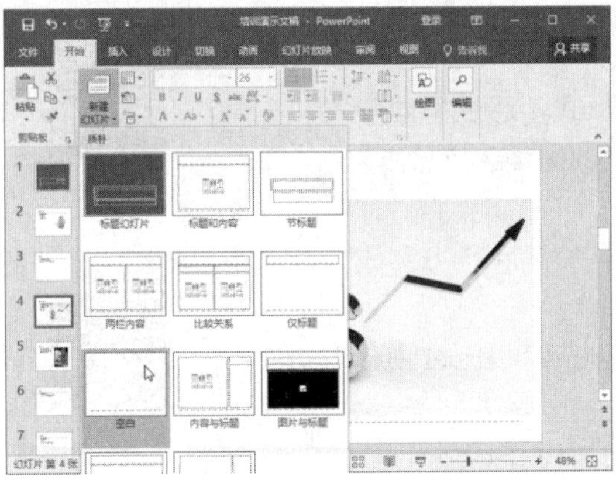

Step 02 单击“插入”选项卡的“插图”组中的“形状”下拉按钮，在弹出的下拉菜单中选择“文本框”工具。

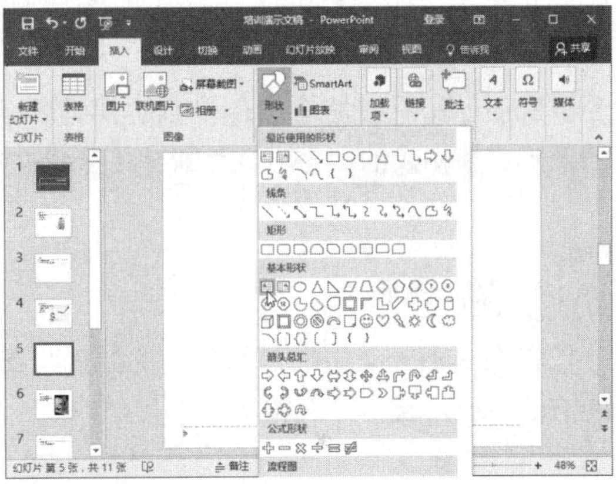

Step 03 此时光标变为↓，按住鼠标左键拖动绘制文本框。

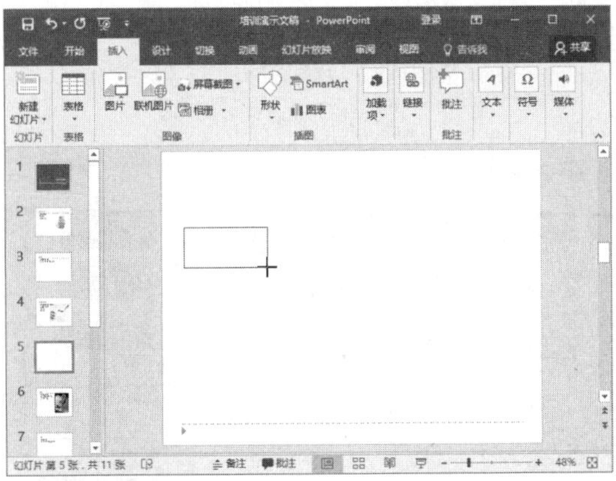

Step 04 在文本框中输入文本，然后在“绘图工具 / 格式”选项卡的“形状样式”组中选择一种快速样式。

Step 05 使用相同的方法插入图片，并调整大小。

Step 06 使用相同的方法在需要插入图片的幻灯片中插入图片并设置相应的格式。

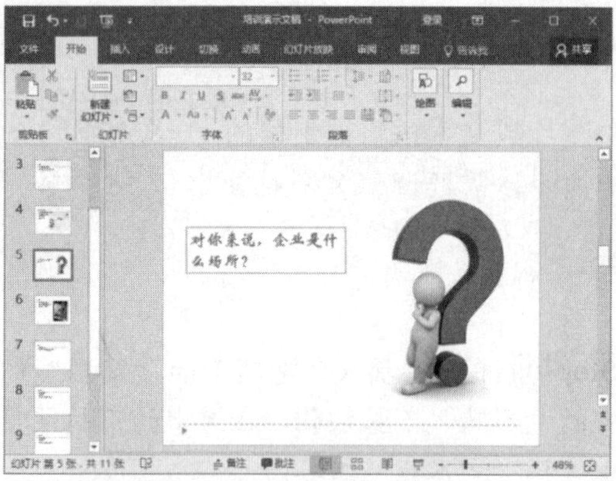

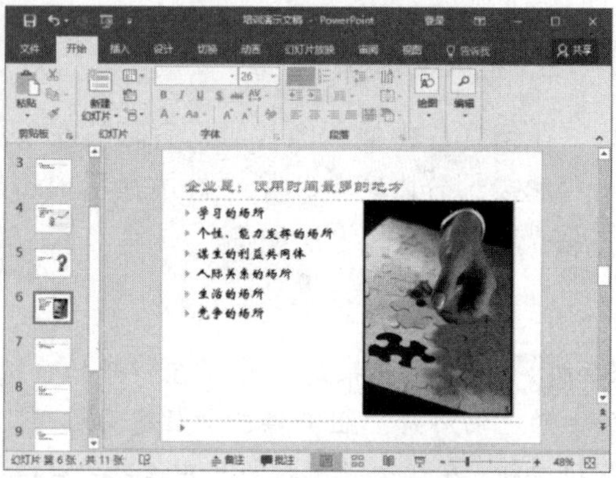

11.2.4 插入 SmartArt 图形

SmartArt 图形是信息和观点的视觉表示形式，通过不同形式和布局的图形代替枯燥的文字，从而快速、轻松、有效地传达信息。

1. 插入图形

在 PowerPoint 中插入幻灯片的方法与在 Word 和 Excel 中插入幻灯片的方法相似，操作方法如下。

Step 01 在第 3 张幻灯片上输入幻灯片标题，选中幻灯片内容，按下“BackSpace”键。删除文本框中的内容。内容文本框中将显示插入对象，单击“插入 SmartArt 图形”按钮。

Step 02 打开“选择 SmartArt 图形”对话框，在“列表”选项卡中选择“垂直图片重点列表”形状，完成后单击“确定”按钮。

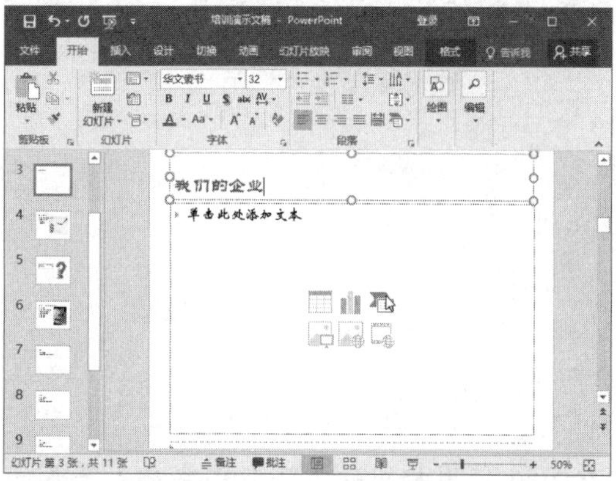

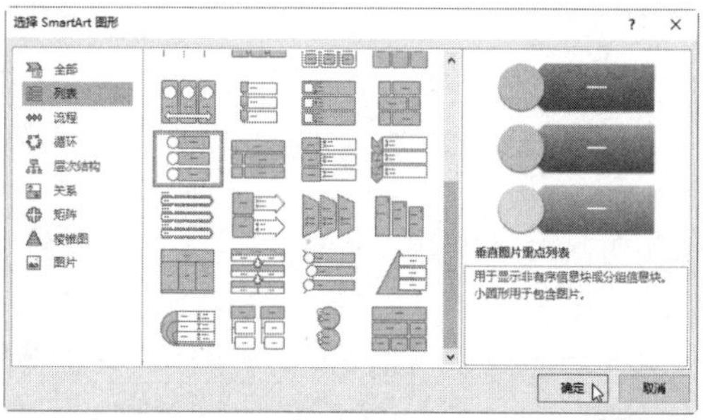

Step 03 文本框中将插入所选图形样式，拖动形状边框调整形状大小并输入文字，完成后单击图形中的按钮。

Step 04 打开“插入图片”对话框，单击“浏览”按钮，在打开的“插入图片”对话框中选择要插入的图片，操作方法与前文所述相同。

Step 05 使用相同的方法插入所有的图片，插入完成后的效果如图所示。

2．美化图形

在插入了 SmartArt 图形之后，如果对默认的颜色、样式不满意，可以随时更改，操作方法如下。

Step 01 选中形状，单击“SmartArt 工具 / 设计”选项卡的“SmartArt 样式”组中的“快速样式”下拉按钮，在弹出的下拉菜单中选择一种图形样式。

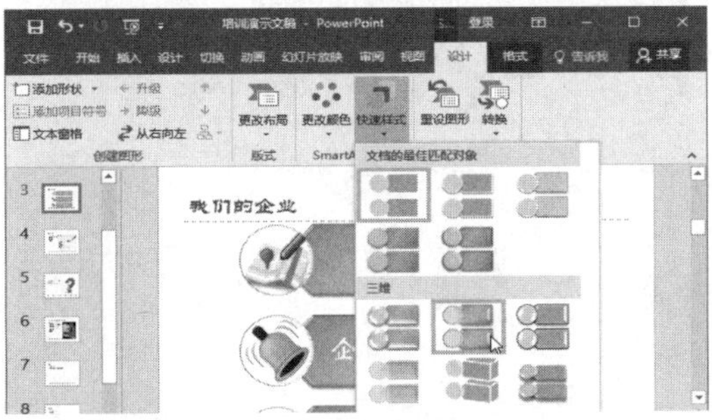

Step 02 单击“SmartArt 工具 / 设计”选项卡的“SmartArt 样式”组中的“更改颜色”下拉按钮，在弹出的下拉菜单中选择一种颜色方案。

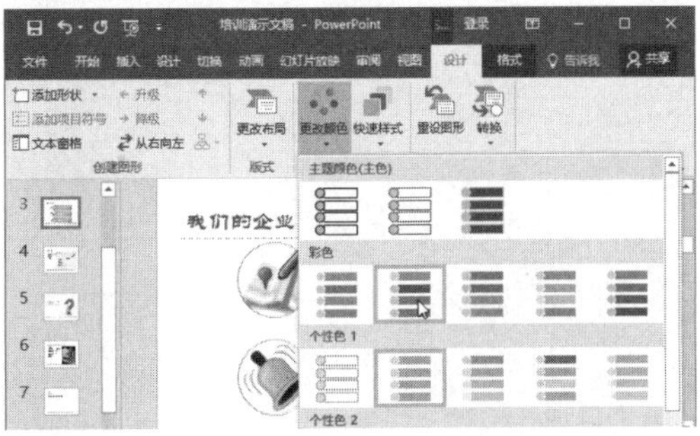

Step 03 设置完成后效果如图所示。

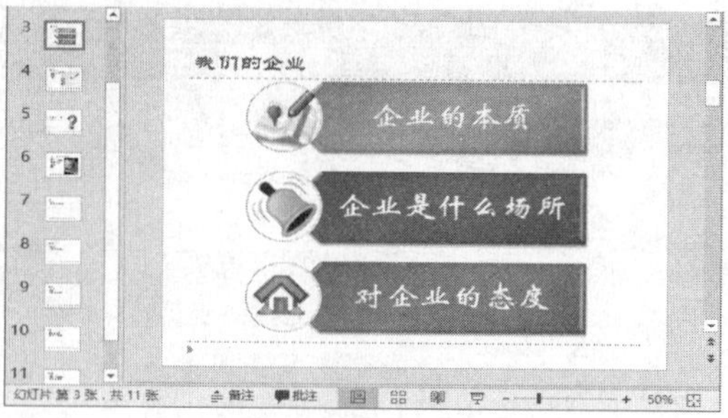

11.2.5 绘制并编辑形状

在 SmartArt 图形中绘制图形的方法与在 Word 中绘制图形的方法一样，绘制完成后还可以执行美化形状、添加文字、组合形状等操作。

1. 绘制形状

如果需要在幻灯片中使用形状来表达，可以绘制形状，操作方法如下。

Step 01 在第 7 张幻灯片上单击鼠标右键，在弹出的快捷菜单中依次选择“版式”→“仅标题”命令。

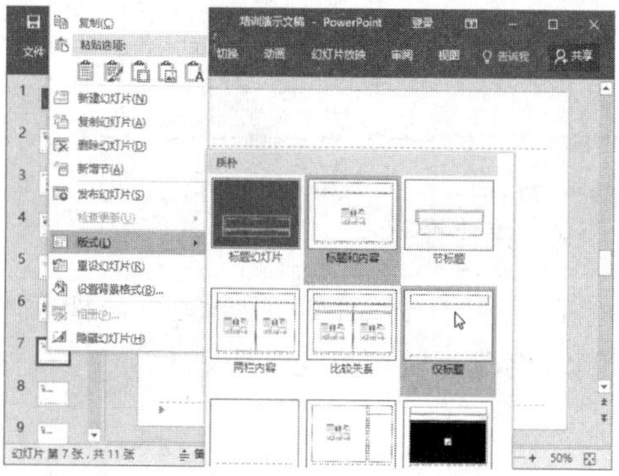

Step 02 在“插入”选项卡中单击“插图”组中的“形状”下拉按钮，在弹出的列表中单击“基本形状”组中的“椭圆”按钮。

Step 03 此时鼠标呈 + 形状，在键盘上按住“Shift”键不放，按住鼠标左键拖动到合适大小后释放绘制出的正圆形。

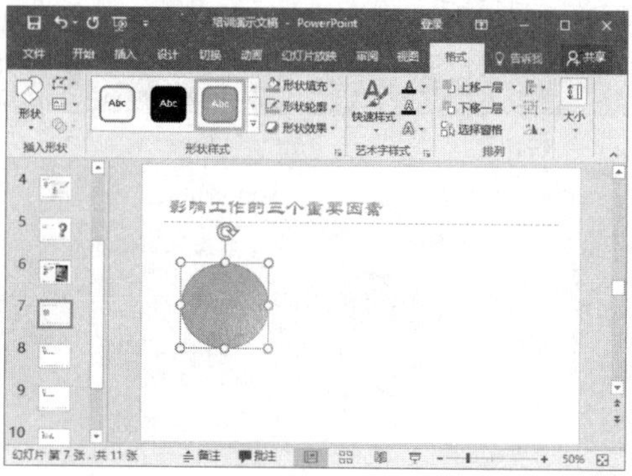

Step 04 选中所绘形状，在“格式”选项卡中单击“形状填充”下拉按钮，在弹出的列表中根据需要选择合适的形状填充颜色。

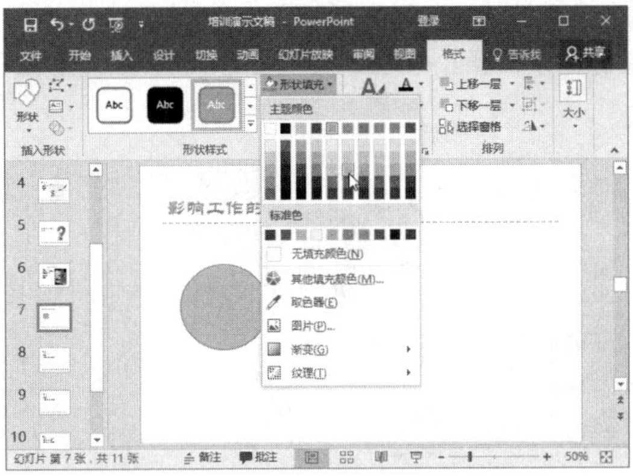

Step 05 单击“形状轮廓”下拉按钮，在弹出的列表中选择形状轮廓颜色为“白色”。

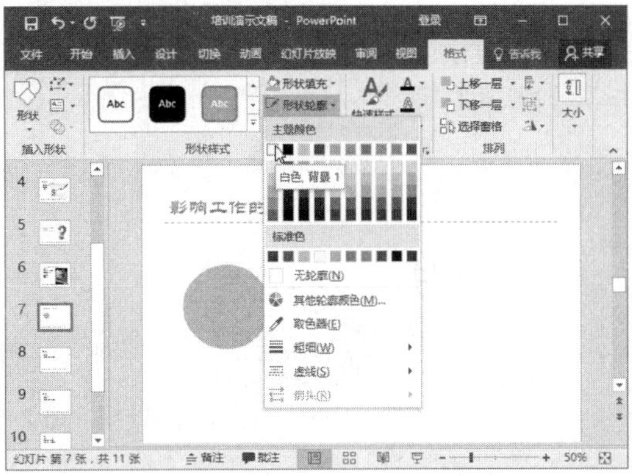

2. 在形状中添加文字

在形状中添加简单明了的文字，可以突出幻灯片的主题，操作方法如下。

Step 01 在形状上单击鼠标右键，在弹出的快捷菜单中选择“编辑文字”命令。

Step 02 在形状中直接输入文字，并在“开始”选项卡的“字体”组中设置文字格式。

3. 美化形状

美化形状的操作方法如下。

Step 01 复制多个形状，并调整形状的大小。选中其中一个形状，在“绘图工具 / 格式”选项卡的“形状样式”组中设置形状样式。

Step 02 使用相同的方法设置另外一个形状，设置完成后的效果如图所示。

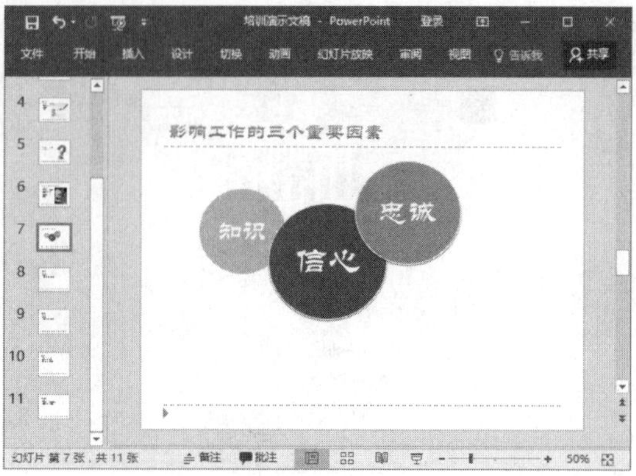

4. 设置形状叠放次序

当多个形状处于同一页面时，会出现后插入的形状遮挡先前插入的形状的情况。即遮挡了下面的图形或文字，此时可以通过调整绘制形状之间的层次关系来调节。例如，要将中间的形状置于底层，操作方法如下。

选择中间的形状，在形状上单击鼠标右键，在弹出的快捷菜单中选择“置于底层”命令，在弹出的扩展菜单中选择“置于底层”命令。

11.2.6 删除多余幻灯片

使用模板创建幻灯片时会创建多张幻灯片模板，如果用户不需要这么多的模板，可以执行删除操作。

按下“Ctrl”键依次单击需要删除的幻灯片，然后在幻灯片上单击鼠标右键，在弹出的快捷菜单中选择“删除幻灯片”命令即可。

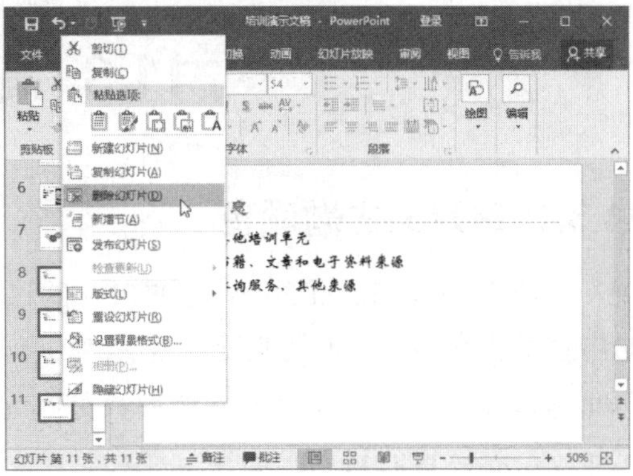

11.2.7 设置幻灯片切换效果

幻灯片切换效果是在“幻灯片放映”视图中从一张幻灯片移到下一张幻灯片时出现的动画效果，为幻灯片添加动画效果的操作方法如下。

Step 01 选择第 2 张幻灯片，在“切换”选项卡中单击“其他”按钮。

Step 02 在弹出的下拉列表中显示出切换效果缩略图，选择合适的切换效果。

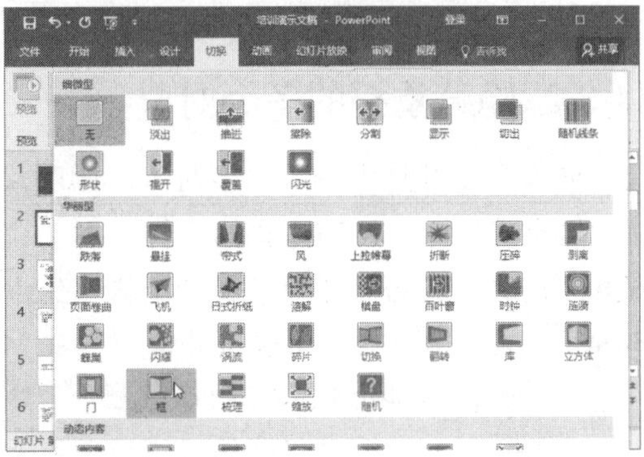

Step 03 单击“效果选项”按钮，在弹出的下拉列表中选择该切换效果的切换方向。

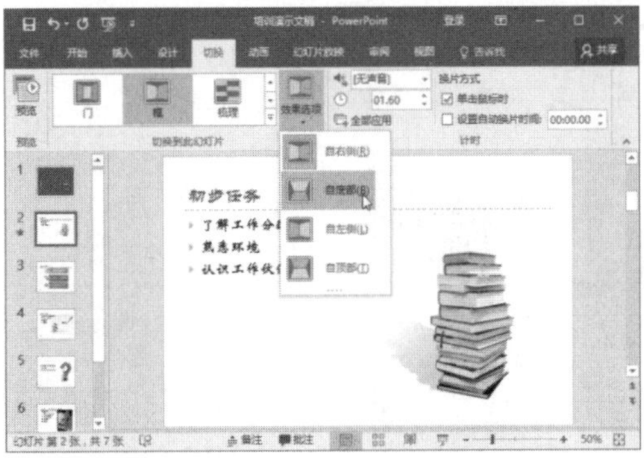

Step 04 单击“全部应用”按钮，将所设置的切换效果应用到所有幻灯片中即可。

11.3 高手支招

11.3.1 自定义主题颜色

在使用 PowerPoint 2016 制作 PPT 的过程中，有时候主题的默认色彩往往与我们演示的内容不相和谐。此时可自定义主题颜色，操作方法如下。

Step 01 在“设计”选项卡中单击“变体”组中的“其他”按钮。

Step 02 在弹出的列表中选择“颜色”命令，在展开的列表中选择自定义颜色。

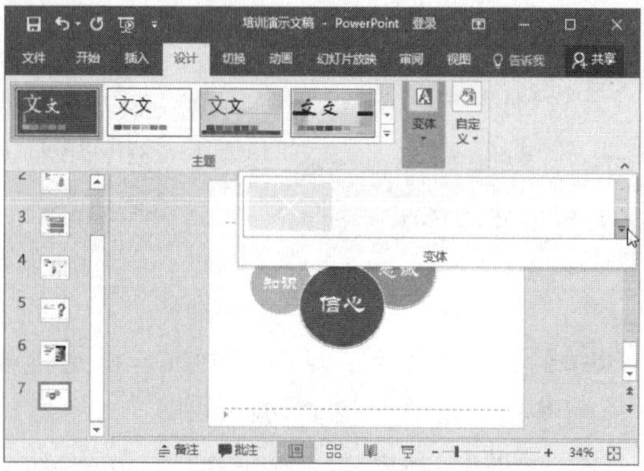

11.3.2 隐藏重叠的多个对象

如果在幻灯片中插入很多对象，如图片、文本框、图形等，在编辑时这些对象将不可避免地重叠在一起，妨碍我们工作。为了让它们暂时消失，可以通过以下方法实现。

Step 01 在“开始”选项卡的“编辑”组中选择“选择”→“选择窗格”命令。

Step 02 在工作区域的右侧会出现“选择”窗格，其中列出了所有当前幻灯片中的对象，并且在每个对象右侧都有一个“眼睛”图标。单击想隐藏的对象右侧的“眼睛”图标，就可以把挡住视线的“形状”隐藏起来。

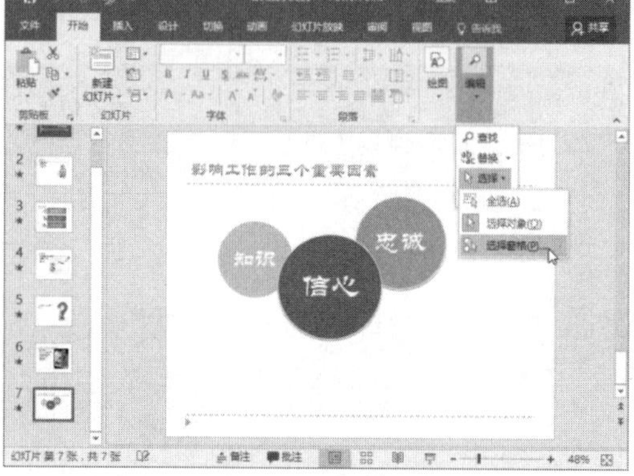

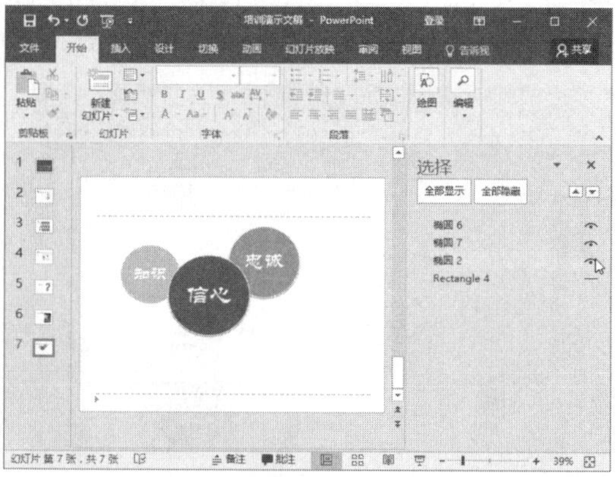

11.3.3 绘制自定义形状

在 PowerPoint 2016 中无需目测幻灯片上的对象以查看它们是否已对齐，当对象（图片、形状等）距离较近且均匀时，智能参考线会自动显示，并提示对象间隔均匀。

此外还可使用 PowerPoint 的“对齐”功能将各个图形对齐，操作方法如下。

Step 01 按住“Ctrl”键不放，依次在需要选中的图形上单击，选中需要对齐的图形。

Step 02 单击“格式”标签，在“排列”选项组中单击“对齐”按钮的下拉菜单。在弹出的菜单中选择对齐方式，如选择“顶端对齐”命令即可让所有图形在幻灯片的顶端对齐。

Step 03 完成顶端对齐后，各图形之间的间隔并非一致。再次单击“对齐”按钮，在弹出的菜单中选择“横向分布”命令即可。

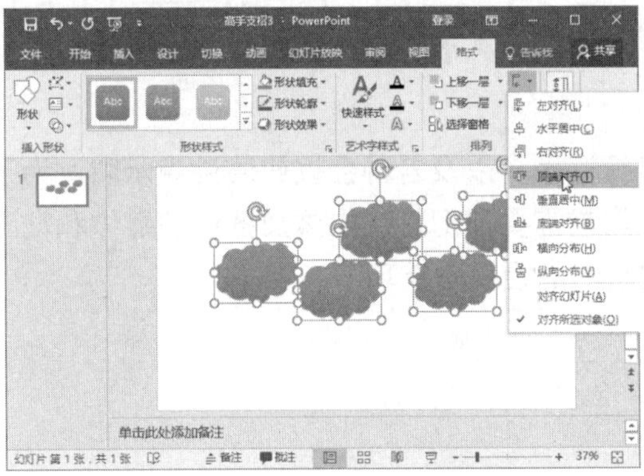

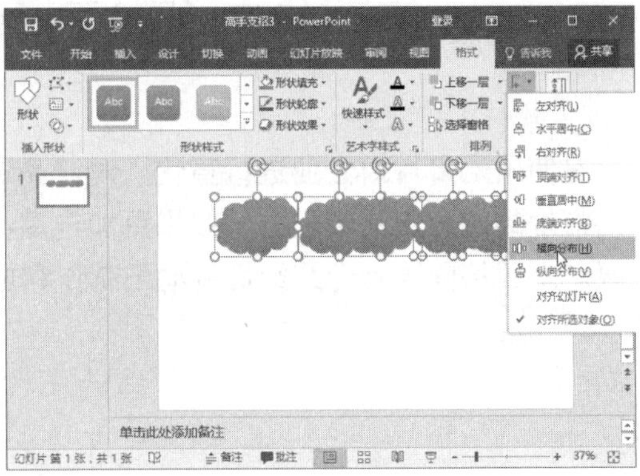

第12章

PPT 幻灯片的多媒体与动画放映

在使用幻灯片对企业进行宣传、对产品进行展示，以及各种会议或演讲演示时，为了使幻灯片的内容更具吸引力，效果更加丰富，常常需要在幻灯片中添加各种多媒体和动画效果。本章将向读者介绍幻灯片动画制作和放映时的设置与技巧。

12.1 制作咖啡宣传影音幻灯片

演示文稿是一个全方位展示的平台，我们可以在幻灯片中添加各种文字、图形和多媒体内容，媒体类型包括音频、视频或Flash动画等。一旦在幻灯片中插入了这些多媒体元素，便可以让幻灯片增色很多，极大地丰富了演示文稿的效果。

12.1.1 插入外部声音文件

为了增强播放演示文稿时的现场气氛，经常需要在演示文稿中加入背景音乐。PowerPoint 2016 支持多种格式的声音文件，如 mp3、wav、wma、aif 和 mid 等，下面介绍如何在幻灯片中插入外部声音文件。

Step 01 打开素材文件，在“插入”选项卡中单击“媒体”组中的“音频”下拉按钮，在弹出的菜单中选择“PC 上的音频”命令。

Step 02 弹出“插入音频”对话框，选中要插入的音频文件，然后单击“插入”按钮。

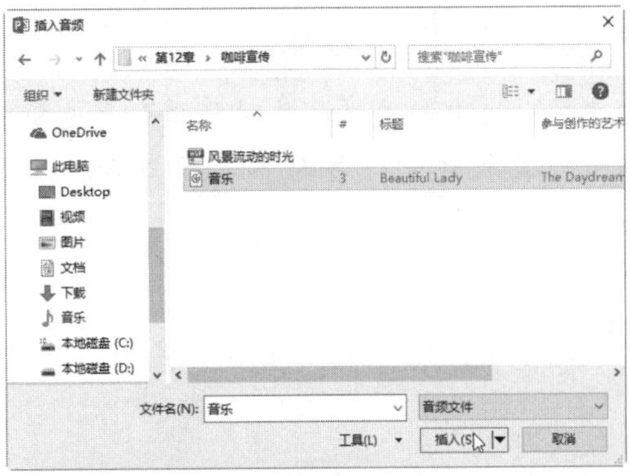

Step 03 所选声音插入到幻灯片中，将幻灯片中的声音模块拖放到文档适合的地方即可。

12.1.2 设置声音的播放

在幻灯片中插入音频后，还可以根据需要对音频的播放进行设置，如让音频自动播放、循环播放或调整声音大小等。

Step 01 选中幻灯片中的声音模块，将鼠标指向“静音”按钮，弹出声音控制器，拖动滑块调整音量大小。

Step 02 选中幻灯片中的声音模块，在“视频工具/播放”的“播放”选项卡的“音频选项”组中单击“开始”下拉按钮，在弹出的菜单中可以选择音频的播放方式。

Step 03 在“视频工具/播放”选项卡的“音频选项”组中勾选“放映时隐藏”复选框，则可以在放映幻灯片时不显示声音控制面板。

● 大师点拨

打开“播放”选项卡，单击“音频选项”组中的“音量”按钮，在弹出的菜单中也可以设置声音的大小。

Step 04 在“音频选项”组中勾选“循环播放，直到停止”复选框，则在放映时会循环播放该音频，直到切换到下一张幻灯片或有停止命令时。

● 大师点拨

若不勾选“循环播放，直到停止”复选框，声音文件只播放一遍便停止。

12.1.3 在部分幻灯片中播放声音

有时在幻灯片中添加的声音文件只需要在部分幻灯片中播放，通过设置播放范围可以让声音在指定的幻灯片内播放，操作方法如下。

Step 01 选中声音图标，在“动画”选项卡中的“动画”组中单击功能扩展按钮。

Step 02 打开“播放音频”对话框，在“开始播放”组中选择声音的播放位置，如“从头开始”，在“停止播放”组中选择声音播放的结束位置，设置完成后单击“确定”按钮。

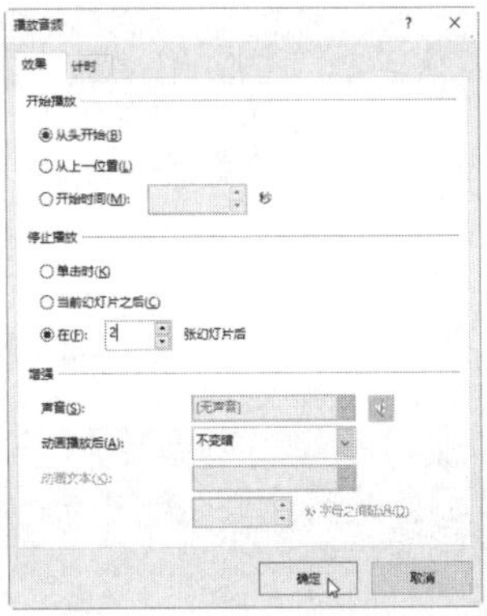

● 大师心得

在“开始播放”组中的3个选项中，“从头开始”表示声音将随声音所在的幻灯片放映开始播放；“从上一位置”表示如果当前幻灯片有多个动画，声音将随上一动画开始播放；在“开始时间”中，可以设置声音在当前幻灯片开始放映后多少秒进行播放。

12.1.4 裁剪音频的多余部分

在PowerPonit中还提供了声音文件的裁剪功能，可以对幻灯片中的音频设置开始时间和结束时间，还可以对裁剪后的音频设置淡入淡出效果。

Step 01 选中幻灯片中的声音模块，在“音频工具/播放”选项卡中单击“编辑”组中的“剪裁音频”按钮。

Step 02 弹出“剪裁音频”对话框，分别拖动进度条两端的绿色和红色滑块来设置开始时间和结束时间，设置完成后单击“确定”按钮。

Step 03 在“视频工具 / 播放”选项卡的“编辑”组中还可以通过设置“淡入”和“淡出”参数来为音频设置淡入淡出的效果。

12.1.5 为声音添加书签

在声音中添加书签是指在一段音频中的某个时间点添加一个标记，以便快速找到该时间点并播放。

1. 添加书签

为声音添加书签的方法如下。

Step 01 选中幻灯片中的声音模块，单击播放按钮▶开始播放音频。

Step 02 当播放到需要添加书签的位置时，单击暂停按钮❚❚暂停。

Step 03 在“音频工具 / 播放”选项卡中单击“书签”组中的“添加书签”按钮。

Step 04 添加书签后，在声音模块的进度条上会出现一个圆点标记，单击该标记可以定位到该时间点。

2. 删除书签

为声音添加书签后，如果不再需要该书签，也可以删除，操作方法如下。

选中要删除的书签标记，然后单击“书签”组中的“删除书签”按钮即可。

12.1.6 更改音频文件的图标样式

PowerPoint 中默认的声音控制按钮比较简单，为了使幻灯片更美观，我们可以将一些好看的图片设置为声音播放按钮。

Step 01 单击“插入”选项卡的“图像”组中的“图片”按钮。

Step 02 弹出“插入图片”对话框，按下“Ctrl”键选中要插入的按钮图片文件，然后单击“插入”按钮。

Step 03 调整图片的大小和位置，选中其中一张图片，然后单击“图片工具/格式”选项卡的“调整”组中的“删除背景”按钮。

Step 04 设置删除区域和保留区域，然后单击“图片工具/背景消除”组中的“保留更改”按钮。

Step 05 使用相同的方法设置其他几张图片。

Step 06 单击“动画”选项卡的“高级动画”组中的“动画窗格”按钮。

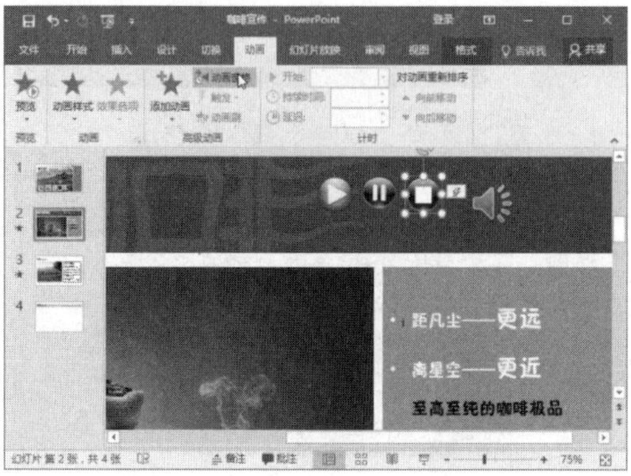

Step 07 打开“动画窗格”窗格，单击默认的播放触发器后的下拉按钮，在弹出的菜单中选择“计时”命令。

Step 08 弹出“播放音频”对话框，在“计时”选项卡中选择“触发器”组中的“单击下列对象时启动效果”单选项，在右侧的下拉列表中选择“图片 2”命令，然后单击“确定”按钮。

Step 09 选中声音模块，在“动画”选项卡中单击“高级动画”组中的“添加动画”下拉按钮，在弹出的菜单中单击“媒体”组中的“暂停”按钮。

Step 10 在动画窗格中单击第 2 个暂停触发器后的下拉按钮，在弹出的菜单中选择“计时”命令。

Step 11 弹出“暂停音频”对话框，在“计时”选项卡中选择“单击下列对象时启动效果”单选项，在右侧的菜单中选择“图片 5”命令，然后单击“确定”按钮。

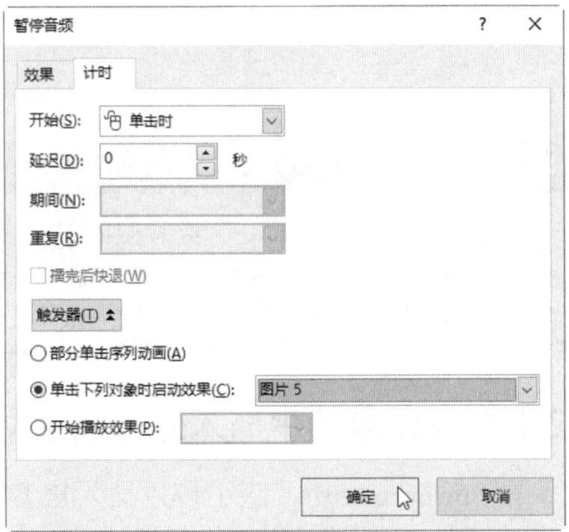

Step 12 选中声音模块，在“动画”选项卡中单击“高级动画”组中的“添加动画”下拉按钮，在弹出的菜单中单击“媒体”组中的“停止”按钮。

Step 13 在“动画”选项卡中单击停止触发器后的下拉按钮，在弹出的菜单中选择“计时”命令。

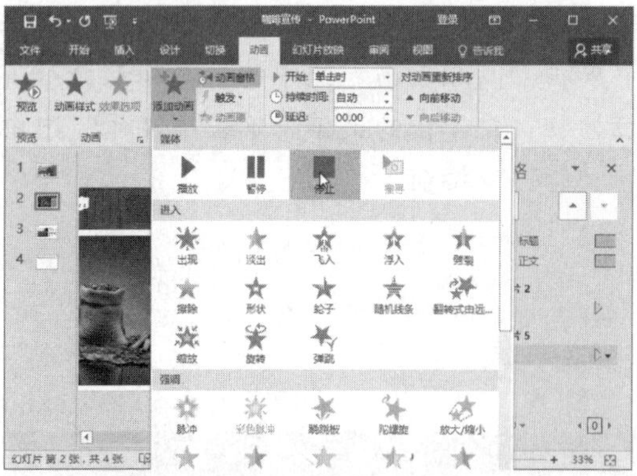

Step 14 弹出“停止音频”对话框，在“计时”选项卡中选择“单击下列对象时启动效果”单选项，在右侧的下拉列表中选择“图片 4”命令，然后单击“确定”按钮。

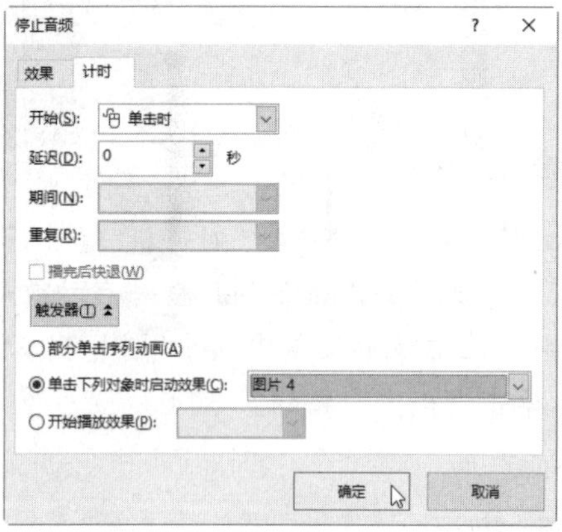

Step 15 选中声音模块，在“音频工具/播放”选项卡的“音频选项”组中勾选“放映时隐藏”复选框即可。

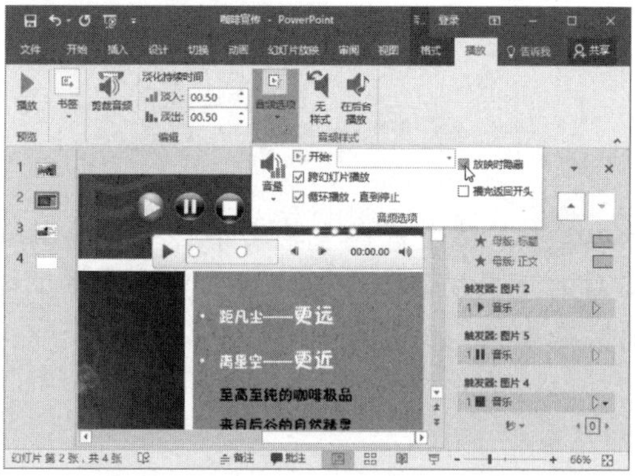

● 大师心得

在选择触发图片时，若不知道图片名称，可在“开始”选项卡的“编辑”组中单击“选择”按钮。在弹出的菜单中选择“选择窗格”命令，打开“选择窗格”对话框，单击图片即可在窗格中查看对应的名称。

12.1.7 在幻灯片中插入外部视频文件

在 PowerPoint 中，除了可以插入声音文件外，还可以插入视频文件、联机视频和外部视频文件。下面以插入外部视频文件为例，介绍插入视频和编辑视频的方法。

1. 插入视频文件

除了联机视频外，用户还可以插入电脑中存储的其他视频文件，如 AVI、MPEG、ASF、WMV 和 MP4 等，操作方法如下。

Step 01 选择第 4 张幻灯片，在“插入”选项卡中单击“媒体”组中的“视频”下拉按钮，在弹出的菜单中选择“PC 上的视频”命令。

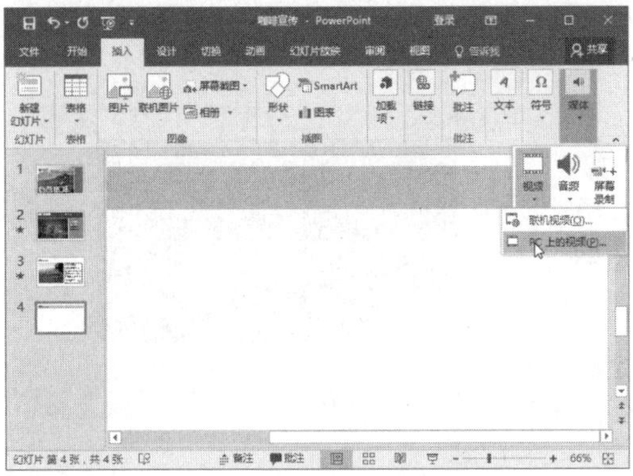

Step 02 打开“插入视频文件”对话框，选择需要插入的视频文件，然后单击“插入”按钮。

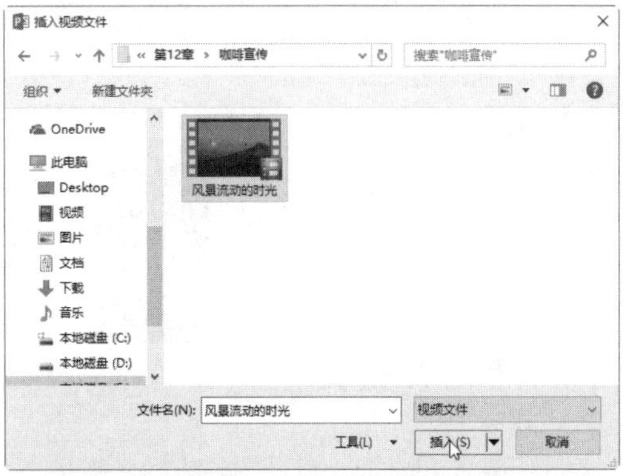

Step 03 在幻灯片中调整好视频的大小和位置，单击控制面板中的“播放”按钮即可播放视频。

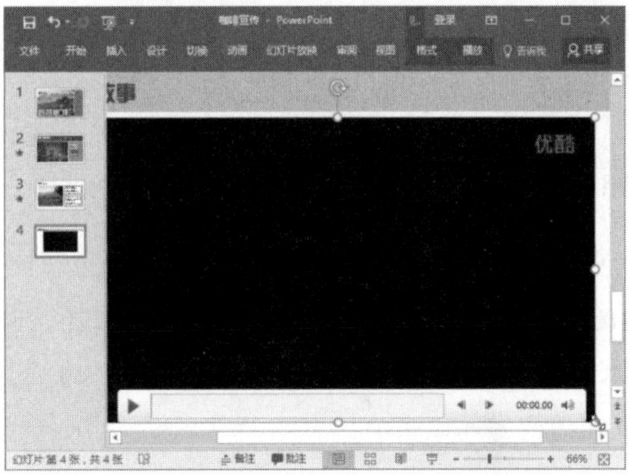

2. 设置视频边框

为了使插入的视频更加美观，可以通过“格式”选项卡对视频进行多种设置，如更改视频亮度和对比度、为视频添加视频样式等。下面介绍如何为视频窗口设置一个漂亮的边框。

Step 01 选中幻灯片中的视频文件，在“视频工具 / 格式”选项卡中单击“视频样式”组右下角的“其他”按钮。

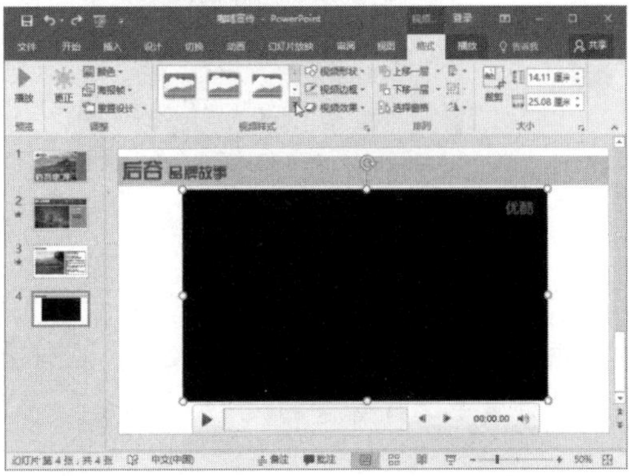

Step 02 在弹出的“样式”列表框中根据需要选择合适的样式。

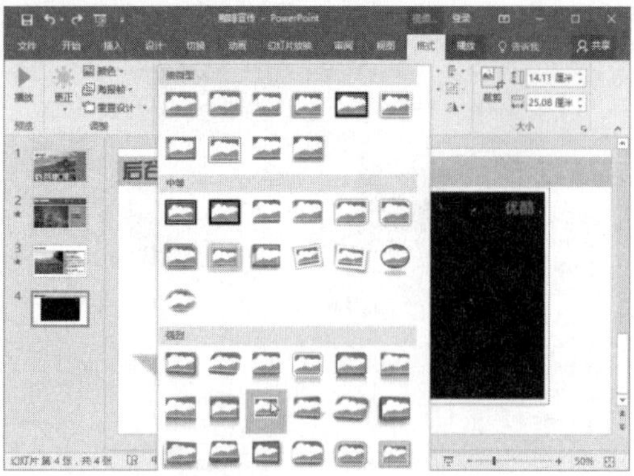

Step 03 设置完成后即可查看最终效果。

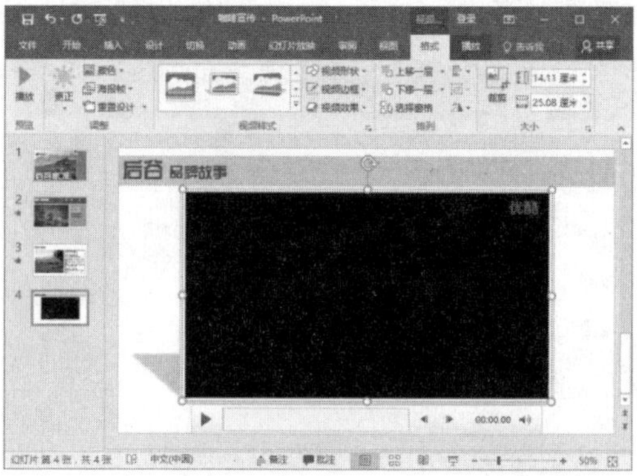

3. 视频播放设置

在幻灯片中插入视频文件后，也可以对视频进行相应的播放设置，如剪切视频、快进视频和设置播放声音等，操作方法如下。

Step 01 选中幻灯片中的视频文件，单击“视频工具/播放”选项卡的“编辑”组中的“剪裁视频”按钮。

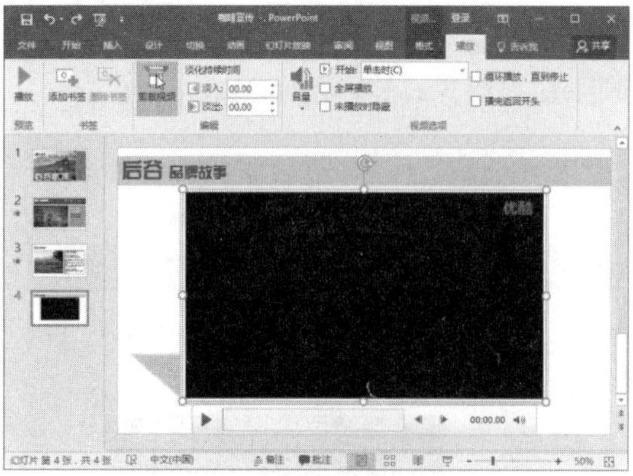

Step 02 弹出“剪裁视频”对话框，分别设置开始时间和结束时间，完成后单击“确定”按钮。

Step 03 单击“视频工具/播放”选项卡的“视频选项”组中的“音量”下拉按钮，在弹出的下拉菜单中选择音量的大小。

Step 04 播放幻灯片，在遇到需要快进的视频片段时，单击“向前移动”按钮▶。

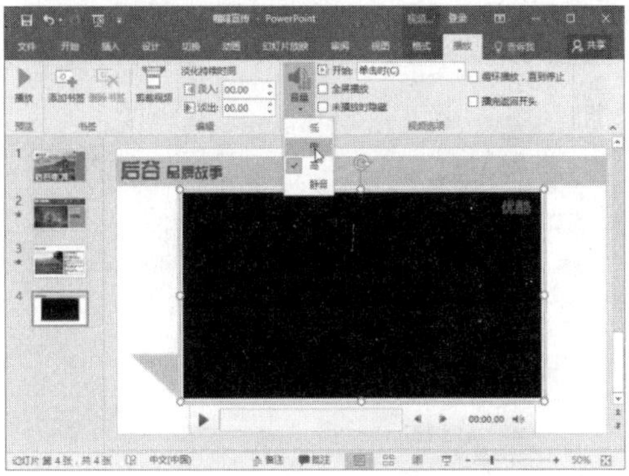

4. 保持视频的最佳播放质量

在插入视频后，过于随意地调整影片尺寸，容易导致视频在播放过程中出现模糊或失真等现象。保持视频的最佳播放质量，可通过以下操作进行设置。

Step 01 选择需要设置视频分辨率的视频对象，在“视频工具 / 格式”选项卡的“大小”组中单击“功能扩展”按钮。

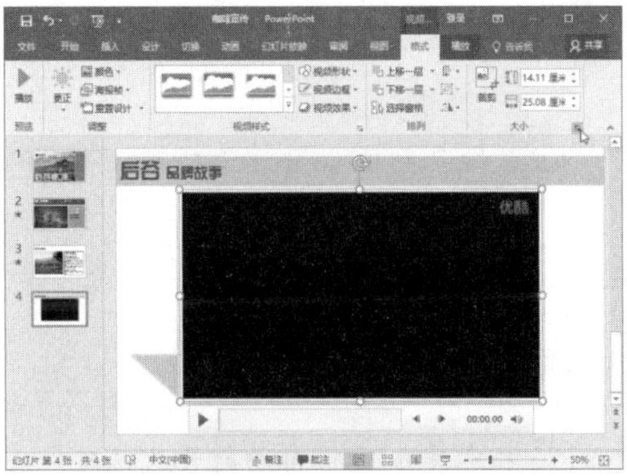

Step 02 打开“设置视频格式”窗格，勾选“幻灯片最佳比例”复选框，在“分辨率”下拉列表中根据需要选择合适的分辨率即可。

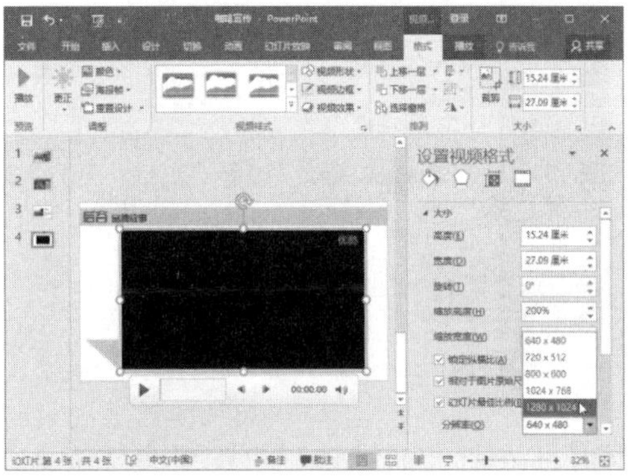

5. 设置视频播放效果

插入视频后偶尔为了配合幻灯片界面的整体布局或背景颜色，还可以根据需要设置其播放效果，操作方法如下。

Step 01 选中插入的视频，在“格式”选项卡中单击“颜色”下拉按钮，在弹出的菜单中选择合适的颜色。

Step 02 返回幻灯片，播放视频即可查看设置播放颜色后的效果。

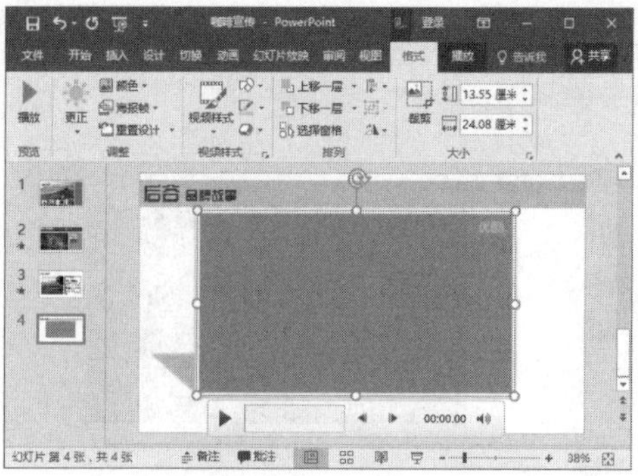

12.1.8 将演示文稿打包携带

若制作的演示文稿中包含链接的数据、特殊字体、视频或音频文件，当在其他电脑中播放这个演示文稿时，要想让这些特殊字体正常显示，以及链接的文件正常打开和播放，则需要使用演示文稿的“打包”功能。

Step 01 在“文件”选项卡中依次选择“导出”→“将演示文稿打包成 CD”→“打包成 CD”命令。

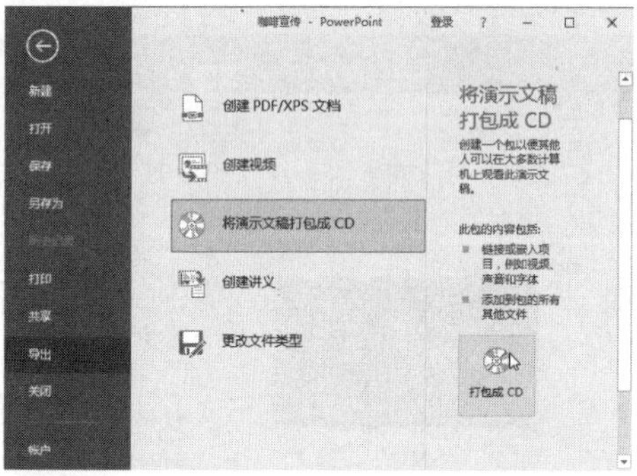

Step 02 弹出“打包成 CD”对话框，单击“复制到文件夹”按钮。

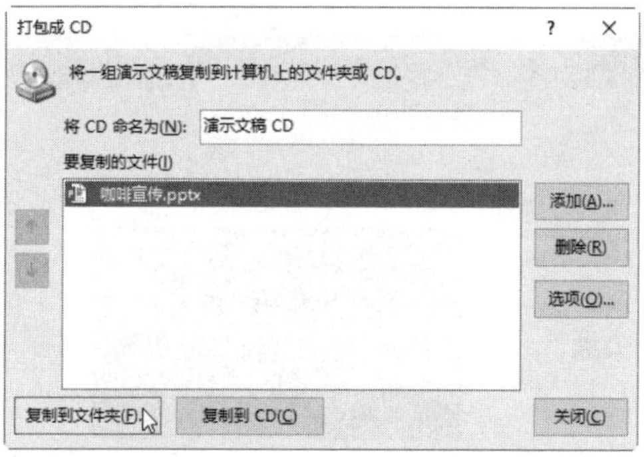

Step 03 在打开的对话框中设置文件夹名称及存储路径，单击“确定”按钮，弹出“确认”对话框，单击“是”按钮。

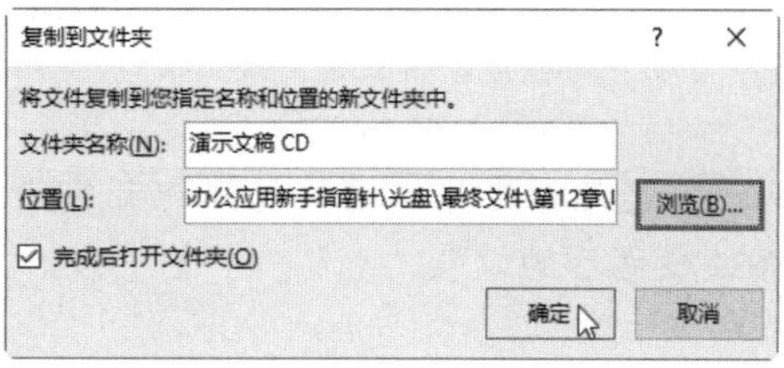

Step 04 打包完成后将自动打开打包文件夹，可以看到其中包含了演示文稿及其使用的特殊字体和链接文件。

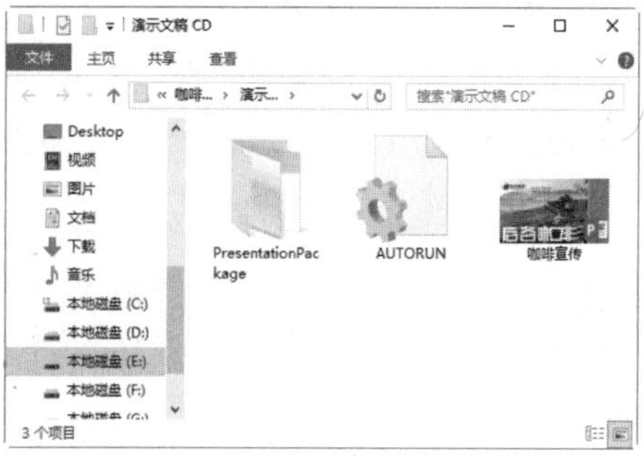

12.2 制作市场调研报告

市场调研报告用于对市场调研情况进行具体报告，一般由市场调研人员制作。目的是为了让领导阶层和员工更清楚地了解目前市场的大概情况，以便公司优化相关产品和销售计划。为了使幻灯片更具吸引力，通常需要在幻灯片中加入各种动画效果。本例以制作市场调研报告为例，介绍在幻灯片中添加各类动画的使用方法和放映技巧。

12.2.1 设置各幻灯片的切换动画及声音

在演示文稿中添加动画时，可以为各幻灯片添加切换动画及音效。例如，本例将为整个演示文稿中的所有幻灯片应用相同的切换动画及音效，然后为个别幻灯片应用不同的切换动画。

1. 设置所有幻灯片的切换动画及声音

打开素材文件，该幻灯片中没有添加任何动画效果。为了使各幻灯片切换时有风格统一的切换动画，可以为所有的幻灯片加上相同的切换动画及声音，操作方法如下。

Step 01 在“切换”选项卡的“切换到此幻灯片”组中选择要应用的幻灯片切换效果，在“声音”下拉列表框中选择要应用的音效。

Step 02 单击“全部应用”按钮，然后单击“切换”选项卡的“预览”组中的“预览”按钮预览幻灯片，即可查看到设置的动画和音效已经全部应用到所有幻灯片上。

2. 设置标题幻灯片的切换动画及声音

对于标题幻灯片，可以单独设置幻灯片的切换动画及声音。本例将为标题幻灯片重新应用一种切换动画，操作方法如下。

选择第 1 张幻灯片，在“切换”选项卡的“切换到此幻灯片”组中选择要应用的幻灯片切换效果，在“声音”下拉列表中选择要应用的音效，即可成功地为第 1 张幻灯片设置动画和音效。

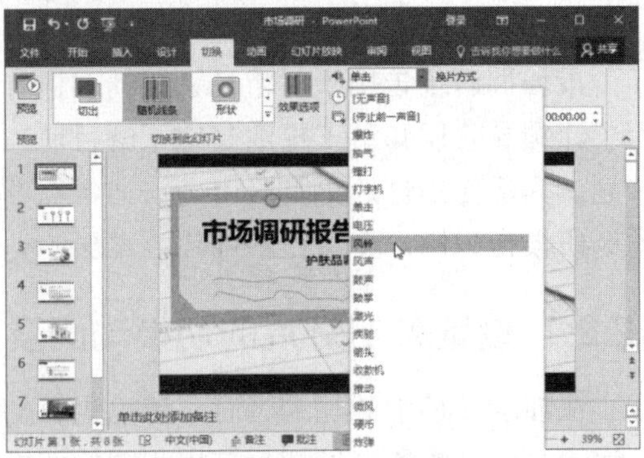

3. 设置个别幻灯片的切换动画效果

此时除了标题幻灯片之外，其他幻灯片都使用了相同的动画效果。为了使动画效果更加丰富，同时保持动画风格统一，可以为不同的幻灯片设置不同的效果选项，操作方法如下。

Step 01 选择第 3 张幻灯片，单击“切换”选项卡的“切换到此幻灯片”组中的“效果选项”下拉按钮，在弹出的菜单中选择“上下向中央收缩”命令。

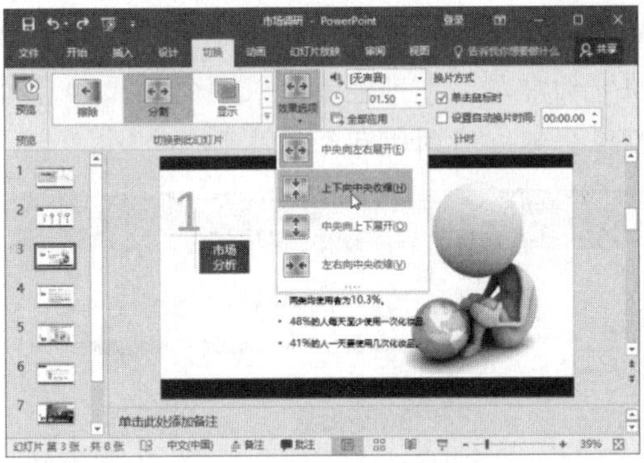

Step 02 选择第 4 张幻灯片，单击“切换”选项卡的“切换到此幻灯片”组中的“效果选项”下拉按钮，在弹出的菜单中选择“中央向上下展开”命令。

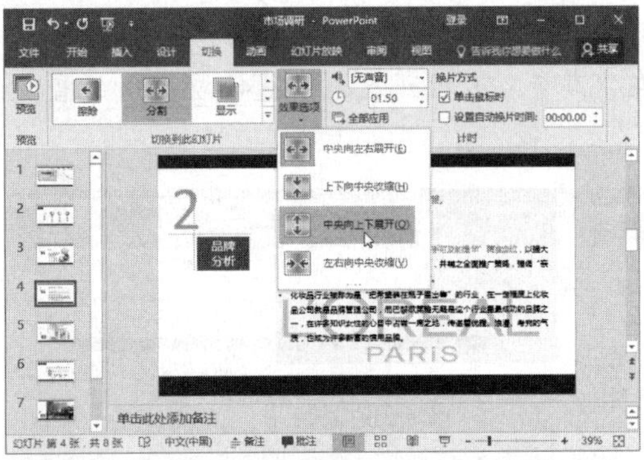

Step 03 选择第 5 张幻灯片，单击“切换”选项卡的“切换到此幻灯片”组中的“效果选项”下拉按钮，在弹出的菜单中选择“左右向中央收缩”命令。

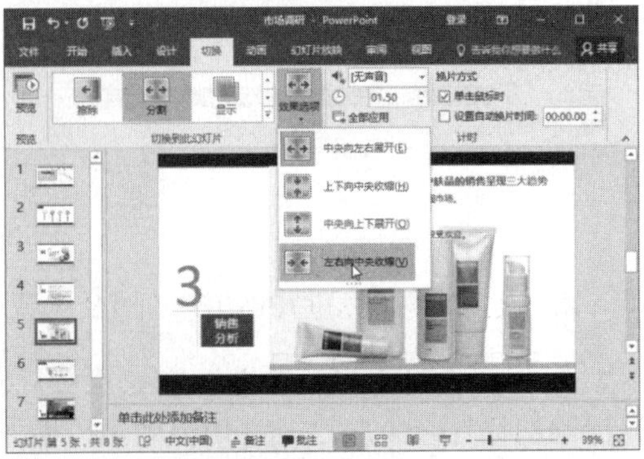

Step 04 设置幻灯片的切换动画效果后，要查看幻灯片播放时的效果，可以单击“切换”选项卡的“预览”组中的“预览”按钮。

● 大师心得

每一种动画的切换动画效果都不相同，如果设置了其他动画，在“动画效果”下拉菜单中会显示效果选项，用户可以根据需要选择。

12.2.2 设置幻灯片的动画内容

在制作幻灯片时除了设置幻灯片的切换动画效果外，常常还需要为幻灯片中的内容添加不同的动画效果。本例将在幻灯片中应用丰富的动画效果。

1. 制作“目录”幻灯片动画

目录类型的幻灯片主要用于开篇对幻灯片的整体内容进行简介，常常以项目列表的方式列出。为强调该内容，可以应用动画使各项目逐个显示出来。本例的目录由多个图形组合而成，为了使各项目在动画中作为一个整体，需要先将其组合，然后添加动画，操作方法如下。

Step 01 选择第2张幻灯片，按下“Ctrl”键选择目录中构成第1条项目的全部图形。然后单击“绘图工具/格式”选项卡的“排列”组中的“组合”下拉按钮，在弹出的菜单中选择“组合”命令。

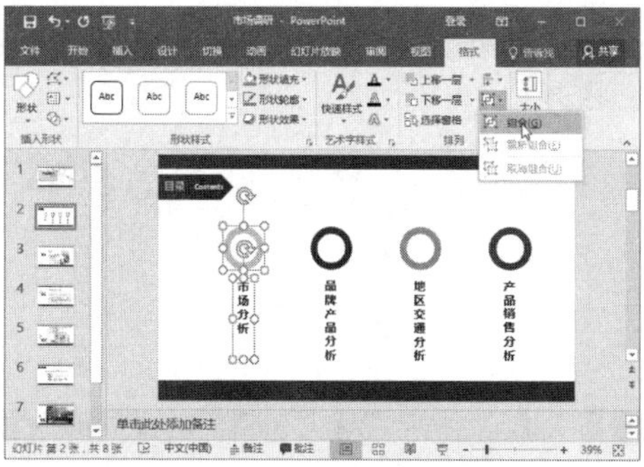

Step 02 使用相同的方法组合目录中的其他项目图形，使各项目为一个独立的整体图形，然后选择所有组合后的项目。

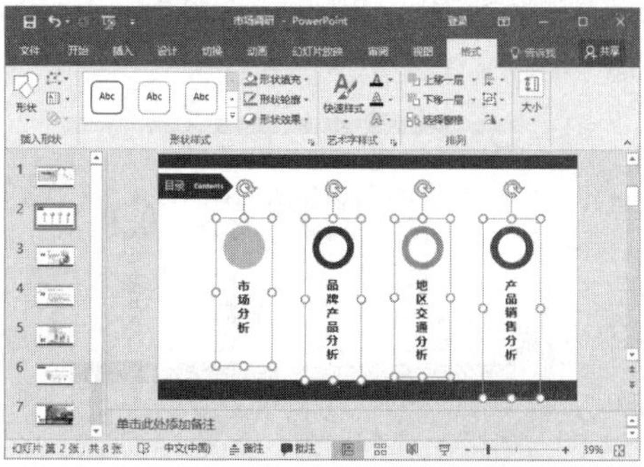

Step 03 单击“动画”选项卡的“动画”组中的“动画样式”下拉按钮，在弹出的菜单中选择一种动画样式。

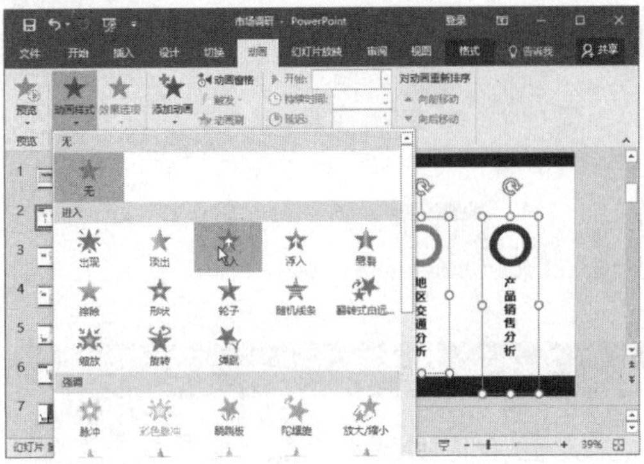

Step 04 单击“动画”选项卡的“动画”组中的“效果选项”下拉按钮，在弹出的菜单中选择一种动画效果。

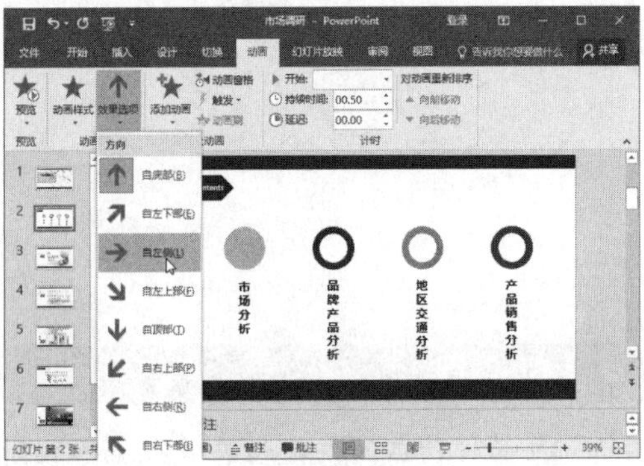

Step 05 在“动画”选项卡的“计时”组中单击“开始”右侧的下拉按钮，在弹出的菜单中选择“单击时”命令，然后在“持续时间”微调框中设置时间为“01:00”。

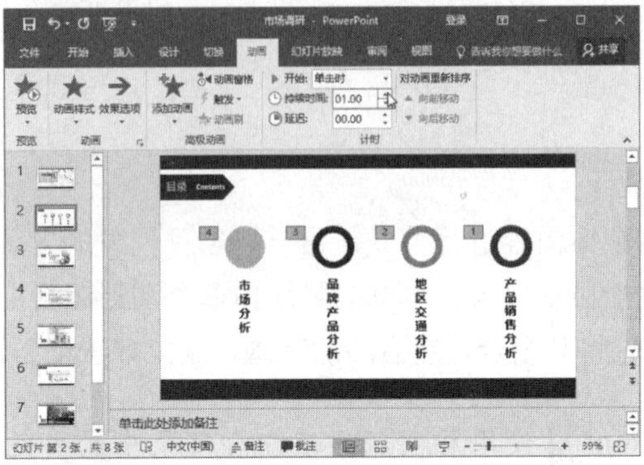

Step 06 由于动画排序是从右到左，所以需要对动画重新排序。选择第1个目录项目，通过多次单击“动画”选择卡的“计时”组中的“向前移动”按钮，将第1个目录项目的动画编号设置为“1”。

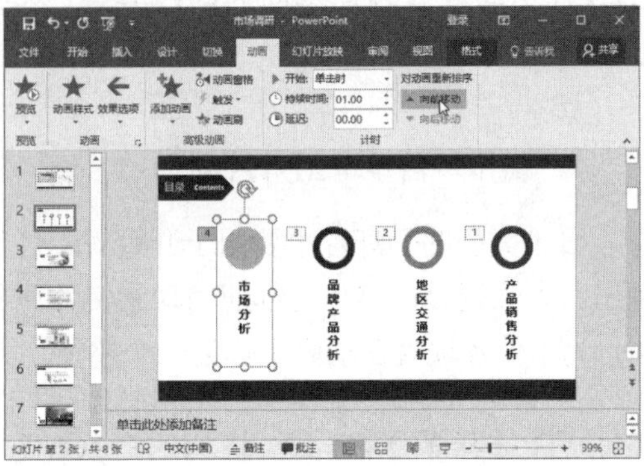

Step 07 对其他目录项目进行重新排序，排序后的编号如图所示。

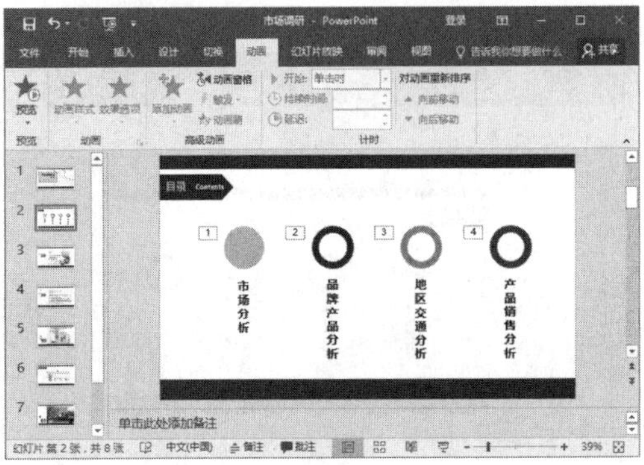

Step 08 完成设置后，按下“Shift+F5”组合键放映当前幻灯片，放映时每单击一次将逐一播放各项目飞出的动画效果。

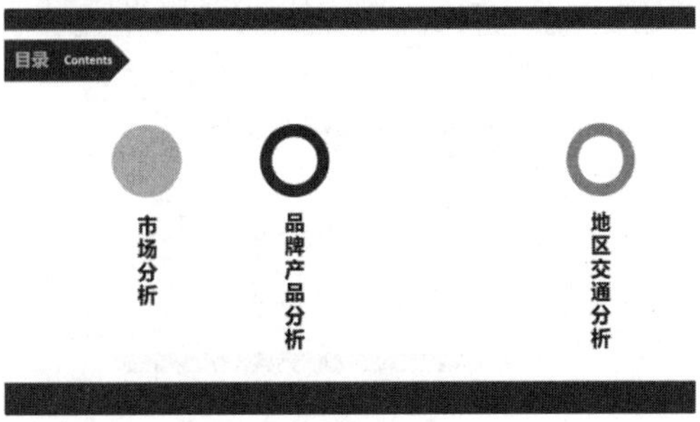

● 大师心得

如果要使幻灯片的动画自动播放，可以在“动画”选项卡的“计时”组的“开始”下拉列表中选择“上一动画同时”或“上一动画之后”命令，在设置或更改动画效果时应该注意选择要设置或更改动画的对象。

2. 制作“市场分析”幻灯片动画

在以文字为主的幻灯片中，为了使页面效果不那么单调，可以为文字加上一些动画效果，如进入动画、强调动画和退出动画等。本例将为第3张幻灯片中的文字内容添加多种效果，操作方法如下。

Step 01 将光标定位到要添加文字动画的占位符中，单击“动画”选项卡的“动画”组中的“动画样式”下拉按钮，在弹出的菜单中选择“更多进入效果”命令。

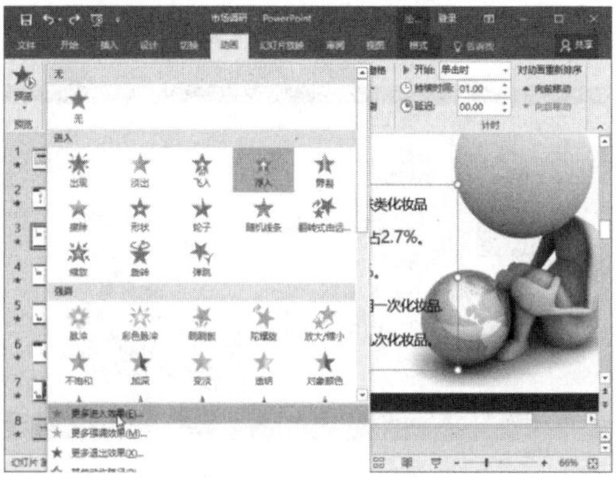

Step 02 打开“更改进入效果”对话框，在列表框中选择一种动画效果，然后单击“确定”按钮。

Step 03 单击“动画”选项卡的“高级动画”组中的“动画窗格”按钮，在打开的“动画窗格”中选择第2个动画选项，在“动画”选项卡的“计时”组中设置开始时间为“上一动画之后”。

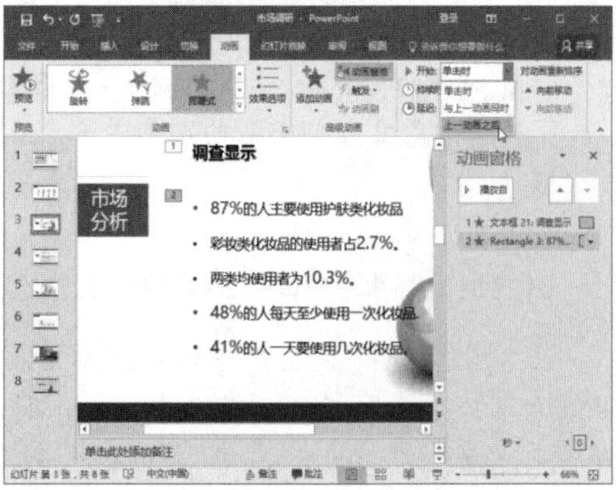

Step 04 选择文字内容占位符，然后单击“动画”选项卡的“高级动画”组中的“添加动画”下拉按钮，在弹出的菜单中选择“强调”类别中的“画笔颜色”动画效果。

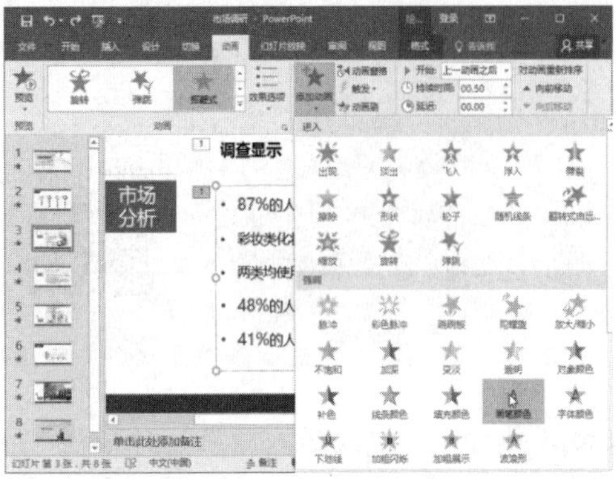

Step 05 为了使动画效果更加丰富，可以更改画笔颜色动画中的文字颜色。单击“动画”选项卡的“动画”组中的“效果选项”下拉按钮，在弹出的菜单中选择一种颜色。

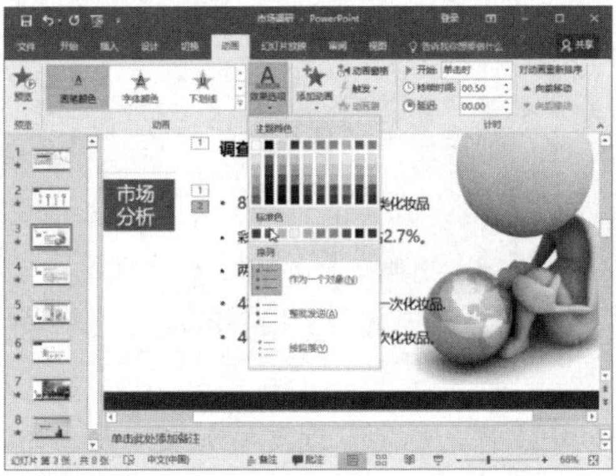

Step 06 选择文字内容占位符后，单击“动画”选项卡的“高级动画”组中的“添加动画”下拉按钮，在弹出的菜单中的“退出”类别中选择要应用的退出动画效果。

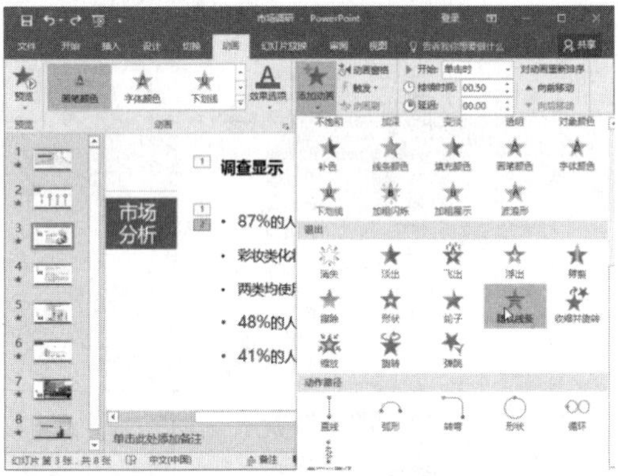

Step 07 完成设置后，按下“Shift+F5”组合键放映当前幻灯片，查看动画效果。

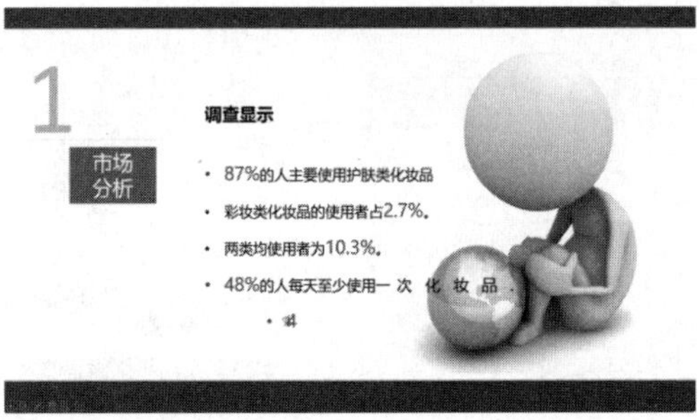

● 大师心得

在 PowerPoint 中，可以为同一个元素添加多个不同的动画样式，并且多个动画效果可以叠加产生更加丰富的动画效果。

3. 制作“销售统计”幻灯片动画

在“销售统计”幻灯片中拥有图表元素，为了使图表元素更具吸引力，可以为其添加动画效果。使图表在显示时各分类、各系列的数据逐一进行显示，操作方法如下。

Step 01 选择幻灯片中的图表对象，单击“动画”选项卡的“动画”组中的“动画样式”下拉按钮，在弹出的菜单中选择“更多进入效果”命令。

Step 02 打开“更改进入效果”对话框，在列表框中选择一种动画效果，然后单击“确定”按钮。

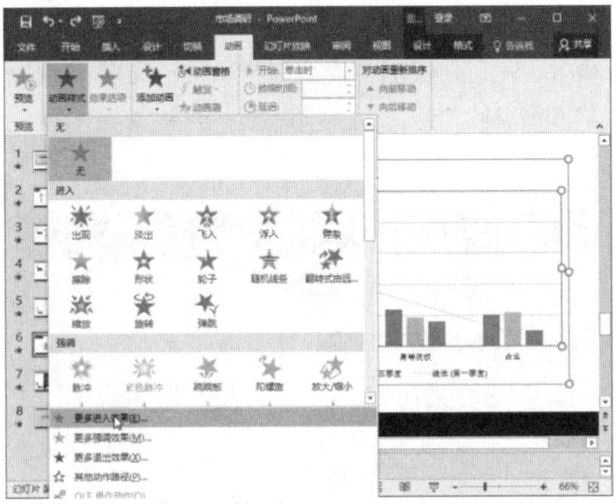

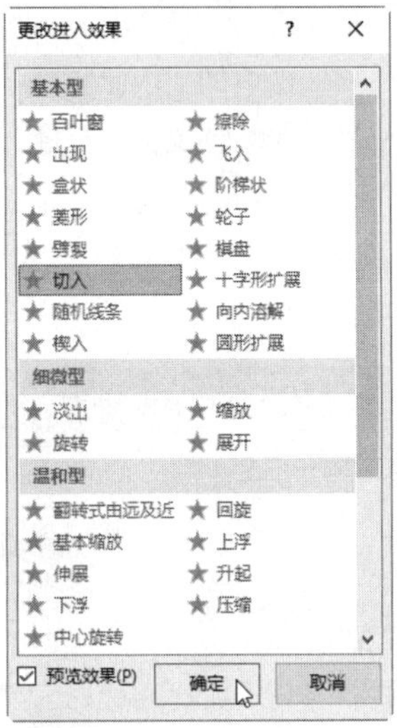

Step 03 单击“动画”选项卡的“动画”组中的“效果选项”下拉按钮，在弹出的菜单中选择“按系列”命令。

Step 04 单击“动画”选项卡的“动画”组中的“效果选项”下拉按钮，在弹出的菜单中选择“自左侧”命令。

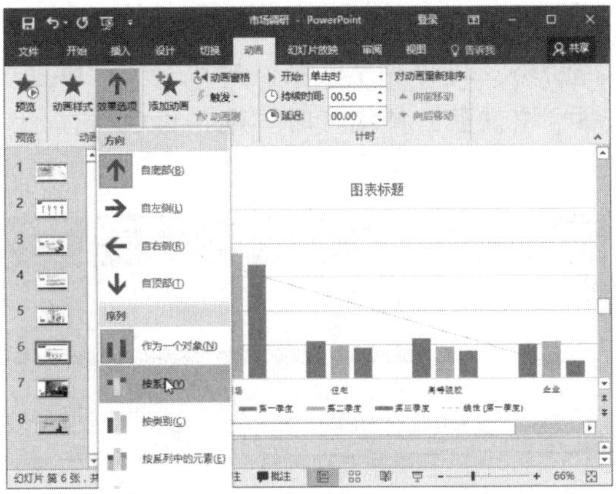

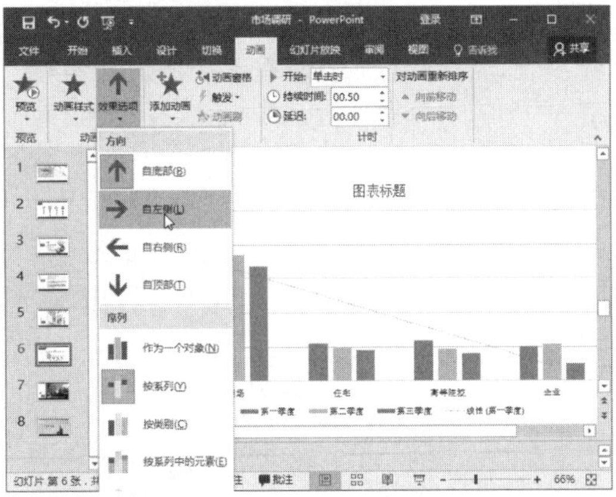

Step 05 设置完成后，按下“Shift+F5”组合键即可放映当前幻灯片，预览当前幻灯片的动画效果。

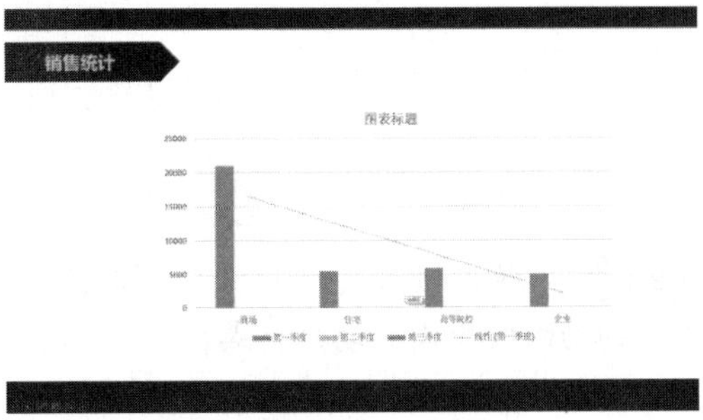

4. 制作结束页幻灯片动画

在本例的最后一张幻灯片中，可以为其设置退出动画让图片和文字缓缓退去，操作方法如下。

Step 01 选择“THANKS”文本占位符，单击“动画”选项卡的“动画”组中的“动画样式”下拉按钮，在弹出的菜单中选择“翻转式由远及近”命令。

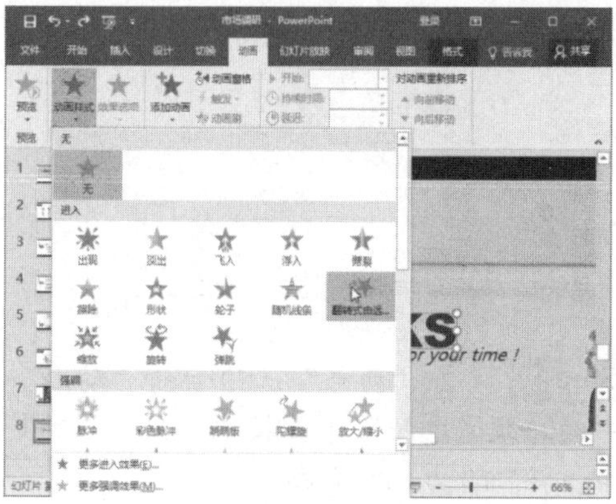

Step 02 单击“动画”选项卡的“高级动画”组中的“添加动画”下拉按钮，在弹出的菜单中选择“其他动作路径”命令。

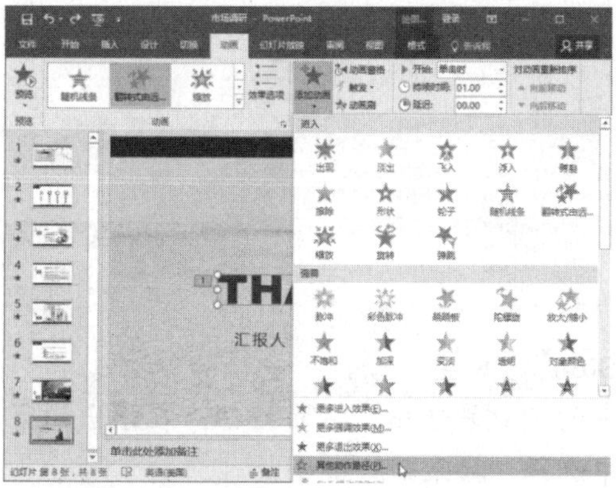

Step 03 打开“添加动作路径”对话框，选择一种动作路径，然后单击“确定”按钮。

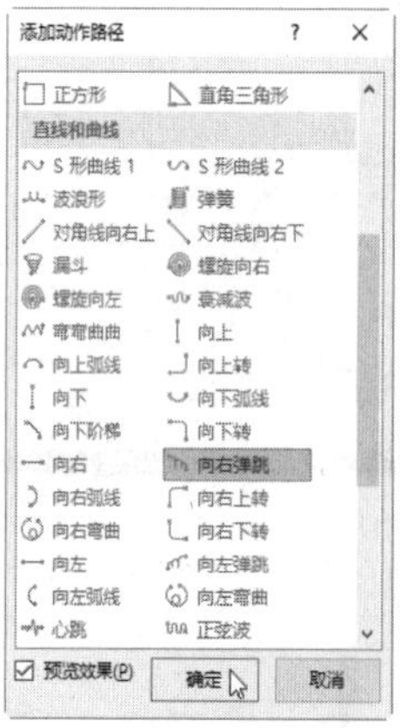

Step 04 返回幻灯片中即可查看到动作路径，拖动路径边框调整路径，然后在“计时”选项卡中设置“持续时间”为“02:00”。

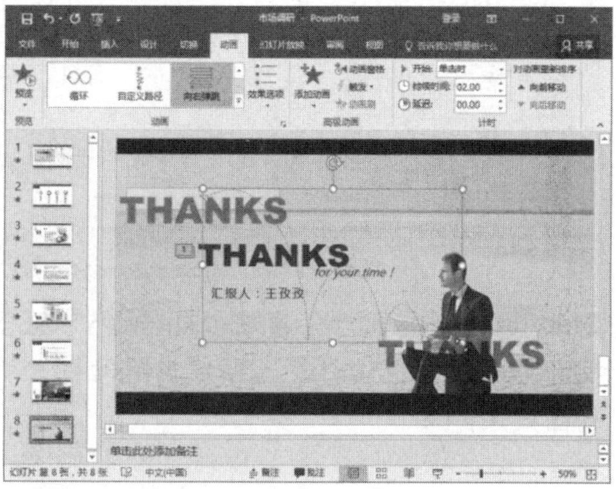

Step 05 选择汇报人占位符，在“动画”选项卡的动画组中设置动画样式。

Step 06 单击“动画”选项卡的“动画”组中的“效果选项”下拉按钮，在弹出的菜单中选择一种动画效果。

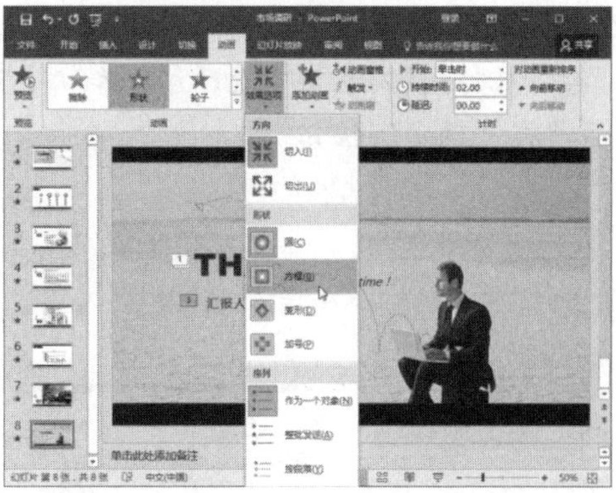

Step 07 设置完成后，按下“Shift+F5”组合键即可放映当前幻灯片，预览当前幻灯片的动画效果。

12.2.3 添加幻灯片交互功能

在放映演示文稿的过程中，为了方便使用者对幻灯片进行操作，可以在幻灯片中适当地添加一些交互功能。

1. 为目录中的按钮添加动作

要使幻灯片中的元素具有交互功能，需要为元素添加相应的动作。本例以目录中的4个项目添加动画为例，操作方法如下。

Step 01 选择第2张幻灯片，在幻灯片中选择第1个项目的组合形状，然后单击“插入”选项卡的“链接”组中的“动作”按钮。

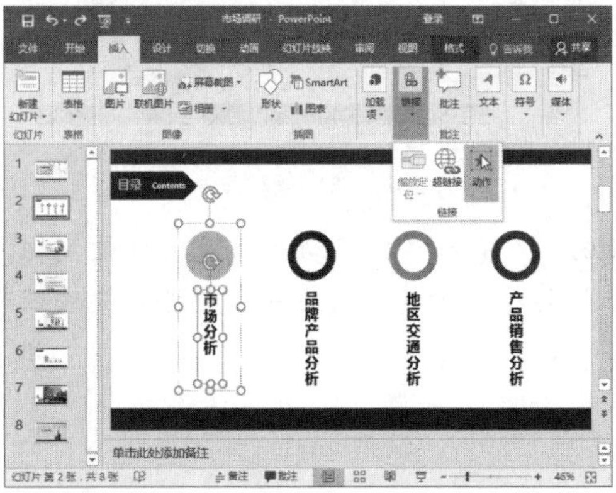

Step 02 弹出“操作设置”对话框，选择“鼠标时的动作”组中的“超链接到”单选项，在下拉列表框中选择“幻灯片”命令。

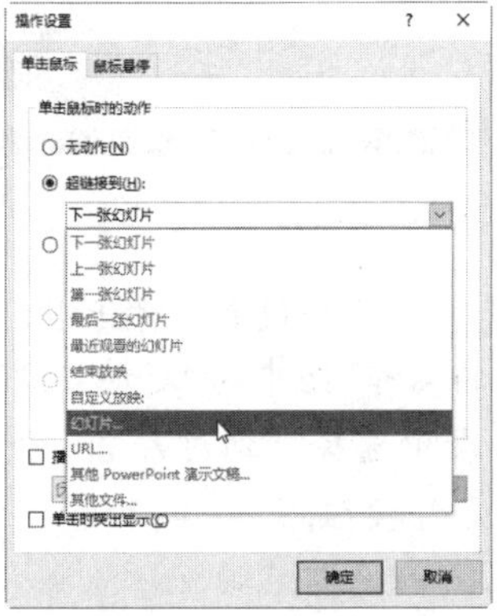

Step 03 打开“超链接到幻灯片”对话框，在“幻灯片标题”列表框中选择第3张幻灯片，然后单击“确定”按钮。

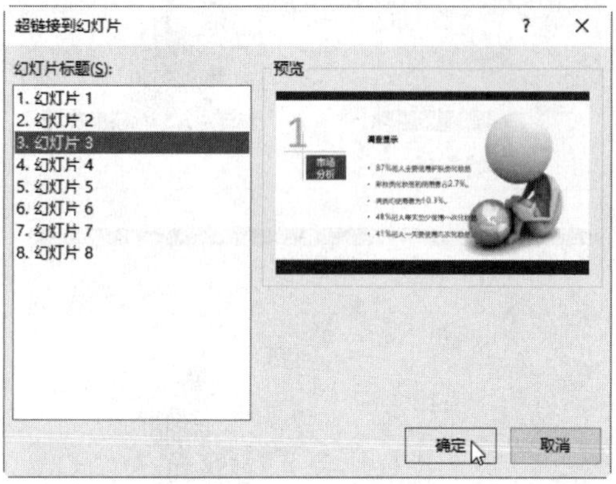

Step 04 返回“操作设置”对话框，勾选“单击时突出显示”复选框，然后单击“确定”按钮。设置完成后，使用相同的方法将其他幻灯片分别链接到目录中。

2. 添加“返回目录”按钮

在放映幻灯片时，为使用户可以通过演讲者的操作快速切换到“目录”幻灯片，需要在各幻灯片中添加“返回目录”按钮，操作方法如下。

Step 01 在第3张幻灯片左上角绘制一个圆角矩形，在其中添加文字内容“返回目录”，并设置形状样式和艺术字样式。

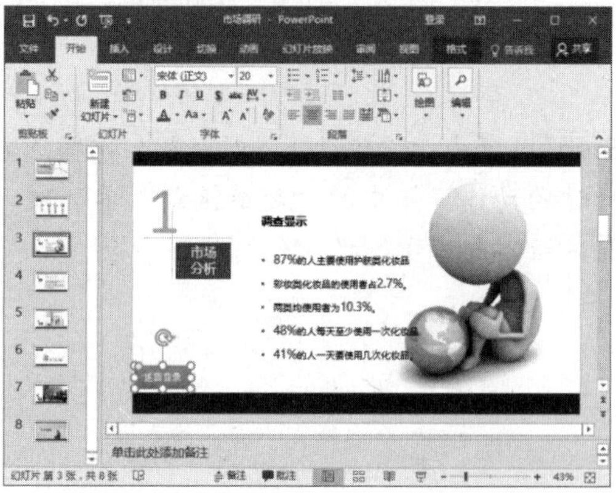

Step 02 保持圆角矩形为选中状态，单击“插入”选项卡的“链接”组中的“动作”按钮。

Step 03 打开“操作设置”对话框，选择“单击鼠标时的动作”组中的“超链接到”单选项。在下拉列表中选择“幻灯片2”命令，然后单击“确定”按钮。

Step 04 复制添加了动作的返回目录按钮，并将其粘贴于其他幻灯片中即可完成按钮制作。

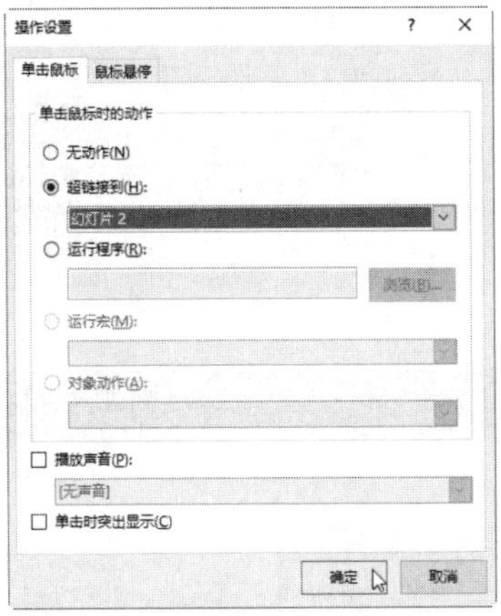

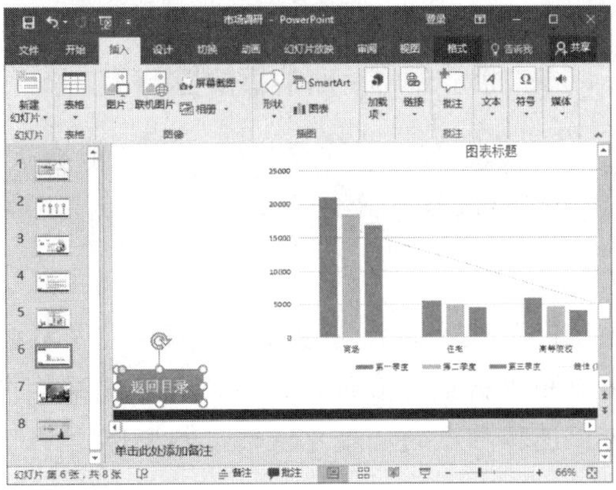

12.2.4 放映幻灯片

演示文稿中的幻灯片制作完成后，在实际演讲或应用时则需要用各种不同的方式进行放映。除了直接使用“F5”键从头开始放映幻灯片，以及使用“Shift+F2”组合键从当前幻灯片开始放映之外，本节将介绍幻灯片放映的其他方式与相关的设置。

1. 设置放映类型

在不同的情况下放映幻灯片，可设置不同的幻灯片放映类型。例如，演讲者演讲时自行操作放映，通常使用全屏方式放映；如果由观众自行浏览，则通常使用窗口方式放映，以方便观众应用相应的浏览功能。本例将设置幻灯片的放映方式为观众自行浏览，并使幻灯片循环放映，操作方法如下。

Step 01 单击“幻灯片放映”选项卡的“设置”组中的“设置幻灯片放映”按钮。

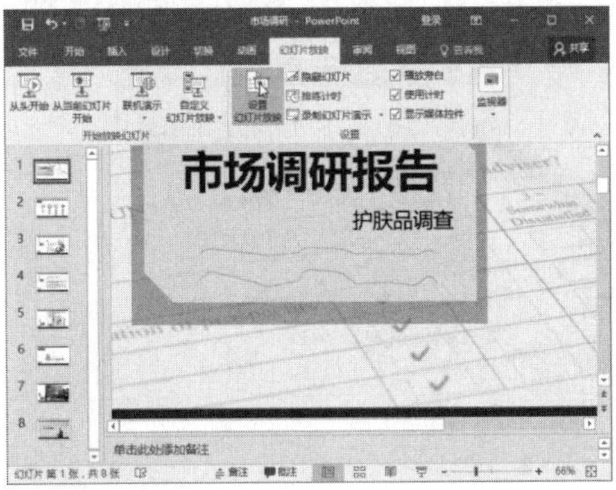

Step 02 打开“设置放映方式”对话框，在“放映类型”组中选择“观众自行浏览（窗口）”单选项，在“放映选项”组中勾选“循环放映，按ESC键终止”复选框，然后单击“确定”按钮。

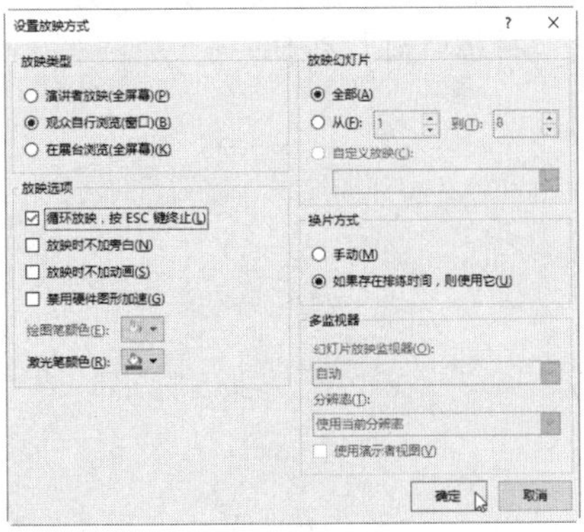

2. 播放幻灯片时的播放控制

在放映幻灯片的过程中，有时演示者需要进行控制，此时可应用幻灯片放映状态下的控制功能。

按“F5”键开始放映幻灯片，在幻灯片放映窗口中单击鼠标右键，在弹出的快捷菜单中可以选择相应的幻灯片放映控制操作。

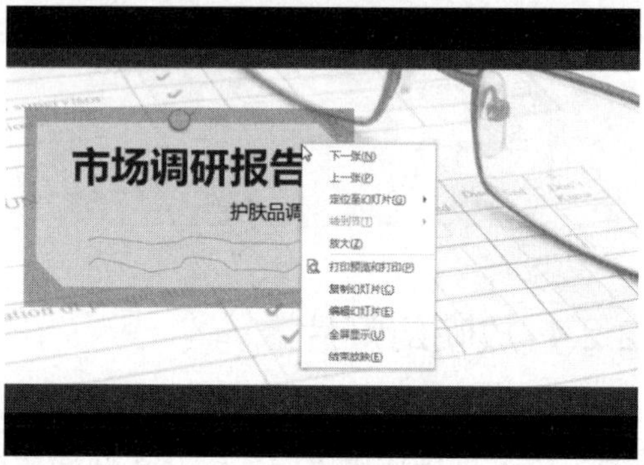

12.2.5 排练计时和放映文件

在制作演示文稿时，如果要使整个演示文稿中的幻灯片可以自动播放，且各幻灯片播放的时间与实际需要的时间大致相同，可以应用排练计时功能。当幻灯片制作完成后，可以将幻灯片存储为放映文件，以实现直接打开文件，幻灯片立即可以开始播放。

1. 使用排练计时录制放映过程

在切换选项卡的计时组中可以设置幻灯片持续播放的时间，但为了使幻灯片播放的时间更加准确，更接近真实的演讲状态的时间，可以使用排练计时功能。在预演的过程中记录幻灯片中的动画切换时间，操作方法如下。

Step 01 单击“幻灯片放映”选项卡的“设置”组中的“排练计时”按钮。

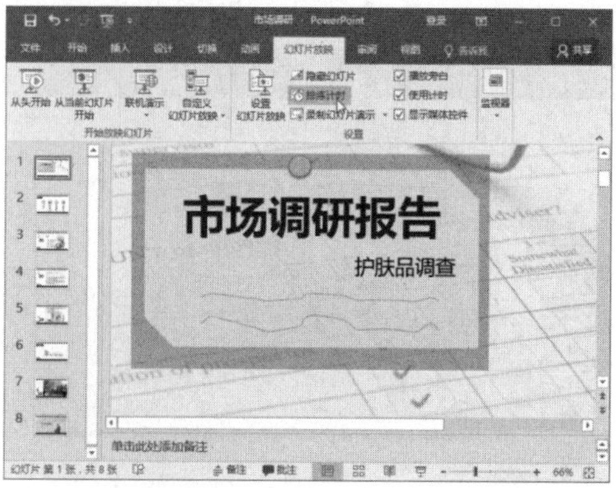

Step 02 已进入幻灯片放映状态，在“录制”对话框中，系统将自动记录当前幻灯片放映的时间值。单击“下一项”按钮，可以切换到第 2 张幻灯片。

Step 03 在“录制”对话框中，单击“暂停录制”按钮，可以暂停当前记录时间。在打开的系统提示框中单击“继续录制”按钮，可以继续录制时间值。

Step 04 录制完成后，在提示框中单击“是”按钮，可以保留录制时间。

Step 05 在幻灯片浏览视图中，用户可以在每张幻灯片的右下角查看放映的时间值。

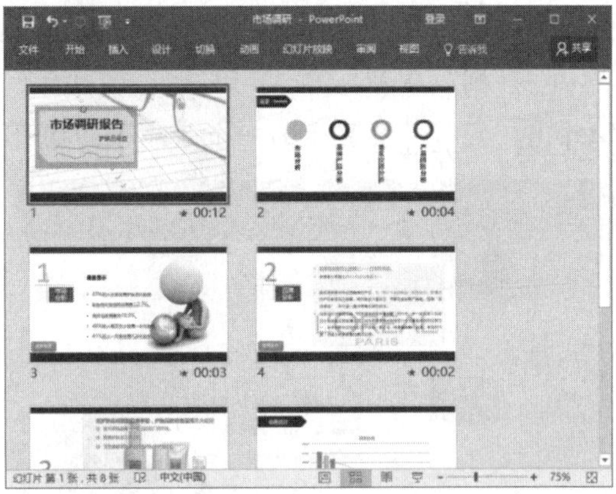

2. 另存为放映文件

为了使演示文稿在打开时自动播放幻灯片，可将演示文稿保存为放映文件格式，且放映文件的内容不能再被编辑和修改，操作方法如下。

Step 01 单击“幻灯片放映”选项卡的“设置”组中的“排练计时”按钮。

Step 02 进入幻灯片放映状态，在“录制”对话框中系统将自动记录当前幻灯片放映的时间值。单击“下一项”按钮，可以切换到第 2 张幻灯片。

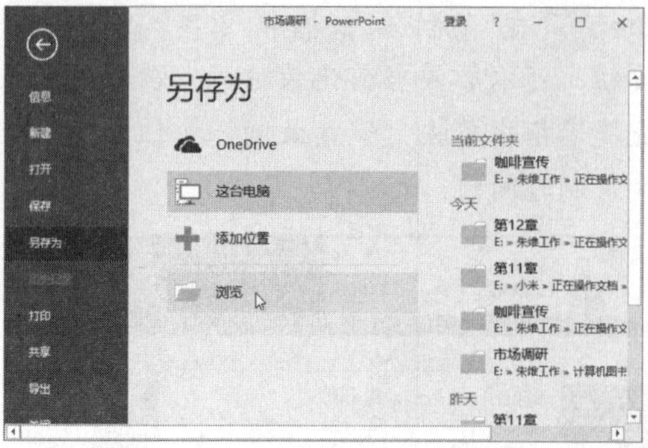

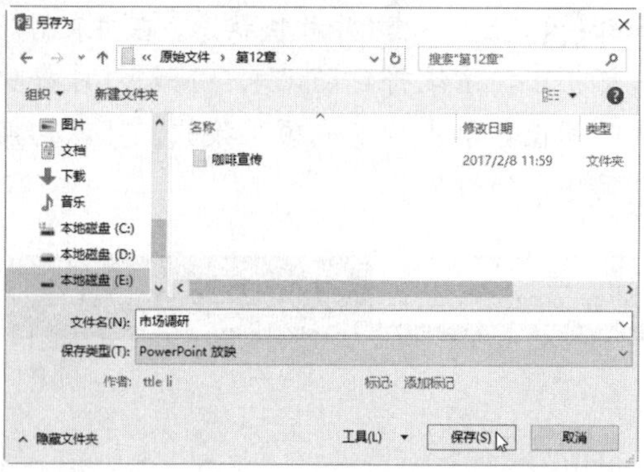

12.3 高 手 支 招

12.3.1 使用动画刷快速设置动画效果

PowerPoint 2016 中的“动画刷”功能与设置格式的“格式刷”功能类似，“格式刷”是复制文字格式，而“动画刷”则是复制设置好的动画效果。

Step 01 选中已设置动画效果的对象，在“动画”选项卡的“高级动画”组中单击“动画刷”按钮。

Step 02 鼠标将会显示为一个带刷子的指针，单击需要应用的相同动画对象即可。

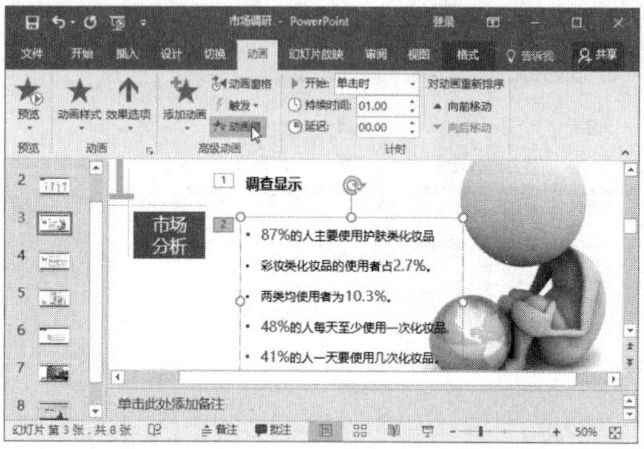

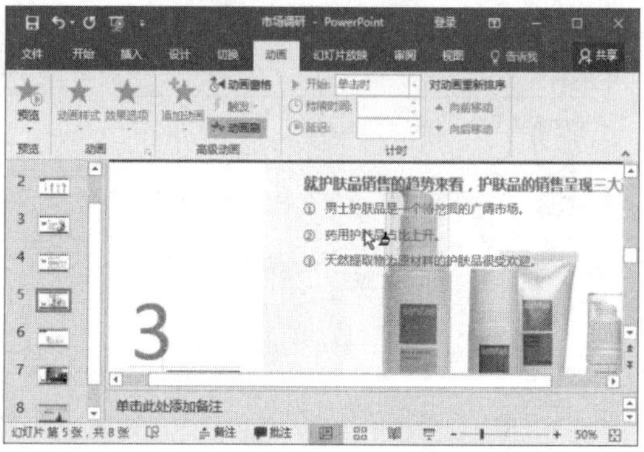

12.3.2 设置幻灯片方向

在 PowerPoint 2016 的默认情况下，页面通常为横向排列，不过在某些特殊场合或安排一些重要内容时，可能需要将页面设置为纵向，操作方法如下。

Step 01 在“设计”选项卡中单击“自定义”组“幻灯片大小”下拉按钮，在弹出的菜单中选择“自定义幻灯片大小”命令。

Step 02 打开“幻灯片大小”对话框，在“方向”组中选择“纵向”单选项，然后单击“确定”按钮。

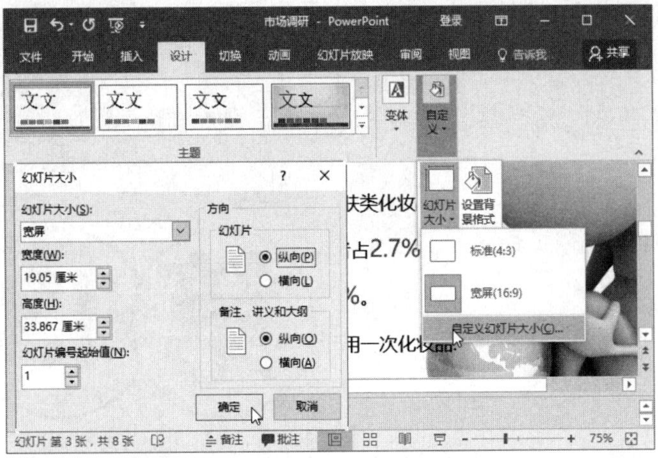

12.3.3 切换图表的行和列

在图表制作完成后，有时候需要将图表的行和列交互。此时可以使用切换图表的行和列功能，而不需要重新制作，操作方法如下。

Step 01 选择图表，然后单击“图表工具 / 设计”选项卡的“数据”组中的“选择数据”按钮。

Step 02 弹出 Excel 工作表和“选择数据源”对话框，单击“选择数据源”对话框中的“切换行 / 列”按钮。

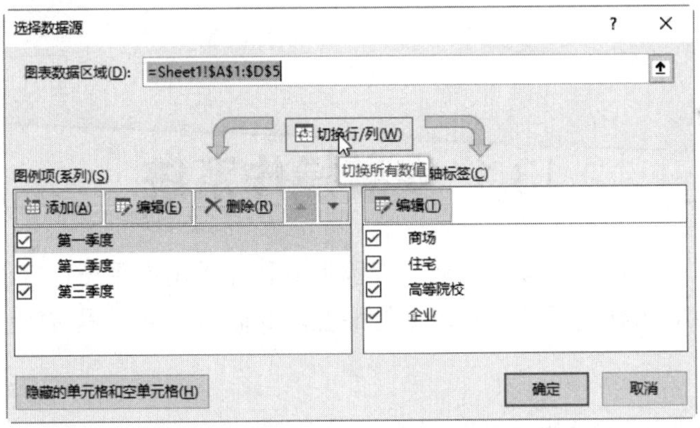

Step 03 返回幻灯片中即可查看到行列切换后的效果。

第13章

操作系统安装与备份

在使用电脑的过程中，常常会遇到各种各样的故障。例如，频繁死机、蓝屏，系统无法正常启动，以及顽固病毒或流氓软件无法清除等。这些故障常常令我们束手无策，而重新安装操作系统则可以解决大部分电脑故障，本章将介绍系统安装与备份的相关知识。

13.1 安装操作系统

Windows 操作系统使用一段时间后，会因为各种原因出现系统运行缓慢、频频出错，或者因为系统文件损坏导致无法正常启动的情况，此时可以通过重装操作系统来使系统恢复正常。

13.1.1 光盘安装 Windows 10 操作系统

当操作系统出现故障时，可以选择重新安装操作系统。由于重新安装操作系统会对系统分区进行格式化操作，因此在重新安装前应将系统分区中的重要文件进行备份，如存放在桌面上的个人文件、IE 收藏夹等。下面以安装 Windows 10 操作系统为例，介绍如何使用光盘安装操作系统。

Step 01 将 Windows 10 操作系统的安装光盘放入光驱中，重启电脑，将电脑启动方式设置为光盘启动。

Step 02 电脑将自动重启，待光盘运行后，将弹出“Windows 安装程序”窗口，单击“下一步”按钮。

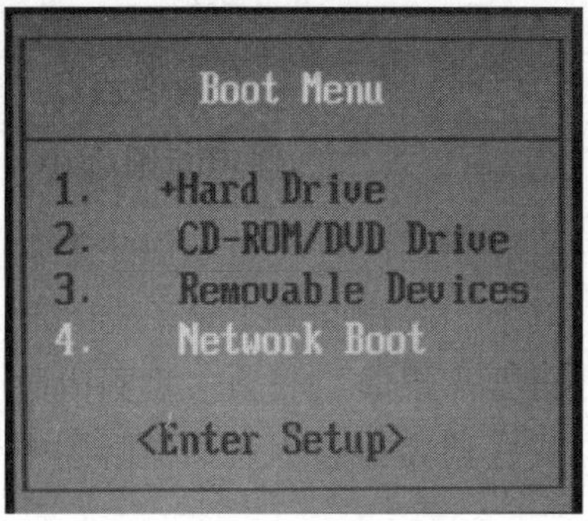

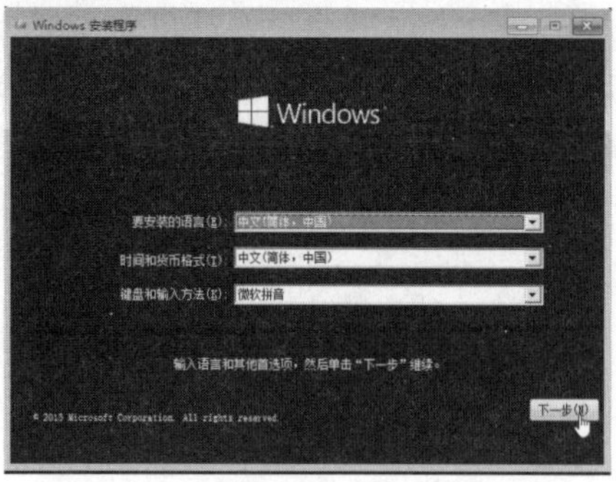

提示

电脑的启动方式包括硬盘启动、光盘启动和 USB 设备启动等，目前许多主板都支持一键选择启动方式，即在电脑启动后按下某个特定按键即可进行选择，常用的按键有“F8”“F11”“F12”“Esc”键等，具体方法请参考主板说明书或注意电脑启动界面中的相关提示。

Step 03 在弹出的界面中单击“现在安装”按钮。

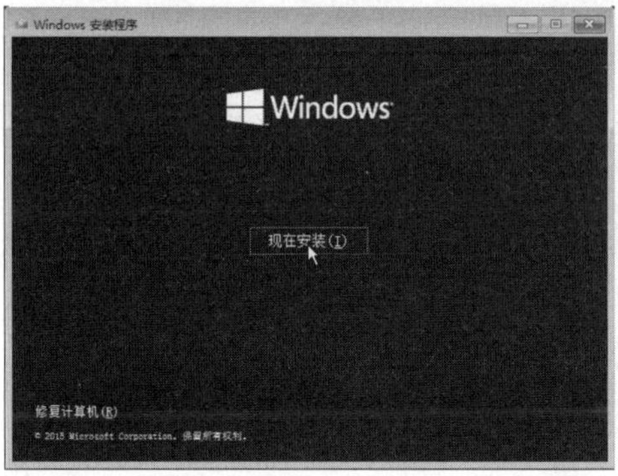

Step 04 在打开的“输入产品密钥以激活 Windows”界面中输入产品密钥，然后单击“下一步”按钮。

Step 05 在打开的界面中勾选“我接受许可条款”复选框，然后单击“下一步”按钮。

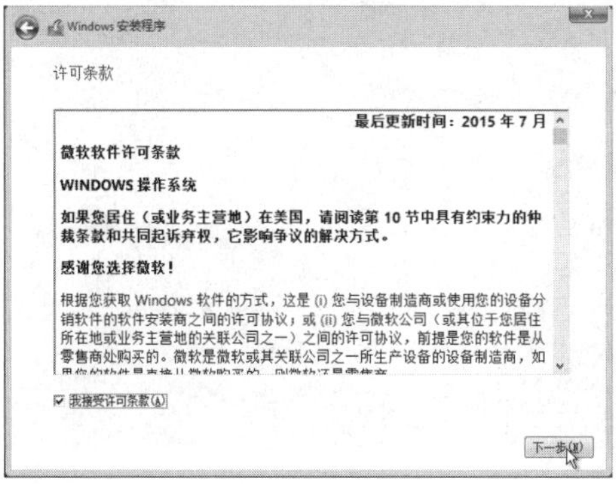

Step 06 在打开的界面中选择安装方式，这里选择“自定义：仅安装 Windows（高级）（C）”命令。

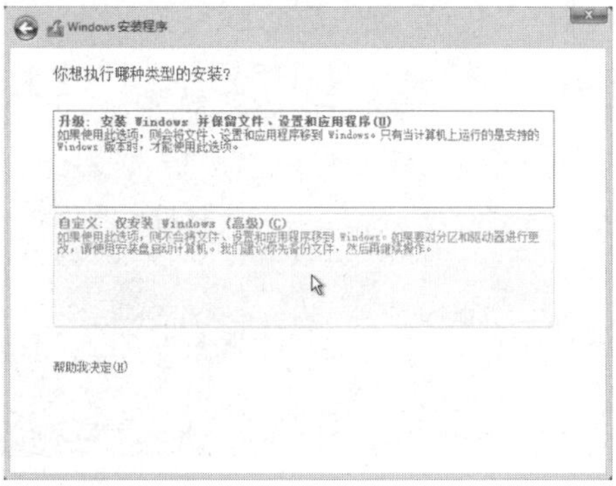

Step 07 在打开的界面中选择用于安装操作系统的分区，然后单击“格式化”按钮进行分区格式化。

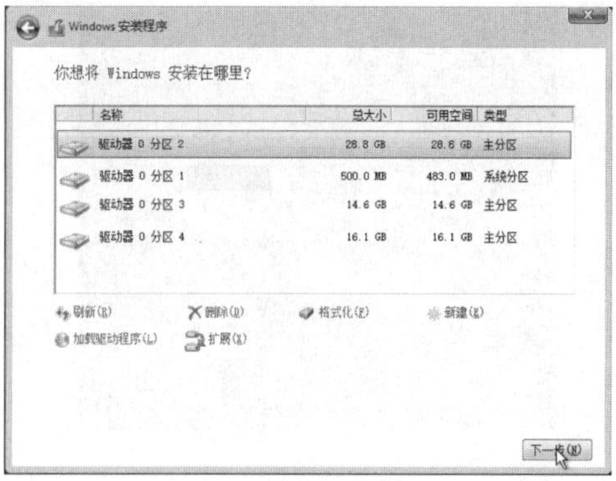

提示 如果使用的是新硬盘，则需要对硬盘进行全新分区，用户可在上述界面中完成硬盘的分区操作。对于系统分区，通常可以划分 40 ~ 50 GB 的硬盘空间。

Step 08 安装程序开始复制文件、展开文件、安装文件等，该过程由安装程序自动完成。

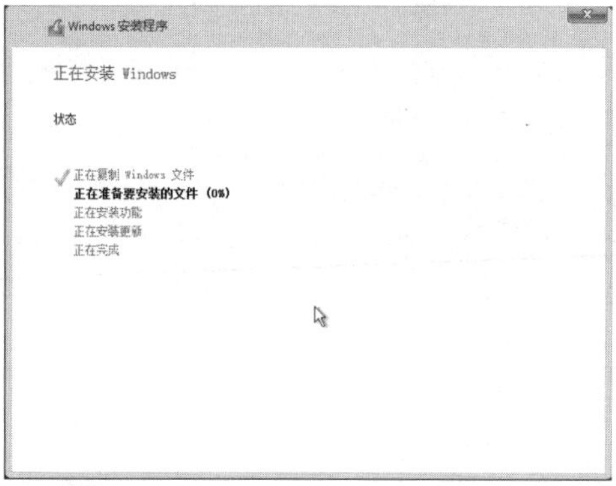

Step 09 安装完成后进入最后设置阶段，在文本框中再次输入产品密钥，然后单击“下一步”按钮。

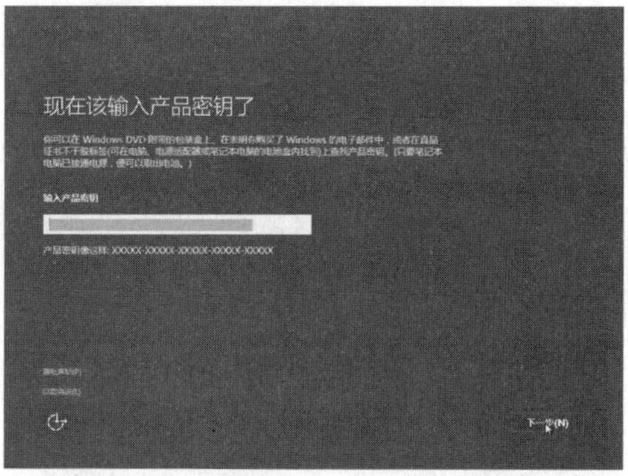

Step 10 在打开的“快速上手”界面中单击“使用快速设置”按钮。

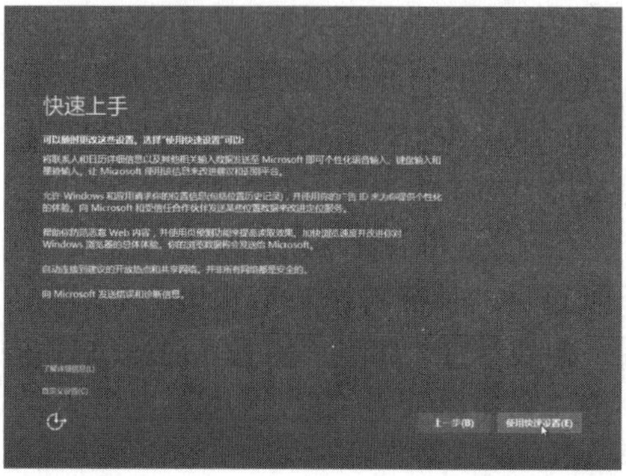

Step 11 在打开的“谁是这台电脑的所有者？”界面选择使用环境，本例选择“我拥有它”命令，然后单击“下一步”按钮。

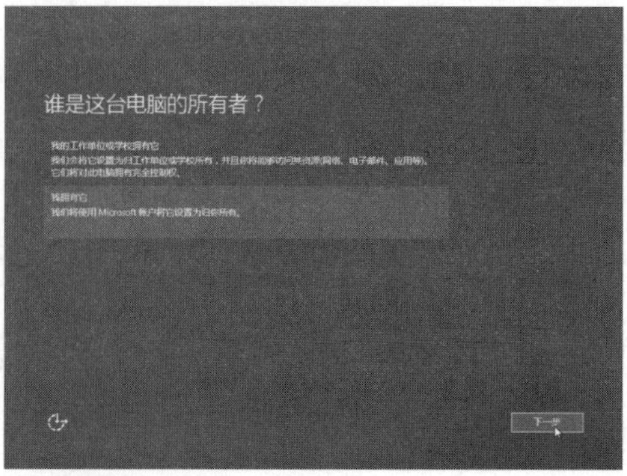

Step 12 在打开的“个性化设置”界面中填写登录信息，然后单击“登录”按钮。如果不需要登录，可单击“跳过此步骤”链接。

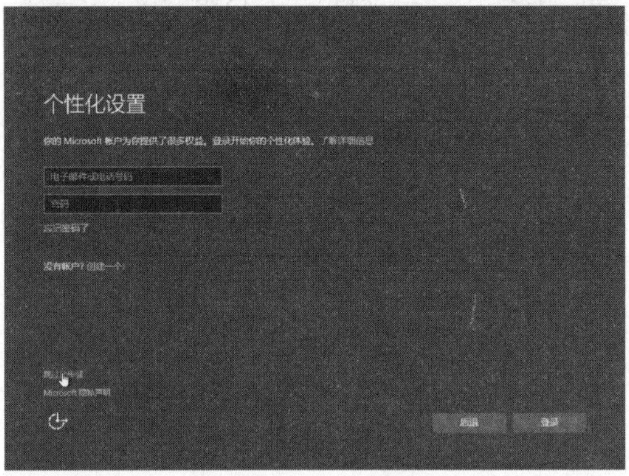

Step 13 在打开的“为这台电脑创建一个账户”界面中设置登录名、登录密码、密码提示等信息（可不设置密码），完成后单击“下一步”按钮。

Step 14 安装程序进入最终设置阶段，稍等片刻即可进入 Windows 10 系统桌面，操作系统安装完成。

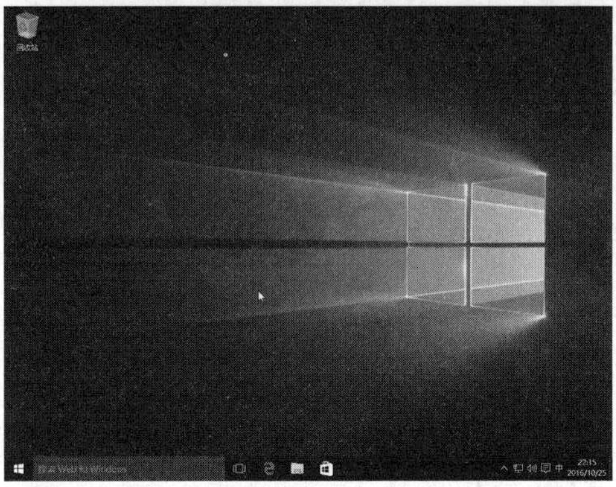

提示

Windows 7 和 Windows 8 操作系统的安装方法与 Windows 10 基本相同，用户可参考 Windows 10 的安装步骤进行安装。

13.1.2 刻录操作系统安装光盘

要想自己安装操作系统，首先需要准备系统安装盘。除了在软件市场购买外，拥有刻录光驱的用户还可以自行刻录系统安装盘。刻录光盘不但需要准备刻录光驱和可刻录光盘，还需要使用专门的刻录软件。下面以使用 Nero 软件刻录 Windows 10 操作系统安装光盘为例，介绍如何刻录系统安装盘。

Step 01 在网上搜索并下载 Windows 10 操作系统的光盘镜像文件（文件后缀名为“.iso”），将其保存到硬盘中。

Step 02 安装 Nero 软件，在“开始”菜单中运行 Nero 软件的组件之一“Nero Express”程序，并将可刻录光盘放入刻录光驱中。

如果用户需要刻录其他操作系统，只需下载相应的操作系统光盘镜像文件即可；此外，每个操作系统均分为32位和64位版本，用户应根据需要进行选择。

Step 03 弹出程序主界面，在左侧功能列表中选择“映像、项目、复制”命令，在右侧功能列表中选择“光盘映像或保存的项目”命令。

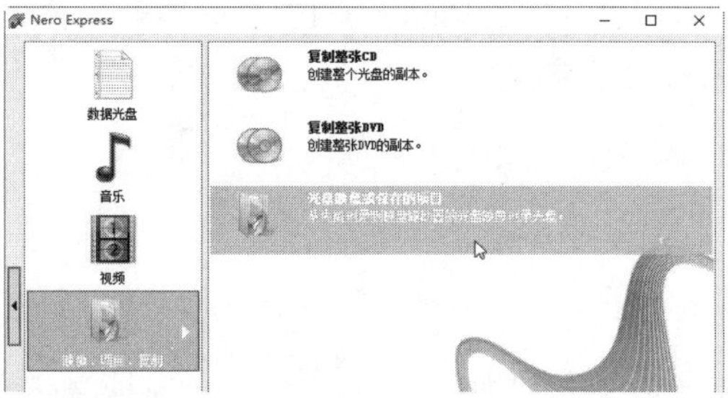

Step 04 弹出“打开”对话框，选中准备好的操作系统光盘镜像文件，然后单击“打开”按钮。

Step 05 进入“最终刻录设置”界面，在“当前刻录机”下拉列表中选择刻录机设备，然后单击“刻录”按钮。

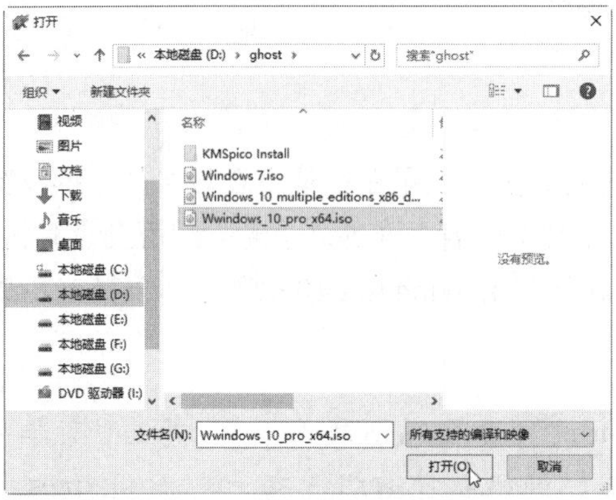

Step 06 开始刻录数据，此时不要进行任何操作，请耐心等待。

Step 07 刻录完毕后弹出提示对话框，单击“确定”按钮。

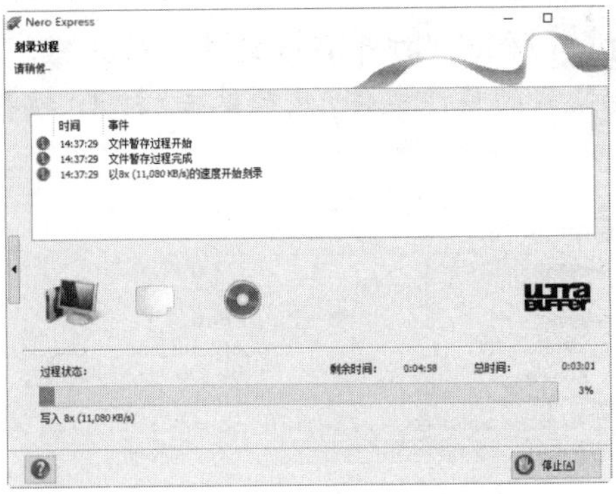

Step 08 在接下来的对话框中单击“下一步”按钮。

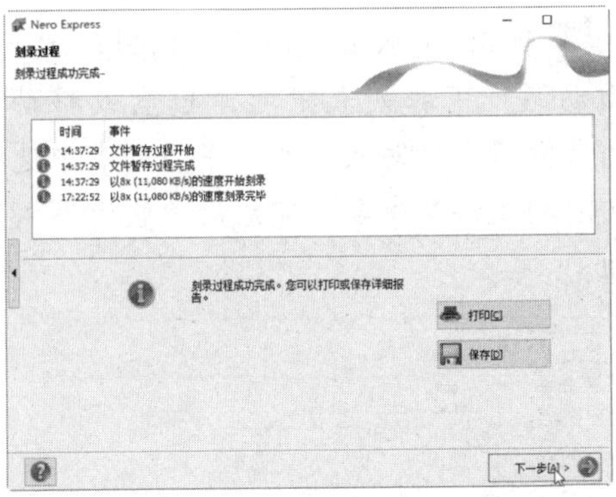

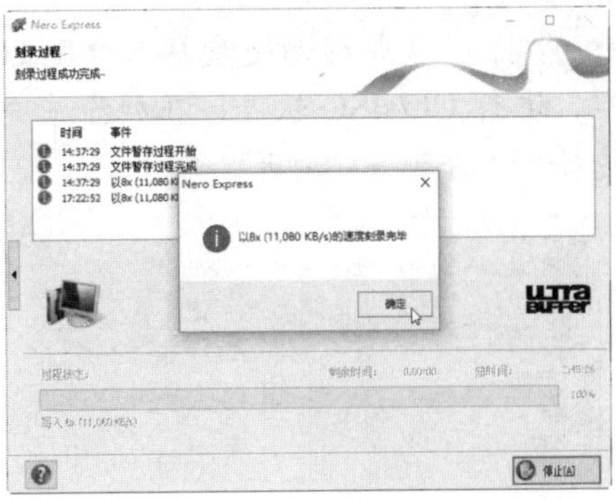

Step 09 在弹出的对话框中单击右上角的“关闭”按钮，然后在弹出的提示对话框中单击“否”按钮即可。

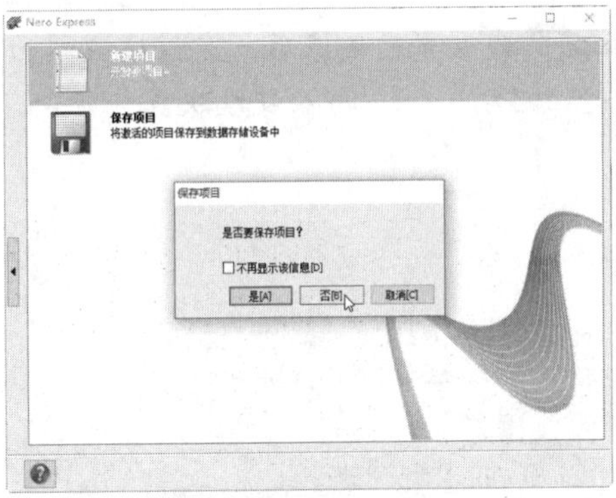

13.1.3 使用 U 盘 / 移动硬盘安装操作系统

除了使用光盘安装操作系统外，对于电脑中没有配置光驱的用户，还可以使用 U 盘或移动硬盘来安装操作系统。要使用 U 盘或移动硬盘安装操作系统，首先需要制作 U 盘或移动硬盘系统安装盘，下面介绍如何使用 UltraISO 软件制作 U 盘系统安装盘。

Step 01 准备好操作系统的镜像文件及存储空间大于 4 GB 的 U 盘或移动硬盘，然后下载并安装 UltraISO 软件（本例使用 UltraISO 9.7 版本）。

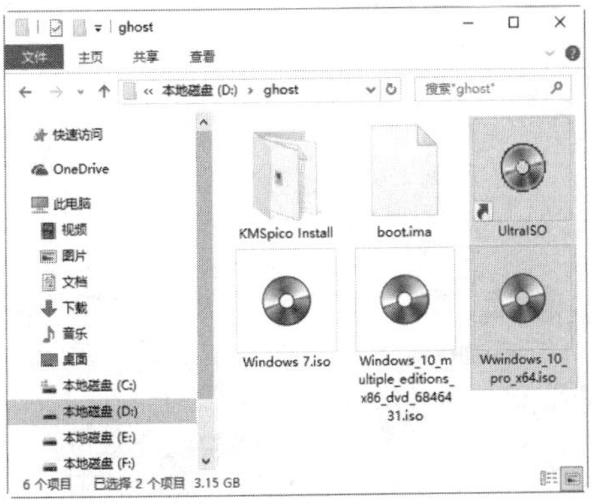

Step 02 将U盘或移动硬盘插入电脑USB接口，运行UltraISO软件，在程序主界面中选择“文件”→“打开”命令。

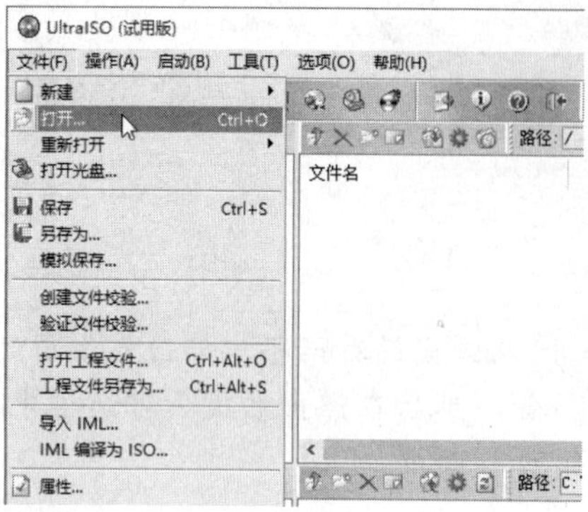

Step 03 弹出“打开ISO文件”对话框，选中要装载的映像文件，然后单击“打开”按钮。

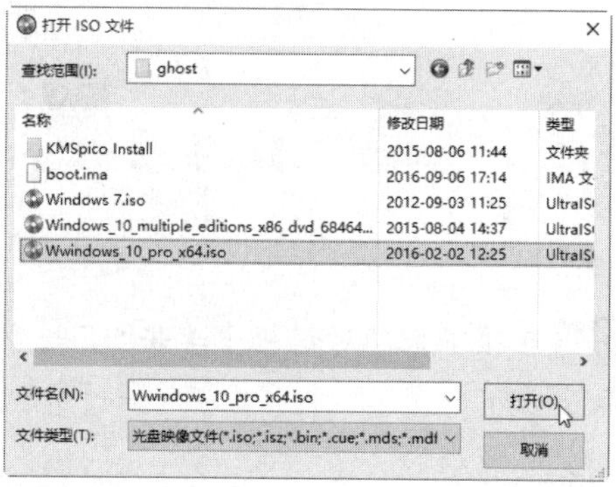

Step 04 载入光盘映像后，在程序主界面中选择“启动”→“写入硬盘映像”命令。

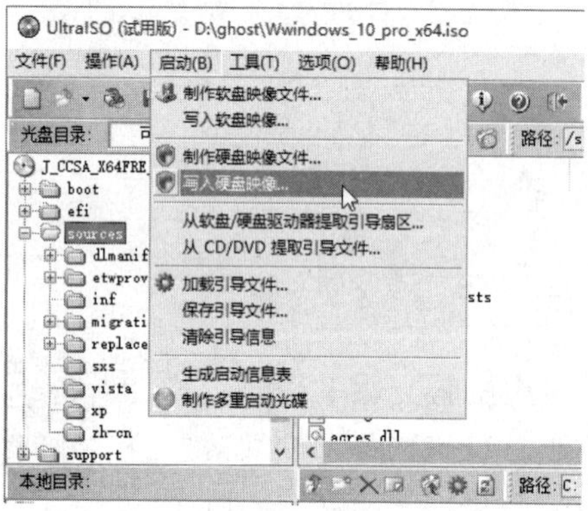

Step 05 弹出“写入硬盘映像”对话框，在“硬盘驱动器”下拉列表中选择U盘或移动硬盘的盘符，在“写入方式”下拉列表中选择“USB-HDD+”命令，完成后单击“写入”按钮。

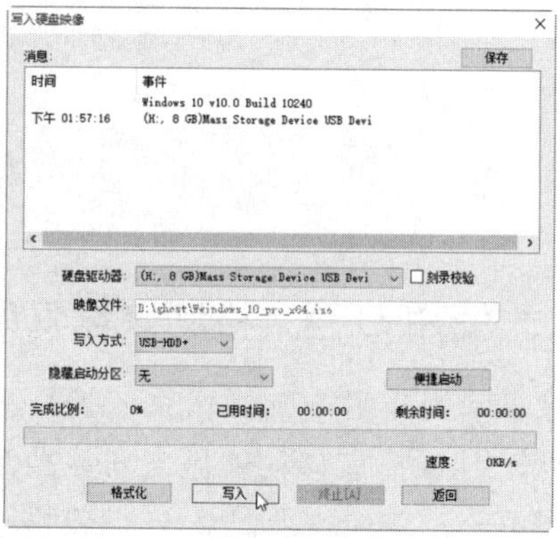

Step 06 弹出提示对话框，提示将删除移动设备中的所有数据，单击“是”按钮。

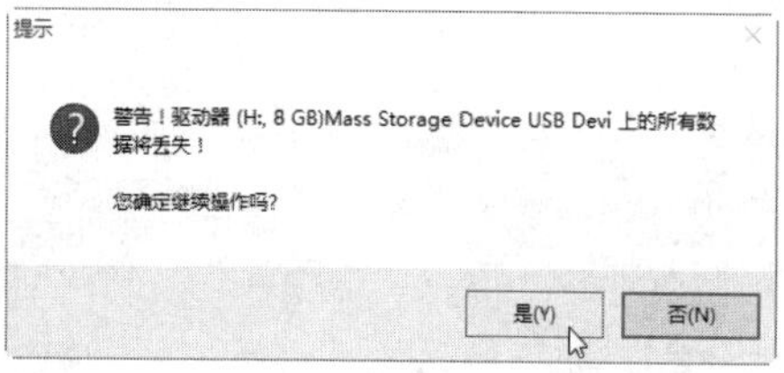

Step 07 程序开始写入数据，并显示完成进度，写入完成后关闭程序即可。

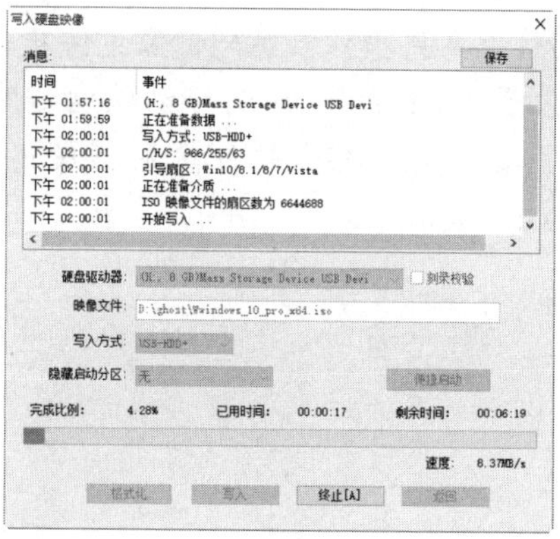

Step 08 U 盘系统安装盘制作完成后，重新启动电脑。按下启动项选择快捷键，设置启动选项为“USB：Mass Storage Device”。

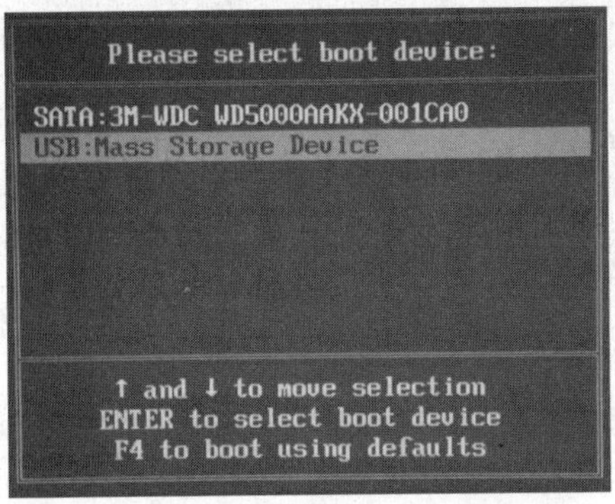

Step 09 再次重启电脑后即可使用 U 盘启动电脑，并进入操作系统安装界面，之后的安装过程和使用光盘安装完全相同。

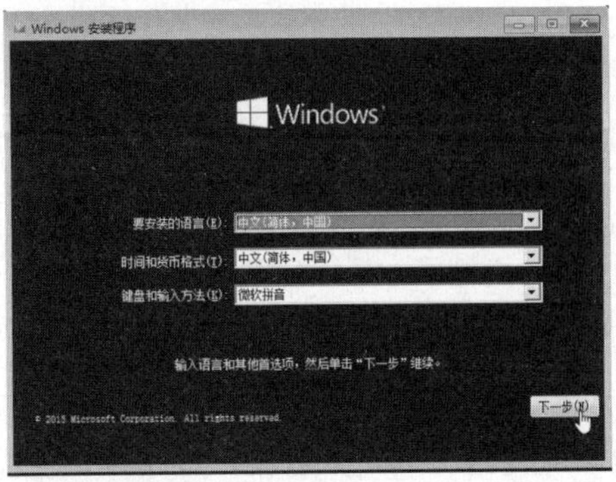

13.1.4 制作 Windows PE 启动 U 盘

Windows PE 俗称“微系统”，是一种只集成了操作系统必须的功能和服务的最小系统。该系统可以直接从启动光盘或启动 U 盘运行，以充当临时系统，以便用户在无法正常进入操作系统时解决系统故障。在 Windows PE 中，用户不但可以管理电脑中的文件，还可以进行硬盘分区维护、使用虚拟光驱安装操作系统，以及使用 Ghost 备份和还原操作系统等，是电脑维护中的一款常用工具。

制作 Windows PE 启动 U 盘的工具很多，这里推荐“大白菜超级 U 盘启动盘制作工具”，使用该工具可以快速制作启动 U 盘。该软件的官方网站为 http://www.winbaicai.com。

Step 01 启动“大白菜超级 U 盘启动盘”程序，在“请选择 U 盘”下拉列表中选择 U 盘盘符，单击“一键制作 USB 启动盘”按钮。

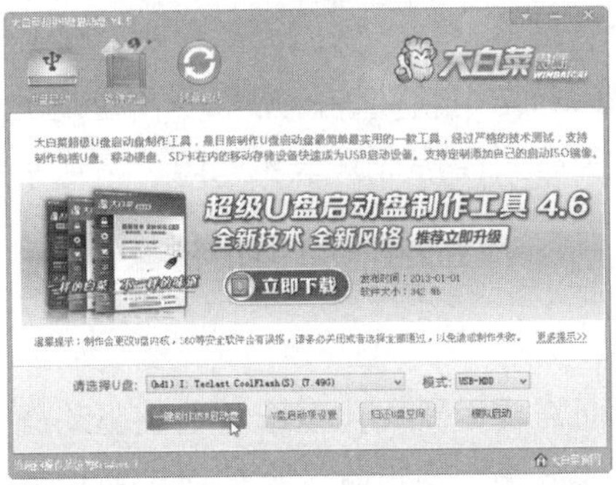

Step 02 弹出提示对话框，提示将删除 U 盘中的原有数据，单击“确定”按钮。

Step 03 软件开始进行制作，并在下方显示制作进度，完成后弹出提示对话框，单击“确定”按钮即可。

Step 04 U 盘启动盘制作完成后，重新启动电脑，按下启动项选择快捷键，设置启动选项为“USB:Mass Storage Device”。

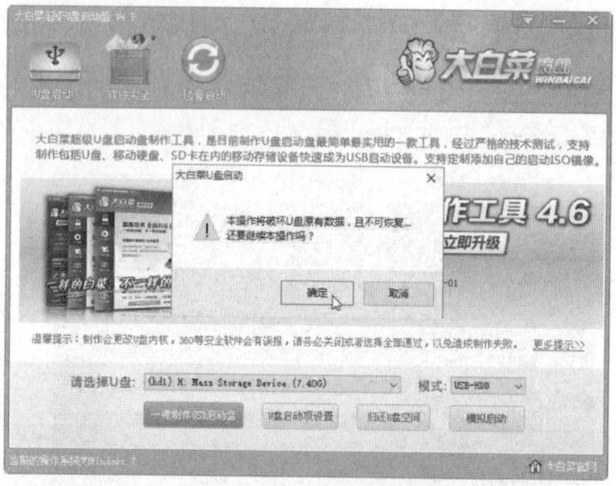

Step 05 再次重启电脑，即可进入U盘中的大白菜软件主界面，根据提示按下“1”键。

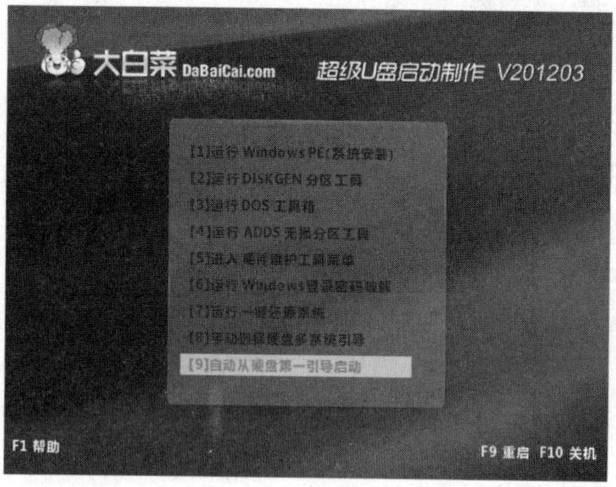

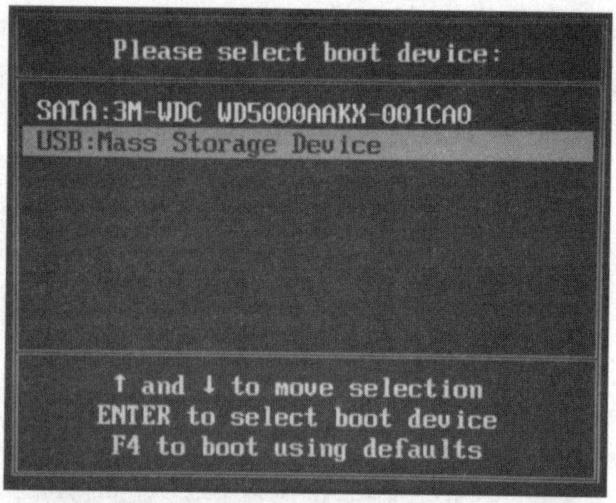

Step 06 稍后即可进入Windows PE系统，在该系统中用户可以照常浏览和管理文件，也可以使用虚拟光驱或Ghost等软件来安装操作系统。

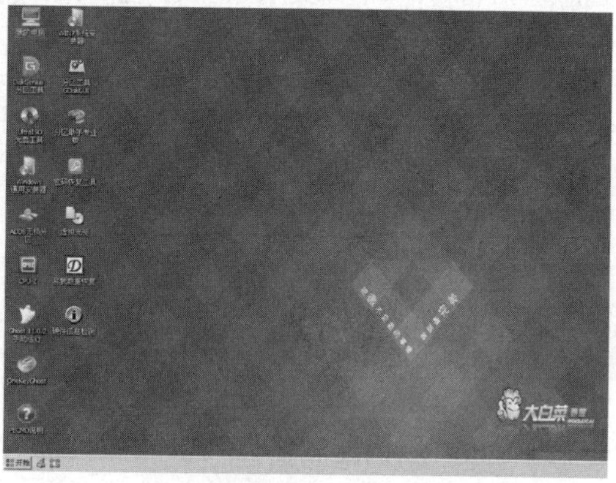

13.2 操作系统备份与还原

当系统出现故障很难恢复时，常常需要重新安装操作系统。然而安装操作系统是一个漫长的过程，除了安装操作系统，还要安装驱动程序和常用软件等，常常要花费几个小时的时间。如果事先对系统进行了备份，则在出现故障时只需进行系统还原即可，通常只需几分钟的时间。

13.2.1 选择备份系统的时机

对操作系统进行备份，可避免因重装操作系统而需要重新优化系统和重装驱动程序的麻烦，并大大降低系统的维护难度。当操作系统崩溃或感染病毒时，直接通过备份文件还原操作系统即可。

在备份操作系统之前，应该选择一个比较好的时机来进行备份。只有当操作系统在最佳状态下运行时，所备份的操作系统的稳定性及安全性才能得到保证。处于最佳状态的操作系统应具备以下几个条件。

- 尽量选择在刚安装操作系统以后进行备份，因为此时的操作系统最“干净”。
- 安装了本机所有硬件的驱动程序，并且所有设备运行正常。
- 已经安装了常用的工具软件，如 Office、WinRAR、QQ，以及输入法等。
- 对操作系统完成了病毒查杀，并确保其中没有病毒、木马和流氓软件等。
- 系统及软件运行正常。

13.2.2 使用 Ghost 备份操作系统

Ghost 是一款常用的系统备份与恢复软件，通过 Ghost 进行系统还原可以达到快速重装系统的目的。要使用 Ghost 还原系统，首先要对正常的系统进行备份，备份系统就是将系统分区的全部信息写入到 Ghost 镜像文件中。

Step 01 设置电脑启动方式为光盘启动，使用带有 Ghost 程序的启动光盘启动电脑（可在市面上购买），在光盘主界面中运行 Ghost 程序。

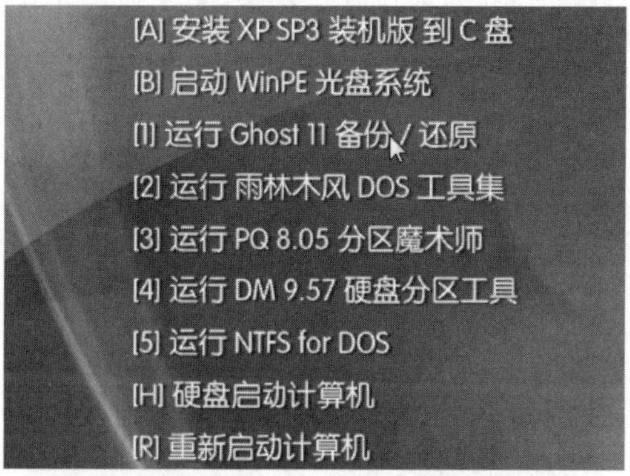

Step 02 程序加载完成后弹出 Ghost 的版本信息界面，单击“OK”按钮。

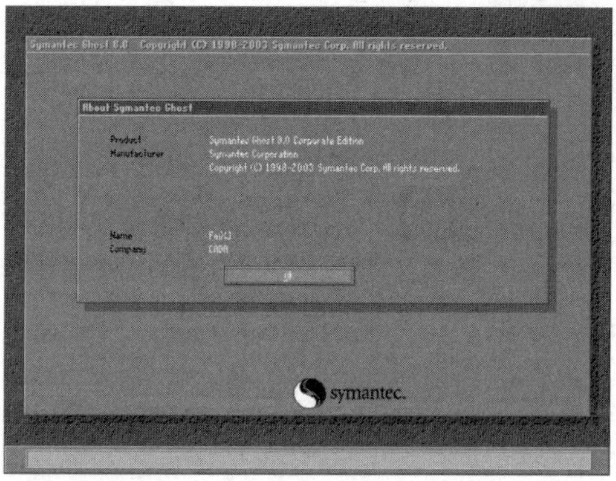

Step 03 在程序主菜单中依次选择“Local”→“Partition”→“To Image”命令。

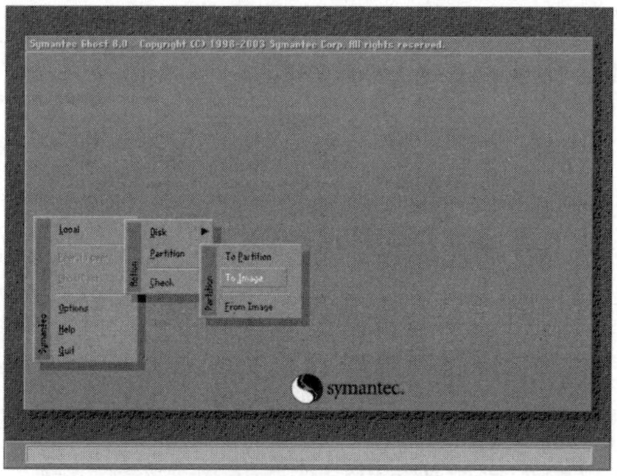

Step 04 接下来要求选择要操作的硬盘。本例中只有一个硬盘，选中后单击“OK”按钮。

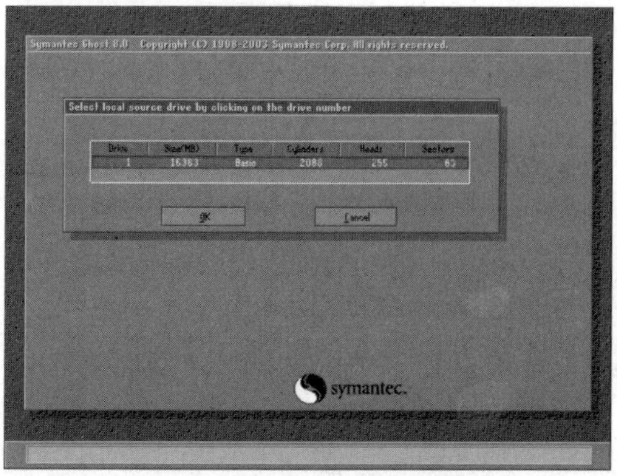

提示 “Partition”子菜单中有3个选项，其中“To Partition”选项表示将某分区的内容克隆到其他分区中；“To Image”选项表示将某个分区的内容备份成镜像文件；“From Image”选项表示从镜像文件恢复到分区。

Step 05 接下来要求选择要备份的分区。本例中选择第1分区，然后单击“OK”按钮。

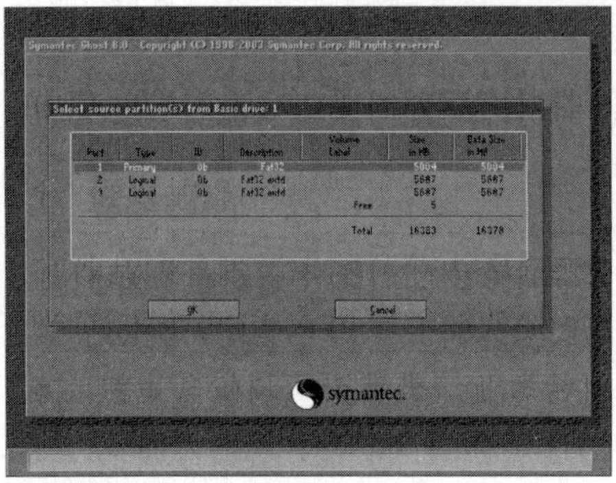

Step 06 在接下来的对话框中设置镜像文件的保存路径及文件名，设置完成后单击“Save”按钮。

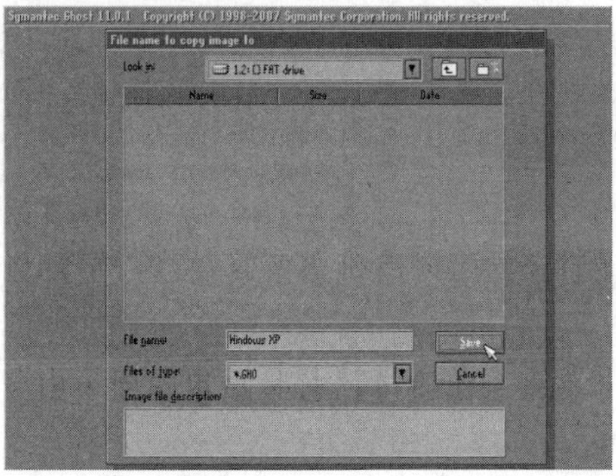

提示 备份系统前应该为存放Ghost镜像文件的磁盘分区预留足够的硬盘空间，并且镜像文件应存放在非系统盘中。

Step 07 在接下来弹出的对话框中询问是否需要压缩镜像文件，其中“No”表示不压缩，“Fast”表示低度压缩；“High”表示高度压缩；这里单击“Fast”按钮。

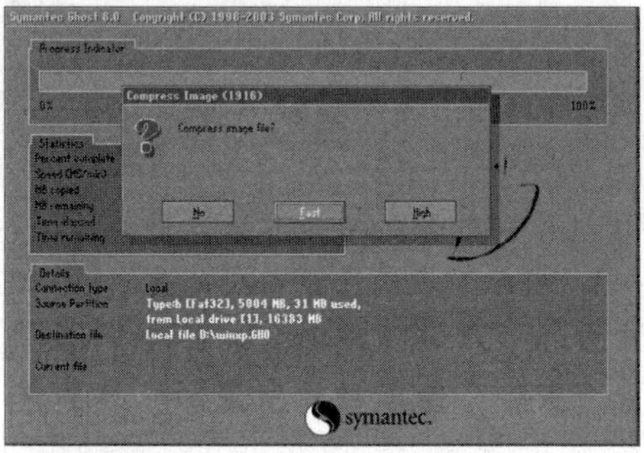

Step 08 弹出确认对话框，单击“Yes”按钮后，程序开始进行系统备份。

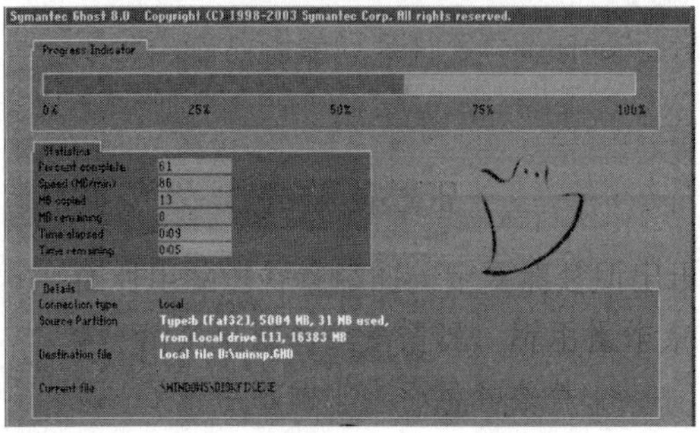

Step 09 备份完毕后单击“Continue”按钮返回Ghost程序主界面，按下“Ctrl+Alt+Del”组合键重新启动电脑即可。

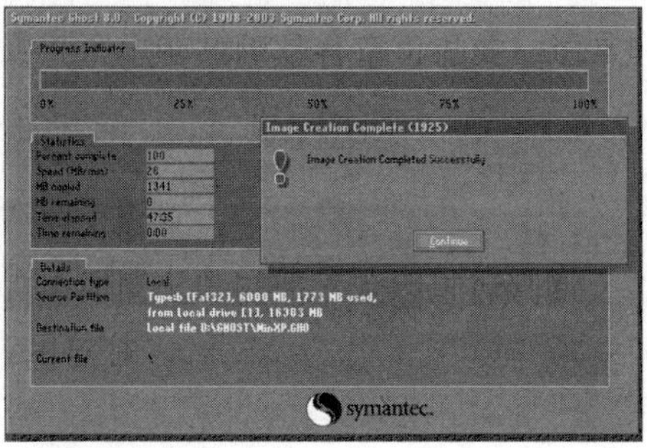

13.2.3 使用“一键 Ghost”备份操作系统

“一键 Ghost”工具是一种以 Ghost 为基础的傻瓜式系统备份和还原工具，它与 Ghost 程序的功能完全相同，区别在于 Ghost 程序只能在 DOS 下运行，而“一键 Ghost”可以在 Windows 操作系统中运行。使用“一键 Ghost”备份操作系统的方法如下。

Step 01 下载并运行“一键 Ghost”程序，在程序主界面中选择“备份分区”单选项，然后单击“保存”按钮。

Step 02 弹出“另存为”对话框，设置备份文件的保存路径和文件名，完成后单击“保存”按钮。

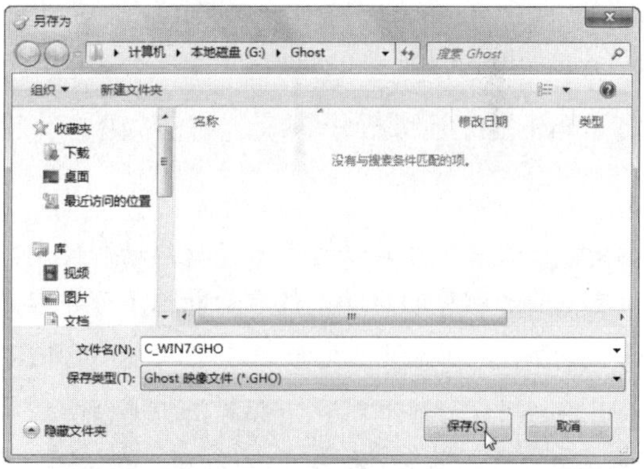

提示　“一键 Ghost”软件分为 32 位和 64 位两个版本，用户应根据需要备份的操作系统版本选择使用；此外，备份文件的文件名及存放路径不能包含中文字符，否则软件将无法识别。

Step 03 返回程序主界面，在“备份分区”列表中选择需要备份的操作系统所在分区，通常选择 C 区，然后单击“确定”按钮。

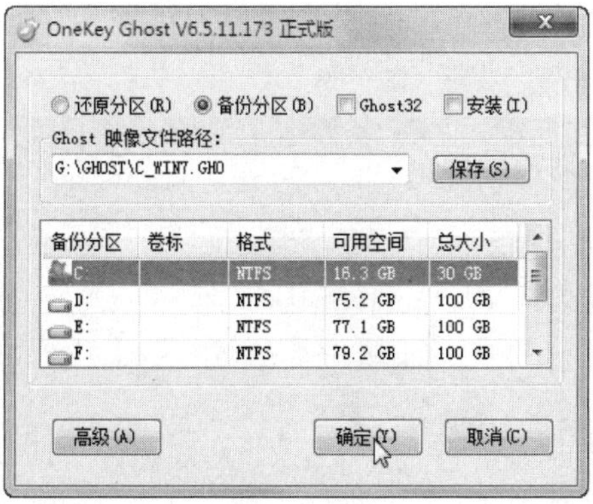

Step 04 弹出提示对话框，单击“是”按钮确认备份。

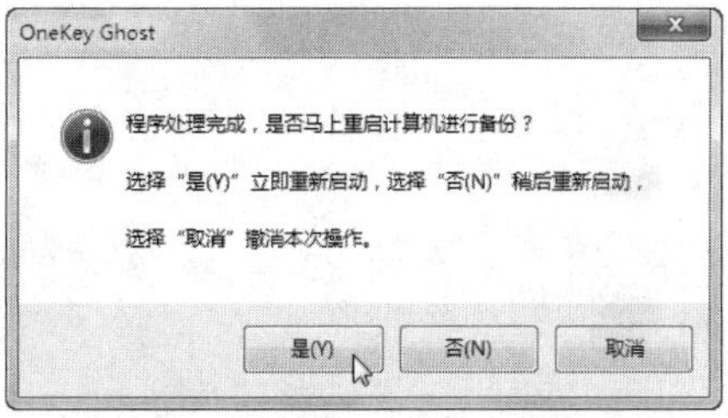

Step 05 程序将自动重启电脑，并自动启动 Ghost 程序进行系统备份，备份完成后将再次重新启动电脑并进入操作系统。

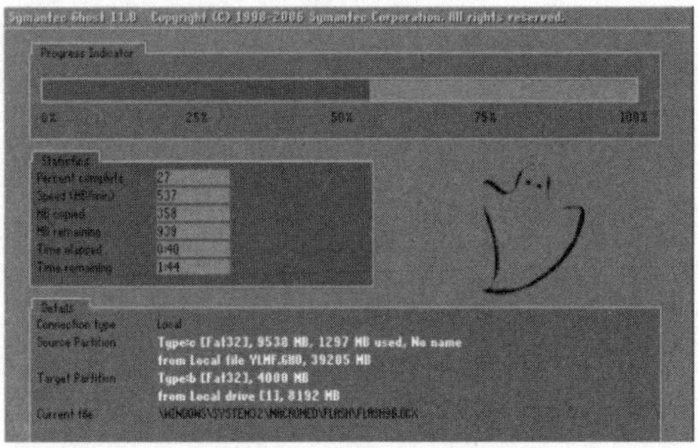

13.2.4 使用 Ghost 还原操作系统

如果用户先前对系统分区做了 Ghost 备份，那么以后在系统出现故障需要重装系统时，就可以利用已备份的镜像文件来恢复操作系统。使用 Ghost 程序还原操作系统的方法如下。

Step 01 设置电脑启动方式为光盘启动，使用带有 Ghost 程序的启动光盘启动电脑（可在市面上购买），在光盘主界面中运行 Ghost 程序。

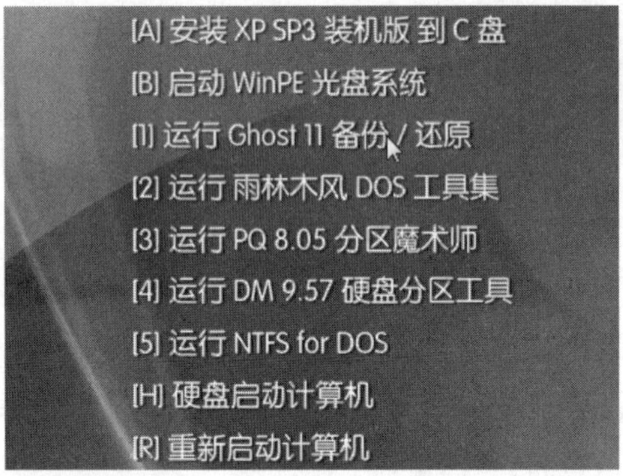

Step 02 程序加载完成后弹出 Ghost 的版本信息界面，单击“OK”按钮。

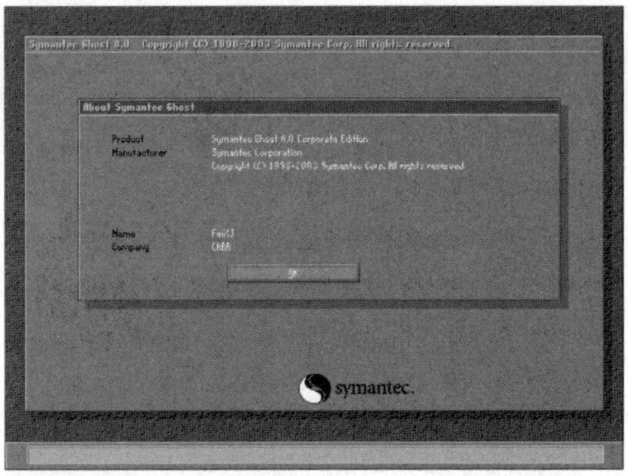

Step 03 在 Ghost 主界面依次选择“Local”→“Partition”→“From Image”命令。

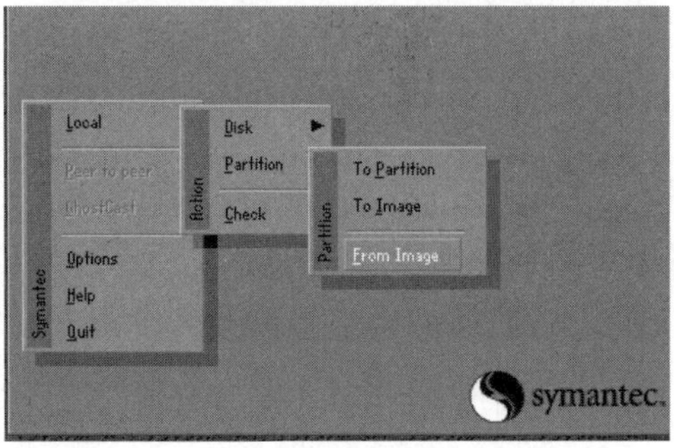

Step 04 在接下来的对话框中选择镜像文件的存放位置，并选中要还原的镜像文件，然后单击“Open”按钮。

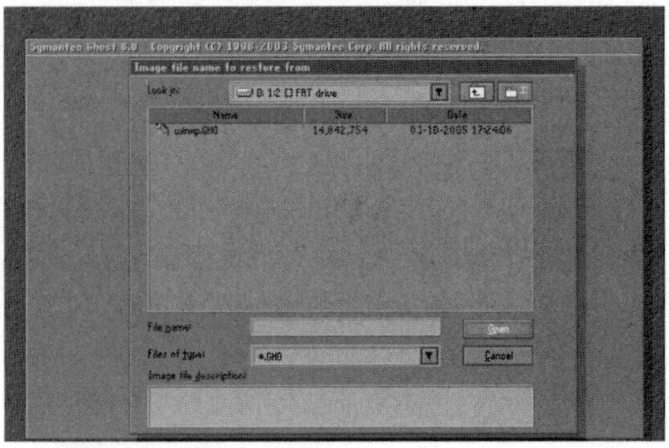

Step 05 程序要求从镜像文件中选择源分区，这里直接单击“OK”按钮进入下一步。

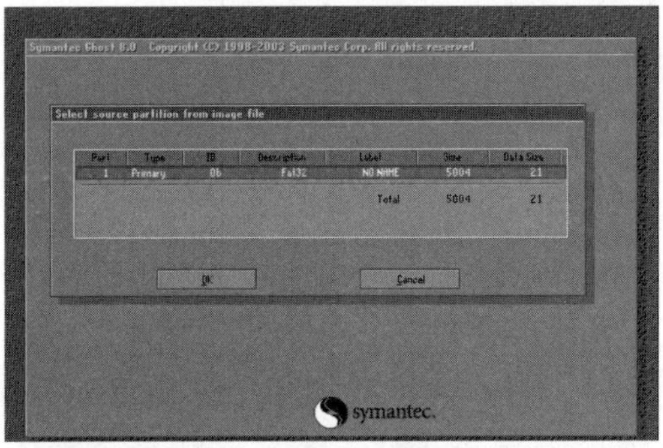

Step 06 程序要求选择恢复到的目标硬盘。本例中只有一个硬盘，因此直接单击“OK”按钮。

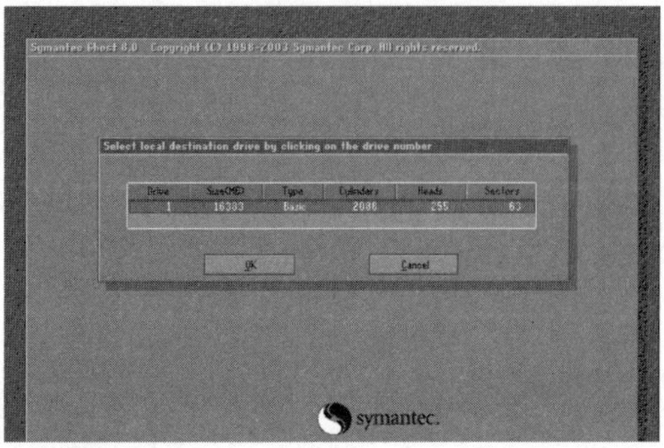

Step 07 程序要求选择需要恢复到的目标分区，这里选择主分区（Primary），然后单击“OK”按钮。

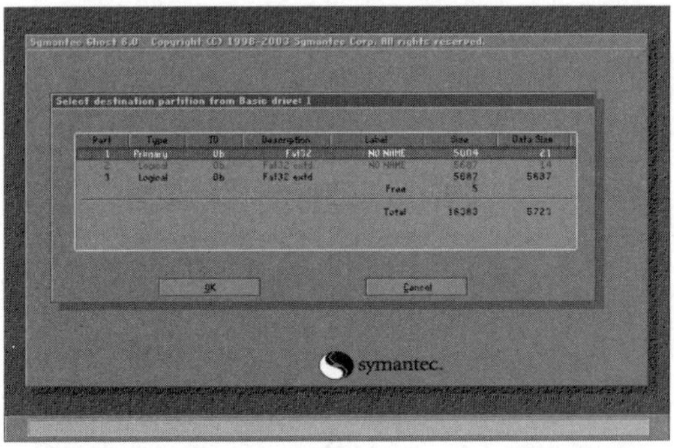

Step 08 弹出一个确认对话框，单击“Yes”按钮。

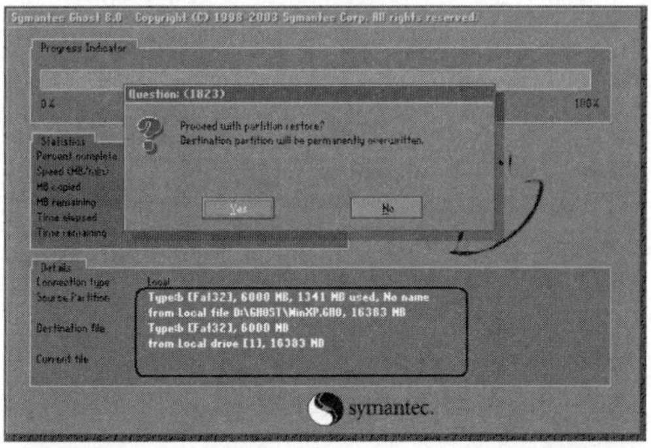

Step 09 程序开始还原系统分区，还原完毕后弹出提示对话框，单击“Reset Computer”按钮重启电脑即可。

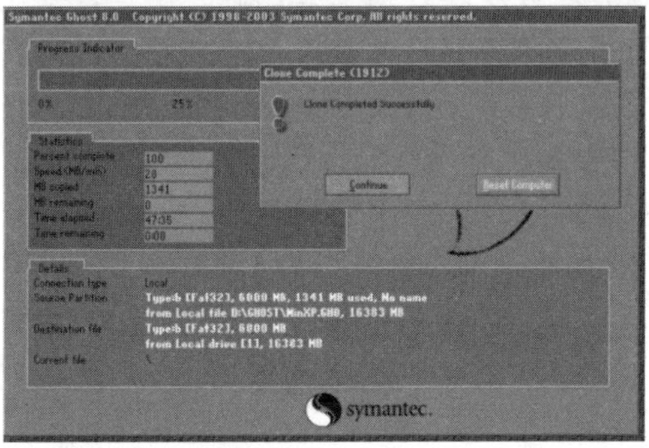

13.2.5 使用“一键 Ghost”还原操作系统

如果电脑还能正常启动并进入到操作系统桌面，则可以使用“一键 Ghost”程序来还原操作系统，操作方法如下。

Step 01 运行“一键 Ghost”程序，在软件主界面中选择“还原分区”单选项，然后单击“打开”按钮。

Step 02 在弹出的对话框中选中要保存的备份文件，然后单击“打开”按钮。

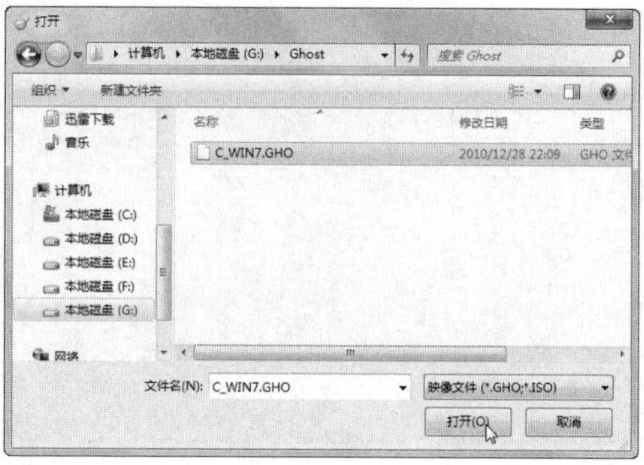

Step 03 在分区列表中选择要还原的系统分区，然后单击“确定”按钮。

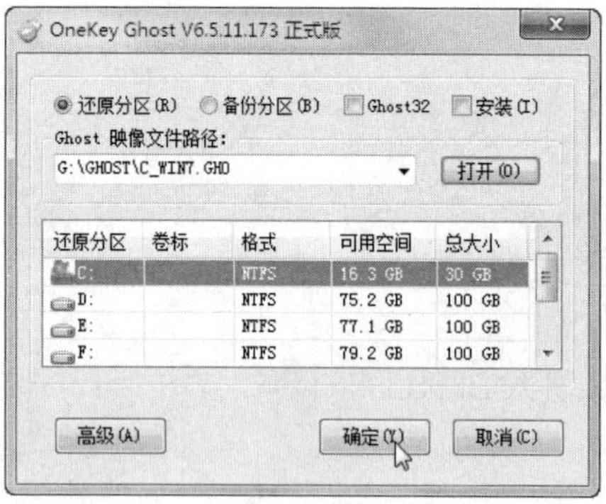

Step 04 弹出提示对话框，单击“是”按钮确认还原。

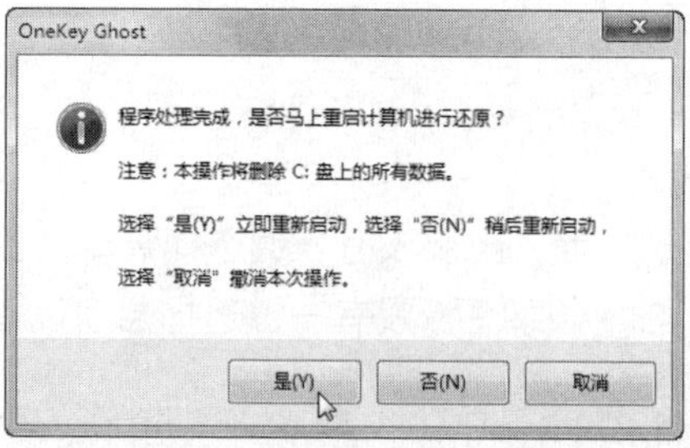

Step 05 程序将自动重启电脑，并且自动运行 Ghost 程序进行系统还原，还原完成后将重启电脑并进入操作系统。

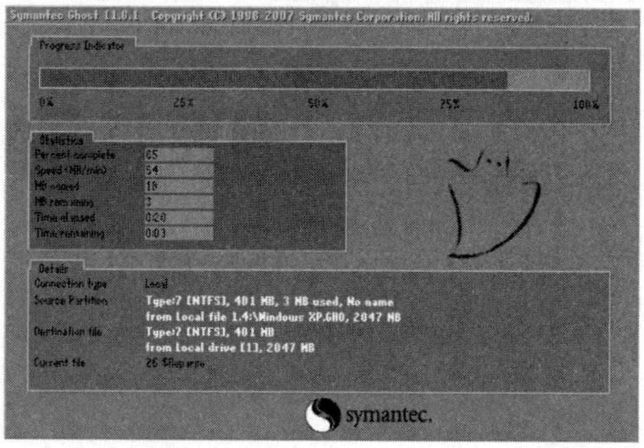

13.3 高手支招

13.3.1 重装系统前的备份工作

问：重装系统前需要做好哪些重要的备份工作?

答：如果用户需要重新安装操作系统，那么在重装系统前一定要将重要文件和信息进行备份以免丢失，通常需要备份的文件包括以下几类。

- 桌面和系统盘中存放的重要文件：桌面上的文件是存放于系统盘中的，由于重装系统会格式化系统盘（通常为 C 盘），因此在重装前一定要将存放在桌面和系统盘中的重要个人文件转移到非系统盘中存放。
- IE 收藏夹：IE 收藏夹中收藏了用户日常收集的各类网址信息，该信息同样存放于系统盘中，因此在重装前应进行备份。
- 聊天记录：如果用户使用的聊天软件（如 QQ）中有重要信息，也需要进行备份。
- 驱动程序：如果用户不希望在重装系统后重新下载和安装各种驱动程序，可以使用驱动程序管理软件（如驱动精灵、驱动人生等）进行驱动备份，在重装系统后进行快速还原即可。

13.3.2 在 Windows PE 中安装 64 位操作系统

问：在 Windows PE 中运行 64 位 Windows 10 安装程序提示不是有效程序，怎么办？

答：如果使用的是 32 位的 Windows PE，则无法直接运行 64 位 Windows 7/10 安装程序。可尝试使用通用版 Windows PE 系统（如通用 Windows PE3.3），还可以使用 UltraISO 程序制作 Windows 7/10 的安装 U 盘，然后使用 U 盘进行安装；此外，可以使用 nt6 hdd installer 硬盘安装器直接从硬盘安装。

13.3.3 在 BIOS 中设置启动顺序

问：我的电脑没有一键选择启动设备功能，如何设置第一启动设备呢？

答：如果主板没有一键选择启动设备功能，可以进入 BIOS 进行设置。方法为：在启动电脑后按下“Delete”键进入 BIOS 界面，选择“Advanced BIOS Features”命令。在打开的界面中选择“First Boot Device”命令，然后按下“Enter”键。在弹出的界面中选择需要的启动设备，设置完成后按下“F10”键保存设置即可。

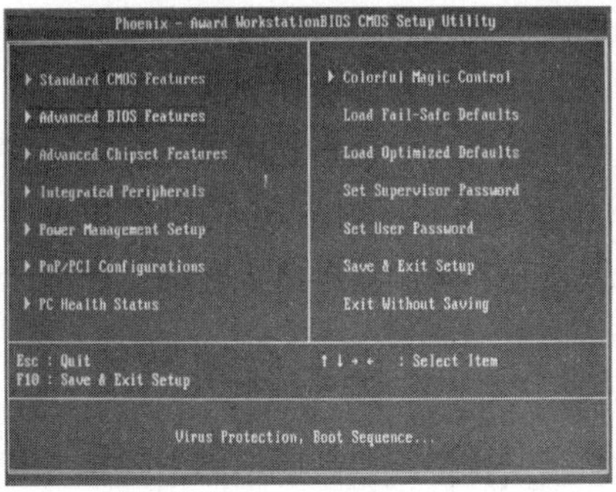

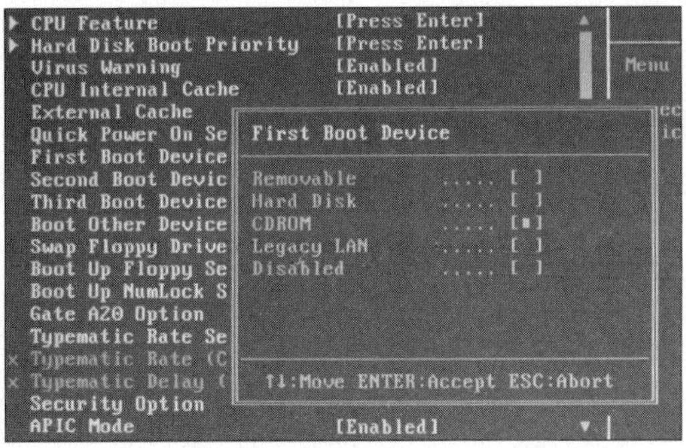

第14章 电脑日常维护与故障排除

在电脑的日常使用过程中，应不定期地对系统进行维护，以保证电脑运行在最佳状态；此外，还需要掌握电脑常见故障的分析和处理方法。本章将介绍系统和硬件日常维护的相关知识，以及处理电脑故障的一般方法。

14.1 电脑日常维护

电脑的使用寿命和使用者的使用习惯息息相关，只有养成良好的使用习惯，并做好电脑的日常维护工作，才能保证电脑能够稳定、高效地运行。更能降低电脑故障的发生频率，并延长电脑的使用寿命。

14.1.1 良好的使用习惯

不良的使用环境、不正确的操作方法、不正当的安装方法等会让电脑不堪重负。所以使用电脑时要养成良好的使用习惯。

1. 正确关机

电脑关机时会依次关闭正在运行的程序并退出操作系统，最后切断主机电源。因此不正确的关机顺序或者频繁地开关机可能会导致操作系统丢失文件，尤其对硬盘的损伤更为严重。

- 正确的关机顺序：关闭所有正在运行的程序和文件，然后使用“关机”命令来关闭电脑，在主机指示灯熄灭之后再切断电源。
- 避免频繁开关机：频繁开关机会对电脑配件造成很大的冲击，并且极易损伤主机硬件，应尽量减少开关机的次数。

◆ 避免强行关机：不到万不得已，不要通过按住主机上的电源按钮不放来强制关机，更不能直接切断主机电源，这样会损坏硬盘数据和硬盘的磁道。

2．小心搬动电脑

经常搬动电脑或者意外碰撞都会或多或少地对显示器、硬盘、显卡等电脑设备造成一定的损坏。应尽量少搬动电脑，尤其不要在电脑处于运行状态下搬动，此时轻微的震动都有可能损伤硬盘；此外，如果需要长途搬运电脑，最好将硬盘卸下后单独运输，以免在搬运过程中因剧烈碰撞而导致数据丢失。

3．勿将光盘长期放置在光驱中

如果电脑带有光驱，切忌将光盘长时间放在光驱中；否则会导致光驱不定时地读取光盘，从而加速激光头的老化而缩短光驱的使用寿命。

4．不带电拔插设备

在使用 USB 接口的设备时，可在执行退出设备操作后拔插。如果需要为电脑添加其他新的硬件设备，一定要关闭主机电源后方可进行电脑硬件的连接，切忌在带电状态下打开主机箱进行硬件设备的移除和更换操作。

5．定时查杀病毒

网络上的病毒和木马十分猖獗，为了保护电脑不成为“肉鸡”，也为了防止私人数据和信息不被窃取，需要安装杀毒软件来查杀病毒。建议没有联网的用户也安装杀毒软件，在使用 U 盘或光盘时先进行病毒扫描，以防止病毒通过移动设备传播。

6．备份重要数据

如果电脑不幸感染了病毒或因为其他原因而造成系统崩溃，很可能会对硬盘中的数据造成破坏。因此对于重要的系统数据和个人文件，用户应该养成备份的好习惯。备份数据时，可以将重要数据备份到系统盘外的其他分区中。如果担心硬盘中的数据丢失，还可以将硬盘数据以建立副本文件的形式存储在其他安全的存储介质中，如 U 盘或移动硬盘等。

14.1.2 电脑硬件的日常维护

除了保持良好的电脑使用习惯，我们还需要对主机和其他外部设备进行维护，以确保其使用寿命。

1．主机的维护

电脑的大部分硬件都安装在主机箱中，因此维护主机十分重要，下面列出了在维护主机时应注意的事项。

◆ 当主机箱前面板的硬盘工作指示灯亮时，表示硬盘正在读写数据。此时如果突然断电容易划伤盘面，造成数据丢失。正确的做法是：在硬盘工作指示灯熄灭后关机，如果系统没有响应，而硬盘提示灯一直不熄，可按下“Ctrl+Shift+Esc”组合键打开任务管理器结束相应的任务，待硬盘指示灯熄灭后关机。

◆ 用手触摸主机箱外壳，如果发现温度较高，说明电脑处于高温状态，这样会让电子元件过快老化而导致电脑损坏。解决这种问题的最好办法是：加强对主机内部设备的散热来降低温度，如清理灰尘、添加风扇、打开主机箱和加强空气的流通等。

◆ 定期为机箱内部清理灰尘。主机内部配件在使用过程中会不断积累灰尘，当灰尘过多时，不但会影响散热风扇运转，导致电脑因过热而死机，还会造成元件短路而烧毁配件，因此应定期对主机内部的灰尘进行清理。

2. 外部设备的维护

除了主机需要维护，显示器、键盘和鼠标等外部设备也同样需要维护，下面列出了在维护外部设备时应注意的事项。

◆ 维护显示器：显示器亮度不宜太高；否则不仅会降低显像管的寿命，还会影响使用者的视力。如果较长时间不使用显示器，可将其设置为等待 10 分钟后进入睡眠状态，避免不必要的损耗。

◆ 维护键盘和鼠标：使用键盘和鼠标时，如果敲击或按键过分用力，容易使鼠标按键失灵或键盘的弹性降低，从而造成使用上的不便，所以平时在使用时应注意这些问题。

◆ 维护电脑表面：在擦拭机箱表面、键盘、显示器或鼠标等电脑设备时，为避免有水流入电脑中而产生锈蚀，可购买专用的电脑清洁膏，或用棉花蘸少量的酒精擦拭。这里要注意的是不能用水，更不能用洗衣粉或普通洗涤用品。

◆ 维护板卡或插头：在电脑运行时，绝对禁止带电插拔各种板卡和连接电缆。因为带电插拔的瞬间可能产生静电放电、信号电压不匹配等情况，容易损坏硬件。

14.1.3 查看 CPU 和内存使用情况

CPU 和内存是衡量电脑性能高低的主要部件，不同 CPU 和内存的电脑其性能也是不同的。如果运行的程序过大或同时运行多个应用程序，就可能出现运行缓慢，甚至死机的情况；如果想知道电脑在运行过程中究竟占用了多少的 CPU 和内存资源，可以使用以下的方法查看。

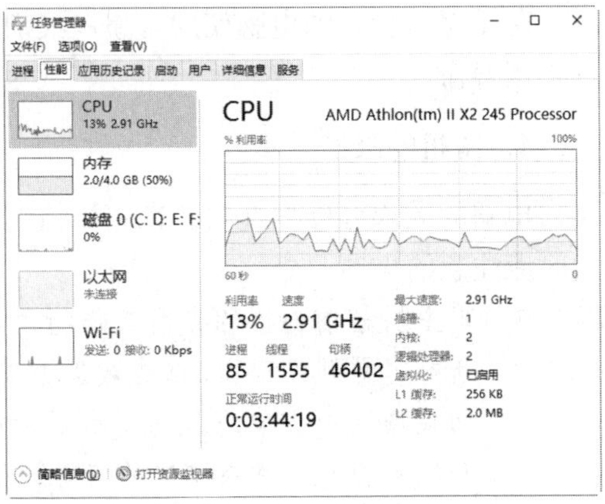

按下“Ctrl+Shift+Esc”组合键，打开“任务管理器”窗口。切换到“性能”选项卡，即可看到电脑实时的CPU和内存使用情况。如果 CPU 和内存经常工作在 90% 以上的话，那么电脑运行就会显得很缓慢了；如果达到 100% 的话，那么电脑就会死机了。

当 CPU 和内存占用较高时，可以通过任务管理器的“进程”选项卡查看是哪一个程序占用了过多的 CPU 或内存资源。选中后单击“结束任务”按钮即可关闭该进程，从而释放 CPU 和内存资源。

14.1.4 关闭未响应程序

当某个程序无响应，又无法通过正常方式关闭时，可以通过结束进程的方式来关闭。操作方法如下：按下“Ctrl+Shift+Esc”组合键，启动任务管理器。在“进程”选项卡的列表框中选中要关闭的程序进程，单击下方的“结束任务”按钮即可。

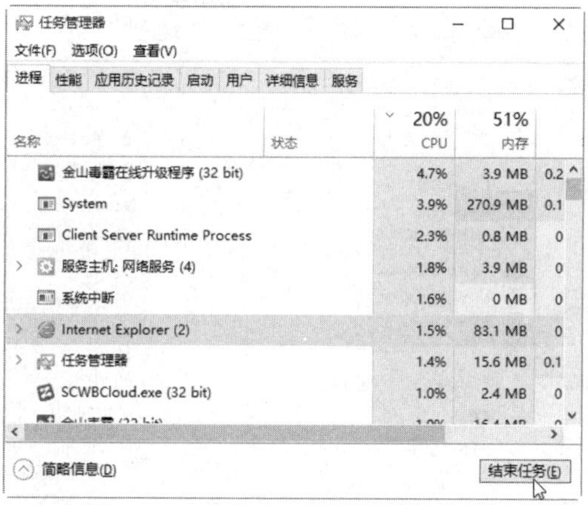

14.1.5 管理自启动程序

很多软件在安装时会默认设置为开机自动运行，如果开机启动项过多的话，会直接导致电脑的启动和运行速度变慢。为了避免该类情况的出现，我们可以将一些不必要的自启动程序关闭，操作方法如下。

按下“Ctrl+Shift+Esc”组合键，启用任务管理器。切换到“启动”选项卡，选中不需要自动启动的软件，然后单击“禁用”按钮即可。

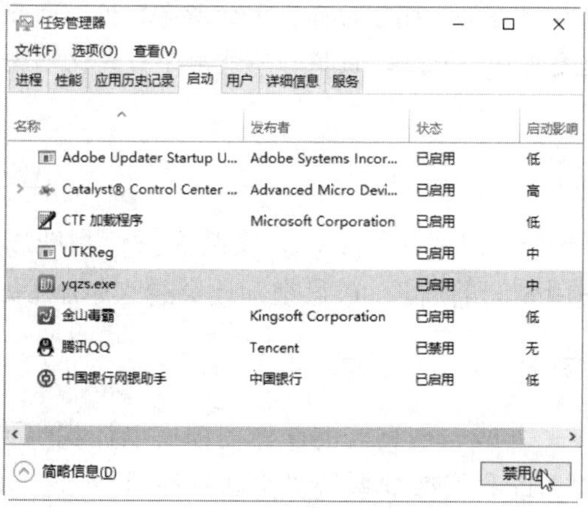

14.1.6 格式化磁盘分区

格式化磁盘分区可以快速删除分区中的所有数据；此外，格式化磁盘分区还可用于删除顽固文件、更改分区格式，以及修复一些磁盘错误等，格式化磁盘分区的方法如下。

Step 01 打开“此电脑”窗口，用鼠标右键单击需要格式化硬盘分区，在弹出的快捷菜单中选择“格式化”命令。

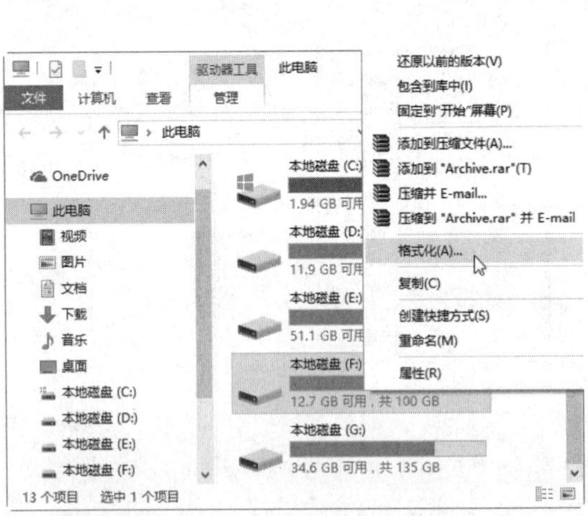

Step 02 在弹出的“格式化”对话框中设置相关选项，单击“开始”按钮。

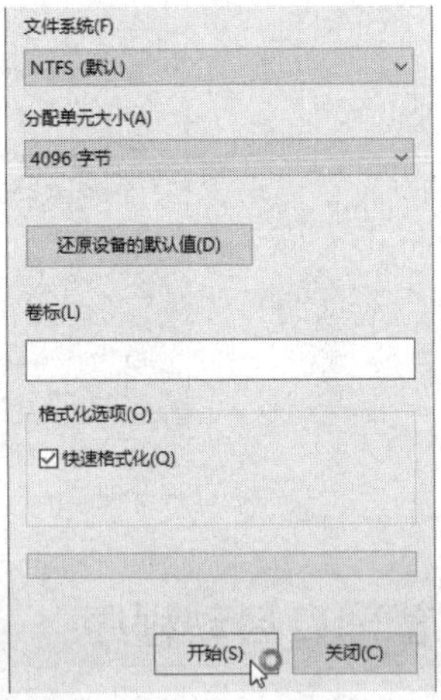

Step 03 弹出提示对话框，询问用户是否确认格式化该分区，单击“确定”按钮即可开始格式化。

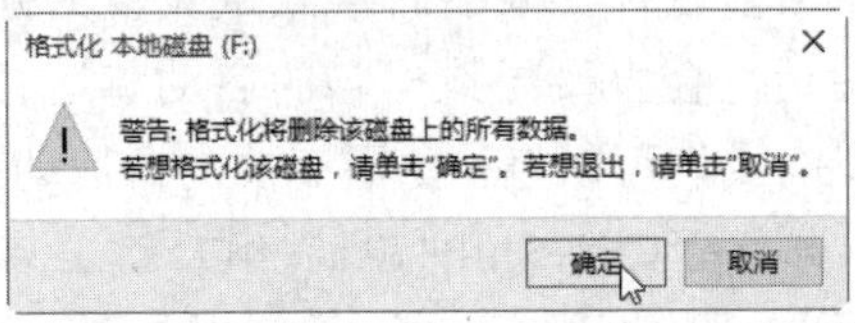

提示

格式化磁盘分区会彻底删除该分区中的所有数据，因此在格式化前应先备份该分区中的重要文件；此外，该操作不能用于格式化系统盘分区。

14.1.7 为系统盘瘦身

对于一些C盘空间不够大的用户来说，在安装完操作系统以及更新之后，系统盘空间就所剩无几了，随着使用时间的增长，C盘空间还会越来越小。如何释放系统盘空间呢？

1. 养成良好的操作习惯

在使用电脑的过程中，养成一些良好的操作习惯可以让我们更好地使用电脑。以下是一些常用的小技巧，可以帮助我们减少系统盘空间的使用。

- 不要将应用程序安装在系统盘：大多数应用程序的默认安装路径都是系统分区，因此在安装应用程序时应选择“自定义”安装方式，手动选择程序的安装路径。
- 不要将大文件存放在桌面上：Windows 的桌面其实是系统分区中的一个文件夹，因此桌面上的文件也会占用系统盘的空间。
- 定期清空回收站：回收站中的文件也会占用硬盘空间，因此应该定期清理。

2. 关闭系统休眠功能

应用 Windows 系统的休眠功能会在磁盘中产生一个巨大的文件“hiberfil.sys”，该文件在系统所在磁盘的根目录下。不能直接删除。关闭系统休眠功能的操作可以为系统盘节省出约 2 GB 的磁盘空间。

Step 01 在“开始”菜单中选择“所有程序”→“Windows 系统”命令，在“命令提示符”选项上单击鼠标右键，在弹出的快捷菜单中选择“以管理员身份运行”命令。

Step 02 在打开的“命令提示符”窗口中输入“powercfg -h off”命令，然后按下“Enter”键即可。

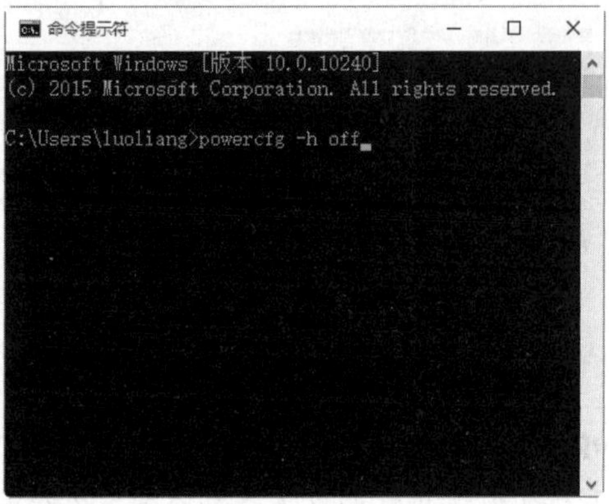

提示

如果要开启休眠功能，只需在命令提示符窗口中输入“powercfg -h on”并按“Enter”键即可。

3. 转移虚拟内存

默认情况下，系统会分配一定的系统盘空间作为虚拟内存使用。用户可以手动将虚拟内存指定到其他分区，以节省系统盘空间。

Step 01 在桌面上用鼠标右键单击“此电脑”图标，在弹出的快捷菜单中选择“属性”命令。

Step 02 弹出“系统”窗口，单击左侧任务列表中的“高级系统设置”链接。

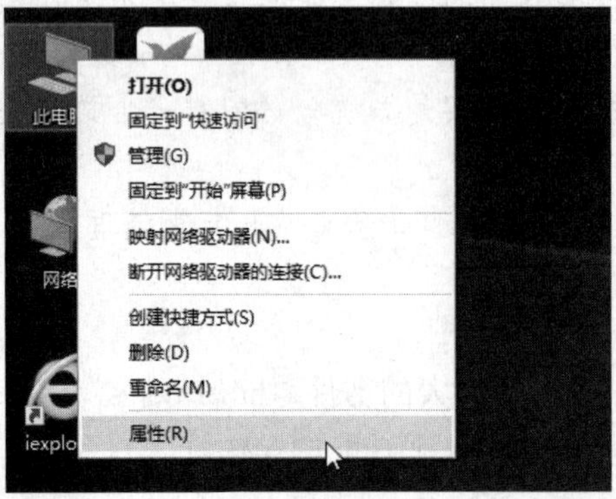

Step 03 弹出"系统属性"对话框，切换到"高级"选项卡，单击"性能"组中的"设置"按钮。

Step 04 弹出"性能选项"对话框，切换到"高级"选项卡，单击"更改"按钮。

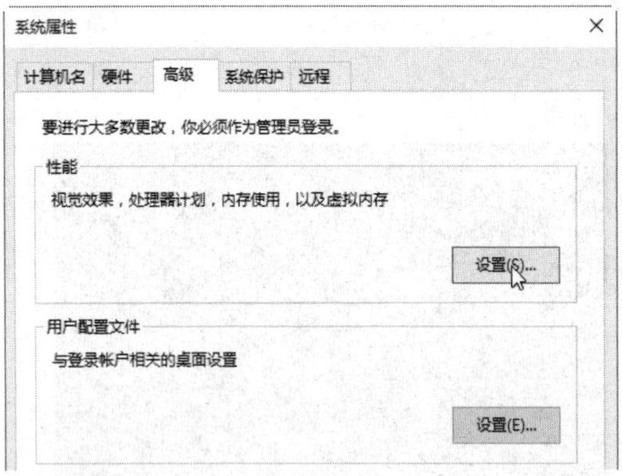

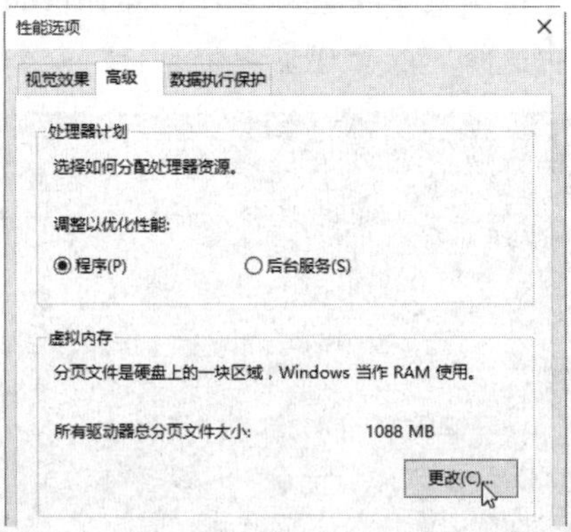

Step 05 弹出"虚拟内存"对话框，清除"自动管理所有驱动器的分页文件大小"复选框，在"驱动器 [卷标]"列表框中选中"C"分区，在下方选择"无分页文件"单选项。然后单击"设置"按钮，并在弹出的提示对话框中单击"是"按钮。

Step 06 在"驱动器 [卷标]"列表框中选中"D"分区，在下方选择"系统管理的大小"单选项，接着单击"设置"按钮。设置完成后依次单击"确定"按钮并重新启动电脑即可。

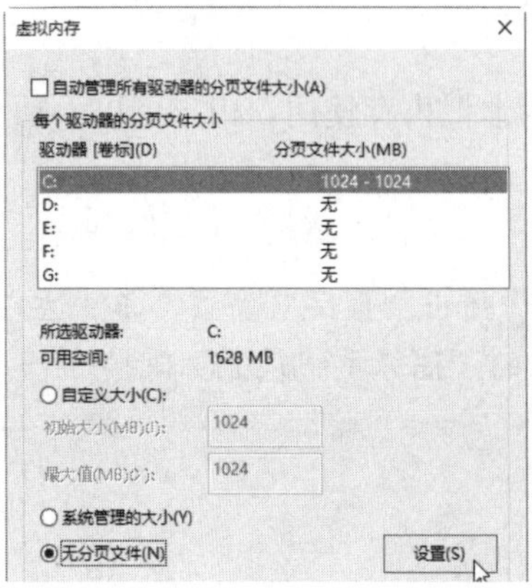

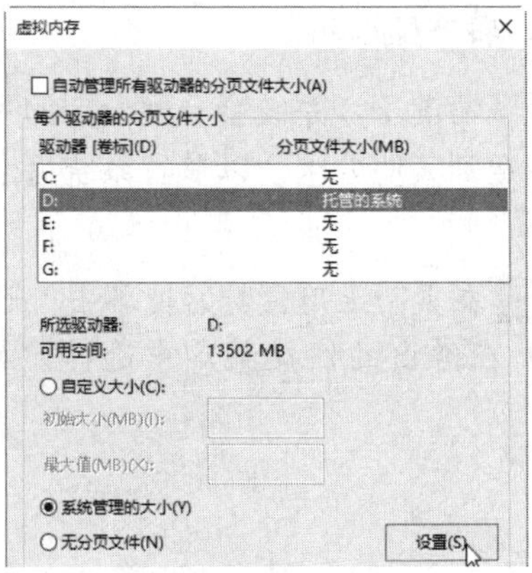

4. 关闭系统还原功能

系统还原功能可以为我们自动备份一些重要的数据，但是它耗费了大量的系统资源和硬盘空间。如果使用了第三方系统备份软件的话，可以将“系统还原”功能禁止。

Step 01 在桌面上用鼠标右键单击“此电脑”图标，在弹出的快捷菜单中选择“属性”命令，在弹出的“系统”窗口中单击左侧任务列表中的“系统保护”链接。

Step 02 弹出“系统属性”对话框，在“系统保护”选项卡中的“保护设置”组中选择“本地磁盘（C:）（系统）”分区，然后单击“配置”按钮。

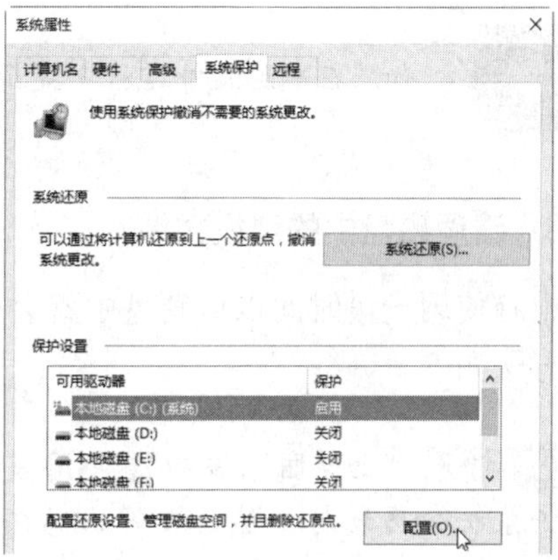

Step 03 在弹出的对话框中选择“禁用系统保护”单选项，然后单击“删除”按钮删除已有的备份文件，设置完成后单击“确定”按钮即可。

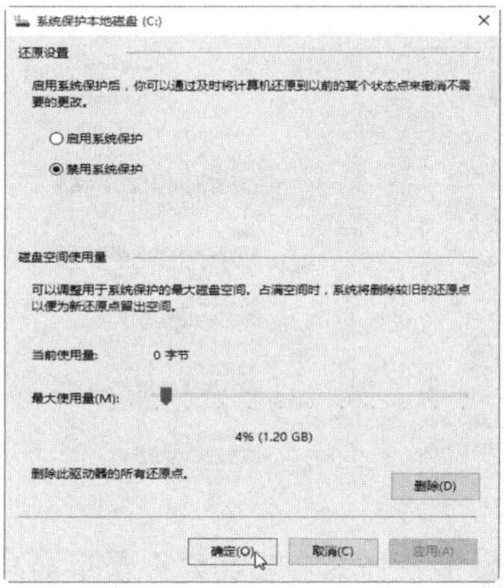

5. 清除系统临时文件

系统在运行过程中会产生大量的垃圾文件，这些文件存放在系统盘的临时文件夹中。随着系统使用时间的增长，临时文件会越来越多，系统盘空间也就越来越小，用户可以定期删除临时文件夹中的文件。

系统临时文件夹的路径是“C:\用户\（用户名）\AppData\Local\Temp”。

进入该文件夹，按下“Ctrl+A”组合键全选，然后删除文件即可。

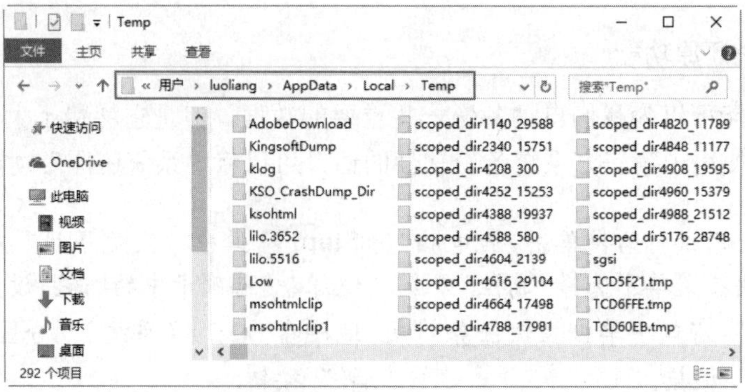

提示 如果在删除文件过程中提示某些文件无法删除，则单击“跳过”按钮即可。

6. 清理磁盘中的垃圾文件

电脑使用一段时间以后硬盘中就会产生很多垃圾文件，用户应该定期对磁盘进行清理，操作方法如下。

Step 01 打开“此电脑”窗口，使用鼠标右键单击系统分区图标，然后在弹出的快捷菜单中选择“属性”命令。

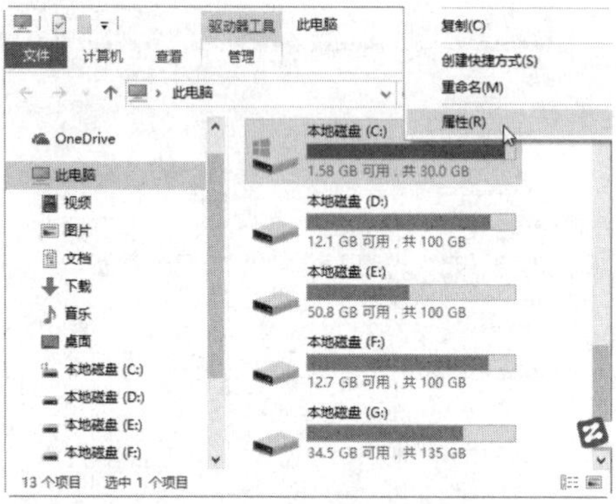

Step 02 在弹出的“本地磁盘（C:）属性”对话框中单击“磁盘清理”按钮。

Step 03 系统开始扫描指定分区中的垃圾文件，扫描完成后在弹出的对话框中显示找到的垃圾文件。勾选要清理的文件，然后单击“确定”按钮。

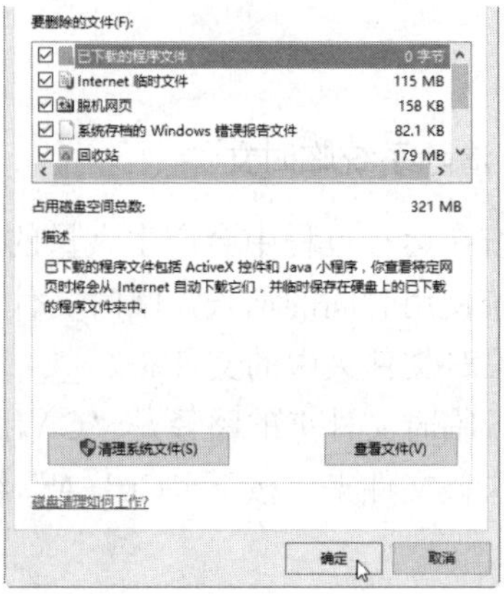

Step 04 在弹出的“磁盘清理”对话框中单击“删除文件”按钮即可。

7. 使用第三方清理软件

除了上面介绍的方法外，还可以使用专门的系统清理软件进行清理。例如，腾讯电脑管家、金山毒霸、360 安全卫士等。下面以金山毒霸为例进行介绍。

Step 01 单击通知区域中的“金山毒霸”程序图标，打开“金山毒霸”程序主界面，单击右下角的“百宝箱”链接。

Step 02 在打开的界面中单击“垃圾清理”选项。

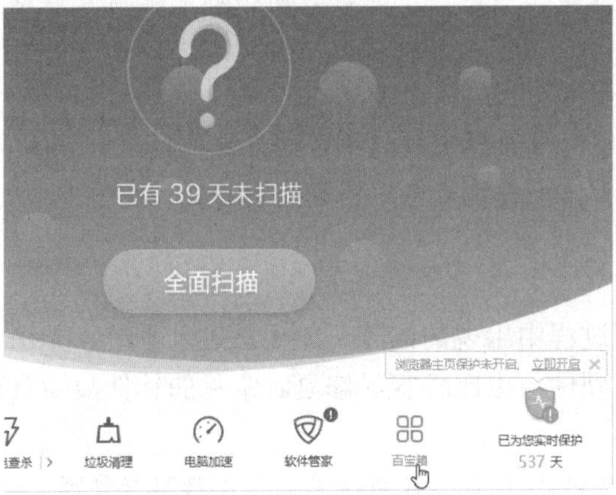

Step 03 程序开始扫描垃圾文件，扫描完成后单击“一键清理”按钮。

Step 04 清理完成后显示清理结果，单击右上角的“返回”按钮返回程序主界面即可。

14.2 认识电脑故障

电脑故障各式各样，要想排除它们，首先需要对它有深入的认识，清楚其类型及产生的原因等。

14.2.1 电脑故障的分类

电脑故障通常分为硬件故障和软件故障两类。

1．硬件故障

硬件故障是指由于硬件的电子元器件故障或设置错误，而导致电脑不能正常运行的故障。常见的硬件故障有以下几种表现方式。

- 通电启动时主板报警：此类故障很可能是由不同的电脑部件所引起的，需要根据不同的报警声音进行综合分析。
- 显示屏幕出现花屏：此类故障多是由显卡发生故障而造成的。
- 电脑频繁死机：此类故障多是由某些硬件不兼容或散热不良而造成的。
- 电脑无故重启：此类故障多是由电源工作不稳定或电压不稳定而造成的。

2．软件故障

软件故障是指操作系统或应用软件在使用过程中出现的故障，如无法进入系统、无法使用某软件等。一般来说，软件故障不会损坏硬件，也比较容易修复。常见的软件故障有以下几种表现方式。

- 电脑自检后无法进入系统，此类故障多是由于系统启动相关的文件被破坏所致。
- 由于软件的安装、设置和使用不当造成某个程序运行不正常。
- 系统长期运行会产生大量垃圾文件，造成系统运行速度缓慢。
- 电脑的硬件驱动程序安装错误，造成硬件不能正常运行。
- 由于病毒破坏使系统运行不正常。
- BIOS 设置错误造成系统出错。

14.2.2 电脑故障的识别原则

尽管电脑故障看似多种多样，千奇百怪，其实判别电脑故障是有章可循的，通常应遵循以下原则。

1．了解故障的具体情况

在对电脑进行维修前一定要清楚所出现故障的具体情况，以便有效地进行判断。

- 清楚电脑的配置情况、所用操作系统和应用软件。
- 了解电脑的工作环境和条件。

◆ 了解系统近期发生的变化，如安装软件、卸载软件、系统更新等。
◆ 了解诱发故障的直接或间接原因与死机时的现象。

2. 先假后真、先外后内、先软后硬

识别电脑故障，应遵循先假后真、先外后内、先软后硬的原则。

◆ 先假后真：确定系统是否真的存在故障，操作过程是否正确，连线是否可靠。只有在排除假故障的可能后才考虑真故障。
◆ 先外后内：先检查机箱外部，然后才考虑打开机箱，尽量不要盲目拆卸部件。
◆ 先软后硬：先分析是否存在软件故障，再考虑硬件故障。

3. 注意安全

在检测故障时一定要注意安全，特别是在拆机检修时务必将电源切断。电脑通电时不要触摸电脑，以免触电；此外，静电的预防与绝缘也是十分重要的。落实好安全防范措施，不仅保护了自己，也保障了电脑部件的安全。

14.3 排除电脑硬件故障

电脑硬件故障主要是指因硬件损坏、接触不良、散热不良或硬件无法识别等原因导致的电脑故障，了解故障产生的原因可以帮助我们对故障进行分析，从而解决电脑故障。

14.3.1 硬件故障产生的原因

硬件故障是由各种各样的原因引起的，主要包括安装时的错误操作、电压不稳定、电脑部件质量差、硬件之间的兼容性差，以及灰尘的积累等。要排除各种电脑硬件故障，应该先了解这些故障的产生原因。

1. 安装与维护不当

有些硬件出现故障是由于用户在组装和维护电脑时的操作不当造成的。

◆ 带电拔插：除了现在流行的SATA和USB接口的设备外，电脑的其他硬件都是不能带电拔插的。因为这样做很容易造成短路，将硬件烧毁。按照安全用电的标准，不应该带电拔插硬件，因为这样做可能对人身造成伤害。
◆ 安装时方法不当：电脑在安装时，如果将板卡或接口插入主板中的插槽中时方位不准确或用力不当，可能损坏插槽或板卡。导致接触不良，甚至板卡不能正常工作。切记使用蛮力，特别是安装CPU和PS/2接口的鼠标和键盘时，如果方法不当，很容易造成配件针脚的损坏。
◆ 安装不当：安装显卡和声卡等硬件时，需要将其用螺丝钉固定到适当位置。如果安装不当，可能导致板卡变形，从而因为接触不良导致故障。
◆ 板卡被划伤：电脑中的板卡一般都是分层印刷的电路板，如果将其划伤，可能将其中的电路或线路切断。从而导致断路故障，甚至烧毁板卡。

2．供电引起的故障

供电故障包括电压或电流瞬间过大、电压不稳定、突然断电等。电压或电流的突然变化有很大可能对电脑硬件造成损害，造成电压或电流突然变化的原因有线路短路、雷击等，家庭使用不稳定的大功率电器也会改变线路中的电压或电流。

要避免因电压或电流的突然变化引发的电脑故障，用户可以选用带防雷击、防过载的电源插座，并使用质量过硬的主机电源，尽量不要将电脑和其他大功率电器连接在同一插线板上。

3．灰尘过多引发的故障

灰尘是电脑的第一杀手，大量的灰尘可以使电路板上传输的电流发生变化，从而影响硬件设备的工作。如果遇到潮湿的天气，灰尘会引起元件的氧化反应，造成接触不良，甚至会引起电路短路，烧坏元器件。

此外，大量的灰尘还会堵塞散热风扇，使其不能正常运转。从而造成硬件设备因温度过高而不能正常工作，所以在使用的时候要经常为电脑清理灰尘。

4．元器件物理损坏

有些生产厂家为了节约成本，以牟取更大的利润，使用了一些质量较差的电子元器件（有的甚至使用假货或伪劣部件），这样就很容易引发硬件故障。特别是在高温环境中，劣质产品更容易出现元器件损坏的问题。所以应该尽量选购名牌大厂的硬件产品，它们在产品设计和质量上都有一定的保证。

5．硬件不兼容

即使是品牌电脑，其中的各种软件和硬件也都是由不同的厂家生产的。这些厂家虽然都按照统一的标准生产产品，并尽量相互支持，但仍有不少厂家的产品之间存在兼容性问题。兼容性是指硬件与硬件、软件与软件及硬件与软件之间能够互相支持并充分发挥性能的特性。如果兼容性不好，虽然有时也能正常工作，但是其性能却没有很好地发挥出来，还会经常莫名其妙地出现故障。

硬件之间出现了兼容性问题，其结果往往是不可调和的。通常，硬件兼容性问题在电脑组装完成后第 1 次开机时就会出现，所以解决的方法就是更换硬件。

提示

对于硬件的兼容性问题，也可以试试升级驱动程序。如果不行，只能更换硬件。

6．无法识别硬件

我们为电脑添加硬件设备时，常常会遇到新硬件无法被系统识别的问题。例如，声卡、网卡、游戏手柄、U 盘、打印机等。排除硬件设备自身的故障因素外，硬件无法识别的原因通常有以下几种。

◆ 板卡接触不良：可尝试重新插拔设备。

◆ USB设备供电不足：对于USB设备故障，可以尝试将其插入电脑后方的USB接口中，部分外接USB设备需要使用双USB接口供电，一些非USB设备也需要使用USB接口单独供电，因此仔细检查设备线路连接是否正确。

◆ 驱动安装不正确：可将原驱动卸载后重新安装，推荐使用“驱动精灵”或“驱动人生”软件自动安装。

14.3.2 硬件故障的排除方法

通常根据以下几种方法对电脑硬件故障进行检测，即可排除故障或找出故障原因。

1．观察法

所谓观察法，即利用人的触觉，通过看、听、摸、闻等方式检查机器的故障。观察法是排除计算机故障过程中最基本的方法，观察不仅要认真，而且要全面。

◆ 看：主要观察电源是否接通、连线是否正确、是否有火花、插件是否松动、元器件是否有接触不良等明显故障。

◆ 听：主要听机箱里是否有异常声音，特别是主板的报警声。

◆ 摸：用手摸有关元件是否过热，一般组件外壳发热的正常温度为40~50℃。如果用手摸上去过烫，则该组件内部电路可能有短路现象。

◆ 闻：是否有异味，如焦味、臭味（芯片烧毁时会发出臭味）等。

2．拔插法

用拔插法可以逐个检测硬件设备。导致电脑系统故障的原因很多，如主板自身故障、I/O总线故障、各种插卡故障等情况均可导致系统运行不正常，而采用拔插法是确定故障在主板或I/O设备的简捷方法。

拔插法检测电脑故障的操作为：关机后将插件板逐块拔出，每拔出一块插件板就开机观察电脑的运行状态。一旦拔出某块插件板后主板运行正常，那么就是该插件板故障或相应I/O总线插槽及负载电路故障。若拔出所有插件板后系统启动仍不正常，则故障很可能出在主板上。

拔插法的另一个作用就是解决因安装接触不良而引起的电脑部件故障。如果一些芯片、板卡与插槽接触不良，将这些芯片或板卡拔出后再重新正确插入后即可排除故障。

3．最小系统法

所谓最小系统法是指保留系统能运行的最小环境，把其他适配器和输入/输出接口（包括软、硬盘驱动器）从系统扩展槽中临时取出来，再接通电源观察最小系统能否运行。最小系统法可以避免因外围电路故障而影响最小系统。

一般在电脑开机后系统没有任何反应的情况下使用最小系统法。最小系统主要有两种形式，即硬件最小系统和软件最小系统。

◆ 硬件最小系统：由电源、主板和CPU（含CPU风扇）组成，在这个系统中没有任何输入和输出设备的连接，通过在开机后查看风扇是否转动，以及主板喇叭的报警声来判断这一核心组成部分是否能够正常工作。

- 软件最小系统：由电源、主板、CPU、内存、显卡和显示器组成。这个最小系统主要用来判断电脑是否可以完成正常的启动。

最小系统法主要用来判断在最基本的硬件环境中电脑是否可以正常工作。如果不能正常工作，即可判定是最基本的硬件资源存在故障，从而起到故障隔离的效果。

4. 替换法

替换法是用好的部件替换可能有故障的部件，通过故障现象是否消失来判断被替换的部件是否存在故障。

此外，还可以将怀疑有问题的部件替换到运行正常的电脑上。如果电脑不能正常运行，也可以确认该部件出现故障。

5. 逐步添加 / 去除法

逐步添加法是以最小系统为基础，每次只在系统中添加一个部件。然后重新启动电脑来检查故障现象是否消失或发生变化，以此来判断并定位故障部位；逐步去除法则与逐步添加法的操作相反。

通常逐步添加 / 去除法一般要与替换法配合，才能较为准确地定位故障所在部件。

6. BIOS 清除法

在设置 BIOS 时，可能将某些重要参数设置错误而造成电脑硬件无法正常工作，此时可通过 BIOS 清除法将 BIOS 设置恢复到默认值。其方法有两种，一种是开机后进入 BIOS 进行相应的选项设置；另一种是如果不能启动电脑，则可以通过短接主板上的 CMOS 跳线来清除 BIOS 设置，具体短接的方法在主板说明书中有详细说明。

14.4 排除电脑软件故障

软件故障是由软件的使用不当造成的，其结果是系统运行不稳定或运行程序缺少文件，严重的故障可能导致系统无法启动。

14.4.1 软件故障发生的原因

软件故障主要由以下一些原因造成。

- 软件不兼容：有些软件在运行时与其他软件发生冲突，相互不能兼容。如果这两个软件同时运行，可能会中止系统的运行，甚至会使系统崩溃。比较典型的例子是系统中存在多个杀毒软件，如果同时运行，很容易造成电脑死机。
- 非法操作：非法操作是由用户操作不当造成的。例如，卸载软件时不使用卸载程序，而直接将程序所在的文件夹删除。这样做不仅不能完全卸载该程序，反而会给系统留下大量的垃圾文件，成为系统的故障隐患。

- 误操作：误操作是指用户在使用电脑时无意中删除了系统文件或执行了格式化命令，从而导致硬盘中重要的数据丢失，甚至电脑不能启动。
- 病毒破坏：有些电脑病毒会感染硬盘中的文件，使某些程序不能正常运行；有些病毒会破坏系统文件，造成系统不能正常启动；有些病毒会破坏电脑的硬件，使用户蒙受更大的损失。

14.4.2 软件故障的排除办法

软件故障的种类很多，但只要方法和思路正确，那么排除故障就比较轻松了。下面介绍排除软件故障的方法。

- 注意提示：软件发生故障时，系统一般都会给出错误提示，仔细阅读并根据提示来排除故障常常可以事半功倍。
- 重新安装应用程序：如果在使用应用程序时出错，可将这个程序完全卸载后重新安装。通常情况下，重新安装可解决很多程序出错引起的故障；同样，重新安装驱动程序也可修复电脑部件因驱动程序出错而发生的故障。
- 利用杀毒软件：当系统出现运行缓慢或经常提示出错的情况时，应当运行杀毒软件搜索系统中是否存在病毒。
- 升级软件：一些低版本的程序存在漏洞（特别是操作系统），容易在运行时出错。因此如果一个程序在运行中频繁出错，可通过升级该程序的版本来解决。
- 寻找丢失的文件：如果系统提示某个系统文件找不到了，可以从操作系统的安装光盘或使用正常的电脑中提取原始文件到相应的系统文件夹中。

14.5 高手支招

14.5.1 电脑维修安全常识

问：维修电脑时很容易触电吗？

答：只要正确地进行操作，一般不会有什么问题。因为除了机箱电源外，电脑主机内部的电压均在 36 V 以下，是安全电压。但特别要注意，显示器和机箱电源中有高压，非专业维修人员不要随意打开这两个部件；另外，排除电脑故障时一定要记住断电。

14.5.2 系统进程详解

问：系统进程中哪些是系统默认的进程？它们分别有什么作用？

答：系统启动后，默认会启动很多进程，包括系统的守护进程和一些必要的程序。下面列举一些重要的系统进程。

- explorer.exe：用于显示系统桌面上的图标及任务栏图标等。
- srss.exe：子系统进程，负责控制 Windows 创建或删除线程，以及 16 位的虚拟 DOS 环境。
- lsass.exe：用于管理 IP 安全和登录策略。

- System: Windows 系统进程。
- System Idle Process: 该进程是作为单线程运行的，并在系统不处理其他线程的时候分派处理器的时间。
- smss.exe: 会话管理子系统，负责启动用户会话。
- services.exe: 系统服务的管理工具，其中包含很多系统服务。
- svchost.exe: 属于系统进程，如果有多个 svchost.exe 同时运行，表明当前有多组服务处于活动状态或多个系统文件正在调用它。
- spoolsv.exe: 管理缓冲区中的打印和传真作业。

14.5.3 如何防范病毒和木马

目前网络上的病毒和木马肆虐，所以防范病毒和木马就显得非常重要。防范工作要从使用电脑的一些细节做起，下面介绍几点防范病毒和木马的常识。

- 尽量避免在无防毒软件的电脑上使用 U 盘等移动存储设备，避免移动存储设备携带病毒感染电脑，或自动将木马安装到电脑中。
- 在电脑中安装杀毒软件和木马查杀工具，并经常对软件进行升级。
- 不浏览不良网站，这类网站上通常带有木马程序。
- 不在因特网上随意下载软件，因为不明软件可能携带病毒或木马。
- 不随便打开不明邮件及附件，建议先将附件保存到本地磁盘，用杀毒软件扫描确认无病毒和木马后再打开。
- 使用新软件时，先用杀毒软件检查，这样可以有效地减少中毒几率。
- 重要资料必须备份，这样即使病毒破坏了重要文件，也可以及时恢复。